精简图解 PLC 编程与应用

蔡杏山 编 著

机 械 工 业 出 版 社

本书介绍了三菱 FX3U 和西门子 S7-200 SMART 两种 PLC。三菱 FX3U PLC 部分内容有 PLC 入门与实战、三菱 FX3U 系列 PLC 介绍、三菱 PLC 编程与仿真软件的使用、基本指令及应用、步进指令及应用、应用指令及应用、PLC 的扩展与模拟量模块的使用；西门子 S7-200 SMART PLC 部分内容包括西门子 S7-200 SMART PLC 介绍、S7-200 SMART PLC 编程软件的使用、基本指令与顺序控制指令、功能指令、PLC 通信。

本书的知识基础起点低，讲解由浅入深，语言通俗易懂，内容结构安排符合学习认知规律，适合作为初学者学习 PLC 技术的自学图书，也适合作为职业院校电类专业的 PLC 技术参考书。

图书在版编目（CIP）数据

精简图解 PLC 编程与应用／蔡杏山编著．—北京：机械工业出版社，2023.3

ISBN 978-7-111-72552-7

Ⅰ．①精… Ⅱ．①蔡… Ⅲ．①PLC 技术－程序设计－图解 Ⅳ．①TM571.6-64

中国国家版本馆 CIP 数据核字（2023）第 010648 号

机械工业出版社（北京市百万庄大街 22 号　邮政编码 100037）

策划编辑：任　鑫　　　　责任编辑：任　鑫　翟天睿

责任校对：樊钟英　李　杉　　封面设计：马若濛

责任印制：邓　博

北京盛通商印快线网络科技有限公司印刷

2023 年 5 月第 1 版第 1 次印刷

184mm×260mm・21.5 印张・545 千字

标准书号：ISBN 978-7-111-72552-7

定价：89.00 元

电话服务	网络服务
客服电话：010-88361066	机　工　官　网：www.cmpbook.com
010-88379833	机　工　官　博：weibo.com/cmp1952
010-68326294	金　　书　　网：www.golden-book.com
封底无防伪标均为盗版	机工教育服务网：www.cmpedu.com

前　言

一个国家越发达，其电气化程度越高，社会需要更多的电气技术人才。人才的成长可以来自大中专院校，也可以来自社会上的培训机构，还可以自学成才。不管哪种方式都需要合适的学习书籍，一本好书可以让学习事半功倍。

为了让读者能轻松快速学习电气技术，我们特地组织编写了本书，本书主要特点如下：

◆ **基础起点低**。读者只需具有初中文化程度即可阅读本书。

◆ **语言通俗易懂**。书中少用专业化的术语，遇到较难理解的内容用形象比喻说明，尽量避免复杂的理论分析和烦琐的公式推导，图书阅读起来感觉会十分顺畅。

◆ **内容解说详细**。考虑到自学时一般无人指导，因此在编写过程中对书中的知识技能进行详细解说，让读者能轻松理解所学内容。

◆ **采用大量图片与详细标注文字相结合的表现方式**。书中采用了大量图片，并在图片上标注详细的说明文字，不但能让读者阅读时心情愉悦，还能轻松了解图片所表达的内容。

◆ **内容安排符合认识规律**。图书按照循序渐进、由浅入深的原则来确定各章节内容的先后顺序，读者只需从前往后阅读图书，便会水到渠成。

◆ **突出显示知识要点**。为了帮助读者掌握书中的知识要点，书中用文字加粗的方法突出显示了知识要点，指示学习重点。

◆ **网络免费辅导**。读者在阅读时遇到难理解的问题，可添加易天电学网微信号 etv100，获取有关辅导材料或向老师提问进行学习。

本书在编写过程中得到了许多教师的支持，在此一致表示感谢。由于编者水平有限，书中的错误和疏漏在所难免，望广大读者和同仁予以批评指正。

编　者

目录

第 1 章 PLC 入门与实战

1.1 初识 PLC

1.1.1 什么是 PLC

PLC 是英文 Programmable Logic Controller 的缩写，意为可编程序逻辑控制器，是一种专为工业应用而设计的控制器。世界上第一台 PLC 于 1969 年由美国数字设备公司（DEC）研制成功，随着技术的发展，PLC 的功能越来越强大，不仅限于逻辑控制，因此美国电气制造协会 NEMA 于 1980 年对它进行重命名，称为可编程控制器（Programmable Controller，PC），但由于 PC 容易和个人计算机 PC（Personal Computer）混淆，故人们仍习惯将 PLC 作为可编程控制器的缩写。图 1-1 所示为几种常见的 PLC，从左往右依次为三菱 PLC、欧姆龙 PLC 和西门子 PLC。

扫一扫看视频

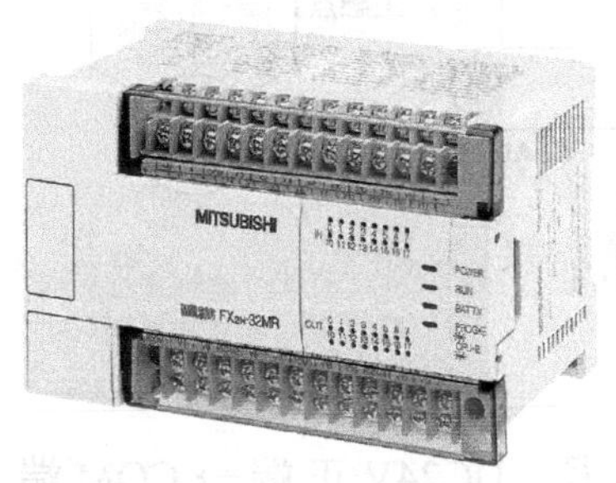

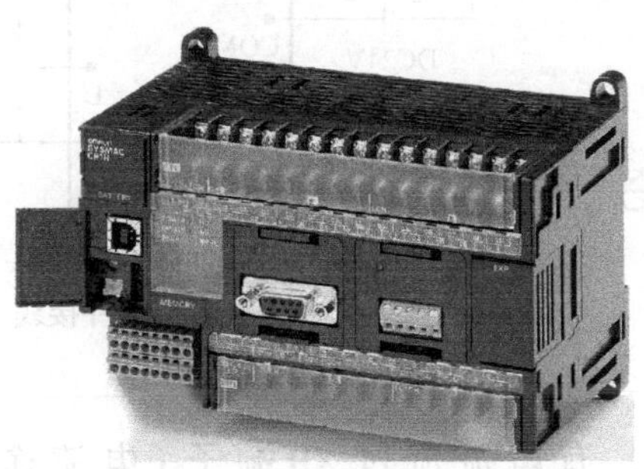

图 1-1 几种常见的 PLC

1.1.2 PLC 控制与继电器控制比较

PLC 控制是在继电器控制基础上发展起来的，为了更好地了解 PLC 控制方式，下面以电动机正转控制为例对两种控制系统进行比较。

扫一扫看视频

1. 继电器正转控制

图 1-2 所示为一种常见的继电器正转控制电路，可以对电动机进行正转和停转控制，左图为控制电路，右图为主电路。

2. PLC 正转控制

图 1-3 所示为 PLC 正转控制电路，可以实现图 1-2 所示的继电器正转控制电路相同的功能。PLC 正转控制电路也可分作主电路和控制电路两部分，PLC 与外接的输入、输出设备构成控制电路，主电路与继电器正转控制主线路相同。

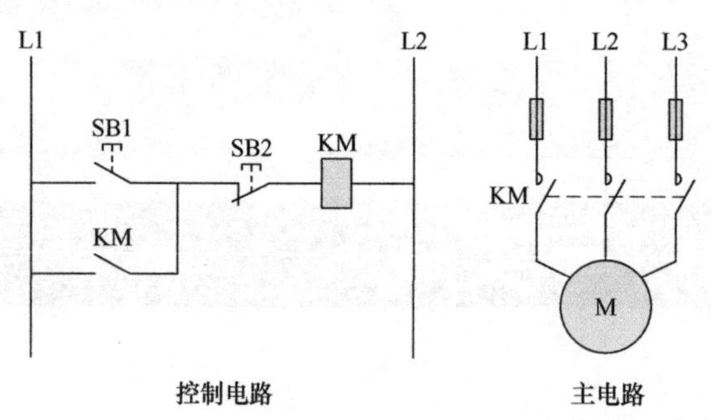

图 1-2　继电器正转控制电路

在组建 PLC 控制系统时，除了要硬件接线外，还要为 PLC 编写编写控制程序，并将程序从计算机通过专用电缆传送给 PLC。PLC 正转控制电路的硬件接线如图 1-3 所示，PLC 输入端子连接 SB1（起动）、SB2（停止）和电源，输出端子连接接触器线圈 KM 和电源，PLC 本身通过 L、N 端子获得供电。

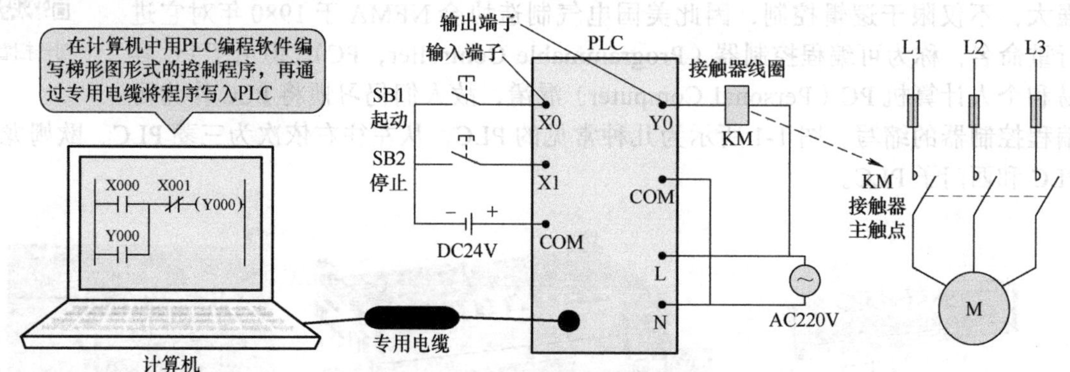

图 1-3　PLC 正转控制电路硬件接线

电路工作过程如下：

按下起动按钮 SB1，有电流流过 X0 端子（电流途径：DC24V 正端→ COM 端子→ COM、X0 端子之间的内部电路→ X0 端子→闭合的 SB1 → DC24V 负端），PLC 内部程序运行，运行结果使 Y0、COM 端子之间的内部触点闭合，有电流流过接触器线圈（电流途径：AC220V 一端→接触器线圈→ Y0 端子→ Y0、COM 端子之间的内部触点→ COM 端子→ AC220V 另一端），接触器 KM 线圈得电，主电路中的 KM 主触点闭合，电动机运转，松开 SB1 后，X0 端子无电流流过，PLC 内部程序维持 Y0、COM 端子之间的内部触点闭合，让 KM 线圈继续得电（自锁）。

按下停止按钮 SB2，有电流流过 X1 端子（电流途径：DC24V 正端→ COM 端子→ COM、X1 端子之间的内部电路→ X1 端子→闭合的 SB2 → DC24V 负端），PLC 内部程序运行，运行结果使 Y0、COM 端子之间的内部触点断开，无电流流过接触器 KM 线圈，线圈失电，主电路中的 KM 主触点断开，电动机停转，松开 SB2 后，内部程序让 Y0、COM 端子之间的内部触点维持断开状态。

当 X0、X1 端子输入信号（即输入端子有电流流过）时，PLC 输出端会输出何种控制是由写入 PLC 的内部程序决定的，比如可通过修改 PLC 程序将 SB1 用作停转控制，将 SB2 用作起动控制。

1.2 PLC 组成与工作原理

1.2.1 PLC 的组成框图

PLC 种类很多，但结构大同小异，典型的 PLC 控制系统组成框图如图 1-4 所示。PLC 内部主要由 CPU、存储器、输入接口电路、输出接口电路、通信接口电路和扩展接口电路等组成。PLC 通过输入接口接收输入设备送来的信号，PLC 产生的控制信号通过输出接口送给输出设备。如果需要与其他设备通信，则可在 PLC 的通信接口连接其他设备；如果希望增强 PLC 的功能，则可给 PLC 的扩展接口连接扩展单元。

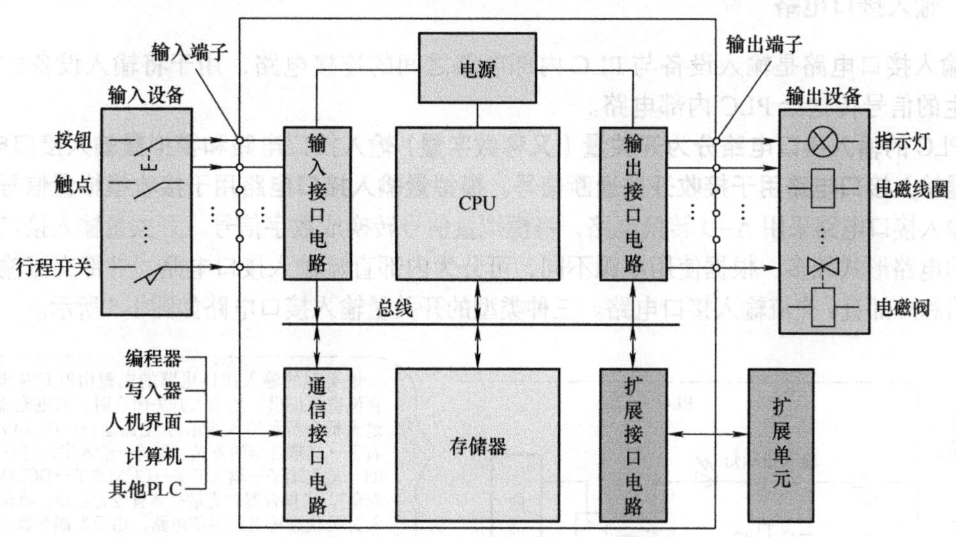

图 1-4　典型的 PLC 控制系统组成框图

1.2.2 CPU 与存储器

1. CPU

CPU 又称中央处理器，是 PLC 的控制中心，它通过总线（包括数据总线、地址总线和控制总线）与存储器和各种接口连接，以控制它们有条不紊地工作。CPU 的性能对 PLC 工作速度和效率有较大的影响，故大型 PLC 通常采用高性能的 CPU。CPU 的主要功能如下：

1）接收通信接口送来的程序和信息，并将它们存入存储器。

2）采用循环检测（即扫描检测）方式不断检测输入接口电路送来的状态信息，以判断输入设备的状态。

3）逐条运行存储器中的程序，并进行各种运算，再将运算结果存储下来，然后通过输出接口电路对输出设备进行相关的控制。

4）监测和诊断内部各电路的工作状态。

2. 存储器

存储器的功能是存储程序和数据。PLC 通常配有 ROM（只读存储器）和 RAM（随机存储器）两种存储器。ROM 用来存储系统程序，RAM 用来存储用户程序和程序运行时

产生的数据。

系统程序由厂商编写并固化在 ROM 存储器中，用户无法访问和修改系统程序。系统程序主要包括系统管理程序和指令解释程序。系统管理程序的功能是管理整个 PLC，让内部各个电路能有条不紊地工作。指令解释程序的功能是将用户编写的程序翻译成 CPU 可以识别和执行的代码。

用户程序是用户通过编程器输入存储器的程序，为了方便调试和修改，用户程序通常存放在 RAM 中，由于断电后 RAM 中的程序会丢失，所以 RAM 专门配有后备电池。有些 PLC 采用 EEPROM（电可擦写只读存储器）来存储用户程序，由于 EEPROM 存储器中的内容可用电信号擦写，并且掉电后内容不会丢失，因此采用这种存储器可不要备用电池供电。

1.2.3 输入接口电路

输入接口电路是输入设备与 PLC 内部电路之间的连接电路，用于将输入设备的状态或产生的信号传送给 PLC 内部电路。

PLC 的输入接口电路分为开关量（又称数字量）输入接口电路和模拟量输入接口电路。开关量输入接口电路用于接收开关通断信号，模拟量输入接口电路用于接收模拟量信号。模拟量输入接口电路采用 A–D 转换电路，将模拟量信号转换成数字信号。开关量输入接口电路采用的电路形式较多，根据使用电源不同，可分为内部直流输入接口电路、外部交流输入接口电路和外部直 / 交流输入接口电路。三种类型的开关量输入接口电路如图 1-5 所示。

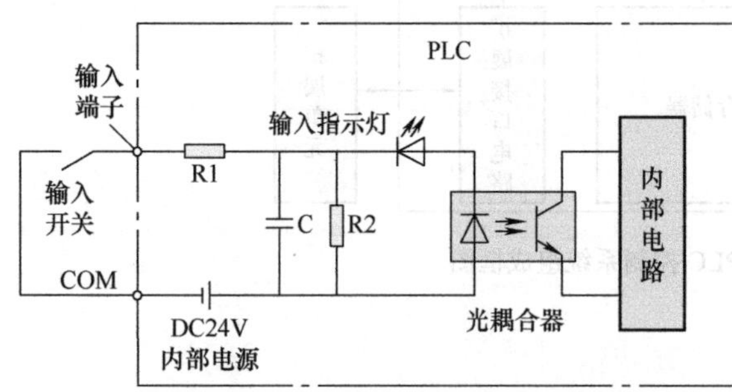

该类型的输入接口电路的电源由PLC内部直流电源提供。当输入开关闭合时，有电流流过光耦合器和输入指示灯(电流途径：DC24V右正→光耦合器的发光二极管→输入指示灯→R1→输入端子→输入开关→COM端子→DC24V左负)，光耦合器的光敏晶体管受光导通，将输入开关状态传送给内部电路，由于光耦合器内部通过光线传递信号，故可以将外部电路与内部电路有效隔离，输入指示灯点亮用于指示输入端子有输入。输入端子有电流流过时称作输入为ON(或称输入为1)。

R2、C组成滤波电路，用于滤除输入端子窜入的干扰信号，R1为限流电阻。

a) 内部直流输入接口电路

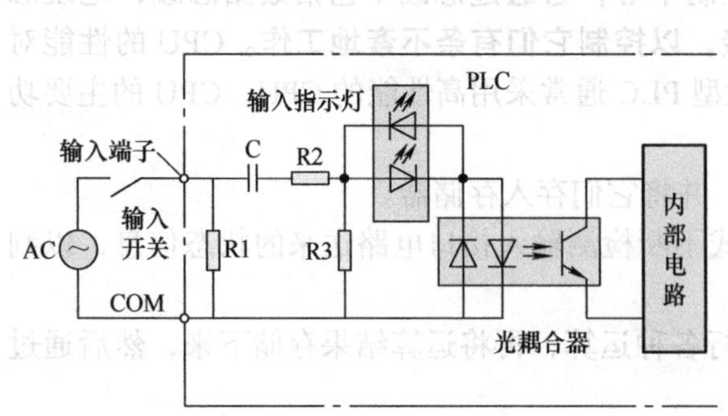

该类型的输入接口电路的电源由外部的交流电源提供。为了适应交流电源的正负变化，接口电路采用了双向发光管型光耦合器和双向发光二极管指示灯。

当输入开关闭合时，若交流电源AC极性为上正下负，则有电流流过光耦合器和指示灯(电流途径：AC电源上正→输入开关→输入端子→C、R2元件→左正右负发光二极管指示灯→光耦合器的上正下负发光二极管→COM端子→AC电源的下负)，当交流电源AC极性变为上负下正时，也有电流流过光耦合器和指示灯(电流途径：AC电源下正→COM端子→光耦合器的下正上负发光二极管 →右正左负发光二极管指示灯→R2、C元件→端子→输入开关→AC电源的上负)，光耦合器导通，将输入开关状态传送给内部电路。

b) 外部交流输入接口电路

图 1-5　三种类型的开关量输入接口电路

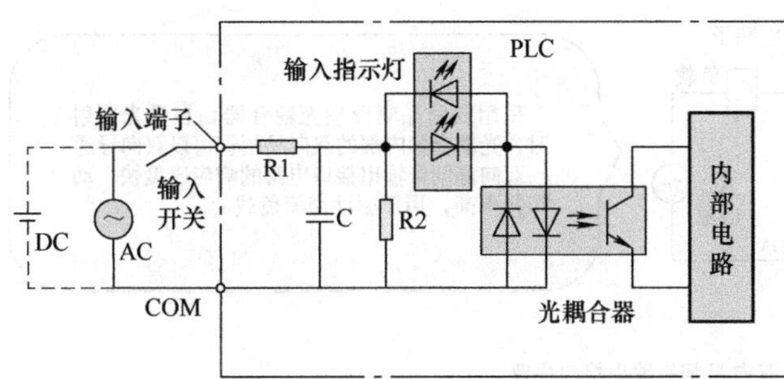

该类型的输入接口电路的电源由外部的直流或交流电源提供。输入开关闭合后，不管外部是直流电源还是交流电源，均有电流流过光耦合器。

c) 外部直/交流输入接口电路

图 1-5　三种类型的开关量输入接口电路（续）

1.2.4　输出接口电路

输出接口电路是 PLC 内部电路与输出设备之间的连接电路，用于将 PLC 内部电路产生的信号传送给输出设备。

PLC 的输出接口电路也分为开关量输出接口电路和模拟量输出接口电路。模拟量输出接口电路采用 D–A 转换电路，将数字量信号转换成模拟量信号。**开关量输出接口电路主要有三种类型，即继电器输出接口电路、晶体管输出接口电路和双向晶闸管（也称双向可控硅）输出接口电路。**三种类型开关量输出接口电路如图 1-6 所示。

扫一扫看视频

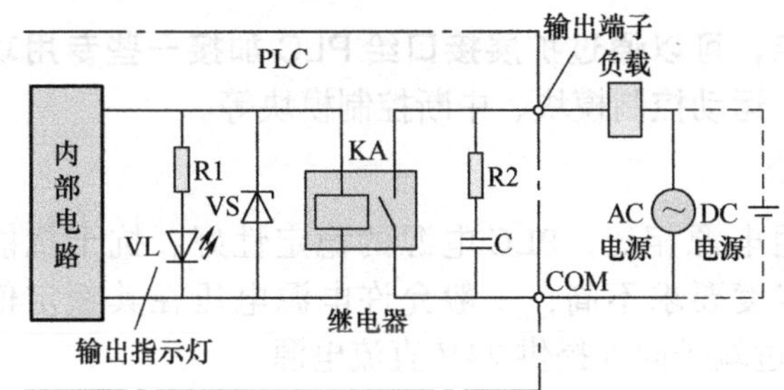

当PLC内部电路输出为ON(也称输出为1)时，内部电路会输出电流流过继电器KA线圈，继电器KA常开触点闭合，负载有电流流过(电流途径：电源一端 →负载→输出端子→内部闭合的KA触点→COM端子→电源另一端)。

由于继电器触点无极性之分，故继电器输出接口电路可驱动交流或直流负载(即负载电路可采用直流电源或交流电源供电)，但触点开闭速度慢，其响应时间长，动作频率低。

a) 继电器输出接口电路

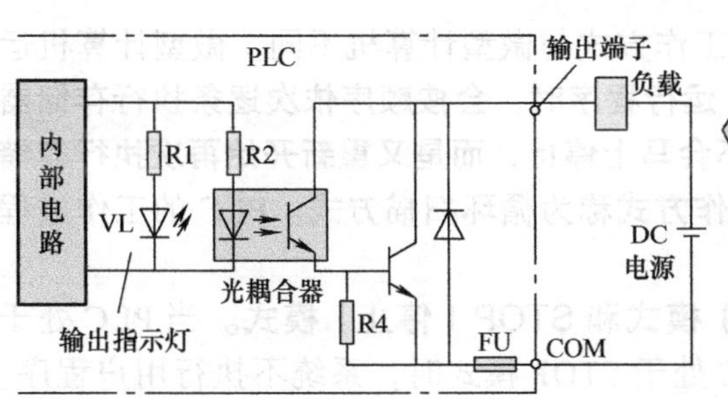

采用光耦合器与晶体管配合使用。当PLC内部电路输出为ON时，内部电路会输出电流流过光耦合器的发光管，光敏晶体管受光导通，为晶体管基极提供电流，晶体管也导通，负载有电流流过(电流途径：DC电源上正→负载→输出端子→导通的晶体管→COM端子→电源下负)。

由于晶体管有极性之分，故晶体管输出接口电路只可驱动直流负载(即负载电路只能使用直流电源供电)。晶体管输出接口电路是依靠晶体管导通截止实现开闭的，开闭速度快，动作频率高，适合输出脉冲信号。

b) 晶体管输出接口电路

图 1-6　三种类型开关量输出接口电路

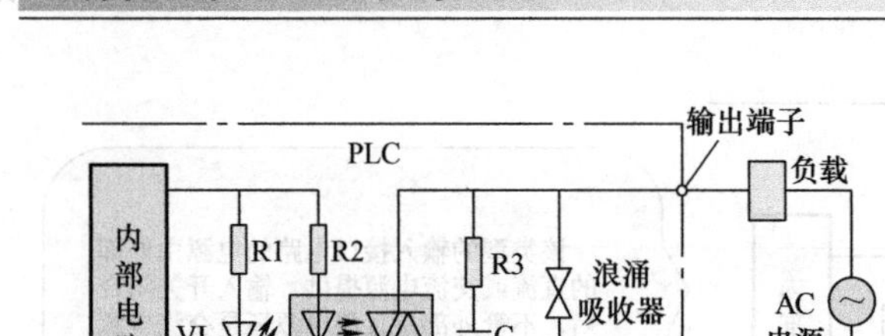

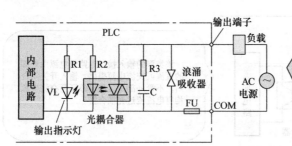

c) 双向晶闸管输出接口电路

图 1-6　三种类型开关量输出接口电路（续）

1.2.5　通信接口、扩展接口与电源

1. 通信接口

PLC 配有通信接口，通过通信接口可与监视器、打印机、其他 PLC 和计算机等设备进行通信。PLC 与编程器或写入器连接，可以接收编程器或写入器输入的程序；PLC 与打印机连接，可将过程信息、系统参数等打印出来；PLC 与人机界面（如触摸屏）连接，可以在人机界面直接操作 PLC 或监视 PLC 的工作状态；PLC 与其他 PLC 连接，可组成多机系统或连成网络，实现更大规模控制；PLC 与计算机连接，可组成多级分布式控制系统，实现控制与管理相结合。

2. 扩展接口

为了提升 PLC 的性能，增强控制功能，可以通过扩展接口给 PLC 加接一些专用功能模块，如高速计数模块、闭环控制模块、运动控制模块、中断控制模块等。

3. 电源

PLC 一般采用开关电源供电，与普通电源相比，PLC 电源的稳定性好、抗干扰能力强。PLC 的电源对电网提供的电源稳定度要求不高，一般允许电源电压在其额定值 ±15% 的范围内波动。有些 PLC 还可以通过端子向外提供 24V 直流电源。

1.2.6　PLC 的工作方式

PLC 是一种由程序控制运行的设备，其工作方式与微型计算机不同。微型计算机运行到结束指令 END 时，程序运行结束；**PLC 运行程序时，会按顺序依次逐条执行存储器中的程序指令，当执行完最后的指令后，并不会马上停止，而是又重新开始再次执行存储器中的程序，如此周而复始，PLC 的这种工作方式称为循环扫描方式。**PLC 的工作过程如图 1-7 所示。

PLC 有两个工作模式，即 RUN（运行）模式和 STOP（停止）模式。当 PLC 处于 RUN 模式时，系统会执行用户程序，当 PLC 处于 STOP 模式时，系统不执行用户程序。PLC 正常工作时应处于 RUN 模式，而在下载和修改程序时，应让 PLC 处于 STOP 模式。PLC 两种工作模式可通过其面板上的开关进行切换。

PLC 工作在 RUN 模式时，执行输入采样、处理用户程序和输出刷新所需的时间称为扫描周期，一般为 1 ～ 100ms。扫描周期与用户程序的长短、指令的种类和 CPU 执行指令的速度有很大的关系。

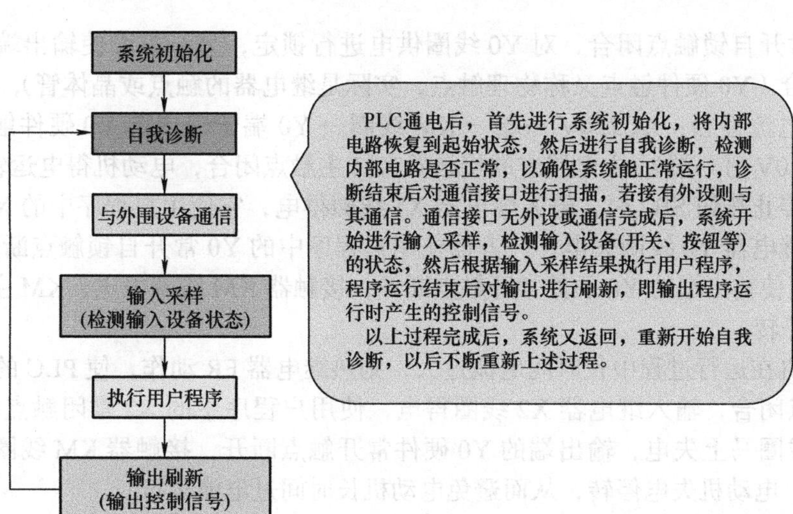

图 1-7　PLC 的工作过程

1.2.7　例说 PLC 程序驱动硬件的工作原理

PLC 的用户程序执行过程很复杂，下面以 PLC 正转控制电路为例进行说明。图 1-8 所示为 PLC 正转控制电路与内部用户程序，为了便于说明，图中画出了 PLC 内部等效图。

图 1-8 所示 PLC 内部等效图中的 X0（也可用 X000 表示）、X1、X2 称为输入继电器，它由线圈和触点两部分组成，由于线圈与触点都是等效而来的，故又称为软件线圈和软件触点，Y0（也可用 Y000 表示）称为输出继电器，它也包括线圈和触点。PLC 内部中间部分为用户程序（梯形图程序），程序形式与继电器控制电路相似，两端相当于电源线，中间为触点和线圈。

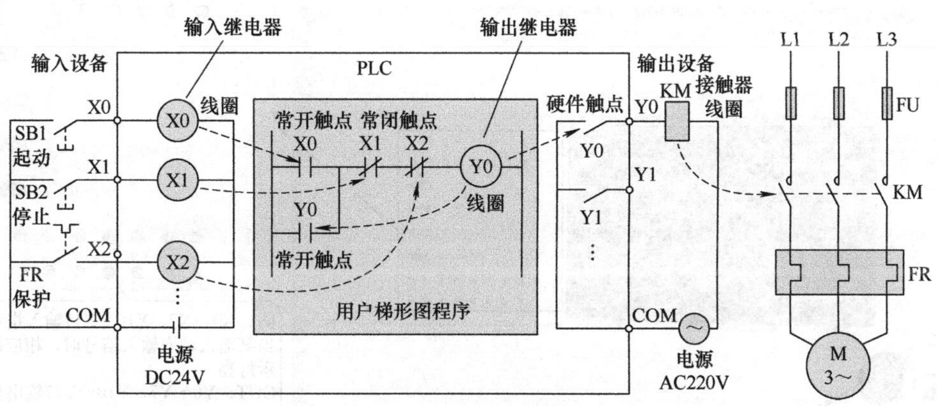

图 1-8　PLC 正转控制电路与内部用户程序

电路工作过程如下：

当按下起动按钮 SB1 时，输入继电器 X0 线圈得电（电流途径：DC24V 正端→ X0 线圈→ X0 端子→ SB1 → COM 端子→ 24V 负端），X0 线圈得电会使用户程序中的 X0 常开触点（软件触点）闭合，输出继电器 Y0 线圈得电（电流途径：左等效电源线→已闭合的 X0 常开触点→ X1 常闭触点→ Y0 线圈→右等效电源线），Y0 线圈得电一方面使用户程序中的 Y0 常开自锁触点闭合，对 Y0 线圈供电进行锁定，另一方面使输出端的 Y0 硬件常开触点闭合（Y0 硬件触点又称物理触点，实际是继电器的触点或晶体管），接触器 KM 线圈得电（电流途径：AC220V 一端→ KM 线圈→ Y0 端子→内部 Y0 硬件触点→ COM 端子→ AC220V 另一端），主电路中的接触器 KM 主触点闭合，电动机得电运转。

当按下停止按钮 SB2 时，输入继电器 X1 线圈得电，它使用户程序中的 X1 常闭触点断开，输出继电器 Y0 线圈失电，一方面使用户程序中的 Y0 常开自锁触点断开，解除自锁；另一方面使输出端的 Y0 硬件常开触点断开，接触器 KM 线圈失电，KM 主触点断开，电动机失电停转。

若电动机在运行过程中长时间电流过大，则热继电器 FR 动作，使 PLC 的 X2 端子外接的 FR 触点闭合，输入继电器 X2 线圈得电，使用户程序中的 X2 常闭触点断开，输出继电器 Y0 线圈马上失电，输出端的 Y0 硬件常开触点断开，接触器 KM 线圈失电，KM 主触点闭合，电动机失电停转，从而避免电动机长时间过电流运行。

1.3 三菱 PLC 入门实战

1.3.1 三菱 FX3U 型 PLC 硬件介绍

扫一扫看视频

三菱 FX3U 系列 PLC 属于 FX 系列的高端机型，图 1-9 所示为一种常用的 FX3U-32M 型 PLC，在没有拆下保护盖时，只能看到 RUN/STOP 模式切换开关、RS-422 端口（编程端口）、输入输出指示灯和工作状态指示灯，如图 1-9a 所示，拆下面板上的各种保护盖后，可以看到输入输出端子和各种连接器，如图 1-9b 所示。如果要拆下输入和输出端子台保护盖，则应先拆下黑色的顶盖和右扩展设备连接器保护盖。

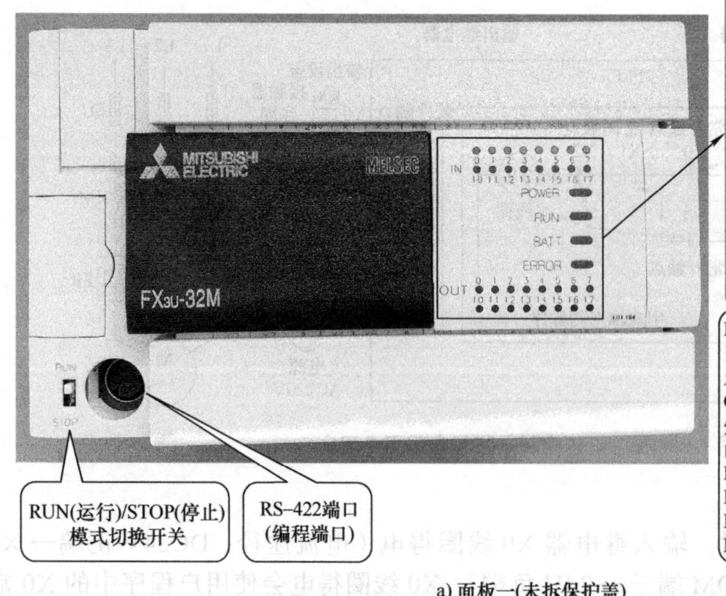

a) 面板一(未拆保护盖)

图 1-9 三菱 FX3U-32M 型 PLC 面板组成部件及名称

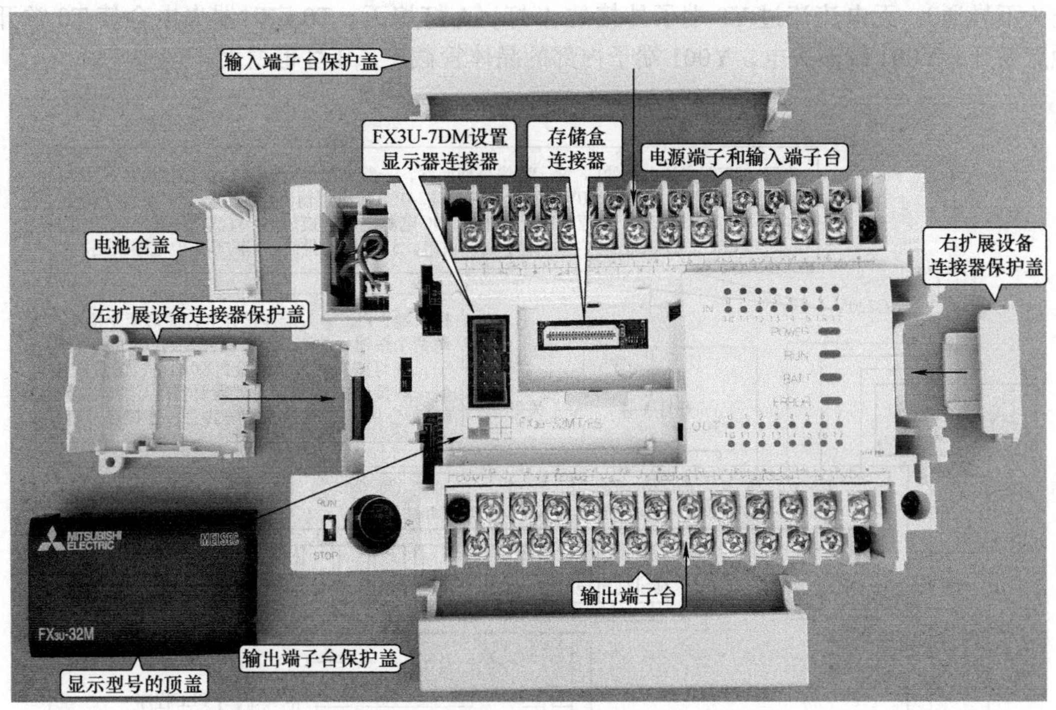

b) 面板二(拆下各种保护盖)

图 1-9　三菱 FX3U-32M 型 PLC 面板组成部件及名称（续）

扫一扫看视频

1.3.2　PLC 控制双灯先后点亮的硬件电路及说明

三菱 FX3U-MT/ES 型 PLC 控制双灯先后点亮的硬件电路如图 1-10 所示。PLC 控制双灯先后点亮系统实现的功能是：当按下开灯按钮时，A 灯点亮，5s 后 B 灯再点亮，按下关灯按钮时，A、B 灯同时熄灭。

电路工作过程如下：

当按下开灯按钮时，有电流流过内部的 X0 输入电路（电流途径：24V 端子→开灯按钮→ X0 端子→ X0 输入电路→ S/S 端子→ 0V 端子），有电流流过 X0 输入电路，使内部 PLC 程序中的 X000 常开触点闭合，Y000 线圈和 T0 定时器同时得电。Y000 线圈得电一方面使 Y000 常开自锁触点闭合，锁定 Y000 线圈得电；另一方面让 Y0 输出电路输出控制信号，控制晶体管导通，有电流流过 Y0 端子外接的 A 灯（电流途径：24V 电源适配器的 24V 正端→ A 灯→ Y0 端→内部导通的晶体管→ COM1 端→ 24V 电源适配器的 24V 负端），A 灯点亮。在程序中的 Y000 线圈得电时，T0 定时器同时也得电，T0 进行 5s 计时，5s 后 T0 定时器动作，T0 常开触点闭合，Y001 线圈得电，让 Y1 输出电路输出控制信号，控制晶体管导通，有电流流过 Y1 端子外接的 B 灯（电流途径：24V 电源适配器的 24V 正端→ B 灯→ Y0 端→内部导通的晶体管→ COM1 端→ 24V 电源适配器的 24V 负端），B 灯也点亮。

当按下关灯按钮时，有电流流过内部的 X1 输入电路（电流途径：24V 端子→关灯按钮→ X1 端子→ X1 输入电路→ S/S 端子→ 0V 端子），有电流流过 X1 输入电路，使内部 PLC 程序中的 X001 常闭触点断开，Y000 线圈和 T0 定时器同时失电。Y000 线圈失电一方面让 Y000 常开自锁触点断开；另一方面让 Y0 输出电路停止输出控制信号，晶体管截止（不导通），无电流流过 Y0 端子外接的 A 灯，A 灯熄灭。T0 定时器失电会使 T0 常开触点断开，Y001 线圈失电，Y001 端子内部的晶体管截止，B 灯也熄灭。

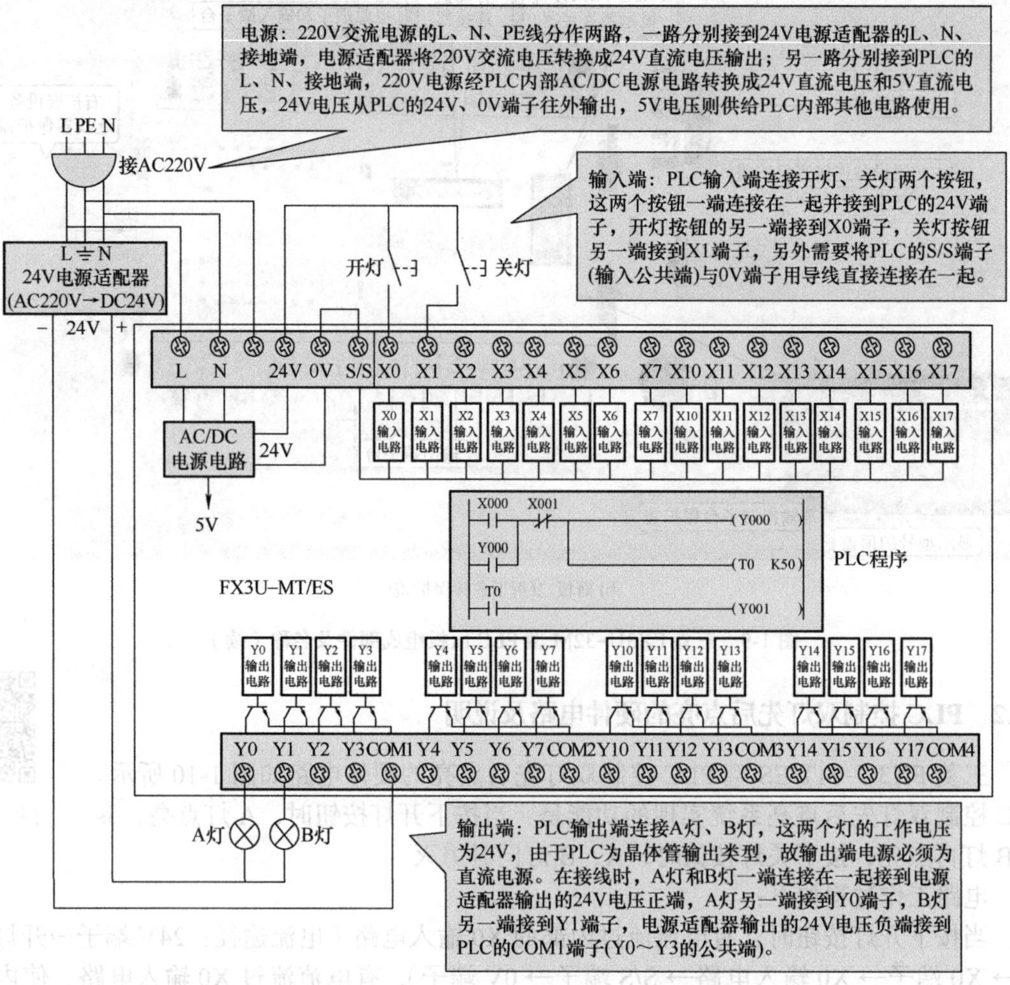

电源：220V交流电源的L、N、PE线分作两路，一路分别接到24V电源适配器的L、N、接地端，电源适配器将220V交流电压转换成24V直流电压输出；另一路分别接到PLC的L、N、接地端，220V电源经PLC内部AC/DC电源电路转换成24V直流电压和5V直流电压，24V电压从PLC的24V、0V端子往外输出，5V电压则供给PLC内部其他电路使用。

输入端：PLC输入端连接开灯、关灯两个按钮，这两个按钮一端连接在一起并接到PLC的24V端子，开灯按钮的另一端接到X0端子，关灯按钮另一端接到X1端子，另外需要将PLC的S/S端子(输入公共端)与0V端子用导线直接连接在一起。

输出端：PLC输出端连接A灯、B灯，这两个灯的工作电压为24V，由于PLC为晶体管输出类型，故输出端电源必须为直流电源。在接线时，A灯和B灯一端连接在一起接到电源适配器输出的24V电压正端，A灯另一端接到Y0端子，B灯另一端接到Y1端子，电源适配器输出的24V电压负端接到PLC的COM1端子(Y0～Y3的公共端)。

图 1-10　三菱 FX3U-MT/ES 型 PLC 控制双灯先后点亮的硬件电路

1.3.3　DC24V 电源适配器与 PLC 的电源接线

PLC 供电电源有两种类型，即 DC24V（24V 直流电源）和 AC220V（220V 交流电源）。对于采用 220V 交流供电的 PLC，一般内置 AC220V 转 DC24V 的电源电路，对于采用 DC24V 供电的 PLC，可以在外部连接 24V 电源适配器，由其将 AC220V 转换成 DC24V 后再提供给 PLC。

扫一扫看视频

1. DC24V 电源适配器介绍

DC24V 电源适配器的功能是将 220V（或 110V）交流电压转换成 24V 的直流电压输出。图 1-11 所示为一种常用的 DC24V 电源适配器。

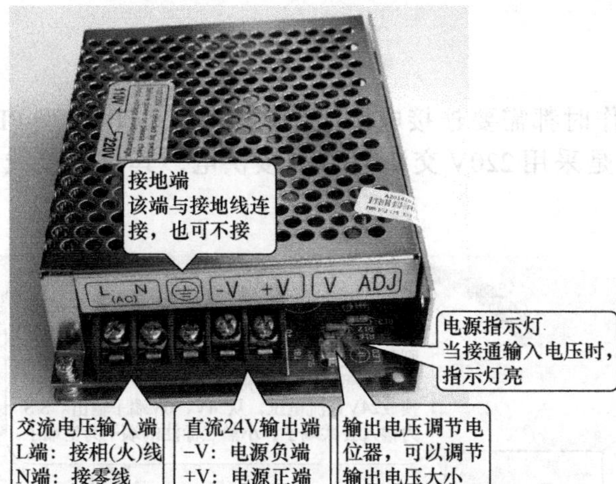

电源适配器的L、N端为交流电压输入端，L端接相线(也称火线)，N端接零线，接地端与接地线(与大地连接的导线)连接，若电源适配器出现漏电使外壳带电，则外壳的漏电可以通过接地端和接地线流入大地，这样接触外壳时不会发生触电，当然接地端不接地线，电源适配器仍会正常工作。–V、+V端为24V直流电压输出端，–V端为电源负端，+V端为电源正端。

电源适配器上有一个输出电压调节电位器，可以调节输出电压，让输出电压在24V左右变化，在使用时应将输出电压调到24V。电源指示灯用于指示电源适配器是否已接通电源。

a) 接线端、调压电位器和电源指示灯

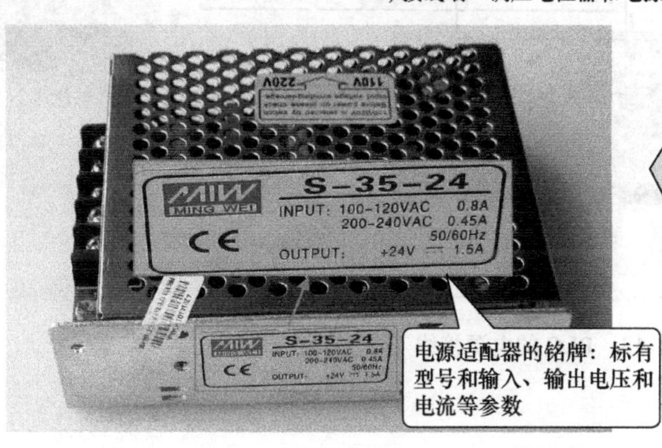

在电源适配器上一般会有一个铭牌(标签)，在铭牌上会标注型号、额定输入和额定输出电压、电流参数，从铭牌可以看出，该电源适配器输入端可接100～120V的交流电压，也可以接200～240V的交流电压，输出电压为24V，输出电流最大为1.5A。

b) 铭牌

图 1-11　一种常用的 DC24V 电源适配器

扫一扫看视频

2. 三线电源线及插头、插座说明

图 1-12 所示为常见的三线电源线、插头和插座，其导线的颜色、插头和插座的极性都有规定标准。

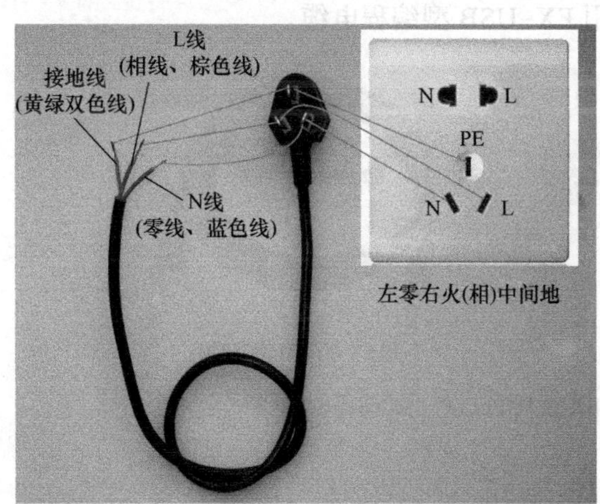

L线(即相线，俗称火线)可以使用红、黄、绿或棕色导线，N线(即零线)使用蓝色线，PE线(即接地线)使用黄绿双色线，插头的插片和插座的插孔极性规定具体如图中所示，接线时要按标准进行。

图 1-12　常见的三线电源线的颜色及插头、插座极性标准

扫一扫看视频

3.PLC 的电源接线

在 PLC 下载程序和工作时都需要连接电源，三菱 FX3U-MT/ES 型 PLC 没有采用 DC24V 供电，而是采用 220V 交流电源直接供电，其供电接线如图 1-13 所示。

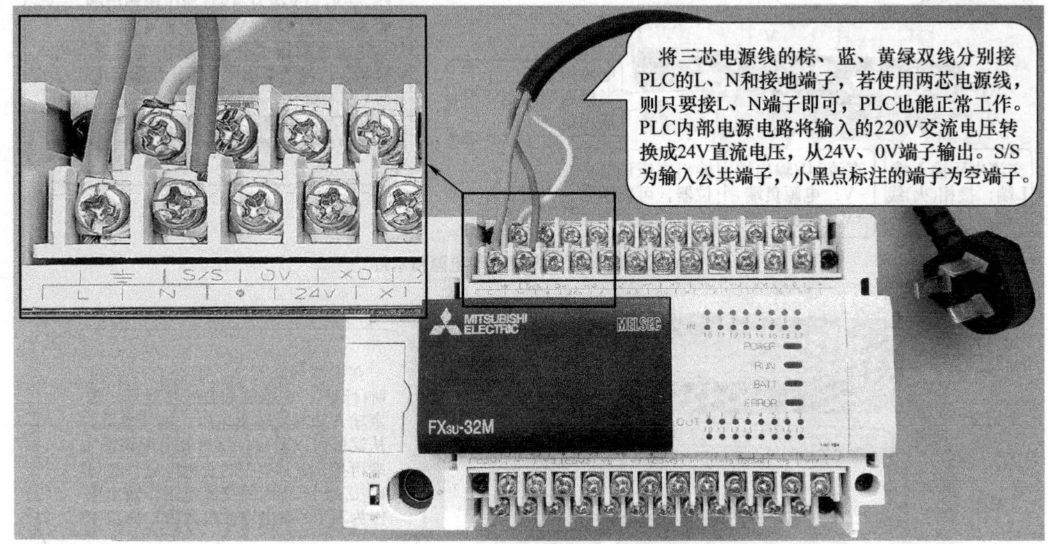

将三芯电源线的棕、蓝、黄绿双线分别接PLC的L、N和接地端子，若使用两芯电源线，则只要接L、N端子即可，PLC也能正常工作。PLC内部电源电路将输入的220V交流电压转换成24V直流电压，从24V、0V端子输出。S/S为输入公共端子，小黑点标注的端子为空端子。
S/S
0V
X0
L
N
24V
X1
MITSUBISHI ELECTRIC
MELSEC
POWER
RUN
BATT
ERROR
OUT
FX3U-32M

图 1-13　PLC 的电源接线

1.3.4　编程电缆及驱动程序的安装

扫一扫看视频

1. 编程电缆

在计算机中用 PLC 编程软件编写好程序后，如果要将其传送到 PLC，则需用编程电缆（又称下载线）将计算机与 PLC 连接起来。三菱 FX 系列 PLC 常用的编程电缆有 FX-232 型和 FX-USB 型，其外形如图 1-14 所示。一些旧计算机有 COM 端口（又称串口，RS-232 端口），可使用 FX-232 型编程电缆，无 COM 端口的计算机可使用 FX-USB 型编程电缆。

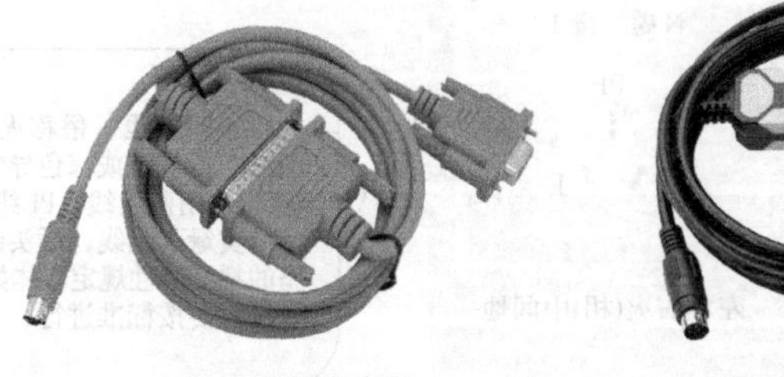

a) FX-232型编程电缆　　b) FX-USB型编程电缆

图 1-14　三菱 FX 系列 PLC 常用的编程电缆

2. 驱动程序的安装

用 FX-USB 型编程电缆将计算机和 PLC 连接起来后，计算机还无法识别该电缆，需要在计算机中安装此编程电缆的驱动程序。

FX-USB 型编程电缆驱动程序的安装过程如图 1-15 所示。打开编程电缆配套驱动程序的文件夹，如图 1-15a 所示，文件夹中有一个“HL-340.EXE”可执行文件，双击该文件，弹出图 1-15b 所示的对话框，单击“INSTALL（安装）”按钮，即开始安装驱动程序，单击“UNINSTALL（卸载）”按钮，可以卸载先前已安装的驱动程序，驱动安装成功后，会弹出安装成功对话框，如图 1-15c 所示。

a) 打开驱动程序文件夹并双击“HL-340.EXE”文件

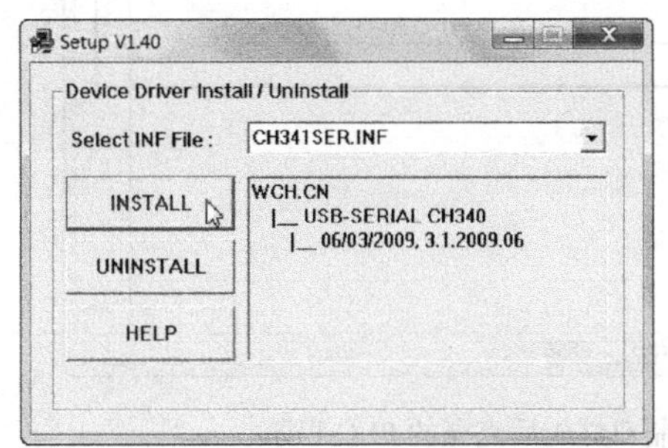

b) 单击“INSTALL”开始安装驱动程序

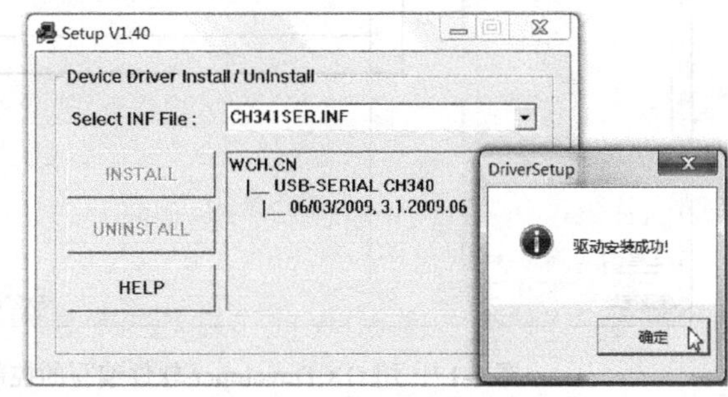

c) 驱动安装成功

图 1-15　FX-USB 型编程电缆驱动程序的安装过程

3. 查看计算机连接编程电缆的端口号

编程电缆的驱动程序成功安装后，在计算机的“设备管理器”中可查看到计算机与编程电缆连接的端口号，如图 1-16 所示。

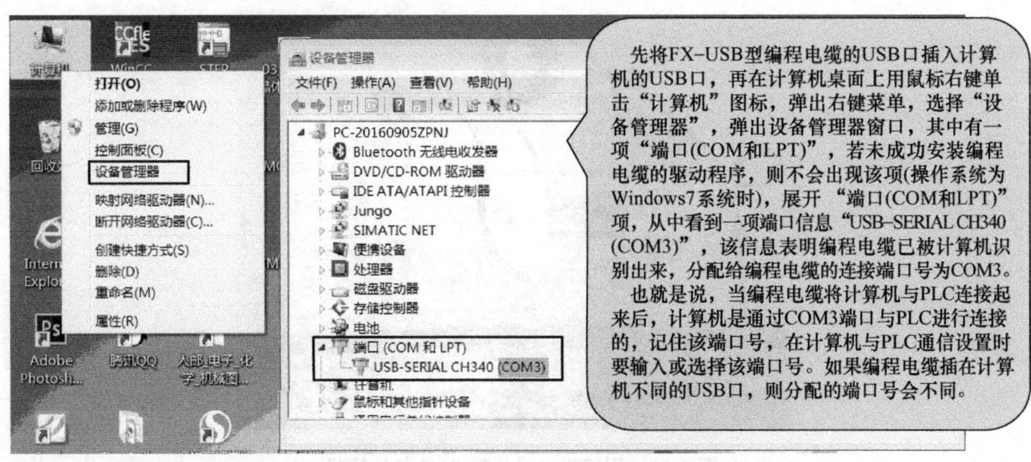

图 1-16　在设备管理器中查看计算机分配给编程电缆的端口号

1.3.5 编写程序并传送给 PLC

1. 用编程软件编写程序

三菱 FX1、FX2、FX3 系列 PLC 可使用三菱 GX Developer 软件编写程序。用 GX Developer 软件编写的控制双灯先后点亮的 PLC 程序如图 1-17 所示。

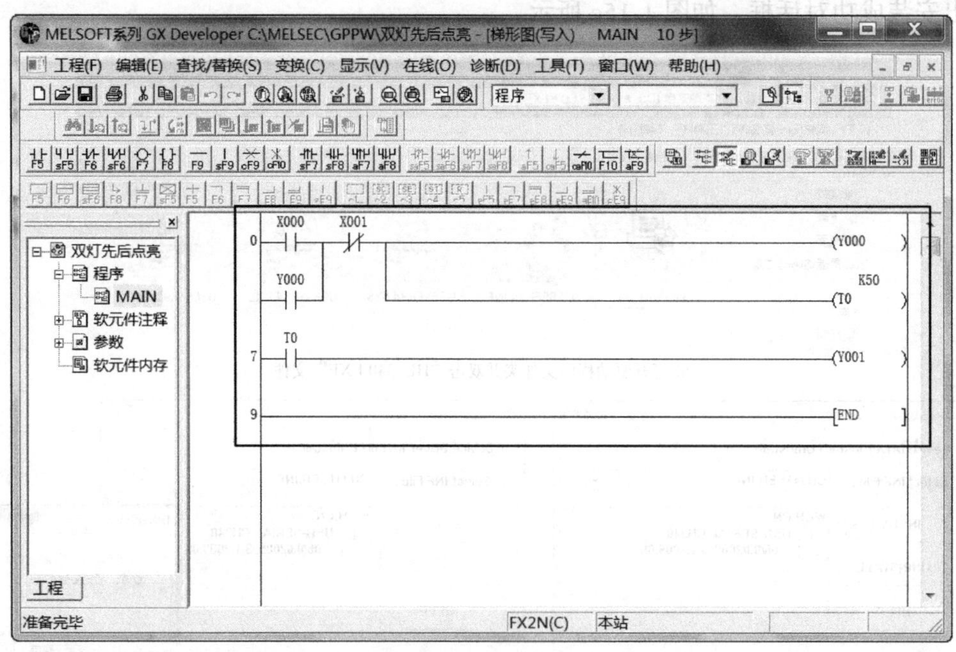

图 1-17 用 GX Developer 软件编写的控制双灯先后点亮的 PLC 程序

扫一扫看视频

2. 用编程电缆连接 PLC 与计算机

在将计算机中编写好的 PLC 程序传送给 PLC 前，需要用编程电缆将计算机与 PLC 连接起来，如图 1-18 所示。在连接时，将 FX-USB 型编程电缆一端的 USB 口插入计算机的 USB 口，另一端的 9 针圆口插入 PLC 的 RS422 端口，再给 PLC 接通电源，PLC 面板上的 POWER（电源）指示灯亮。

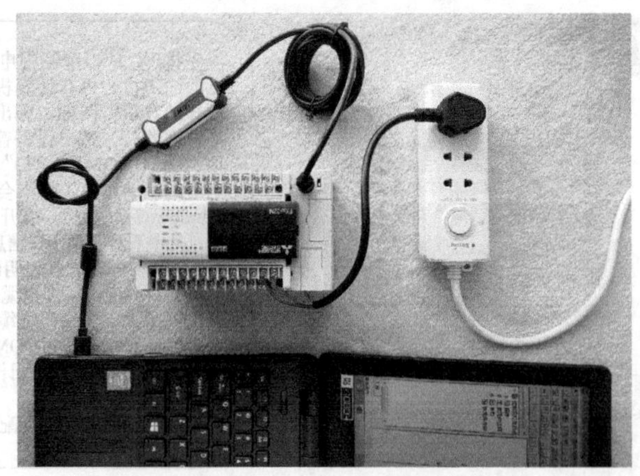

图 1-18 用编程电缆连接 PLC 与计算机

3. 通信设置

用编程电缆将计算机与 PLC 连接起来后，除了要在计算机中安装编程电缆的驱动程序外，还需要在 GX Developer 软件中进行通信设置，这样两者才能建立通信连接。

在 GX Developer 软件中进行通信设置如图 1-19 所示。在 GX Developer 软件中执行菜单命令“在线”→“传输设置”，如图 1-19a 所示，弹出“传输设置”对话框，如图 1-19b 所示，在该对话框内双击左上角的“串行 USB”项，弹出“PC I/F 串口详细设置”对话框，在此对话框中选中“RS-232C”项，“COM 端口”选择“COM3”（必须与在设备管理器中查看到的端口号一致，否则无法建立通信连接），“传送速度”设为“19.2Kbps”，然后单击“确认”按钮关闭当前的对话框，回到上一个对话框（“传输设置”对话框），再单击“确认”按钮即完成通信设置。

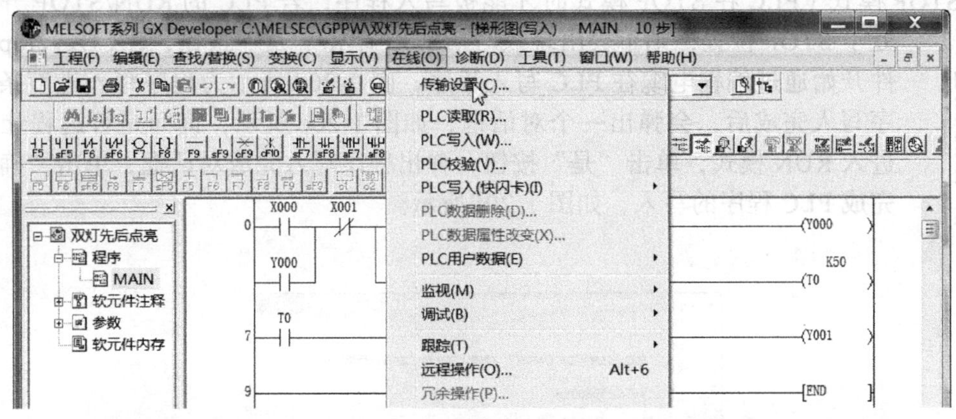

a) 在GX Developer软件中执行菜单命令“在线”→“传输设置”

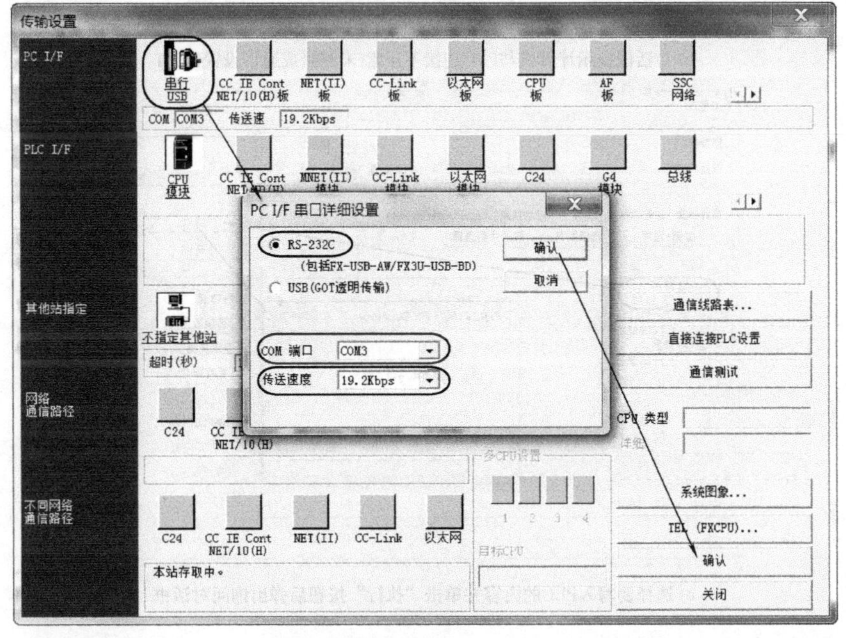

b) 通信设置

图 1-19　在 GX Developer 软件中进行通信设置

4. 将程序传送给 PLC

在用编程电缆将计算机与PLC连接起来并进行通信设置后，就可以在GX Developer软件中将编写好PLC程序（或打开先前已编写好的PLC程序）传送给（又称写入）PLC。

在GX Developer软件中将程序传送给PLC的操作过程如图1-20所示。在GX Developer软件中执行菜单命令“在线”→“PLC写入”，若弹出图1-20a所示的对话框，则表明计算机与PLC之间未用编程电缆连接，或者通信设置错误，如果计算机与PLC连接正常，则会弹出“PLC写入”对话框，如图1-20b所示，在该对话框中展开“程序”项，选中“MAIN(主程序)”，然后单击“执行”按钮，弹出“是否执行PLC写入”对话框，单击“是”按钮，又弹出一个对话框，如图1-20c所示，询问是否远程让PLC进入STOP模式（PLC在STOP模式时才能被写入程序，若PLC的RUN/STOP开关已处于STOP位置，则不会出现该对话框），单击“是”按钮，GX Developer软件开始通过编程电缆往PLC写入程序，图1-20d所示为程序写入进度条，程序写入完成后，会弹出一个对话框，如图1-20e所示，询问是否远程让PLC进入RUN模式，单击“是”按钮，弹出程序写入完成对话框，单击“确定”，完成PLC程序的写入，如图1-20f所示。

扫一扫看视频

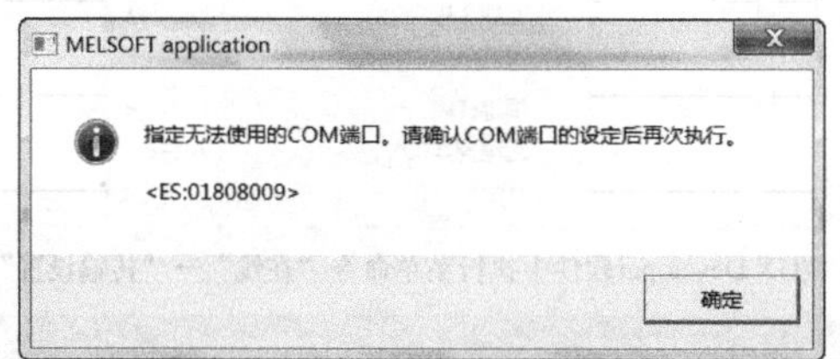

a) 对话框提示计算机与PLC连接不正常(未连接或通信设置错误)

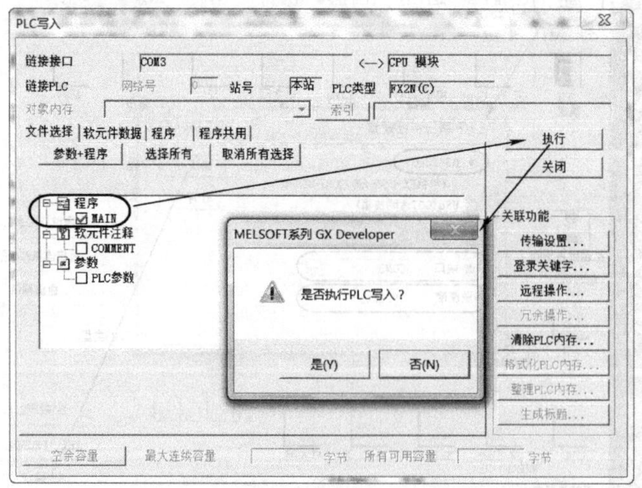

b) 选择要写入PLC的内容并单击“执行”按钮后弹出询问对话框

图 1-20 在 GX Developer 软件下载程序到 PLC 的操作过程

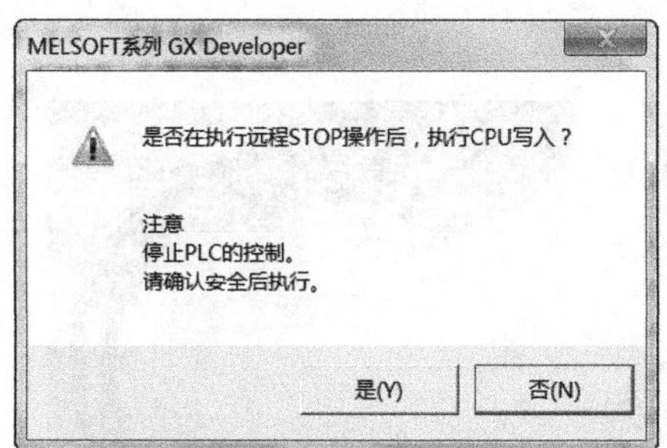

c) 单击“是”按钮可远程让PLC进入STOP模式

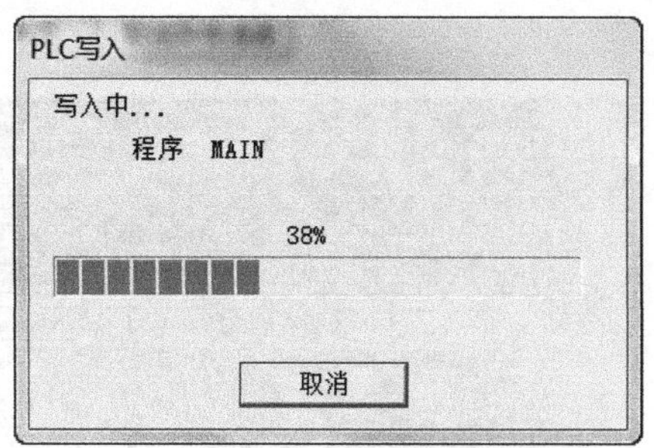

d) 程序写入进度条

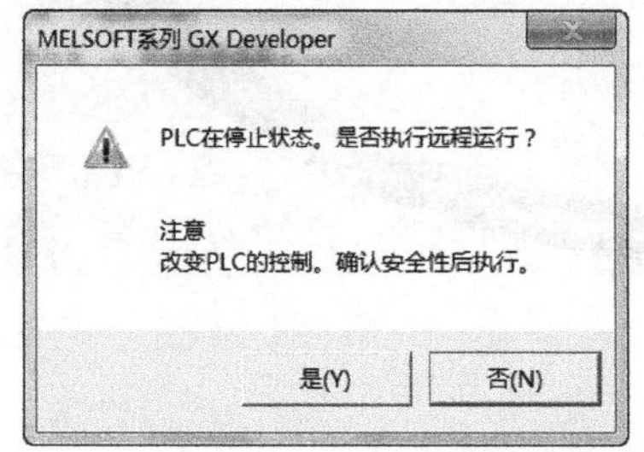

e) 单击“是”按钮可远程让PLC进入RUN模式

f) 程序写入完成对话框

图 1-20　在 GX Developer 软件下载程序到 PLC 的操作过程（续）

1.3.6　PLC 实物接线

图 1-21 所示为 PLC 控制双灯先后点亮系统的实物接线（全图）。图 1-22 所示为接线细节图，图 1-22a 为电源适配器接线，图 1-22b 左图为输出端的 A 灯、B 灯接线，图 1-22b 右图为 PLC 电源和输入端的开灯、关灯按钮接线。在实物接线时，可对照图 1-10 所示硬件电路图进行。

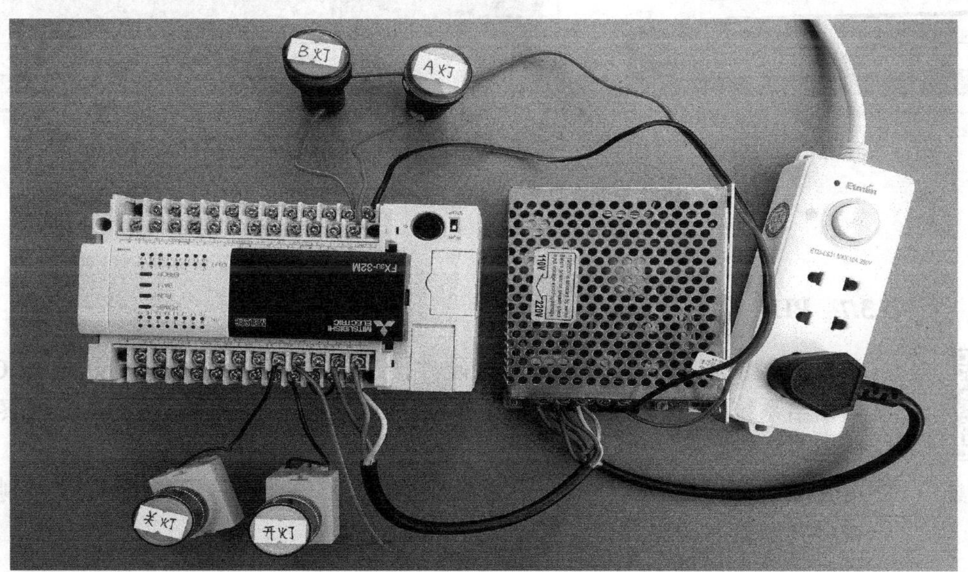

图 1-21　PLC 控制双灯先后点亮系统的实物接线（全图）

a) 电源适配器的接线

b) 输出端、输入端和电源端的接线

图 1-22 PLC 控制双灯先后点亮系统的实物接线（细节图）

1.3.7 PLC 操作测试

扫一扫看视频

PLC 控制双灯先后点亮系统的硬件接线完成，程序也已经传送给 PLC 后，就可以给系统通电，观察系统能否正常运行，并进行各种操作测试，观察能否达到控制要求。如果不正常，则应检查硬件接线和编写的程序是否正确，若程序不正确，则用编程软件改正后重新传送给 PLC，再进行测试。PLC 控制双灯先后点亮系统的通电测试过程见表 1-1。

表 1-1　PLC 控制双灯先后点亮系统的通电测试过程

序号	操作说明	操作图
1	按下电源插座上的开关，220V 交流电压送到 24V 电源适配器和 PLC，电源适配器工作，输出 24V 直流电压（输出指示灯亮），PLC 获得供电后，面板上的 “POWER（电源）” 指示灯点亮，由于 RUN/STOP 模式切换开关处于 RUN 位置，故 “RUN” 指示灯也点亮	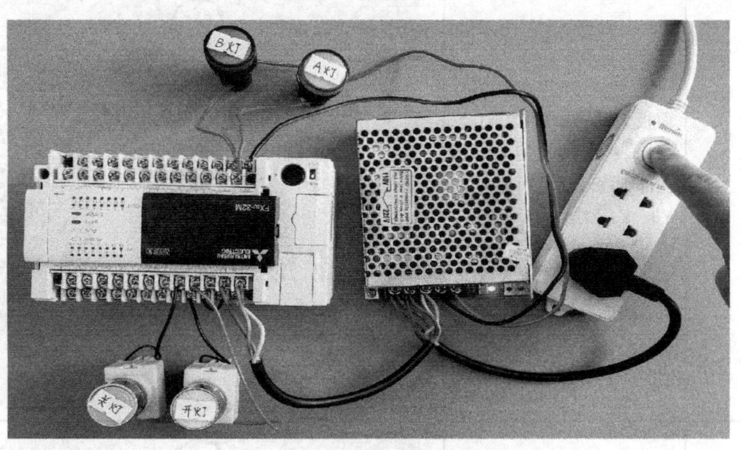
2	按下开灯按钮，PLC 面板上的 X0 端指示灯点亮，表示 X0 端有输入，内部程序运行，面板上的 Y0 端指示灯点亮，表示 Y0 端有输出，Y0 端外接的 A 灯也点亮	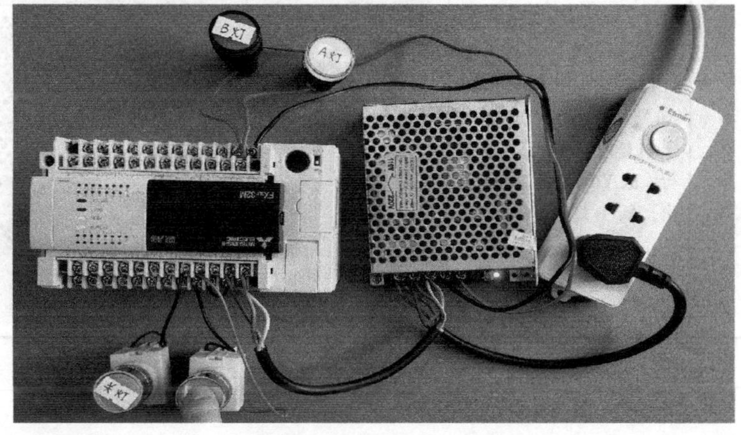
3	5s 后，PLC 面板上的 Y1 端指示灯点亮，表示 Y1 端有输出，Y1 端外接的 B 灯也点亮	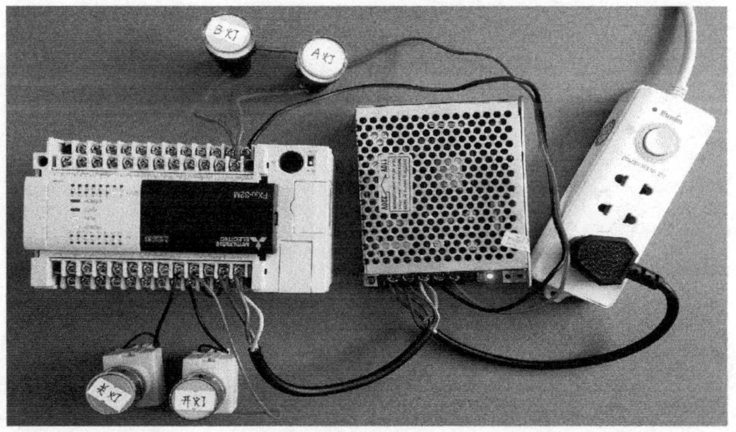

（续）

序号	操作说明	操作图
4	按下关灯按钮，PLC 面板上的 X1 端指示灯点亮，表示 X1 端有输入，内部程序运行，面板上的 Y0、Y1 端指示灯均熄灭，表示 Y0、Y1 端无输出，Y0、Y1 端外接的 A 灯和 B 灯均熄灭	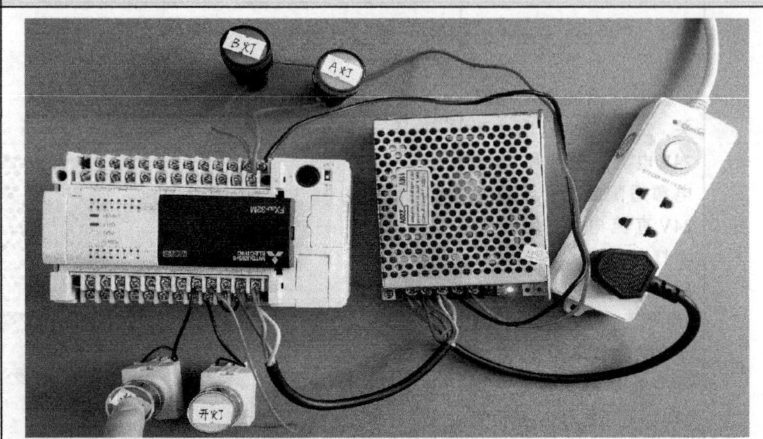
5	将 RUN/STOP 开关拨至 STOP 位置，再按下开灯按钮，虽然面板上的 X0 端指示灯点亮，但由于 PLC 内部程序已停止运行，故 Y0、Y1 端均无输出，A、B 灯都不会点亮	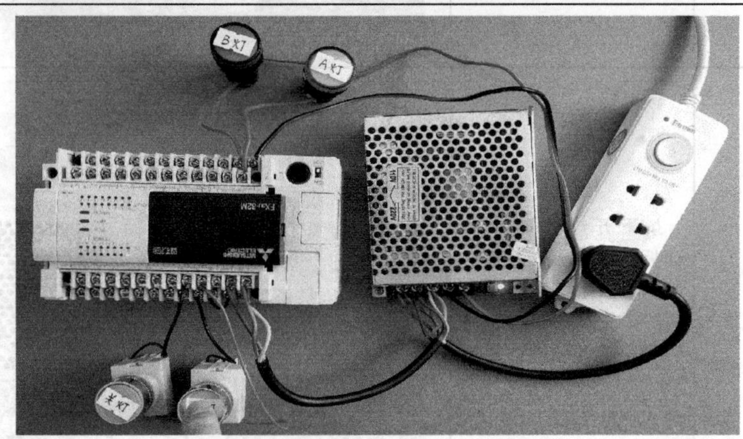

第 2 章 三菱 FX3U 系列 PLC 介绍

2.1 三菱 FX 系列 PLC 分类与型号含义

2.1.1 三菱 FX 系列 PLC 的一、二、三代机

三菱 FX 系列 PLC 是三菱公司推出的小型整体式 PLC，在我国用量非常大，FX1S、FX1N、FX1NC 为一代机，FX2N、FX2NC 为二代机，FX3SA、FX3S、FX3GA、FX3G、FX3GE、FX3GC、FX3U、FX3UC 为三代机，因为一、二代机推出时间已有二十多年，故拥有量比较大，不过由于三代机性能强大且价格与二代机相差不多，故越来越多的用户开始选用三代机。

FX1NC、FX2NC、FX3GC、FX3UC 分别是三菱 FX 系列的一、二、三代机的变形机种，变形机种与普通机种区别主要在于：①变形机种比普通机种体积小，适合在狭小空间安装；②变形机种的端子采用插入式连接，普通机种的端子采用接线端子连接；③变形机种的输入电源只能是 DC 24V，普通机种的输入电源可以使用 DC 24V 或 AC 电源。在三菱 FX3 系列 PLC 中，FX3SA、FX3S 为简易机型，FX3GA、FX3G、FX3GE、FX3GC 为基本机型，FX3U、FX3UC 为高端机型。

2.1.2 三菱 FX 系列 PLC 的型号含义

PLC 的一些基本信息可以从产品型号了解，三菱 FX 系列 PLC 的型号含义如下：

FX2N-16MR-□-UA1/UL
① ②③④ ⑤ ⑥ ⑦

FX3U-16MR/ES
① ②③④ ⑧

序号	区分	内容	序号	区分	内容
①	型号	FX1S\FX1N\FX1NC\FX2N\FX2NC\FX3SA\FX3S\FX3GA\FX3G\FX3GE\FX3GC\FX3U\FX3UC	③	单元区分	M：基本单元 E：输入输出混合扩展设备 EX：输入扩展模块 EY：输出扩展模块
②	输入输出合计点数	8、16、32、48、64 等	④	输出形式	R：继电器 S：双向晶闸管 T：晶体管

（续）

序号	区分	内容	序号	区分	内容
⑤	连接形式等	T：FX2NC 的端子排方式 LT（-2）：内置 FX3UC 的 CC-Link/LT 主站功能	⑦	UL 规格（电气部件安全性标准）	无：不符合的产品　UL：符合 UL 规格的产品 即使是⑦未标注 UL 的产品，也有符合 UL 规格的机型
⑥	电源、输入输出方式	无：AC 电源，漏型输出 E：AC 电源，漏型输入、漏型输出 ES：AC 电源，漏型 / 源型输入，漏型 / 源型输出 ESS：AC 电源，漏型 / 源型输入，源型输出（仅晶体管输出） UA1：AC 电源，AC 输入 D：DC 电源，漏型输入、漏型输出 DS：DC 电源，漏型 / 源型输入，漏型输出 DSS：DC 电源，漏型 / 源型输入，源型输出（仅晶体管输出）	⑧	电源、输入输出方式	ES：AC 电源，漏型 / 源型输入（晶体管输出型为漏型输出） ESS：AC 电源，漏型 / 源型输入，源型输出（仅晶体管输出） D：DC 电源，漏型输入、漏型输出 DS：DC 电源，漏型 / 源型输入（晶体管输出型为漏型输出） DSS：DC 电源，漏型 / 源型输入，源型输出（仅晶体管输出）

2.2 三菱 FX3U 系列 PLC 介绍

三菱 FX3U 是 FX3 三代机中的高端机型，是二代机 FX2N 的升级机型。三菱 FX3U 系列 PLC 的特性如下：

1）控制规模：16 ～ 256 点（基本单元有 16、32、48、64、80、128 点，连接扩展 I/O 时最多可使用 256 点），使用 CC-Link 远程 I/O 时为 384 点。

2）支持的指令数：基本指令 29 条，步进指令 2 条，应用指令 218 条。

3）程序容量 64000 步，可使用带程序传送功能的闪存存储器盒。

4）支持软元件数量：辅助继电器 7680 点，定时器（计时器）512 点，计数器 235 点，数据寄存器 8000 点，扩展寄存器 32768 点，扩展文件寄存器 32768 点（只有安装存储器盒时可以使用）。

2.2.1 面板及组成部件

三菱 FX3U 基本单元面板外形如图 2-1a 所示，面板组成部件如图 2-1b 所示。

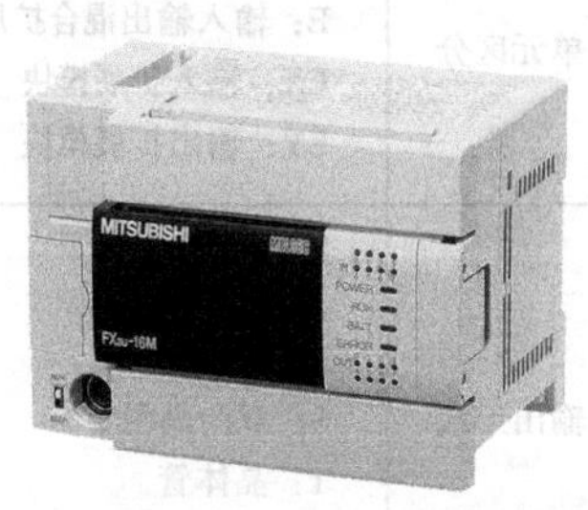

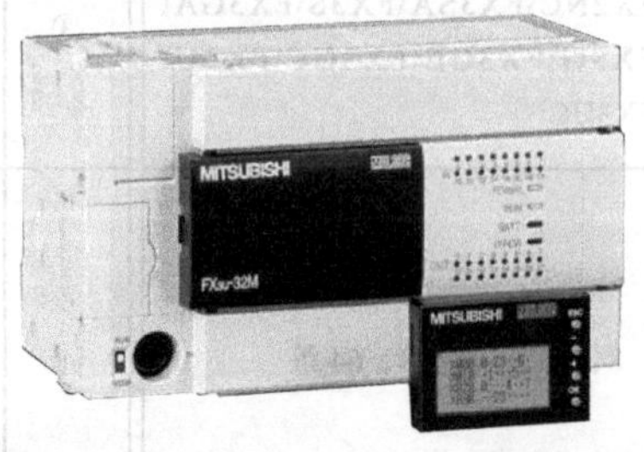

a) 外形

图 2-1　三菱 FX3U 基本单元面板及组成部件

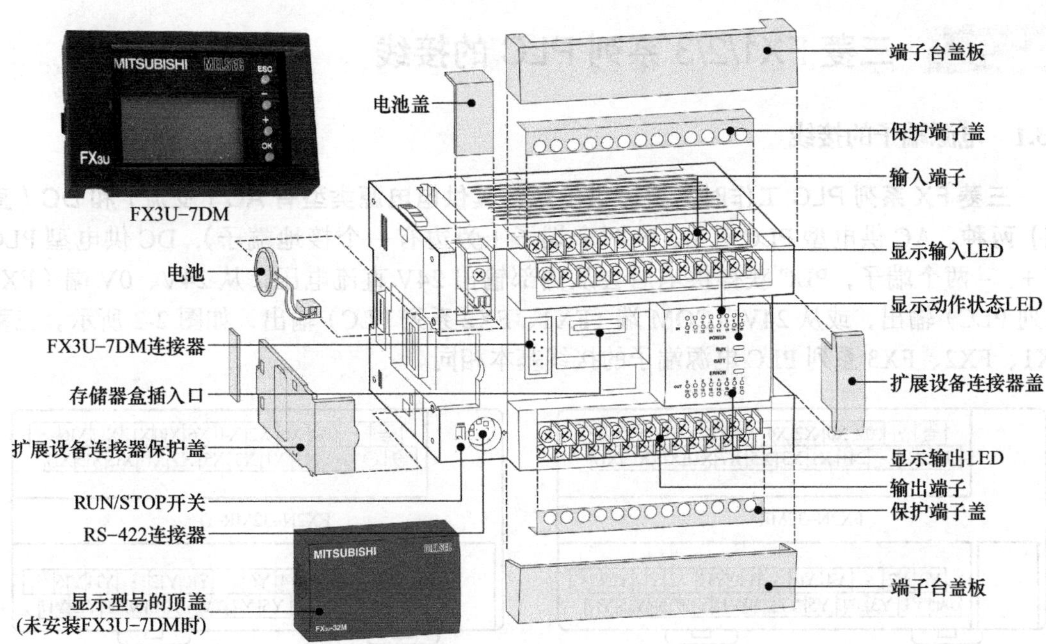

b) 组成部件

图 2-1　三菱 FX3U 基本单元面板及组成部件（续）

2.2.2　规格概要

三菱 FX3U 基本单元规格概要见表 2-1。

表 2-1　三菱 FX3U 基本单元规格概要

项目		规格概要
电源、输入输出	电源规格	AC 电源型：AC100 ～ 240V　50/60Hz　DC 电源型：DC24V
	消耗电量	AC 电源型：30W（16M），35W（32M），40W（48M），45W（64M），50W（80M），65W（128M）
		DC 电源型：25W（16M），30W（32M），35W（48M），40W（64M），45W（80M）
	冲击电流	AC 电源型：最大 30A　5ms 以下 /AC100V，最大 45A　5ms 以下 /AC200V
	24V 供给电源	AC 电源 DC 输入型：400mA 以下（16M，32M）600mA 以下（48M，64M，80M，128M）
	输入规格	DC 输入型：DC24V，5/7mA（无电压触点或漏型输入时：NPN 型集电极开路晶体管，源型输入时：PNP 型集电极开路晶体管）
		AC 输入型：AC100 ～ 120V AC 电压输入
	输出规格	继电器输出型：2A/1 点，8A/4 点 COM，8A/8 点 COM　AC250V（取得 CE、UL/cUL 认证时为 240V），DC30V 以下
		晶闸管型：0.3A/1 点，0.8A/4 点 COM　AC85 ～ 242V
		晶体管输出型：0.5A/1 点，0.8A/4 点，1.6A/8 点 COM　DC5 ～ 30V
	输入输出扩展	可连接 FX2N 系列用扩展设备
内置通信端口		RS-422

2.3 三菱 FX1/2/3 系列 PLC 的接线

2.3.1 电源端子的接线

三菱 FX 系列 PLC 工作时需要提供电源，其供电电源类型有 AC（交流）和 DC（直流）两种。AC 供电型 PLC 有 L、N 两个端子（旁边有一个接地端子），DC 供电型 PLC 有 +、- 两个端子，PLC 获得供电后会从内部输出 24V 直流电压，从 24V、0V 端（FX3 系列 PLC）输出，或从 24V、COM 端（FX1、FX2 系列 PLC）输出，如图 2-2 所示。三菱 FX1、FX2、FX3 系列 PLC 电源端子的接线基本相同。

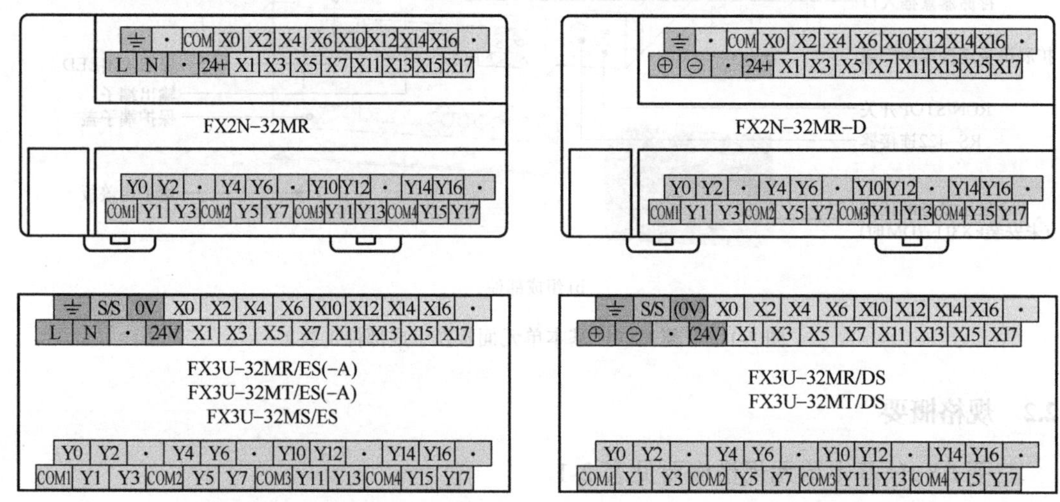

图 2-2 FX2N 与 FX3U 交、直流供电型 PLC 的接线端子比较

1. AC 供电型 PLC 的电源端子接线

AC 供电型 PLC 的电源接线如图 2-3 所示。AC100 ～ 240V 交流电源接到 PLC 基本单元和扩展单元的 L、N 端子，交流电源在内部经 AC/DC 电源电路转换得到 DC24V 和 DC5V 直流电压，这两个电压一方面通过扩展电缆提供给扩展模块，另一方面 DC24V 电压还会从 24+、0V（或 COM）端子向外输出。

扩展单元和扩展模块的区别在于扩展单元内部有电源电路，可以往外部输出电压，而扩展模块内部无电源电路，只能从外部输入电源。由于基本单元和扩展单元内部的电源电路功率有限，所以不要用一个单元的输出电源提供给所有的扩展模块。

2. DC 供电型 PLC 的电源端子接线

DC 供电型 PLC 的电源接线如图 2-4 所示。DC24V 电源接到 PLC 基本单元和扩展单元的 +、- 端子，该电压在内部经 DC/DC 电源电路转换得 DC5V 和 DC24V，这两个电压一方面通过扩展电缆提供给扩展模块，另一方面 DC24V 电压还会从 24+V、0V（或 COM）端子向外输出。为了减轻基本单元或扩展单元内部电源电路的负担，扩展模块所需的 DC24V 可以直接由外部 DC24V 电源提供。

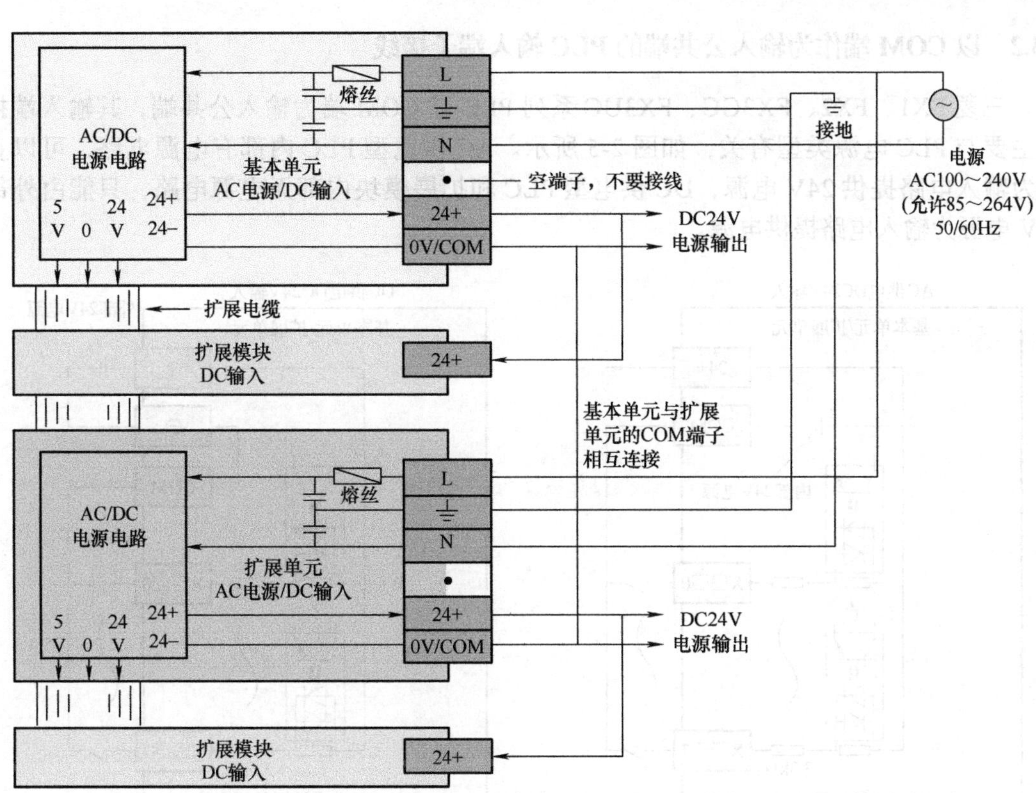

图 2-3　AC 供电型 PLC 的电源端子接线

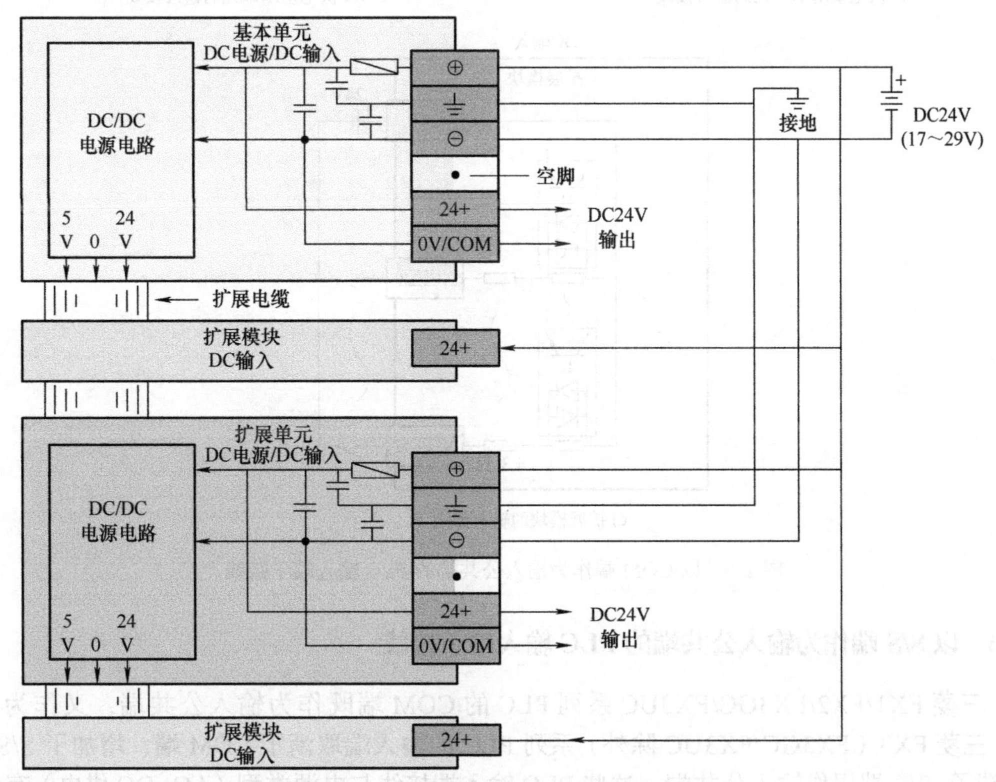

图 2-4　DC 供电型 PLC 的电源端子接线

2.3.2 以 COM 端作为输入公共端的 PLC 输入端子接线

三菱 FX1、FX2、FX3GC、FX3UC 系列 PLC 以 COM 端为输入公共端，其输入端接线主要与 PLC 电源类型有关，如图 2-5 所示。AC 供电型 PLC 内部有电源电路，可以直接为输入电路提供 24V 电源，DC 供电型 PLC 和扩展模块内部无电源电路，只能由外部 24V 电源为输入电路提供电源。

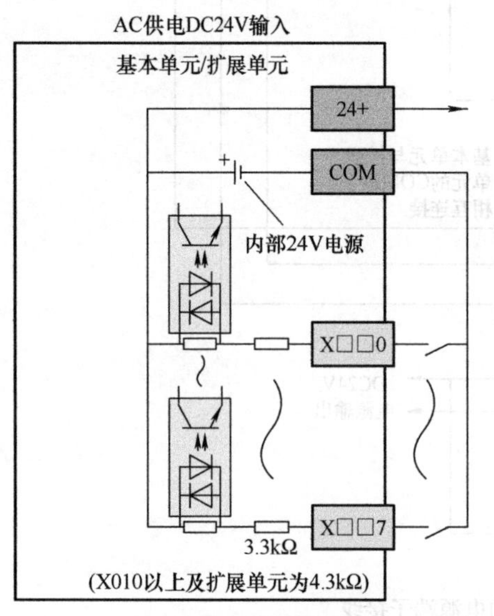

a) AC供电型基本单元的输入接线

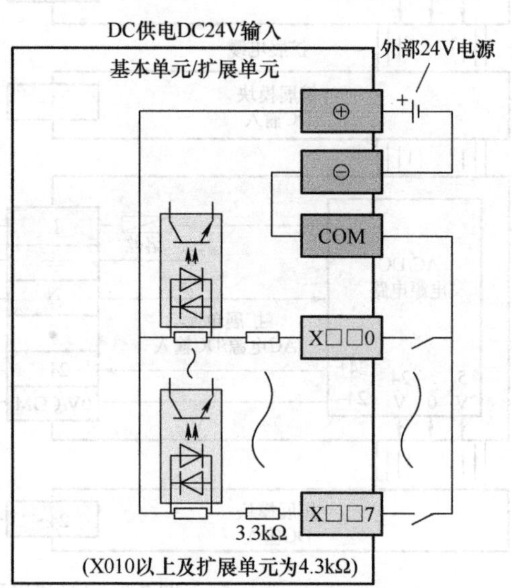

b) DC供电基本单元的输入接线

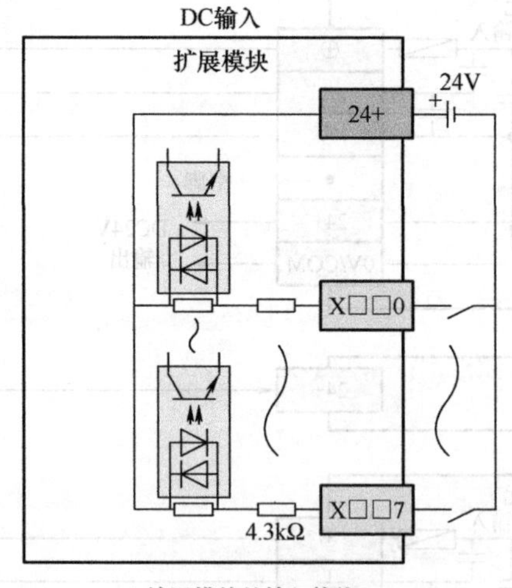

c) 扩展模块的输入接线

图 2-5 以 COM 端作为输入公共端的 PLC 输入端子接线

2.3.3 以 S/S 端作为输入公共端的 PLC 输入端子接线

三菱 FX1/FX2/FX3GC/FX3UC 系列 PLC 的 COM 端既作为输入公共端，又作为 0V 端。三菱 FX3（FX3GC/FX3UC 除外）系列 PLC 的输入端取消了 COM 端，增加了 S/S 和 0V 端子，S/S 端用作输入公共端，这些 PLC 输入端接线与电源类型（AC、DC 供电）有关，接线时还可选择输入电流的流向。

1. AC 供电型 PLC 的输入接线

以 S/S 端作为输入公共端的 AC 电源型 PLC 输入端子接线分为漏型输入接线和源型输入接线，如图 2-6 所示。图 2-6a 所示为漏型输入接线，将 24V 端子与 S/S 端子连接，再将开关接在输入端子和 0V 端子之间，开关闭合时有电流流过输入电路，电流途径：24V 端子→ S/S 端子→ PLC 内部光耦合器的发光二极管→输入端子→ 0V 端子，电流由 S/S 端子（输入公共端）流入。图 2-6b 所示为源型输入接线，将 0V 端子与 S/S 端子连接，再将开关接在输入端子和 24V 端子之间，开关闭合时有电流流过输入电路，电流途径：24V 端子→开关→输入端子→ PLC 内部光耦合器的发光管→ S/S 端子→ 0V 端子。电流由输入端子流入。

为了方便记忆理解，可将 S/S 端子当作漏极，输入端子当作源极，电流从 S/S 端子流入为漏型输入，电流从输入端子流入为源型输入。如果输入端连接的是无极性开关（如按钮开关），则漏型或源型可任选一种方式接线，若输入端连接的是有极性开关（如 NPN 或 PNP 型接近开关），则需要考虑选择何种类型接线。

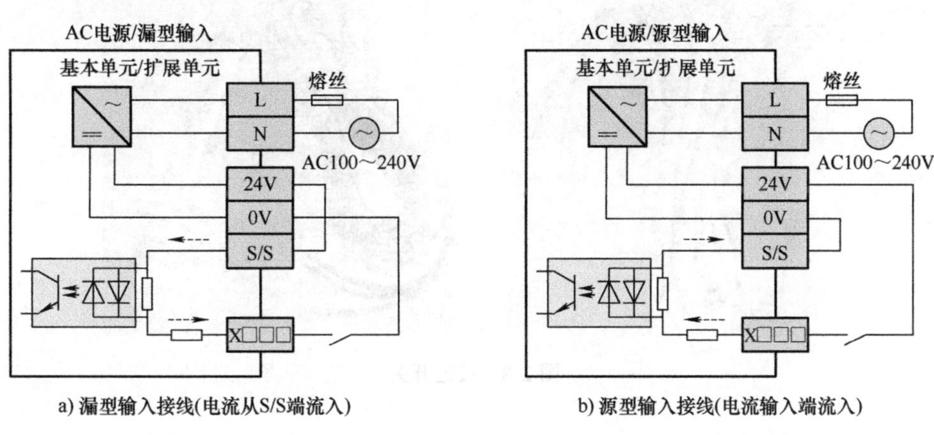

图 2-6　以 S/S 端作为输入公共端的 AC 供电型 PLC 的输入接线

2. DC 供电型 PLC 的输入接线

以 S/S 端作为输入公共端的 DC 供电型 PLC 输入端子接线分为漏型输入接线和源型输入接线，如图 2-7 所示。图 2-7a 所示为漏型输入接线，接线时将外部 24V 电源正极与 S/S 端子连接，将开关接在输入端子和外部 24V 电源负极之间，输入电流从 S/S 端子流入（漏型输入）。也可以将 24V 端子与 S/S 端子连接起来，再将开关接在输入端子和 0V 端子之间，但这样做会使从电源端子进入 PLC 的电流增大，从而增加 PLC 出现故障的概率。图 2-7b 所示为源型输入接线，接线时将外部 24V 电源负极与 S/S 端子连接，再将开关接在输入端子和外部 24V 电源正极之间，输入电流从输入端子流入（源型输入）。

2.3.4　接近开关与 PLC 输入端子的接线

PLC 的输入端子除了可以接普通触点开关外，还可以接一些无触点开关，如接近开关，如图 2-8 所示。当金属体靠近时接近开关的探测头时，其内部的晶体管导通，相当于开关闭合。根据内部晶体管不同，接近开关可分为 NPN 型和 PNP 型，根据引出线数量不同，可分为两线式和三线式，无触点接近开关常用符号如图 2-9 所示。

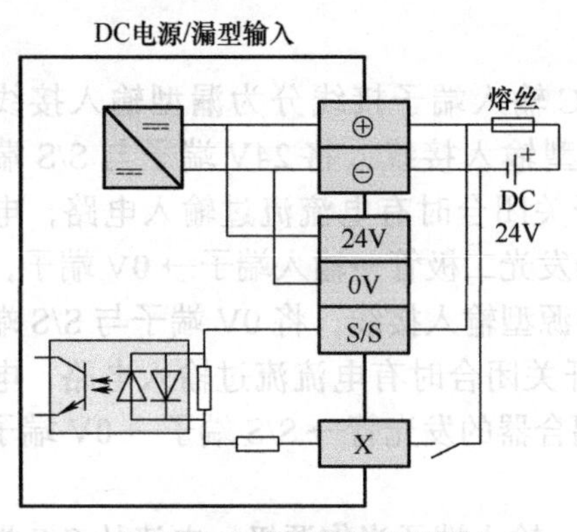

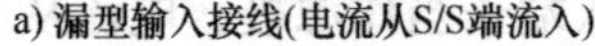
a) 漏型输入接线(电流从S/S端流入)

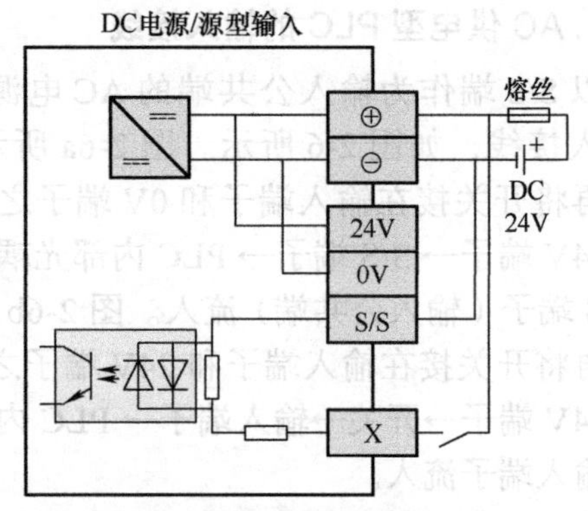

b) 源型输入接线(电流从输入端流入)

图 2-7　以 S/S 端作为输入公共端的 DC 供电型 PLC 的输入接线

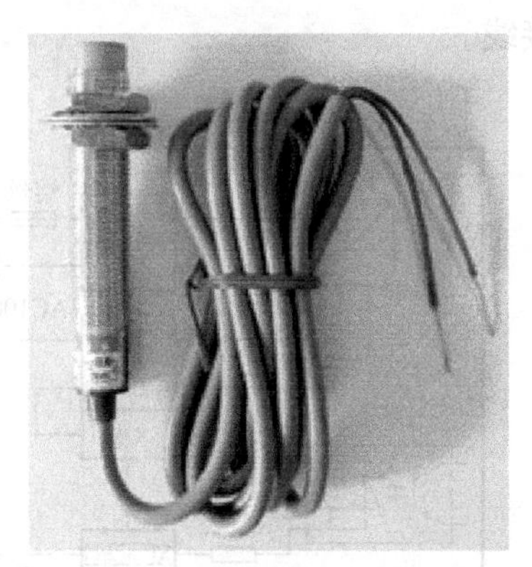

图 2-8　接近开关

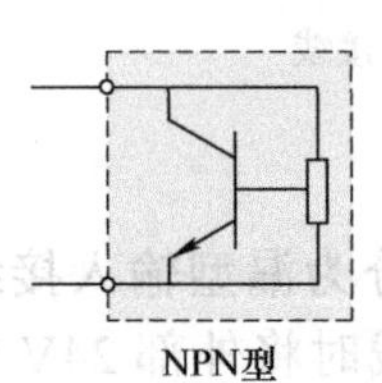

PNP型

a) 两线式

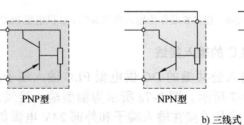

NPN型

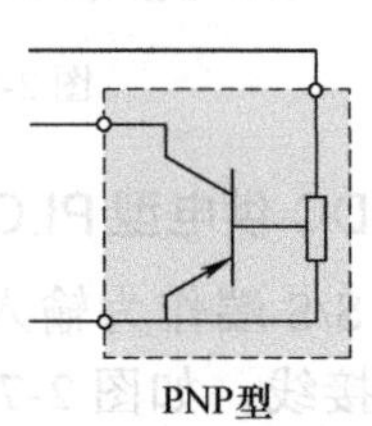

b) 三线式

图 2-9　接近开关的符号

1. 三线式接近开关的接线

三线式接近开关的接线如图 2-10 所示。图 2-10a 所示为三线 NPN 型接近开关的接线，它采用漏型输入接线，在接线时将 S/S 端子与 24V 端子连接，当金属体靠近接近开关时，内部的 NPN 型晶体管导通，X000 输入电路有电流流过，电流途径：24V 端子→ S/S 端子→ PLC 内部光耦合器→ X000 端子→接近开关→ 0V 端子，电流由公共端子（S/S 端子）输入，此为漏型输入。

图 2-10b 所示为三线 PNP 型接近开关的接线，它采用源型输入接线，在接线时将 S/S 端子与 0V 端子连接，当金属体靠近接近开关时，内部的 PNP 型晶体管导通，X000 输入电路有电流流过，电流途径：24V 端子→接近开关→ X000 端子→ PLC 内部光耦合器→ S/S

端子→ 0V 端子，电流由输入端子（X000 端子）输入，此为源型输入。

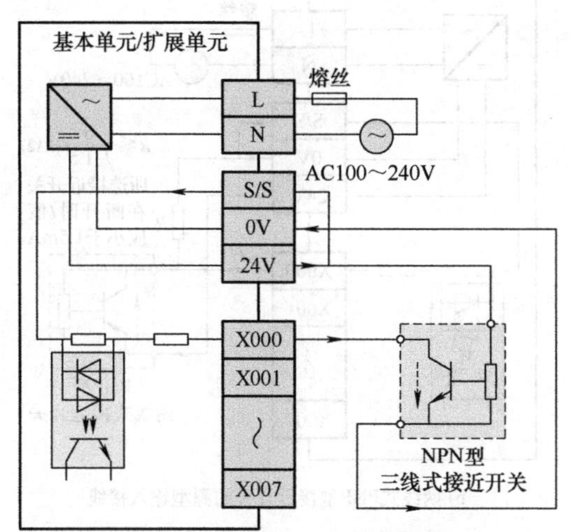

a) 三线NPN型接近开关的漏型输入接线

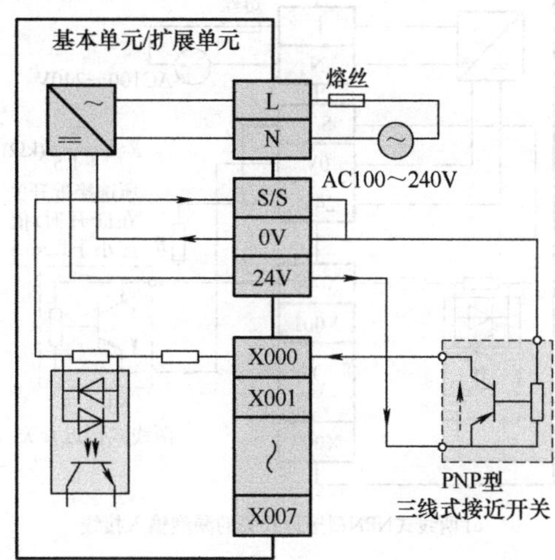

b) 三线PNP型接近开关的源型输入接线

图 2-10　三线式无触点接近开关的接线

2. 两线式接近开关的接线

两线式接近开关的接线如图 2-11 所示。图 2-11a 所示为两线式 NPN 型接近开关的接线，它采用漏型输入接线，在接线时将 S/S 端子与 24V 端子连接，再在接近开关的一根线（内部接 NPN 型晶体管集电极）与 24V 端子间接入一个电阻 *R*，*R* 值的选取如图中所示。当金属体靠近接近开关时，内部的 NPN 型晶体管导通，X000 输入电路有电流流过，电流途径：24V 端子→ S/S 端子→ PLC 内部光耦合器→ X000 端子→接近开关→ 0V 端子，电流由公共端子（S/S 端子）输入，此为漏型输入。

图 2-11b 所示为两线式 PNP 型接近开关的接线，它采用源型输入接线，在接线时将 S/S 端子与 0V 端子连接，再在接近开关的一根线（内部接 PNP 型晶体管集电极）与 0V 端子间接入一个电阻 *R*，*R* 值的选取如图所示。当金属体靠近接近开关时，内部的 PNP 型晶体管导通，X000 输入电路有电流流过，电流途径：24V 端子→接近开关→ X000 端子→ PLC 内部光耦合器→ S/S 端子→ 0V 端子，电流由输入端子（X000 端子）输入，此为源型输入。

2.3.5　输出端子接线

PLC 的输出类型有继电器输出型、晶体管输出型和晶闸管（又称双向可控硅型）输出型，不同输出类型的 PLC，其输出端子接线有相应的接线要求。三菱 FX1、FX2、FX3 系列 PLC 输出端的接线基本相同。

1. 继电器输出型 PLC 的输出端接线

继电器输出型是指 PLC 输出端子内部采用继电器触点，当触点闭合时表示输出为 ON（或称输出为 1），触点断开时表示输出为 OFF（或称输出为 0）。继电器输出型 PLC 的输出端子接线如图 2-12 所示。

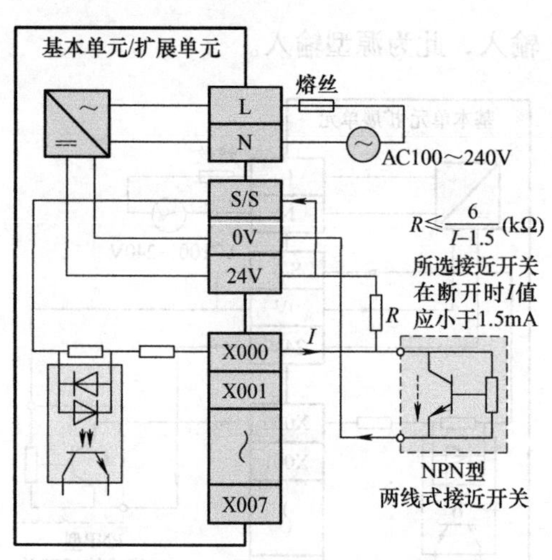

a) 两线式NPN型接近开关的漏型输入接线

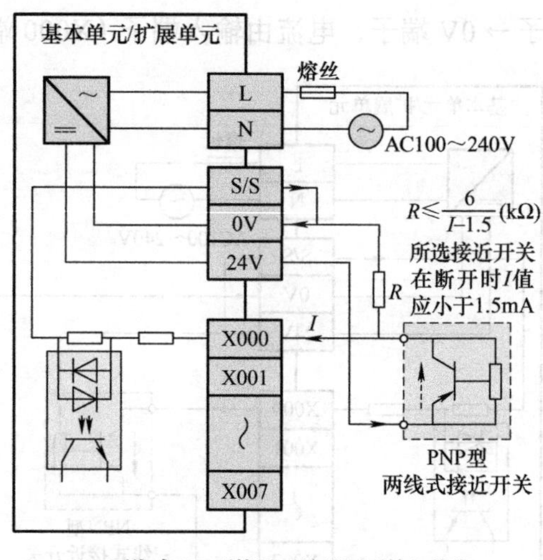

b) 两线式PNP型接近开关的源型输入接线

图 2-11　两线式接近开关的接线

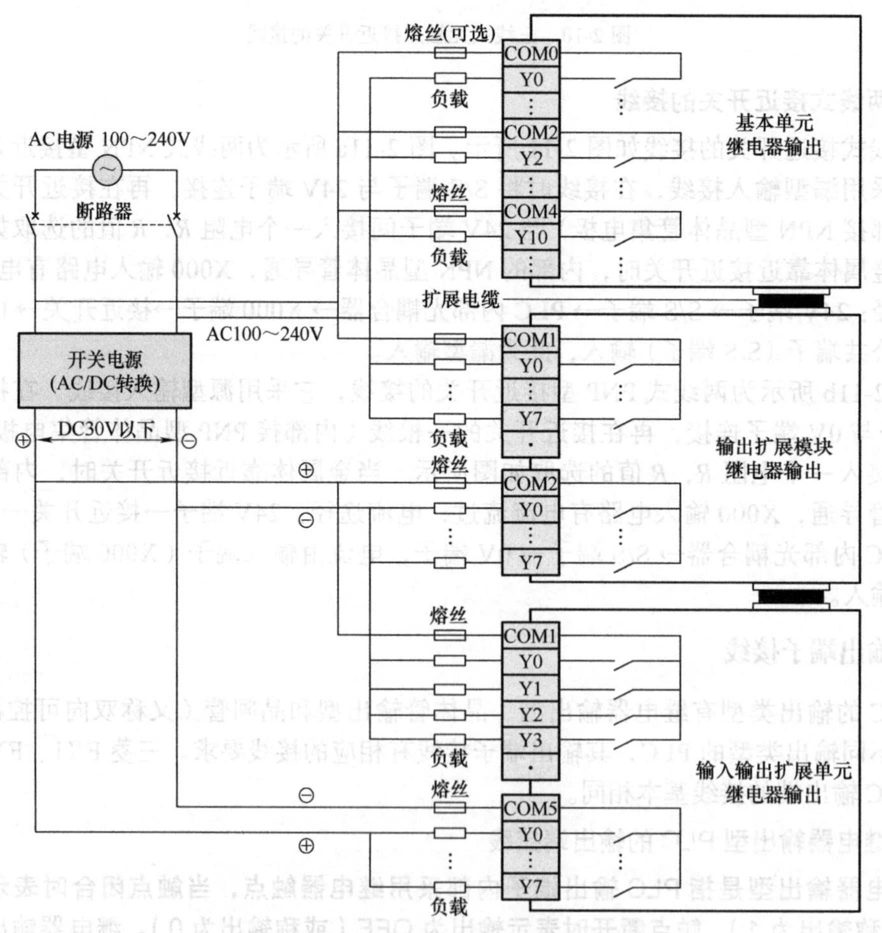

图 2-12　继电器输出型 PLC 的输出端子接线

由于继电器的触点无极性，故输出端使用的负载电源既可使用交流电源（AC100～240V），也可使用直流电源（DC30V 以下）。在接线时，将电源与负载串接起来，再接在输出端子和公共端子之间，当 PLC 输出端内部的继电器触点闭合时，输出电路形成回路，有电流流过负载（如线圈、白炽灯等）。

2. 晶体管输出型 PLC 的输出端接线

晶体管输出型是指 PLC 输出端子内部采用晶体管，当晶体管导通时表示输出为 ON，晶体管截止时表示输出为 OFF。**由于晶体管是有极性的，输出端使用的负载电源必须是直流电源（DC5 ～ 30V），晶体管输出型又可分为漏型输出（输出端子内接晶体管的漏极或集电极）和源型输出（输出端子内接晶体管的源极或发射极）。**

漏型输出型 PLC 输出端子接线如图 2-13a 所示。在接线时，漏型输出 PLC 的公共端接电源负极，电源正极串接负载后接输出端子，当输出为 ON 时，晶体管导通，有电流流过负载，电流途径：电源正极→负载→输出端子→ PLC 内部晶体管→ COM 端→电源负极。

三菱 FX1、FX2 系列晶体管输出型 PLC 的输出公共端用 COM1、COM2…表示，而三菱 FX3 系列晶体管输出型 PLC 的公共端子用 +V0、+V1…表示。源型输出 PLC 输出端子接线如图 2-13b 所示（以 FX3 系列为例）。在接线时，源型输出型 PLC 的公共端（+V0、+V1…）接电源正极，电源负极串接负载后接输出端子，当输出为 ON 时，晶体管导通，有电流流过负载，电流途径：电源正极→ +V* 端子→ PLC 内部晶体管→输出端子→负载→电源负极。

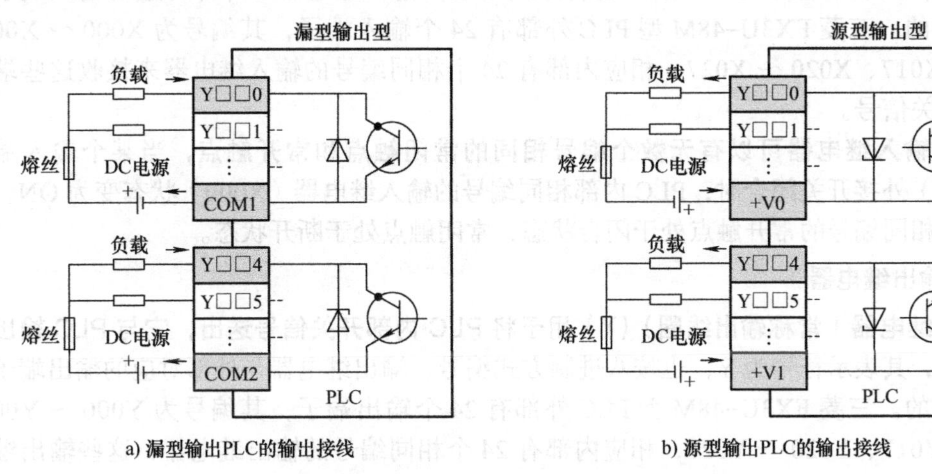

a) 漏型输出PLC的输出接线　　b) 源型输出PLC的输出接线

图 2-13　晶体管输出型 PLC 的输出端子接线

3. 晶闸管输出型 PLC 的输出端接线

晶闸管输出型是指 PLC 输出端子内部采用双向晶闸管（又称双向可控硅），当晶闸管导通时表示输出为 ON，晶闸管截止时表示输出为 OFF。晶闸管是无极性的，输出端使用的负载电源必须是交流电源（AC100 ～ 240V）。晶闸管输出型 PLC 的输出端子接线如图 2-14 所示。

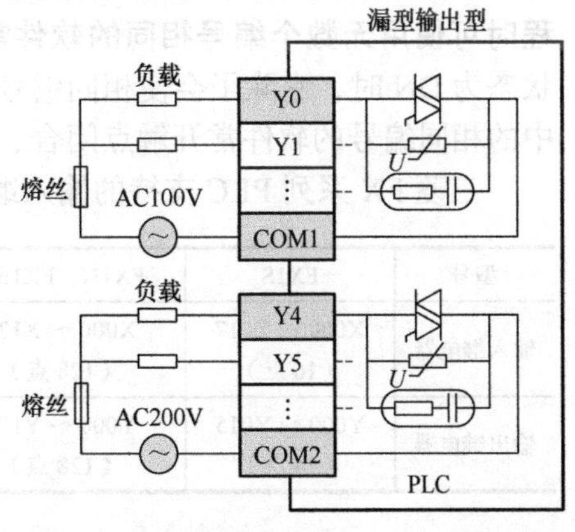

图 2-14　晶闸管输出型 PLC 的输出端子接线

2.4 三菱 FX1/2/3 系列 PLC 的软元件

PLC 是在继电器控制电路基础上发展起来的，继电器控制电路有时间继电器、中间继电器等，而 PLC 内部也有类似的器件，由于这些器件以软件形式存在，故称为软元件。**PLC 程序由指令和软元件组成，指令的功能是发出命令，软元件是指令的执行对象**，比如，SET 为置 1 指令，Y000 是 PLC 的一种软元件（输出继电器），“SET Y000”就是命令 PLC 的输出继电器 Y000 的状态变为 1。由此可见，编写 PLC 程序必须要了解 PLC 的指令和软元件。

PLC 的软元件很多，主要有输入继电器、输出继电器、辅助继电器、定时器、计数器、数据寄存器和常数等。三菱 FX 系列 PLC 分很多子系列，越高档的子系列，其支持的指令和软元件数量越多。

2.4.1 输入继电器和输出继电器

1. 输入继电器

输入继电器（X）用于接收 PLC 输入端子送入的外部开关信号，它与 PLC 的输入端子有关联，其表示符号为 X，按八进制方式编号，输入继电器与外部对应的输入端子编号是相同的。三菱 FX3U-48M 型 PLC 外部有 24 个输入端子，其编号为 X000 ～ X007、X010 ～ X017、X020 ～ X027，相应内部有 24 个相同编号的输入继电器来接收这些端子输入的开关信号。

一个输入继电器可以有无数个编号相同的常闭触点和常开触点，当某个输入端子（如 X000）外接开关闭合时，PLC 内部相同编号的输入继电器（X000）状态变为 ON，那么程序中相同编号的常开触点处于闭合状态，常闭触点处于断开状态。

2. 输出继电器

输出继电器（常称输出线圈）（Y）用于将 PLC 内部开关信号送出，它与 PLC 输出端子有关联，其表示符号为 Y，也按八进制方式编号，输出继电器与外部对应的输出端子编号是相同的。三菱 FX3U-48M 型 PLC 外部有 24 个输出端子，其编号为 Y000 ～ Y007、Y010 ～ Y017、Y020 ～ Y027，相应内部有 24 个相同编号的输出继电器，这些输出继电器的状态由相同编号的外部输出端子送出。

一个输出继电器只有一个与输出端子关联的硬件常开触点（又称物理触点），但在编程时可使用无数个编号相同的软件常开触点和常闭触点。当某个输出继电器（如 Y000）状态为 ON 时，它除了会使相同编号的输出端子内部的硬件常开触点闭合外，还会使程序中的相同编号的软件常开触点闭合、常闭触点断开。

三菱 FX 系列 PLC 支持的输入继电器、输出继电器如下：

型号	FX1S	FX1N、FX1NC	FX2N、FX2NC	FX3G	FX3U、FX3UC
输入继电器	X000 ～ X017（16 点）	X000 ～ X177（128 点）	X000 ～ X267（184 点）	X000 ～ X177（128 点）	X000 ～ X367（256 点）
输出继电器	Y000 ～ Y015（14 点）	Y000 ～ Y177（128 点）	Y000 ～ Y267（184 点）	Y000 ～ Y177（128 点）	Y000 ～ Y367（256 点）

2.4.2　辅助继电器

辅助继电器是 PLC 内部继电器，它与输入、输出继电器不同，不能接收输入端子送来的信号，也不能驱动输出端子。辅助继电器表示符号为 M，按十进制方式编号，如 M0 ～ M499、M500 ～ M1023 等。**一个辅助继电器可以有无数个编号相同的常闭触点和常开触点。**

辅助继电器分为四类，即一般型、停电保持型、停电保持专用型和特殊用途型。三菱 FX 系列 PLC 支持的辅助继电器如下：

型号	FX1S	FX1N、FX1NC	FX2N、FX2NC	FX3G	FX3U、FX3UC
一般型	M0 ～ M383 （384 点）	M0 ～ M383 （384 点）	M0 ～ M499 （500 点）	M0 ～ M383 （384 点）	M0 ～ M499 （500 点）
停电保持型 （可设成一般型）	无	无	M500 ～ M1023 （524 点）	无	M500 ～ M1023 （524 点）
停电保持专用型	M384 ～ M511 （128 点）	M384 ～ M511（128 点，EEPROM 长久保持） M512 ～ M1535（1024 点，电容 10 天保持）	M1024 ～ M3071 （2048 点）	M384 ～ M1535 （1152 点）	M1024 ～ M7679 （6656 点）
特殊用途型	M8000 ～ M8255 （256 点）	M8000 ～ M8255 （256 点）	M8000 ～ M8255 （256 点）	M8000 ～ M8511 （512 点）	M8000 ～ M8511 （512 点）

1. 一般型辅助继电器

一般型（又称通用型）辅助继电器在 PLC 运行时，如果电源突然停电，则全部线圈状态均变为 OFF。当电源再次接通时，除了因其他信号而变为 ON 的以外，其余的仍将保持 OFF 状态，它们没有停电保持功能。

三菱 FX3U 系列 PLC 的一般型辅助继电器点数默认为 M0 ～ M499，也可以用编程软件将一般型设为停电保持型，设置方法如图 2-15 所示。在三菱 PLC 编程软件 GX Developer 的工程列表区双击参数项中的“PLC 参数”，弹出参数设置对话框，切换到“软元件”选项卡，从辅助继电器一栏可以看出，系统默认 M500（起始）～ M1023（结束）范围内的辅助继电器具有锁存（停电保持）功能，如果将起始值改为 550，结束值仍为 1023，那么 M0 ～ M550 范围内的都是一般型辅助继电器。

从图 2-15 所示对话框不难看出，不但可以设置辅助继电器停电保持点数，还可以设置状态继电器、定时器、计数器和数据寄存器的停电保持点数。编程时选择的 PLC 类型不同，该对话框的内容有所不同。

2. 停电保持型辅助继电器

停电保持型辅助继电器与一般型辅助继电器的区别主要在于，前者具有停电保持功能，即能记忆停电前的状态，并在重新通电后保持停电前的状态。FX3U 系列 PLC 的停电保持型辅助继电器可分为停电保持型（M500 ～ M1023）和停电保持专用型（M1024 ～ M7679），**停电保持专用型辅助继电器无法设成一般型。**

下面以图 2-16 为例来说明一般型和停电保持型辅助继电器的区别。

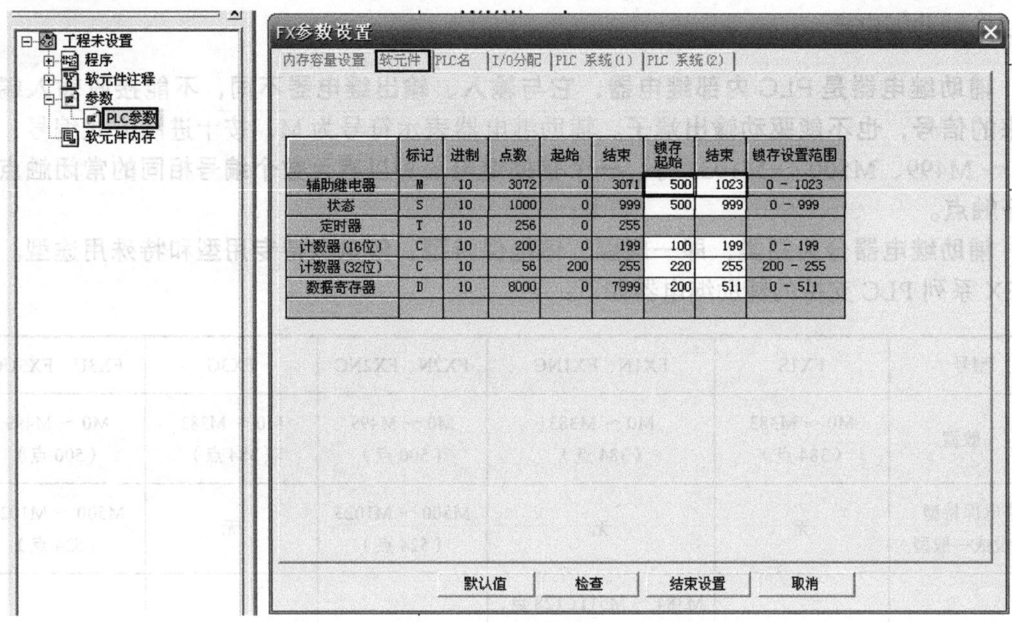

图 2-15　软元件停电保持（锁存）点数设置

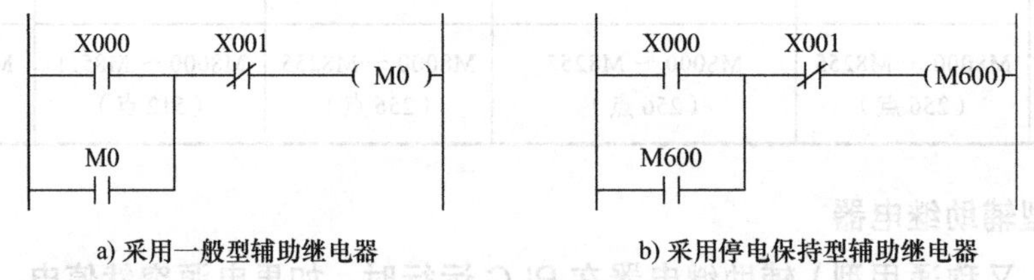

a) 采用一般型辅助继电器　　b) 采用停电保持型辅助继电器

图 2-16　一般型和停电保持型辅助继电器的区别说明

图 2-16a 所示程序采用了一般型辅助继电器，在通电时，如果 X000 常开触点闭合，则辅助继电器 M0 状态变为 ON（或称 M0 线圈得电），M0 常开触点闭合，在 X000 触点断开后锁住 M0 继电器的状态值。如果 PLC 出现停电，则 M0 继电器状态值变为 OFF，在 PLC 重新恢复供电时，M0 继电器状态仍为 OFF，M0 常开触点处于断开。

图 2-16b 所示程序采用了停电保持型辅助继电器，在通电时，如果 X000 常开触点闭合，则辅助继电器 M600 状态变为 ON，M600 常开触点闭合，如果 PLC 出现停电，则 M600 继电器状态值保持为 ON，在 PLC 重新恢复供电时，M600 继电器状态仍为 ON，M600 常开触点仍处于闭合。若重新供电时 X001 触点处于开路，则 M600 继电器状态为 OFF。

3. 特殊用途型辅助继电器

FX3U 系列中有 512 个特殊辅助继电器，可分成触点型和线圈型两大类。

（1）触点型特殊用途辅助继电器

触点型特殊用途辅助继电器的线圈由 PLC 自动驱动，用户只可使用其触点，即在编写程序时，只能使用这种继电器的触点，不能使用其线圈。常用的触点型特殊用途辅助继电器如下：

1）M8000：运行监视 a 触点（常开触点），在 PLC 运行中，M8000 触点始终处于接通状态，M8001 为运行监视 b 触点（常闭触点），它与 M8000 的触点逻辑相反，在 PLC 运行时，M8001 触点始终断开。

2）M8002：初始脉冲 a 触点，该触点仅在 PLC 运行开始的一个扫描周期内接通，以后周期断开，M8003 为初始脉冲 b 触点，它与 M8002 的触点逻辑相反。

3）M8011、M8012、M8013 和 M8014 分别是产生 10ms、100ms、1s 和 1min 时钟脉冲的特殊辅助继电器触点。

M8000、M8002、M8012 的时序关系如图 2-17 所示。从图中可以看出，在 PLC 运行（RUN）时，M8000 触点始终是闭合的（图中用高电平表示），而 M8002 触点仅闭合一个扫描周期，M8012 闭合 50ms、接通 50ms，并且不断重复。

（2）线圈型特殊用途辅助继电器

线圈型特殊用途辅助继电器由用户程序驱动其线圈，使 PLC 执行特定的动作。常用的线圈型特殊用途辅助继电器如下：

M8030：电池 LED 熄灭。当 M8030 线圈得电（M8030 继电器状态为 ON）时，电池电压降低，发光二极管熄灭。

M8033：存储器保持停止。若 M8033 线圈得电（M8033 继电器状态值为 ON），则在 PLC 由 RUN → STOP 时，输出映像存储器（即输出继电器）和数据寄存器的内容仍保持 RUN 状态时的值。

M8034：所有输出禁止。若 M8034 线圈得电（即 M8034 继电器状态为 ON），则 PLC 的输出全部禁止。以图 2-18 所示的程序为例，当 X000 常开触点处于断开时，M8034 辅助继电器状态为 OFF，X001 ～ X003 常闭触点处于闭合，使 Y000 ～ Y002 线圈均得电，如果 X000 常开触点闭合，则 M8034 辅助继电器状态变为 ON，PLC 马上让所有的输出线圈失电，故 Y000 ～ Y002 线圈都失电，即使 X001 ～ X003 常闭触点仍处于闭合。

M8039：恒定扫描模式。若 M8039 线圈得电（即 M8039 继电器状态为 ON），则 PLC 按数据寄存器 D8039 中指定的扫描时间工作。

更多特殊用途型辅助继电器的功能可查阅三菱 FX 系列 PLC 的编程手册。

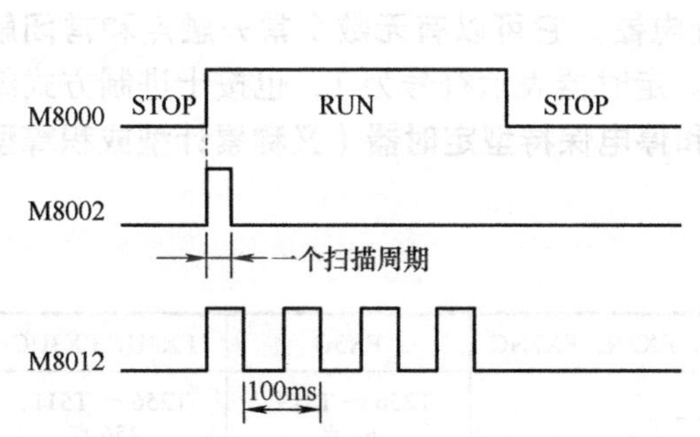

图 2-17　M8000、M8002、M8012 的时序关系图

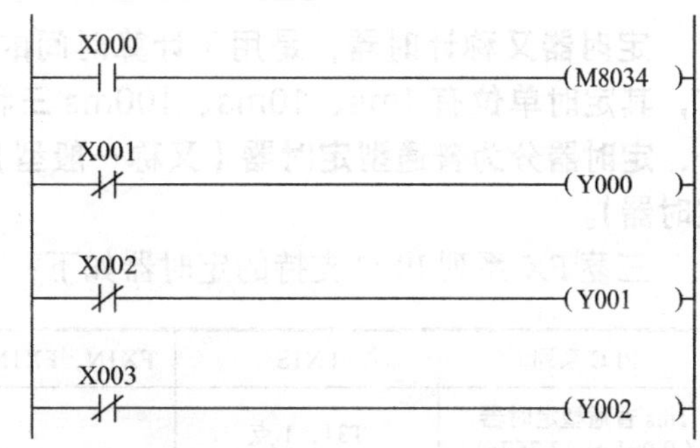

图 2-18　线圈型特殊用途辅助继电器的使用举例

2.4.3　状态继电器

状态继电器是编制步进程序的重要软元件，与辅助继电器一样，可以有无数个常开触点和常闭触点，其表示符号为 S，按十进制方式编号，如 S0 ～ S9、S10 ～ S19、S20 ～ S499 等。

状态器继电器可分为初始状态型、一般型和报警用途型。对于未在步进程序中使用的状态继电器，可以当成辅助继电器使用。如图 2-19 所示，当 X001 触点闭合时，S10 线圈得电（即 S10 继电器状态为 ON），S10 常开触点闭合。状态器继电器主要用在步进顺序程序中。

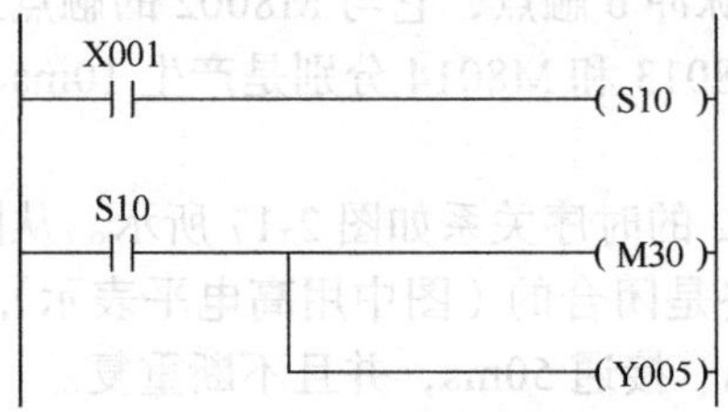

图 2-19　未使用的状态继电器可以当成辅助继电器使用

三菱 FX 系列 PLC 支持的状态继电器如下：

型号	FX1S	FX1N、FX1NC	FX2N、FX2NC	FX3G	FX3U、FX3UC
初始状态用	S0 ～ S9（停电保持专用）	S0 ～ S9（停电保持专用）	S0 ～ S9	S0 ～ S9（停电保持专用）	S0 ～ S9
一般用	S10 ～ S127（停电保持专用）	S10 ～ S127（停电保持专用）S128 ～ S999（停电保持专用，电容 10 天保持）	S10 ～ S499 S500 ～ S899（停电保持）	S10 ～ S999（停电保持专用）S1000 ～ S4095	S10 ～ S499 S500 ～ S899（停电保持） S1000 ～ S4095（停电保持专用）
信号报警用	无		S900 ～ S999（停电保持）	无	S900 ～ S999（停电保持）
说明	停电保持型可以设成非停电保持型，非停电保持型也可设成停电保持型（FX3G 型需安装选配电池，才能将非停电保持型设成停电保持型）；停电保持专用型采用 EEPROM 或电容供电保存，不可设成非停电保持型				

2.4.4　定时器

定时器又称计时器，是用于计算时间的继电器，它可以有无数个常开触点和常闭触点，其定时单位有 1ms、10ms、100ms 三种。定时器表示符号为 T，也按十进制方式编号，**定时器分为普通型定时器（又称一般型）和停电保持型定时器（又称累计型或积算型定时器）。**

三菱 FX 系列 PLC 支持的定时器如下：

PLC 系列	FX1S	FX1N，FX1NC，FX2N，FX2NC	FX3G	FX3U，FX3UC
1ms 普通型定时器（0.001 ～ 32.767s）	T31，1 点	—	T256 ～ T319，64 点	T256 ～ T511，256 点
100ms 普通型定时器（0.1 ～ 3276.7s）	T0 ～ 62，63 点	T0 ～ 199，200 点		
10ms 普通型定时器（0.01 ～ 327.67s）	T32 ～ C62，31 点	T200 ～ T245，46 点		
1ms 停电保持型定时器（0.001 ～ 32.767s）	—	T246 ～ T249，4 点		
100ms 停电保持型定时器（0.1 ～ 3276.7s）	—	T250 ～ T255，6 点		

普通型定时器和停电保持型定时器的区别说明如图 2-20 所示。

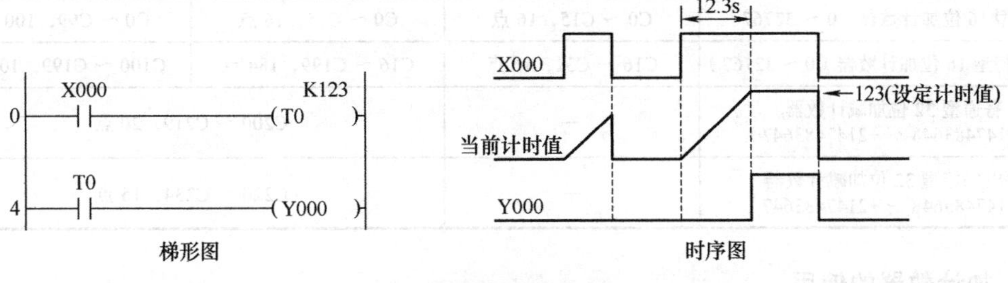

a) 普通型定时器的使用

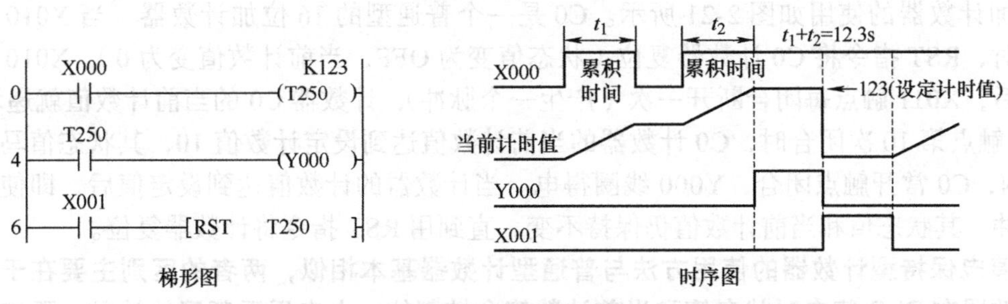

b) 停电保持型定时器的使用

图 2-20　普通型定时器和停电保持型定时器的区别说明

图 2-20a 所示梯形图中的定时器 T0 为 100ms 普通型定时器，其设定计时值为 123（123 × 0.1s=12.3s）。当 X000 触点闭合时，T0 定时器输入为 ON，开始计时，如果当前计时值未到 123 时 T0 定时器输入变为 OFF（X000 触点断开），则定时器 T0 马上停止计时，并且当前计时值复位为 0，当 X000 触点再闭合时，T0 定时器重新开始计时，当计时值到达 123 时，定时器 T0 的状态值变为 ON，T0 常开触点闭合，Y000 线圈得电。普通型定时器的计时值到达设定值时，如果其输入仍为 ON，则定时器的计时值保持设定值不变，当输入变为 OFF 时，其状态值变为 OFF，同时当前计时变为 0。

图 2-20b 所示梯形图中的定时器 T250 为 100ms 停电保持型定时器，其设定计时值为 123（123 × 0.1s=12.3s）。当 X000 触点闭合时，T250 定时器开始计时，如果当前计时值未到 123 时出现 X000 触点断开或 PLC 断电，则定时器 T250 停止计时，但当前计时值保持，当 X000 触点再闭合或 PLC 恢复供电时，定时器 T250 在先前保持的计时值基础上继续计时，直到累积计时值到达 123 时，定时器 T250 的状态值变为 ON，T250 常开触点闭合，Y000 线圈得电。停电保持型定时器的计时值到达设定值时，不管其输入是否为 ON，其状态值仍保持为 ON，当前计时值也保持设定值不变，直到用 RST 指令对其进行复位，状态值才变为 OFF，当前计时值才复位为 0。

2.4.5　计数器

计数器是一种具有计数功能的继电器，它可以有无数个常开触点和常闭触点。计数器可分为加计数器和加 / 减双向计数器。计数器的表示符号为 C，按十进制方式编号，**计数器可分为普通型计数器和停电保持型计数器。**

三菱 FX 系列 PLC 支持的计数器如下：

PLC 系列	FX1S	FX1N，FX1NC，FX3G	FX2N，FX2NC，FX3U，FX3UC
普通型 16 位加计数器（0 ～ 32767）	C0 ～ C15，16 点	C0 ～ C15，16 点	C0 ～ C99，100 点
停电保持型 16 位加计数器（0 ～ 32767）	C16 ～ C31，16 点	C16 ～ C199，184 点	C100 ～ C199，100 点
普通型 32 位加减计数器（-2147483648 ～ +2147483647）	—	C200 ～ C219，20 点	
停电保持型 32 位加减计数器（-2147483648 ～ +2147483647）	—	C220 ～ C234，15 点	

1. 加计数器的使用

加计数器的使用如图 2-21 所示。C0 是一个普通型的 16 位加计数器。当 X010 触点闭合时，RST 指令将 C0 计数器复位（状态值变为 OFF，当前计数值变为 0），X010 触点断开后，X011 触点每闭合断开一次（产生一个脉冲），计数器 C0 的当前计数值就递增 1，X011 触点第 10 次闭合时，C0 计数器的当前计数值达到设定计数值 10，其状态值马上变为 ON，C0 常开触点闭合，Y000 线圈得电。当计数器的计数值达到设定值后，即使再输入脉冲，其状态值和当前计数值仍保持不变，直到用 RST 指令将计数器复位。

停电保持型计数器的使用方法与普通型计数器基本相似，两者的区别主要在于普通型计数器在 PLC 停电时状态值和当前计数值会被复位，上电后重新开始计数，而停电保持型计数器在 PLC 停电时会保持停电前的状态值和计数值，上电后会在先前保持的计数值基础上继续计数。

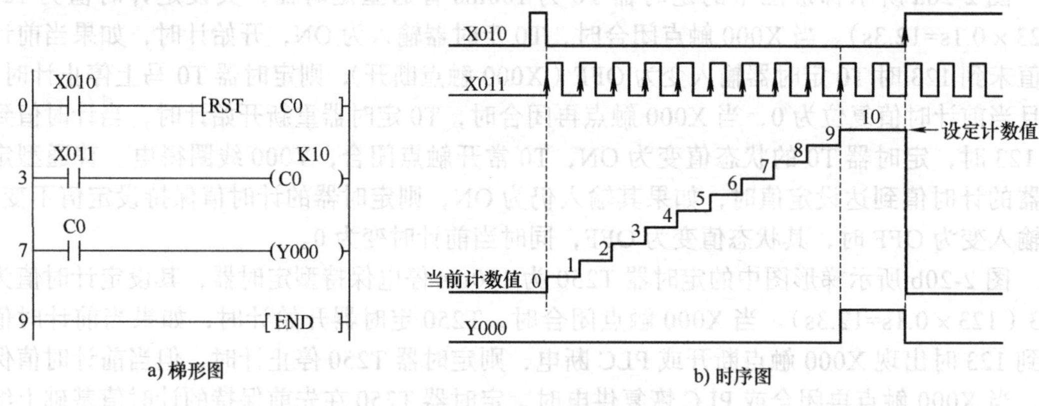

图 2-21 加计数器的使用说明

2. 加 / 减计数器的使用

三菱 FX 系列 PLC 的 C200 ～ C234 为加 / 减计数器，这些计数器既可以加计数，也可以减计数，进行何种计数方式分别受特殊辅助继电器 M8200 ～ M8234 控制，比如 C200 计数器的计数方式受 M8200 辅助继电器控制，M8200=1（M8200 状态为 ON）时，C200 计数器进行减计数，M8200=0 时，C200 计数器进行加计数。

加 / 减计数器在计数值达到设定值后，如果仍有脉冲输入，则其计数值会继续增加或减少，在加计数达到最大值 2147483647 时，再来一个脉冲，计数值会变为最小值 -2147483648，在减计数达到最小值 -2147483648 时，再来一个脉冲，计数值会变为最大值 2147483647，所以加 / 减计数器是环形计数器。**在计数时，不管加 / 减计数器进**

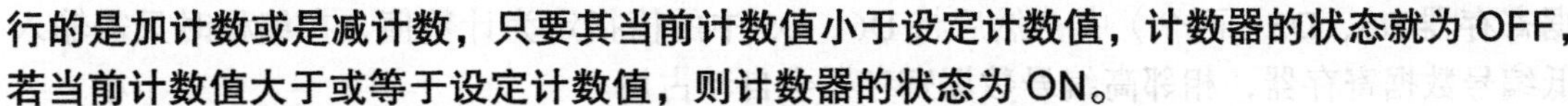

行的是加计数或是减计数，只要其当前计数值小于设定计数值，计数器的状态就为 OFF，若当前计数值大于或等于设定计数值，则计数器的状态为 ON。

加 / 减计数器的使用如图 2-22 所示。

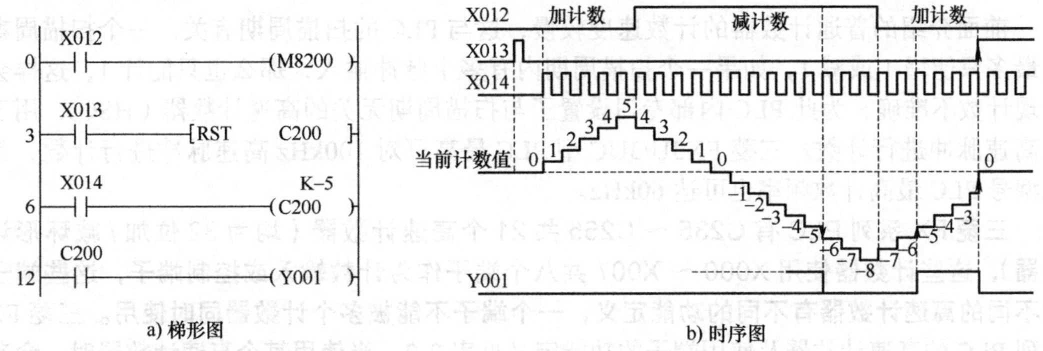

图 2-22　加 / 减计数器的使用说明

当 X012 触点闭合时，M8200 继电器状态为 ON，C200 计数器工作方式为减计数，X012 触点断开时，M8200 继电器状态为 OFF，C200 计数器工作方式为加计数。当 X013 触点闭合时，RST 指令对 C200 计数器进行复位，其状态变为 OFF，当前计数值也变为 0。

C200 计数器复位后，将 X013 触点断开，X014 触点每通断一次（产生一个脉冲），C200 计数器的计数值就加 1 或减 1。在进行加计数时，当 C200 计数器的当前计数值达到设定值（图中 −6 增到 −5）时，其状态变为 ON；在进行减计数时，当 C200 计数器的当前计数值减到小于设定值（图中 −5 减到 −6）时，其状态变为 OFF。

3. 计数值的设定方式

计数器的计数值可以直接用常数设定（直接设定），也可以将数据寄存器中的数值设为计数值（间接设定）。计数器的计数值设定如图 2-23 所示。

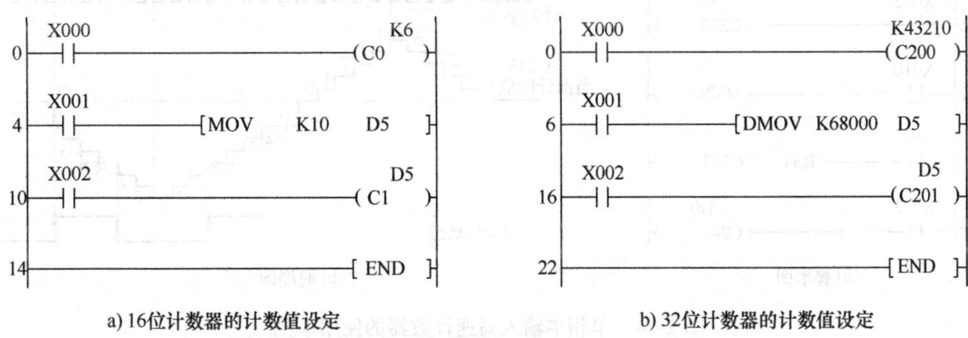

图 2-23　计数器的计数值设定

16 位计数器的计数值设定如图 2-23a 所示，C0 计数器的计数值采用直接设定方式，直接将常数 6 设为计数值，C1 计数器的计数值采用间接设定方式，先用 MOV 指令将常数 10 传送到数据寄存器 D5 中，然后将 D5 中的值指定为计数值。

32 位计数器的计数值设定如图 2-23b 所示，C200 计数器的计数值采用直接设定方式，直接将常数 43210 设为计数值，C201 计数器的计数值采用间接设定方式，由于计数值为 32 位，故需要先用 DMOV 指令（32 位数据传送指令）将常数 68000 传送到两个 16 位数

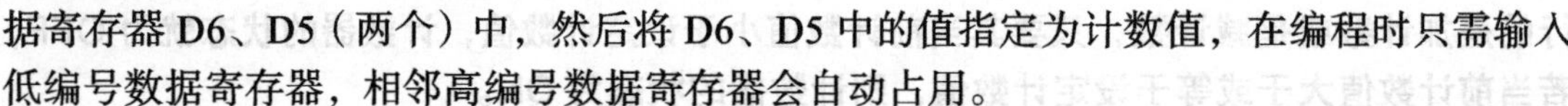

据寄存器 D6、D5（两个）中，然后将 D6、D5 中的值指定为计数值，在编程时只需输入低编号数据寄存器，相邻高编号数据寄存器会自动占用。

2.4.6 高速计数器

前面介绍的普通计数器的计数速度较慢，这与 PLC 的扫描周期有关，一个扫描周期内最多只能增 1 或减 1，如果一个扫描周期内有多个脉冲输入，那么也只能计 1，这样会出现计数不准确，为此 PLC 内部专门设置了与扫描周期无关的高速计数器（HSC），用于对高速脉冲进行计数。三菱 FX3U/3UC 型 PLC 最高可对 100kHz 高速脉冲进行计数，其他型号 PLC 最高计数频率也可达 60kHz。

三菱 FX 系列 PLC 有 C235 ～ C255 共 21 个高速计数器（均为 32 位加 / 减环形计数器），这些计数器使用 X000 ～ X007 共八个端子作为计数输入或控制端子，这些端子对不同的高速计数器有不同的功能定义，一个端子不能被多个计数器同时使用。三菱 FX 系列 PLC 的高速计数器及使用端子的功能定义见表 2-2。**当使用某个高速计数器时，会自动占用相应的输入端子用作指定的功能。**

（1）单相单输入高速计数器

单相单输入高速计数器（C235 ～ C245）可分为无起动 / 复位控制功能的计数器（C235 ～ C240）和有起动 / 复位控制功能的计数器（C241 ～ C245）。**C235 ～ C245 计数器的加、减计数方式分别由 M8235 ～ M8245 特殊辅助继电器的状态决定，其状态为 ON 时计数器进行减计数，状态为 OFF 时计数器进行加计数。**

单相单输入高速计数器的使用举例如图 2-24 所示。

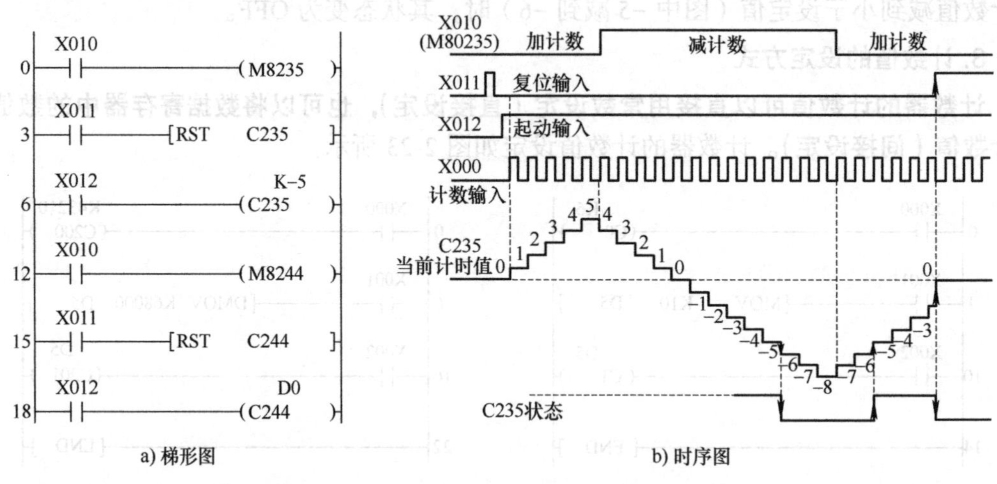

图 2-24　单相单输入高速计数器的使用举例

在计数器 C235 输入为 ON（X012 触点处于闭合）期间，C235 对 X000 端子（程序中不出现）输入的脉冲进行计数。如果辅助继电器 M8235 状态为 OFF（X010 触点处于断开），则 C235 进行加计数；如果 M8235 状态为 ON（X010 触点处于闭合），则 C235 进行减计数。在计数时，不管 C235 进行加计数还是减计数，如果当前计数值小于设定计数值 -5，则 C235 的状态值就为 OFF；如果当前计数值大于或等于 -5，则 C235 的状态值就为 ON。如果 X011 触点闭合，则 RST 指令会将 C235 复位，C235 当前值变为 0，状态值变为 OFF。

表 2-2　三菱 FX 系列 PLC 的高速计数器及使用端子的功能定义

高速计数器及使用端子	单相单输入计数器											单相双输入计数器					双相双输入计数器				
	无起动 / 复位控制功能						有起动 / 复位控制功能														
	C235	C236	C237	C238	C239	C240	C241	C242	C243	C244	C245	C246	C247	C248	C249	C250	C251	C252	C253	C254	C255
X000	U/D						U/D			U/D		U	U		U		A	A		A	
X001		U/D					R			R		D	D		D		B	B		B	
X002			U/D					U/D			U/D		R		R			R		R	
X003				U/D				R			R			U		U			A		A
X004					U/D				U/D					D		D			B		B
X005						U/D			R					R		R			R		R
X006										S					S					S	
X007											S					S					S

注：U/D 表示加计数输入 / 减计数输入；R 表示复位输入；S 表示起动输入；A 表示 A 相输入；B 表示 B 相输入。

从图 2-24a 所示程序可以看出，计数器 C244 采用与 C235 相同的触点控制，但 C244 属于有专门起动 / 复位控制的计数器，当 X012 触点闭合时，C235 计数器输入为 ON，马上开始计数，而同时 C244 计数器输入也为 ON，但不会开始计数，只有 X006 端子（C244 的起动控制端）输入为 ON 时，C244 才开始计数，数据寄存器 D1、D0 中的值被指定为 C244 的设定计数值，高速计数器是 32 位计数器，其设定值占用两个数据寄存器，编程时只需要输入低位寄存器。对 C244 计数器复位有两种方法：一是执行 RST 指令（让 X011 触点闭合）；二是让 X001 端子（C244 的复位控制端）输入为 ON。

（2）单相双输入高速计数器

单相双输入高速计数器（C246 ～ C250）有两个计数输入端，一个为加计数输入端，一个为减计数输入端，当加计数端输入上升沿时进行加计数，当减计数端输入上升沿时进行减计数。C246 ～ C250 高速计数器当前的计数方式可通过分别查看 M8246 ～ M8250 的状态来了解，状态为 ON 表示正在进行减计数，状态为 OFF 表示正在进行加计数。

单相双输入高速计数器的使用举例如图 2-25 所示。当 X012 触点闭合时，C246 计数器启动计数，若 X000 端子输入脉冲，则 246 进行加计数；若 X001 端子输入脉冲，则 C246 进行减计数。只有在 X012 触点闭合并且 X006 端子（C249 的起动控制端）输入为 ON 时，C249 才开始计数，X000 端子输入脉冲时 C249 进行加计数，X001 端子输入脉冲时 C249 进行减计数。C246 计数器可使用 RST 指令复位，C249 既可使用 RST 指令复位，也可以让 X002 端子（C249 的复位控制端）输入为 ON 来复位。

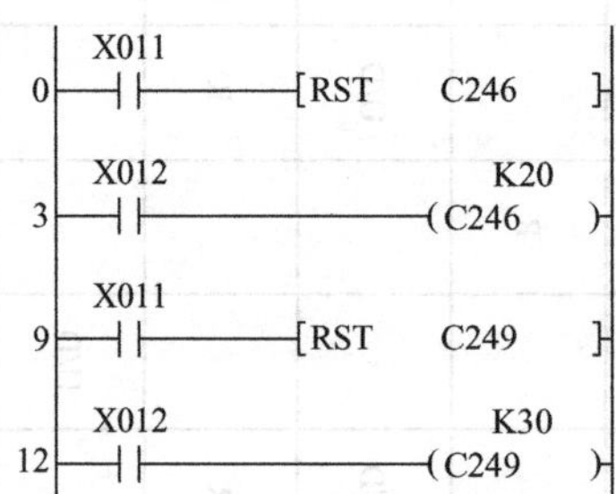

图 2-25 单相双输入高速计数器的使用举例

（3）双相双输入高速计数器

双相双输入高速计数器（C251 ～ C255）有两个计数输入端，一个为 A 相输入端，一个为 B 相输入端。在 A 相输入为 ON 时，B 相输入上升沿进行加计数，B 相输入下降沿进行减计数。C251 ～ C255 的计数方式分别由 M8251 ～ M8255 来监控，比如 M8251=1 时，C251 当前进行减计数，M8251=0 时，C251 当前进行加计数。

双相双输入高速计数器的使用举例如图 2-26 所示。

当 C251 计数器输入为 ON（X012 触点闭合）时，开始计数，在 A 相脉冲（由 X000 端子输入）为 ON 时对 B 相脉冲（由 X001 端子输入）进行计数，B 相脉冲上升沿来时进行加计数，B 相脉冲下降沿来时进行减计数。如果 A、B 相脉冲由两相旋转编码器提供，则编码器正转时产生的 A 相脉冲相位超前 B 相脉冲，在 A 相脉冲为 ON 时 B 相脉冲只会出现上升沿，如图 2-26b 所示，即编码器正转时进行加计数，在编码器反转时产生的 A 相脉冲相位落后 B 相脉冲，在 A 相脉冲为 ON 时 B 相脉冲只会出现下降沿，即编码器反转时进行减计数。

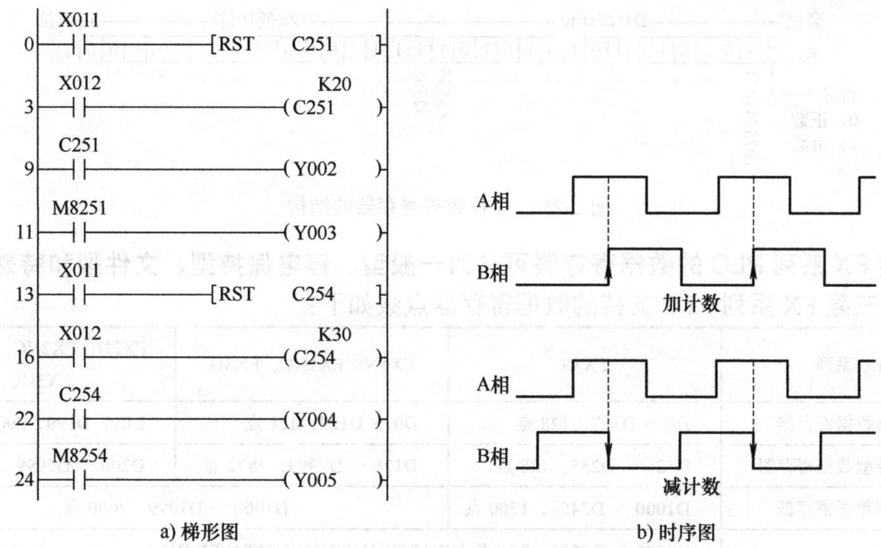

图 2-26　双相双输入高速计数器的使用举例

C251 计数器进行减计数时，M8251 继电器状态为 ON，M8251 常开触点闭合，Y003 线圈得电。在计数时，若 C251 计数器的当前计数值大于或等于设定计数值，则 C251 状态为 ON，C251 常开触点闭合，Y002 线圈得电。C251 计数器可用 RST 指令复位，其状态变为 OFF，将当前计数值清 0。

C254 计数器的计数方式与 C251 基本类似，但启动 C254 计数除了要求 X012 触点闭合（让 C254 输入为 ON）外，还需要使 X006 端子（C254 的启动控制端）输入为 ON。C254 计数器既可使用 RST 指令复位，也可以让 X002 端子（C254 的复位控制端）输入为 ON 来复位。

2.4.7　数据寄存器

数据寄存器是用来存放数据的软元件，其表示符号为 D，按十进制方式编号。一个数据寄存器可以存放 16 位二进制数，其最高位为符号位（符号位：0 为正数，1 为负数），一个数据寄存器可存放 −32768 ～ +32767 范围的数据。16 位数据寄存器的结构如图 2-27 所示。

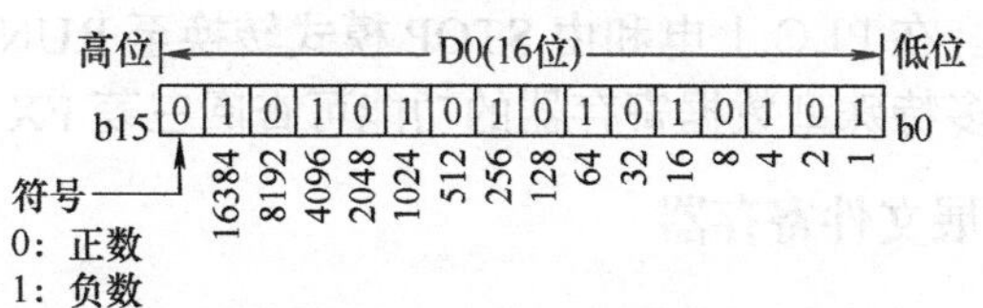

图 2-27　16 位数据寄存器的结构

两个相邻的数据寄存器组合起来可以构成一个 32 位数据寄存器，能存放 32 位二进制数，其最高位为符号位（0 为正数；1 为负数），两个数据寄存器组合构成的 32 位数据寄存器可存放 −2147483648 ～ +2147483647 范围内的数据。32 位数据寄存器的结构如图 2-28 所示。

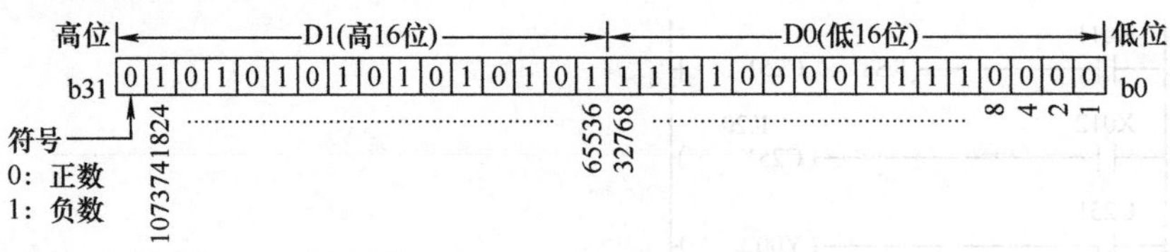

图 2-28　32 位数据寄存器的结构

三菱 FX 系列 PLC 的数据寄存器可分为一般型、停电保持型、文件型和特殊型数据寄存器。三菱 FX 系列 PLC 支持的数据寄存器点数如下：

PLC 系列	FX1S	FX1N，FX1NC，FX3G	FX2N，FX2NC，FX3U，FX3UC
一般型数据寄存器	D0 ～ D127，128 点	D0 ～ D127，128 点	D0 ～ D199，200 点
停电保持型数据寄存器	D128 ～ D255，128 点	D128 ～ D7999，7872 点	D200 ～ D7999，7800 点
文件型数据寄存器	D1000 ～ D2499，1500 点	D1000 ～ D7999，7000 点	
特殊型数据寄存器	D8000 ～ D8255，256 点（FX1S/FX1N/FX1NC/FX2N/FX2NC） D8000 ～ D8511，512 点（FX3G/FX3U/FX3UC）		

（1）一般型数据寄存器

当 PLC 从 RUN 模式进入 STOP 模式时，所有一般型数据寄存器的数据全部清 0，如果特殊辅助继电器 M8033 为 ON，则 PLC 从 RUN 模式进入 STOP 模式时，一般型数据寄存器中的值保持不变。程序中未用的定时器和计数器可以用作数据寄存器。

（2）停电保持型数据寄存器

停电保持型数据寄存器具有停电保持功能，当 PLC 从 RUN 模式进入 STOP 模式时，停电保持型寄存器的值保持不变。在编程软件中可以设置停电保持型数据寄存器的范围。

（3）文件型数据寄存器

文件寄存器用来设置具有相同软元件编号的数据寄存器的初始值。PLC 上电时和由 STOP 转换至 RUN 模式时，文件寄存器中的数据被传送到系统的 RAM 的数据寄存器区。在 GX Developer 软件的“FX 参数设置”对话框，切换到“内存容量设置”选项卡，从中可以设置文件寄存器容量（以块为单位，每块 500 点）。

（4）特殊型数据寄存器

特殊型数据寄存器的作用是用来控制和监视 PLC 内部的各种工作方式和软元件，如扫描时间、电池电压等。在 PLC 上电和由 STOP 模式转换至 RUN 模式时，这些数据寄存器会被写入默认值。更多特殊型数据寄存器的功能可查阅三菱 FX 系列 PLC 的编程手册。

2.4.8　扩展寄存器和扩展文件寄存器

扩展寄存器（R）和扩展文件寄存器（ER）是扩展数据寄存器的软元件，只有 FX3GA、FX3G、FX3GE、FX3GC、FX3U 和 FX3UC 系列 PLC 才有这两种寄存器。

对于 FX3GA、FX3G、FX3GE、FX3GC 系列 PLC，扩展寄存器有 R0 ～ R23999 共 24000 个（位于内置 RAM 中），扩展文件寄存器有 ER0 ～ ER23999 共 24000 个（位于内置 EEPROM 或安装存储盒的 EEPROM 中）。对于 FX3U、FX3UC 系列 PLC，扩展寄存器有 R0 ～ R32767 共 32768 个（位于内置电池保持的 RAM 区域），扩展文件寄存器有 ER0 ～ ER32767 共 32768 个（位于安装存储盒的 EEPROM 中）。

扩展寄存器、扩展文件寄存器与数据寄存器一样，都是 16 位的，相邻的两个寄存器可组成 32 位。扩展寄存器可用普通指令访问，而扩展文件寄存器需要用专用指令访问。

2.4.9　变址寄存器

三菱 FX 系列 PLC 有 V0 ～ V7 和 Z0 ～ Z7 共 16 个变址寄存器，它们都是 16 位寄存器。**变址寄存器（V、Z）实际上是一种特殊用途的数据寄存器，其作用是改变元件的编号（变址）**，例如 V0=5，若执行 D20V0，则实际被执行的元件为 D25（D20+5）。变址寄存器可以像其他数据寄存器一样进行读写，需要进行 32 位操作时，可将 V、Z 串联使用（Z 为低位，V 为高位）。

2.4.10　常数

三菱 FX 系列 PLC 的常数主要有三种类型：十进制常数（K）、十六进制常数（H）和实数常数（E）。

十进制常数表示符号为 K，如 K234 表示十进制数 234，数值范围为 –32768 ～ +32767（16 位），–2147483648 ～ +2147483647（32 位）。

十六进制常数表示符号为 H，如 H2C4 表示十六进制数 2C4，数值范围为 H0 ～ HFFFF（16 位），H0 ～ HFFFFFFFF（32 位）。

实数常数表示符号为 E，如 E1.234、E1.234+2 分别表示实数 1.234 和 1.234×10^{2}，数值范围为 -1.0×2^{128} ～ -1.0×2^{-126}、0、1.0×2^{-126} ～ 1.0×2^{128}。

第 3 章

三菱 PLC 编程与仿真软件的使用

3.1 三菱 GX Developer 编程软件的使用

三菱 FX 系列 PLC 的编程软件有 FXGP_WIN-C、GX Developer 和 GX Work 三种。FXGP_WIN-C 软件体积小巧（约 2MB 多）、操作简单，但只能对 FX2N 及以下档次的 PLC 编程，无法对 FX3 系列的 PLC 编程，建议初级用户使用。GX Developer 软件体积在几十到几百 MB（因版本而异），不但可对 FX 全系列 PLC 进行编程，还可对中大型 PLC（早期的 A 系列和现在的 Q 系列）编程，建议初、中级用户使用。GX Work 软件体积在几百 MB 到几 GB，可对 FX 系列、L 系列和 Q 系列 PLC 进行编程，与 GX Developer 软件相比，除了外观和一些小细节上的区别外，最大的区别是 GX Work 支持结构化编程（类似于西门子中大型 S7-300/400 PLC 的 STEP7 编程软件），建议中、高级用户使用。

3.1.1 软件的安装

扫一扫看视频

为了使软件安装能顺利进行，在安装 GX Developer 软件前，建议先关掉计算机的安全防护软件。软件安装时先安装软件环境，再安装 GX Developer 编程软件。

1. 安装软件环境

在安装时，先将 GX Developer 安装文件夹（如果是一个 GX Developer 压缩文件，则要先解压）复制到某盘符的根目录下（如 D 盘的根目录下），再打开 GX Developer 文件夹，文件夹中包含有三个文件夹，如图 3-1 所示，打开其中的 SW8D5C-GPPW-C 文件夹，再打开该文件夹中的 EnvMEL 文件夹，找到“SETUP.EXE”文件，如图 3-2 所示，并双击它，就开始安装 MELSOFT 软件环境。

图 3-1　GX Developer 安装文件夹中包含有三个文件夹

图 3-2　在 SW8D5C-GPPW-C 文件夹的 EnvMEL 文件夹中找到并执行 SETUP.EXE

2. 安装 GX Developer 编程软件

软件环境安装完成后，就可以开始安装 GX Developer 软件。GX Developer 软件的安装过程如图 3-3 所示。打开 SW8D5C-GPPW-C 文件夹，在该文件夹中找到 SETUP.EXE 文件，如图 3-3a 所示，双击该文件即开始 GX Developer 软件的安装，后续操作如图 3-3b ～ h 所示。

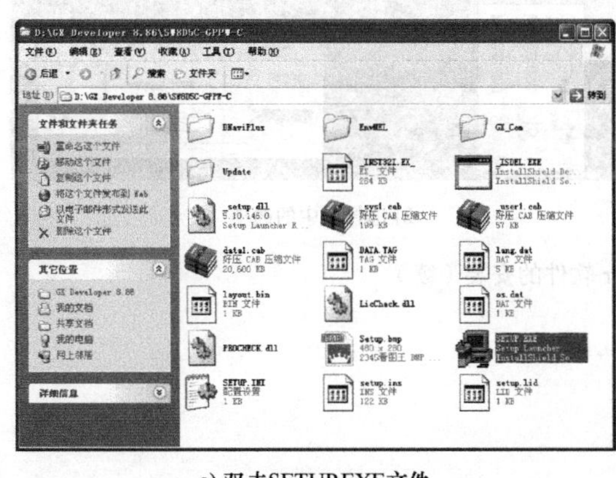

a) 双击SETUP.EXE文件

b) 输入姓名和公司名

图 3-3　GX Developer 软件的安装

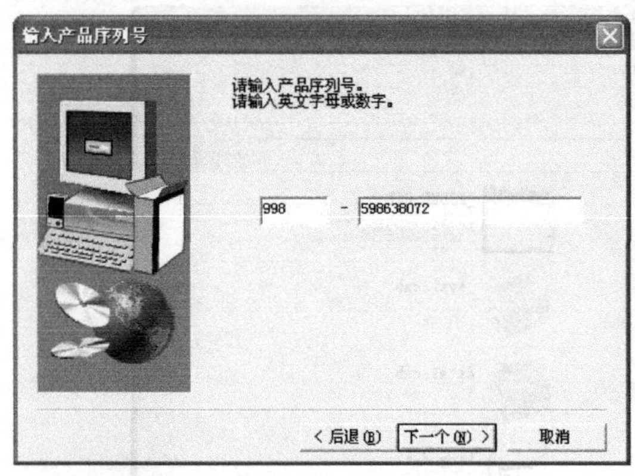

c) 输入产品序列号

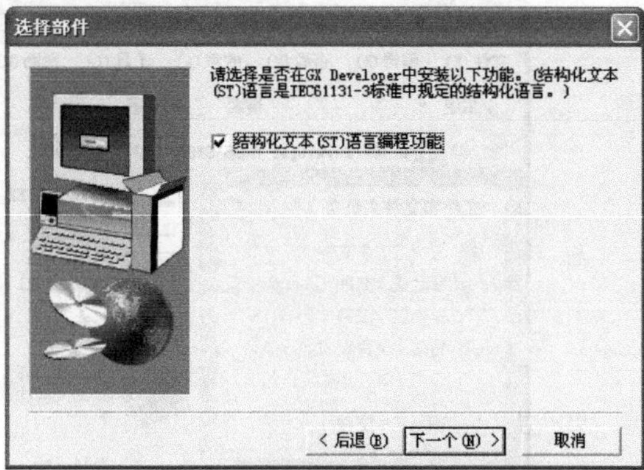

d) 选择图中的选项

e) 不选择图中的选项

f) 选择图中的两个选项

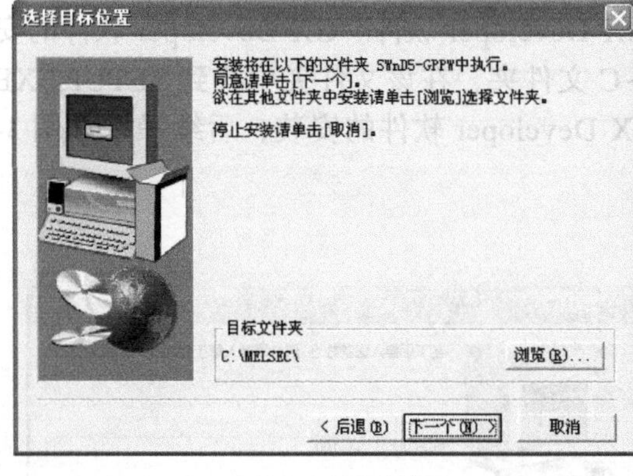

g) 输入产品序列号

h) 选择图中的选项

图 3-3　GX Developer 软件的安装（续）

3.1.2　软件的启动与窗口及工具说明

1. 软件的启动

单击计算机桌面左下角“开始”按钮，在弹出的菜单中执行“程序→ MELSOFT 应用程序→ GX Developer”，如图 3-4 所示，即可启动 GX Developer 软件，启动后的软件的窗口如图 3-4 所示。

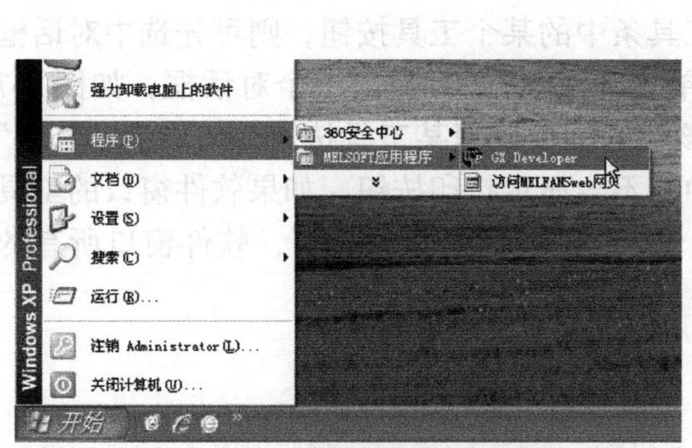

a) 从开始菜单启动GX Developer软件

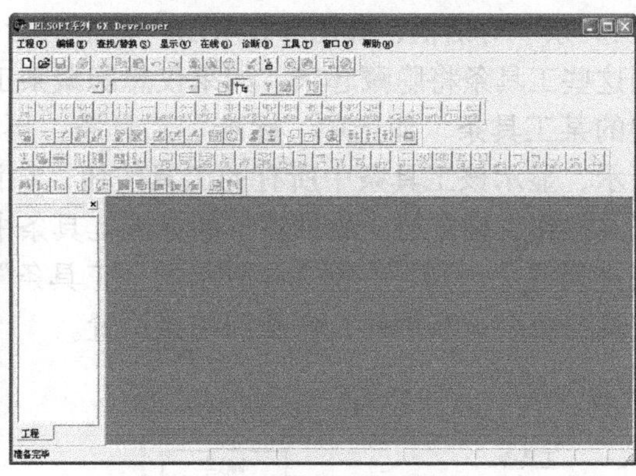

b) 启动后的软件窗口

图 3-4　GX Developer 软件的启动

2. 软件窗口说明

GX Developer 启动后不能马上编写程序，还需要新建一个工程，再在工程中编写程序。新建工程后（新建工程的操作方法在后面介绍），GX Developer 窗口会发生一些变化，如图 3-5 所示。

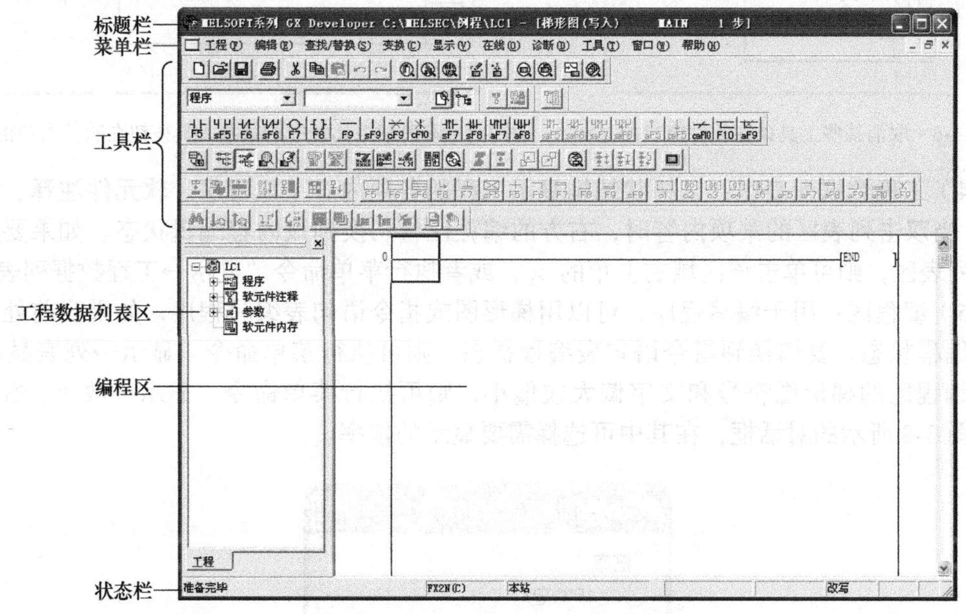

图 3-5　新建工程后的 GX Developer 软件窗口

GX Developer 软件窗口有以下内容：

1）标题栏：主要显示工程名称及保存位置。

2）菜单栏：有十个菜单项，通过执行这些菜单项下的菜单命令，可完成软件绝大部分功能。

3）工具栏：提供了软件操作的快捷按钮，有些按钮处于灰色状态，表示它们在当前操作环境中不可使用。由于工具栏中的工具条较多，占用了较大范围软件窗口，因此可将一些不常用的工具条隐藏起来。具体操作方法是执行菜单命令“显示→工具条”，弹出

“工具条”对话框，如图 3-6 所示。单击对话框中工具条名称前的圆圈，使之变成空心圆，则这些工具条将隐藏起来，如果仅想隐藏某工具条中的某个工具按钮，则可先选中对话框中的某工具条，如选中“标准”工具条，再单击“定制”，又弹出一个对话框，如图 3-7 所示，显示该工具条中所有的工具按钮，在该对话框中取消某工具按钮，如取消“打印”工具按钮，确定后，软件窗口的标准工具条中将不会显示打印按钮，如果软件窗口的工具条排列混乱，则可在图 3-6 所示的“工具条”对话框中单击“初始化”，软件窗口所有的工具条将会重新排列，恢复到初始位置。

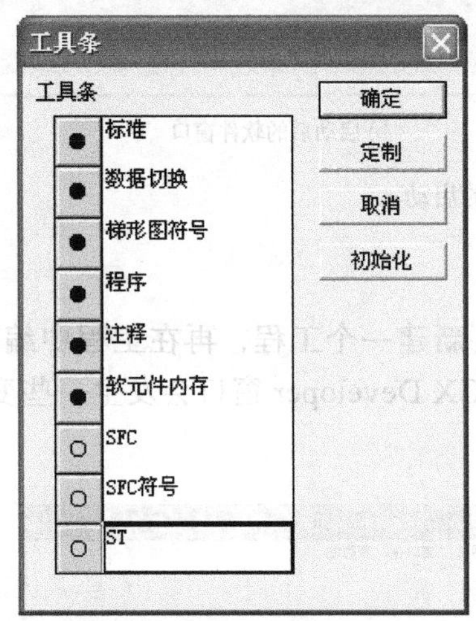

图 3-6　取消某些工具条在软件窗口的显示

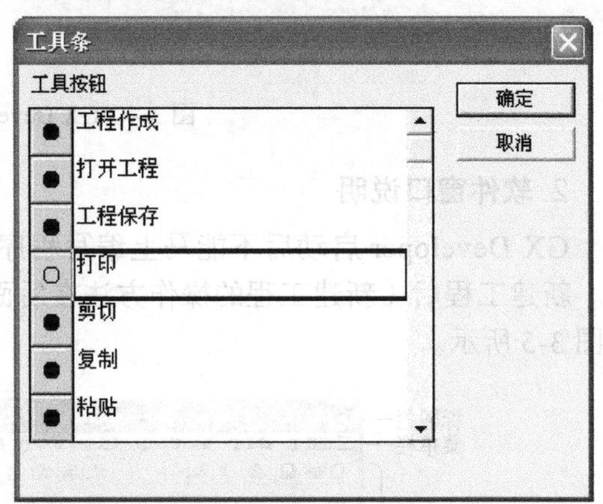

图 3-7　取消某工具条中的某些工具按钮在软件窗口的显示

4）工程数据列表区：以树状结构显示工程的各项内容（如程序、软元件注释、参数等）。当双击列表区的某项内容时，右方的编程区将切换到该内容编辑状态。如果要隐藏工程列表区，则可单击该区域右上角的 ×，或者执行菜单命令“显示→工程数据列表”。

5）编程区：用于编写程序，可以用梯形图或指令语句表编写程序，如果当前处于梯形图编程状态，要切换到指令语句表编程状态，则可执行菜单命令“显示→列表显示”。如果编程区的梯形图符号和文字偏大或偏小，则可执行菜单命令“显示→放大 / 缩小”，弹出图 3-8 所示的对话框，在其中可选择需要显示的倍率。

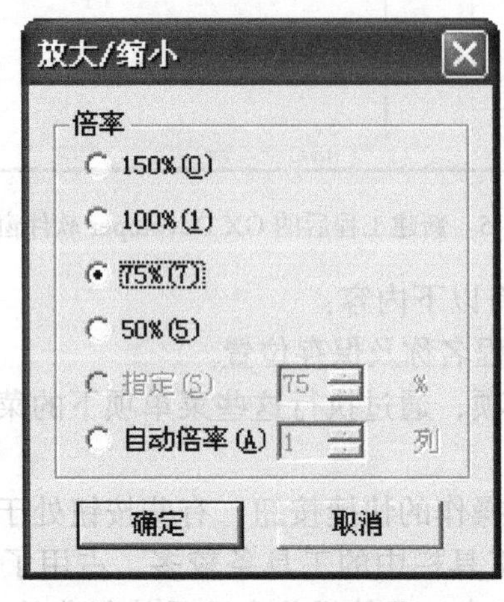

图 3-8　编程区显示倍率设置

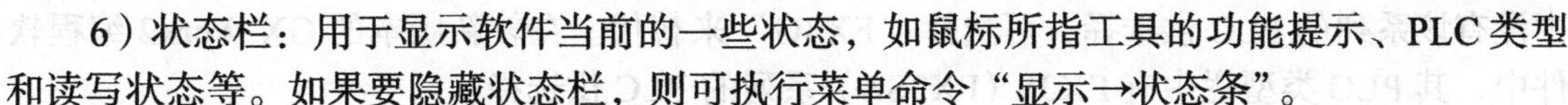

6）状态栏：用于显示软件当前的一些状态，如鼠标所指工具的功能提示、PLC 类型和读写状态等。如果要隐藏状态栏，则可执行菜单命令“显示→状态条”。

3. 梯形图工具说明

工具栏中的工具很多，将鼠标移到某工具按钮上，鼠标下方会出现该按钮功能说明，如图 3-9 所示。

图 3-9　鼠标停在工具按钮上时会显示该按钮功能说明

下面介绍最常用的梯形图工具，其他工具在后面用到时再进行说明。梯形图工具条的各工具按钮说明如图 3-10 所示。

工具按钮下部的字符表示该工具的快捷操作方式，常开触点工具按钮下部标有 F5，表示按下键盘上的 F5 键便可以在编程区插入一个常开触点，sF5 表示 Shift 键 +F5 键（即同时按下 Shift 键和 F5 键，也可先按下 Shift 键后再按 F5 键），cF10 表示 Ctrl 键 +F10 键，aF7 表示 Alt 键 +F7 键，saF7 表示 Shift 键 +Alt 键 +F7 键。

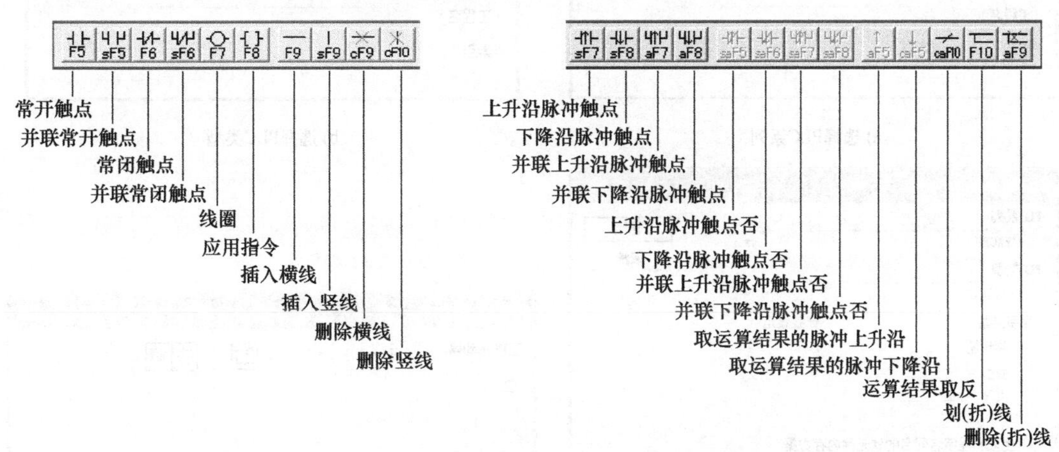

图 3-10　梯形图工具条的各工具按钮说明

3.1.3 创建新工程

GX Developer 软件启动后不能马上编写程序，还需要创建新工程，再在创建的工程中编写程序。

创建新工程有三种方法：一是单击工具栏中的□按钮；二是执行菜单命令“工程→创建新工程”；三是按下键盘上的 Ctrl 键 +N 键，均会弹出创建新工程对话框，在对话框先选择 PLC 系列，如图 3-11a 所示，再选择 PLC 类型，如图 3-11b 所示，从对话框中可以看出，GX Developer 软件可以对所有的 FX 系列 PLC 进行编程，创建新工程时选择的 PLC 类型要与实际的 PLC 一致，否则程序编写后无法写入 PLC 或写入出错。

由于 FX3S（FX3SA）系列 PLC 推出时间较晚，在 GX Developer 软件的 PLC 类型栏

中没有该系列的 PLC 供选择，可选择“FX3G”来替代。在较新版本的 GX Work2 编程软件中，其 PLC 类型栏中有 FX3S（FX3SA）系列的 PLC 供选择。

PLC 系列和 PLC 类型选好后，单击“确定”即可创建一个未命名的新工程，工程名可在保存时再填写。如果希望在创建工程时就设定工程名，则可在创建新工程对话框中选中“设置工程名”，如图 3-11c 所示，再在下方输入工程保存路径和工程名，也可以单击“浏览”按钮，在弹出图 3-11d 所示的对话框中，直接选择工程的保存路径并输入新工程名称，这样就可以创建一个新工程。

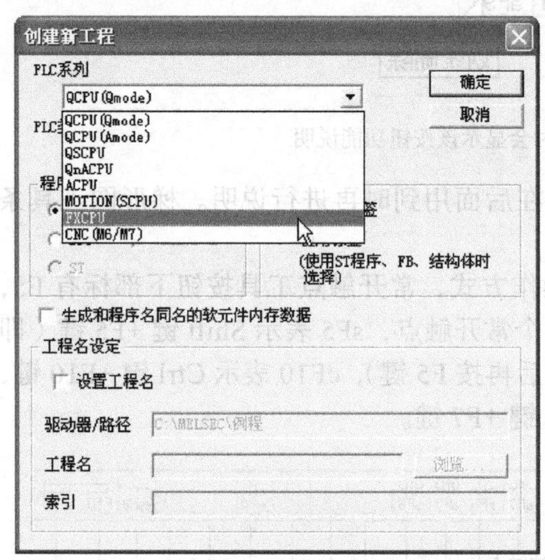

a) 选择PLC系列

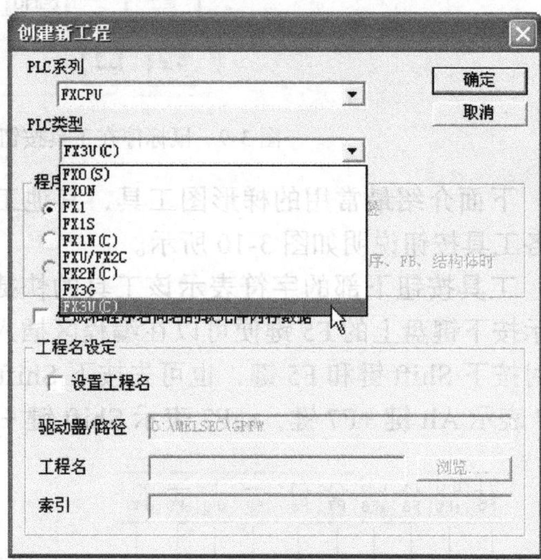

b) 选择PLC类型

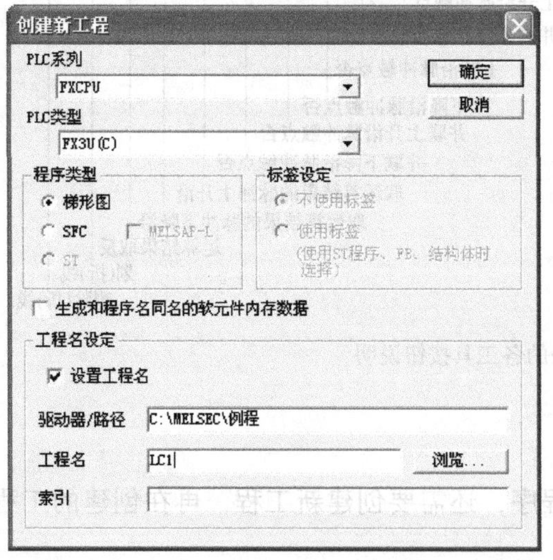

c) 直接输入工程保存路径和工程名

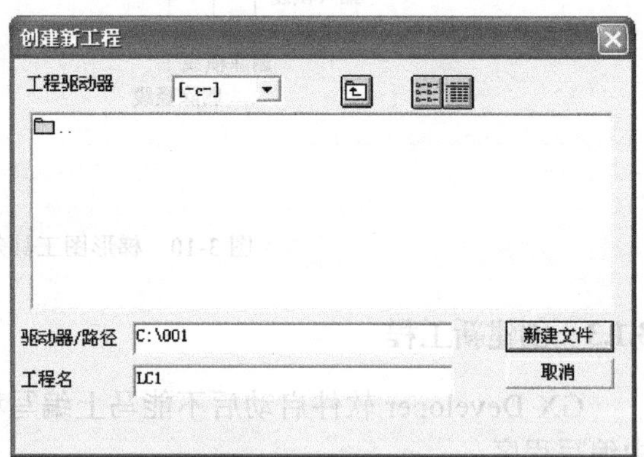

d) 用浏览方式选择工程保存路径和并输入工程名

图 3-11　创建新工程

扫一扫看视频

3.1.4　编写梯形图程序

在编写程序时，在工程数据列表区展开“程序”项，并双击其中的“MAIN（主程序）”，将右方编程区切换到主程序编程（编程区默认处于主程序编程状态），再单击工具栏中的（写入模式）按钮，或执行菜单命令“编辑→写入模式”，也可按键盘上的 F2 键，让编程区处于写入状态，如图 3-12 所示。如果（监视模式）按钮或（读出模式）按钮被按下，则在编程区将无法编写和修改程序，只能查看程序。

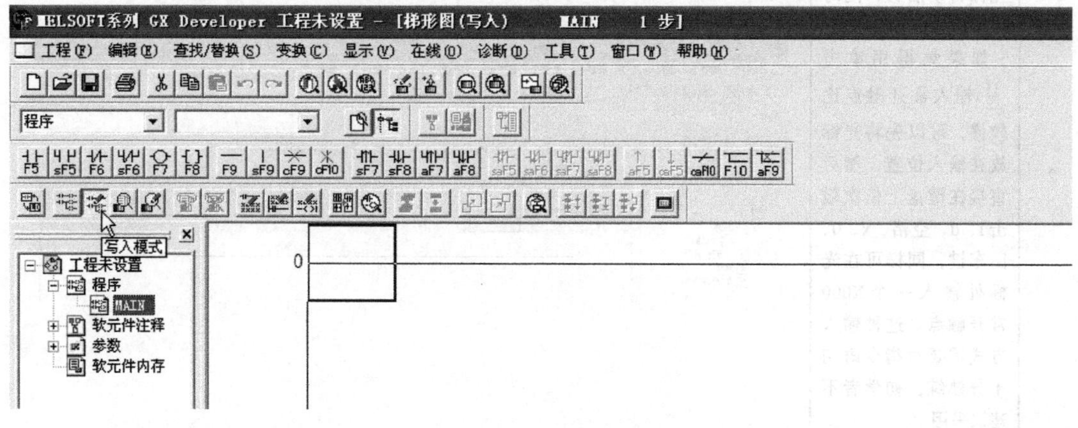

图 3-12　在编程时需将软件设成写入模式

下面以编写图 3-13 所示的程序为例来说明如何在 GX Developer 软件中编写梯形图程序。梯形图程序的编写过程见表 3-1。

```
      X000                                    K90
 0 ──┤├──┬──────────────────────────────────( T0 )
      Y000│  X001
   ──┤├──┴──┤/├─────────────────────────────( Y000 )
      T0
 7 ──┤├─────────────────────────────────────( Y001 )
      X001
 9 ──┤├─────────────────────────────────────[ RST  T0 ]
12 ─────────────────────────────────────────[ END ]
```

图 3-13　待编写的梯形图程序

表 3-1　梯形图程序的编写过程说明

序号	操作说明	操作图
1	单击工具栏上的（常开触点）按钮，或者按键盘上的 F5 键，弹出梯形图输入对话框，如右图所示，在输入框中输入 X1，再单击“确定”按钮	

（续）

序号	操作说明	操作图
2	在原光标处插入一个X000常开触点，光标自动后移，同时该行背景变为灰色 如果觉得用单击 F5 输入常开触点比较慢，可以先将光标放在输入位置，然后直接在键盘上依次敲击l、d、空格、x、0、回车键，同样可在光标处输入一个X000常开触点。这种输入方式需要对指令语句十分熟练，初学者不建议采用	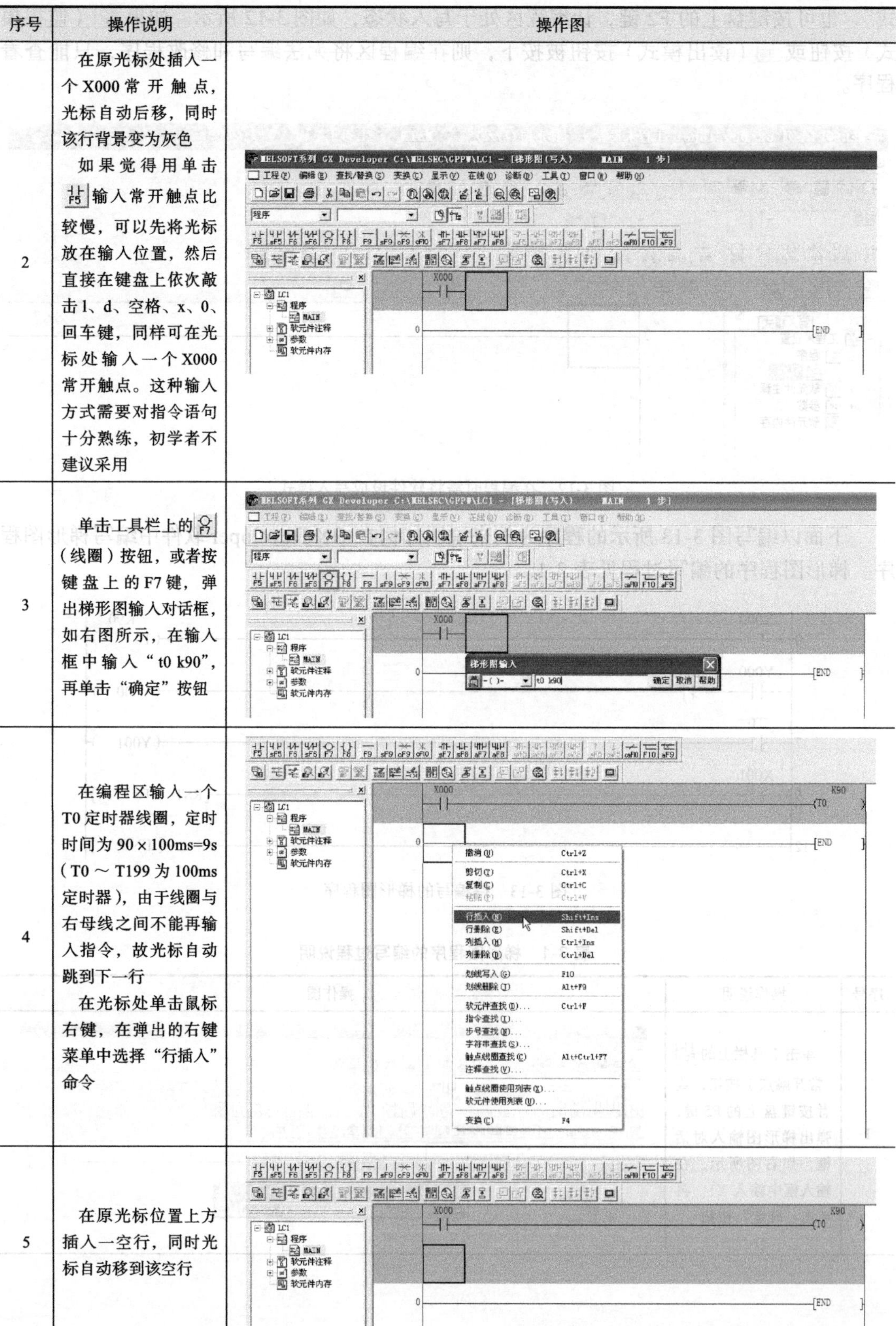
3	单击工具栏上的 F7（线圈）按钮，或者按键盘上的F7键，弹出梯形图输入对话框，如右图所示，在输入框中输入“t0 k90”，再单击“确定”按钮	
4	在编程区输入一个T0定时器线圈，定时时间为90×100ms=9s（T0～T199为100ms定时器），由于线圈与右母线之间不能再输入指令，故光标自动跳到下一行 在光标处单击鼠标右键，在弹出的右键菜单中选择“行插入”命令	
5	在原光标位置上方插入一空行，同时光标自动移到该空行	

（续）

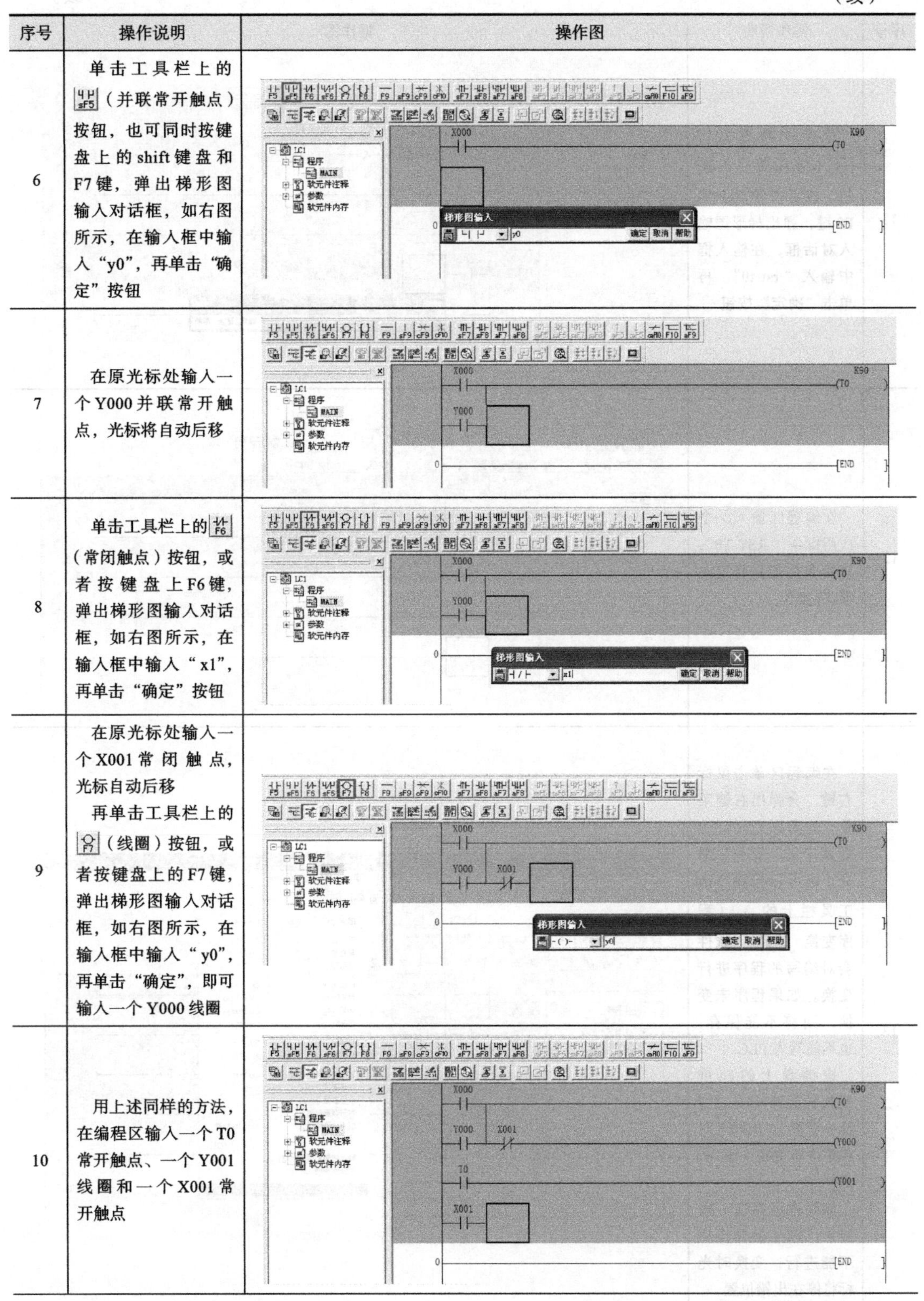

序号	操作说明	操作图
6	单击工具栏上的（并联常开触点）按钮，也可同时按键盘上的 shift 键盘和 F7 键，弹出梯形图输入对话框，如右图所示，在输入框中输入“y0”，再单击“确定”按钮	
7	在原光标处输入一个 Y000 并联常开触点，光标将自动后移	
8	单击工具栏上的（常闭触点）按钮，或者按键盘上 F6 键，弹出梯形图输入对话框，如右图所示，在输入框中输入“x1”，再单击“确定”按钮	
9	在原光标处输入一个 X001 常闭触点，光标自动后移 再单击工具栏上的（线圈）按钮，或者按键盘上的 F7 键，弹出梯形图输入对话框，如右图所示，在输入框中输入“y0”，再单击“确定”，即可输入一个 Y000 线圈	
10	用上述同样的方法，在编程区输入一个 T0 常开触点、一个 Y001 线圈和一个 X001 常开触点	

（续）

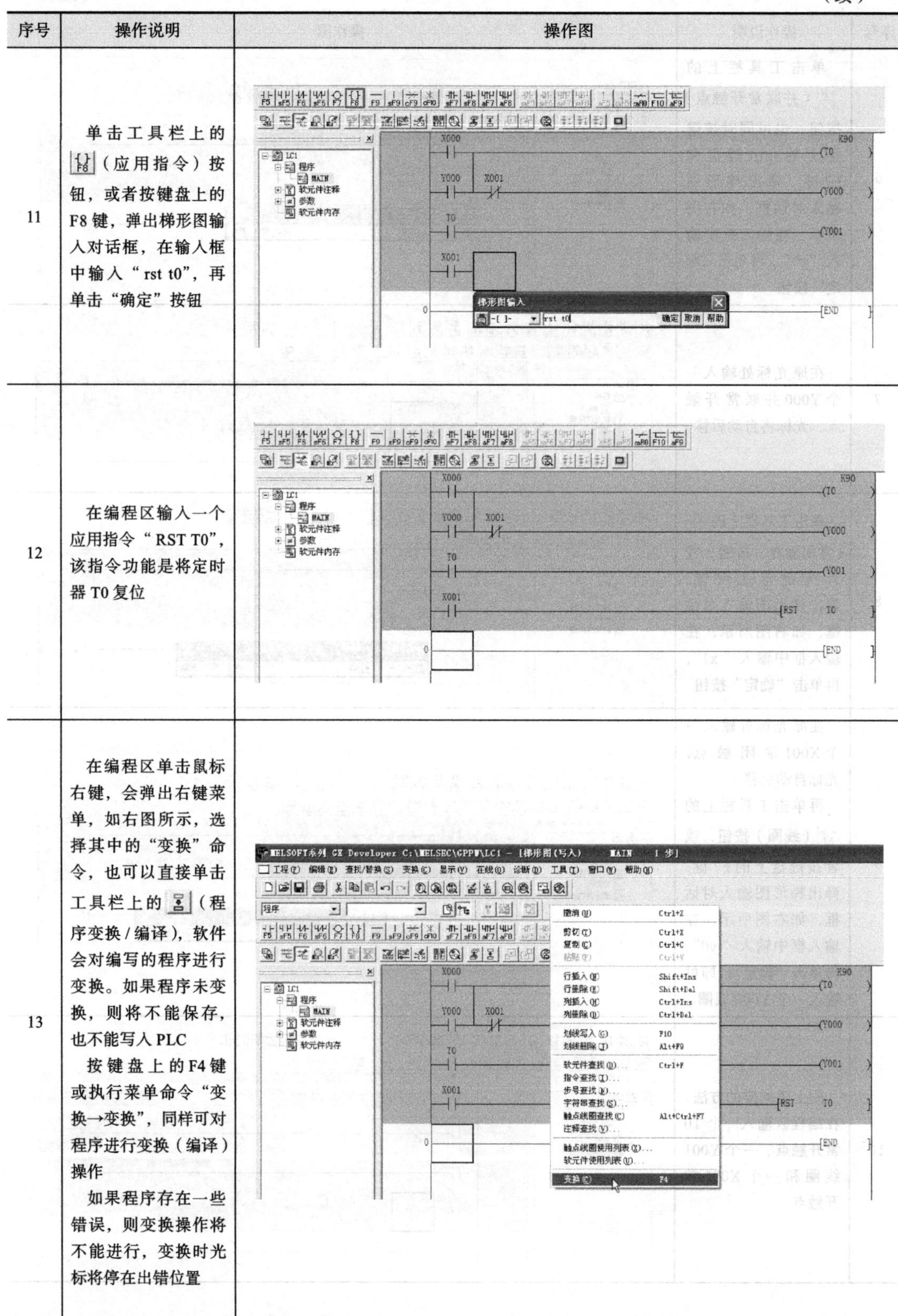

序号	操作说明	操作图
11	单击工具栏上的 [F8]（应用指令）按钮，或者按键盘上的F8键，弹出梯形图输入对话框，在输入框中输入“rst t0”，再单击“确定”按钮	
12	在编程区输入一个应用指令“RST T0”，该指令功能是将定时器T0复位	
13	在编程区单击鼠标右键，会弹出右键菜单，如右图所示，选择其中的“变换”命令，也可以直接单击工具栏上的 [ ]（程序变换/编译），软件会对编写的程序进行变换。如果程序未变换，则将不能保存，也不能写入PLC 按键盘上的F4键或执行菜单命令“变换→变换”，同样可对程序进行变换（编译）操作 如果程序存在一些错误，则变换操作将不能进行，变换时光标将停在出错位置	

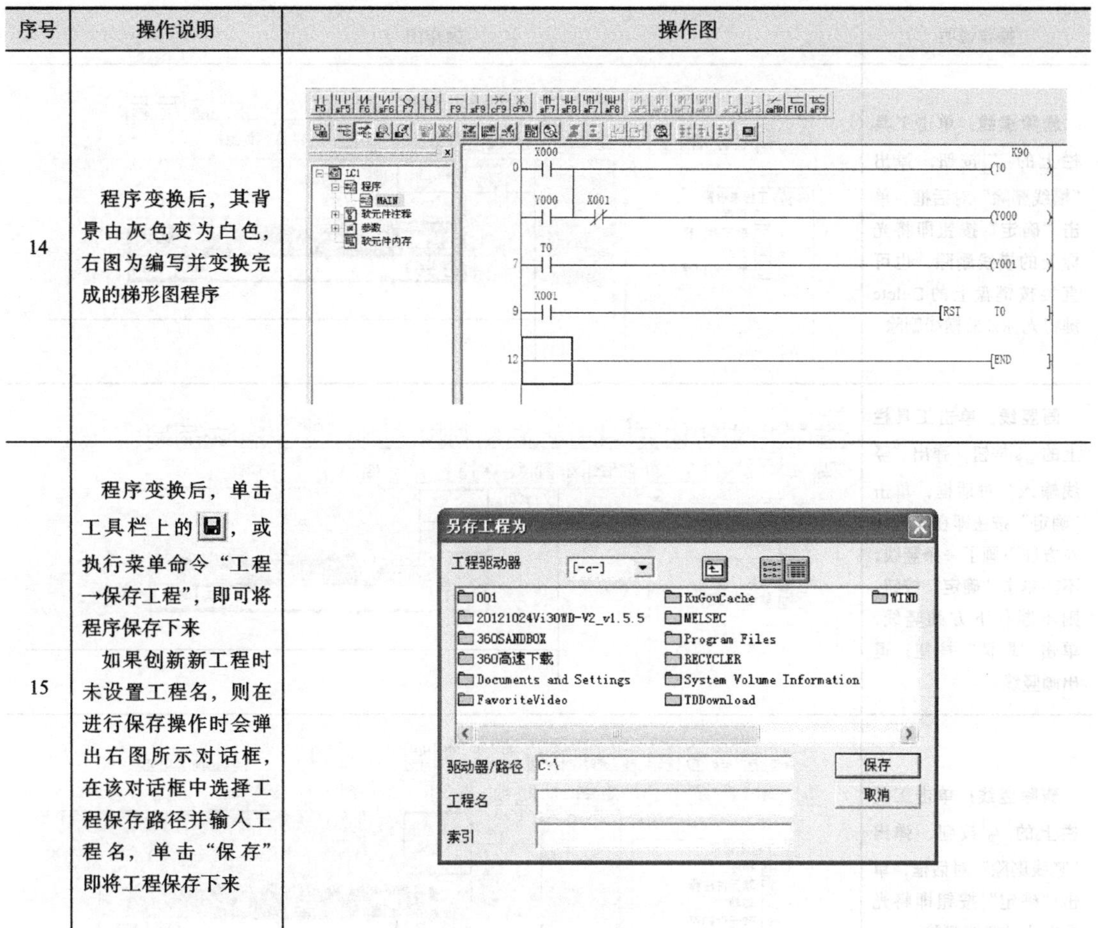

（续）

序号	操作说明	操作图
14	程序变换后，其背景由灰色变为白色，右图为编写并变换完成的梯形图程序	
15	程序变换后，单击工具栏上的[保存图标]，或执行菜单命令“工程→保存工程”，即可将程序保存下来 如果创新新工程时未设置工程名，则在进行保存操作时会弹出右图所示对话框，在该对话框中选择工程保存路径并输入工程名，单击“保存”即将工程保存下来	

3.1.5　梯形图的编辑

1. 画线和删除线的操作

在梯形图中可以画直线和折线，但不能画斜线。画线和删除线的操作说明见表 3-2。

表 3-2　画线和删除线的操作说明

操作说明	操作图
画横线：单击工具栏上的 F9 按钮，弹出“横线输入”对话框，单击“确定”按钮即在光标处画了一条横线，不断单击“确定”，则不断往右方画横线，单击“取消”按钮，则退出画横线	

（续）

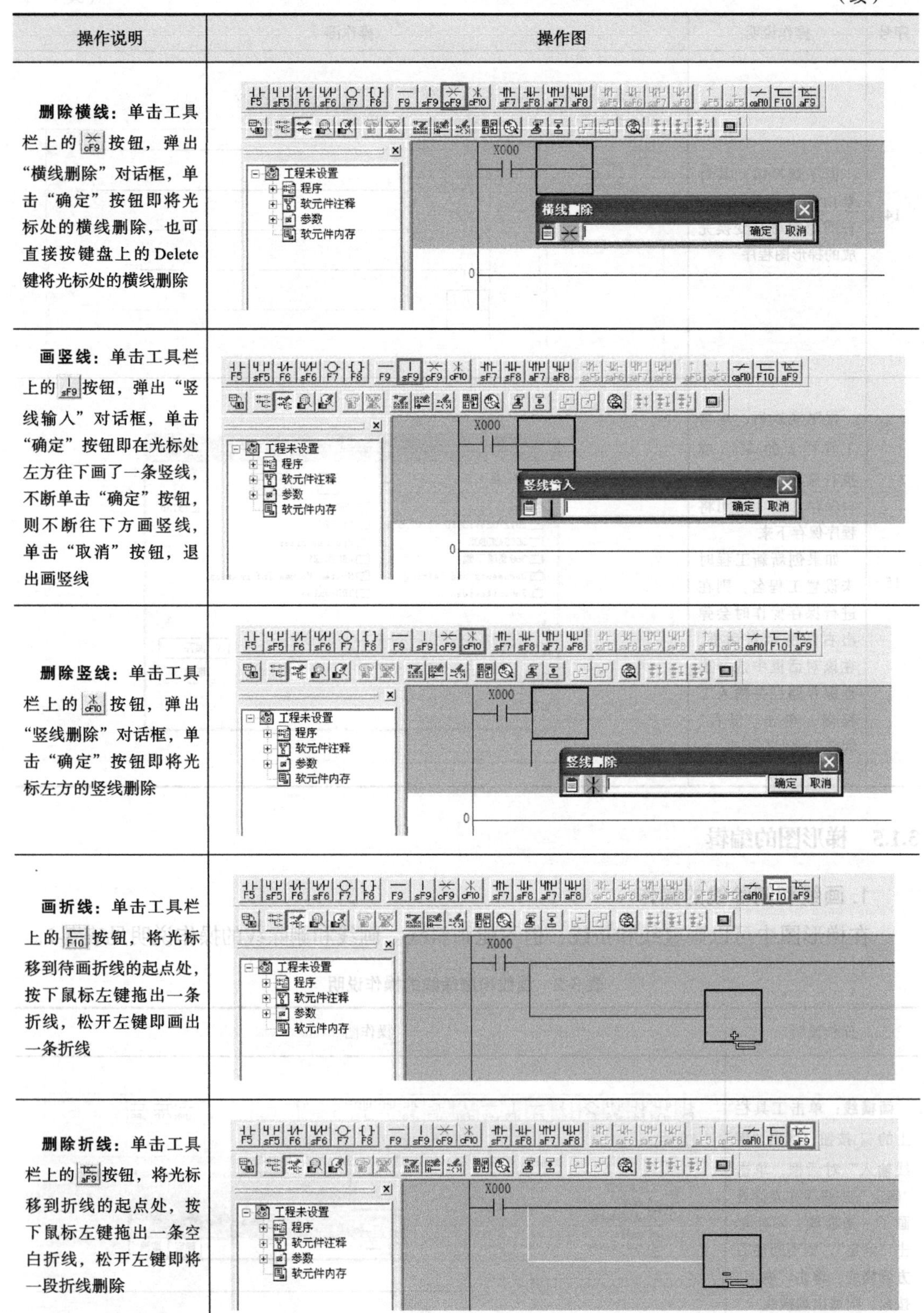

操作说明	操作图
删除横线：单击工具栏上的 cF9 按钮，弹出"横线删除"对话框，单击"确定"按钮即将光标处的横线删除，也可直接按键盘上的 Delete 键将光标处的横线删除	
画竖线：单击工具栏上的 sF9 按钮，弹出"竖线输入"对话框，单击"确定"按钮即在光标处左方往下画了一条竖线，不断单击"确定"按钮，则不断往下方画竖线，单击"取消"按钮，退出画竖线	
删除竖线：单击工具栏上的 cF10 按钮，弹出"竖线删除"对话框，单击"确定"按钮即将光标左方的竖线删除	
画折线：单击工具栏上的 F10 按钮，将光标移到待画折线的起点处，按下鼠标左键拖出一条折线，松开左键即画出一条折线	
删除折线：单击工具栏上的 aF9 按钮，将光标移到折线的起点处，按下鼠标左键拖出一条空白折线，松开左键即将一段折线删除	

2. 删除操作

一些常用的删除操作说明见表 3-3。

表 3-3　一些常用的删除操作说明

操作说明	操作图
删除某个对象：用光标选中某个对象，按键盘上的 Delete 键即可删除该对象	
行删除：将光标定位在要删除的某行上，再单击鼠标右键，在弹出的右键菜单中选择“行删除”，光标所在的整个行内容会被删除，下一行内容会上移填补被删除的行	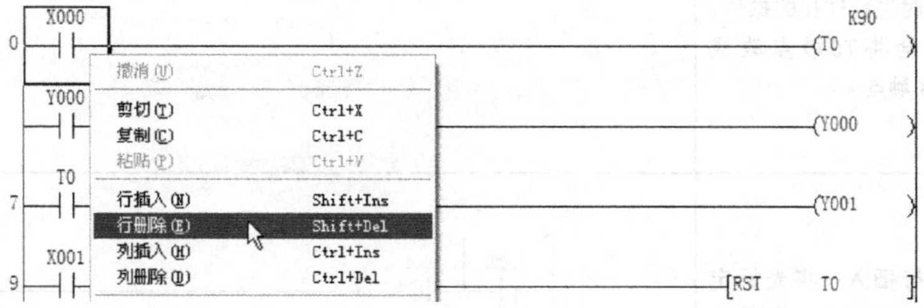
列删除：将光标定位在要删除的某列上，再单击鼠标右键，在弹出的右键菜单中选择“列删除”，光标所在 0 ～ 7 梯级的列内容会被删除，即右图中的 X000 和 Y000 触点会被删除，而 T0 触点不会删除	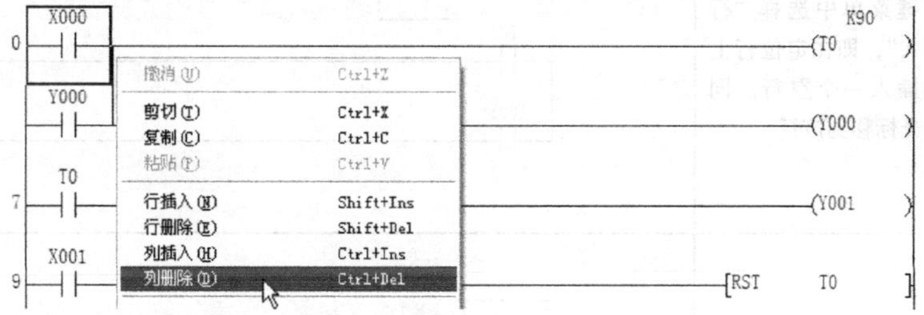
删除一个区域内的对象：将光标先移到要删除区域的左上角，然后按下键盘上的 Shift 键不放，再将光标移到该区域的右下角并单击，该区域内的所有对象会被选中，按键盘上的 Delete 键即可删除该区域内的所有对象 也可以采用按下鼠标左键，从左上角拖到右下角来选中某区域，再执行删除操作	

3. 插入操作

一些常用的插入操作说明见表 3-4。

表 3-4 一些常用的插入操作说明

操作说明	操作图
插入某个对象：用光标选中某个对象，按键盘上的 Insert 键，软件窗口下方状态栏中的“改写”变为“插入”，这时若输入一个 X3 触点，则它会被插到 T0 触点的左侧，如果在软件处于改写状态时进行这样的操作，则会将 T0 触点改成 X3 触点	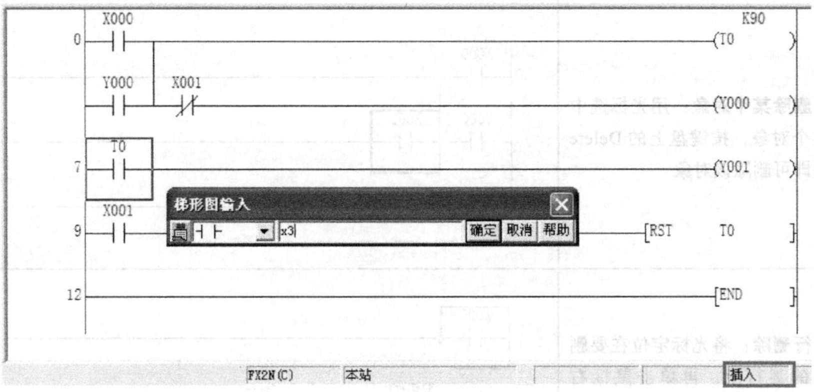
行插入：将光标定位在某行上，再单击鼠标右键，在弹出的右键菜单中选择“行插入”，即在定位行上方插入一个空行，同时光标移到该行	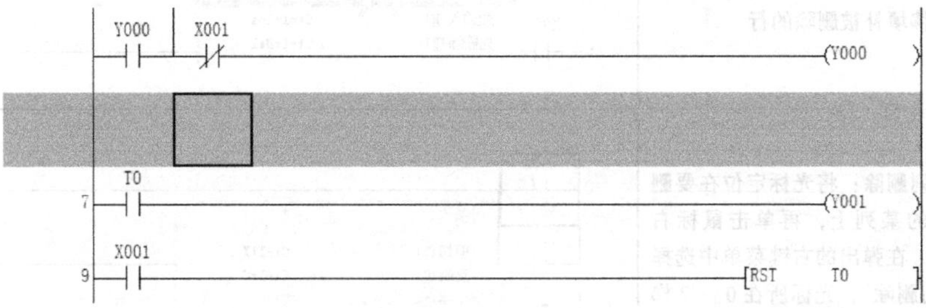
列插入：将光标定位在某元件上，再单击鼠标右键，在弹出的右键菜单中选择“列插入”，即在该元件左方插入一列	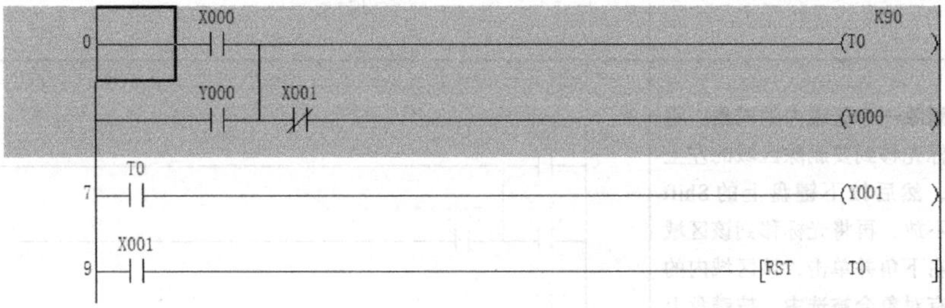

3.1.6 查找与替换功能的使用

GX Developer 软件具有查找和替换功能，使用该功能的方法是单击软件窗口上方的“查找 / 替换”菜单项，弹出图 3-14 所示的菜单，选择其中的菜单命令即可执行相应的查找 / 替换操作。

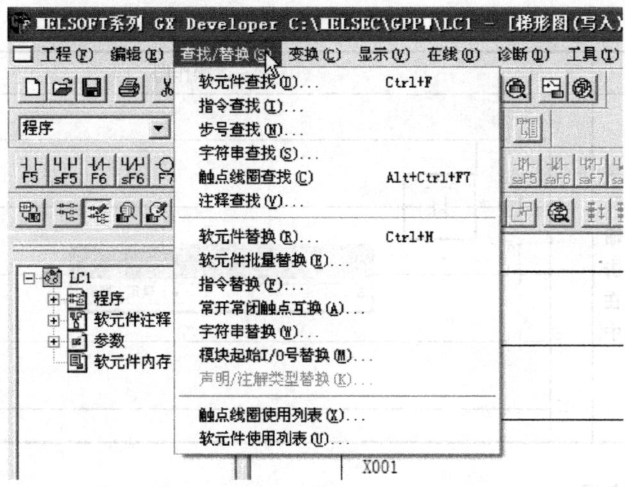

图 3-14　“查找 / 替换”菜单的内容

1. 查找功能的使用

查找功能的使用说明见表 3-5。

表 3-5　查找功能的使用说明

操作说明	操作图
软元件查找： 执行菜单命令“查找 / 替换→软元件查找”，或单击工具栏上的按钮，或执行右键菜单命令中的“软元件查找”，均会弹出右图所示的对话框，输入要查找的软元件 T0，查找方向和查找选项保持默认，单击一次“查找下一个”按钮，光标出现在第一个 T0 上，再单击一次该按钮，光标会移到第二个 T0 上	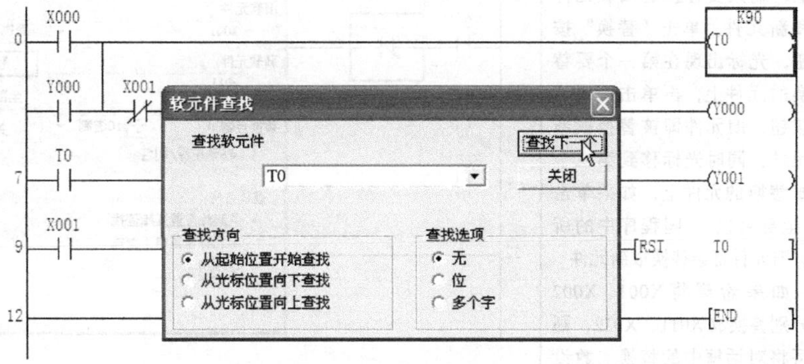 软元件查找 查找软元件 T0 查找下一个　关闭 查找方向：从起始位置开始查找／从光标位置向下查找／从光标位置向上查找 查找选项：无／位／多个字
指令查找： 执行菜单命令“查找 / 替换→指令查找”，或单击工具栏上的按钮，弹出右图所示的对话框，在第一个输入框可以直接选择要查找的触点线圈等基本指令，在每二个框内输入要查找的应用指令 RST，单击一次“查找下一个”按钮，光标出现在第一个 RST 指令上，如果后面没有该指令，则再单击一次查找按钮，会提示查找结束	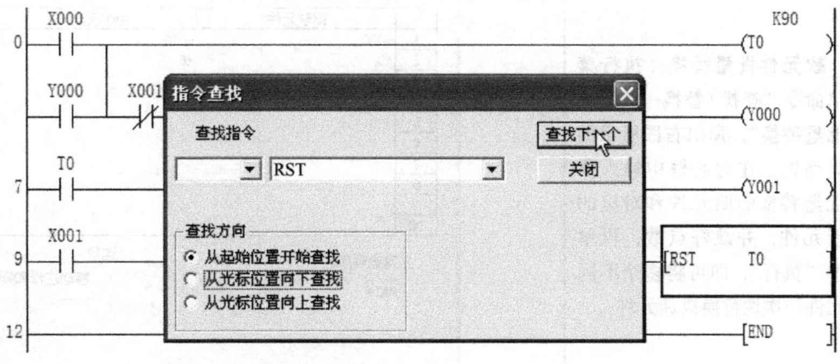 指令查找 查找指令 RST 查找下一个　关闭 查找方向：从起始位置开始查找／从光标位置向下查找／从光标位置向上查找

（续）

操作说明	操作图
步号查找：执行菜单命令“查找 / 替换→步号查找”，弹出右图所示的对话框，输入要查找的步号 5，单击“确定”按钮后光标会停在第 5 步元件或指令上，图中停在 X001 触点上	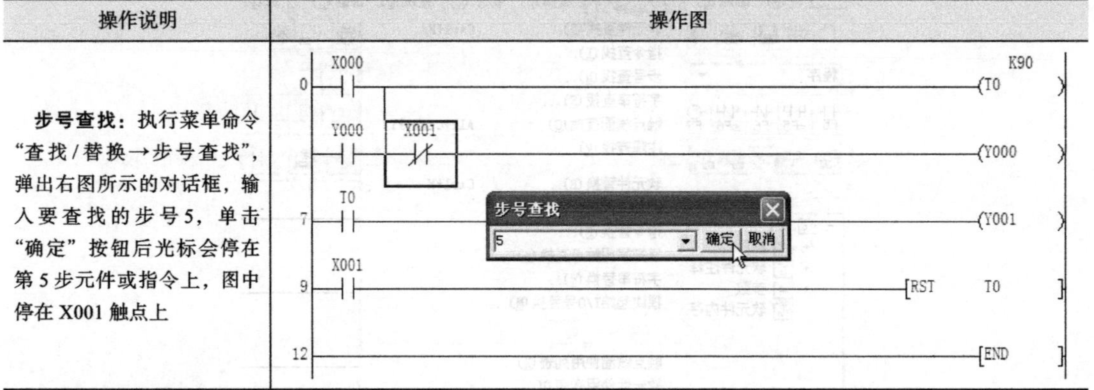

2. 替换功能的使用

替换功能的使用说明见表 3-6。

表 3-6 替换功能的使用说明

操作说明	操作图
软元件替换：执行菜单命令“查找 / 替换→软元件替换”，弹出右图所示的对话框，输入要替换的旧软元件和新元件，单击“替换”按钮，光标出现在第一个要替换的元件上，再单击一次该按钮，旧元件即被替换成新元件，同时光标移到第二个要替换的元件上，如果单击“全部替换”，则程序中的所有旧元件都会替换成新元件 如果希望将 X001、X002 分别替换成 X011、X012，则可将对话框中的替换点数设为 2	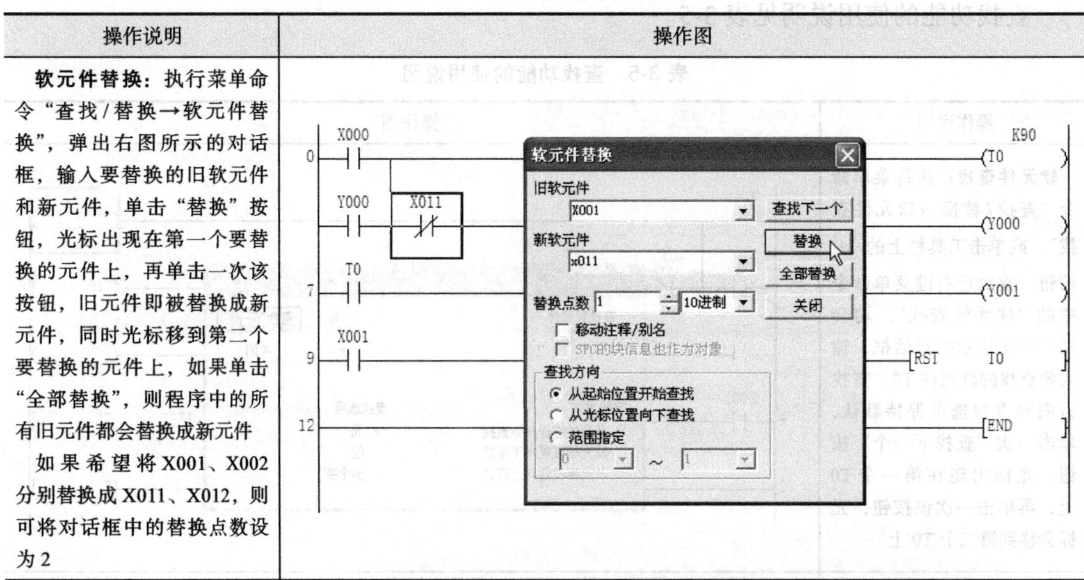
软元件批量替换：执行菜单命令“查找 / 替换→软元件批量替换”，弹出右图所示的对话框，在对话框中输入要批量替换的旧元件和对应的新元件，并设好点数，再单击“执行”，即可将多个不同元件一次性替换成新元件	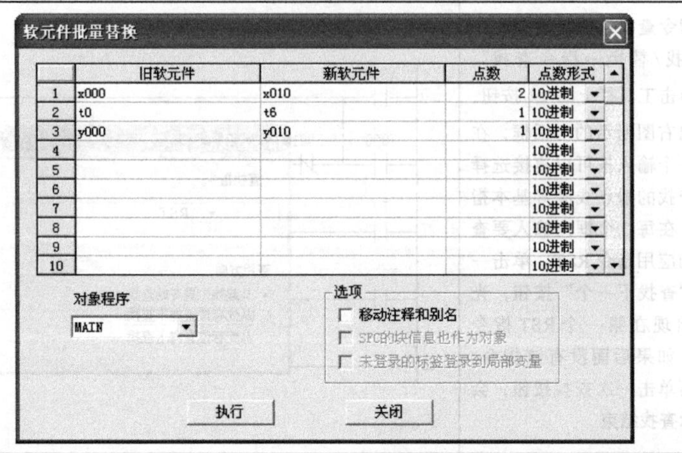

（续）

操作说明	操作图
常开常闭触点互换：执行菜单命令“查找 / 替换→常开常闭触点互换”，弹出右图所示的对话框，输入要替换元件 X001，单击“全部替换”，程序中 X001 所有常开和常闭触点会相互转换，即常开变成常闭，常闭变成常开	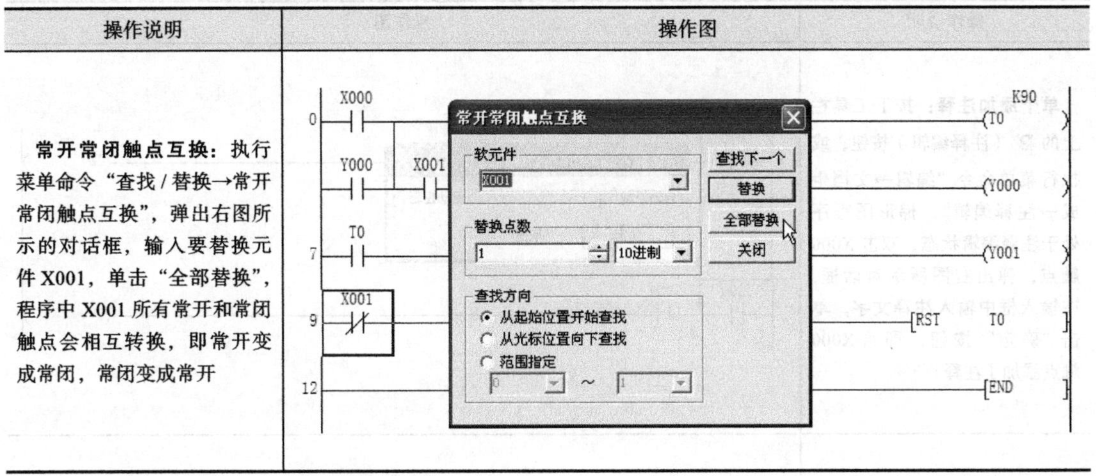

3.1.7　注释、声明和注解的添加与显示

在 GX Developer 软件中，可以对梯形图添加注释、声明和注解，图 3-15 是添加了注释、声明和注解的梯形图程序。声明用于一个程序段的说明，最多允许 64 字符 ×*n* 行；注解用于对与右母线连接的线圈或指令的说明，最多允许 64 字符 ×1 行；注释相当于一个元件的说明，最多允许 8 字符 ×4 行，一个汉字占 2 个字符。

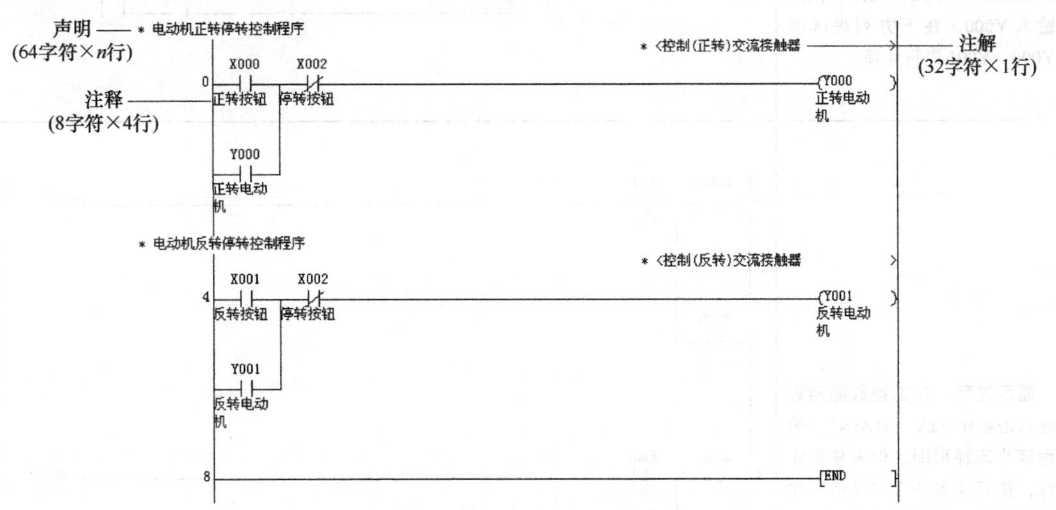

图 3-15　添加了注释、声明和注解的梯形图程序

1. 注释的添加与显示

注释的添加与显示操作说明见表 3-7。

表 3-7　注释的添加与显示操作说明

操作说明	操作图
单个添加注释：按下工具栏上的（注释编辑）按钮，或执行菜单命令“编辑→文档生成→注释编辑”，梯形图程序处于注释编辑状态，双击 X000 触点，弹出右图所示对话框，在输入框中输入注释文字，单击“确定”按钮，即给 X000 触点添加了注释	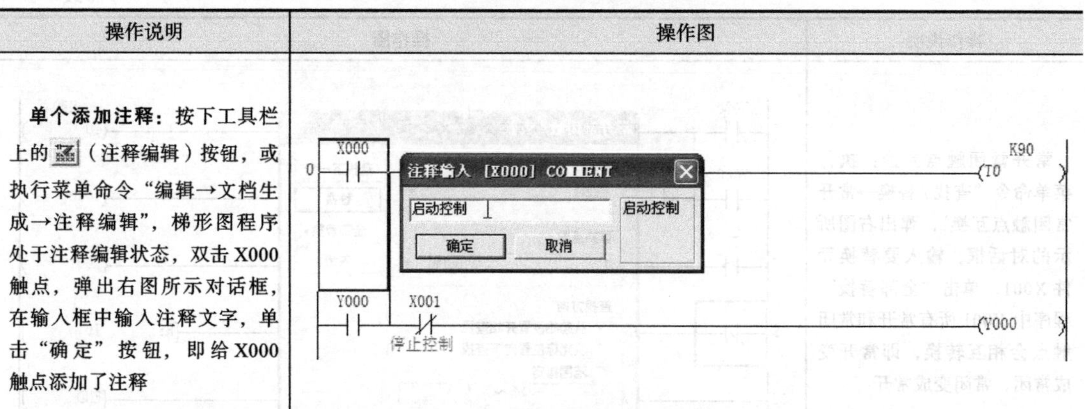
批量添加注释：在工程数据列表区展开“软元件注释”，双击“COMMENT”，编程区变成添加注释列表，在软元件名框内输入 X000，单击“显示”，下方列表区出现 X000 为首的 X 元件，梯形图中使用了 X000、X001、X002 三个元件，给这三个元件都添加注释，如右图所示，再在软元件名框内输入 Y000，在下方列表区给 Y000、Y001 进行注释	
显示注释：在工程数据列表区双击程序下的“MAIN”，编程区出现梯形图，但未显示注释，执行菜单命令“显示→注释显示”，梯形图的元件下方会显示出注释内容	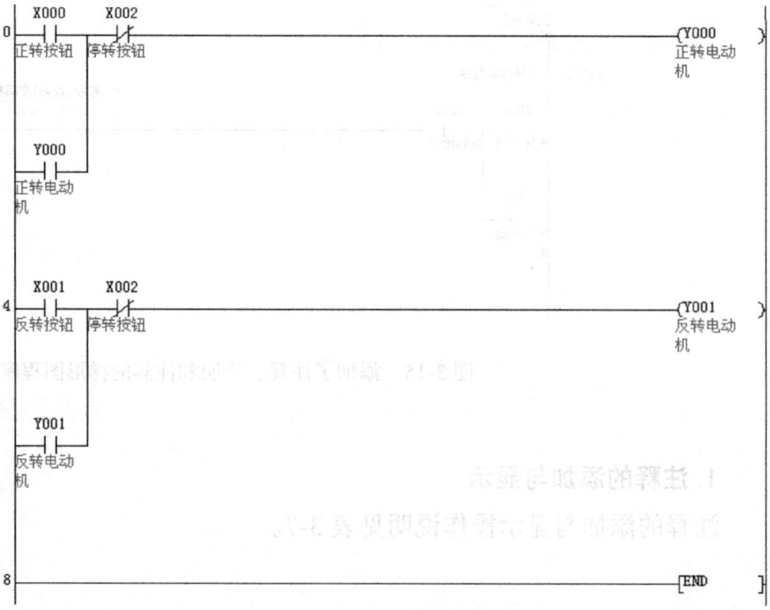 0　X000 正转按钮　X002 停转按钮　(Y000 正转电动机) Y000 正转电动机 4　X001 反转按钮　X002 停转按钮　(Y001 反转电动机) Y001 反转电动机 8　[END]

（续）

操作说明	操作图
注释显示方式设置：梯形图注释默认以 4 行 ×8 字符显示，如果希望同时改变显示的字符数和行数，则可执行菜单命令“显示→注释显示形式→3×5 字符”，如果仅希望改变显示的行数，则可执行菜单命令“显示→软元件注释行数”，可选择 1～4 行显示，右图为两行显示	0 X000 正转按钮 X002 停转按钮 Y000 正转电动机 Y000 正转电动机 4 X001 反转按钮 X002 停转按钮 Y001 反转电动机 Y001 反转电动机 8 END

2. 声明的添加与显示

声明的添加与显示操作说明见表 3-8。

表 3-8　声明的添加与显示操作说明

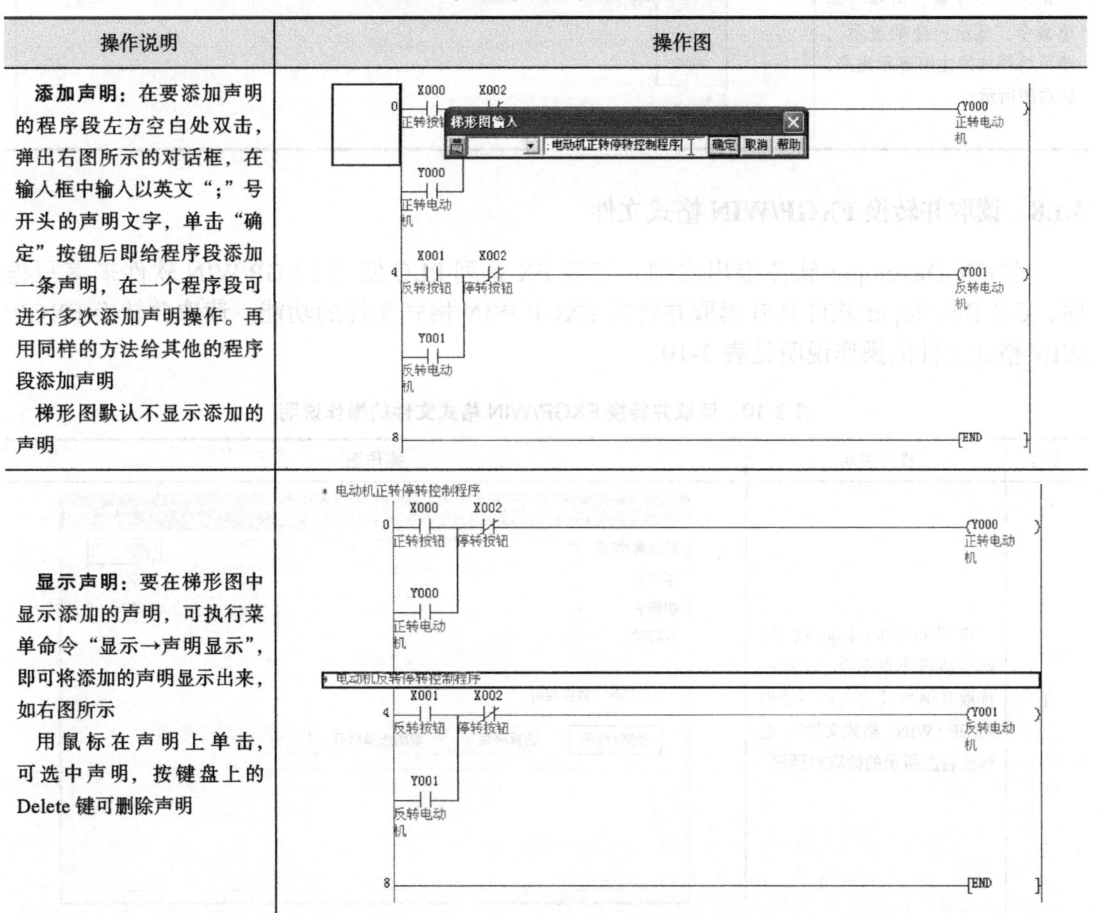

操作说明	操作图
添加声明：在要添加声明的程序段左方空白处双击，弹出右图所示的对话框，在输入框中输入以英文“;”号开头的声明文字，单击“确定”按钮后即给程序段添加一条声明，在一个程序段可进行多次添加声明操作。再用同样的方法给其他的程序段添加声明 梯形图默认不显示添加的声明	梯形图输入 ;电动机正转停转控制程序 确定 取消 帮助 0 X000 正转按钮 X002 Y000 正转电动机 Y000 正转电动机 4 X001 反转按钮 X002 停转按钮 Y001 反转电动机 Y001 反转电动机 8 END
显示声明：要在梯形图中显示添加的声明，可执行菜单命令“显示→声明显示”，即可将添加的声明显示出来，如右图所示 用鼠标在声明上单击，可选中声明，按键盘上的 Delete 键可删除声明	* 电动机正转停转控制程序 0 X000 正转按钮 X002 停转按钮 Y000 正转电动机 Y000 正转电动机 * 电动机反转停转控制程序 4 X001 反转按钮 X002 停转按钮 Y001 反转电动机 Y001 反转电动机 8 END

3. 注解的添加与显示

注解的添加与显示操作说明见表 3-9。

表 3-9　注解的添加与显示操作说明

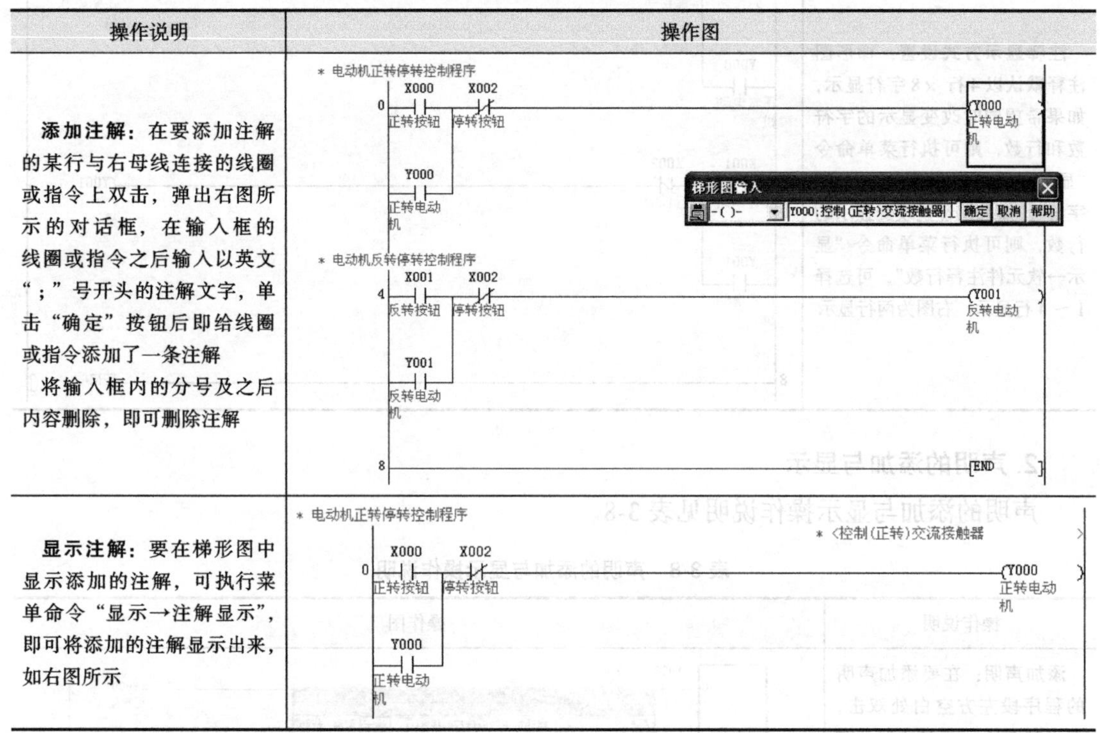

操作说明	操作图
添加注解：在要添加注解的某行与右母线连接的线圈或指令上双击，弹出右图所示的对话框，在输入框的线圈或指令之后输入以英文“；”号开头的注解文字，单击“确定”按钮后即给线圈或指令添加了一条注解 将输入框内的分号及之后内容删除，即可删除注解	
显示注解：要在梯形图中显示添加的注解，可执行菜单命令“显示→注解显示”，即可将添加的注解显示出来，如右图所示	

3.1.8　读取并转换 FXGP/WIN 格式文件

在 GX Developer 软件推出之前，三菱 FX 系列 PLC 使用 FXGP/WIN 软件来编写程序，GX Developer 软件具有读取并转换 FXGP/WIN 格式文件的功能。读取并转换 FXGP/WIN 格式文件的操作说明见表 3-10。

表 3-10　读取并转换 FXGP/WIN 格式文件的操作说明

序号	操作说明	操作图
1	启动 GX Developer 软件，然后执行菜单命令“工程→读取其他格式的文件→读取 FXGP（WIN）格式文件”，会弹出右图所示的读取对话框	读取FXGP（WIN）格式文件 驱动器/路径 C:\ 浏览... 系统名 执行 机器名 关闭 PLC类型 文件选择 程序共用 参数+程序 选择所有 取消选择所有 软元件内存数据名 MAIN

（续）

序号	操作说明	操作图
2	在读取对话框中单击“浏览”按钮，会弹出右图所示的对话框，在该对话框中选择要读取的 FXGP/WIN 格式文件，如果某文件夹中含有这种格式的文件，则该文件夹是深色图标 在该对话框中选择要读取的 FXGP/WIN 格式文件，单击“确认”按钮返回到读取对话框	打开系统名，机器名 选择驱动器 [-e-] 1　fxgpwinC　Recycled 360Downloads　JPsoft　RECYCLER Drive Information　KuGou　System Volume DZ　Media　TDDOWNLOAD etv100BCK　ProtelTest　TV 驱动器/路径 E:\ 系统名　确认 机器名　取消
3	在右图所示的读取对话框中出现要读取的文件，将下方区域内的三项都选中，单击“执行”按钮，即开始读取已选择的 FXGP/WIN 格式文件，单击“关闭”按钮，将读取对话框关闭，同时读取的文件被转换，并出现在 GX Developer 软件的编程区，再执行保存操作，将转换来的文件保存下来	读取FXGP(WIN)格式文件 驱动器/路径 E:\　浏览... 系统名 1　执行 机器名 PLC1　1　关闭 PLC类型 FX2N(C) 文件选择　程序共用 参数+程序　选择所有　取消选择所有　软元件内存数据名 MAIN 程序文件 PLC参数 程序(MAIN) 软元件内存文件 软元件内存数据

3.1.9　PLC 与计算机的连接及程序的写入与读出

1.PLC 与计算机的硬件连接

PLC 与计算机连接需要用到通信电缆，常用电缆有两种，一种是 FX-232AWC-H（简称 SC09）电缆，如图 3-16a 所示，该电缆含有 RS-232C/RS-422 转换器；另一种是 FX-USB-AW（又称 USB-SC09-FX）电缆，如图 3-16b 所示，该电缆含有 USB/RS-422 转换器。

在选用 PLC 编程电缆时，先查看计算机是否具有 COM 接口（又称 RS-232C 接口），因为现在很多计算机已经取消了这种接口，**如果计算机有 COM 接口，则可选用 FX-232AWC-H 电缆连接 PLC 和计算机**。在连接时，将电缆的 COM 头插入计算机的 COM 接口，电缆另一端圆形插头插入 PLC 的编程口内。

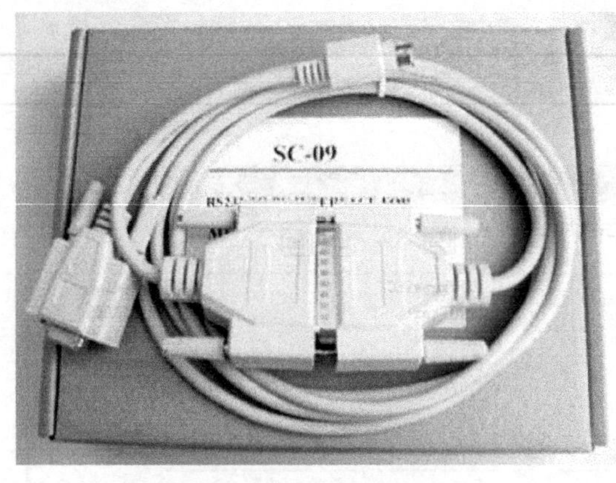

a) FX-232AWC-H电缆

b) FX-USB-AW电缆

图 3-16 计算机与 FX PLC 连接的两种编程电缆

如果计算机没有 COM 接口，则可选用 FX-USB-AW 电缆将计算机与 PLC 连接起来。在连接时，将电缆的 USB 头插入计算机的 USB 接口，电缆另一端圆形插头插入 PLC 的编程口内。当将 FX-USB-AW 电缆插到计算机 USB 接口时，还需要在计算机中安装该电缆配带的驱动程序。驱动程序安装完成后，在计算机桌面上单击“我的计算机”，在弹出的菜单中选择“设备管理器”，弹出设备管理器窗口，如图 3-17 所示，展开其中的“端口（COM 和 LPT)”，从中可看到一个虚拟的 COM 端口，图中为 COM3，记住该编号，在 GX Developer 软件进行通信参数设置时要用到。

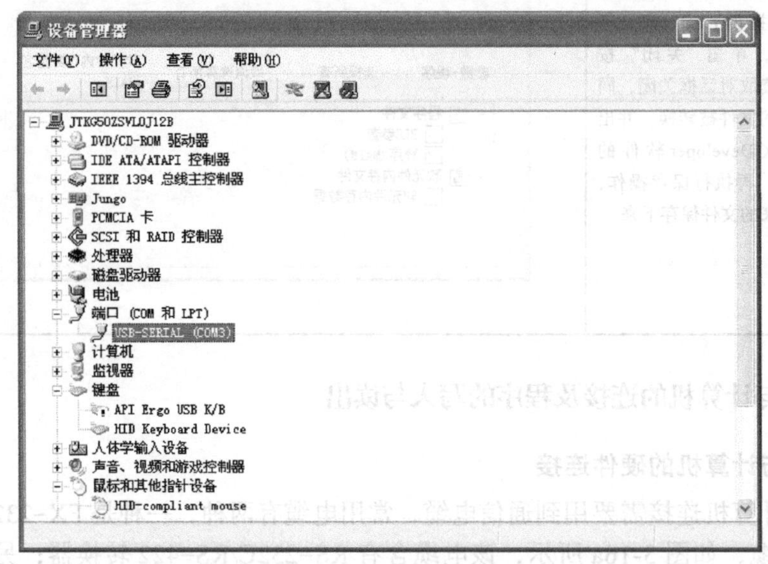

图 3-17 安装 USB 编程电缆驱动程序后在设备管理器会出现一个虚拟的 COM 端口

2. 通信设置

用编程电缆将 PLC 与计算机连接好后，再启动 GX Developer 软件，打开或新建一个工程，再执行菜单命令“在线→传输设置”，弹出“传输设置”对话框，双击左上角的“串行 USB”图标，出现详细的设置对话框，如图 3-18 所示，在该对话框中选中

“RS-232C”项，COM 端口一项中选择与 PLC 连接的端口号，使用 FX-USB-AW 电缆连接时，端口号应与设备管理器中的虚拟 COM 端口号一致，在传送速度一项中选择某个速度（如选“19.2Kbps”），单击“确认”按钮返回“传输设置”对话框。如果想知道 PLC 与计算机是否连接成功，则可在“传输设置”对话框中单击“通信设置”，若出现图 3-19 所示的连接成功提示，则表明 PLC 与计算机已成功连接，单击“确认”按钮即完成通信设置。

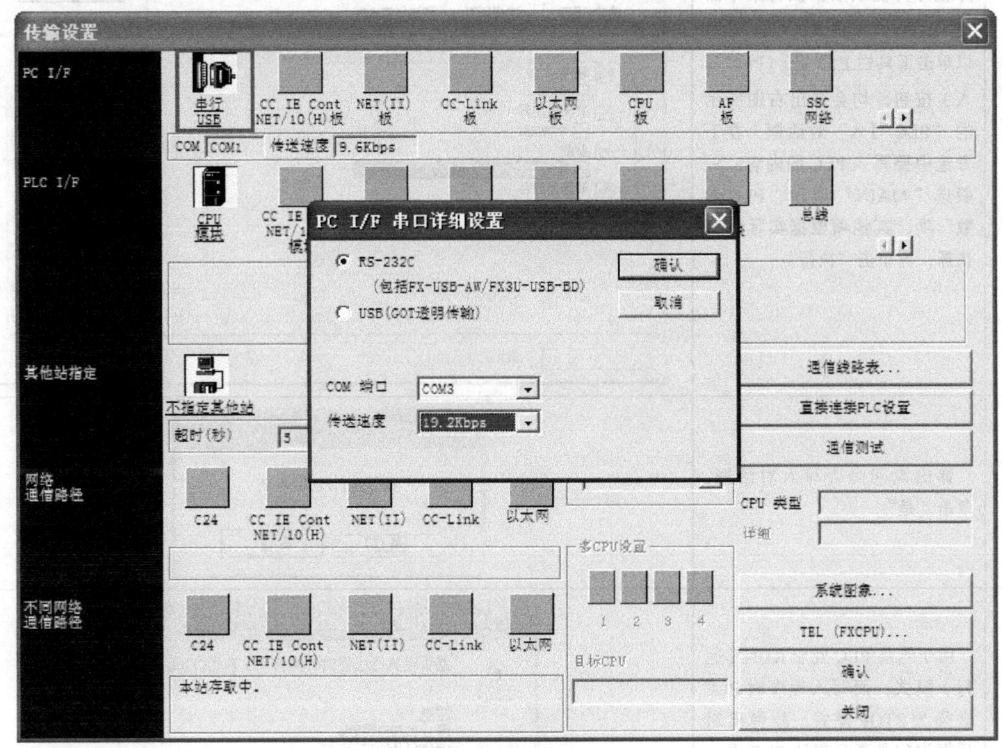

图 3-18　通信设置

图 3-19　PLC 与计算机连接成功提示

3. 程序的写入与读出

程序的写入是指将程序由计算机送入 PLC，读出则是将 PLC 内的程序传送到计算机中。程序写入的操作说明见表 3-11，程序的读出操作过程与写入基本类似，可参照学习，这里不再介绍。在对 PLC 进行程序写入或读出时，除了要保证 PLC 与计算机通信连接正常外，PLC 还需要接上工作电源。

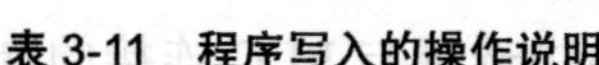

表 3-11　程序写入的操作说明

序号	操作说明	操作图
1	在 GX Developer 软件中编写好程序并变换后，执行菜单命令“在线→PLC 写入”，也可以单击工具栏上的（PLC 写入）按钮，均会弹出右图所示的“PLC 写入”对话框，在下方选中要写入 PLC 的内容，一般选“MAIN”项和“PLC 参数”项，其他项根据实际情况选择，再单击“执行”	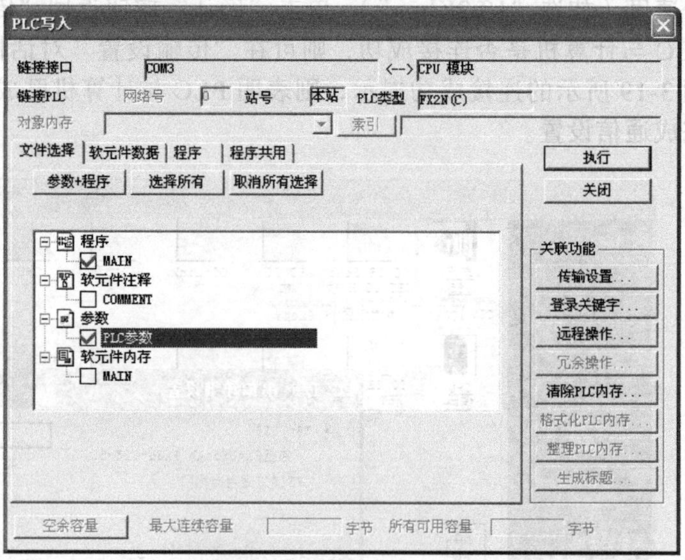
2	弹出询问是否写入对话框，单击“是”	
3	由于当前 PLC 处于 RUN（运行）模式，而写入程序时 PLC 必须为 STOP 模式，故弹出对话框询问是否远程让 PLC 进入 STOP 模式，单击“是”	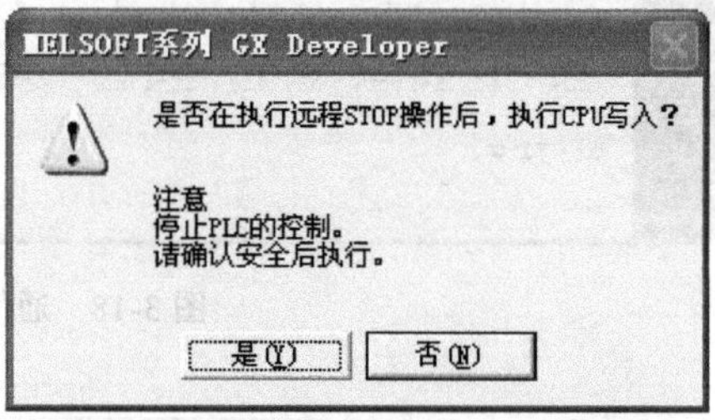
4	程序开始写入 PLC	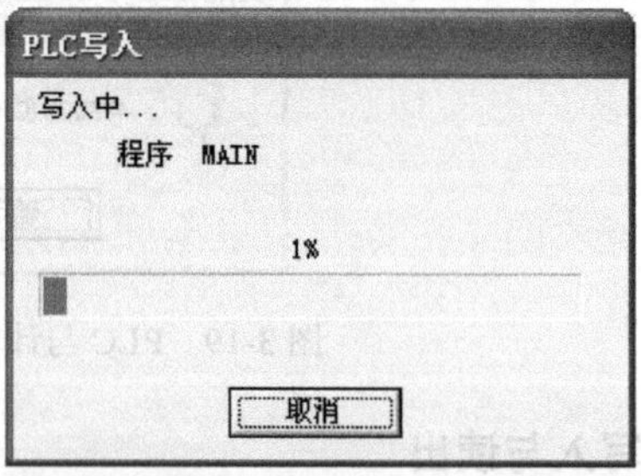
5	程序写入完成后，弹出对话框询问是否远程让 PLC 进入运行状态，单击“是”，返回到“PLC 写入”对话框，单击“关闭”即完成程序写入过程	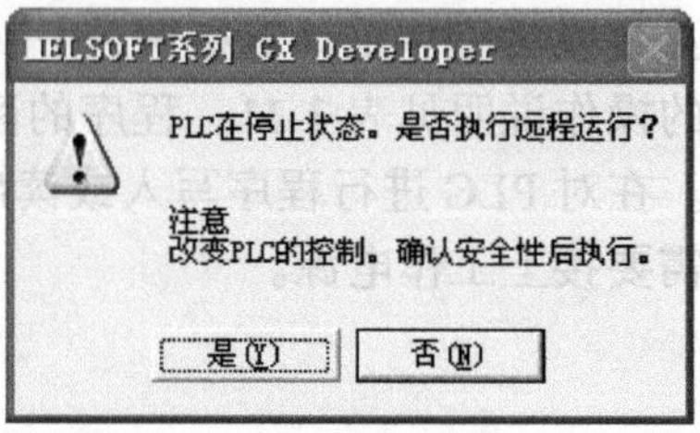

3.1.10　在线监视 PLC 程序的运行

在 GX Developer 软件中将程序写入 PLC 后，如果希望看到程序在实际 PLC 中的运行情况，则可使用软件的在线监视功能，在使用该功能时，应确保 PLC 与计算机间通信电缆连接正常，PLC 供电正常。在线监视 PLC 程序运行的操作说明见表 3-12。

表 3-12　在线监视 PLC 程序运行的操作说明

序号	操作说明	操作图
1	在 GX Developer 软件中先将编写好的程序写入 PLC，然后执行菜单命令“在线→监视→监视模式”，或者单击工具栏上的 （监视模式）按钮，也可以直接按键盘上的 F3 键，即进入在线监视模式，如右图所示，软件编程区内梯形图的 X001 常闭触点上有深色方块，表示 PLC 程序中的该触点处于闭合状态	X000 K90 0 (T0) 0 Y000 X001 (Y000) T0 7 (Y001) X001 9 [RST T0] 12 [END]
2	用导线将 PLC 的 X000 端子与 COM 端子短接，梯形图中的 X000 常开触点出现深色方块，表示已闭合，定时器线圈 T0 出现方块，已开始计时，Y000 线圈出现方块，表示得电，Y000 常开自锁触点出现方块，表示已闭合	X000 K90 0 (T0) 5 Y000 X001 (Y000) T0 7 (Y001) X001 9 [RST T0] 12 [END]
3	将 PLC 的 X000、COM 端子间的导线断开，程序中的 X000 常开触点上的方块消失，表示该触点断开，但由于 Y000 常开自锁触点仍闭合（该触点上有方块），故定时器线圈 T0 仍得电计时。当计时到达设定值 90（9s）时，T0 常开触点上出现方块（触点闭合），Y001 线圈出现方块（线圈得电）	X000 K90 0 (T0) 90 Y000 X001 (Y000) T0 7 (Y001) X001 9 [RST T0] 12 [END]

（续）

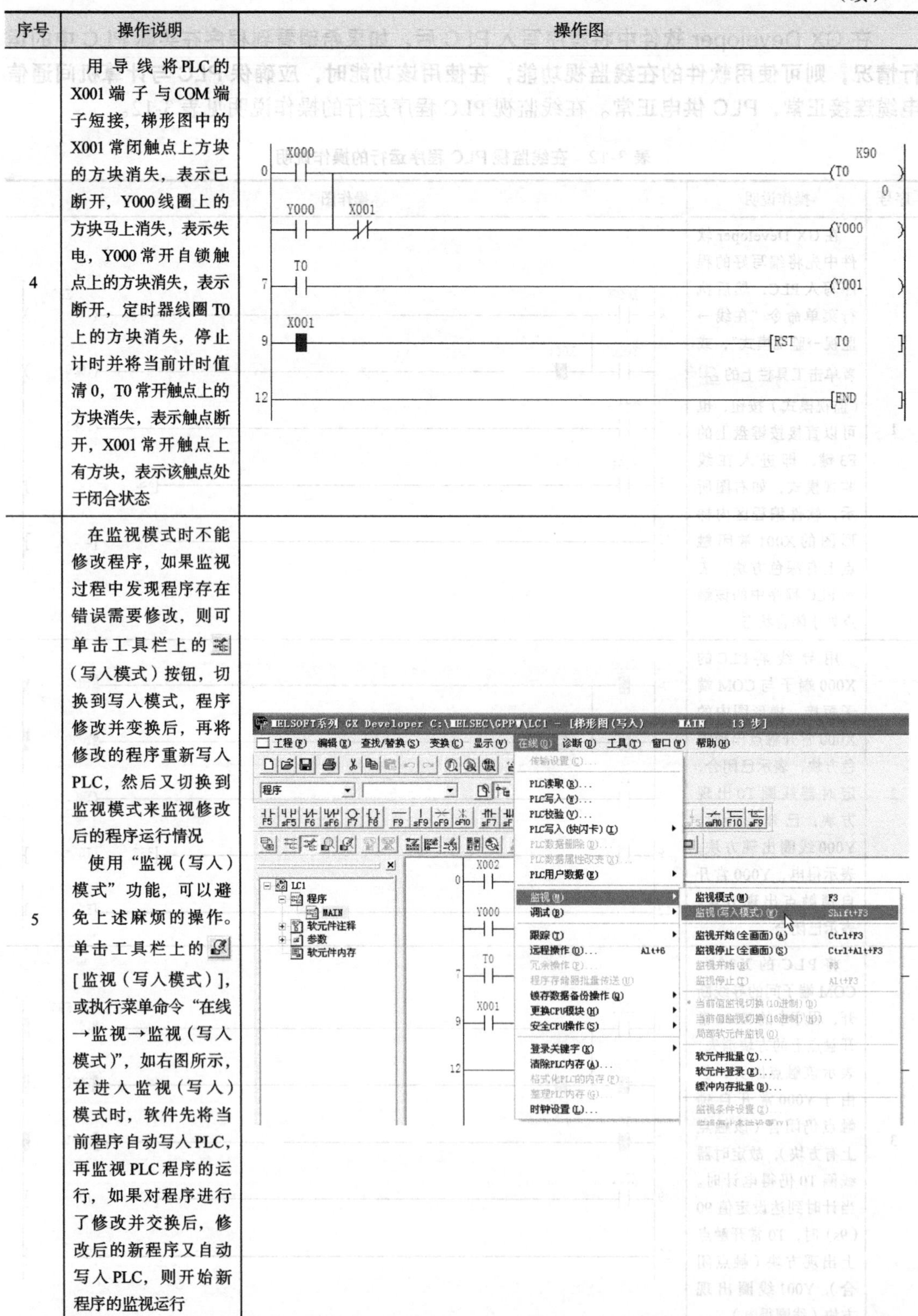

序号	操作说明	操作图
4	用导线将PLC的X001端子与COM端子短接，梯形图中的X001常闭触点上方块的方块消失，表示已断开，Y000线圈上的方块马上消失，表示失电，Y000常开自锁触点上的方块消失，表示断开，定时器线圈T0上的方块消失，停止计时并将当前计时值清0，T0常开触点上的方块消失，表示触点断开，X001常开触点上有方块，表示该触点处于闭合状态	
5	在监视模式时不能修改程序，如果监视过程中发现程序存在错误需要修改，则可单击工具栏上的（写入模式）按钮，切换到写入模式，程序修改并变换后，再将修改的程序重新写入PLC，然后又切换到监视模式来监视修改后的程序运行情况 使用“监视（写入）模式”功能，可以避免上述麻烦的操作。单击工具栏上的[监视（写入模式）]，或执行菜单命令“在线→监视→监视（写入模式）”，如右图所示，在进入监视（写入）模式时，软件先将当前程序自动写入PLC，再监视PLC程序的运行，如果对程序进行了修改并变换后，修改后的新程序又自动写入PLC，则开始新程序的监视运行	

3.2 三菱 GX Simulator 仿真软件的使用

给编程计算机连接实际的 PLC 可以在线监视 PLC 程序运行情况，但由于受条件限制，很多学习者并没有 PLC，这时可以使用三菱 GX Simulator 仿真软件，安装该软件后，就相当于给编程计算机连接了一台模拟的 PLC，再将程序写入这台模拟 PLC 来进行在线监视 PLC 程序运行。

GX Simulator 软件具有以下特点：①具有硬件 PLC 没有的单步执行、跳步执行和部分程序执行调试功能；②调试速度快；③不支持输入 / 输出模块和网络，仅支持特殊功能模块的缓冲区；④扫描周期被固定为 100ms，可以设置为 100ms 的整数倍。

GX Simulator 软件支持 FX1S、FX1N、FX1NC，FX2N 和 FX2NC 绝大部分的指令，但不支持中断指令、PID 指令、位置控制指令、与硬件和通信有关的指令。GX Simulator 软件从 RUN 模式切换到 STOP 模式时，停电保持的软元件的值被保留，非停电保持软元件的值被清除，软件退出时，所有软元件的值被清除。

3.2.1 GX Simulator 仿真软件的安装

GX Simulator 仿真软件是 GX Developer 软件的一个可选安装包，如果未安装该软件包，则 GX Developer 可正常编程，但无法使用 PLC 仿真功能。

GX Simulator 仿真软件的安装说明见表 3-13。

表 3-13　GX Simulator 仿真软件的安装说明

序号	操作说明	操作图
1	在安装时，先将 GX Simulator 安装文件夹复制到计算机某盘符的根目录下，再打开 GX Simulator 文件夹，打开其中的 EnvMEL 文件夹，找到“SETUP.EXE”文件，如右图所示，并双击它，就开始安装 MELSOFT 环境软件	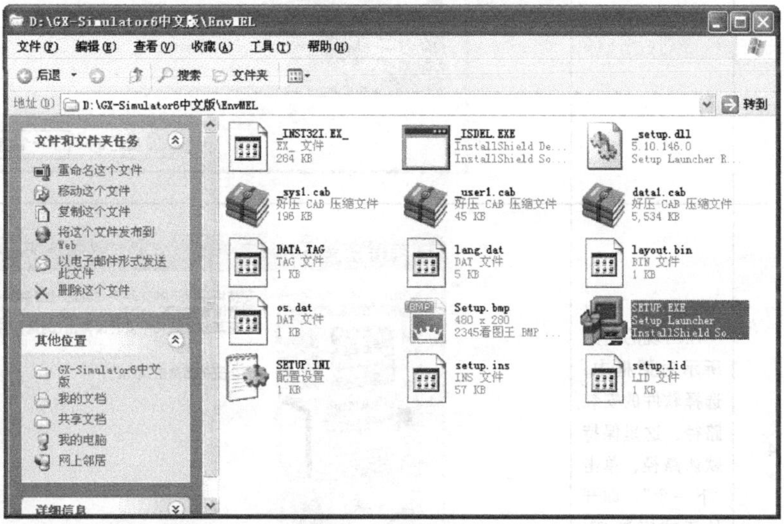

（续）

序号	操作说明	操作图
2	环境软件安装完成后，在 GX Simulator 文件夹中找到“SETUP.EXE”文件，如右图所示，双击该文件即开始安装 GX Simulator 仿真软件	
3	在出现的右图所示对话框中，输入产品 ID 号，单击“下一个”	
4	在出现的右图所示对话框中，选择软件的安装路径，这里保持默认路径，单击“下一个”，即开始正式安装 GX Simulator 软件	

（续）

序号	操作说明	操作图
5	软件安装完成后，会出现右图所示的安装完成提示，单击“确定”即完成软件的安装	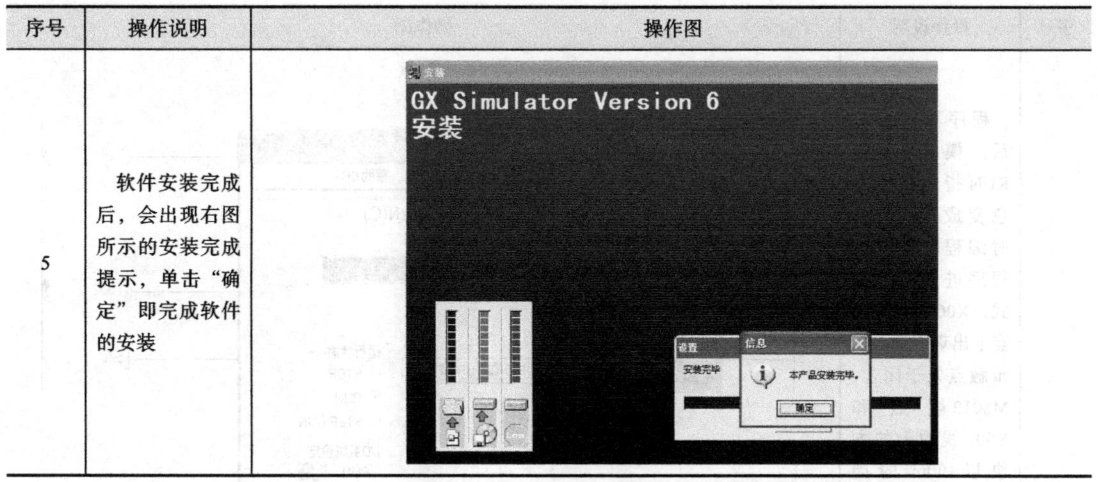

3.2.2　仿真操作

仿真操作内容包括将程序写入模拟 PLC 中，再对程序中的元件进行强制 ON 或 OFF 操作，然后在 GX Developer 软件中查看程序在模拟 PLC 中的运行情况。仿真操作说明见表 3-14。

表 3-14　仿真操作说明

序号	操作说明	操作图
1	右图是待仿真的梯形图程序，M8012 是一个 100ms 时钟脉冲触点，在 PLC 运行时，该触点自动以 50ms 通、50ms 断的频率不断重复	
2	单击工具栏上的 ▣（梯形图逻辑测试启动/停止）按钮，或执行菜单命令“工具→梯形图逻辑测试启动”，编程软件中马上出现右图左方的梯形图逻辑测试工具（可看作是模拟 PLC）窗口，稍后出现右方的 PLC 写入窗口，提示正在将程序写入模拟 PLC 中	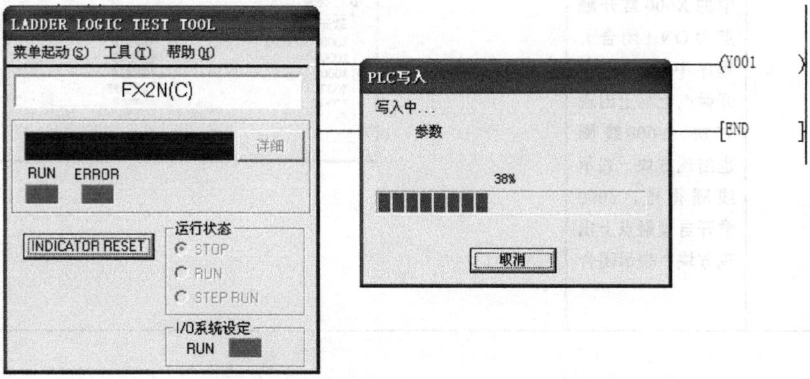

（续）

序号	操作说明	操作图
3	程序写入完成后，模拟PLC的RUN指示灯由灰色变成黄色，同时编程软件中的程序进入监视模式，X001常闭触点上出现方块，表示触点处于闭合，M8012触点和Y001线圈上的方块以100ms的周期闪动	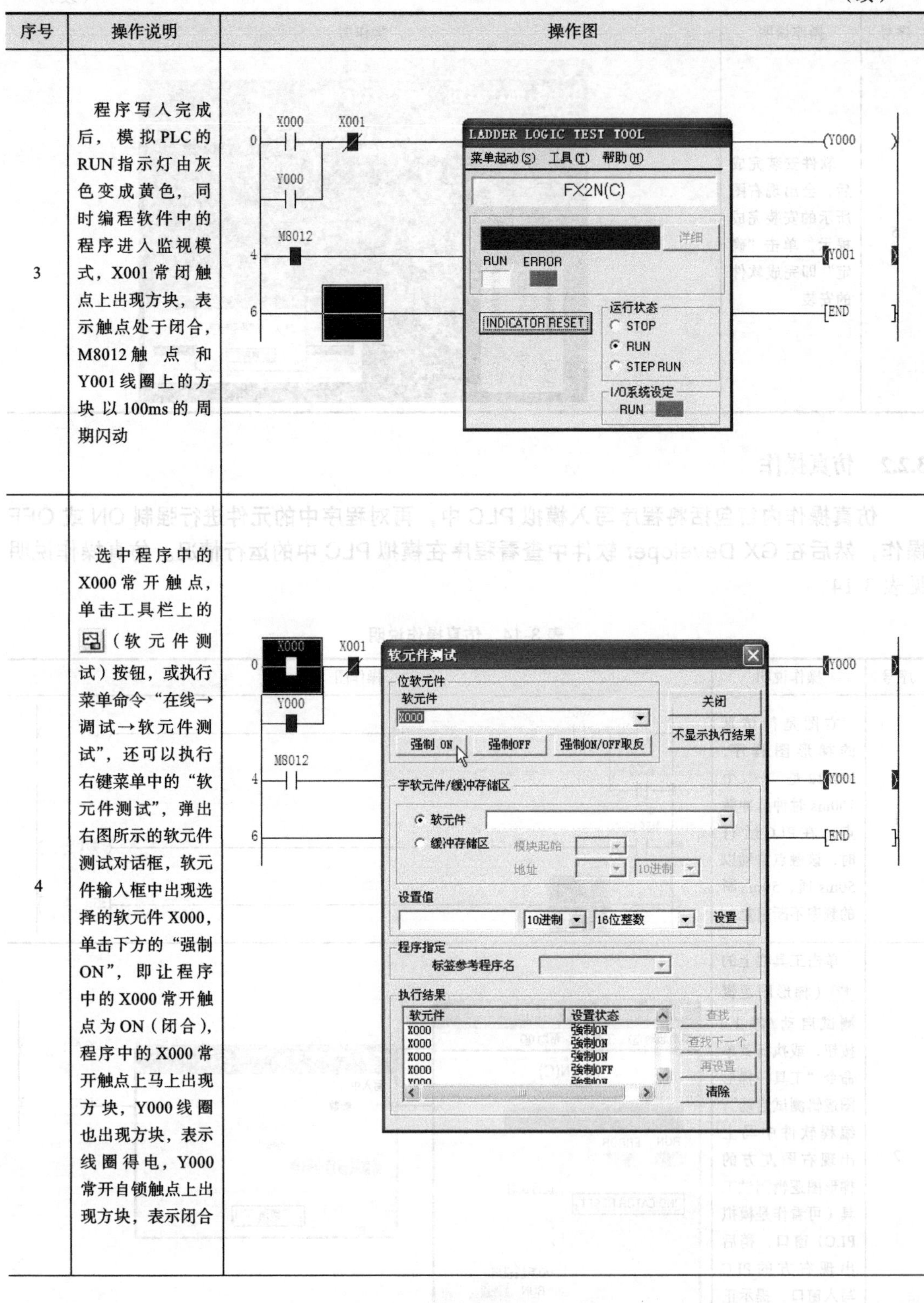
4	选中程序中的X000常开触点，单击工具栏上的（软元件测试）按钮，或执行菜单命令“在线→调试→软元件测试”，还可以执行右键菜单中的“软元件测试”，弹出右图所示的软元件测试对话框，软元件输入框中出现选择的软元件X000，单击下方的“强制ON”，即让程序中的X000常开触点为ON（闭合），程序中的X000常开触点上马上出现方块，Y000线圈也出现方块，表示线圈得电，Y000常开自锁触点上出现方块，表示闭合	

（续）

序号	操作说明	操作图
5	在软元件测试对话框中先将 X000 常开触点强制 OFF，再在软元件输入框中输入 X001，并强制 ON，程序中的 X001 常闭触点上的方块马上消失，表示该触点断开，Y000 线圈上方块消失（线圈失电），Y000 常开自锁触点的方块也消失（断开）	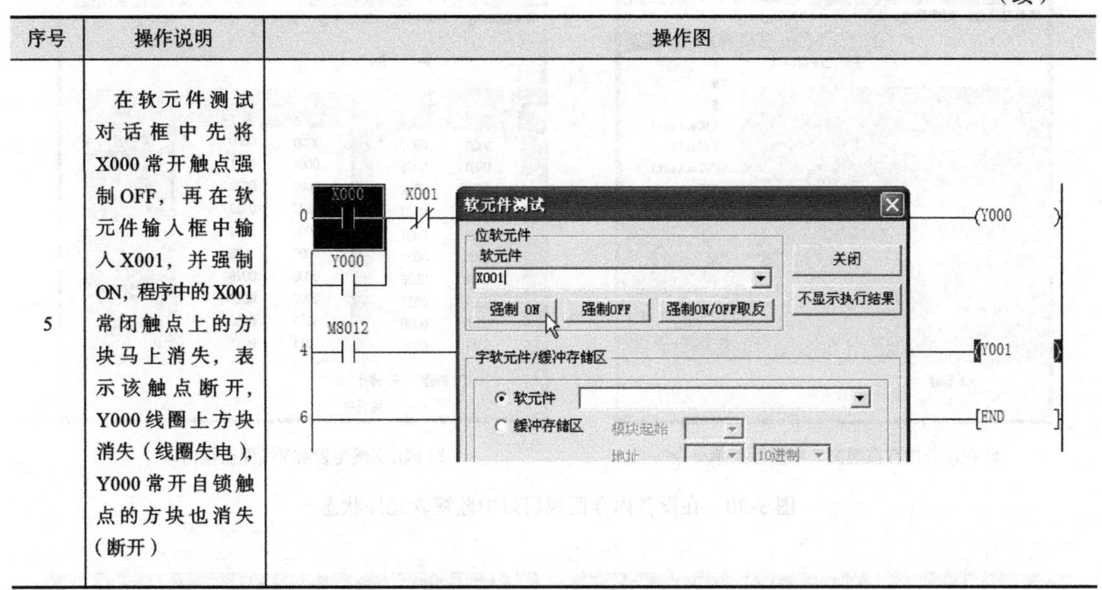

在仿真时，如果要退出仿真监视状态，则可单击编程软件工具栏上的按钮，使该按钮处于弹起状态，梯形图逻辑测试工具窗口会自动消失。在仿真时，如果需要修改程序，则可先退出仿真状态，在让编程软件进入写入模式（按下工具栏中的按钮），就可以对程序进行修改，修改并变换后再按下工具栏上的按钮，重新进行仿真。

3.2.3　软元件监视

在仿真时，除了可以在编程软件中查看程序在模拟 PLC 中的运行情况，也可以通过仿真工具了解一些软元件状态。

在梯形图逻辑测试工具窗口中执行菜单命令“菜单起动→继电器内存监视”，弹出图 3-20a 所示的设备内存监视（DEVICE MEMORY MONITOR）窗口，在该窗口执行菜单命令“软元件→位软元件窗口→ X”，下方马上出现 X 继电器状态监视窗口，再用同样的方法调出 Y 线圈的状态监视窗口，如图 3-20b 所示，从图中可以看出，X000 继电器有黄色背景，表示 X000 继电器状态为 ON，即 X000 常开触点处于闭合状态、常闭触点处于断开状态，Y000、Y001 线圈也有黄色背景，表示这两个线圈状态都为 ON。单击窗口上部的黑色三角，可以在窗口显示前、后编号的软元件。

3.2.4　时序图监视

在设备内存监视窗口也可以监视软元件的工作时序图（波形图）。在图 3-20a 所示的窗口中执行菜单命令“时序图→起动”，弹出图 3-21a 所示的时序图监视窗口，窗口中的“监控停止”按钮指示灯为红色，表示处于监视停止状态，单击该按钮，窗口中马上会出现程序中软元件的时序图，如图 3-21b 所示。X000 元件右边的时序图是一条蓝线，表示 X000 继电器一直处于 ON，即 X000 常开触点处于闭合，M8012 元件的时序图为一系列脉冲，表示 M8012 触点闭合断开交替反复进行，脉冲高电平表示触点闭合，脉冲低电平表示触点断开。

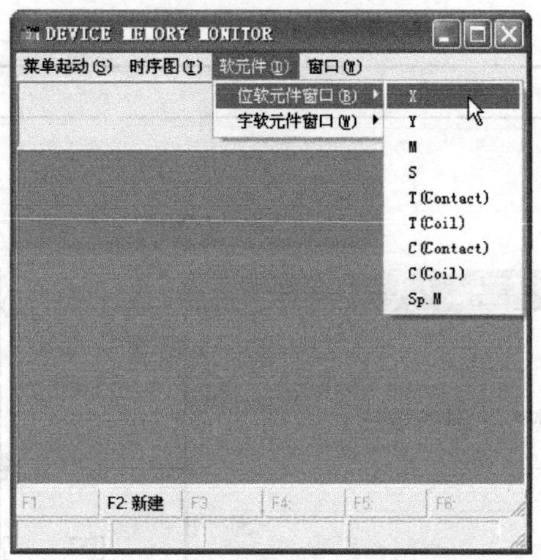

a) 在设备内存监视窗口中执行菜单命令

b) 调出X继电器和Y线圈监视窗口

图 3-20　在设备内存监视窗口中监视软元件状态

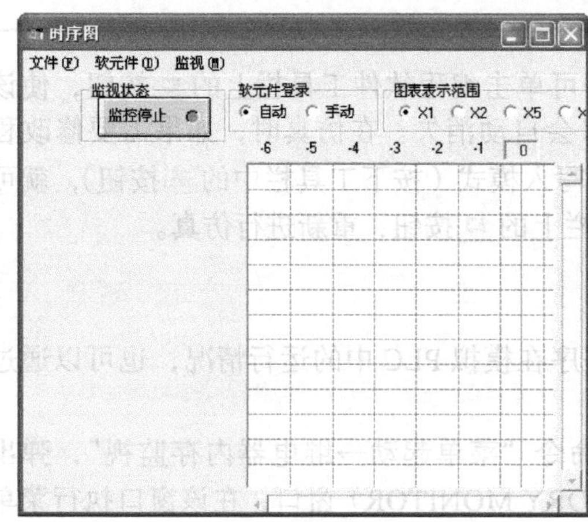

a) 时序监视处于停止

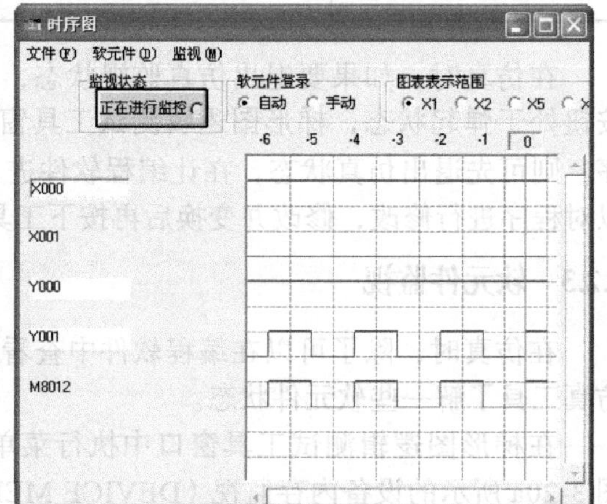

b) 时序监视启动

图 3-21　软元件的工作时序监视

第 4 章

基本指令及应用

基本指令是 PLC 最常用的指令，也是 PLC 编程时必须掌握的指令。三菱 FX1/2/3 系列 PLC 的绝大多数基本指令相同，FX3 系列 PLC 仅增加了 MEP、MEF 指令）。由于现在大多使用直观的梯形图编程，很少使用指令语句表编程（类似计算机的汇编语言编程），故本章仅介绍梯形图编程用到的基本指令。

4.1 基本指令说明

4.1.1 常开、常闭触点和线圈指令

1. 指令名称及说明

常开、常闭触点和线圈指令说明如下：

指令名称	功能	对象软元件
常开触点	未动作时处于断开状态	X、Y、M、S、T、C、D□.b
常闭触点	未动作时处于闭合状态	X、Y、M、S、T、C、D□.b
线圈指令	又称继电器线圈，在得电状态为 ON（1）时，会驱动相应编号的触点产生动作（如常开触点会闭合）	Y、M、S、T、C、D□.b

2. 使用举例

常开、常闭触点和线圈指令使用如图 4-1 所示。

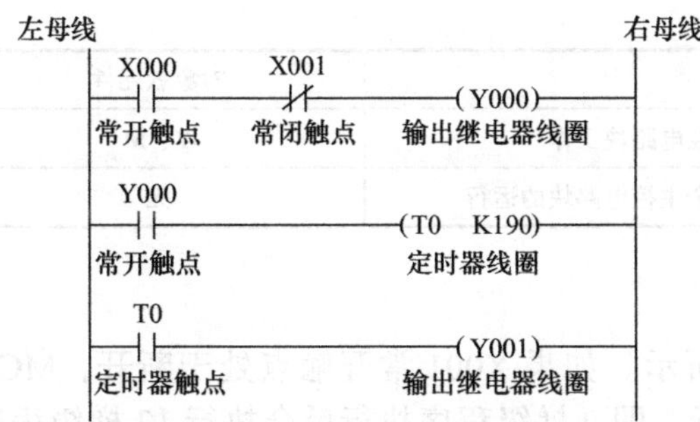

当X000常开触点闭合时，左母线的能流经X000、X001流经Y000线圈到达右母线，Y000线圈得电，状态为ON(1)，Y000常开触点闭合，定时器线圈T0得电，开始19s计时(T0为100ms定时器)，19s后T0定时器线圈状态变为ON(状态值为1)，T0常开触点马上闭合，Y001输出继电器线圈得电。

图 4-1　常开、常闭触点和线圈指令使用举例

4.1.2 边沿检测触点指令

边沿检测触点指令的功能是当输入上升沿或下降沿时触点接通一个扫描周期。它分为上升沿检测触点指令和下降沿检测触点指令。

1. 指令名称及说明

边沿检测触点指令说明如下：

指令名称	功能	对象软元件
上升沿检测触点	当输入上升沿时该触点接通一个扫描周期的时间	X、Y、M、S、T、C、D□.b
下降沿检测触点	当输入下降沿时该触点接通一个扫描周期的时间	X、Y、M、S、T、C、D□.b

2. 使用举例

边沿检测触点指令使用如图 4-2 所示。当 X000 触点由断开转为闭合（OFF→ON）时，产生一个上升沿，X000 上升沿检测触点闭合一个扫描周期（然后断开），M0 辅助继电器线圈得电一个扫描周期；当 X000 触点由闭合转为断开时（ON→OFF）时，产生一个下降沿，X000 下降沿检测触点闭合一个扫描周期，M1 辅助继电器线圈在一个扫描周期内状态为 ON。

边沿检测触点未指定编号时也可与常开或常闭触点串联使用，图 4-2 中的 X001 常开触点由断开转为闭合时，产生一个上升沿，右边的上升沿检测触点会闭合一个扫描周期。

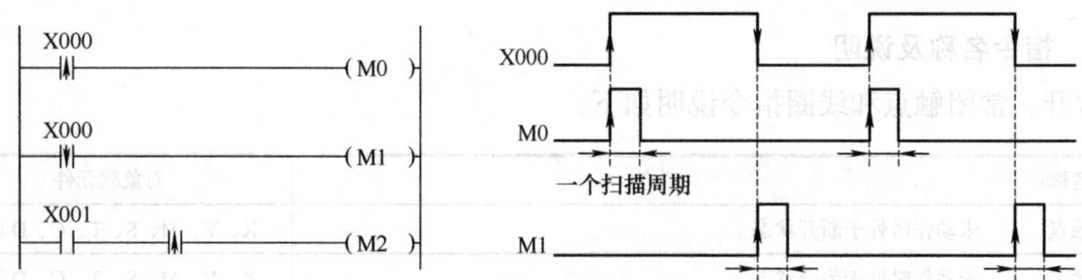

图 4-2　边沿检测触点指令使用举例

4.1.3　主控和主控复位指令

1. 指令名称及说明

主控指令名称及功能如下：

指令名称（助记符）	功能	对象软元件
MC	主控指令，其功能是启动一个主控电路块工作	Y、M
MCR	主控复位指令，其功能是结束一个主控电路块的运行	无

2. 使用举例

MC、MCR 指令的一般使用如图 4-3a 所示。如果 X001 常开触点处于断开，MC 指令不执行，MC 到 MCR 之间的程序不会执行，即 0 梯级程序执行后会执行 12 梯级程序，如果 X001 触点闭合，MC 指令执行，MC 到 MCR 之间的程序会从上往下执行。

MC、MCR 指令可以嵌套使用，如图 4-3b 所示，当 X001 触点闭合、X003 触点断开时，X001 触点闭合使“MC N0 M100”指令执行，N0 级电路块被启动，由于 X003 触点断开使嵌在 N0 级内的“MC N1 M101”指令无法执行，故 N1 级电路块不会执行。**如果 MC 主控指令嵌套使用，则其嵌套层数允许最多 8 层（N0～N7），通常按顺序从小到大**

使用，MC 指令的操作元件通常为输出继电器 Y 或辅助继电器 M，但不能是特殊继电器。 MCR 主控复位指令的使用次数（N0 ～ N7）必须与 MC 的次数相同，在按由小到大顺序多次使用 MC 指令时，必须按由大到小相反的次数使用 MCR 返回。

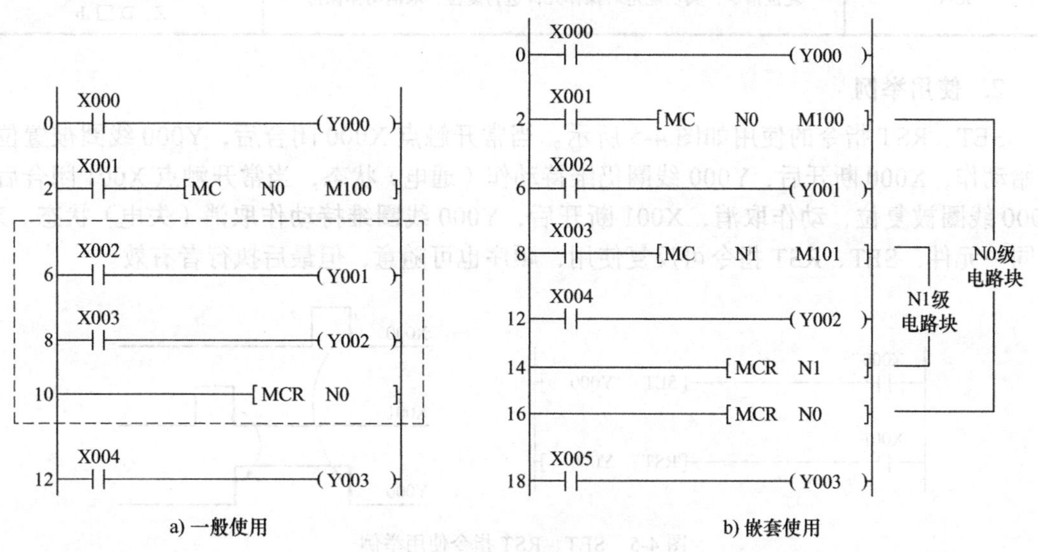

图 4-3　MC、MCR 指令使用举例

4.1.4　取反指令

1. 指令名称及说明

取反指令名称及功能如下：

指令名称	功能	对象软元件
取反	取反指令，其功能是将该指令前的运算结果取反	无

2. 使用举例

取反指令使用如图 4-4 所示。在绘制梯形图时，取反指令用斜线表示，当 X000 断开时，相当于 X000=OFF，取反变为 ON（相当于 X000 闭合），继电器线圈 Y000 得电。

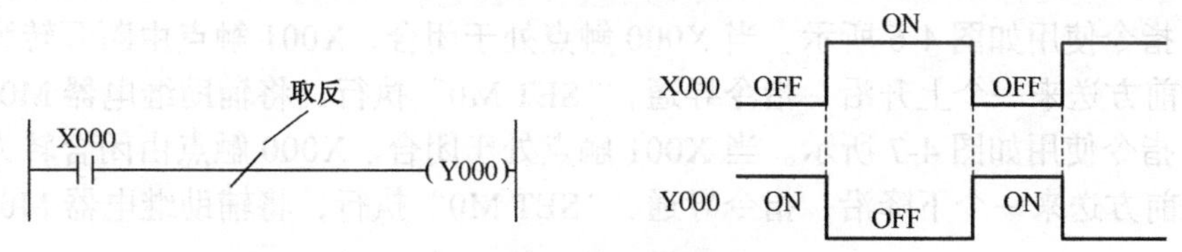

图 4-4　INV 指令使用举例

4.1.5　置位与复位指令

1. 指令名称及说明

置位与复位指令名称及功能如下：

指令名称（助记符）	功能	对象软元件
SET	置位指令，其功能是对操作元件进行置位，使其动作保持	Y、M、S、D□.b
RST	复位指令，其功能是对操作元件进行复位，取消动作保持	Y、M、S、T、C、D、R、V、Z、D□.b

2. 使用举例

SET、RST 指令的使用如图 4-5 所示。当常开触点 X000 闭合后，Y000 线圈被置位，开始动作，X000 断开后，Y000 线圈仍维持动作（通电）状态，当常开触点 X001 闭合后，Y000 线圈被复位，动作取消，X001 断开后，Y000 线圈维持动作取消（失电）状态。对于同一元件，SET、RST 指令可反复使用，顺序也可随意，但最后执行者有效。

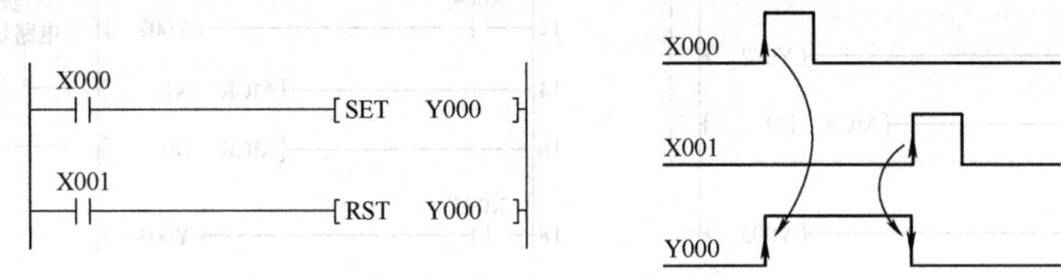

图 4-5 SET、RST 指令使用举例

4.1.6 结果边沿检测指令

MEP、MEF 指令是三菱 FX3 系列 PLC 三代机新增的指令。

1. 指令名称及说明

结果边沿检测指令名称及功能如下：

指令名称（助记符）	功能	对象软元件
MEP	结果上升沿检测指令，当该指令之前的运算结果出现上升沿时，指令为 ON（导通状态），前方运算结果无上升沿时，指令为 OFF（非导通状态）	无
MEF	结果下降沿检测指令，当该指令之前的运算结果出现下降沿时，指令为 ON（导通状态），前方运算结果无下降沿时，指令为 OFF（非导通状态）	无

2. 使用举例

MEP 指令使用如图 4-6 所示。当 X000 触点处于闭合、X001 触点由断开转为闭合时，MEP 指令前方送来一个上升沿，指令导通，“SET M0”执行，将辅助继电器 M0 置 1。

MEF 指令使用如图 4-7 所示。当 X001 触点处于闭合、X000 触点由闭合转为断开时，MEF 指令前方送来一个下降沿，指令导通，“SET M0”执行，将辅助继电器 M0 置 1。

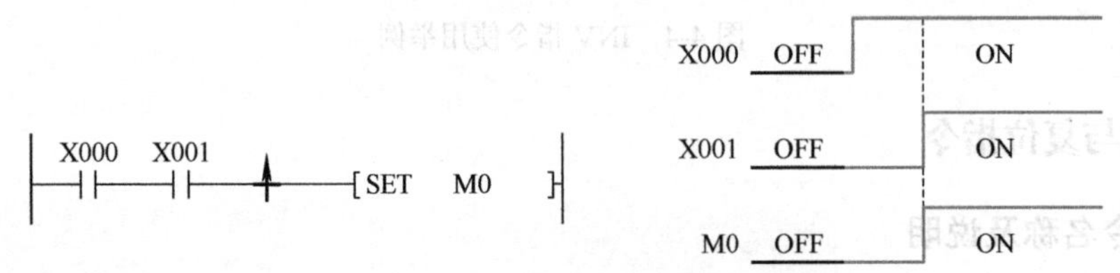

图 4-6 MEP 指令使用举例

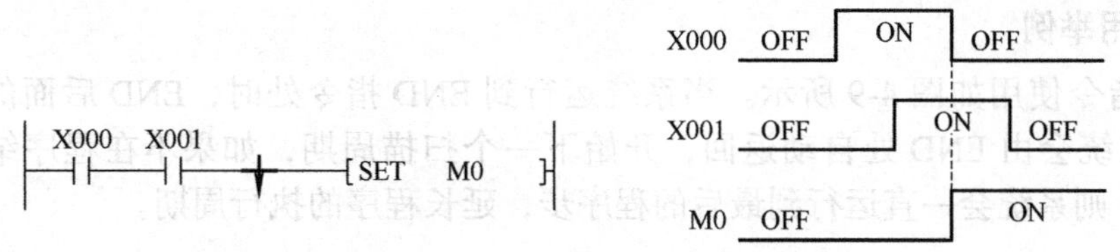

图 4-7　MEF 指令使用举例

4.1.7　脉冲微分输出指令

1．指令名称及说明

脉冲微分输出指令名称及功能如下：

指令名称（助记符）	功能	对象软元件
PLS	上升沿脉冲微分输出指令，其功能是当检测到输入脉冲上升沿来时，使操作元件得电一个扫描周期	Y、M
PLF	下降沿脉冲微分输出指令，其功能是当检测到输入脉冲下降沿来时，使操作元件得电一个扫描周期	Y、M

2．使用举例

PLS、PLF 指令使用如图 4-8 所示。当常开触点 X000 闭合时，一个上升沿脉冲加到 [PLS　M0]，指令执行，M0 线圈得电一个扫描周期，M0 常开触点闭合，[SET　Y000] 指令执行，将 Y000 线圈置位（即让 Y000 线圈得电）；当常开触点 X001 由闭合转为断开时，一个脉冲下降沿加给 [PLF　M1]，指令执行，M1 线圈得电一个扫描周期，M1 常开触点闭合，[RST　Y000] 指令执行，将 Y000 线圈复位（即让 Y000 线圈失电）。

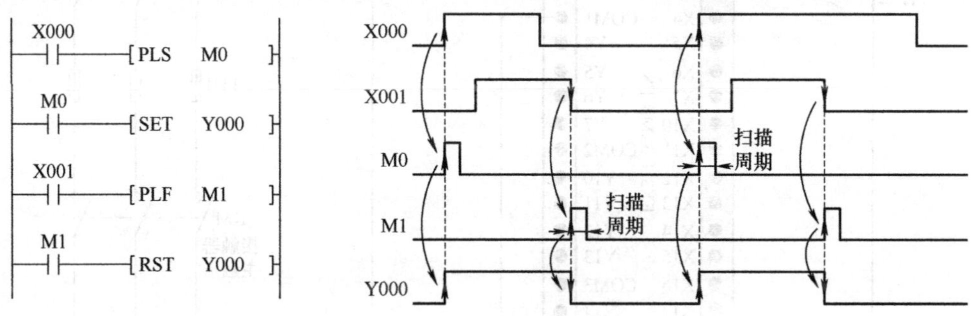

图 4-8　PLS、PLF 指令使用举例

4.1.8　程序结束指令

1．指令名称及说明

程序结束指令名称及功能如下：

指令名称（助记符）	功能	对象软元件
END	程序结束指令，当一个程序结束后，需要在结束位置用 END 指令	无

2. 使用举例

END 指令使用如图 4-9 所示。当系统运行到 END 指令处时，END 后面的程序将不会执行，系统会由 END 处自动返回，开始下一个扫描周期，如果不在程序结束处使用 END 指令，则系统会一直运行到最后的程序步，延长程序的执行周期。

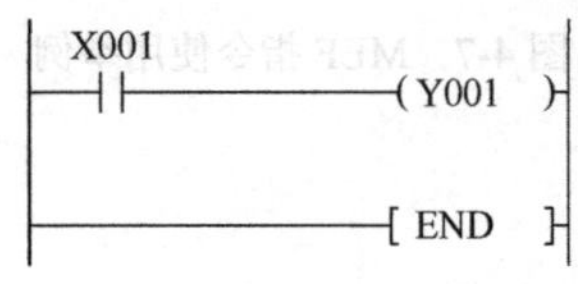

图 4-9　END 指令使用举例

4.2 PLC 基本控制电路与梯形图

4.2.1 起动、自锁和停止控制的 PLC 电路与梯形图

起动、自锁和停止控制是 PLC 最基本的控制功能。起动、自锁和停止控制可采用驱动指令（OUT），也可以采用置位指令（SET、RST）来实现。

1. 采用线圈驱动指令实现起动、自锁和停止控制

线圈驱动（OUT）指令的功能是将输出线圈与右母线连接，它是一种很常用的指令。用线圈驱动指令实现起动、自锁和停止控制的 PLC 电路和梯形图如图 4-10 所示。

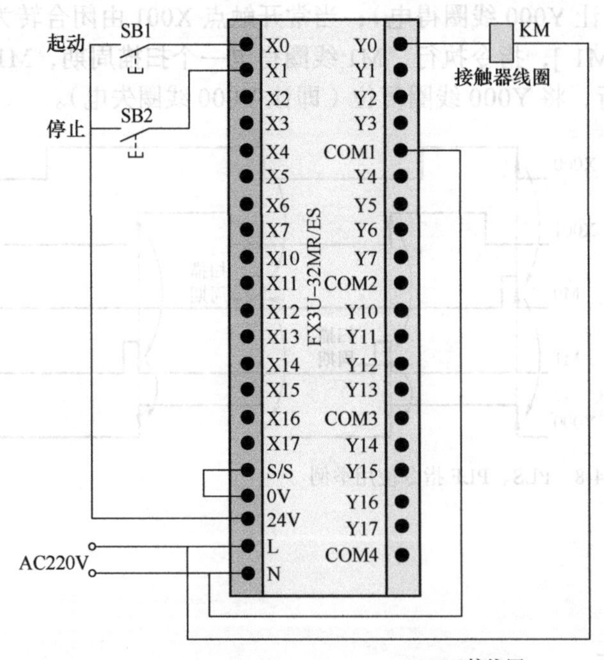

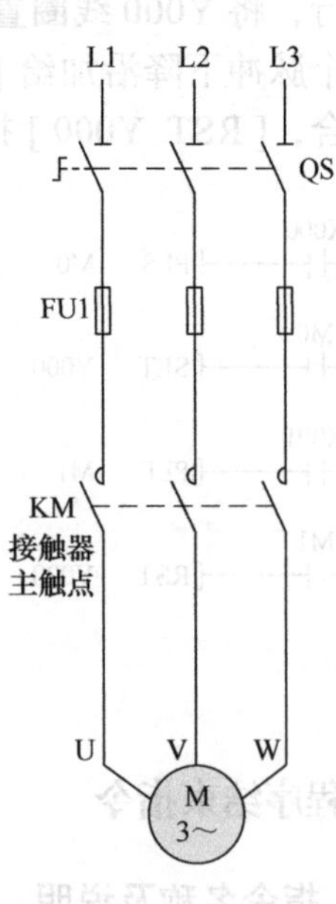

a) PLC接线图

图 4-10　采用线圈驱动指令实现起动、自锁和停止控制的 PLC 电路与梯形图

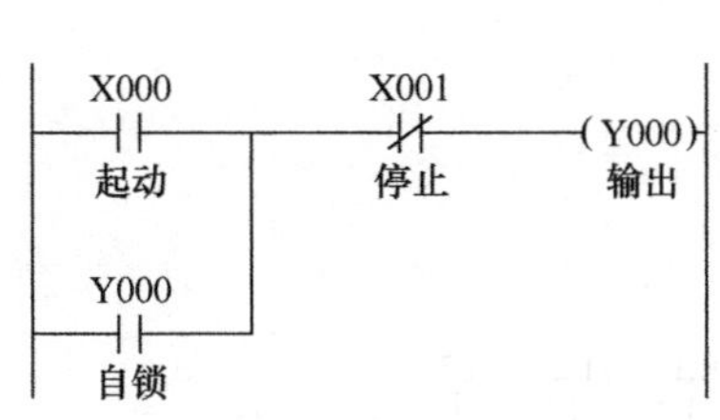

当按下PLC输入端子外接的起动按钮SB1时，梯形图程序中的起动触点X000闭合，输出线圈Y000得电，输出端子Y0内部硬触点闭合，Y0端子与COM端子之间内部接通，接触器线圈KM得电，主电路中的KM主触点闭合，电动机得电起动。

输出线圈Y000得电后，除了会使Y000、COM端子之间的硬触点闭合外，还会使自锁触点Y000闭合，在起动触点X000断开后，依靠自锁触点闭合可使线圈Y000继续得电，电动机就会继续运转，从而实现自锁控制功能。

当按下PLC外接的停止按钮SB2时，梯形图程序中的停止触点X001断开，输出线圈Y000失电，Y0、COM端子之间的内部硬触点断开，PLC输出端外接的接触器KM线圈失电，主电路中的KM主触点断开，电动机失电停转。

b) 梯形图

图 4-10　采用线圈驱动指令实现起动、自锁和停止控制的 PLC 电路与梯形图（续）

2. 采用置位复位指令实现起动、自锁和停止控制

采用置位复位指令 SET、RST 实现起动、自锁和停止控制的梯形图如图 4-11 所示，其 PLC 接线图与图 4-10a 中的电路是一样的。采用置位复位指令与线圈驱动都可以实现起动、自锁和停止控制，两者的 PLC 接线都相同，仅给 PLC 编写输入的梯形图程序不同。

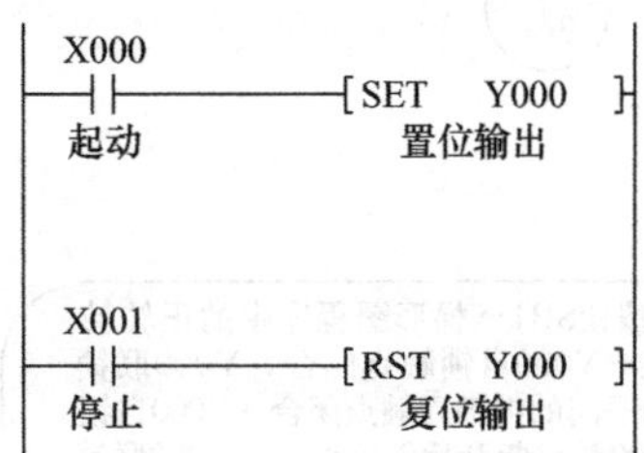

当按下PLC外接的起动按钮SB1时，梯形图中的起动触点X000闭合，[SET Y000]指令执行，指令执行结果将输出继电器线圈Y000置1，相当于线圈Y000得电，使Y0、COM端子之间的内部硬触点接通，PLC外接的接触器线圈KM得电，主电路中的KM主触点闭合，电动机得电起动。

线圈Y000置位后，松开起动按钮SB1、起动触点X000断开，但线圈Y000仍保持“1”态，即仍维持得电状态，电动机就会继续运转，从而实现自锁控制功能。

当按下停止按钮SB2时，梯形图程序中的停止触点X001闭合，[RST Y000]指令被执行，指令执行结果将输出线圈Y000复位，相当于线圈Y000失电，Y0、COM端子之间的内部触触点断开，接触器线圈KM失电，主电路中的KM主触点断开，电动机失电停转。

图 4-11　采用置位复位指令实现起动、自锁和停止控制的梯形图

4.2.2　正、反转联锁控制的 PLC 电路与梯形图

正、反转联锁控制的 PLC 电路与梯形图如图 4-12 所示。

4.2.3　多地控制的 PLC 电路与梯形图

多地控制的 PLC 电路与梯形图如图 4-13 所示，其中图 4-13b 所示为单人多地控制梯形图，图 4-13c 所示为多人多地控制梯形图。

4.2.4　定时控制的 PLC 电路与梯形图

1. 延时起动定时运行控制的 PLC 电路与梯形图

延时起动定时运行控制的 PLC 电路与梯形图如图 4-14 所示，它可以实现的功能是按下起动按钮 3s 后，电动机起动运行，运行 5s 后自动停止。

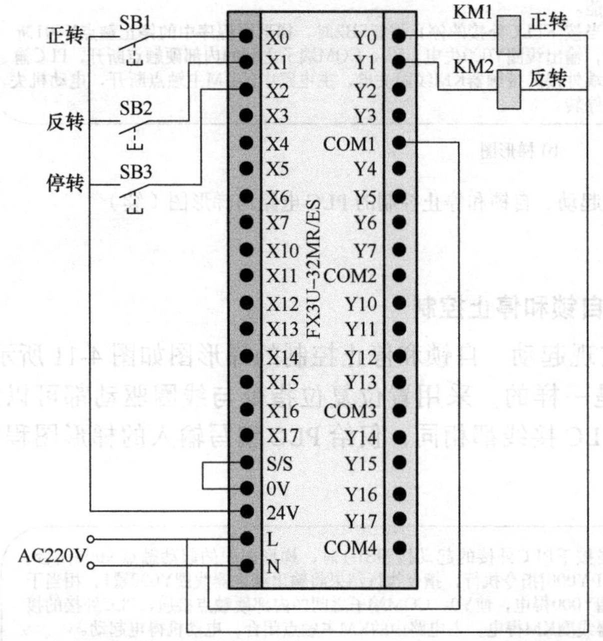

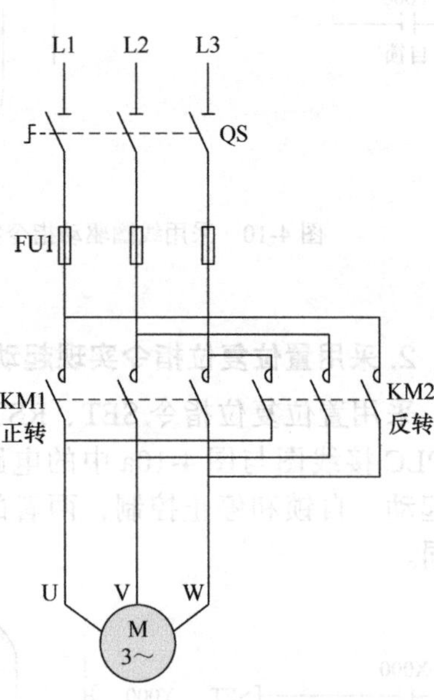

a) PLC接线图

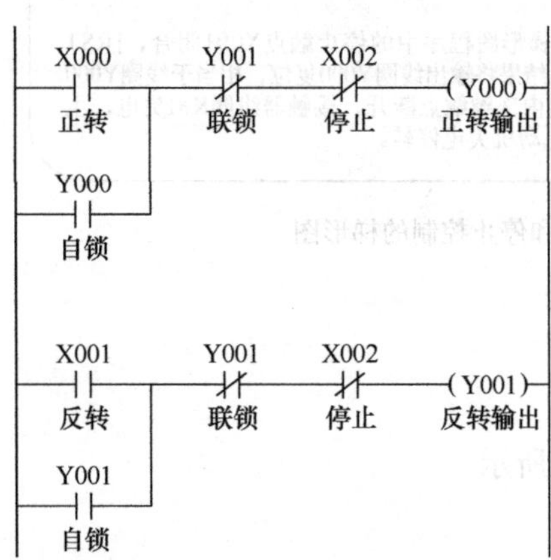

正转联锁控制。按下正转按钮SB1→梯形图程序中的正转触点X000闭合→Y000线圈得电→Y000自锁触点闭合，Y000联锁触点断开，Y0端子与COM端子间的内部硬触点闭合→Y000自锁触点闭合，使线圈Y000在X000触点断开后仍可得电；Y000联锁触点断开，使线圈Y001即使在X001触点闭合(误操作SB2引起)时也无法得电，实现联锁控制；Y0端子与COM端子间的内部硬触点闭合，接触器KM1线圈得电，主电路中的KM1主触点闭合，电动机得电正转。

反转联锁控制。按下反转按钮SB2→梯形图程序中的反转触点X001闭合→线圈Y001得电→Y001自锁触点闭合，Y001联锁触点断开，Y1端子与COM端子间的内部硬触点闭合→Y001自锁触点闭合，使线圈Y001在X001触点断开后继续得电；Y001联锁触点断开，使线圈Y000即使在X000触点闭合(误操作SB1引起)时也无法得电，实现联锁控制；Y1端子与COM端子间的内部硬触点闭合，接触器KM2线圈得电，主电路中的KM2主触点闭合，电动机得电反转。

停转控制。按下停止按钮SB3→梯形图程序中的两个停止触点X002均断开→线圈Y000、Y001均失电→接触器KM1、KM2线圈均失电→主电路中的KM1、KM2主触点均断开，电动机失电停转。

b) 梯形图

图 4-12　正、反转联锁控制的 PLC 电路与梯形图

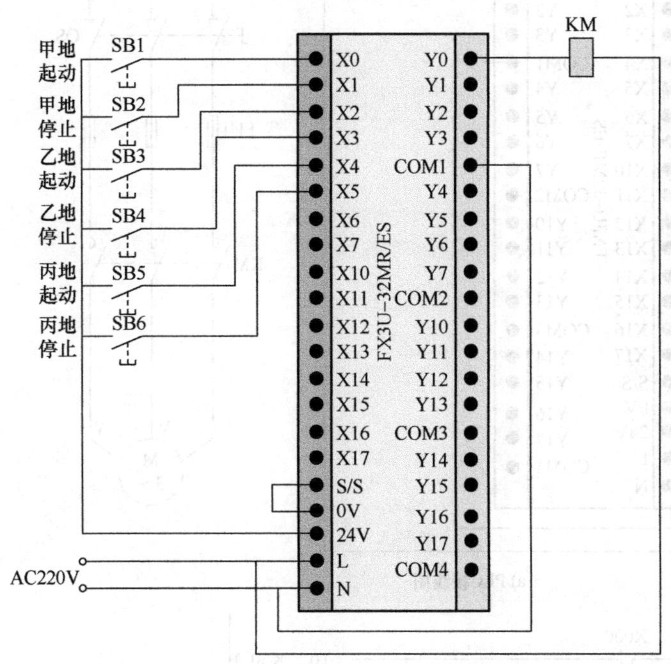

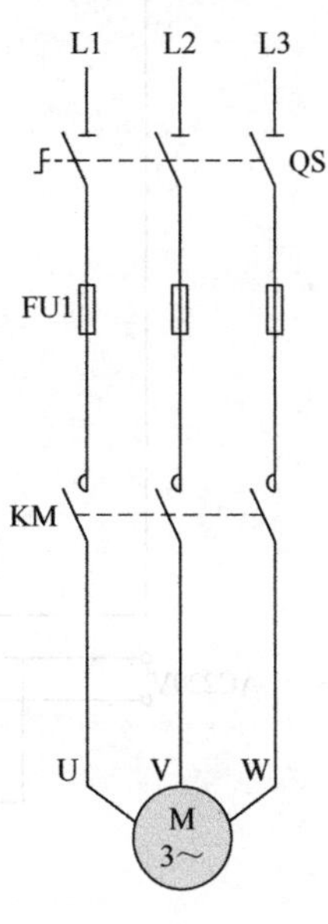

a) PLC接线图

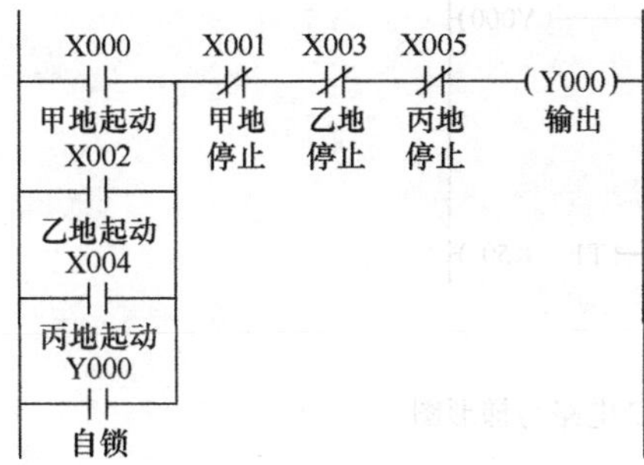

甲地起动控制：在甲地按下起动按钮SB1时→X000常开触点闭合→线圈Y000得电→Y000常开自锁触点闭合，Y0端子内部硬触点闭合→Y000常开自锁触点闭合锁定Y000线圈供电，Y0端子内部硬触点闭合使接触器线圈KM得电→主电路中的KM主触点闭合，电动机得电运转。

甲地停止控制：在甲地按下停止按钮SB2时→X001常闭触点断开→线圈Y000失电→Y000常开自锁触点断开，Y0端子内部硬触点断开→接触器线圈KM失电→主电路中的KM主触点断开，电动机失电停转。

乙地和丙地的起/停控制与甲地控制相同，利用该梯形图可以实现在任何一地进行起/停控制，也可以在一地进行起动，在另一地控制停止。

b) 单人多地控制梯形图

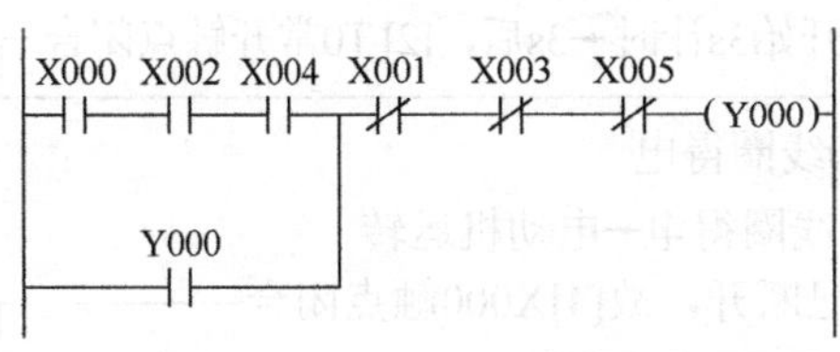

起动控制：在甲、乙、丙三地同时按下按钮SB1、SB3、SB5→线圈Y000得电→Y000常开自锁触点闭合，Y0端子的内部硬触点闭合→Y000线圈供电锁定，接触器线圈KM得电→主电路中的KM主触点闭合，电动机得电运转。

停止控制：在甲、乙、丙三地按下SB2、SB4、SB6中的某个停止按钮时→线圈Y000失电→Y000常开自锁触点断开，Y0端子内部硬触点断开→Y000常开自锁触点断开使Y000线圈供电切断，Y0端子的内部硬触点断开使接触器线圈KM失电→主电路中的KM主触点断开，电动机失电停转。

该梯形图可以实现多人在多地同时按下起动按钮才能起动功能，在任意一地都可以进行停止控制。

c) 多人多地控制梯形图

图 4-13　多地控制的 PLC 电路与梯形图

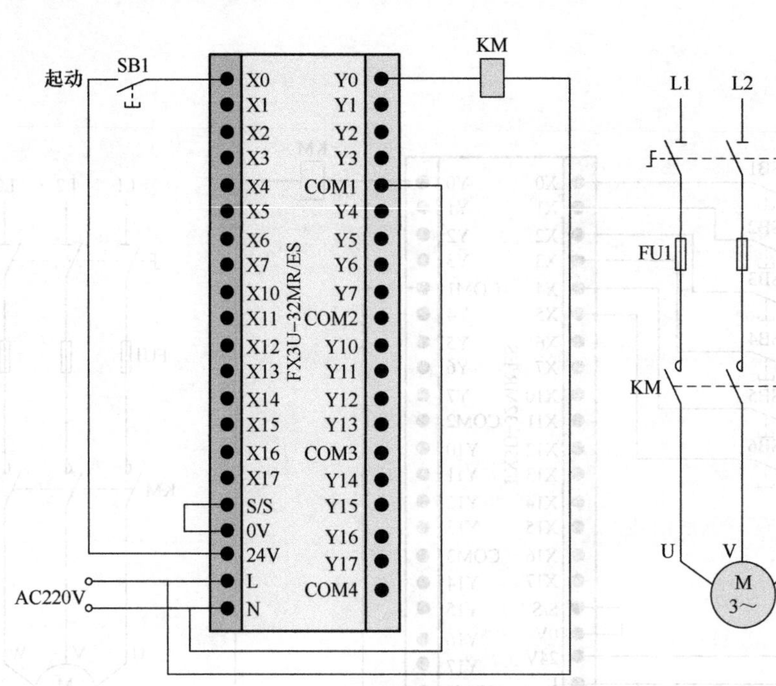

a) PLC接线图

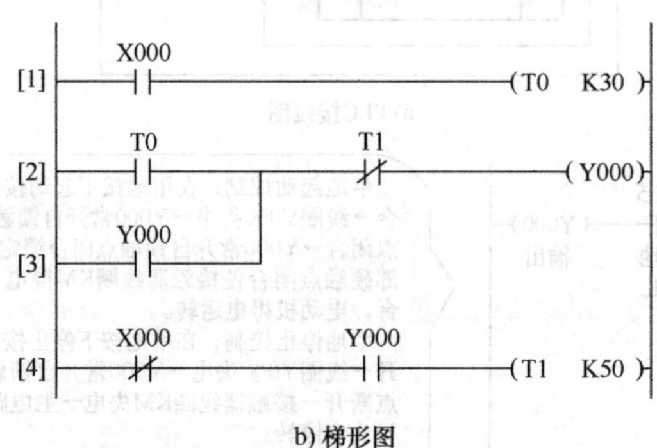

b) 梯形图

图 4-14　延时起动定时运行控制的 PLC 电路与梯形图

PLC 电路与梯形图说明如下：

按下起动按钮SB1→{[4] X000常闭触点断开；[1] X000常开触点闭合→定时器T0开始3s计时→3s后，[2] T0常开触点闭合}

→[2] Y000线圈得电→{[3] Y000自锁触点闭合，锁定Y000线圈得电；Y0端子内硬触点闭合→接触器KM线圈得电→电动机运转；[4] Y000常开触点闭合→由于SB1已断开，故[4]X000触点闭合}

→定时器T1开始5s计时→5s后，[2] T1常闭触点断开→[2] Y000线圈失电

→Y0端子内硬触点断开→KM线圈失电→电动机停转

2. 多定时器组合控制的 PLC 电路与梯形图

图 4-15 所示为一种典型的多定时器组合控制的 PLC 电路与梯形图，它可以实现的功

能是按下起动按钮后电动机 B 马上运行，30s 后电动机 A 开始运行，70s 后电动机 B 停转，100s 后电动机 A 停转。

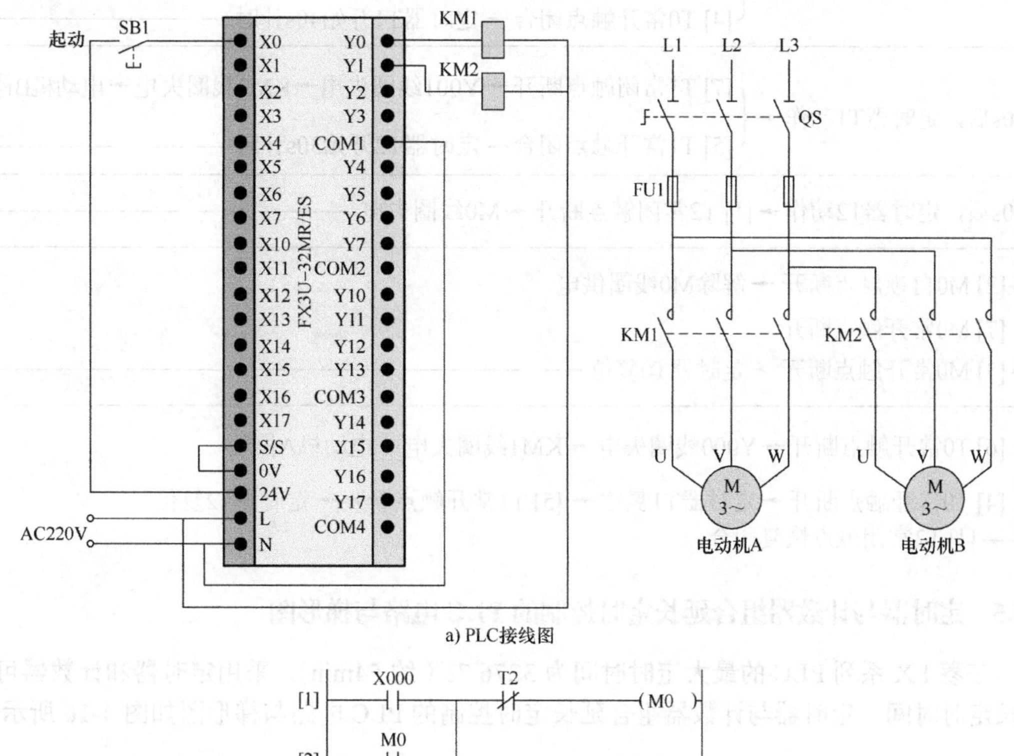

a) PLC接线图

```
[1] ─┤├X000──┬──┤/├T2────────────(M0)
[2] ─┤├M0────┘
[3] ─┤├M0────────────────────────(T0 K300)
[4] ─┤├T0────────────────────────(T1 K400)
[5] ─┤├T1────────────────────────(T2 K300)
[6] ─┤├T0────────────────────────(Y000)
[7] ─┤├M0──────┤/├T1─────────────(Y001)
```

b) 梯形图

图 4-15　一种典型的多定时器组合控制的 PLC 电路与梯形图

PLC 电路与梯形图说明如下：

按下起动按钮SB1→X000常开触点闭合→辅助继电器M0线圈得电→

[2] M0自锁触点闭合→锁定M0线圈供电

[7] M0常开触点闭合→Y001线圈得电→Y1端子内硬触点闭合→接触器KM2线圈得电→电动机B运转

[3] M0常开触点闭合→定时器T0开始30s计时→

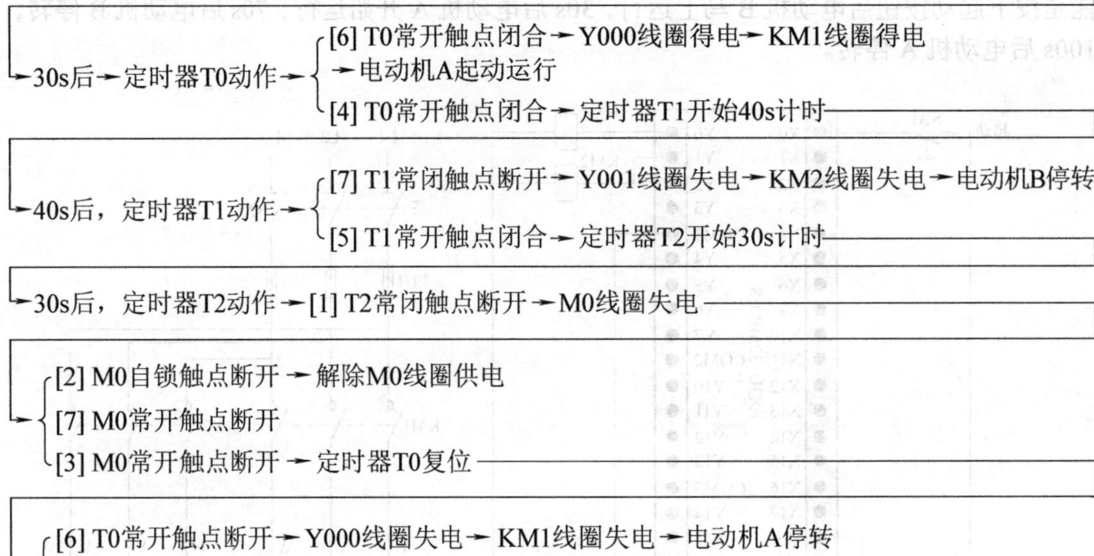

30s后→定时器T0动作→
[6] T0常开触点闭合→Y000线圈得电→KM1线圈得电→电动机A起动运行
[4] T0常开触点闭合→定时器T1开始40s计时
40s后，定时器T1动作→
[7] T1常闭触点断开→Y001线圈失电→KM2线圈失电→电动机B停转
[5] T1常开触点闭合→定时器T2开始30s计时
30s后，定时器T2动作→[1] T2常闭触点断开→M0线圈失电
[2] M0自锁触点断开→解除M0线圈供电
[7] M0常开触点断开
[3] M0常开触点断开→定时器T0复位
[6] T0常开触点断开→Y000线圈失电→KM1线圈失电→电动机A停转
[4] T0常开触点断开→定时器T1复位→[5] T1常开触点断开→定时器T2复位
→[1] T2常闭触点恢复闭合

4.2.5 定时器与计数器组合延长定时控制的 PLC 电路与梯形图

三菱 FX 系列 PLC 的最大定时时间为 3276.7s（约 54min），采用定时器和计数器可以延长定时时间。定时器与计数器组合延长定时控制的 PLC 电路与梯形图如图 4-16 所示。

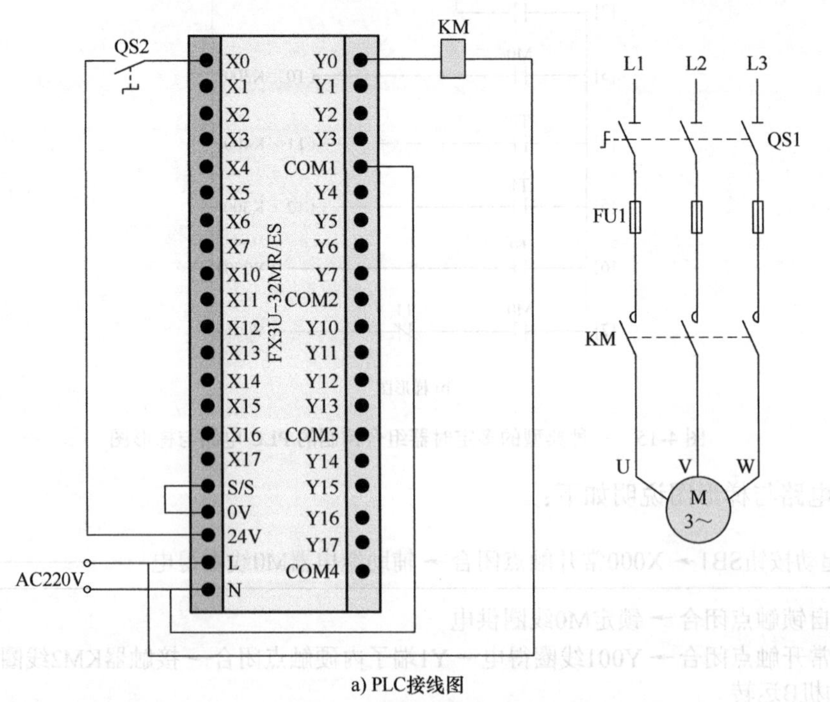

a) PLC接线图

图 4-16　定时器与计数器组合延长定时控制的 PLC 电路与梯形图

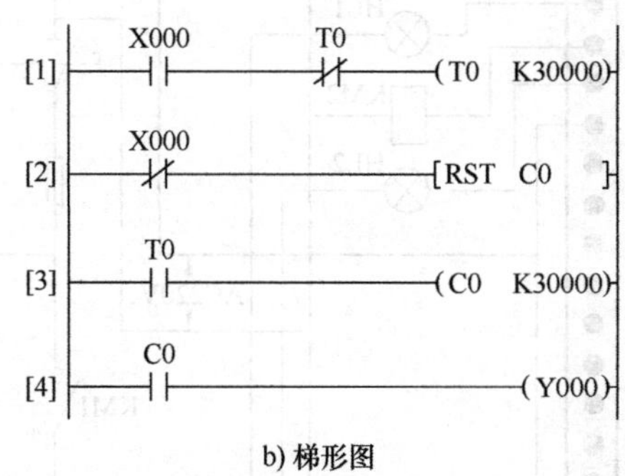

b) 梯形图

图 4-16　定时器与计数器组合延长定时控制的 PLC 电路与梯形图（续）

PLC 电路与梯形图说明如下：

将开关QS2闭合→
- [2] X000常闭触点断开，计数器C0复位清0结束
- [1] X000常开触点闭合→定时器T0开始3000s计时→

→3000s后，定时器T0动作→
- [3] T0常开触点闭合，计数器C0值增1，由0变为1
- [1] T0常闭触点断开→定时器T0复位→
  - [3] T0常开触点断开，计数器C0值保持为1
  - [1] T0常闭触点闭合→

→因开关QS2仍处于闭合，[1] X000常开触点也保持闭合→定时器T0又开始3000s计时→

→3000s后，定时器T0动作→
- [3] T0常开触点闭合，计数器C0值增1，由1变为2
- [1] T0常闭触点断开→定时器T0复位→
  - [3] T0常开触点断开，计数器C0值保持为2
  - [1] T0常闭触点闭合→定时器T0又开始计时，以后重复上述过程→

→当计数器C0计数值达到30000→计数器C0动作→[4] 常开触点C0闭合→Y000线圈得电→KM线圈得电→电动机运转

图 4-16 中的定时器 T0 定时单位为 0.1s（100ms），它与计数器 C0 组合使用后，其定时时间 T=30000 × 0.1s × 30000=90000000s=25000h。若需重新定时，可将开关 QS2 断开，让 [2]X000 常闭触点闭合，让“RST C0”指令执行，对计数器 C0 进行复位，然后再闭合 QS2，则会重新开始 250000 小时定时。

4.2.6　多重输出控制的 PLC 电路与梯形图

多重输出控制的 PLC 电路与梯形图如图 4-17 所示。

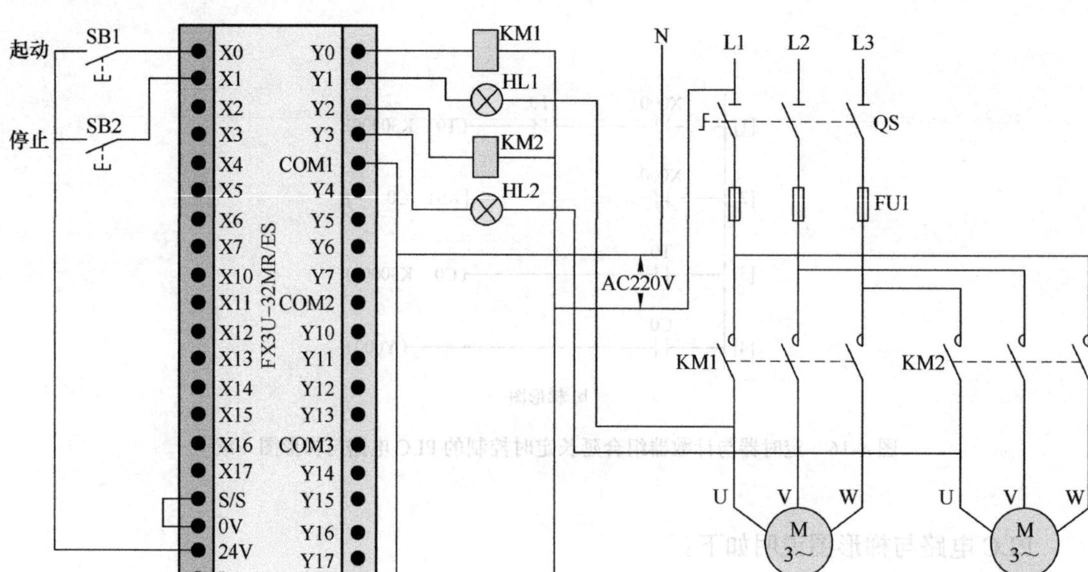

a) PLC接线图

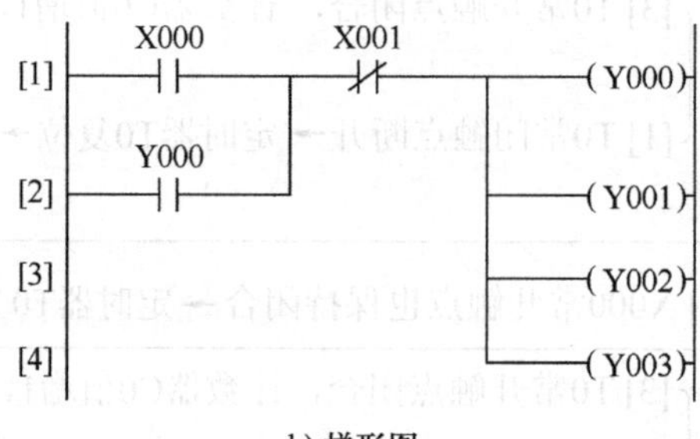

b) 梯形图

图 4-17　多重输出控制的 PLC 电路与梯形图

PLC 电路与梯形图说明如下：

（1）起动控制

按下起动按钮SB1→X000常开触点闭合→

- Y000自锁触点闭合，锁定输出线圈Y000～Y003供电
- Y000线圈得电→Y0端子内硬触点闭合→KM1线圈得电→KM1主触点闭合 ┐
- Y001线圈得电→Y1端子内硬触点闭合 ┘→HL1灯得电点亮，指示电动机A得电
- Y002线圈得电→Y2端子内硬触点闭合→KM2线圈得电→KM2主触点闭合 ┐
- Y003线圈得电→Y3端子内硬触点闭合 ┘→HL2灯得电点亮，指示电动机B得电

（2）停止控制

按下停止按钮SB2→X001常闭触点断开

Y000自锁触点断开，解除输出线圈Y000～Y003供电

Y000线圈失电→Y0端子内硬触点断开→KM1线圈失电→KM1主触点断开

Y001线圈失电→Y1端子内硬触点断开

→HL1灯失电熄亮，指示电动机A失电

Y002线圈失电→Y2端子内硬触点断开→KM2线圈失电→KM2主触点断开

Y003线圈失电→Y3端子内硬触点断开

→HL2灯失电熄灭，指示电动机B失电

4.2.7 过载报警控制的 PLC 电路与梯形图

过载报警控制的 PLC 电路与梯形图如图 4-18 所示。

PLC 电路与梯形图说明如下：

1）起动控制：按下起动按钮 SB1 → [1]X001 常开触点闭合→ [SET Y001] 指令执行→ Y001 线圈被置位，即 Y001 线圈得电→ Y1 端子内部硬触点闭合→接触器 KM 线圈得电→ KM 主触点闭合→电动机得电运转。

2）停止控制：按下停止按钮 SB2 → [2]X002 常开触点闭合→ [RST Y001] 指令执行→ Y001 线圈被复位，即 Y001 线圈失电→ Y1 端子内部硬触点断开→接触器 KM 线圈失电→ KM 主触点断开→电动机失电停转。

3）过载保护及报警控制。

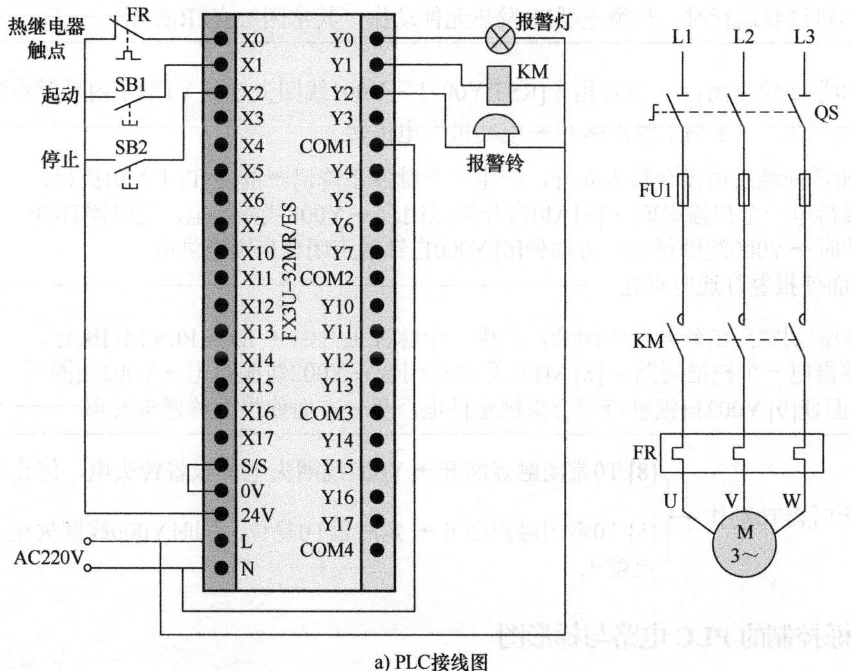

a) PLC接线图

图 4-18 过载报警控制的 PLC 电路与梯形图

```
[1] ─┤ X001 ├──────────────────[SET  Y001]
[2] ─┤ X002 ├─┬────────────────[RST  Y001]
[3] ─┤/X000 ├─┘
[4] ─┤ X000 ├──────────────────[PLF  M0]
[5] ─┤ M0   ├─┬─┤/T0 ├─┬───────(Y000)
[6] ─┤ Y000 ├─┘        └───────[T0   K100]
[7] ─┤/X000 ├──────────────────[PLS  M1]
[8] ─┤ M1   ├─┬─┤/T0 ├─────────(Y002)
[9] ─┤ Y002 ├─┘
```

b) 梯形图

图 4-18 过载报警控制的 PLC 电路与梯形图（续）

在正常工作时，FR过载保护触点闭合→
- [3] X000常闭触点断开，指令[RST Y001]无法执行
- [4] X000常开触点闭合，指令[PLF M0]无法执行
- [7] X000常闭触点断开，指令[PLS M1]无法执行

当电动机过载运行时，热继电器FR发热元件动作，其常闭触点FR断开→
- [3] X000常闭触点闭合→执行指令[RST Y001]→Y001线圈失电→Y1端子内硬触点断开→KM线圈失电→KM主触点断开→电动机失电停转
- [4] X000常开触点由闭合转为断开，产生一个脉冲下降沿→指令[PLF M0]执行，M0线圈得电一个扫描周期→[5] M0常开触点闭合→Y000线圈得电，定时器T0开始10s计时→Y000线圈得电一方面使[6] Y000自锁触点闭合来锁定供电，另一方面使报警灯通电点亮
- [7] X000常闭触点由断开转为闭合，产生一个脉冲上升沿→指令[PLS M1]执行，M1线圈得电一个扫描周期→[8] M1常开触点闭合→Y002线圈得电→Y002线圈得电一方面使[9] Y002自锁触点闭合来锁定供电，另一方面使报警铃通电发声

→10s后，定时器T0动作→
- [8] T0常闭触点断开→Y002线圈失电→报警铃失电，停止报警声
- [5] T0常闭触点断开→定时器T0复位，同时Y000线圈失电→报警灯失电熄灭

4.2.8 闪烁控制的 PLC 电路与梯形图

闪烁控制的 PLC 电路与梯形图如图 4-19 所示。

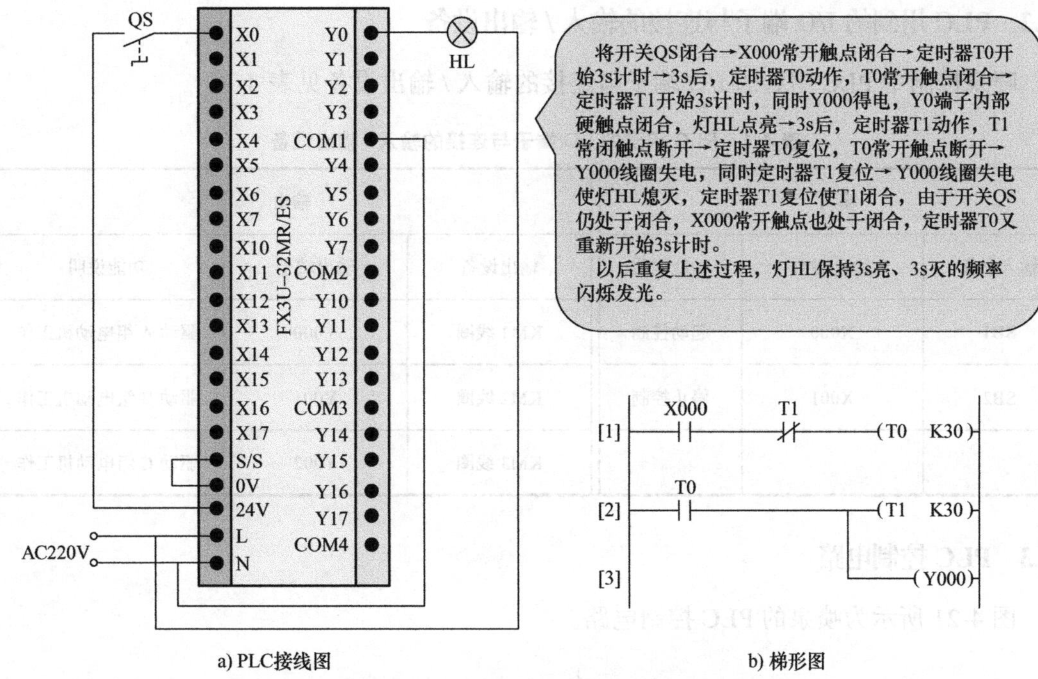
QS
X0
X1
X2
X3
X4
X5
X6
X7
X10
X11
X12
X13
X14
X15
X16
X17
S/S
0V
24V
L
N
AC220V
FX3U-32MR/ES
Y0
Y1
Y2
Y3
COM1
Y4
Y5
Y6
Y7
COM2
Y10
Y11
Y12
Y13
COM3
Y14
Y15
Y16
Y17
COM4
HL
将开关QS闭合→X000常开触点闭合→定时器T0开始3s计时→3s后，定时器T0动作，T0常开触点闭合→定时器T1开始3s计时，同时Y000得电，Y0端子内部硬触点闭合，灯HL点亮→3s后，定时器T1动作，T1常闭触点断开→定时器T0复位，T0常开触点断开→Y000线圈失电，同时定时器T1复位→Y000线圈失电使灯HL熄灭，定时器T1复位使T1闭合，由于开关QS仍处于闭合，X000常开触点也处于闭合，定时器T0又重新开始3s计时。
以后重复上述过程，灯HL保持3s亮、3s灭的频率闪烁发光。
[1]
X000
T1
T0
K30
[2]
T0
T1
K30
[3]
Y000
a) PLC接线图　　b) 梯形图

图 4-19　闪烁控制的 PLC 电路与梯形图

4.3　基本指令应用实例一：PLC 控制喷泉

4.3.1　控制要求

系统要求用两个按钮来控制 A、B、C 三组喷头工作（通过控制三组喷头的电动机来实现），三组喷头排列与工作时序如图 4-20 所示。

系统控制要求：当按下起动按钮后，A 组喷头先喷 5s 后停止，然后 B、C 组喷头同时喷，5s 后，B 组喷头停止，C 组喷头继续喷 5s 再停止，而后 A、B 组喷头喷 7s，C 组喷头在这 7s 的前 2s 内停止，后 5s 内喷水，接着 A、B、C 三组喷头同时停止 3s，以后重复前述过程。按下停止按钮后，三组喷头同时停止喷水。

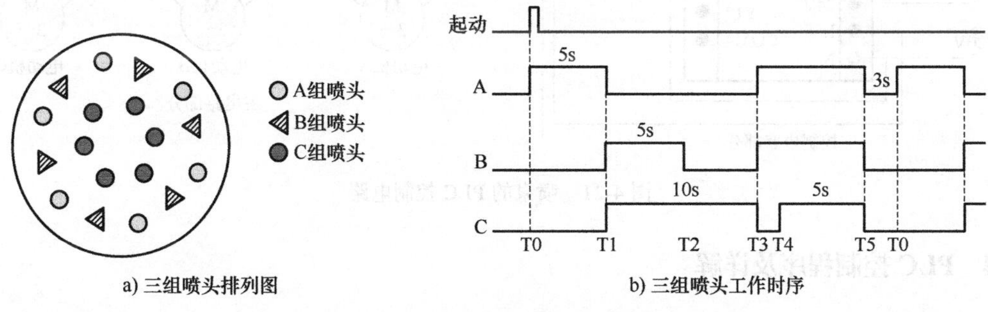
A组喷头
B组喷头
C组喷头
起动
A
B
C
5s
5s
10s
5s
3s
T0
T1
T2
T3 T4
T5 T0
a) 三组喷头排列图　　b) 三组喷头工作时序

图 4-20　三组喷头排列与工作时序

4.3.2　PLC 用到的 I/O 端子与连接的输入 / 输出设备

喷泉控制中 PLC 用到的 I/O 端子与连接的输入 / 输出设备见表 4-1。

表 4-1　PLC 用到的 I/O 端子与连接的输入 / 输出设备

输入			输出		
输入设备	输入端子	功能说明	输出设备	输出端子	功能说明
SB1	X000	起动控制	KM1 线圈	Y000	驱动 A 组电动机工作
SB2	X001	停止控制	KM2 线圈	Y001	驱动 B 组电动机工作
			KM3 线圈	Y002	驱动 C 组电动机工作

4.3.3　PLC 控制电路

图 4-21 所示为喷泉的 PLC 控制电路。

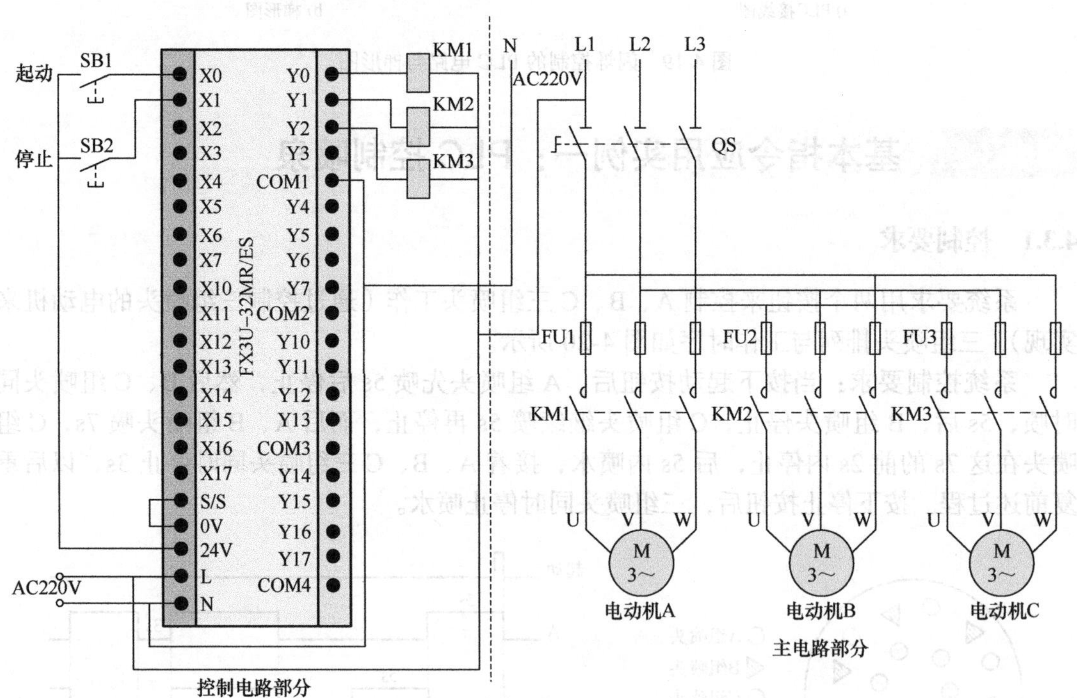

图 4-21　喷泉的 PLC 控制电路

4.3.4　PLC 控制程序及详解

1. 梯形图程序

图 4-22 所示为喷泉的 PLC 控制梯形图程序。

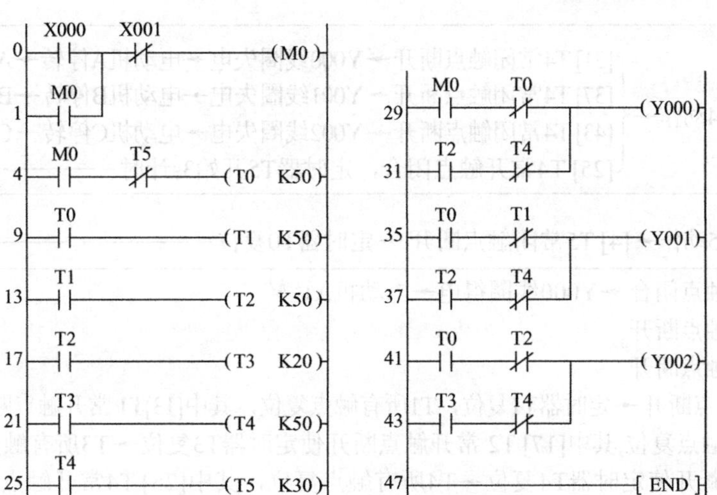

图 4-22　喷泉的 PLC 控制梯形图程序

2. 程序说明

下面结合图 4-21 所示控制电路和图 4-22 所示梯形图来说明喷泉控制系统的工作原理。

（1）起动控制

按下起动按钮SB1→X000常开触点闭合→辅助继电器M0线圈得电→
- [1] M0自锁触点闭合，锁定M0线圈供电
- [29] M0常开触点闭合，Y000线圈得电→KM1线圈得电→电动机A运转→A组喷头工作
- [4] M0常开触点闭合，定时器T0开始5s计时→

5s后，定时器T0动作→
- [29] T0常闭触点断开→Y000线圈失电→电动机A停转→A组喷头停止工作
- [35] T0常开触点闭合→Y001线圈得电→电动机B运转→B组喷头工作
- [41] T0常开触点闭合→Y002线圈得电→电动机C运转→C组喷头工作
- [9] T0常开触点闭合，定时器T1开始5s计时→

5s后，定时器T1动作→
- [35] T1常闭触点断开→Y001线圈失电→电动机B停转→B组喷头停止工作
- [13] T1常开触点闭合，定时器T2开始5s计时→

5s后，定时器T2动作→
- [31] T2常开触点闭合→Y000线圈得电→电动机A运转→A组喷头开始工作
- [37] T2常开触点闭合→Y001线圈得电→电动机B运转→B组喷头开始工作
- [41] T2常闭触点断开→Y002线圈失电→电动机C停转→C组喷头停止工作
- [17] T2常开触点闭合，定时器T3开始2s计时→

2s后，定时器T3动作→
- [43] T3常开触点闭合→Y002线圈得电→电动机C运转→C组喷头开始工作
- [21] T3常开触点闭合，定时器T4开始5s计时→

→5s后，定时器T4动作→
- [31] T4常闭触点断开→Y000线圈失电→电动机A停转→A组喷头停止工作
- [37] T4常闭触点断开→Y001线圈失电→电动机B停转→B组喷头停止工作
- [43] T4常闭触点断开→Y002线圈失电→电动机C停转→C组喷头停止工作
- [25] T4常开触点闭合，定时器T5开始3s计时

→3s后，定时器T5动作→[4] T5常闭触点断开→定时器T0复位

→
- [29] T0常闭触点闭合→Y000线圈得电→电动机A运转
- [35] T0常开触点断开
- [41] T0常开触点断开
- [9] T0常开触点断开→定时器T1复位，T1所有触点复位，其中[13]T1 常开触点断开使定时器T2复位→T2所有触点复位,其中[17] T2 常开触点断开使定时器T3复位→T3所有触点复位,其中[21] T3常开触点断开使定时器T4复位→T4所有触点复位，其中[25] T4常开触点断开使定时器T5复位→[4] T5常闭触点闭合，定时器T0开始5s计时，以后会重复前面的工作过程

（2）停止控制

按下起动按钮SB2→X001常闭触点断开→M0线圈失电→
- [1] M0自锁触点断开，解除自锁
- [4] M0常开触点断开→定时器T0复位

→T0所有触点复位，其中[9] T0常开触点断开→定时器T1复位→T1所有触点复位，其中[13] T1常开触点断开使定时器T2复位→T2所有触点复位，其中[17] T2常开触点断开使定时器T3复位→T3所有触点复位，其中[21] T3常开触点断开使定时器T4复位→T4所有触点复位，其中[25] T4常开触点断开使定时器T5复位→T5所有触点复位[4] T5常闭触点闭合→由于定时器T0～T5所有触点复位，Y000～Y002线圈均无法得电→KM1～KM3线圈失电→电动机A、B、C均停转

4.4 基本指令应用实例二：PLC 控制交通信号灯

4.4.1 控制要求

系统要求用两个按钮来控制交通信号灯工作，交通信号灯排列与工作时序如图 4-23 所示。

系统控制要求：当按下起动按钮后，南北红灯亮 25s，在南北红灯亮 25s 的时间里，东西绿灯先亮 20s 再以 1 次 /s 的频率闪烁 3 次，接着东西黄灯亮 2s，25s 后南北红灯熄灭，熄灭时间维持 30s，在这 30s 时间里，东西红灯一直亮，南北绿灯先亮 25s，然后以 1 次 /s 频率闪烁 3 次，接着南北黄灯亮 2s，以后重复该过程。按下停止按钮后，所有的灯都熄灭。

4.4.2 PLC 用到的输入 / 输出设备与 I/O 端子

交通信号灯控制中 PLC 用到的 I/O 端子与连接的输入 / 输出设备见表 4-2。

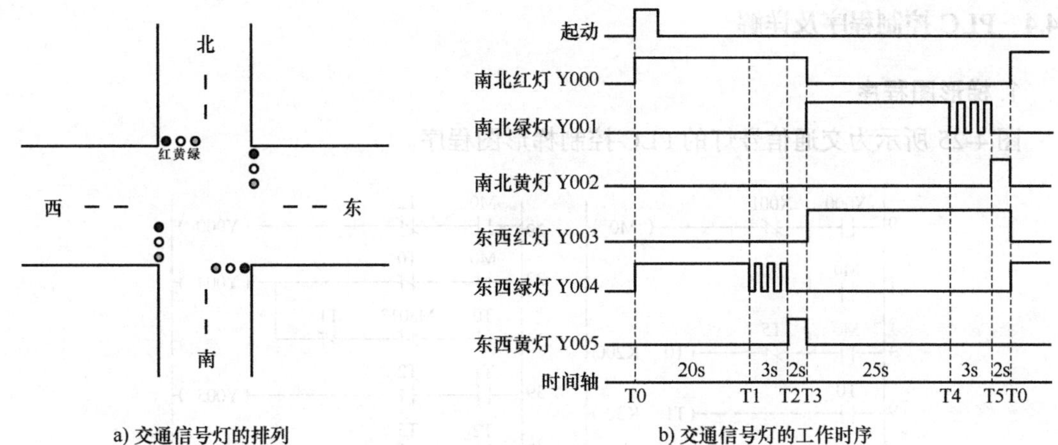

图 4-23　交通信号灯排列与工作时序

表 4-2　PLC 控制用到的 I/O 端子与连接的输入 / 输出设备

输入			输出		
输入设备	输入端子	功能说明	输出设备	输出端子	功能说明
SB1	X000	起动控制	南北红灯	Y000	驱动南北红灯亮
SB2	X001	停止控制	南北绿灯	Y001	驱动南北绿灯亮
			南北黄灯	Y002	驱动南北黄灯亮
			东西红灯	Y003	驱动东西红灯亮
			东西绿灯	Y004	驱动东西绿灯亮
			东西黄灯	Y005	驱动东西黄灯亮

4.4.3 PLC 控制电路

图 4-24 所示为交通信号灯的 PLC 控制电路。

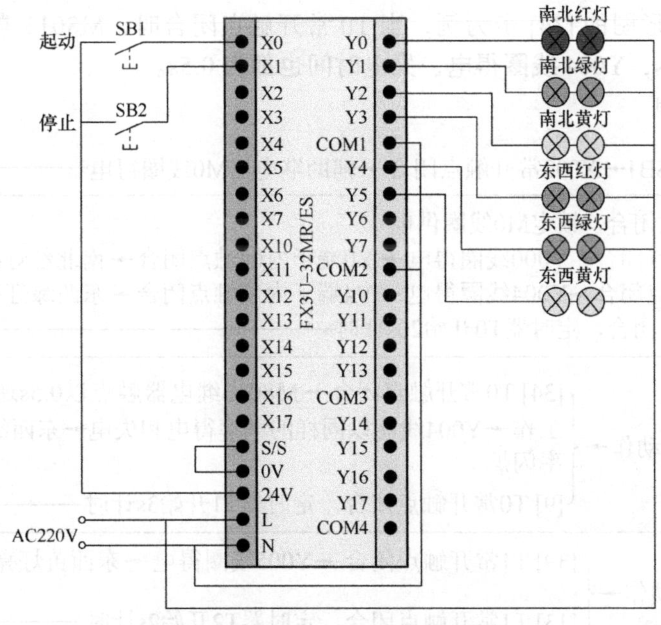

图 4-24　交通信号灯的 PLC 控制电路

4.4.4 PLC 控制程序及详解

1. 梯形图程序

图 4-25 所示为交通信号灯的 PLC 控制梯形图程序。

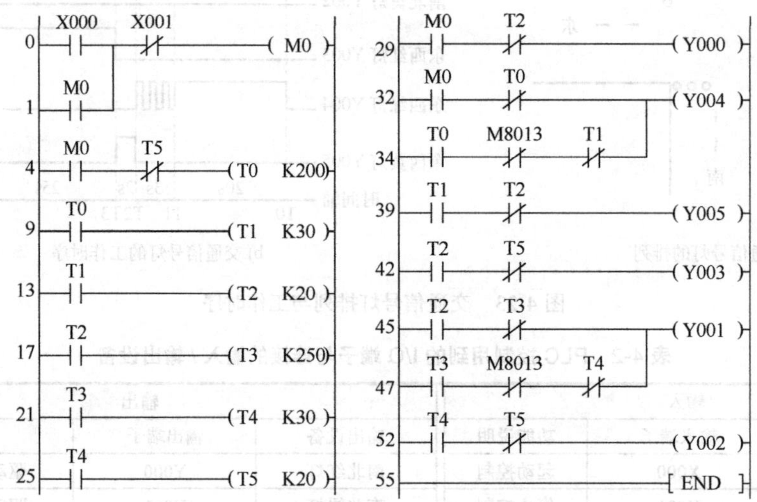

图 4-25　交通信号灯的 PLC 控制梯形图程序

2. 程序说明

下面对照图 4-24 控制电路、图 4-23 时序图和图 4-25 梯形图控制程序来说明交通信号灯的控制原理。

在图 4-25 所示的梯形图中，采用了一个特殊的辅助继电器 M8013，称作触点利用型特殊继电器，它利用 PLC 自动驱动线圈，用户只能利用它的触点，即梯形图里只能画它的触点。M8013 是一个产生 1s 时钟脉冲的辅助继电器，其高低电平持续时间各为 0.5s，以图 4-25 所示梯形图的 [34] 步为例，当 T0 常开触点闭合时，M8013 常闭触点接通、断开时间分别为 0.5s，Y004 线圈得电、失电时间也都为 0.5s。

（1）起动控制

按下起动按钮SB1→X000常开触点闭合→辅助继电器M0线圈得电→

- [1] M0自锁触点闭合，锁定M0线圈供电
- [29] M0常开触点闭合，Y000线圈得电→Y0端子内硬触点闭合→南北红灯亮
- [32] M0常开触点闭合→Y004线圈得电→Y4端子内硬触点闭合→东西绿灯亮
- [4] M0常开触点闭合，定时器T0开始20s计时→

20s后，定时器T0动作→

- [34] T0常开触点闭合→M8013继电器触点以0.5s通、0.5s断的频率工作→Y004线圈以同样的频率得电和失电→东西绿灯以1次/秒的频率闪烁
- [9] T0常开触点闭合，定时器T1开始3s计时→

3s后，定时器T1动作→

- [39] T1常开触点闭合→Y005线圈得电→东西黄灯亮
- [13] T1常开触点闭合，定时器T2开始2s计时→

→2s后，定时器T2动作→
- [29] T2常闭触点断开→Y000线圈失电→南北红灯灭
- [39] T2常闭触点断开→Y005线圈失电→东西黄灯灭
- [42] T2常开触点闭合→Y003线圈得电→东西红灯亮
- [45] T2常开触点闭合→Y001线圈得电→南北绿灯亮
- [17] T2常开触点闭合，定时器T3开始25s计时

→25s后，定时器T3动作→
- [47] T3常开触点闭合→M8013继电器触点以0.5s通、0.5s断的频率工作→Y001线圈以同样的频率得电和失电→南北绿灯以1次/秒的频率闪烁
- [21] T3常开触点闭合，定时器T4开始3s计时

→3s后，定时器T4动作→
- [47] T4常开触点断开→Y001线圈失电→南北绿灯灭
- [52] T4常开触点闭合→Y002线圈得电→南北黄灯亮
- [25] T4常开触点闭合，定时器T5开始2s计时

→2s后，定时器T5动作→
- [42] T5常闭触点断开→Y003线圈失电→东西红灯灭
- [52] T5常闭触点断开→Y002线圈失电→南北黄灯灭
- [4] T5常闭触点断开，定时器T0复位，T0所有触点复位

→[9] T0常开触点复位断开使定时器T1复位→[13] T1常开触点复位断开使定时器T2复位→同样地，定时器T3、T4、T5也依次复位→在定时器T0复位后，[32] T0常闭触点闭合，Y004线圈得电，东西绿灯亮；在定时器T2复位后，[29] T2常闭触点闭合，Y000线圈得电，南北红灯亮；在定时器T5复位后，[4] T5常闭触点闭合，定时器T0开始20s计时，以后又会重复前述过程

（2）停止控制

按下停止按钮SB2→X001常闭触点断开→辅助继电器M0线圈失电→
- [1] M0自锁触点断开，解除M0线圈供电
- [29] M0常开触点断开，Y000线圈无法得电
- [32] M0常开触点断开→Y004线圈无法得电
- [4] M0常开触点断开，定时器T0复位，T0所有触点复位

→[9] T0常开触点复位断开使定时器T1复位，T1所有触点均复位→其中[13] T1常开触点复位断开使定时器T2复位→同样地，定时器T3、T4、T5也依次复位→在定时器T1复位后，[39] T1常开触点断开，Y005线圈无法得电；在定时器T2复位后，[42] T2常开触点断开，Y003线圈无法得电；在定时器T3复位后，[47] T3常开触点断开，Y001线圈无法得电，在定时器T4复位后，[52] T4常开触点断开，Y002线圈无法得电→Y000～Y005线圈均无法得电，所有交通信号灯都熄灭

第 5 章 步进指令及应用

步进指令主要用于顺序控制编程，三菱 FX 系列 PLC 有两条步进指令，即 STL 和 RET。在顺序控制编程时，通常先绘制状态转移图（SFC 图），然后按照 SFC 图编写相应梯形图程序。状态转移图有单分支、选择性分支和并行分支三种方式。

5.1 状态转移图与步进指令

5.1.1 顺序控制与状态转移图

一个复杂的任务往往可以分成若干个小任务，当按一定的顺序完成这些小任务后，整个大任务也就完成了。**在生产实践中，顺序控制是指按照一定的顺序逐步控制来完成各个工序的控制方式。**在采用顺序控制时，为了直观表示出控制过程，可以绘制顺序控制图。

图 5-1 所示为一种三台电动机顺序控制图，由于每一个步骤称作一个工艺，所以又称工序图。**在 PLC 编程时，绘制的顺序控制图称为状态转移图，简称 SFC 图，**图 5-1b 所示为图 5-1a 对应的状态转移图。

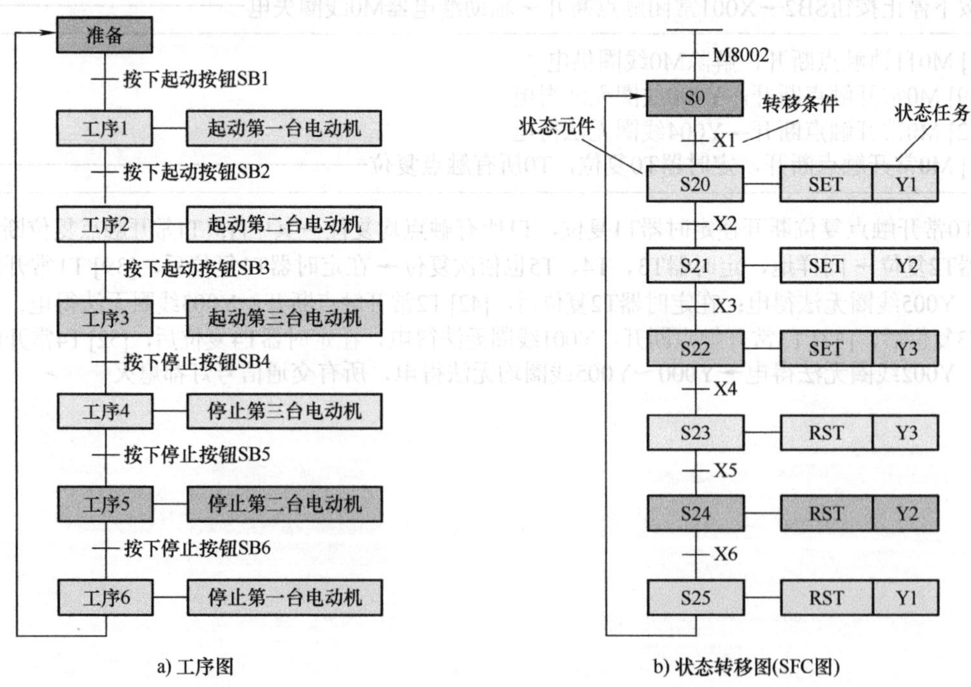

图 5-1 一种三台电动机顺序控制图

顺序控制有三个要素：转移条件、转移目标和工作任务。在图 5-1a 中，当上一个工序需要转到下一个工序时必须满足一定的转移条件，如工序 1 要转到下一个工序 2 时，需按下起动按钮 SB2，若不按下 SB2，即不满足转移条件，则无法进行下一个工序 2。当转移条件满足后，需要确定转移目标，如工序 1 转移目标是工序 2。每个工序都有具体的工作任务，如工序 1 的工作任务是“起动第一台电动机”。

PLC 编程时绘制的状态转移图与顺序控制图相似，图 5-1b 中的状态元件（状态继电器）S20 相当于工序 1，“ SET Y1”相当于工作任务，S20 的转移目标是 S21，S25 的转移目标是 S0，M8002 和 S0 用来完成准备工作，其中 M8002 为触点利用型辅助继电器，它只有触点，没有线圈，PLC 运行时触点会自动接通一个扫描周期，S0 为初始状态继电器，要在 S0 ～ S9 中选择，其他的状态继电器通常在 S20 ～ S499 中选择（三菱 FX2N 系列）。

5.1.2　步进指令说明

PLC 顺序控制需要用到步进指令，三菱 FX 系列 PLC 有两条步进指令，即 STL 和 RET。

1. 指令名称与功能

指令名称及功能如下：

指令名称（助记符）	功能
STL	步进开始指令，其功能是将步进接点接到左母线，该指令的操作元件为状态继电器 S
RET	步进结束指令，其功能是将子母线返回到左母线位置，该指令无操作元件

2. 使用举例

（1）STL 指令使用　STL 指令使用如图 5-2 所示。状态继电器 S 只有常开触点，没有常闭触点，在绘制梯形图时，输入指令“ [STL S20]”即能生成 S20 常开触点，S 常开触点闭合后，其右端相当于子母线，与子母线直接连接的线圈可以直接用线圈指令。

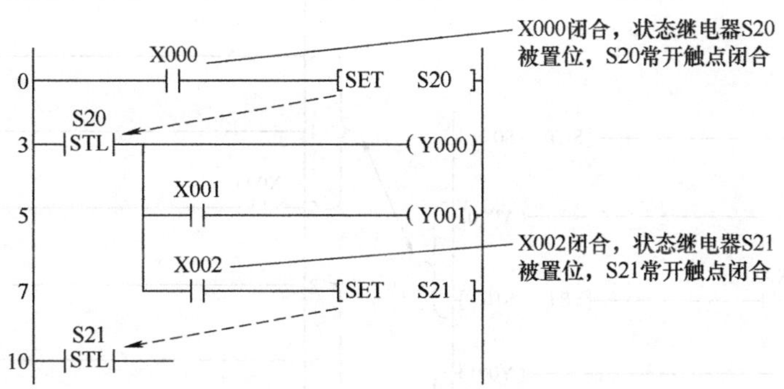

图 5-2　STL 指令使用举例

梯形图说明如下：

当 X000 常开触点闭合时→ [SET S20] 指令执行→状态继电器 S20 被置 1（置位）→ S20 常开触点闭合→ Y000 线圈得电；若 X001 常开触点闭合，Y001 线圈也得电；若 X002 常开触点闭合，则 [SET S21] 指令执行，状态继电器 S21 被置 1 → S21 常开触点闭合。

（2）RET 指令使用　RET 指令使用如图 5-3 所示。RET 指令通常用在一系列步进指令的最后，表示状态流程的结束并返回主母线。

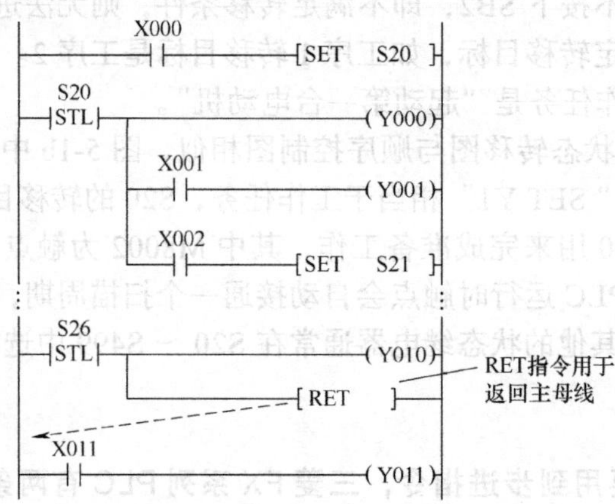

图 5-3　RET 指令使用举例

5.1.3　步进指令在两种编程软件中的编写形式

在三菱 FXGP_WIN-C（早期小型三菱编程软件）和 GX Developer 编程软件中都可以使用步进指令编写顺序控制程序，但两者的编写方式有所不同。

图 5-4 所示为 FXGP_WIN-C 和 GX Developer 软件编写的功能完全相同梯形图，虽然两者的指令语句表程序完全相同，但梯形图却有区别，FXGP_WIN-C 软件编写的步程序段开始有一个 STL 触点（编程时输入“[STL S0]”即能生成 STL 触点），而 GX Developer 软件编写的步程序段无 STL 触点，取而代之的程序段开始是一个独占一行的“[STL S0]”指令。

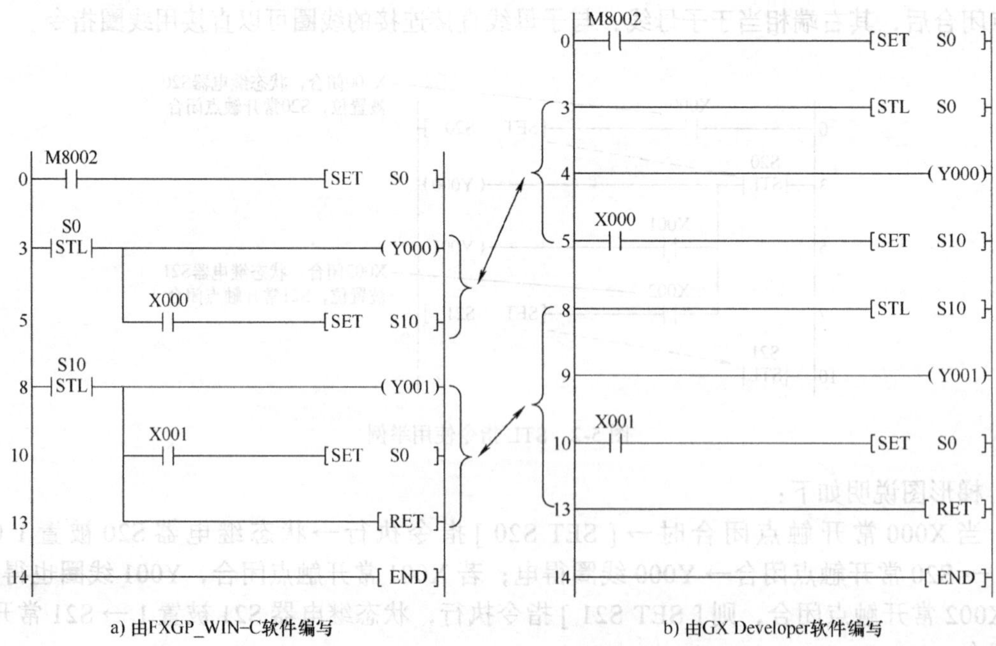

图 5-4　两个不同编程软件编写的功能相同的程序

5.1.4　状态转移图分支方式

状态转移图的分支方式主要有单分支方式、选择性分支方式和并行分支方式。图 5-1b 所示的状态转移图为单分支，程序由前往后依次执行，中间没有分支，不复杂的顺序控制常采用这种单分支方式。较复杂的顺序控制可采用选择性分支方式或并行分支方式。

1. 选择性分支方式

选择性分支状态转移图如图 5-5a 所示。

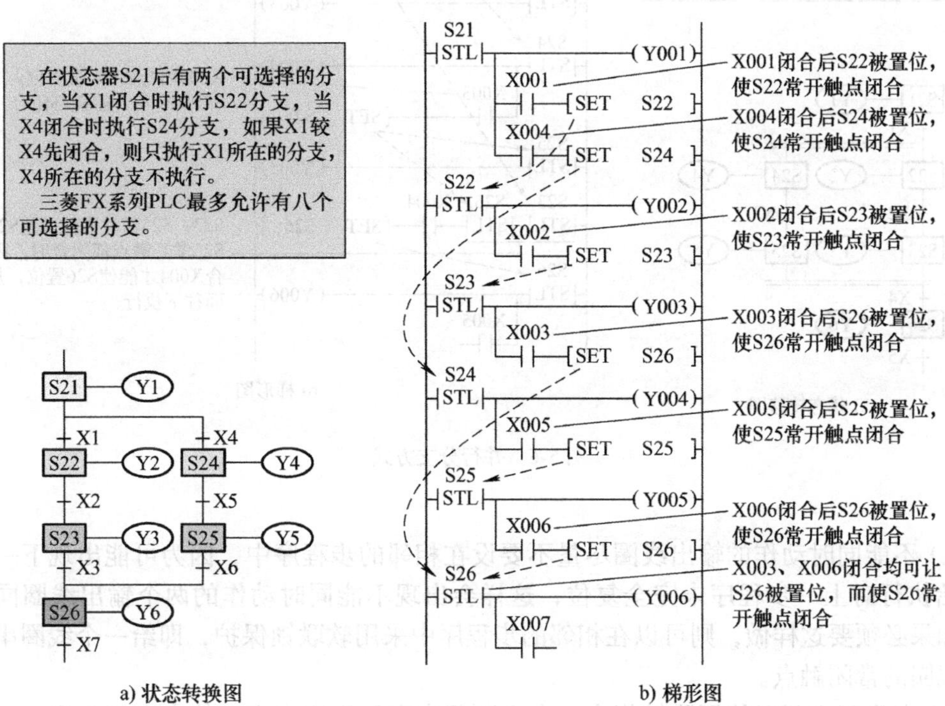

a) 状态转换图　　b) 梯形图

图 5-5　选择性分支方式

2. 并行分支方式

并行分支方式状态转移图如图 5-6a 所示。

5.1.5　步进指令编程注意事项

步进指令编程注意事项：

1）初始状态（S0）应预先驱动，否则程序不能往下执行，驱动初始状态通常用控制系统的初始条件，若无初始条件，则可用 M8002 或 M8000 触点进行驱动。

2）不同步程序的状态继电器编号不要重复。

3）当上一个步程序结束，转移到下一个步程序时，上一个步程序中的元件会自动复位（SET、RST 指令作用的元件除外）。

4）在步进顺序控制梯形图中可使用双线圈功能，即在不同步程序中可以使用同一个输出线圈，这是因为 CPU 只执行当前处于活动步的步程序。

5）同一编号的定时器不要在相邻的步程序中使用，可以在不是相邻的步程序中使用。

在状态器S21后有两个并行的分支，并行分支用双线表示，当X1闭合时S22和S24两个分支同时执行，当两个分支都执行完成并且X4闭合时才能往下执行，若S23或S25任一条分支未执行完，那么即使X4闭合，也不会执行到S26。

三菱FX系列PLC最多允许有八个并行的分支。

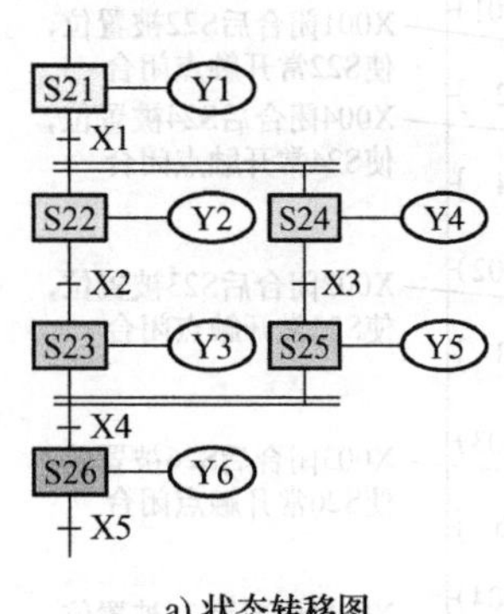

a) 状态转移图

S21 STL (Y001)
X001 [SET S22]
[SET S24]
S22 STL (Y002)
X002 [SET S23]
S23 STL (Y003)
S24 STL (Y004)
X003 [SET S25]
S25 STL (Y005)
S23 S25 X004 STL STL [SET S26]
S26 STL (Y006)
X005

X001闭合后S22、S24同时被置位，使S22、S24常开触点同时闭合

X002闭合后S23被置位，S23两个常开触点都闭合

X003闭合后S25被置位，S25两个常开触点都闭合

S23、S25都被置位，使S23、S25常开触点都闭合时，闭合X004才能使S26置位，从而往下执行

b) 梯形图

图 5-6　并行分支方式

6）不能同时动作的输出线圈尽量不要设在相邻的步程序中，因为可能出现下一步程序开始执行时上一步程序未完全复位，这样会出现不能同时动作的两个输出线圈同时动作，如果必须要这样做，则可以在相邻的步程序中采用软联锁保护，即给一个线圈串联另一个线圈的常闭触点。

7）在步程中可以使用跳转指令。在中断程序和子程序中也不能存在步程序。在步程序中最多可以有四级 FOR\NEXT 指令嵌套。

8）在选择分支和并行分支程序中，分支数最多不能超过 8 条，总的支路数不能超过 16 条。

9）如果希望在停电恢复后继续维持停电前的运行状态时，则可使用 S500 ～ S899 停电保持型状态继电器。

5.2 步进指令应用实例一：PLC 控制两种液体混合装置

5.2.1 系统控制要求

两种液体混合装置如图 5-7 所示。YV1、YV2 分别为 A、B 液体注入控制电磁阀，电磁阀线圈通电时打开，液体可以流入，YV3 为 C 液体流出控制电磁阀，H、M、L 分别为高、中、低液位传感器，M 为搅拌电动机，通过驱动搅拌部件旋转使 A、B 液体充分混合均匀。

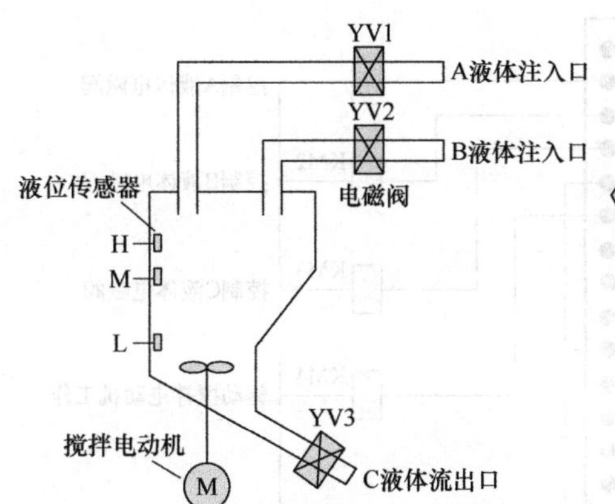
YV1
A液体注入口
YV2
B液体注入口
液位传感器
电磁阀
H
M
L
YV3
搅拌电动机
M
C液体流出口
液体混合装置控制要求如下：
装置的容器初始状态应为空的，三个电磁阀都关闭，电动机M停转。按下起动按钮，YV1电磁阀打开，注入A液体，当A液体的液位达到M位置时，YV1关闭；然后YV2电磁阀打开，注入B液体，当B液体的液位达到H位置时，YV2关闭；接着电动机M开始运转搅20s，而后YV3电磁阀打开，C液体(A、B混合液)流出，当C液体的液位下降到L位置时，开始20s计时，在此期间C液体全部流出，20s后YV3关闭，一个完整的周期完成。以后自动重复上述过程。
当按下停止按钮后，装置要完成一个周期才停止。
可以用手动方式控制A、B液体的注入和C液体的流出，也可以手动控制搅拌电动机的运转。

图 5-7　两种液体混合装置的结构示意图及控制要求

5.2.2　PLC 用到的 I/O 端子及连接的输入 / 输出设备

液体混合装置中 PLC 用到的 I/O 端子及连接的输入 / 输出设备见表 5-1。

表 5-1　PLC 用到的 I/O 端子及连接的输入 / 输出设备

输入			输出		
输入设备	输入端子	功能说明	输出设备	输出端子	功能说明
SB1	X0	起动控制	KM1 线圈	Y1	控制 A 液体电磁阀
SB2	X1	停止控制	KM2 线圈	Y2	控制 B 液体电磁阀
SQ1	X2	检测低液位 L	KM3 线圈	Y3	控制 C 液体电磁阀
SQ2	X3	检测中液位 M	KM4 线圈	Y4	驱动搅拌电动机工作
SQ3	X4	检测高液位 H			
QS	X10	手动 / 自动控制切换（ON：自动；OFF：手动）			
SB3	X11	手动控制 A 液体流入			
SB4	X12	手动控制 B 液体流入			
SB5	X13	手动控制 C 液体流出			
SB6	X14	手动控制搅拌电动机			

5.2.3　PLC 控制电路

图 5-8 所示为液体混合装置的 PLC 控制电路。

5.2.4　PLC 控制程序及详解

1. 梯形图程序

液体混合装置的 PLC 控制梯形图程序如图 5-9 所示，该程序使用三菱 FXGP/WIN-C 软件编写，也可以用三菱 GX Developer 软件编写，但要注意步进指令使用方式与 FXGP/WIN-C 软件有所不同，具体区别可见图 5-4。

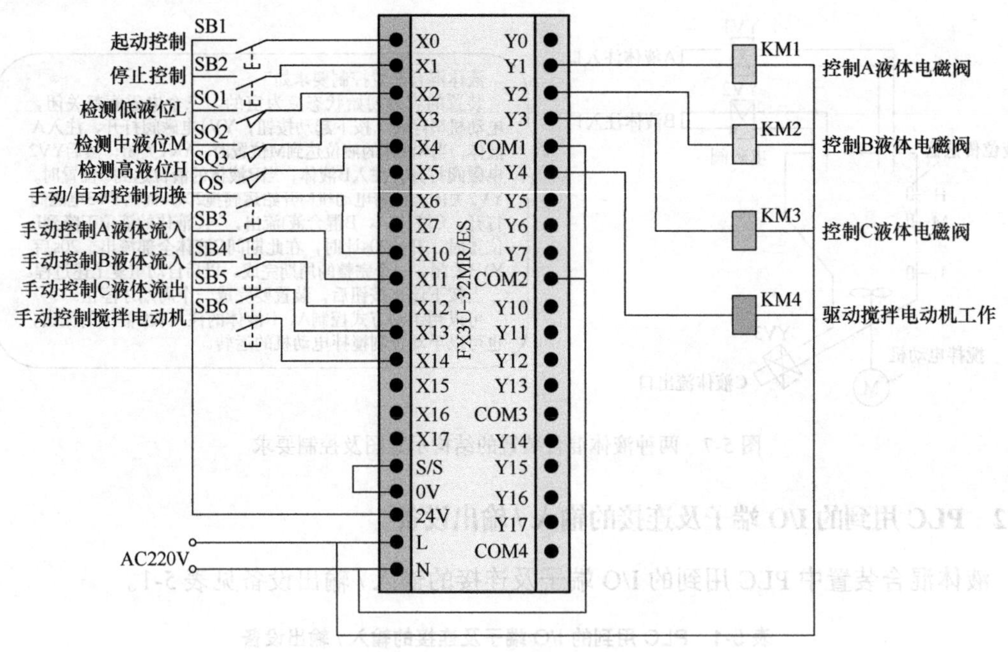

图 5-8　液体混合装置的 PLC 控制电路

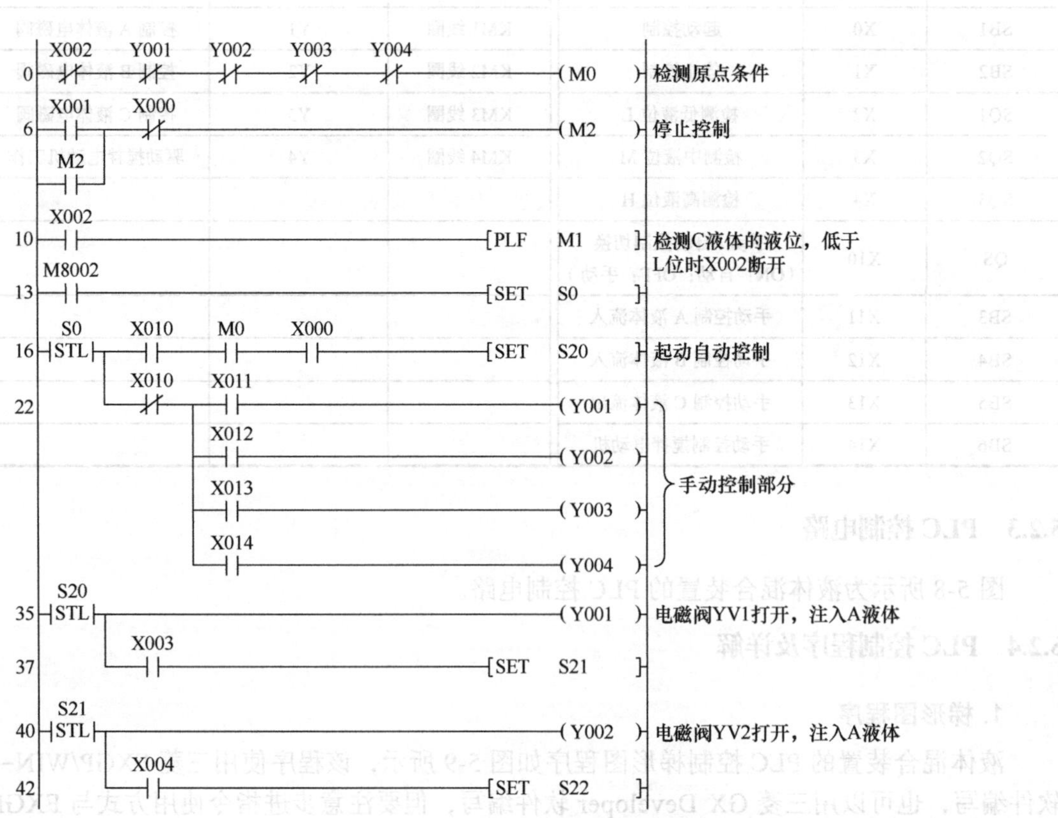

图 5-9　液体混合装置的 PLC 控制梯形图程序

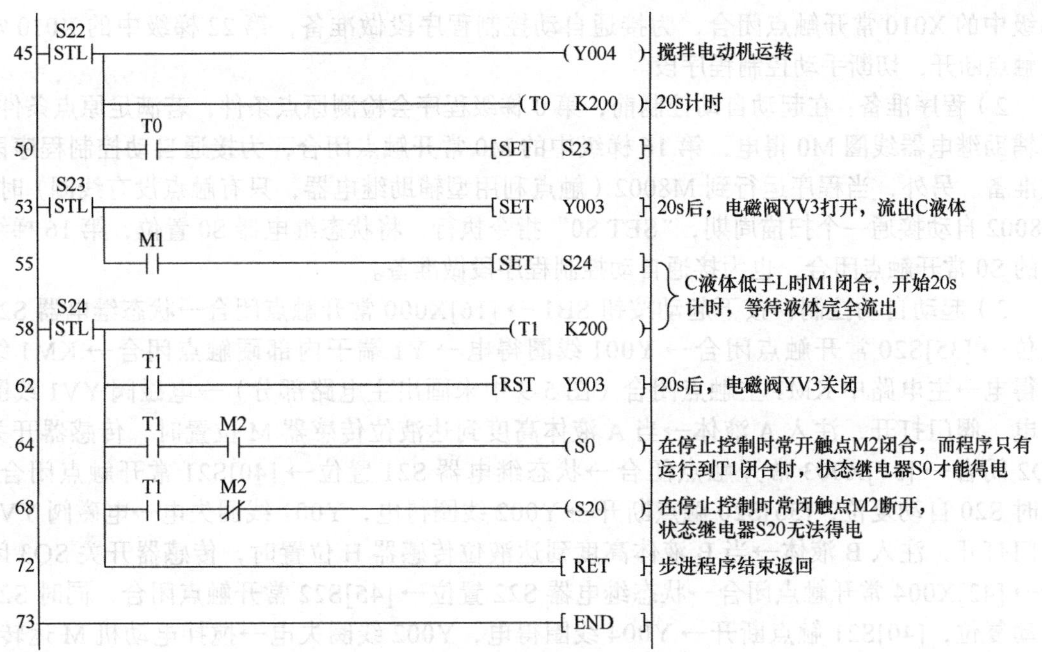

图 5-9　液体混合装置的 PLC 控制梯形图程序（续）

2. 程序说明

下面结合图 5-8 控制电路和图 5-9 梯形图来说明液体混合装置的工作原理。

液体混合装置有自动和手动两种控制方式，它由开关 QS 来决定（QS 闭合：自动控制；QS 断开：手动控制）。要让装置工作在自动控制方式，除了开关 QS 应闭合外，装置还需满足自动控制的初始条件（又称原点条件），否则系统将无法进入自动控制方式。装置的原点条件是 L、M、H 液位传感器的开关 SQ1、SQ2、SQ3 均断开，电磁阀 YV1、YV2、YV3 均关闭，电动机 M 停转。

（1）检测原点条件　图 5-9 中的第 0 梯级程序用来检测原点条件（或称初始条件）。在自动控制工作前，若装置中的 C 液体位置高于传感器 L，则 SQ1 闭合，X002 常闭触点断开，或 Y001 ～ Y004 常闭触点断开（由 Y000 ～ Y003 线圈得电引起，电磁阀 YV1、YV2、YV3 和电动机 M 会因此得电工作），均会使辅助继电器 M0 线圈无法得电，第 16 梯级中的 M0 常开触点断开，无法对状态继电器 S20 置位，第 35 梯级 S20 常开触点断开，S21 无法置位，这样会依次使 S21、S22、S23、S24 常开触点无法闭合，装置无法进入自动控制状态。

如果是因为 C 液体未排完而使装置不满足自动控制的原点条件，则可手动操作 SB5 按钮，使 X013 常开触点闭合，Y003 线圈得电，接触器 KM3 线圈得电，KM3 触点闭合接通电磁阀 YV3 线圈电源，YV3 打开，将 C 液体从装置容器中放完，液位传感器 L 的 SQ1 断开，X002 常闭触点闭合，M0 线圈得电，从而满足自动控制所需的原点条件。

（2）自动控制过程　在起动自动控制前，需要做一些准备工作，包括操作准备和程序准备。

1）操作准备：将手动 / 自动切换开关 QS 闭合，选择自动控制方式，图 5-9 中第 16

梯级中的 X010 常开触点闭合，为接通自动控制程序段做准备，第 22 梯级中的 X010 常闭触点断开，切断手动控制程序段。

2）程序准备：在起动自动控制前，第 0 梯级程序会检测原点条件，若满足原点条件，则辅助继电器线圈 M0 得电，第 16 梯级中的 M0 常开触点闭合，为接通自动控制程序段做准备。另外，当程序运行到 M8002（触点利用型辅助继电器，只有触点没有线圈）时，M8002 自动接通一个扫描周期，“SET S0”指令执行，将状态继电器 S0 置位，第 16 梯级中的 S0 常开触点闭合，也为接通自动控制程序段做准备。

3）起动自动控制：按下起动按钮 SB1 → [16]X000 常开触点闭合→状态继电器 S20 置位→ [35]S20 常开触点闭合→ Y001 线圈得电→ Y1 端子内部硬触点闭合→ KM1 线圈得电→主电路中 KM1 主触点闭合（图 5-9 中未画出主电路部分）→电磁阀 YV1 线圈通电，阀门打开，注入 A 液体→当 A 液体高度到达液位传感器 M 位置时，传感器开关 SQ2 闭合→ [37]X003 常开触点闭合→状态继电器 S21 置位→ [40]S21 常开触点闭合，同时 S20 自动复位，[35]S20 触点断开→ Y002 线圈得电，Y001 线圈失电→电磁阀 YV2 阀门打开，注入 B 液体→当 B 液体高度到达液位传感器 H 位置时，传感器开关 SQ3 闭合→ [42]X004 常开触点闭合→状态继电器 S22 置位→ [45]S22 常开触点闭合，同时 S21 自动复位，[40]S21 触点断开→ Y004 线圈得电，Y002 线圈失电→搅拌电动机 M 运转，同时定时器 T0 开始 20s 计时→ 20s 后，定时器 T0 动作→ [50]T0 常开触点闭合→状态继电器 S23 置位→ [53]S23 常开触点闭合→ Y003 线圈被置位→电磁阀 YV3 打开，C 液体流出→当液体下降到液位传感器 L 位置时，传感器开关 SQ1 断开→ [10]X002 常开触点断开（在液体高于 L 位置时 SQ1 处于闭合状态）→下降沿脉冲会为继电器 M1 线圈接通一个扫描周期→ [55]M1 常开触点闭合→状态继电器 S24 置位→ [58]S24 常开触点闭合，同时 [53]S23 触点断开，由于 Y003 线圈是置位得电，故不会失电→ [58]S24 常开触点闭合后，定时器 T1 开始 20s 计时→ 20s 后，[62]T1 常开触点闭合，Y003 线圈被复位→电磁阀 YV3 关闭，与此同时，S20 线圈得电，[35]S20 常开触点闭合，开始下一次自动控制。

4）停止控制：在自动控制过程中，若按下停止按钮 SB2 → [6]X001 常开触点闭合→ [6] 辅助继电器 M2 得电→ [7]M2 自锁触点闭合，锁定供电；[68]M2 常闭触点断开，状态继电器 S20 无法得电，[16]S20 常开触点断开；[64]M2 常开触点闭合，当程序运行到 [64] 时，T1 闭合，状态继电器 S0 得电，[16]S0 常开触点闭合，但由于常开触点 X000 处于断开（SB1 断开），状态继电器 S20 无法置位，[35]S20 常开触点处于断开，自动控制程序段无法运行。

（3）手动控制过程　将手动 / 自动切换开关 QS 断开，选择手动控制方式→ [16]X010 常开触点断开，状态继电器 S20 无法置位，[35]S20 常开触点断开，无法进入自动控制；[22]X010 常闭触点闭合，接通手动控制程序→按下 SB3，X011 常开触点闭合，Y001 线圈得电，电磁阀 YV1 打开，注入 A 液体→松开 SB3，X011 常闭触点断开，Y001 线圈失电，电磁阀 YV1 关闭，停止注入 A 液体→按下 SB4 注入 B 液体，松开 SB4 停止注入 B 液体→按下 SB5 排出 C 液体，松开 SB5 停止排出 C 液体→按下 SB6 搅拌液体，松开 SB5 停止搅拌液体。

5.3 步进指令应用实例二：PLC 控制简易机械手

5.3.1 系统控制要求

简易机械手结构如图 5-10 所示。M1 为控制机械手左右移动的电动机，M2 为控制机械手上下升降的电动机，YV 线圈用来控制机械手夹紧放松，SQ1 为左到位检测开关，SQ2 为右到位检测开关，SQ3 为上到位检测开关，SQ4 为下到位检测开关，SQ5 为工件检测开关。

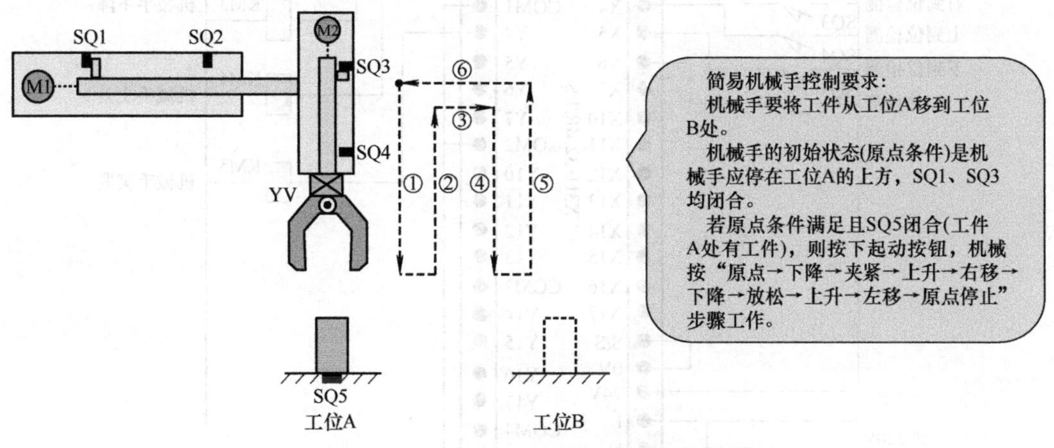

SQ1
SQ2
M1
M2
SQ3
SQ4
YV
⑥
③
① ② ④
⑤
SQ5
工位A
工位B
简易机械手控制要求：
机械手要将工件从工位A移到工位B处。
机械手的初始状态(原点条件)是机械手应停在工位A的上方，SQ1、SQ3均闭合。
若原点条件满足且SQ5闭合(工件A处有工件)，则按下起动按钮，机械按"原点→下降→夹紧→上升→右移→下降→放松→上升→左移→原点停止"步骤工作。

图 5-10　简易机械手的结构示意图及控制要求

5.3.2 PLC 用到的 I/O 端子及连接的输入 / 输出设备

简易机械手中 PLC 用到的 I/O 端子及连接的输入 / 输出设备见表 5-2。

表 5-2　PLC 用到的 I/O 端子及连接的输入 / 输出设备

输入			输出		
输入设备	输入端子	功能说明	输出设备	输出端子	功能说明
SB1	X0	起动控制	KM1 线圈	Y0	控制机械手右移
SB2	X1	停止控制	KM2 线圈	Y1	控制机械手左移
SQ1	X2	左到位检测	KM3 线圈	Y2	控制机械手下降
SQ2	X3	右到位检测	KM4 线圈	Y3	控制机械手上升
SQ3	X4	上到位检测	KM5 线圈	Y4	控制机械手夹紧
SQ4	X5	下到位检测			
SQ5	X6	工件检测			

5.3.3 PLC 控制电路

图 5-11 所示为简易机械手的 PLC 控制电路。

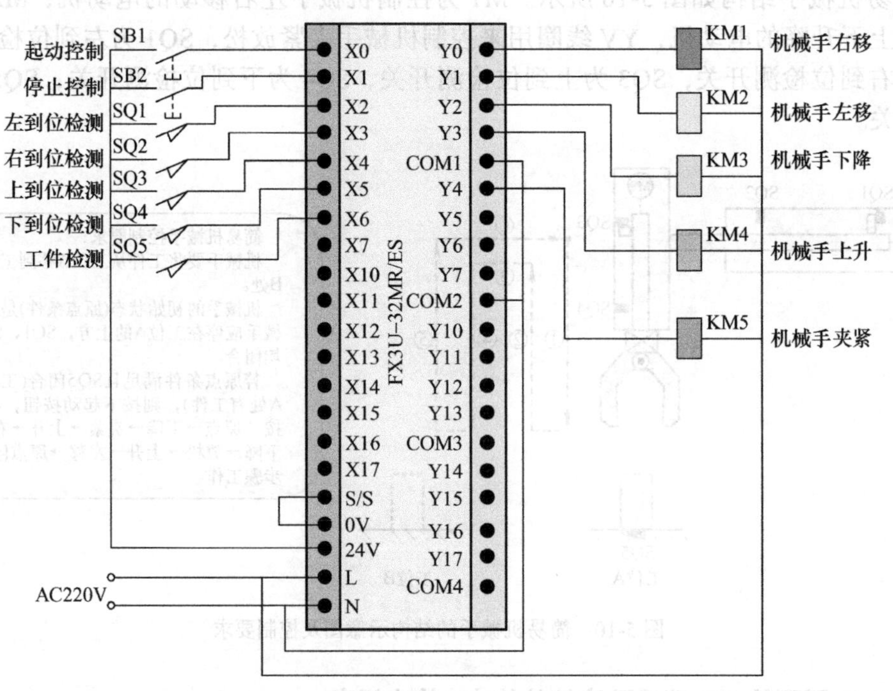

图 5-11　简易机械手的 PLC 控制电路

5.3.4 PLC 控制程序及详解

1. 梯形图程序

简易机械手的 PLC 控制梯形图程序如图 5-12 所示。

2. 程序说明

下面结合图 5-11 控制电路和图 5-12 梯形图来说明简易机械手的工作原理。

武术运动员在表演武术时，通常会在表演场地某位置站立好，然后开始进行各种武术套路表演，表演结束后会收势成表演前的站立状态。同样地，大多数机电设备在工作前先要回到初始位置（相当于运动员的表演前的站立位置），然后在程序的控制下，机电设备开始各种操作，操作结束又会回到初始位置，机电设备的初始位置也称为原点。

（1）初始化操作　当 PLC 通电并处于“RUN”状态时，程序会先进行初始化操作。程序运行时，M8002 会接通一个扫描周期，线圈 Y0 ～ Y4 先被 ZRST 指令（该指令的用法见第 6 章）批量复位，同时状态继电器 S0 被置位，[7]S0 常开触点闭合，状态继电器 S20 ～ S30 被 ZRST 指令批量复位。

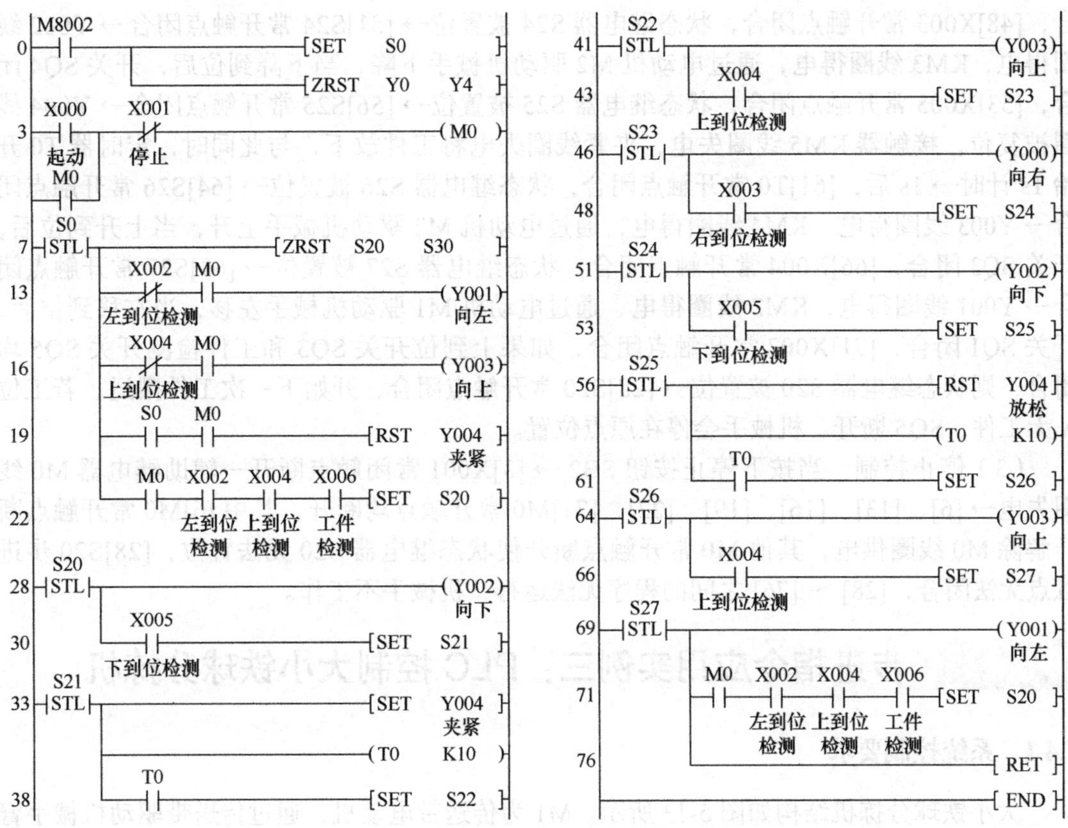

图 5-12　简易机械手的 PLC 控制梯形图程序

（2）起动控制。

1）原点条件检测。[13] ～ [28] 之间为原点检测程序。按下起动按钮 SB1 → [3]X000 常开触点闭合，辅助继电器 M0 线圈得电，M0 自锁触点闭合，锁定供电，同时 [19]M0 常开触点闭合，Y004 线圈复位，接触器 KM5 线圈失电，机械手夹紧线圈失电而放松，另外 [13][16][22]M0 常开触点也均闭合。若机械手未左到位，则开关 SQ1 闭合，[13] X002 常闭触点闭合，Y001 线圈得电，接触器 KM1 线圈得电，通过电动机 M1 驱动机械手右移，右移到位后 SQ1 断开，[13]X002 常闭触点断开；若机械手未上到位，则开关 SQ3 闭合，[16]X004 常闭触点闭合，Y003 线圈得电，接触器 KM4 线圈得电，通过电动机 M2 驱动机械手上升，上升到位后 SQ3 断开，[13]X004 常闭触点断开。如果机械手左到位、上到位且工位 A 有工件（开关 SQ5 闭合），则 [22]X002、X004、X006 常开触点均闭合，状态继电器 S20 被置位，[28]S20 常开触点闭合，开始控制机械手搬运工件。

2）机械手搬运工件控制。[28]S20 常开触点闭合→ Y002 线圈得电，KM3 线圈得电，通过电动机 M2 驱动机械手下移，当下移到位后，下到位开关 SQ4 闭合，[30]X005 常开触点闭合，状态继电器 S21 被置位→ [33]S21 常开触点闭合→ Y004 线圈被置位，接触器 KM5 线圈得电，夹紧线圈得电将工件夹紧，与此同时，定时器 T0 开始 1s 计时→ 1s 后，[38]T0 常开触点闭合，状态继电器 S22 被置位→ [41]S22 常开触点闭合→ Y003 线圈得电，KM4 线圈得电，通过电动机 M2 驱动机械手上移，当上移到位后，开关 SQ3 闭合，[43]X004 常开触点闭合，状态继电器 S23 被置位→ [46]S23 常开触点闭合→ Y000 线圈得电，KM1 线圈得电，通过电动机 M1 驱动机械手右移，当右移到位后，开关 SQ2 闭合，[48]X003 常开触点闭合，状态继电器 S24 被置位→ [51]S24 常开触点闭合→ Y002 线圈得电，KM3 线圈得电，通过电动机 M2 驱动机械手下降，当下降到位后，开关 SQ4 闭合，[53]X005 常开触点闭合，状态继电器 S25 被置位→ [56]S25 常开触点闭合→ Y004 线圈被复位，接触器 KM5 线圈失电，夹紧线圈失电将工件放下，与此同时，定时器 T0 开始 1s 计时→ 1s 后，[61]T0 常开触点闭合，状态继电器 S26 被置位→ [64]S26 常开触点闭合→ Y003 线圈得电，KM4 线圈得电，通过电动机 M2 驱动机械手上升，当上升到位后，开关 SQ3 闭合，[66]X004 常开触点闭合，状态继电器 S27 被置位→ [69]S27 常开触点闭合→ Y001 线圈得电，KM2 线圈得电，通过电动机 M1 驱动机械手左移，当左移到位后，开关 SQ1 闭合，[71]X002 常开触点闭合，如果上到位开关 SQ3 和工件检测开关 SQ5 均闭合，则状态继电器 S20 被置位→ [28]S20 常开触点闭合，开始下一次工件搬运。若工位 A 无工件，SQ5 断开，机械手会停在原点位置。

（3）停止控制　当按下停止按钮 SB2 → [3]X001 常闭触点断开→辅助继电器 M0 线圈失电→ [6]、[13]、[16]、[19]、[22]、[71]M0 常开触点均断开，其中 [6]M0 常开触点断开解除 M0 线圈供电，其他 M0 常开触点断开使状态继电器 S20 无法置位，[28]S20 步进触点无法闭合，[28] ～ [76] 之间的程序无法运行，机械手不工作。

5.4 步进指令应用实例三：PLC 控制大小铁球分拣机

5.4.1 系统控制要求

大小铁球分拣机结构如图 5-13 所示。M1 为传送带电动机，通过传送带驱动机械手臂左向或右向移动；M2 为电磁铁升降电动机，用于驱动电磁铁 YA 上移或下移；SQ1、SQ4、SQ5 分别为混装球箱、小球球箱、大球球箱的定位开关，当机械手臂移到某球箱上方时，相应的定位开关闭合；SQ6 为接近开关，当铁球靠近时开关闭合，表示电磁铁下方有球存在。

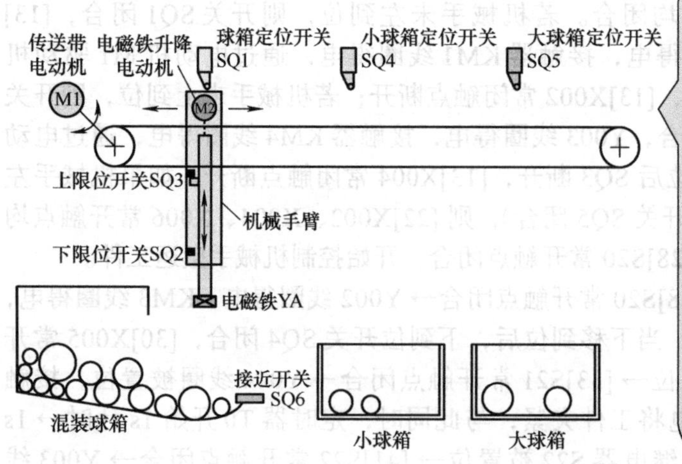

大小铁球分拣机控制要求及工作过程：

分拣机要从混装球箱中将大小球分拣出来，并将小球放入小球箱内，大球放入大球箱内。

分拣机的初始状态(原点条件)是机械手臂应停在混装球箱上方，SQ1、SQ3均闭合。

在工作时，若SQ6闭合，则电动机M2驱动电磁铁下移，2s后，给电磁铁通电从混装球箱中吸引铁球，若此时SQ2处于断开，则表示吸引的是大球，若SQ2处于闭合，则吸引的是小球，然后电磁铁上移，SQ3闭合后，电动机M1带动机械手臂右移，如果电磁铁吸引的为小球，则机械手臂移至SQ4处停止，电磁铁下移，将小球放入小球箱(让电磁铁失电)，而后电磁铁上移，则机械手臂回归原位，如果电磁铁吸引的是大球，则机械手臂移至SQ5处停止，电磁铁下移，将小球放入大球箱，而后电磁铁上移，机械手臂回归原位。

图 5-13　大小铁球分拣机的结构示意图及控制要求

5.4.2　PLC 用到的 I/O 端子及连接的输入 / 输出设备

大小铁球分拣机控制系统中 PLC 用到的 I/O 端子及连接的输入 / 输出设备见表 5-3。

表 5-3　PLC 用到的 I/O 端子及连接的输入 / 输出设备

输入			输出		
输入设备	输入端子	功能说明	输出设备	输出端子	功能说明
SB1	X000	起动控制	HL	Y000	工作指示
SQ1	X001	混装球箱定位	KM1 线圈	Y001	电磁铁上升控制
SQ2	X002	电磁铁下限位	KM2 线圈	Y002	电磁铁下降控制
SQ3	X003	电磁铁上限位	KM3 线圈	Y003	机械手臂左移控制
SQ4	X004	小球球箱定位	KM4 线圈	Y004	机械手臂右移控制
SQ5	X005	大球球箱定位	KM5 线圈	Y005	电磁铁吸合控制
SQ6	X006	铁球检测			

5.4.3　PLC 控制电路

图 5-14 所示为大小铁球分拣机的 PLC 控制电路。

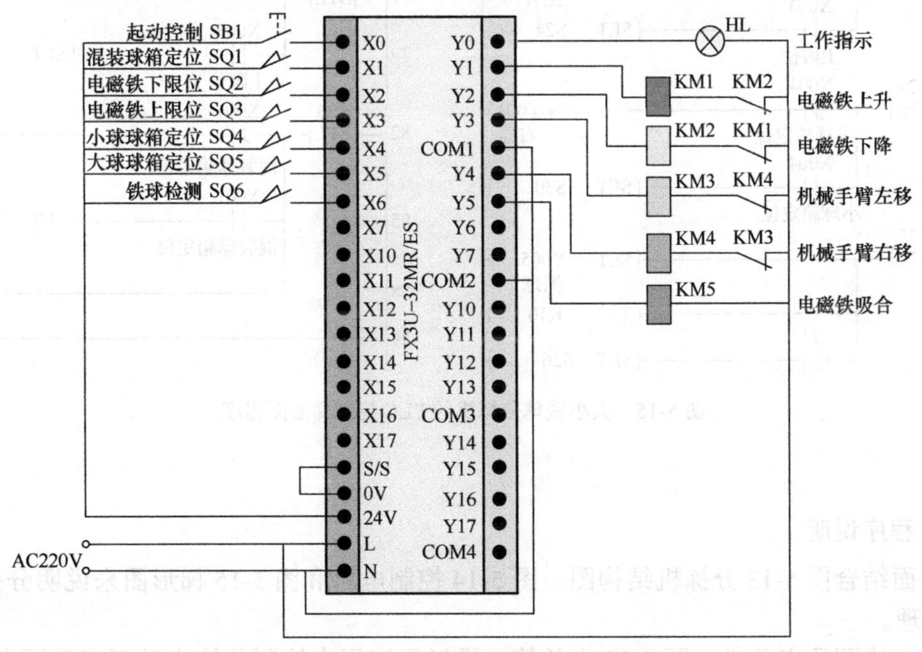

图 5-14　大小铁球分拣机的 PLC 控制电路

5.4.4 PLC 控制程序及详解

1. 梯形图程序

大小铁球分拣机的 PLC 控制梯形图程序如图 5-15 所示。

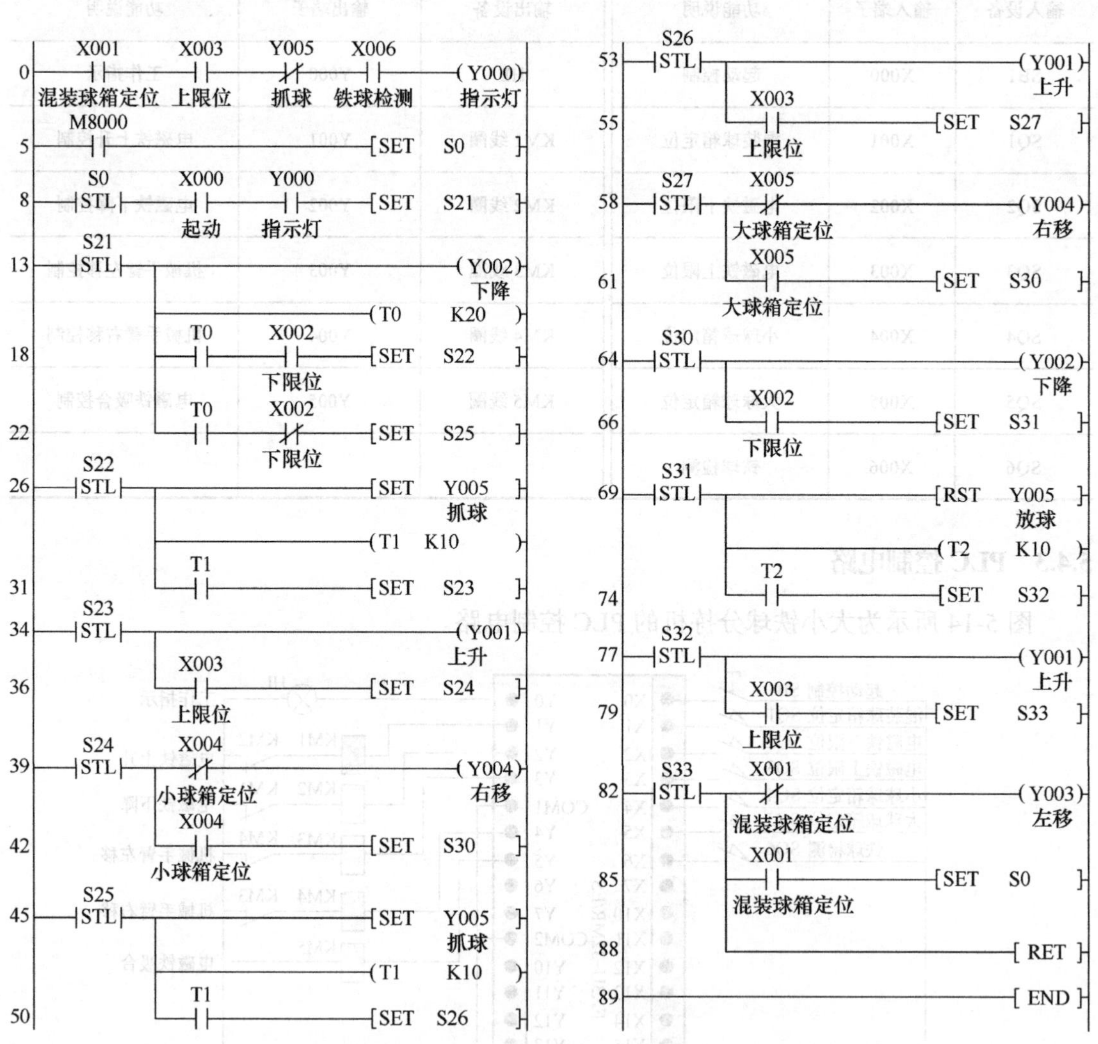

图 5-15 大小铁球分拣机的 PLC 控制梯形图程序

2. 程序说明

下面结合图 5-13 分拣机结构图、图 5-14 控制电路和图 5-15 梯形图来说明分拣机的工作原理。

（1）检测原点条件 图 5-15 中的第 0 梯级程序用来检测分拣机是否满足原点条件。分拣机的原点条件有：①机械手臂停止混装球箱上方（会使定位开关 SQ1 闭合，[0]X001

常开触点闭合）；②电磁铁处于上限位位置（会使上限位开关 SQ3 闭合，[0]X003 常开触点闭合）；③电磁铁未通电（Y005 线圈无电，电磁铁也无供电，[0]Y005 常闭触点闭合）；④有铁球处于电磁铁正下方（会使铁球检测开关 SQ6 闭合，[0]X006 常开触点闭合）。这四点都满足后，[0]Y000 线圈得电，[8]Y000 常开触点闭合，同时 Y0 端子的内部硬触点接通，指示灯 HL 亮，HL 不亮，说明原点条件不满足。

（2）工作过程 M8000 为运行监控辅助继电器，只有触点无线圈，在程序运行时触点一直处于闭合状态，M8000 闭合后，初始状态继电器 S0 被置位，[8]S0 常开触点闭合。

按下起动按钮 SB1 → [8]X000 常开触点闭合→状态继电器 S21 被置位→ [13]S21 常开触点闭合→ [13]Y002 线圈得电，通过接触器 KM2 使电动机 M2 驱动电磁铁下移，与此同时，定时器 T0 开始 2s 计时→ 2s 后，[18] 和 [22]T0 常开触点均闭合，若下限位开关 SQ2 处于闭合，则表明电磁铁接触为小球，[18]X002 常开触点闭合，[22]X002 常闭触点断开，状态继电器 S22 被置位，[26]S22 常开触点闭合，开始抓小球控制程序，若下限位开关 SQ2 处于断开，则表明电磁铁接触为大球，[18]X002 常开触点断开，[22]X002 常闭触点闭合，状态继电器 S25 被置位，[45]S25 常开触点闭合，开始抓大球控制程序。

1）小球抓取过程。[26]S22 常开触点闭合后，Y005 线圈被置位，通过 KM5 使电磁铁通电抓取小球，同时定时器 T1 开始 1s 计时→ 1s 后，[31]T1 常开触点闭合，状态继电器 S23 被置位→ [34]S23 常开触点闭合，Y001 线圈得电，通过 KM1 使电动机 M2 驱动电磁铁上升→当电磁铁上升到位后，上限位开关 SQ3 闭合，[36]X003 常开触点闭合，状态继电器 S24 被置位→ [39]S24 常开触点闭合，Y004 线圈得电，通过 KM4 使电动机 M1 驱动机械手臂右移→当机械手臂移到小球箱上方时，小球箱定位开关 SQ4 闭合→ [39]X004 常闭触点断开，Y004 线圈失电，机械手臂停止移动，同时 [42]X004 常开触点闭合，状态继电器 S30 被置位，[64]S30 常开触点闭合，开始放球过程。

2）放球并返回过程。[64]S30 常开触点闭合后，Y002 线圈得电，通过 KM2 使电动机 M2 驱动电磁铁下降，当下降到位后，下限位开关 SQ2 闭合→ [66]X002 常开触点闭合，状态继电器 S31 被置位→ [69]S31 常开触点闭合→ Y005 线圈被复位，电磁铁失电，将球放入球箱，与此同时，定时器 T2 开始 1s 计时→ 1s 后，[74]T2 常开触点闭合，状态继电器 S32 被置位→ [77]S32 常开触点闭合→ Y001 线圈得电，通过 KM1 使电动机 M2 驱动电磁铁上升→当电磁铁上升到位后，上限位开关 SQ3 闭合，[79]X003 常开触点闭合，状态继电器 S33 被置位→ [82]S33 常开触点闭合→ Y003 线圈得电，通过 KM3 使电动机 M1 驱动机械手臂左移→当机械手臂移到混装球箱上方时，混装球箱定位开关 SQ1 闭合→ [82]X001 常闭触点断开，Y003 线圈失电，电动机 M1 停转，机械手臂停止移动，与此同时，[85]X001 常开触点闭合，状态继电器 S0 被置位，[8]S0 常开触点闭合，若按下起动按钮 SB1，则开始下一次抓球过程。

3）大球抓取过程。[45]S25 常开触点闭合后，Y005 线圈被置位，通过 KM5 使电磁铁通电抓取大球，同时定时器 T1 开始 1s 计时→ 1s 后，[50]T1 常开触点闭合，状态继电器 S26 被置位→ [53]S26 常开触点闭合，Y001 线圈得电，通过 KM1 使电动机 M2 驱动电磁铁上升→当电磁铁上升到位后，上限位开关 SQ3 闭合，[55]X003 常开触点闭合，状态继电器 S27 被置位→ [58]S27 常开触点闭合，Y004 线圈得电，通过 KM4 使电动机 M1 驱动机械手臂右移→当机械手臂移到大球箱上方时，大球箱定位开关 SQ5 闭合→ [58]X005 常闭触点断开，Y004 线圈失电，机械手臂停止移动，同时 [61]X005 常开触点闭合，状态继电器 S30 被置位，[64]S30 常开触点闭合，开始放球过程。大球的放球与返回过程与小球完全一样，不再叙述。

第 6 章

应用指令及应用

PLC 的指令分为基本指令、步进指令和应用指令（又称功能指令）。基本指令和步进指令的操作对象主要是继电器、定时器和计数器类的软元件，用于替代继电器控制电路进行顺序逻辑控制。为了适应现代工业自动控制需要，现在的 PLC 都增加了大量的应用指令，应用指令使 PLC 具有强大的数据运算和特殊处理功能，从而大大扩展了 PLC 的使用范围。

6.1 程序流程类指令

6.1.1 条件跳转指令

1. 指令格式

条件跳转指令格式如下：

指令名称与功能号	指令符号	指令形式与功能说明	操作数
			Pn（指针编号）
条件跳转（FNC00）	CJ（P）	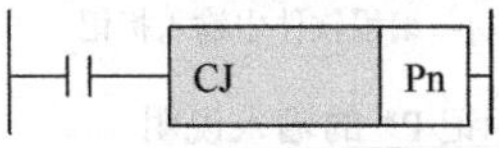 ─┤├─[CJ Pn] 程序跳转到指针 Pn 处执行	P0 ～ P63（FX1S），P0 ～ P127（FX1N\FX2N P0 ～ P255（FX3S），P0 ～ P2047（FX3G） P0 ～ P4095（FX3U） Pn 可变址修饰

2. 使用说明

条件跳转（CJ）指令的使用如图 6-1 所示。在图 6-1a 中，当常开触点 X020 闭合时，“CJ P9”指令执行，程序会跳转到 CJ 指令指定的标号（指针）P9 处，并从该处开始往后执行程序，跳转指令与标记之间的程序将不会执行，如果 X020 处于断开状态，程序则不会跳转，而是往下执行，当执行到常开触点 X021 所在行时，若 X021 处于闭合，则 CJ 指令执行会使程序跳转到 P9 处。在图 6-1b 中，当常开触点 X022 闭合时，CJ 指令执行会使程序跳转到 P10 处，并从 P10 处往下执行程序。

在 FXGP/WIN-C 编程软件输入标记 P* 的操作如图 6-2a 所示，将光标移到某程序左母线步标号处，然后敲击键盘上的“P”键，在弹出的对话框中输入数字，单击“确定”即输入标记。在 GX Developer 编程软件输入标记 P* 的操作如图 6-2b 所示，在程序左母线步标号处双击，弹出“梯形图输入”对话框，输入标记号，单击“确定”即可。

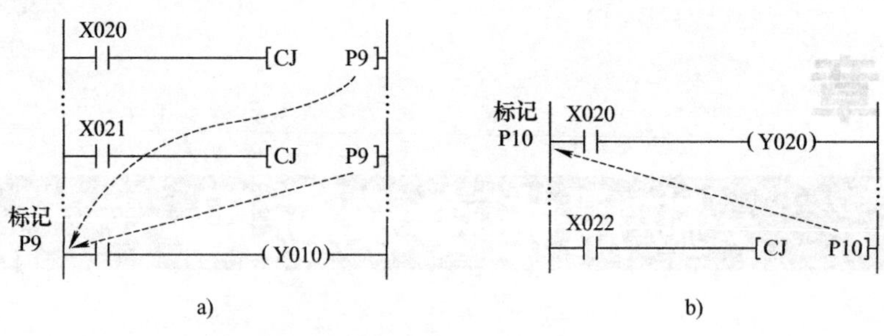

图 6-1　CJ 指令使用说明

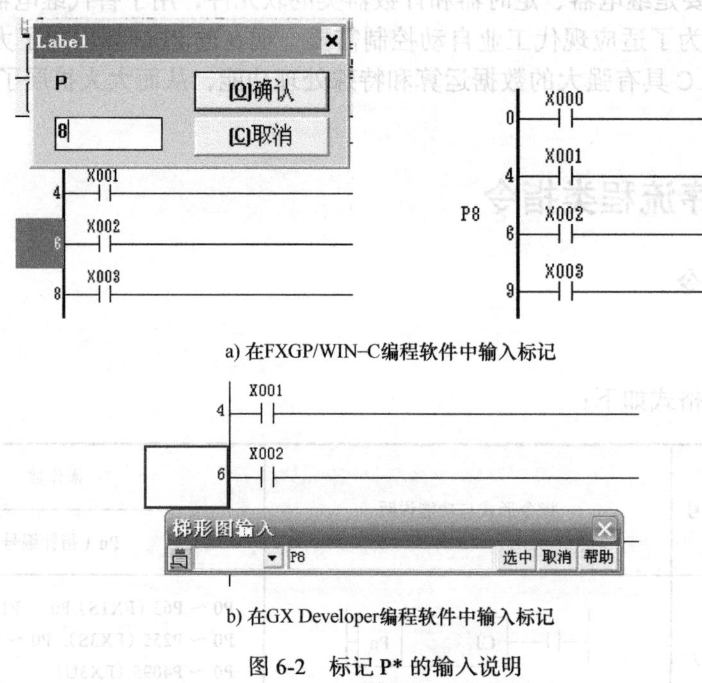

a) 在FXGP/WIN-C编程软件中输入标记

b) 在GX Developer编程软件中输入标记

图 6-2　标记 P* 的输入说明

6.1.2　子程序调用和返回指令

1. 指令格式

子程序调用和返回指令格式如下：

指令名称与功能号	指令符号	指令形式与功能说明	操作数 Pn（指针编号）
子程序调用（FNC01）	CALL（P）	CALL Pn 跳转执行指针 Pn 处的子程序，最多嵌套 5 级	P0 ～ P63(FX1S),P0 ～ P127(FX1N\\FX2N) P0 ～ P255（FX3S），P0 ～ P2047（FX3G） P0 ～P4095（FX3U） Pn 可变址修饰
子程序返回（FNC02）	SRET	SRET 从当前子程序返回到上一级程序	无

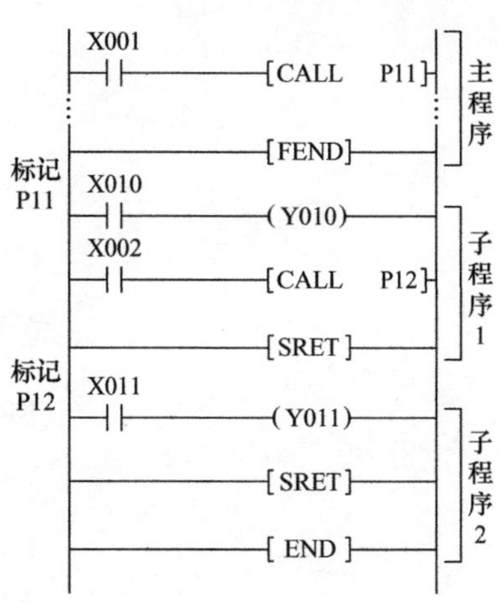

图 6-3　子程序调用和返回指令的使用

2. 使用说明

子程序调用和返回指令的使用如图 6-3 所示。当常开触点 X001 闭合时，“CALL　P11”指令执行，程序会跳转并执行标记 P11 处的子程序 1，当常开触点 X002 闭合时，“CALL　P12”指令执行，程序会跳转并执行标记 P12 处的子程序 2，子程序 2 执行到返回指令“SRET”时，会跳转到子程序 1，而子程序 1 通过其“SRET”指令返回主程序。从图 6-3 中可以看出，子程序 1 中包含有跳转到子程序 2 的指令，这种方式称为嵌套。

在使用子程序调用和返回指令时要注意以下几点：

1）一些常用或多次使用的程序可以写成子程序，然后进行调用。

2）子程序要求写在主程序结束指令“FEND”之后。

3）子程序中可做嵌套，嵌套最多可做 5 级。

4）CALL 指令和 CJ 的操作数不能为同一标记，但不同嵌套的 CALL 指令可调用同一标记处的子程序。

5）在子程序中，要求使用定时器 T192 ～ T199 和 T246 ～ T249。

6.1.3　中断指令

在生活中，人们经常会遇到这样的情况：当你正在书房看书时，突然客厅的电话响了，你就会停止看书，转而去接电话，接完电话后又接着去看书。这种停止当前工作，转而去做其他工作，做完后又返回来做先前工作的现象称为中断。

PLC 也有类似的中断现象，当 PLC 正在执行某程序时，如果突然出现意外事情（中断输入），就需要停止当前正在执行的程序，转而去处理意外事情（即去执行中断程序），处理完后又接着执行原来的程序。

1. 指令格式

中断指令有三条，其格式如下：

指令名称与功能号	指令符号	指令形式	指令说明
中断返回（FNC03）	IRET	IRET	从当前中断子程序返回到上一级程序
允许中断（FNC04）	EI	EI	开启中断
禁止中断（FNC05）	DI	DI	关闭中断

2. 指令说明及使用说明

中断指令的使用如图 6-4 所示，下面对照该图来说明中断指令的使用要点。

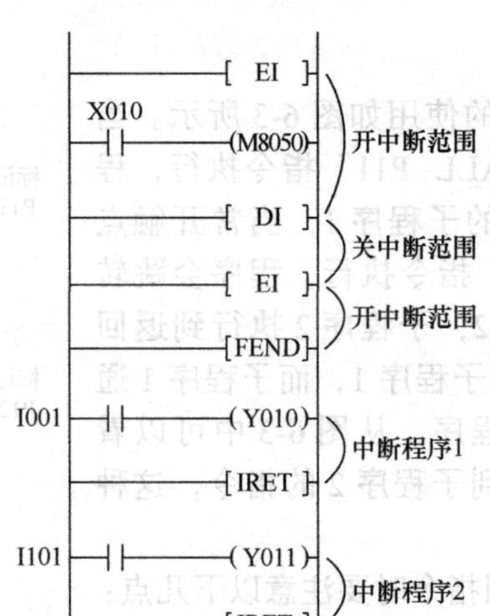

图 6-4　中断指令的使用

1）中断允许。EI 至 DI 指令之间或 EI 至 FEND 指令之间为中断允许范围，即程序运行到它们之间时，如果有中断输入时，程序马上跳转执行相应的中断程序。

2）中断禁止。DI 至 EI 指令之间为中断禁止范围，当程序在此范围内运行时出现中断输入，不会马上跳转执行中断程序，而是将中断输入保存下来，等到程序运行完 EI 指令时才跳转执行中断程序。

3）输入中断指针。图中标号处的 I001 和 I101 为中断指针，其含义如下：

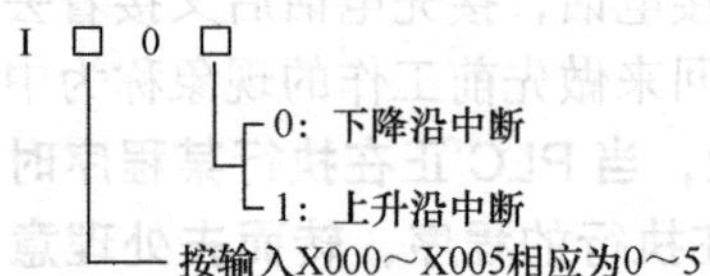

三菱 FX 系列 PLC 可使用六个输入中断指针，表 6-1 列出了这些输入中断指针编号和相关内容。

表 6-1　三菱 FX 系列 PLC 的中断指针编号和相关内容

中断输入	指针编号		禁止中断（RUN → STOP 清除）
	上升中断	下降中断	
X000	I001	I000	M8050
X001	I101	I100	M8051
X002	I201	I200	M8052
X003	I301	I300	M8053
X004	I401	I400	M8054
X005	I501	I500	M8055

对照表 6-1 不难理解图 6-11 梯形图工作原理。当程序运行在中断允许范围内时，若 X000 触点（中断允许时自动占用，程序中无需出现）由断开转为闭合 OFF → ON（如

X000 端子外接按钮闭合)，则程序马上跳转执行中断指针 I001 处的中断程序，执行到“IRET”指令时，程序又返回主程序；当程序从 EI 指令往 DI 指令运行时，若 X010 触点闭合，特殊辅助继电器 M8050 得电，则将中断输入 X000 设为无效，这时如果 X000 触点由断开转为闭合，则程序不会执行中断指针 I100 处的中断程序。

4）定时器中断。当需要每隔一定的时间就反复执行某段程序时，可采用定时器中断。三菱 FX1S\FX1N 系列 PLC 无定时器中断功能，三菱 FX2N\FX3S\FX3G\FX3U 系列 PLC 可使用三个定时器中断指针。定时中断指针含义如下：

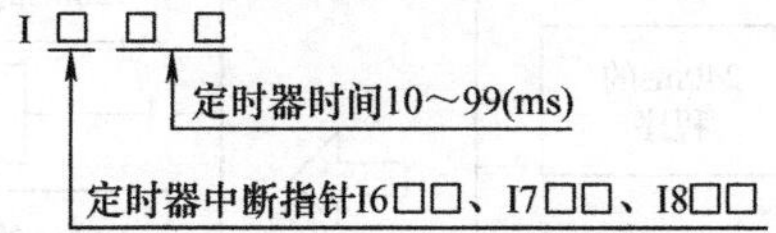

定时器中断指针 I6 □□、I7 □□、I8 □□可分别用 M8056、M8057、M8058 禁止（PLC 由 RUN → STOP 时清除禁止）。

5）计数器中断。当高速计数器增计数时可使用计数器中断，仅三菱 FX3U 系列 PLC 支持计数器中断。计数器中断指针含义如下：

I 0 □ 0
计数器中断指针(1～6)

指针编号	中断禁止标志位
I010，I020，I030，I040，I050，I060	M8059(RUN→STOP时清除禁止)

6.1.4 主程序结束指令

主程序结束指令格式如下：

指令名称与功能号	指令符号	指令形式	指令说明
主程序结束（FNC06）	FEND	FEND	主程序结束

主程序结束指令使用要点如下：

1）FEND 表示一个主程序结束，执行该指令后，程序返回到第 0 步。

2）多次使用 FEND 指令时，子程序或中断程序要写在最后的 FEND 指令与 END 指令之间，且必须以 RET 指令（针对子程序）或 IRET 指令（针对中断程序）结束。

6.1.5 刷新监视定时器指令

1. 指令格式

刷新监视定时器（看门狗定时器）指令格式如下：

指令名称与功能号	指令符号	指令形式	指令说明
刷新监视定时器（FNC07）	WDT（P）	WDT	对监视定时器（看门狗定时器）进行刷新

2. 使用说明

PLC 在运行时，当一个运行周期（从 0 步运行到 END 或 FENT）超过 200ms 时，

内部运行监视定时器（又称看门狗定时器）会让 PLC 的 CPU 出错指示灯变亮，同时 PLC 停止工作。为了解决这个问题，可使用 WDT 指令对监视定时器（D8000）进行刷新（清 0）。WDT 指令的使用如图 6-5a 所示，若一个程序运行需 240ms，则可在 120ms 程序处插入一个 WDT 指令，将监视定时器 D8000 进行刷新清 0，使之重新计时。

为了使 PLC 扫描周期超过 200ms，还可以使用 MOV 指令将希望运行的时间写入特殊数据寄存器 D8000 中，如图 6-5b 所示，该程序将 PLC 扫描周期设为 300ms。

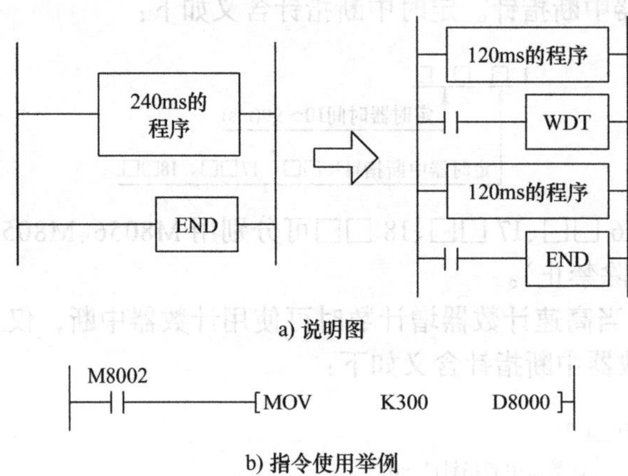

a) 说明图

b) 指令使用举例

图 6-5　刷新监视定时器（WDT）指令的使用

6.1.6　循环开始与结束指令

1. 指令格式

循环开始与结束指令格式如下：

指令名称与功能号	指令符号	指令形式	指令说明	操作数
				S（16 位，1 ~ 32767）
循环开始（FNC08）	FOR	FOR　S	将 FOR ~ NEXT 之间的程序执行 S 次	K、H、KnX、KnY、KnS、KnM、T、C、D、V、Z、变址修饰 R（仅 FX3G/3U）
循环结束（FNC09）	NEXT	NEXT	循环程序结束	无

2. 使用说明

循环开始与结束指令的使用如图 6-6 所示，“FOR K4”指令设定 A 段程序（FOR ~ NEXT 之间的程序）循环执行四次，“FOR　D0”指令设定 B 段程序循环执行 D0（数据寄存器 D0 中的数值）次，若 D0=2，则 A 段程序反复执行四次，而 B 段程序会执行 4 × 2=8 次，这是因为运行到 B 段程序时，B 段程序需要反复运行两次，然后往下执行，当执行到 A 段程序 NEXT 指令时，又返回到 A 段程序头部重新开始运行，直至 A 段程序从头到尾执行四次。

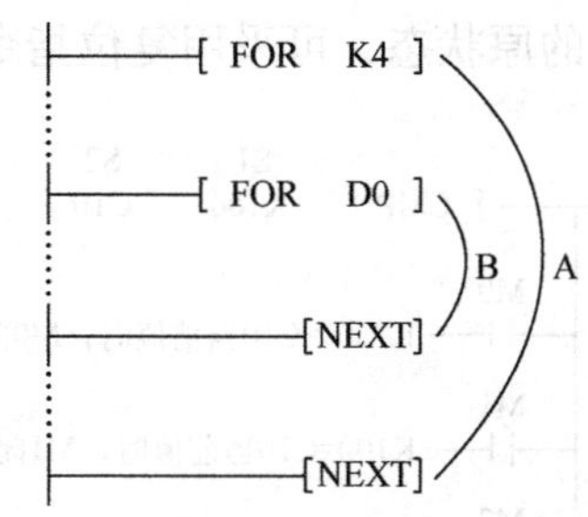

图 6-6　循环开始与结束指令的使用

FOR 与 NEXT 指令使用要点：

1）FOR 与 NEXT 之间的程序可重复执行 n 次，n 由编程设定，n=1 ～ 32767。

2）循环程序执行完设定的次数后，紧接着执行 NEXT 指令后面的程序步。

3）在 FOR ～ NEXT 程序之间最多可嵌套五层其他的 FOR ～ NEXT 程序，嵌套时应避免出现以下情况：

① 缺少 NEXT 指令；

② NEXT 指令写在 FOR 指令前；

③ NEXT 指令写在 FEND 或 END 之后；

④ NEXT 指令个数与 FOR 不一致。

6.2　传送与比较类指令

6.2.1　比较指令

1. 指令格式

比较指令格式如下：

指令名称与功能号	指令符号	指令形式与功能说明	操作数	
			S1、S2（16/32 位）	D（位型）
比较指令（FNC10）	（D）CMP（P）	─┤├─[CMP S1 S2 D] 将 S1 与 S2 进行比较，若 S1>S2，将 D 置 ON，若 S1=S2，将 D+1 置 ON，若 S1<S2，将 D+2 置 ON	K、H KnX、KnY、KnS KnM T、C、D、V、Z、变址修饰 R（仅 FX3G/3U）	Y、M、S、D□.b（仅 FX3U） 变址修饰

2. 使用说明

比较指令的使用如图 6-7 所示。CMP 指令有两个源操作数 K100、C10 和一个目标操作数 M0（位元件），当常开触点 X000 闭合时，CMP 指令执行，将源操作数 K100 和计数器 C10 当前值进行比较，根据比较结果来驱动目标操作数指定的三个连号位元件，若 K100>C10，则 M0 常开触点闭合，若 K100=C10，则 M1 常开触点闭合，若 K100<C10，M2 常开触点闭合。

在指定 M0 为 CMP 的目标操作数时，M0、M1、M2 三个连号元件会被自动占用，在 CMP 指令执行后，这三个元件必定有一个处于 ON，当常开触点 X000 断开后，这三个元件的状态仍会保存，要恢复它们的原状态，可采用复位指令。

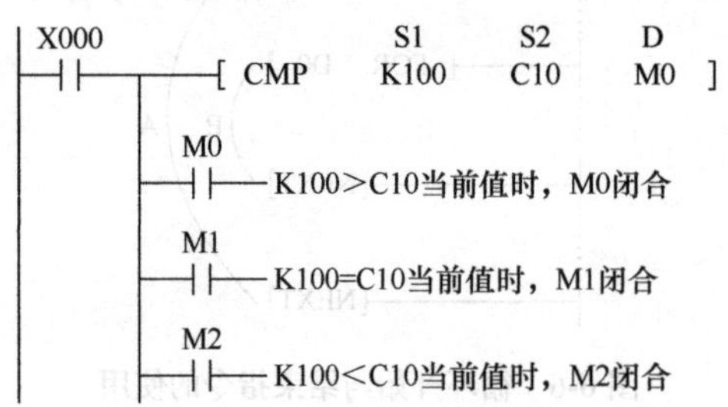

图 6-7　比较指令的使用

6.2.2　区间比较指令

1. 指令格式

区间比较指令格式如下：

指令名称与功能号	指令符号	指令形式与功能说明	操作数	
			S1、S2、S（16/32 位）	D（位型）
区间比较（FNC11）	（D）ZCP（P）	ZCP S1 S2 S D 将 S 与 S1（小值）、S2（大值）进行比较，若 S<S1，将 D 置 1，若 S1≤S≤S2，将 D+1 置 1，若 S>S2，将 D+2 置 1	K、H KnX、KnY、KnS、KnM T、C、D、V、Z、变址修饰 R（仅 FX3G/3U）	Y、M、S、D□.b（仅 FX3U） 变址修饰

2. 使用说明

区间比较指令的使用如图 6-8 所示。ZCP 指令有三个源操作数和一个目标操作数，前两个源操作数用于将数据分为三个区间，再将第三个源操作数在这三个区间进行比较，根据比较结果来驱动目标操作数指定的三个连号位元件，若 C30<K100，则 M3 置 1，M3 常开触点闭合，若 K100≤C30≤K120，则 M4 置 1，M4 常开触点闭合，若 C30>K120，则 M5 置 1，M5 常开触点闭合。

使用区间比较指令时，要求第一源操作数 S1 小于第二源操作数 S2。

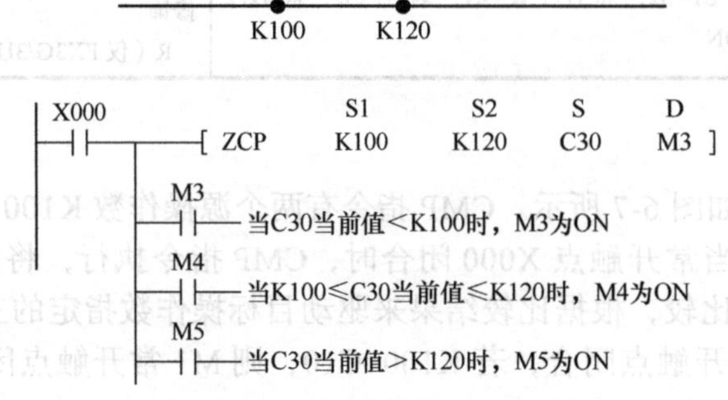

图 6-8　区间比较指令的使用

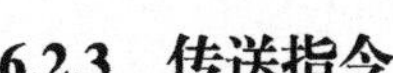

6.2.3　传送指令

1. 指令格式

传送指令格式如下：

指令名称与功能号	指令符号	指令形式与功能说明	操作数	
			S（16/32 位）	D（16/32 位）
传送指令（FNC12）	（D） MOV （P）	[MOV S D] 将 S 值传送给 D	K、H KnX、KnY、KnS、KnM T、C、D、V、Z、变址修饰 R（仅 FX3G/3U）	KnY、KnS、KnM T、C、D、V、Z 变址修饰

2. 使用说明

传送指令的使用如图 6-9 所示。当常开触点 X000 闭合时，MOV 指令执行，将 K100（10 进制数 100）送入数据寄存器 D10 中，由于 PLC 寄存器只能存储二进制数，因此将梯形图写入 PLC 前，编程软件会自动将 10 进制数转换成二进制数。

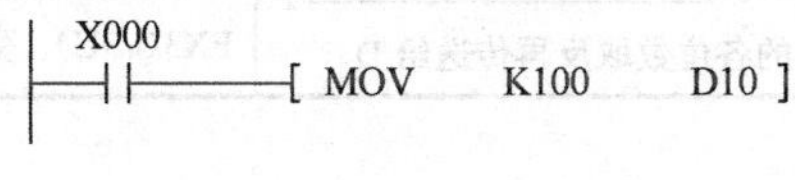

图 6-9　传送指令的使用

6.2.4　移位传送指令

1. 指令格式

移位传送指令格式如下：

指令名称与功能号	指令符号	指令形式	操作数	
			m1、m2、n	S（16 位）、D（16 位）
移位传送（FNC13）	SMOV （P）	[SMOV S m1 m2 D n] 指令功能见后面的指令使用说明	常数 K、H	KnX（S 可用，D 不可用） KnY、KnS、KnM、T、C、D、V、Z、R（仅 FX3G/3U）、变址修饰

2. 使用说明

移位传送指令的使用如图 6-10 所示。当常开触点 X000 闭合时，SMOV 指令执行，首先将源数据寄存器 D1 中的 16 位二进制数据转换成四组 BCD 数，然后将这四组 BCD 数中的第四组（m1=K4）起的低二组（m2=K2）移入目标寄存器 D2 第三组（n=K3）起的低二组（m2=K2）中，D2 中的第四、一组数据保持不变，再将形成的新四组 BCD 数转换成 16 位二进制数。例如初始 D1 中的数据为 4567，D2 中的数据为 1234，执行 SMOV 指令后，D1 中的数据不变，仍为 4567，而 D2 中的数据将变成 1454。

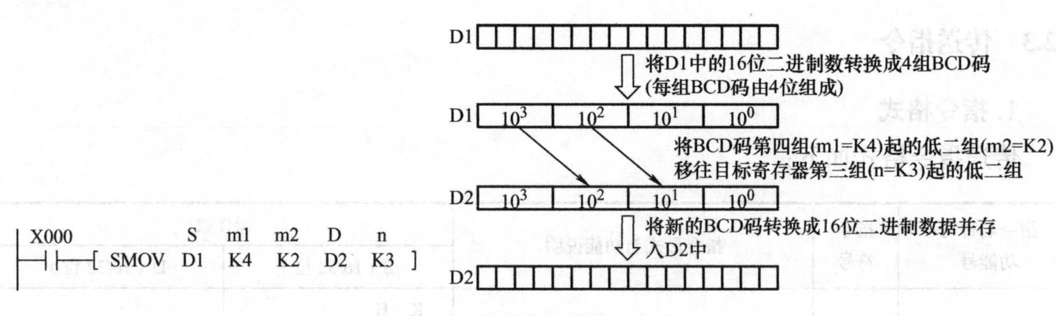

图 6-10　移位传送指令的使用

6.2.5　取反传送指令

1. 指令格式

取反传送指令格式如下：

指令名称与功能号	指令符号	指令形式与功能说明	操作数 S（16/32 位）、D（16/32 位）
取反传送（FNC14）	（D）CML（P）	[CML S D] 将 S 的各位数取反再传送给 D	（S 可用 K、H 和 KnX，D 不可用）KnY、KnS、KnM、T、C、D、V、Z、R（仅 FX3G/3U）、变址修饰

2. 使用说明

取反传送指令的使用如图 6-11a 所示，当常开触点 X000 闭合时，CML 指令执行，将数据寄存器 D0 中的低 4 位数据取反，再将取反的低 4 位数据按低位到高位分别送入四个输出继电器 Y000 ～ Y003 中，数据传送如图 6-11b 所示。

图 6-11　取反传送指令的使用

6.2.6　成批传送指令

1. 指令格式

成批传送指令格式如下：

指令名称与功能号	指令符号	指令形式与功能说明	操作数	
			S（16 位）、D（16 位）	n（≤512）
成批传送（FNC15）	BMOV（P）	─┤├─[BMOV S D n] 将 S 为起始的 n 个连号元件的值传送给 D 为起始的 n 个连号元件	（S 可用 KnX，D 不可用）KnY、KnS、KnM、T、C、D、R（仅 FX3G/3U）、变址修饰	K、H、D

2. 使用说明

成批传送指令的使用如图 6-12 所示。当常开触点 X000 闭合时，BMOV 指令执行，将源操作元件 D5 开头的 n（n=3）个连号元件中的数据批量传送到目标操作元件 D10 开头的 n 个连号元件中，即将 D5、D6、D7 三个数据寄存器中的数据分别同时传送到 D10、D11、D12 中。

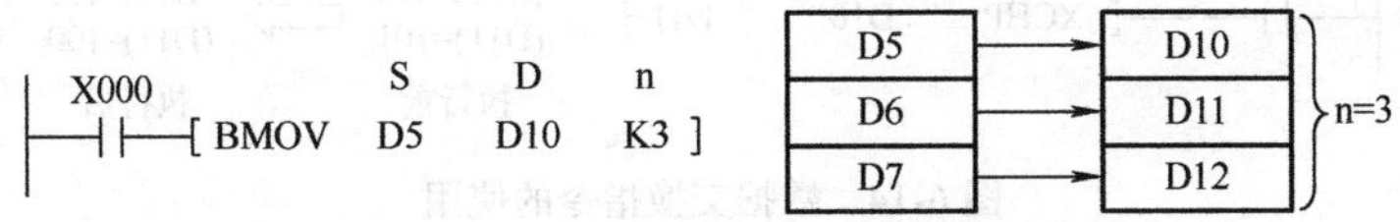

图 6-12　成批传送指令的使用

6.2.7　多点传送指令

1. 指令格式

多点传送指令格式如下：

指令名称与功能号	指令符号	指令形式与功能说明	操作数	
			S、D（16/32 位）	n（16 位）
多点传送（FNC16）	（D）FMOV（P）	─┤├─[FMOV S D n] 将 S 值同时传送给 D 为起始的 n 个元件	KnY、KnS、KnM、T、C、D、R（仅 FX3G/3U）、变址修饰（S 可　用 K、H、KnX、V、Z，D 不可用）	K、H

2. 使用说明

多点传送指令的使用如图 6-13 所示。当常开触点 X000 闭合时，FMOV 指令执行，将源操作数 0(K0) 同时送入以 D0 开头的 10(n=K10) 个连号数据寄存器（D0 ～ D9）中。

```
 X000            S     D     n
─┤├───[ FMOV    K0    D0    K10 ]   将源数0(K0)同时送入以D0开头的10(n=K10)个连号数据寄存器中
```

图 6-13　多点传送指令的使用

6.2.8　数据交换指令

1. 指令格式

数据交换指令格式如下：

指令名称与功能号	指令符号	指令形式	操作数
			D1（16/32 位）、D2（16/32 位）
数据交换（FNC17）	(D) XCH (P)	XCH D1 D2 将 D1 和 D2 的数据相互交换	KnY、KnS、KnM T、C、D、V、Z、R（仅 FX3G/3U）、变址修饰

2. 使用说明

数据交换指令的使用如图 6-14 所示。当常开触点 X000 闭合时，XCHP 指令执行，将目标操作数 D10、D11 中的数据相互交换，若指令执行前 D10=100、D11=101，则指令执行后，D10=101、D11=100，如果使用连续执行指令 XCH，则每个扫描周期数据都要交换，很难预知执行结果，所以一般采用脉冲执行指令 XCHP 进行数据交换。

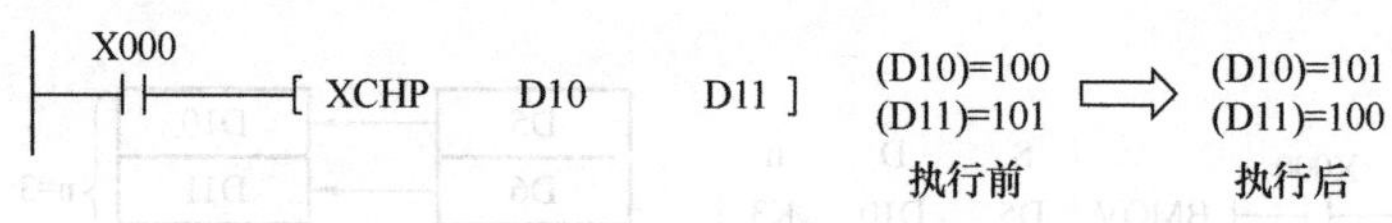

图 6-14 数据交换指令的使用

6.2.9 BCD 转换指令

1. 指令格式

BCD 转换（BIN → BCD）指令格式如下：

指令名称与功能号	指令符号	指令形式与功能说明	操作数
			S（16/32 位）、D（16/32 位）
BCD 转换（FNC18）	(D) BCD (P)	BCD S D 将 S 中的二进制数（BIN 数）转换成 BCD 数，再传送给 D	KnX（S 可用，D 不可用） KnY、KnS、KnM、T、C、D、V、Z、R（仅 FX3G/3U）、变址修饰

2. 使用说明

BCD 转换指令的使用如图 6-15 所示。当常开触点 X000 闭合时，BCD 指令执行，将源操作元件 D10 中的二进制数转换成 BCD 数，再存入目标操作元件 D12 中。

三菱 FX 系列 PLC 内部在四则运算和增量、减量运算时，都是以二进制方式进行的。

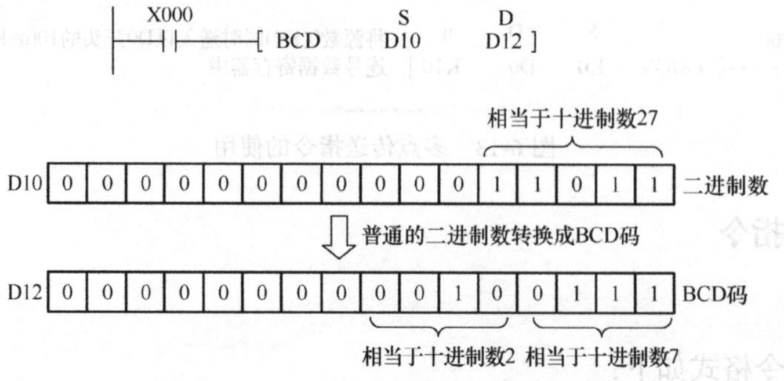

图 6-15 BCD 转换指令的使用

6.2.10 BIN 转换指令

1. 指令格式

BIN 转换（BCD→BIN）指令格式如下：

指令名称与功能号	指令符号	指令形式与功能说明	操作数 S（16/32 位）、D（16/32 位）
BIN 转换（FNC19）	(D) BIN (P)	─┤├─[BIN │ S │ D]─ 将 S 中的 BCD 数转换成 BIN 数，再传送给 D	KnX（S 可用，D 不可用） KnY、KnS、KnM、T、C、D、V、Z、R（仅 FX3G/3U）、变址修饰

2. 使用说明

BIN 转换指令的使用如图 6-16 所示。当常开触点 X000 闭合时，BIN 指令执行，将源操作元件 X000 ～ X007 构成的两组 BCD 数转换成二进制数码（BIN 码），再存入目标操作元件 D13 中。若 BIN 指令的源操作数不是 BCD 数，则会发生运算错误，如 X007 ～ X000 的数据为 10110100，该数据的前四位 1011 转换成十进制数为 11，它不是 BCD 数，因为单组 BCD 数不能大于 9，单组 BCD 数只能在 0000 ～ 1001 范围内。

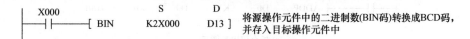

```
  X000                S          D
──┤├──────[ BIN    K2X000      D13 ]   将源操作元件中的二进制数(BIN码)转换成BCD码，
                                       并存入目标操作元件中
```

图 6-16　BIN 转换指令的使用

6.3 四则运算与逻辑运算类指令

6.3.1 BIN 加法运算指令

1. 指令格式

BIN（二进制）加法运算指令格式如下：

指令名称与功能号	指令符号	指令形式与功能说明	操作数 S1、S2、D（三者均为 16/32 位）
BIN 加法运算（FNC20）	(D) ADD (P)	─┤├─[ADD │ S1 │ S2 │ D]─ S1+S2→D	（S1、S2 可用 K、H、KnX，D 不可用） KnY、KnS、KnM、T、C、D、V、Z、R（仅 FX3G/3U）、变址修饰

2. 使用说明

BIN 加指令的使用如图 6-17 所示。

在图 6-17a 中，当常开触点 X000 闭合时，ADD 指令执行，将两个源操作元件 D10 和 D12 中的数据进行相加，结果存入目标操作元件 D14 中。源操作数可正可负，它们以代数形式进行相加，如 5+（−7）=−2。

在图 6-17b 中，当常开触点 X000 闭合时，DADD 指令执行，将源操作元件 D11、D10

和 D13、D12 分别组成 32 位数据再进行相加，结果存入目标操作元件 D15、D14 中。当进行 32 位数据运算时，要求每个操作数是两个连号的数据寄存器，为了确保不重复，指定的元件最好为偶数编号。

在图 6-17c 中，当常开触点 X001 闭合时，ADDP 指令执行，将 D0 中的数据加 1，结果仍存入 D0 中。当一个源操作数和一个目标操作数为同一元件时，最好采用脉冲执行型加指令 ADDP，因为若是连续型加指令，则每个扫描周期指令都要执行一次，所得结果很难确定。

在进行加法运算时，若运算结果为 0，则 0 标志继电器 M8020 会动作，若运算结果超出 −32768 ～ +32767（16 位数相加）或 −2147483648 ～ +2147483647（32 位数相加）范围，则借位标志继电器 M8022 会动作。

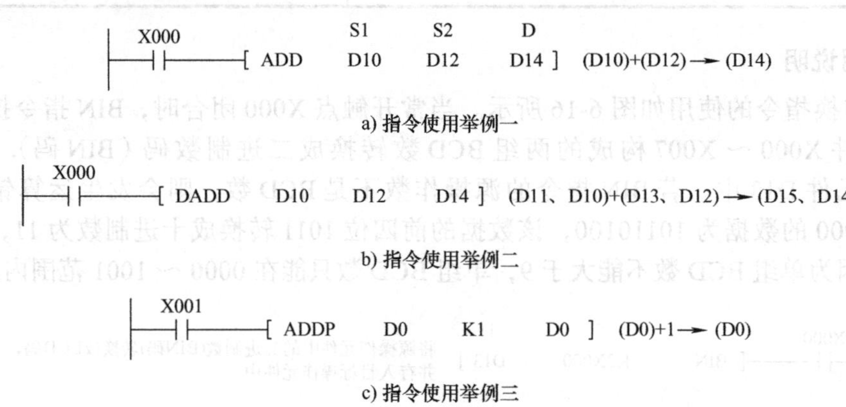

图 6-17　BIN 加指令的使用

6.3.2　BIN 减法运算指令

1. 指令格式

BIN 减法运算指令格式如下：

指令名称与功能号	指令符号	指令形式与功能说明	操作数 S1、S2、D（三者均为 16/32 位）
BIN 减法运算（FNC21）	(D) SUB (P)	[SUB S1 S2 D] S1−S2 → D	（S1、S2 可用 K、H、KnX，D 不可用）KnY、KnS、KnM、T、C、D、V、Z、R（仅 FX3G/3U）、变址修饰

2. 使用说明

BIN 减法指令的使用如图 6-18 所示。

在图 6-18a 中，当常开触点 X000 闭合时，SUB 指令执行，将 D10 和 D12 中的数据进行相减，结果存入目标操作元件 D14 中。源操作数可正可负，它们以代数形式相减，如 5−（−7）=12。

在图 6-18b 中，当常开触点 X000 闭合时，DSUB 指令执行，将源操元件 D11、D10 和 D13、D12 分别组成 32 位数据再进行相减，结果存入目标操作元件 D15、D14 中。当进行 32 位数据运算时，要求每个操作数是两个连号的数据寄存器，为了确保不重复，指定的元件最好为偶数编号。

在图 6-18c 中，当常开触点 X001 闭合时，SUBP 指令执行，将 D0 中的数据减 1，结果仍存入 D0 中。当一个源操作数和一个目标操作数为同一元件时，最好采用脉冲执行型减指令 SUBP，若是连续型减指令，则每个扫描周期指令都要执行一次，所得结果很难确定。

在进行减法运算时，若运算结果为 0，则 0 标志继电器 M8020 会动作，若运算结果超出 −32768 ～ +32767（16 位数相减）或 −2147483648 ～ +2147483647（32 位数相减）范围，则借位标志继电器 M8022 会动作。

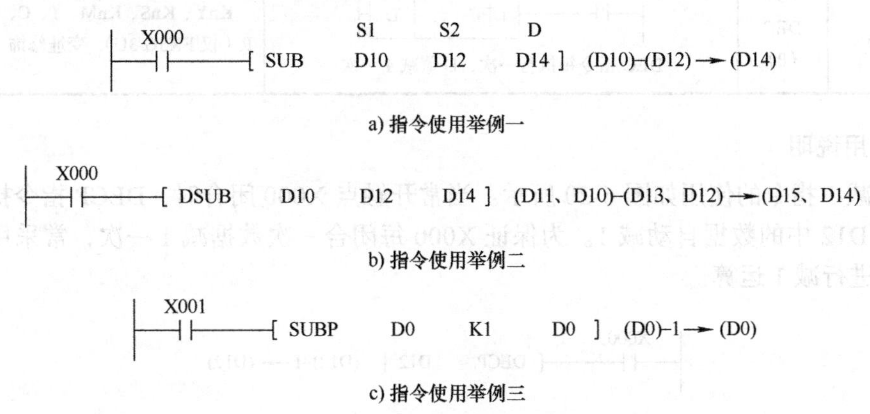

图 6-18　BIN 减法指令的使用

6.3.3　BIN 加 1 运算指令

1. 指令格式

BIN 加 1 运算指令格式如下：

指令名称与功能号	指令符号	指令形式与功能说明	操作数
			D（16/32 位）
BIN 加 1（FNC24）	(D) INC (P)	[INC D] INC 指令每执行一次，D 值增 1 一次	KnY、KnS、KnM、T、C、D、V、Z、R（仅 FX3G/3U）、变址修饰

2. 使用说明

BIN 加 1 指令的使用如图 6-19 所示。当常开触点 X000 闭合时，INCP 指令执行，数据寄存器 D12 中的数据自动加 1。若采用连续执行型指令 INC，则每个扫描周期数据都要增加 1，在 X000 闭合时可能会经过多个扫描周期，因此增加结果很难确定，故常采用脉冲执行型指令进行加 1 运算。

X000 ── [INCP　D12]　(D12)+1 → (D12)

图 6-19　BIN 加 1 指令的使用

6.3.4 BIN 减 1 运算指令

1. 指令格式

BIN 减 1 运算指令格式如下：

指令名称与功能号	指令符号	指令形式与功能说明	操作数 D（16/32 位）
BIN 减 1（FNC25）	(D) DEC (P)	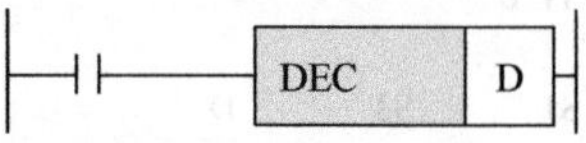 ─┤├─[DEC D] DEC 指令每执行一次，D 值减 1 一次	KnY、KnS、KnM、T、C、D、V、Z、R（仅 FX3G/3U）、变址修饰

2. 使用说明

BIN 减 1 指令的使用如图 6-20 所示。当常开触点 X000 闭合时，DECP 指令执行，数据寄存器 D12 中的数据自动减 1。为保证 X000 每闭合一次数据减 1 一次，常采用脉冲执行型指令进行减 1 运算。

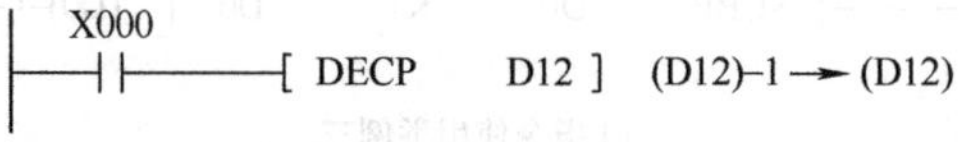

```
 X000
─┤├─────[ DECP    D12 ]  (D12)−1 ─► (D12)
```

图 6-20 BIN 减 1 指令的使用

6.3.5 逻辑与指令

1. 指令格式

逻辑与指令格式如下：

指令名称与功能号	指令符号	指令形式与功能说明	操作数 S1、S2、D（均为 16/32 位）
逻辑与（FNC26）	(D) WAND (P)	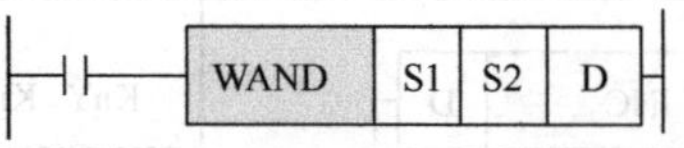 ─┤├─[WAND S1 S2 D] 将 S1 和 S2 的数据逐位进行与运算，结果存入 D	（S1、S2 可用 K、H、KnX，D 不可用）KnY、KnS、KnM、T、C、D、V、Z、R（仅 FX3G/3U）、变址修饰

2. 使用说明

逻辑与指令的使用如图 6-21 所示。当常开触点 X000 闭合时，WAND 指令执行，将 D10 与 D12 中的数据逐位进行与运算，结果保存在 D14 中。

与运算规律是“有 0 得 0，全 1 得 1”，具体为：0・0=0，0・1=0，1・0=0，1・1=1。

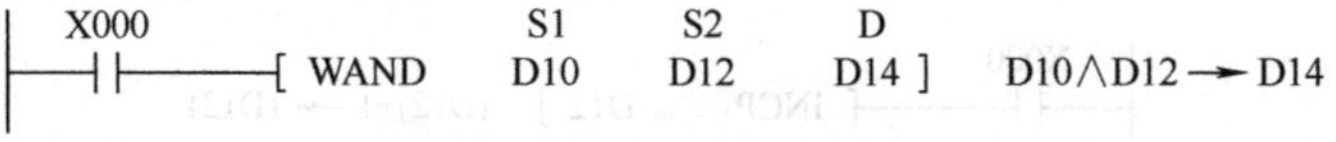

```
 X000              S1     S2      D
─┤├─────[ WAND    D10    D12    D14 ]  D10∧D12 ─► D14
```

图 6-21 逻辑与指令的使用

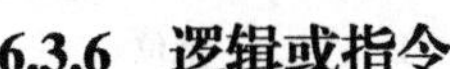

6.3.6　逻辑或指令

1. 指令格式

逻辑或指令格式如下：

指令名称与功能号	指令符号	指令形式与功能说明	操作数
			S1、S2、D（均为 16/32 位）
逻辑或（FNC27）	（D）WOR（P）	─┤├─[WOR S1 S2 D] 将 S1 和 S2 的数据逐位进行或运算，结果存入 D	（S1、S2 可用 K、H、KnX，D 不可用）KnY、KnS、KnM、T、C、D、V、Z、R（仅 FX3G/3U）、变址修饰

2. 使用说明

逻辑或指令的使用如图 6-22 所示。当常开触点 X000 闭合时，WOR 指令执行，将 D10 与 D12 中的数据逐位进行或运算，结果保存在 D14 中。

或运算规律是“有 1 得 1，全 0 得 0”，具体为：0+0=0，0+1=1，1+0=1，1+1=1。

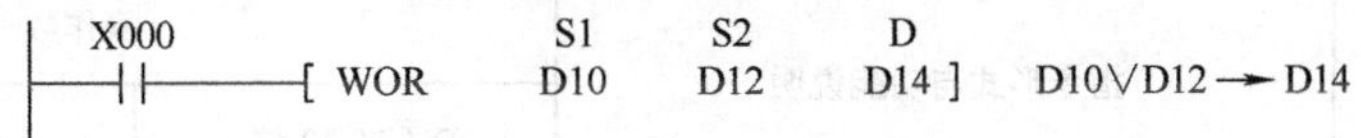

图 6-22　逻辑或指令的使用

6.4　循环与移位类指令

6.4.1　循环右移（环形右移）指令

1. 指令格式

循环右移指令格式如下：

指令名称与功能号	指令符号	指令形式与功能说明	操作数	
			D（16/32 位）	n（16/32 位）
循环右移（FNC30）	（D）ROR（P）	─┤├─[ROR D n] 将 D 的数据环形右移 n 位	KnY、KnS、KnM、T、C、D、V、Z、R、变址修饰	K、H、D、R n≤16（16 位） n≤32（32 位）

2. 使用说明

循环右移指令的使用如图 6-23 所示。当常开触点 X000 闭合时，RORP 指令执行，将 D0 中的数据右移（从高位往低位移）4 位，其中低 4 位移至高 4 位，最后移出的一位（即图中标有 * 号的位）除了移到 D0 的最高位外，还会移入进位标记继电器 M8022 中。为了避免每个扫描周期都进行右移，通常采用脉冲执行型指令 RORP。

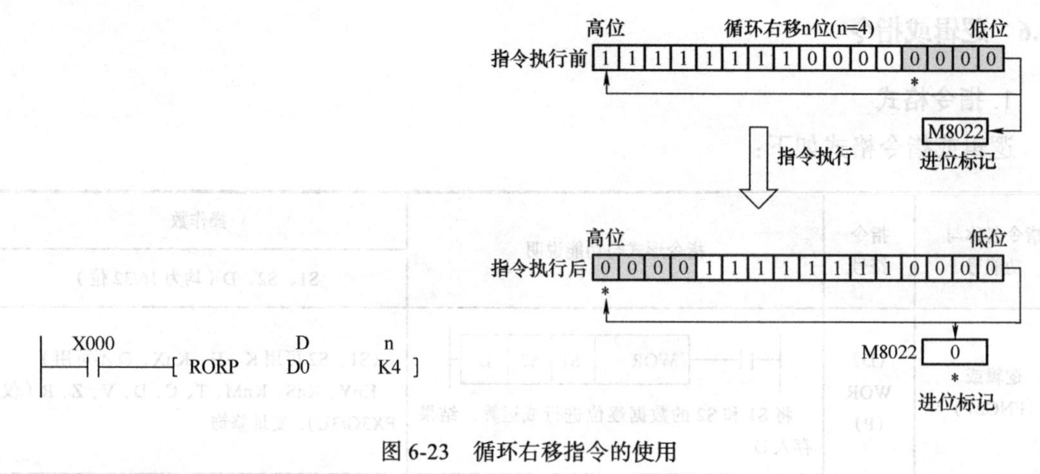

图 6-23　循环右移指令的使用

6.4.2　循环左移（环形左移）指令

1. 指令格式

循环左移指令格式如下：

指令名称与功能号	指令符号	指令形式与功能说明	操作数	
			D（16/32 位）	n（16/32 位）
循环左移（FNC31）	(D) ROL (P)	ROL D n 将 D 的数据环形左移 n 位	KnY、KnS、KnM、T、C、D、V、Z、R、变址修饰	K、H、D、R n≤16（16 位） n≤32（32 位）

2. 使用说明

循环左移指令的使用如图 6-24 所示。当常开触点 X000 闭合时，ROLP 指令执行，将 D0 中的数据左移（从低位往高位移）4 位，其中高 4 位移至低 4 位，最后移出的一位（即图中标有 * 号的位）除了移到 D0 的最低位外，还会移入进位标记继电器 M8022 中。为了避免每个扫描周期都进行左移，通常采用脉冲执行型指令 ROLP。

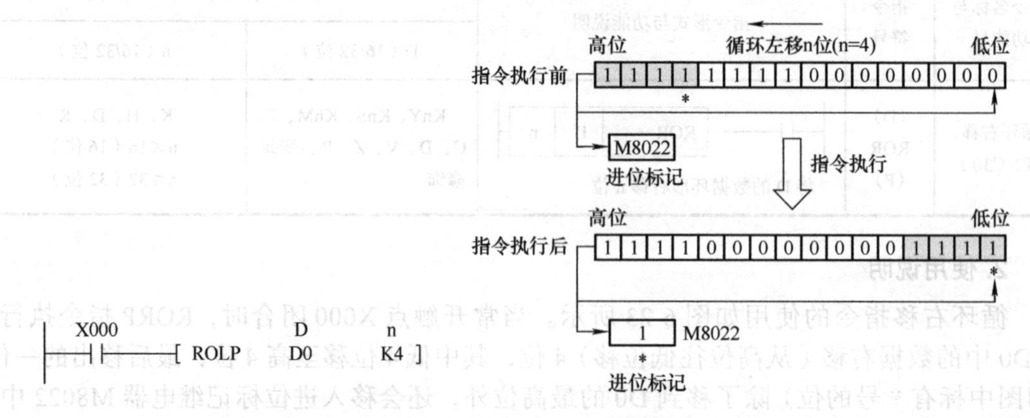

图 6-24　循环左移指令的使用

6.4.3 位右移指令

1. 指令格式

位右移指令格式如下：

指令名称与功能号	指令符号	指令形式与功能说明	操作数	
			S（位型）、D（位）	n1（16 位）、n2（16 位）
位右移（FNC34）	SFTR（P）	SFTR S D n1 n2 将 S 为起始的 n2 个位元件值右移到 D 为起始元件的 n1 个位元件中	Y、M、S、变址修饰 S 还支持 X、D□.b	K、H n2 还支持 D、R n2≤n1≤1024

2. 使用说明

位右移指令的使用如图 6-25 所示。在图 6-25a 中，当常开触点 X010 闭合时，SFTRP 指令执行，将 X003 ～ X000 四个元件的位状态（1 或 0）右移入 M15 ～ M0 中，如图 6-25b 所示，X000 为源起始位元件，M0 为目标起始位元件，K16 为目标位元件数量，K4 为移位量。SFTRP 指令执行后，M3 ～ M0 移出丢失，M15 ～ M4 移到原 M11 ～ M0，X003 ～ X000 则移入原 M15 ～ M12。

为了避免每个扫描周期都移动，通常采用脉冲执行型指令 SFTRP。

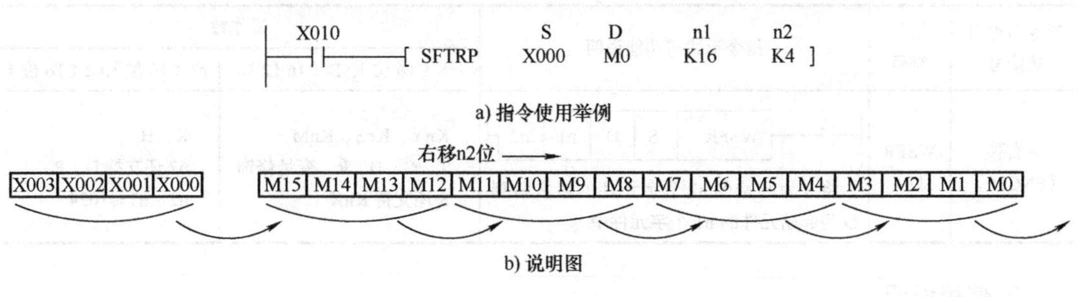

图 6-25　位右移指令的使用

6.4.4 位左移指令

1. 指令格式

位左移指令格式如下：

指令名称与功能号	指令符号	指令形式与功能说明	操作数	
			S（位型）、D（位）	n1（16 位）、n2（16 位）
位左移（FNC35）	SFTL（P）	SFTL S D n1 n2 将 S 为起始的 n2 个位元件的值左移到 D 为起始元件的 n1 个位元件中	Y、M、S、变址修饰 S 还支持 X、D□.b	K、H n2 还支持 D、R n2≤n1≤1024

2. 使用说明

位左移指令的使用如图 6-26 所示。在图 6-26a 中，当常开触点 X010 闭合时，SFTLP

指令执行，将 X003 ～ X000 四个元件的位状态（1 或 0）左移入 M15 ～ M0 中，如图 6-26b 所示，X000 为源起始位元件，M0 为目标起始位元件，K16 为目标位元件数量，K4 为移位量。SFTLP 指令执行后，M15 ～ M12 移出丢失，M11 ～ M0 移到原 M15 ～ M4，X003 ～ X000 则移入原 M3 ～ M0。

为了避免每个扫描周期都移动，通常采用脉冲执行型指令 SFTLP。

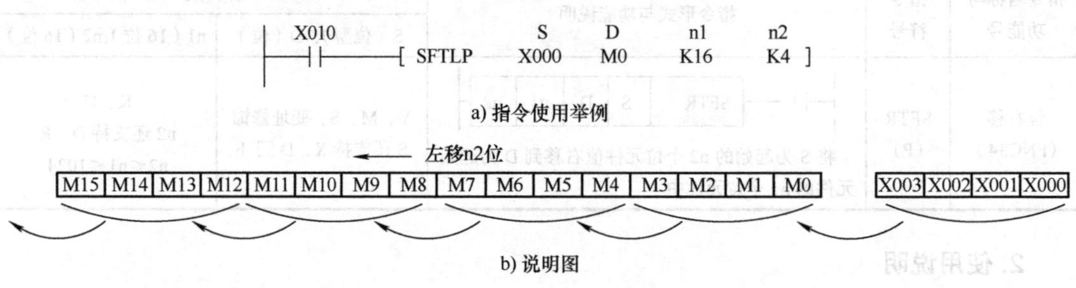

图 6-26　位左移指令的使用

6.4.5 字右移指令

1. 指令格式

字右移指令格式如下：

指令名称与功能号	指令符号	指令形式与功能说明	操作数	
			S（16 位）、D（16 位）	n1（16 位）、n2（16 位）
字右移（FNC36）	WSFR（P）	WSFR S D n1 n2 将 S 为起始的 n2 个字元件的值右移到 D 为起始元件的 n1 个字元件中	KnY、KnS、KnM T、C、D、R、变址修饰 S 还支持 KnX	K、H n2 还支持 D、R n2≤n1≤1024

2. 使用说明

字右移指令的使用如图 6-27 所示。在图 6-27a 中，当常开触点 X000 闭合时，WSFRP 指令执行，将 D3 ～ D0 四个字元件的数据右移入 D25 ～ D10 中，如图 6-27b 所示，D0 为源起始字元件，D10 为目标起始字元件，K16 为目标字元件数量，K4 为移位量。WSFRP 指令执行后，D13 ～ D10 的数据移出丢失，D25 ～ D14 的数据移入原 D21 ～ D10，D3 ～ D0 则移入原 D25 ～ D22。

为了避免每个扫描周期都移动，通常采用脉冲执行型指令 WSFRP。

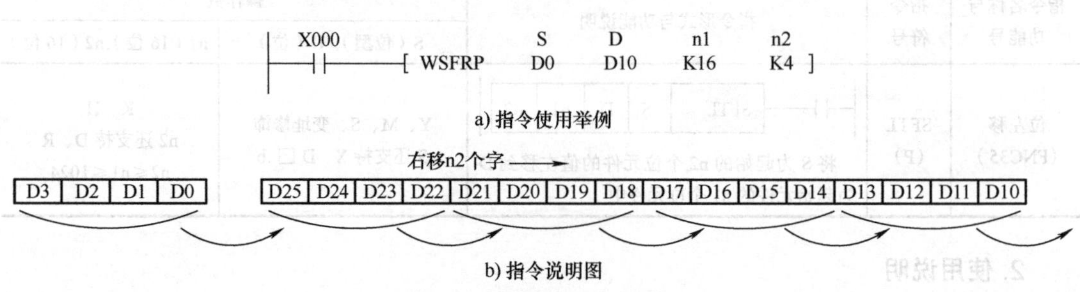

图 6-27　字右移指令的使用

6.4.6　字左移指令

1. 指令格式

字左移指令格式如下：

指令名称与功能号	指令符号	指令形式与功能说明	操作数	
			S（16 位）、D（16 位）	n1（16 位）、n2（16 位）
字左移（FNC37）	WSFL（P）	─┤├─[WSFL S D n1 n2] 将 S 为起始的 n2 个字元件的值左移到 D 为起始元件的 n1 个字元件中	KnY、KnS、KnM T、C、D、R、变址修饰 S 还支持 KnX	K、H n2 还支持 D、R n2≤n1≤1024

2. 使用说明

字左移指令的使用如图 6-28 所示。在图 6-28a 中，当常开触点 X000 闭合时，WSFLP 指令执行，将 D3 ～ D0 四个字元件的数据左移入 D25 ～ D10 中，如图 6-28b 所示，D0 为源起始字元件，D10 为目标起始字元件，K16 为目标字元件数量，K4 为移位量。WSFLP 指令执行后，D25 ～ D22 的数据移出丢失，D21 ～ D10 的数据移入原 D25 ～ D14，D3 ～ D0 则移入原 D13 ～ D10。

为了避免每个扫描周期都移动，通常采用脉冲执行型指令 WSFLP。

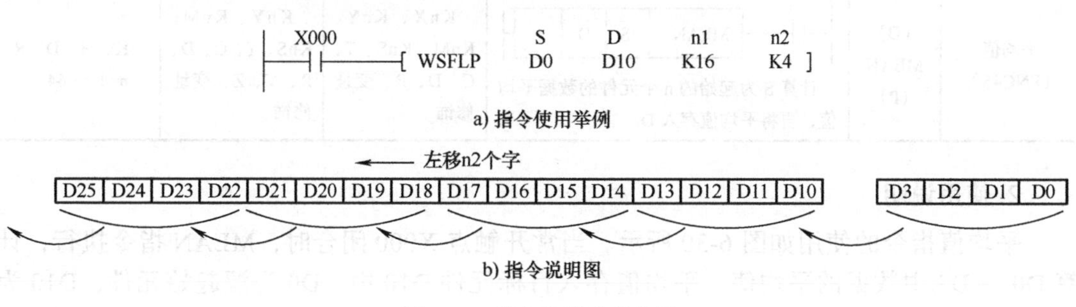

图 6-28　字左移指令的使用

6.5　数据处理类指令

6.5.1　成批复位指令

1. 指令格式

成批复位指令格式如下：

指令名称与功能号	指令符号	指令形式与功能说明	操作数
			D1（16 位）、D2（16 位）
成批复位（FNC40）	ZRST（P）	─┤├─[ZRST D1 D2] 将 D1 ～ D2 所有的元件复位	Y、M、S、T、C、D、R、变址修饰 （D1≤D2，且为同一类型元件）

2. 使用说明

成批复位指令的使用如图 6-29 所示。在 PLC 开始运行时，M8002 触点接通一个扫描周期，ZRST 指令执行，将辅助继电器 M500 ～ M599、计数器 C235 ～ C255 和状态继电器 S0 ～ S127 全部复位清 0。

在使用 ZRST 指令时，目标操作数 D2 序号应大于 D1，并且为同一系列的元件。

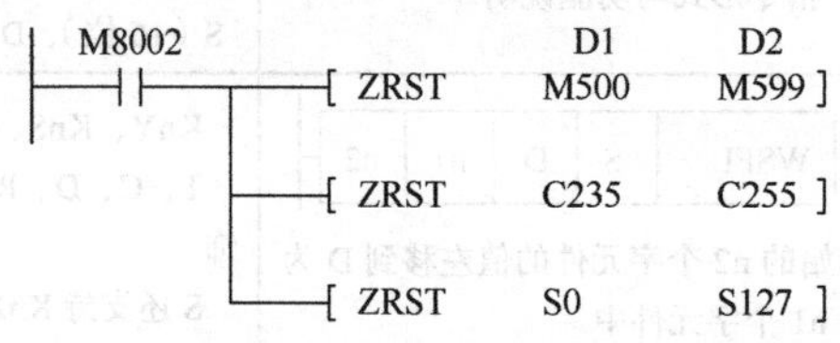

图 6-29　成批复位指令的使用

6.5.2　平均值指令

1. 指令格式

平均值指令格式如下：

指令名称与功能号	指令符号	指令形式与功能说明	操作数		
			S（16/32 位）	D（16/32 位）	n（16/32 位）
平均值（FNC45）	（D）MEAN（P）	[MEAN S D n] 计算 S 为起始的 n 个元件的数据平均值，再将平均值存入 D	KnX、KnY、KnM、KnS、T、C、D、R、变址修饰	KnY、KnM、KnS、T、C、D、R、V、Z、变址修饰	K、H、D、R n=1 ～ 64

2. 使用说明

平均值指令的使用如图 6-30 所示。当常开触点 X000 闭合时，MEAN 指令执行，计算 D0 ～ D2 中数据的平均值，平均值存入目标元件 D10 中。D0 为源起始元件，D10 为目标元件，n=3 为源元件的个数。

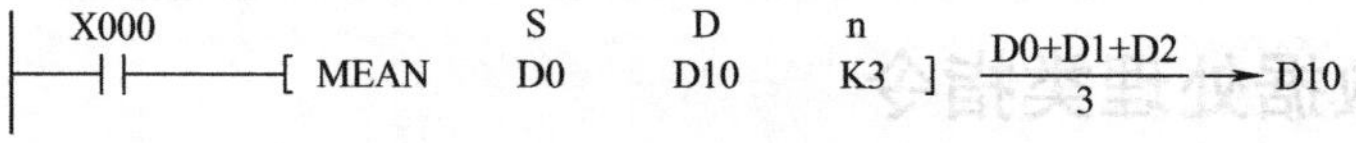

X000　[MEAN　D0 (S)　D10 (D)　K3 (n)]　$\frac{D0+D1+D2}{3} \rightarrow D10$

图 6-30　平均值指令的使用

6.5.3　高低字节互换指令

1. 指令格式

高低字节互换指令格式如下：

指令名称与功能号	指令符号	功能号	操作数
			S
高低字节互换（FNC147）	（D）SWAP（P）	[SWAP S] 将 S 的高 8 位与低 8 位互换	KnY、KnM、KnS、T、C、D、R、V、Z、变址修饰

2. 使用说明

高低字节互换指令的使用如图 6-31 所示，图 6-31a 中的 SWAPP 为 16 位指令，当常开触点 X000 闭合时，SWAPP 指令执行，D10 中的高 8 位和低 8 位数据互换；图 6-31b 的 DSWAPP 为 32 位指令，当常开触点 X001 闭合时，DSWAPP 指令执行，D10 中的高 8 位和低 8 位数据互换，D11 中的高 8 位和低 8 位数据也互换。

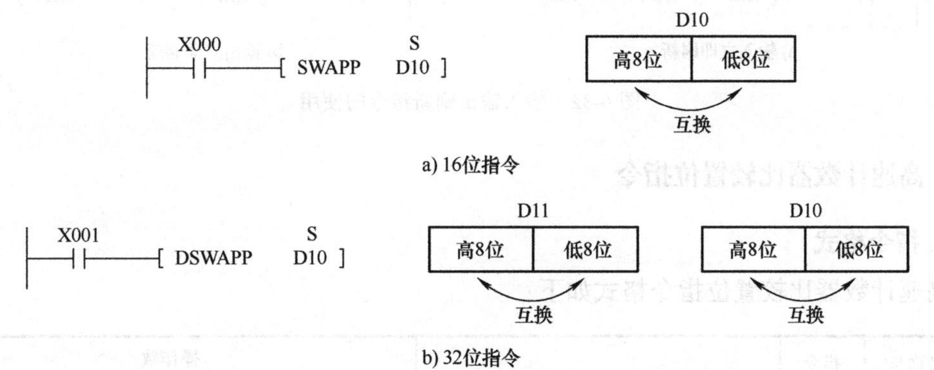

图 6-31　高低字节互换指令的使用

6.6 高速处理类指令

6.6.1　输入输出刷新指令

1. 指令格式

输入输出刷新指令格式如下：

指令名称与功能号	指令符号	指令形式与功能说明	操作数	
			D（位型）	N（16 位）
输入输出刷新（FNC50）	REF（P）	[REF D n] 将 D 为起始的 n 个元件的状态立即输入或输出	X、Y	K、H

2. 使用说明

在 PLC 运行程序时，若通过输入端子输入信号，则 PLC 通常不会马上处理输入信号，要等到下一个扫描周期才处理输入信号，这样从输入到处理有一段时间差，另外，**PLC 在运行程序产生输出信号时，也不是马上从输出端子输出，而是等程序运行到 END 时，才将输出信号从输出端子输出，**这样从产生输出信号到信号从输出端子输出也有一段时间差。如果希望 PLC 在运行时能即刻接收输入信号，或能即刻输出信号，则可采用输入 / 输出刷新指令。

输入输出刷新指令的使用如图 6-32 所示。图 6-32a 所示为输入刷新，当常开触点 X000 闭合时，REF 指令执行，将以 X010 为起始元件的 8 个（n=8）输入继电器 X010 ～ X017 刷新，即让 X010 ～ X017 端子输入的信号能马上被这些端子对应的输入继电器接收。图 6-32b 所示为输出刷新，当常开触点 X001 闭合时，REF 指令执行，将以 Y000 为起始元件的 24 个（n=24）输出继电器 Y000 ～ Y007、Y010 ～ Y017、Y020 ～ Y027 刷新，让这些输出继电器能即刻往相应的输出端子输出信号。

REF 指令指定的首元件编号应为 X000、X010、X020…，Y000、Y010、Y020…，刷新的点数 n 就应是 8 的整数（如 8、16、24 等）。

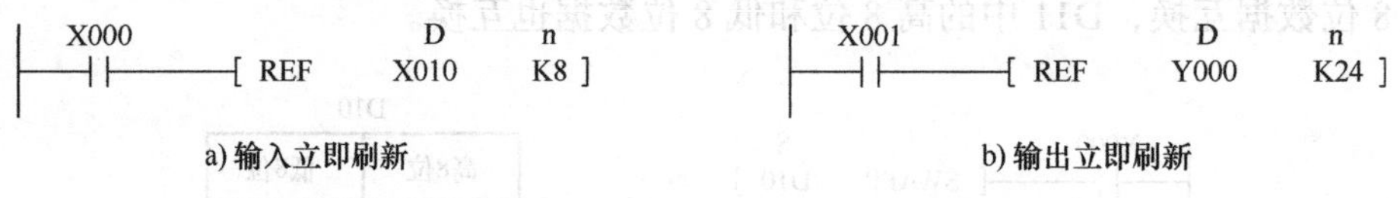

图 6-32　输入输出刷新指令的使用

6.6.2　高速计数器比较置位指令

1. 指令格式

高速计数器比较置位指令格式如下：

指令名称与功能号	指令符号	指令形式与功能说明	操作数		
			S1（32 位）	S2（32 位）	D（位型）
高速计数器比较置位（FNC53）	(D) HSCS	[HSCS S1 S2 D] 将 S2 高速计数器当前值与 S1 值比较，两者相等则将 D 置 1	K、H KnX、KnY、KnM、KnS、T、C、D、R、Z、变址修饰	C、变址修饰（C235 ～ C255）	Y、M、S、D□.b、变址修饰

2. 使用说明

高速计数器比较置位指令的使用如图 6-33 所示。当常开触点 X010 闭合时，HSCS 指令执行，若高速计数器 C255 的当前值变为 100（99 → 100 或 101 → 100），则将 Y010 置 1。

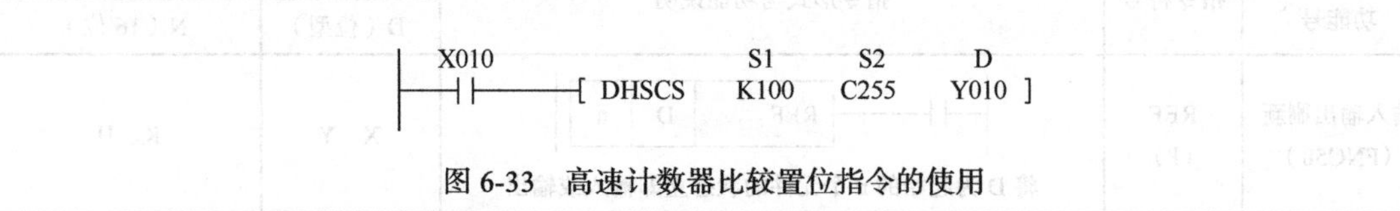

图 6-33　高速计数器比较置位指令的使用

6.6.3　高速计数器比较复位指令

1. 指令格式

高速计数器比较复位指令格式如下：

指令名称与功能号	指令符号	指令形式与功能说明	操作数		
			S1（32 位）	S2（32 位）	D（位型）
高速计数器比较复位（FNC54）	(D) HSCR	[HSCR S1 S2 D] 将 S2 高速计数器当前值与 S1 值比较，两者相等则将 D 置 0	K、H KnX、KnY、KnM、KnS、T、C、D、R、Z、变址修饰	C、变址修饰（C235 ～ C255）	Y、M、S、C、D□.b、变址修饰

2. 使用说明

高速计数器比较复位指令的使用如图 6-34 所示。当常开触点 X010 闭合时，HSCR 指令执行，若高速计数器 C255 的当前值变为 100（99 → 100 或 101 → 100），则将 Y010 复位（置 0）。

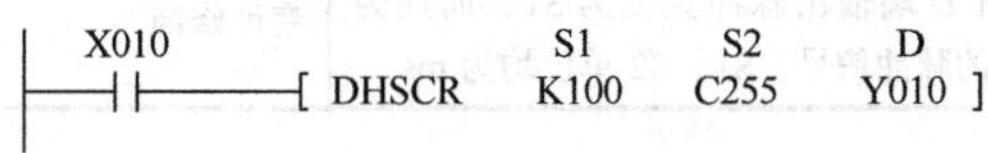

图 6-34 高速计数器比较复位指令的使用

6.6.4 脉冲输出指令

1. 指令格式

脉冲输出指令格式如下：

指令名称与功能号	指令符号	指令形式与功能说明	操作数	
			S1、S2（均为 16/32 位）	D（位型）
脉冲输出（FNC57）	(D) PLSY	─┤├─[PLSY │ S1 │ S2 │ D] 让 D 端输出频率为 S1、占空比为 50% 的脉冲信号，脉冲个数由 S2 指定	K、H、KnX、KnY、KnM、KnS、T、C、D、R、V、Z、变址修饰	Y0 或 Y1（晶体管输出型基本单元）

2. 使用说明

脉冲输出指令的使用如图 6-35 所示。当常开触点 X010 闭合时，PLSY 指令执行，让 Y000 端子输出占空比为 50% 的 1000Hz 脉冲信号，产生脉冲个数由 D0 指定。

```
   X010                        S1      S2     D
 ──┤├──────[ PLSY          K1000     D0    Y000 ]
```

图 6-35 脉冲输出指令的使用

脉冲输出指令使用要点如下：

1）[S1] 为输出脉冲的频率，对于 FX2N 系列 PLC，频率范围为 10 ～ 20kHz；[S2] 为要求输出脉冲的个数，对于 16 位操作元件，可指定的个数为 1 ～ 32767，对于 32 位操作元件，可指定的个数为 1 ～ 2147483647，如指定个数为 0，则持续输出脉冲；[D] 为脉冲输出端子，要求为输出端子为晶体管输出型，只能选择 Y000 或 Y001。

2）脉冲输出结束后，完成标记继电器 M8029 置 1，输出脉冲总数保存在 D8037（高位）和 D8036（低位）。

3）若选择产生连续脉冲，则在 X010 断开后 Y000 停止脉冲输出，X010 再闭合时重新开始。

4）[S1] 中的内容在该指令执行过程中可以改变，[S2] 在指令执行时不能改变。

6.6.5 脉冲调制指令

1. 指令格式

脉冲调制指令格式如下：

指令名称与功能号	指令符号	指令形式与功能说明	操作数	
			S1、S2（均为 16 位）	D（位型）
脉冲调制（FNC58）	PWM	─┤├─[PWM S1 S2 D]─┤ 让 D 端输出脉冲宽度为 S1、周期为 S2 的脉冲信号，S1、S2 单位均为 ms	K、H、KnX、KnY、KnM、KnS、T、C、D、R、V、Z、变址修饰	Y0 或 Y1（晶体管输出型基本单元）

2. 使用说明

脉冲调制指令的使用如图 6-36 所示。当常开触点 X010 闭合时，PWM 指令执行，让 Y000 端子输出脉冲宽度为 D10、周期为 50ms 的脉冲信号。

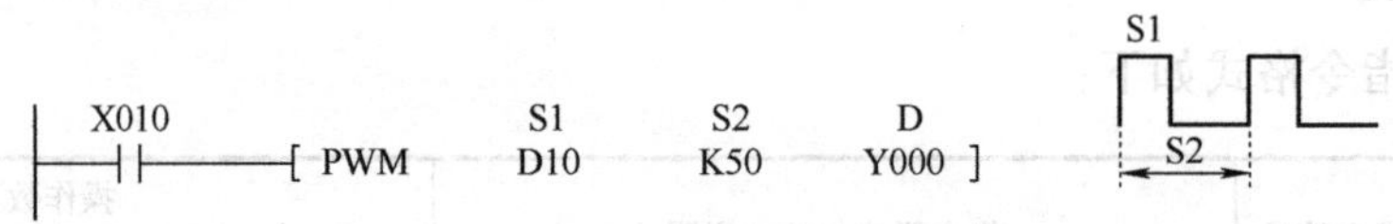

图 6-36　脉冲调制指令的使用

脉冲调制指令使用要点如下：

1）[S1] 为输出脉冲的宽度 t，t=0 ～ 32767ms；[S2] 为输出脉冲的周期 T，T=1 ～ 32767ms，要求 [S2]>[S1]，否则会出错；[D] 为脉冲输出端子，只能选择 Y000 或 Y001。

2）当 X010 断开后，Y000 端子停止脉冲输出。

6.7　外部 I/O 设备类指令

6.7.1　数字键输入指令

1. 指令格式

数字键输入指令格式如下：

指令名称与功能号	指令符号	指令形式与功能说明	操作数		
			S（位型）	D1（16/32 位）	D2（位型）
数字键输入（FNC70）	(D) TKY	─┤├─[TKY S D1 D2] 将 S 为起始的 10 个连号元件的值送入 D1，同时将 D2 为起始的 10 个连号元件中相应元件置位（也称置 ON 或置 1）	X、Y、M、S、D□.b、变址修饰（10 个连号元件）	KnY、KnM、KnS、T、C、D、R、V、Z、变址修饰	Y、M、S、D□.b、变址修饰（11 个连号元件）

2. 使用说明

数字键输入（TKY）指令的使用如图 6-37 所示。当 X030 触点闭合时，TKY 指令执行，将 X000 为起始的 X000 ～ X011 十个端子输入的数据送入 D0 中，同时将 M10 为起始的 M10 ～ M19 中相应的位元件置位。

使用 TKY 指令时，可在 PLC 的 X000 ～ X011 十个端子外接代表 0 ～ 9 的十个按键，如图 6-37b 所示，当常开触点 X030 闭合时，TKY 指令执行，如果依次操作 X002、X001、X003、X000，就在 D0 中输入数据 2130，同时与按键对应的位元件 M12、M11、M13、M10 也依次被置 ON，如图 6-37c 所示，当某一按键松开后，相应的位元件还会维持 ON，直到下一个按键被按下才变为 OFF。该指令还会自动用到 M20，当依次操作按键时，M20 会依次被置 ON，ON 的保持时间与按键的按下时间相同。

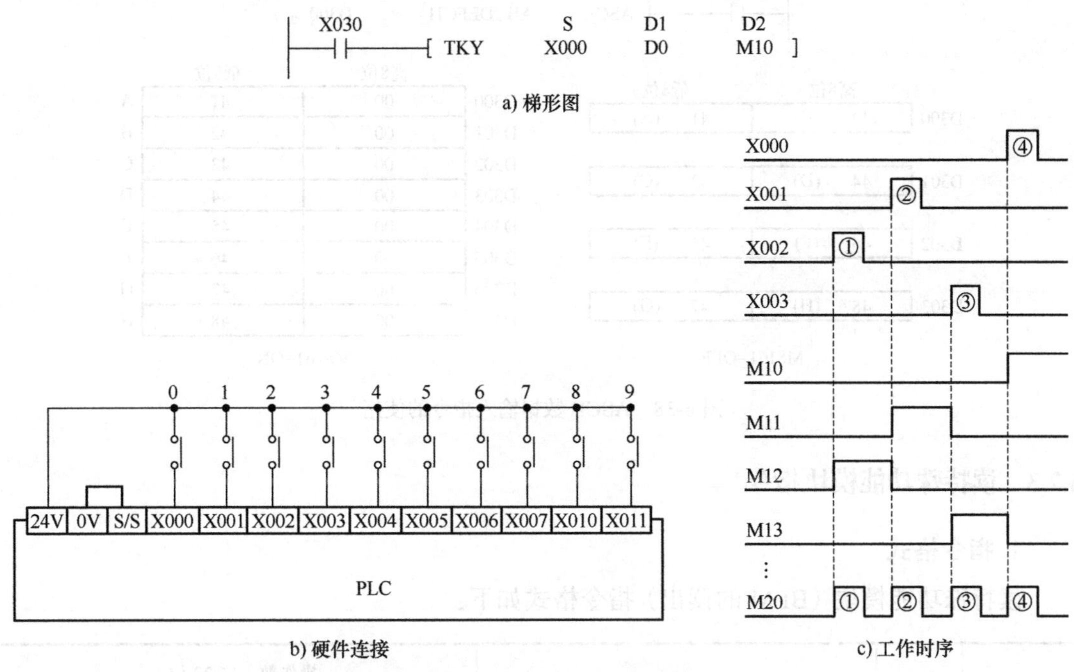

图 6-37　数字键输入指令使用

数字键输入指令的使用要点如下：

1）若多个按键都按下，先按下的键有效。

2）当常开触点 X030 断开时，M10 ～ M20 都变为 OFF，但 D0 中的数据不变。

3）在 16 位操作时，输入数据范围是 0 ～ 9999，当输入数据超过 4 位，最高位数（千位数）会溢出，低位补入；在做 32 位操作时，输入数据范围是 0 ～ 99999999。

6.7.2　ASCII 数据输入指令

1. 指令格式

ASCII 数据输入（ASCII 码转换）指令格式如下：

指令名称与功能号	指令符号	指令形式与功能说明	操作数	
			S（字符串型）	D（16 位）
ASCII 数据输入（FNC76）	ASC	ASC S D 将 S 字符转换成 ASCII 码，存入 D	不超过八个字母或数字	T、C、D、R、变址修饰

2. 使用说明

ASCII 数据输入（ASC）指令的使用如图 6-38 所示。当常开触点 X000 闭合时，ASC 指令执行，将 ABCDEFGH 这八个字母转换成 ASCII 码并存入 D300 ～ D303 中。如果将 M8161 置 ON 后再执行 ASC 指令，则 ASCII 码只存入 [D] 低 8 位（要占用 D300 ～ D307）。

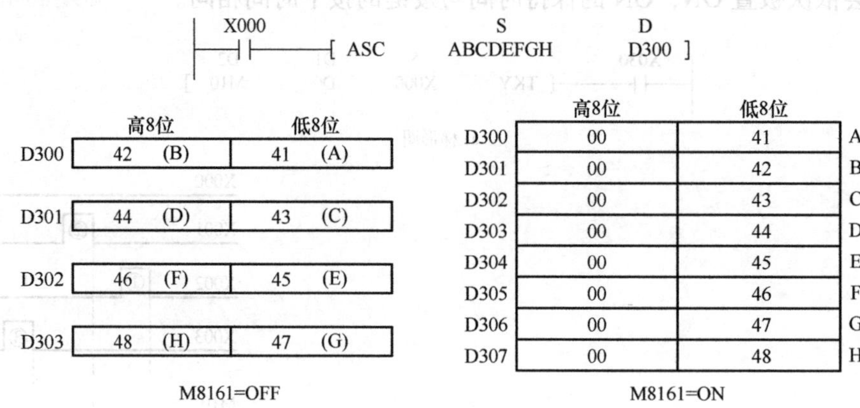

图 6-38　ASCII 数据输入指令的使用

6.7.3　读特殊功能模块指令

1. 指令格式

读特殊功能模块（BFM 的读出）指令格式如下：

指令名称与功能号	指令符号	指令形式与功能说明	操作数（16/32 位）			
			m1	m2	D	n
读特殊功能模块（FNC78）	(D) FROM (P)	[FROM m1 m2 D n] 将单元号为 m1 的特殊功能模块的 m2 号 BMF（缓冲存储器）的 n 点（1 点为 16 位）数据读出给 D	K、H、D、R m1=0 ～ 7	K、H、D、R	KnY、KnM、KnS、T、C、D、R、V、Z、变址修饰	K、H、D、R

2. 使用说明

读特殊功能模块（FROM）指令的使用如图 6-39 所示。当常开触点 X000 闭合时，FROM 指令执行，将单元号为 1 的特殊功能模块中的 29 号缓冲存储器（BFM）中的一点数据读入 K4M0（M0 ～ M16）。

X000		m1	m2	D	n
─┤├─	[FROM	K1	K29	K4M0	K1]
		单元号	BFM#传送源	传送地点	传送点数

图 6-39　FROM 指令的使用

6.7.4　写特殊功能模块指令

1. 指令格式

写特殊功能模块（BFM 的写入）指令格式如下：

指令名称与功能号	指令符号	指令形式与功能说明	操作数（16/32 位）			
			m1	m2	D	n
写特殊功能模块（FNC79）	(D) TO (P)	[TO | m1 | m2 | S | n] 将 S 的 n 点（1 点为 16 位）数据写入单元号为 m1 的特殊功能模块的 m2 号 BMF	K、H、D、R m1=0 ～ 7	K、H、D、R	KnY、KnM、KnS、T、C、D、R、V、Z、变址修饰	K、H、D、R

2. 使用说明

写特殊功能模块（TO）指令的使用如图 6-40 所示。当常开触点 X000 闭合时，TO 指令执行，将 D0 中的一点数据写入单元号为 1 的特殊功能模块中的 12 号缓冲存储器（BFM）中。

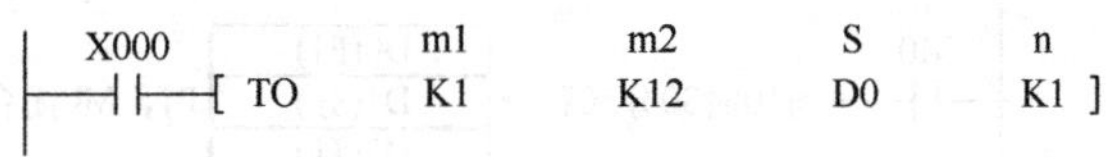

图 6-40　TO 指令的使用

6.8　时钟运算指令

6.8.1　时钟数据比较指令

1. 指令格式

时钟数据比较（TCMP）指令格式如下：

指令名称与功能号	指令符号	指令形式与功能说明	操作数		
			S1、S2、S3（均为 16 位）	S（16 位）	D（位型）
时钟数据比较（FNC160）	TCMP (P)	[TCMP | S1 | S2 | S3 | S | D] 将 S1（时值）、S2（分值）、S3（秒值）与 S、S+1、S+2 值比较，>、=、< 时分别将 D、D+1、D+2 置位（置 1）	K、H、KnX、KnY、KnM、KnS、T、C、D、R、V、Z、变址修饰	T、C、D、R、变址修饰（占用三点）	Y、M、S、D□.b、变址修饰（占用三点）

2. 使用说明

时钟数据比较指令的使用如图 6-41 所示。S1 为指定基准时间的小时值（0 ～ 23），S2 为指定基准时间的分钟值（0 ～ 59），S3 为指定基准时间的秒钟值（0 ～ 59），S 指定待比较的时间值，其中 S、S+1、S+2 分别为待比较的小时、分、秒值，[D] 为比较输出元件，其中 D、D+1、D+2 分别为 >、=、< 时的输出元件。

当常开触点 X000 闭合时，TCMP 指令执行，将时间值“10 时 30 分 50 秒”与 D0、D1、D2 中存储的小时、分、秒值进行比较，根据比较结果驱动 M0 ～ M2，具体如下：

若“10 时 30 分 50 秒”大于“D0、D1、D2 存储的小时、分、秒值”，则 M0 被驱动，M0 常开触点闭合。

若“10 时 30 分 50 秒”等于“ D0、D1、D2 存储的小时、分、秒值”，则 M1 驱动，M1 开触点闭合。

若“10 时 30 分 50 秒”小于“ D0、D1、D2 存储的小时、分、秒值”，则 M2 驱动，M2 开触点闭合。

当常开触点 X000=OFF 时，TCMP 指令停止执行，但 M0 ～ M2 仍保持 X000 为 OFF 前时的状态。

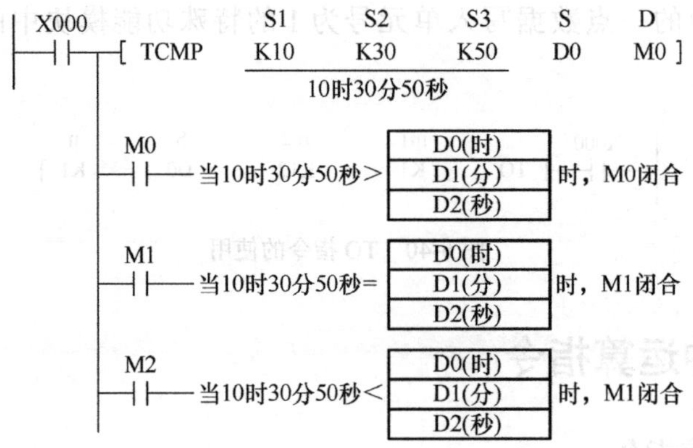

图 6-41　TCMP 指令的使用

6.8.2　时钟数据区间比较指令

1. 指令格式

时钟数据区间比较（TZCP）指令格式如下：

指令名称与功能号	指令符号	指令形式与功能说明	操作数	
			S1、S2、S（均为 16 位）	D（位型）
时钟数据区间比较（FNC161）	TZCP（P）	[TZCP S1 S2 S D] 将 S1、S2 时间值与 S 时间值比较，S<S1 时将 D 置位，S1≤S≤S2 时将 D+1 置位，S>S2 时将 D+2 置位，	T、C、D、R、变址修饰（S1≤S2）（S1、S2、S 均占用三点）	Y、M、S、D□.b、变址修饰（占用三点）

2. 使用说明

时钟数据区间比较指令的使用如图 6-42 所示。S1 指定第一基准时间值（小时、分、秒值），S2 指定第二基准时间值（小时、分、秒值），S 指定待比较的时间值，D 为比较输出元件，S1、S2、S、D 都需占用三个连号元件。

当常开触点 X000 闭合时，TZCP 指令执行，将“D20、D21、D22”“D30、D31、D32”中的时间值与“D0、D1、D2”中的时间值进行比较，根据比较结果驱动 M3～M5，具体如下：

若“D0、D1、D2”中的时间值小于“D20、D21、D22”中的时间值，则 M3 被驱动，M3 常开触点闭合。

若“D0、D1、D2”中的时间值处于“D20、D21、D22”和“D30、D31、D32”时间值之间，则 M4 被驱动，M4 开触点闭合。

若“D0、D1、D2”中的时间值大于“D30、D31、D32”中的时间值，则 M5 被驱动，M5 常开触点闭合。

当常开触点 X000=OFF 时，TZCP 指令停止执行，但 M3 ～ M5 仍保持 X000 为 OFF 前的状态。

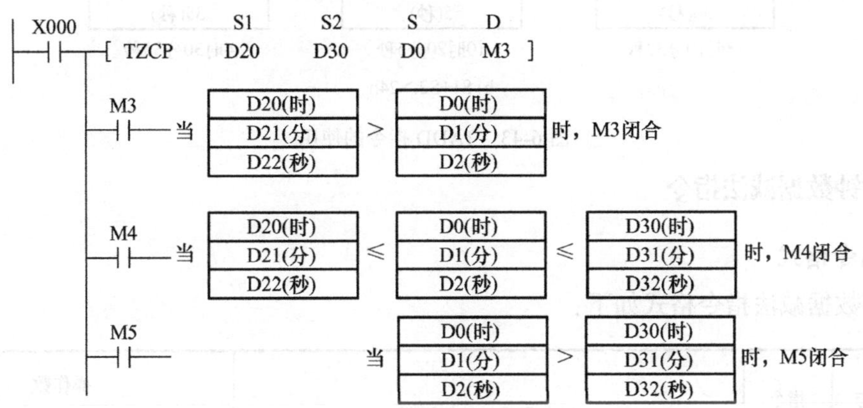

图 6-42　TZCP 指令的使用

6.8.3　时钟数据加法指令

1. 指令格式

时钟数据加法指令格式如下：

指令名称与功能号	指令符号	指令形式与功能说明	操作数
			S1、S2、D（均为 16 位）
时钟数据加法（FNC162）	TADD（P）	─┤├─[TADD S1 S2 D] 将 S1 时间值与 S2 时间值相加，结果存入 D	T、C、D、R、变址修饰（S1、S2、D 均占用 3 点）

2. 使用说明

时钟数据加法（TADD）指令的使用如图 6-43 所示。S1 指定第一时间值（小时、分、秒），S2 指定第二时间值（小时、分、秒），D 保存 [S1]+[S2] 的和值，S1、S2、D 都需占用三个连号元件。

当常开触点 X000 闭合时，TADD 指令执行，将“D10、D11、D12”中的时间值与“D20、D21、D22”中的时间值相加，结果保存在“D30、D31、D32”中。

如果运算结果超过 24h，则进位标志会置 ON，将加法结果减去 24 小时再保存在 D 中，如图 6-43b 所示。如果运算结果为 0，则零标志会置 ON。

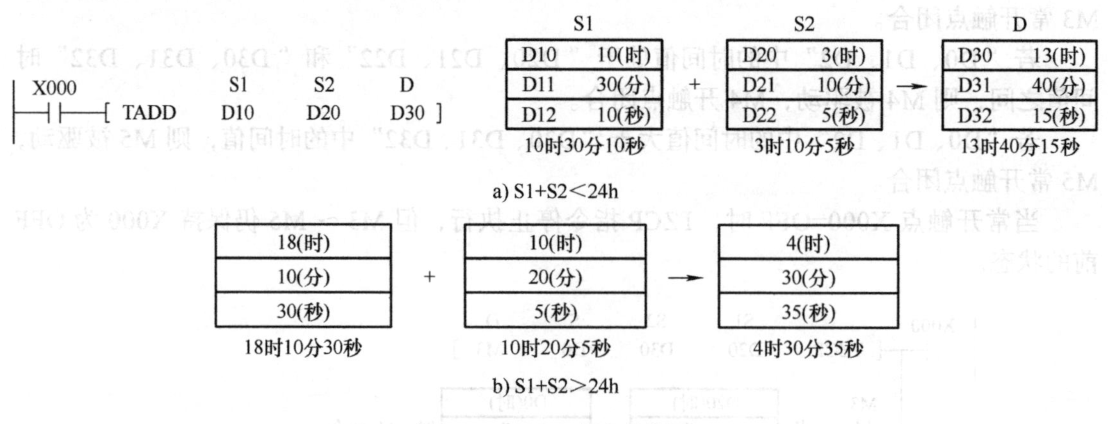

图 6-43　TADD 指令的使用

6.8.4　时钟数据减法指令

1. 指令格式

时钟数据减法指令格式如下：

指令名称与功能号	指令符号	指令形式与功能说明	操作数
			S1、S2、D（均为 16 位）
时钟数据减法（FNC163）	TSUB（P）	TSUB S1 S2 D 将 S1 时间值与 S2 时间值相减，结果存入 D	T、C、D、R、变址修饰（S1、S2、D 均占用三点）

2. 使用说明

时钟数据减法（TSUB）指令的使用如图 6-44 所示。S1 指定第一时间值（小时、分、秒），S2 指定第二时间值（小时、分、秒），D 保存 S1−S2 的差值，S1、S2、D 都需占用三个连号元件。

当常开触点 X000 闭合时，TSUB 指令执行，将“D10、D11、D12”中的时间值与“D20、D21、D22”中的时间值相减，结果保存在“D30、D31、D32”中。

如果运算结果小于 0h，则借位标志会置 ON，将减法结果加 24 小时再保存在 D 中，如图 6-44b 所示。

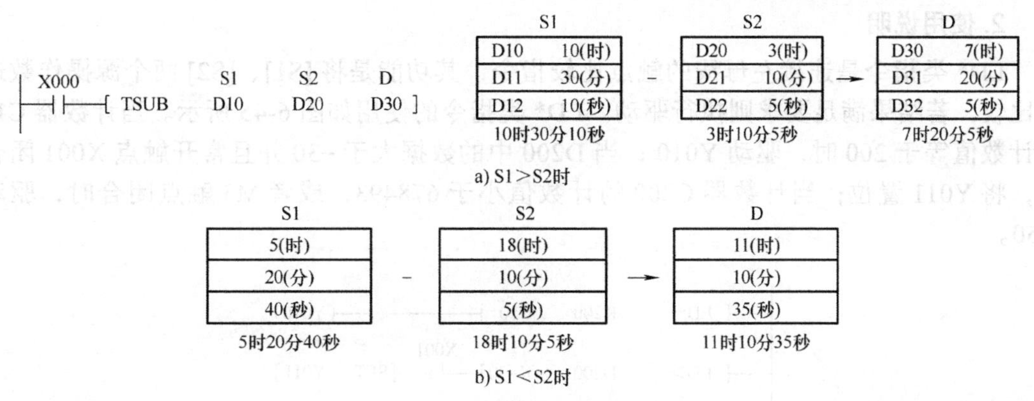

图 6-44　TSUB 指令的使用

6.9 触点比较类指令

触点比较类指令有 18 条，分为三类，即 LD* 类指令、AND* 类指令和 OR* 类指令。触点比较类各指令的功能号、符号、形式、名称和支持的 PLC 系列如下：

6.9.1　触点比较 LD* 类指令

1. 指令格式

触点比较 LD* 类指令格式如下：

指令符号（LD* 类指令）	功能号	指令形式	指令功能	操作数 S1、S2（均为 16/32 位）
LD（D）=	FNC224	LD= S1 S2	S1=S2 时，触点闭合，即指令输出 ON	K、H、KnX、KnY、KnM、KnS、T、C、D、R、V、Z、变址修饰
LD（D）>	FNC225	LD> S1 S2	S1>S2 时，触点闭合，即指令输出 ON	
LD（D）<	FNC226	LD< S1 S2	S1<S2 时，触点闭合，即指令输出 ON	
LD（D）<>	FNC228	LD<> S1 S2	S1 ≠ S2 时，触点闭合，即指令输出 ON	
LD（D）≤	FNC229	LD<= S1 S2	S1≤S2 时，触点闭合，即指令输出 ON	
LD（D）≥	FNC230	LD>= S1 S2	S1≥S2 时，触点闭合，即指令输出 ON	

2. 使用说明

LD* 类指令是连接左母线的触点比较指令，其功能是将 [S1]、[S2] 两个源操作数进行比较，若结果满足要求则执行驱动。LD* 类指令的使用如图 6-45 所示。当计数器 C10 的计数值等于 200 时，驱动 Y010；当 D200 中的数据大于 –30 并且常开触点 X001 闭合时，将 Y011 置位；当计数器 C200 的计数值小于 678493，或者 M3 触点闭合时，驱动 M50。

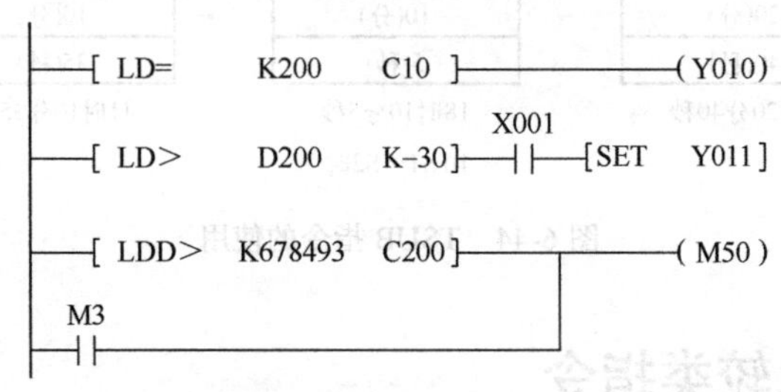

图 6-45 LD* 类指令的使用

6.9.2 触点比较 AND* 类指令

1. 指令格式

触点比较 AND* 类指令格式如下：

指令符号（AND* 类指令）	功能号	指令形式	指令功能	操作数
				S1、S2（均为 16/32 位）
AND（D）=	FNC232	AND= S1 S2	S1=S2 时，触点闭合，即指令输出 ON	K、H、KnX、KnY、KnM、KnS、T、C、D、R、V、Z、变址修饰
AND（D）>	FNC233	AND> S1 S2	S1>S2 时，触点闭合，即指令输出 ON	
AND（D）<	FNC234	AND< S1 S2	S1<S2 时，触点闭合，即指令输出 ON	
AND（D）<>	FNC236	AND<> S1 S2	S1 ≠ S2 时，触点闭合，即指令输出 ON	
AND（D）≤	FNC237	AND<= S1 S2	S1≤S2 时，触点闭合，即指令输出 ON	
AND（D）≥	FNC238	AND>= S1 S2	S1≥S2 时，触点闭合，即指令输出 ON	

2. 使用说明

AND* 类指令是串联型触点比较指令，其功能是将 [S1]、[S2] 两个源操作数进行比较，若结果满足要求则执行驱动。AND* 类指令的使用如图 6-46 所示。当常开触点 X000 闭合且计数器 C10 的计数值等于 200 时，驱动 Y010；当常闭触点 X001 闭合且 D0 中的数据不等于 -10 时，将 Y011 置位；当常开触点 X002 闭合且 D10、D11 中的数据小于 678493，或者触点 M3 闭合时，驱动 M50。

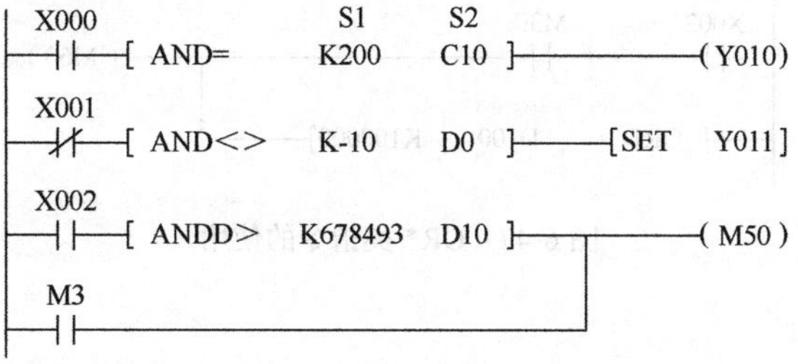

图 6-46 AND* 类指令的使用

6.9.3 触点比较 OR* 类指令

1. 指令格式

触点比较 OR* 类指令格式如下：

指令符号（OR* 类指令）	功能号	指令形式	指令功能	操作数
				S1、S2（均为 16/32 位）
OR（D）=	FNC240	AND= S1 S2	S1=S2 时，触点闭合，即指令输出 ON	K、H、KnX、KnY、KnM、KnS、T、C、D、R、V、Z、变址修饰
OR（D）>	FNC241	AND> S1 S2	S1>S2 时，触点闭合，即指令输出 ON	
OR（D）<	FNC242	AND< S1 S2	S1<S2 时，触点闭合，即指令输出 ON	
OR（D）<>	FNC244	AND<> S1 S2	S1 ≠ S2 时，触点闭合，即指令输出 ON	
OR（D）≤	FNC245	AND<= S1 S2	S1≤S2 时，触点闭合，即指令输出 ON	
OR（D）≥	FNC246	AND>= S1 S2	S1≥S2 时，触点闭合，即指令输出 ON	

2. 使用说明

OR* 类指令是并联型触点比较指令，其功能是将 [S1]、[S2] 两个源操作数进行比较，若结果满足要求则执行驱动。OR* 类指令的使用如图 6-47 所示。当常开触点 X001 闭合，或者计数器 C10 的计数值等于 200 时，驱动 Y000；当常开触点 X002、M30 均闭合，或者 D100 中的数据大于或等于 100000 时，驱动 M60。

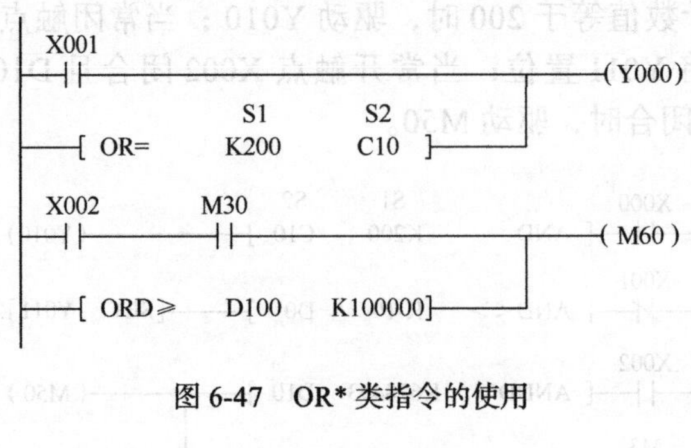

图 6-47　OR* 类指令的使用

第 7 章

PLC 的扩展与模拟量模块的使用

7.1 扩展设备的编号分配

在使用 PLC 时，基本单元能满足大多数控制要求，如果需要增强 PLC 的控制功能，则可以在基本单元基础上进行扩展，比如在基本单元上安装功能扩展板，在基本单元右边连接安装扩展单元（自身带电源电路）、扩展模块和特殊模块，或在基本单元左边连接安装特殊适配器，如图 7-1 所示。

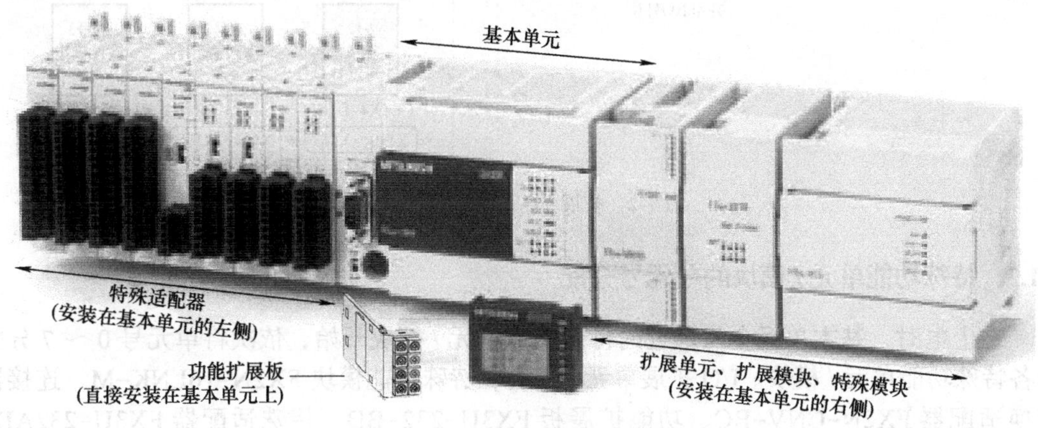

图 7-1　PLC 的基本单元与扩展系统

7.1.1　扩展输入 / 输出的编号分配

如果基本单元的输入 / 输出（I/O）端子不够用，则可以安装输入 / 输出型扩展单元（模块），以增加 PLC 输入 / 输出端子的数量。扩展输入 / 输出的编号分配举例如图 7-2 所示。

扩展 I/O 的编号分配要点如下：

1）I/O 端子都是按八进制分配编号的，端子编号中的数字只有 0 ～ 7，没有 8、9。

2）基本单元右边第一个 I/O 扩展单元的 I/O 编号顺接基本单元的 I/O 编号，之后的 I/O 单元则顺接前面的单元编号。

3）一个 I/O 扩展单元至少要占用八个端子编号，无实际端子对应的编号也不能被其他 I/O 单元使用。图 7-2 中的 FX2N-8ER 有四个输入端子（分配的编号为 X050 ～ X053）和四个输出端子（分配的编号 Y040 ～ Y043），编号 X054 ～ X057 和 Y044 ～ Y057 无实际的端子对应，但仍被该模块占用。

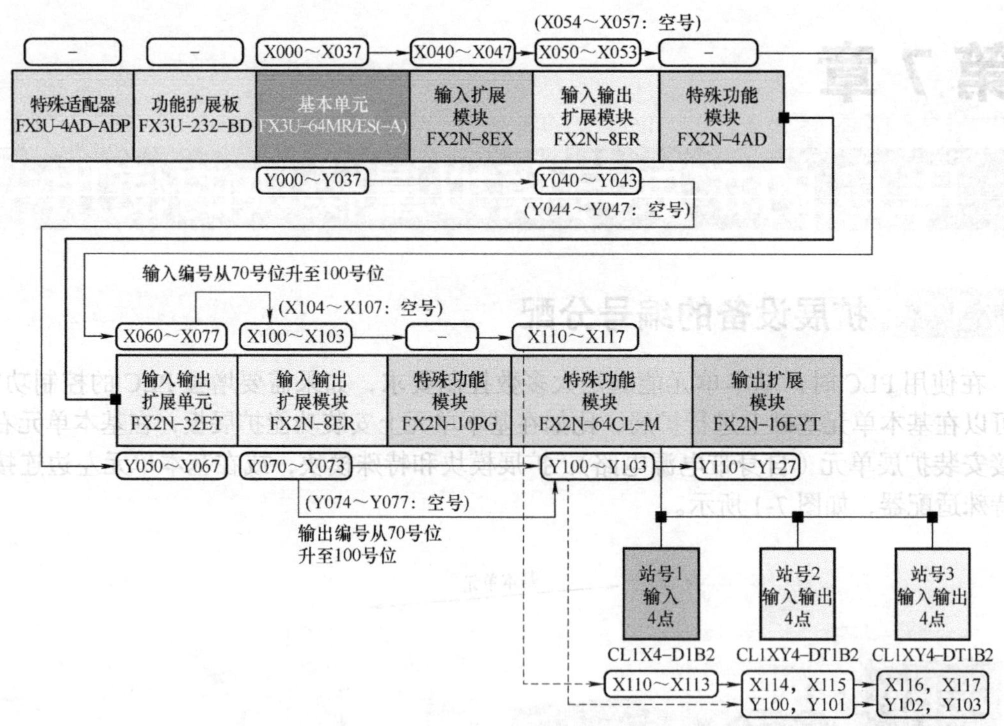

图 7-2　扩展 I/O 的编号分配举例

7.1.2　特殊功能单元 / 模块的单元号分配

在上电时，基本单元会从最近的特殊功能单元 / 模块开始，依次将单元号 0 ～ 7 分配给各特殊功能单元 / 模块。I/O 扩展单元 / 模块、特殊功能模块 FX2N-16LNK-M、连接器转换适配器 FX2N-CNV-BC、功能扩展板 FX3U-232-BD、特殊适配器 FX3U-232ADP 和扩展电源单元 FX3U-1PSU-5V 等不分配单元号。

特殊功能单元 / 模块的单元号分配举例如图 7-3 所示。FX2N-1RM（角度控制）单元在一个系统的最末端最多可以连续连接三台，其单元号都相同（即第一台的单元号）。

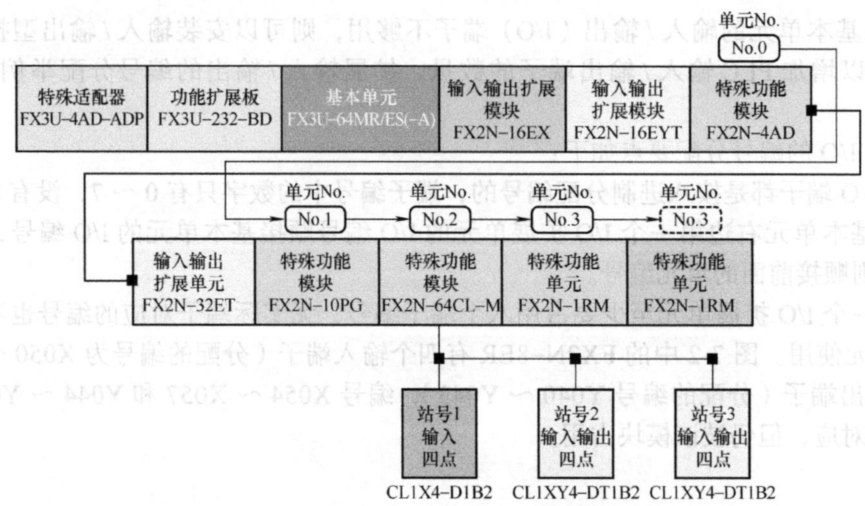

图 7-3　特殊功能单元 / 模块的单元号分配举例

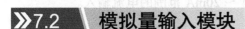

7.2　模拟量输入模块

模拟量输入模块（FX3U-4AD）简称 AD 模块，其功能是将外界输入的模拟量（电压或电流）转换成数字量并存在内部特定的 BFM（缓冲存储区）中，PLC 可使用 FROM 指令从 AD 模块中读取这些 BFM 中的数字量。三菱 FX 系列 AD 模块型号很多，常用的有 FX0N-3A、FX2N-2AD、FX2N-4AD、FX2N-8AD、FX3U-4AD、FX3U-4AD-ADP、FX3G-2AD-BD 等，本节以 FX3U-4AD 模块为例来介绍模拟量输入模块。

7.2.1　外形与规格

FX3U-4AD 是四通道模拟量输入模块，每个通道都可接受电压输入（DC-10 ～ +10V）或电流输入（DC-20 ～ +20mA 或 DC4 ～ 20mA），接受何种输入由设置来决定。FX3U-4AD 可连接 FX3GA/FX3G/FX3GE/FX3U 系列 PLC。若要连接 FX3GC 或 FX3UC，则需要 FX2NC-CNV-IF 或 FX3UC-1PS-5V 进行转接。

模拟量输入模块 FX3U-4AD 的外形与规格如图 7-4 所示。

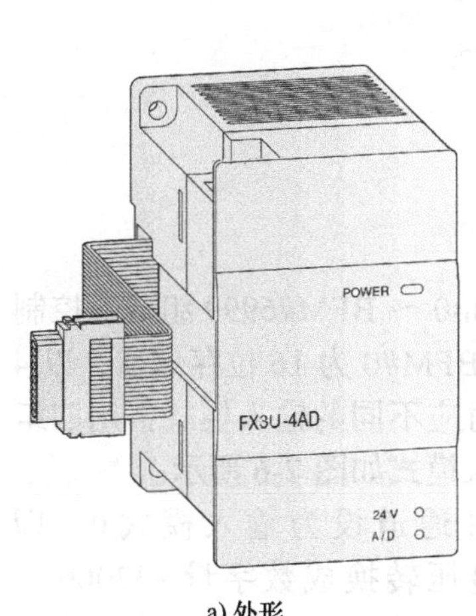

a) 外形

项目	规格	
	电压输入	电流输入
模拟量输入范围	DC-10～+10V (输入电阻200kΩ)	DC-20～+20mA、DC4～20mA (输入电阻250Ω)
偏置值	-10～+9V	-20～+17mA
增益值	-9～+10V	-17～+30mA
最大绝对输入值	±15V	±30mA
数字量输出	带符号16位 二进制	带符号15位 二进制
分辨率	0.32mV(20V×1/64000) 2.5mV(20V×1/8000)	1.25μA(40mA×1/32000) 5.00μA(40mA×1/8000)
综合精度	• 环境温度25±5℃ 针对满量程20V±0.3% (±60mV) • 环境温度0～55℃ 针对满量程20V±0.5% (±100mV)	• 环境温度25±5℃ 针对满量程40mA±0.5%(±200μA) 4～20mA输入时也相同(±200μA) • 环境温度0～55℃ 针对满量程40mA±1%(±400μA) 4～20mA输入时也相同(±400μA)
A-D转换时间	500μs×使用通道数 (在一个通道以上使用数字滤波器时，5ms×使用通道数)	
输入、输出占用点数	8点(在输入、输出点数中的任意一侧计算点数)	

b) 规格

图 7-4　模拟量输入模块 FX3U-4AD 的外形与规格

7.2.2　接线端子与接线

FX3U-4AD 模块有 CH1 ～ CH4 四个模拟量输入通道，可以同时将四路模拟量信号转换成数字量，存入模块内部特定的 BFM（缓冲存储区）中，PLC 可使用 FROM 指令读取这些 BFM 中的数字量。FX3U-4AD 模块有一条扩展电缆和 18 个接线端子，扩展电缆用于连接 PLC 基本单元或上一个模块，FX3U-4AD 模块的接线端子与接线如图 7-5 所示，每个通道内部电路均相同。

FX3U-4AD 模块的每个通道均可设为电压型模拟量输入或电流型模拟量输入。当某通道设为电压型模拟量输入时，电压输入线接该通道的 V+、VI- 端子，可接受的电压输入范围为 -10 ～ 10V，为增强输入抗干扰性，可在 V+、VI- 端子之间接一个 0.1 ～ 0.47μF 的电容；当某通道设为电流型模拟量输入时，电流输入线接该通道的 I+、VI- 端子，同时将 I+、V+ 端子连接起来，可接受 -20 ～ 20mA 或 4 ～ 20mA 范围的电流输入。

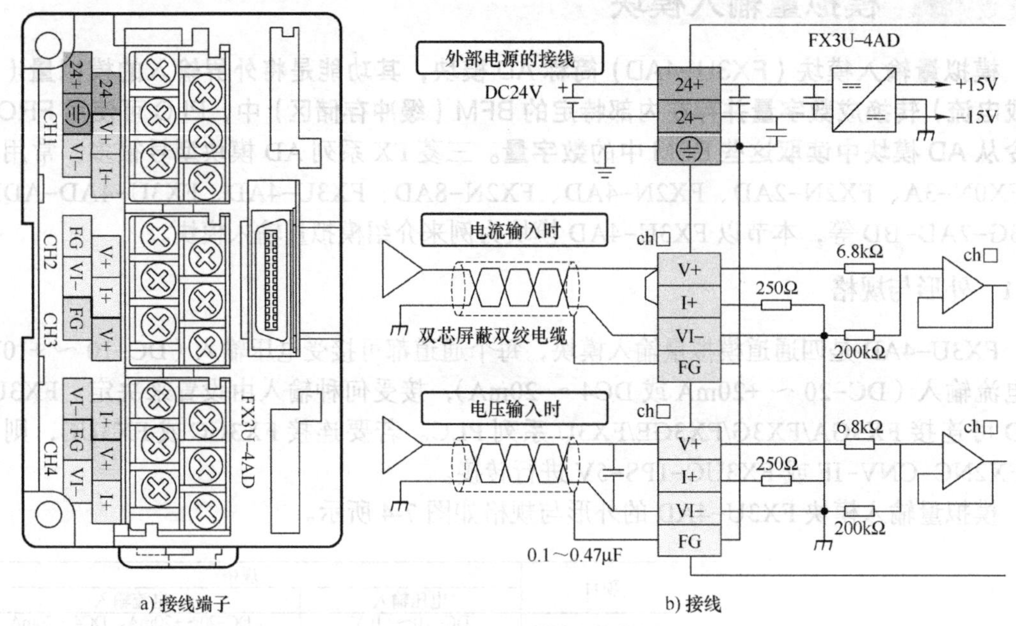

a) 接线端子　　b) 接线

图 7-5　FX3U-4AD 模块的接线端子与接线

7.2.3　电压 / 电流输入模式的设置

1. 输入模式设置 BFM#0

FX3U-4AD 模块是在内部 BFM（缓冲存储区，由 BFM#0 ～ BFM#6999 组成）控制下工作的，其中 BFM#0 用于决定 FX3U-4AD 的输入模式，BFM#0 为 16 位存储器，以 4 位为一组分成四组，每组的设定值为 0 ～ 8、F，不同的值对应不同的输入模式，用四组值分别来设定 CH1 ～ CH4 的输入模式，设定值与对应的输入模式如图 7-6 所示。

比如设置 BFM#0=H52F0，设置的功能为：①将 CH1 通道设为输入模式 0，即 -10 ～ +10V 电压型输入模式，该模式可将 -10 ～ +10V 电压转换成数字量 -32000 ～ +32000；②不使用 CH2 通道；③将 CH3 通道设为输入模式 2，即 -10 ～ +10V 电压直显型输入模式，该模式可将 -10 ～ +10V 电压对应转换成数字量 -10000 ～ +10000；④将 CH4 通道设为输入模式 5，即 4 ～ 20mA 电流直显型输入模式，该模式可将 4 ～ 20mA 电流对应转换成数字量 4000 ～ 20000。

2. 设置输入模式的程序

设置特殊功能模块的功能是通过向其内部相应的 BFM 写入设定值来实现的。所有的 FX 系列 PLC 都可以使用 TO（FROM）指令往 BFM 写入（读出）设定值，而 FX3U、FX3UC 还支持使用“U □\G □”格式指定方式读写 BFM。

（1）用 TO 指令设置输入模式　用 TO 指令设置输入模式如图 7-7 所示，当 M10 触点闭合时，TO 指令执行，向单元号为 1 的模块的 BFM#0 写入设定值 H3300，如果 1 号模块为 FX3U-4AD，则指令执行结果将 CH1、CH2 通道设为输入模式 0（-10 ～ +10V 电压输入，对应输出数字量为 -32000 ～ +32000），将 CH3、CH4 通道设为输入模式 3（4 ～ 20mA 电流输入，对应输出数字量为 0 ～ 16000）。

BFM#0的值：

H○○○○

通道4　通道3　通道2　通道1

设定值	输入模式	模拟量输入范围	数字量输出范围
0	电压输入模式	−10～+10V	−32000～+32000
1	电压输入模式	−10～+10V	−4000～+4000
2	电压输入(偏置、增益不能调整)模拟量值直接显示模式	−10～+10V	−10000～+10000
3	电流输入模式	4～20mA	0～16000
4	电流输入模式	4～20mA	0～4000
5	电流输入(偏置、增益不能调整)模拟量值直接显示模式	4～20mA	4000～20000
6	电流输入模式	−20～+20mA	−16000～+16000
7	电流输入模式	−20～+20mA	−4000～+4000
8	电流输入(偏置、增益不能调整)模拟量值直接显示模式	−20～+20mA	−20000～+20000
F	通道不使用		

图 7-6　BFM#0 的设定值与对应的输入模式

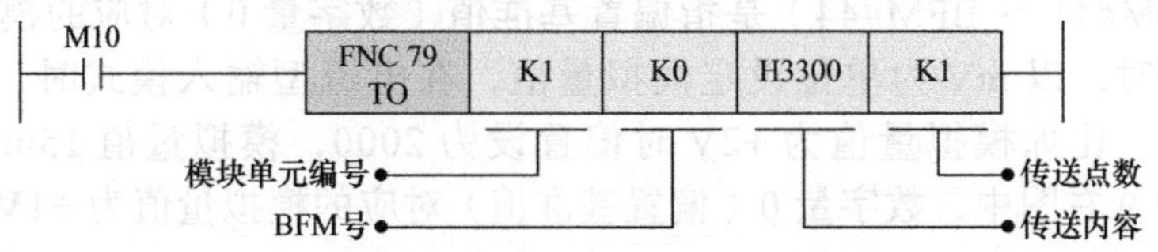

图 7-7　用 TO 指令写 BFM 设定输入模式

（2）用“U□\G□”格式指定模块单元号和 BFM 号设置输入模式　FX3U、FX3UC 系列 PLC 支持用“U□\G□”格式指定单元号、BFM 号读写 BFM，“U□”指定模块的单元号，“G□”指定模块的 BFM 号。用“U□\G□”格式指定模块单元号和 BFM 号设置输入模式，如图 7-8 所示，当 M10 触点闭合时，MOV 指令执行，将设定值 H3300 写入单元号为 1 的模块的 BFM#0。

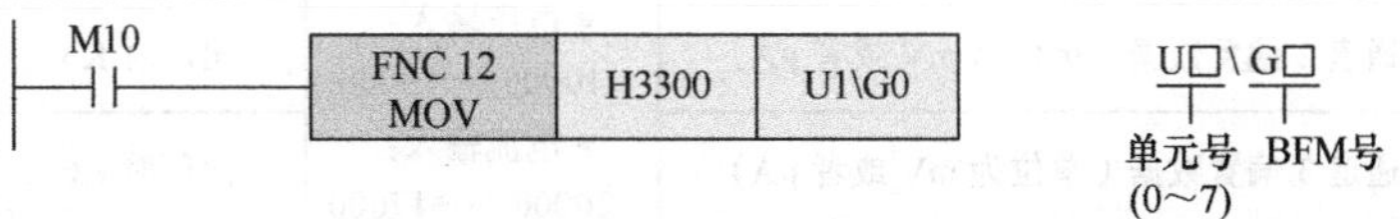

图 7-8　用“U□\G□”格式指定模块单元号和 BFM 号设置输入模式

7.2.4　设置偏置和增益改变输入特性

FX3U-4AD 模块有 0 ～ 8 共九种输入模式，如果这些模式仍无法满足模拟量转换要求，则可以通过设置偏置和增益来解决（模式 2、5、8 不能调整偏置和增益）。

在图 7-9 中，左图为输入模式 0 默认的输入特性，该模式可将模拟量 −10 ～ +10V 电压转换成数字量 −32000 ～ +32000，右图为希望实现的输入特性，即将模拟量 +1 ～ +5V 电压转换成数字量 0 ～ +32000，该特性直线有两个关键点，其中数字量 0（偏置基准值）对应的 +1V 为偏置，增益基准值（输入模式 0 时为数字量 +16000）对应的电压 +3V 为增益，偏置和增益不同，从而可以确定不同的特性直线。

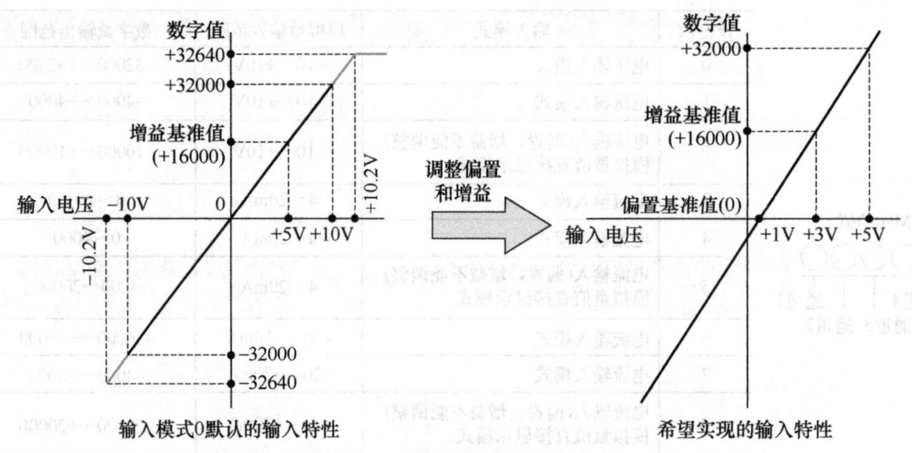

图 7-9　偏置和增益设置举例

1. 偏置

偏置（BFM#41 ～ BFM#44）是指偏置基准值（数字量 0）对应的模拟量值。在电压型输入模式时，以 mV 为单位设定模拟量值，在电流型输入模式时，以 μA 为单位设定模拟量值，比如模拟量值为 +2V 时偏置设为 2000，模拟量值 15mA 时偏置设为 15000。在图 7-9 右图中，数字量 0（偏置基准值）对应的模拟量值为 +1V，偏置应设为 1000。

FX3U-4AD 模块的 BFM#41 ～ BFM#44 分别用来存放 CH1 ～ CH4 通道的偏置值，具体见表 7-1。

表 7-1　设置偏置的 BFM（BFM#41 ～ BFM#44）

BFM 编号	功能	设定范围	初始值	数据的处理
#41	通道 1 偏置数据（单位为 mV 或者 μA）	● 电压输入：-10000 ～ +9000 ● 电流输入：-20000 ～ +17000	出厂时 K0	十进制
#42	通道 2 偏置数据（单位为 mV 或者 μA）		出厂时 K0	十进制
#43	通道 3 偏置数据（单位为 mV 或者 μA）		出厂时 K0	十进制
#44	通道 4 偏置数据（单位为 mV 或者 μA）		出厂时 K0	十进制

2. 增益

增益（BFM#51 ～ BFM#54）是指增益基准值对应的模拟量值。对于电压型输入模式，增益基准值为该模式最大数字量的一半，如模式 0 的增益基准值为 16000，模式 1 为 2000；对于电流型输入模式，增益基准值为该模式最大数字量，如模式 3 的增益基准值为 16000，模式 4 为 2000。增益设定值以 mV（电压型输入模式）或 μA（电流型输入模式）为单位。在图 7-9 右图中，增益基准值 +16000（最大数字量 32000 的一半）对应的模拟量值为 +3V，增益应设为 3000。

FX3U-4AD 模块的 BFM#51 ～ BFM#54 分别用来存放 CH1 ～ CH4 通道的增益值，具体见表 7-2。

表 7-2 设置增益的 BFM（BFM#51 ～ BFM#54）

BFM 编号	功能	设定范围	初始值	数据的处理
#51L	通道 1 增益数据（单位为 mV 或者 μA）	● 电压输入 -9000 ～ +10000 ● 电流输入 -17000 ～ +30000	出厂时 K5000	十进制
#52L	通道 2 增益数据（单位为 mV 或者 μA）		出厂时 K5000	十进制
#53L	通道 3 增益数据（单位为 mV 或者 μA）		出厂时 K5000	十进制
#54L	通道 4 增益数据（单位为 mV 或者 μA）		出厂时 K5000	十进制

在设置偏置和增益值时，对于电压型输入模式，要求增益值 - 偏置值≥1000，对于电流型输入模式，要求 30000≥增益值 - 偏置值≥3000。

3. 偏置与增益写入允许

在将偏置值和增益值写入 BFM 时，需要将 BFM#21 相应位置 ON 才会使写入有效。BFM#21 有 16 位（b0 ～ b15），低 4 位分配给 CH1 ～ CH4，其功能见表 7-3，比如要将偏置值、增益值写入 CH1 通道的 BFM（BFM#41、BFM#51），需设 BFM#21 的 b0=1，即让 BFM#21=H0001，偏置增益写入结束后，BFM#21 所有位值均自动变为 0。

表 7-3 BFM#21 各位的功能

位编号	功能
b0	通道 1 偏置数据（BFM #41）、增益数据（BFM #51）的写入允许
b1	通道 2 偏置数据（BFM #42）、增益数据（BFM #52）的写入允许
b2	通道 3 偏置数据（BFM #43）、增益数据（BFM #53）的写入允许
b3	通道 4 偏置数据（BFM #44）、增益数据（BFM #54）的写入允许
b4 ～ bl5	不可以使用

4. 偏置与增益的设置程序

图 7-10 所示为偏置与增益的设置程序，其功能是先将 FX3U-4AD 模块的 CH1、CH2 通道输入模式设为 0（-10V ～ +10V），然后往 BFM#41、BFM#42 写入偏置值 1000（1V），向 BFM#51、BFM#52 写入增益值 3000（3V），从而将 CH1、CH2 通道的输入特性由 -10 ～ +10V 改成 1 ～ 5V。

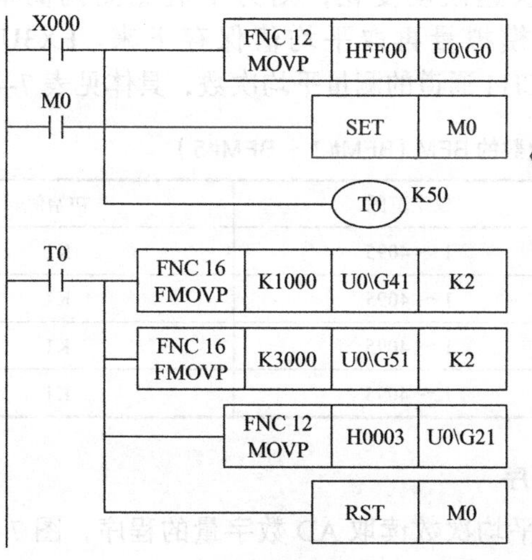

当X000触点闭合时，MOV指令将HFF00写入0号模块的BFM#0，CH1、CH2通道被设为输入模式0，CH3、CH4不使用，SET指令将继电器M0置1，M0触点闭合自锁，定时器T0开始5s计时。

5s后，T0触点闭合，第一个FMOV(多点传送)指令执行，将1000作为偏置值写入0号模块的BFM#41和BFM#42，第二个FMOV指令执行，将3000作为增益值写入0号模块的BFM#51和BFM#52，然后MOV指令执行，将H0003写入0号模块的BFM#21，BFM#21的b1、b0位均变为1，让CH1、CH2通道偏置、增益值写入有效，最后执行RST指令，将继电器M0复位，前面的M0常开触点断开，解除自锁。

图 7-10 FX3U-4AD 模块的偏置与增益设置程序

7.2.5 读取 AD 转换成的数字量

FX3U-4AD 模块将 CH1 ～ CH4 通道输入模拟量转换成数字量后，分别保存在 BFM#10 ～ BFM#13，可使用 FROM 指令或用“U□\G□”格式指定模块单元号和 BFM 号，将 AD 模块 BFM 中的数字量读入 PLC。

图 7-11 所示为两种读取 AD 模块数字量的程序。在图 7-11a 所示程序中，当 M10 触点闭合时，FROM 指令执行，将 1 号模块的 BFM#10 中的数字量读入 PLC 的 D10，这种采用 FROM 指令读取 BFM 的方式适合所有的 FX 系列 PLC。在图 7-11b 中，PLC 上电后 M8000 闭合，定时器 T0 开始 5s 计时，5s 后 T0 常开触点闭合，BMOV（成批传送）指令执行，将 1 号模块 BFM#10 ～ BFM#13 中的数字量分别读入 PLC 的 D0 ～ D3，采用“U□\G□”格式指定模块单元号和 BFM 号读取 BFM 内容的方式仅 FX3U/FX3UC 系列 PLC 可使用。

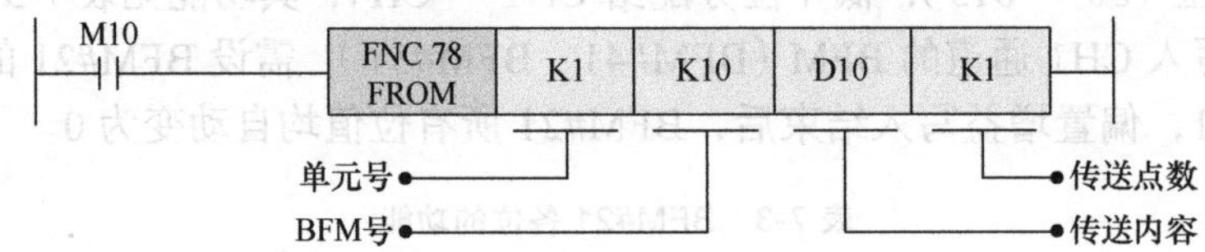

a) 用FROM指令读取AD模块数字量(所有FX系列PLC适用)

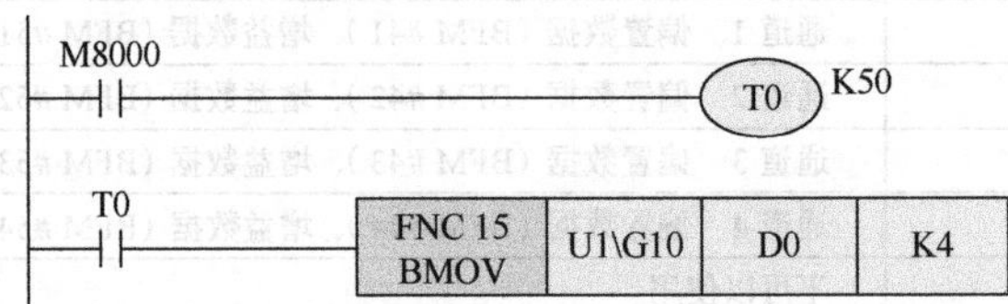

b) 用“U□\G□”格式指定模块单元号和BFM号读取数字量(仅FX3U/FX3UC系列PLC可用)

图 7-11 两种读取 AD 模块数字量的程序

7.2.6 测量平均次数的设置

1. 平均次数的设置（BFM#2 ～ BFM#5）

在测量模拟量时，若模拟量经常快速波动变化，则为了避免测到高值或低值而导致测量值偏差过大，可多次测量模拟量再取平均值保存下来。FX3U-4AD 的 BFM#2 ～ BFM#5 分别用于设置 CH1 ～ CH4 通道的测量平均次数，具体见表 7-4。

表 7-4 设置测量平均次数的 BFM（BFM#2 ～ BFM#5）

BFM 编号	功能	设定范围	初始值
#2	通道 1 平均次数（单位为次）	1 ～ 4095	K1
#3	通道 2 平均次数（单位为次）	1 ～ 4095	K1
#4	通道 3 平均次数（单位为次）	1 ～ 4095	K1
#5	通道 4 平均次数（单位为次）	1 ～ 4095	K1

2. 设置平均次数读取 AD 数字量的程序

图 7-12 所示为功能相同的两种设置平均次数读取 AD 数字量的程序，图 7-12a 所示程序适合所有 FX3 系列 PLC 使用，图 7-12b 所示程序仅限 FX3U/3UC 系列 PLC 使用。

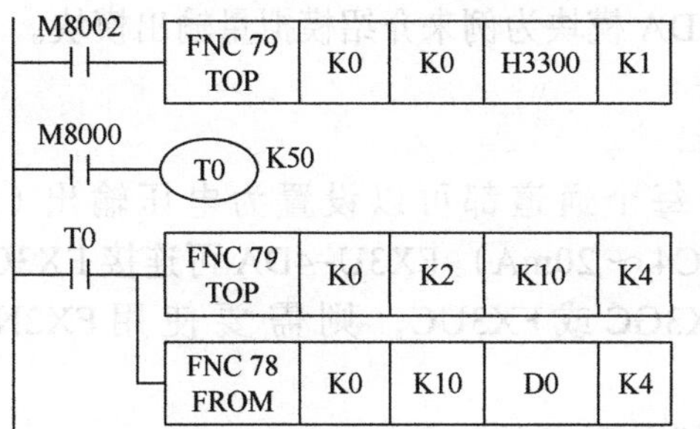
M8002
FNC 79 TOP
K0
K0
H3300
K1
M8000
T0
K50
T0
FNC 79 TOP
K0
K2
K10
K4
FNC 78 FROM
K0
K10
D0
K4
PLC上电后M8002触点闭合一个扫描周期，TO指令将H3300写入0号模块的BFM#0，将AD模块CH1、CH2设为输入模式0，将CH3、CH4设为输入模式3。
PLC上电后M8000触点始终闭合，定时器T0进行5s计时，5s后T0触点闭合，TO指令先执行，向0号模块的BFM#2～BFM#5均写入K10，将CH1～CH4测量平均次数都设为10，然后FROM指令执行，将0号模块的BFM#10～BFM#13中的CH1～CH4通道的数字量分别传送给D0～D3。

a) 适合所有FX3系列PLC使用的程序

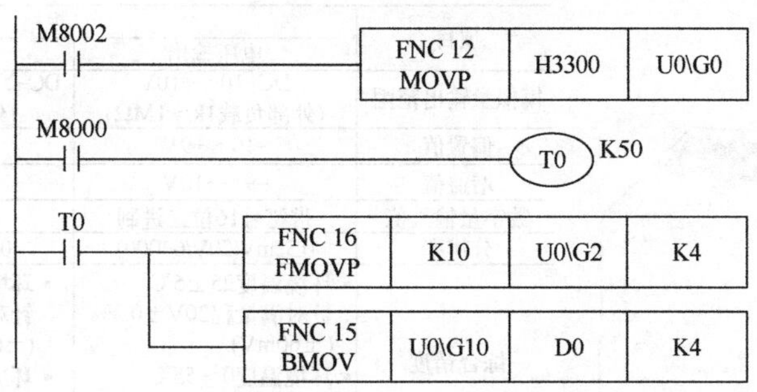
M8002
FNC 12 MOVP
H3300
U0\G0
M8000
T0
K50
T0
FNC 16 FMOVP
K10
U0\G2
K4
FNC 15 BMOV
U0\G10
D0
K4

b) 仅限FX3U/3UC系列PLC使用的程序

图 7-12　功能相同的两种设置平均次数读取 AD 数字量的程序

7.2.7　AD 模块初始化（恢复出厂值）的程序

FX3U-4AD 模块的 BFM#20 用于初始化 BFM#0 ～ BFM#6999，当设 BFM#20=1 时，可将所有 BFM 的值恢复到出厂值。设置 BFM#20=1，将 AD 模块初始化的程序如图 7-13 所示，图 7-13a 所示程序使用 TO 指令向 0 号模块的 BFM#20 写入 1 初始化 AD 模块，图 7-13b 使用“U □ \G □”格式指定模块单元号和 BFM 号的方式向 0 号模块的 BFM#20 写入 1 初始化 AD 模块。

从初始化开始到结束需用时约 5s，在此期间不要设置 BFM，初给化结束后，BFM#20 的值自动变为 0。

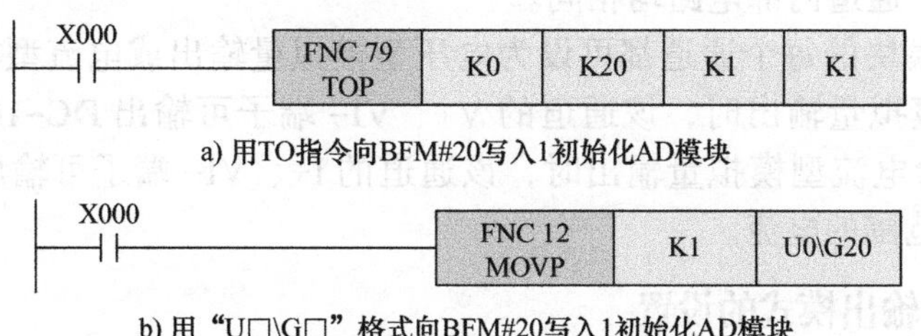
X000
FNC 79 TOP
K0
K20
K1
K1
X000
FNC 12 MOVP
K1
U0\G20

a) 用TO指令向BFM#20写入1初始化AD模块

b) 用“U□\G□”格式向BFM#20写入1初始化AD模块

图 7-13　两种 AD 模块初始化（恢复出厂值）的程序

7.3　模拟量输出模块

模拟量输出模块（FX3U-DA）简称 DA 模块，其功能是将模块内部特定 BFM（缓冲存储区）中的数字量转换成模拟量输出。三菱 FX 系列常用 DA 模块有 FX2N-2DA、

FX2N-4DA 和 FX3U-4DA 等，本节以 FX3U-4DA 模块为例来介绍模拟量输出模块。

7.3.1 外形

FX3U-4DA 是四通道模拟量输出模块，每个通道都可以设置为电压输出（DC -10 ~ +10V）或电流输出（DC-20 ~ +20mA、DC4 ~ 20mA）。FX3U-4DA 可连接 FX3GA/FX3G/FX3GE/FX3U 系列 PLC。若要连接 FX3GC 或 FX3UC，则需要使用 FX2NC-CNV-IF 或 FX3UC-1PS-5V 转接。

FX3U-4DA 模拟量输出模块的外形与规格如图 7-14 所示。

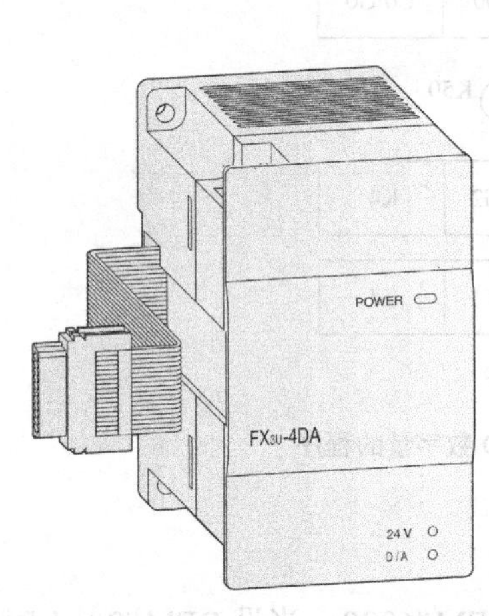

a) 外形

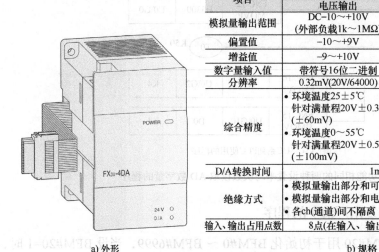

项目	规格	
	电压输出	电流输出
模拟量输出范围	DC-10～+10V (外部负载1k～1MΩ)	DC-20～+20mA、DC4～20mA (外部负载500Ω以下)
偏置值	-10～+9V	0～17mA
增益值	-9～+10V	3～30mA
数字量输入值	带符号16位二进制	15位二进制
分辨率	0.32mV(20V/64000)	0.63μA(20mA/32000)
综合精度	• 环境温度25±5℃ 针对满量程20V±0.3% (±60mV) • 环境温度0～55℃ 针对满量程20V±0.5% (±100mV)	• 环境温度25±5℃ 针对满量程20mA±0.3% (±60μA) • 环境温度0～55℃ 针对满量程20mA±0.5% (±100μA)
D/A转换时间	1ms(与使用的通道数无关)	
绝缘方式	• 模拟量输出部分和可编程控制器之间，通过光耦隔离 • 模拟量输出部分和电源之间，通过DC/DC转换器隔离 • 各ch(通道)间不隔离	
输入、输出占用点数	8点(在输入、输出点数中的任意一侧计算点数)	

b) 规格

图 7-14　模拟量输出模块 FX3U-4DA 的外形与规格

7.3.2 接线端子与接线

FX3U-4DA 模块有 CH1 ~ CH4 四个模拟量输出通道，可以将模块内部特定 BFM 中的数字量（来自 PLC 写入）转换成模拟量输出。FX3U-4DA 模块的接线端子与接线如图 7-15 所示，每个通道内部电路均相同。

FX3U-4DA 模块的每个通道都可设为电压型模拟量输出或电流型模拟量输出。当某通道设为电压型模拟量输出时，该通道的 V+、VI- 端子可输出 DC-10 ~ 10V 范围的电压；当某通道设为电流型模拟量输出时，该通道的 I+、VI- 端子可输出 DC-20 ~ 20mA 或 DC4 ~ 20mA 范围的电流。

7.3.3 电压 / 电流输出模式的设置

1. 设置输出模式 BFM#0

FX3U-4DA 模块是在内部 BFM（缓冲存储区，由 BFM#0 ~ BFM#3098 组成）控制下工作的，其中 BFM#0 用于设定 FX3U-4DA 的输出模式，BFM#0 为 16 位存储器，以 4 位为一组分成四组，每组的设定值为 0 ~ 4、F，不同的值对应不同的输出模式，用四组值分别来设定 CH1 ~ CH4 的输出模式，设定值与对应的输出模式如图 7-16 所示。

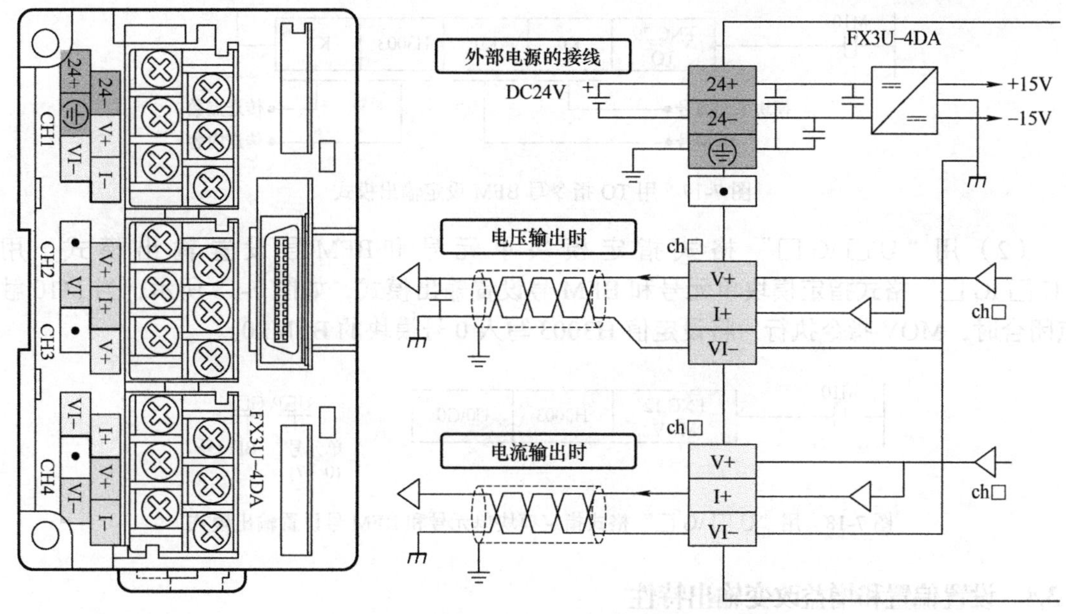

图 7-15　FX3U-4DA 模块的接线端子与接线

例如设置 BFM#0=H31F0，设置的功能为：①将 CH1 通道设为输出模式 0（即 -10 ～ +10V 电压型输出模式），该模式可将数字量 -32000 ～ +32000 转换成 -10V ～ +10V 电压；②不使用 CH2 通道；③将 CH3 通道设为输出模式 1（即 -10 ～ +10V 电压直显型输出模式），该模式可将数字量 -10000 ～ +10000 转换成 -10 ～ +10V 电压；④将 CH4 通道设为输出模式 3（即 4 ～ 20mA 电流型输出模式），该模式可将数字量 0 ～ 32000 对应转换成 4 ～ 20mA 电流。

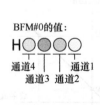

BFM#0的值：H○○○○（通道4 通道3 通道2 通道1）

设定值	输出模式	数字量输入范围	模拟量输出范围
0	电压输出模式	-32000～+32000	-10～+10V
1	电压输出模拟量值mV指定模式	-10000～+10000	-10～+10V
2	电流输出模式	0～32000	0～20mA
3	电流输出模式	0～32000	4～20mA
4	电流输出模拟量值μA指定模式	0～20000	0～20mA
F	通道不使用		

图 7-16　BFM#0 的设定值与对应的输出模式

2. 设置输出模式的程序

设置 FX3U-4DA 模块的输出模式可使用 TO 指令向 BFM 写入设定值，对于 FX3U、FX3UC 系列 PLC，还支持使用“U □ \G □”格式指定方式读写 BFM。

（1）用 TO 指令设置输出模式　用 TO 指令设置输出模式如图 7-17 所示，当 M10 触点闭合时，TO 指令执行，向单元号为 0 的模块 BFM#0 写入设定值 H3003，如果 1 号模块为 FX3U-4DA，则指令执行结果将 CH2、CH3 通道设为输出模式 0（可将数字量 -32000 ～ +32000 转换成 -10 ～ +10V 电压输出），将 CH1、CH4 通道设为输出模式 3（可将数字量 0 ～ 32000 转换成 4 ～ 20mA 电流输出）。

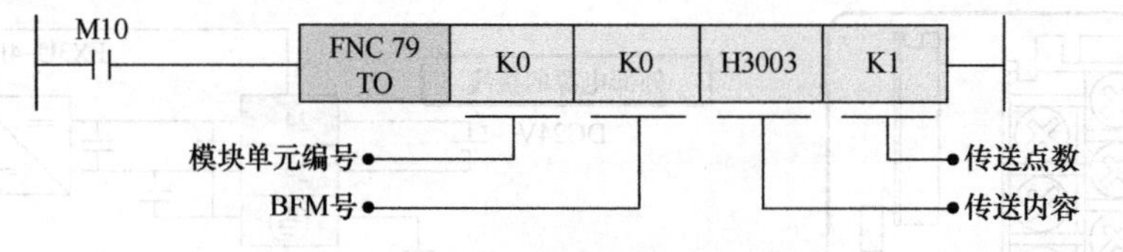

图 7-17　用 TO 指令写 BFM 设定输出模式

（2）用“U□\G□”格式指定模块单元号和 BFM 号设置输出模式　用“U□\G□”格式指定模块单元号和 BFM 号设置输出模式，如图 7-18 所示，当 M10 触点闭合时，MOV 指令执行，将设定值 H3003 写入 0 号模块的 BFM#0。

图 7-18　用“U□\G□”格式指定模块单元号和 BFM 号设置输出模式

7.3.4　设置偏置和增益改变输出特性

FX3U-4DA 模块有 0～4 共五种输出模式，如果这些模式仍无法满足模拟量转换要求，则可以通过设置偏置和增益来解决（模式 1、4 不能调整偏置和增益）。

在图 7-19 中，左图为输出模式 0 默认的输出特性，该模式可将数字量 -32000～+32000 转换成模拟量 -10～+10V 电压输出，右图为希望实现的输出特性，即将数字量 0～+32000 转换成模拟量 +1～+5V 电压输出，该特性直线有两个关键点，其中数字量 0 对应的输出电压 +1V 为偏置值，最大数字量 32000（输出模式 0 时）对应的输出电压 +5V 为增益值。

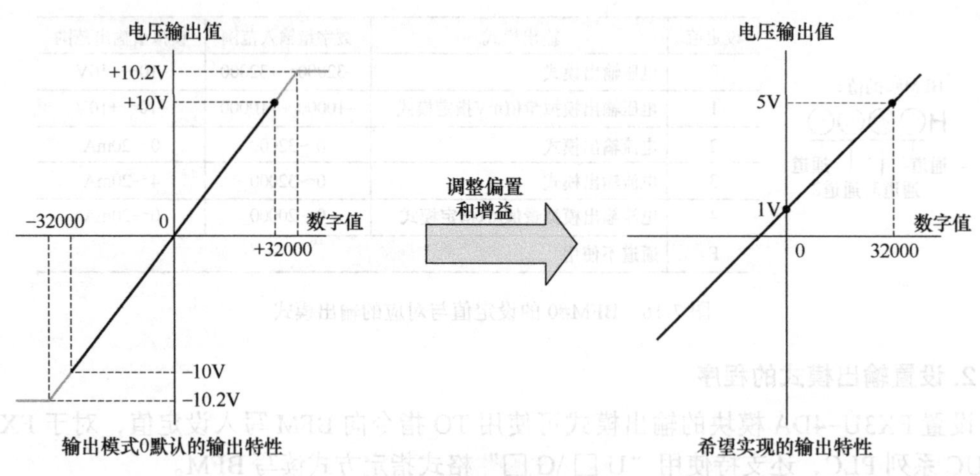

图 7-19　偏置和增益设置举例

1. 偏置

偏置（BFM#10～BFM#13）是指数字量 0 对应的模拟量值。在电压型输出模式时，以 mV 为单位设定模拟量值，在电流型输出模式时，以 μA 为单位设定模拟量值，比如模拟量值 +3V 时对应偏置设为 3000，模拟量值 8mA 时偏置设为 8000。在图 7-18 右图中，

数字量 0 对应的模拟量值为 +1V，偏置应设为 1000。

FX3U-4DA 模块的 BFM#10 ～ BFM#13 分别用来存放 CH1 ～ CH4 通道的偏置值。

2. 增益

增益（BFM#14 ～ BFM#17）是指数字量 16000（最大值 32000 的一半）对应的模拟量值。增益设定值以 mV（电压型输出模式）或 μA（电流型输出模式）为单位。在图 7-19 右图中，数字 +16000 对应的模拟量值为（5-1）÷2+1=3（即 3V，3000mV），增益应设为 3000。

FX3U-4DA 模块的 BFM#14 ～ BFM#17 分别用来存放 CH1 ～ CH4 通道的增益值。

3. 偏置与增益写入允许

在将偏置值和增益值写入 BFM 时，需要将 BFM#9 相应位置 ON 才会使写入有效。BFM#9 有 16 位（b0 ～ b15），低 4 位分配给 CH1 ～ CH4，其功能见表 7-5，比如要将偏置值和增益值写入 CH1 通道的 BFM（BFM#10、BFM#14），需设 BFM#9 的 b0=1，即让 BFM#9=H0001，偏置增益写入结束后，BFM#9 所有位值均自动变为 0。

表 7-5　BFM#9 各位的功能

位编号	功能
b0	通道 1　偏置数据（BFM#10）、增益数据（BFM#14）的写入允许
b1	通道 2　偏置数据（BFM#11）、增益数据（BFM#15）的写入允许
b2	通道 3　偏置数据（BFM#12）、增益数据（BFM#16）的写入允许
b3	通道 4　偏置数据（BFM#13）、增益数据（BFM#17）的写入允许
b4 ～ b15	不可以使用

4. 偏置与增益的设置程序

图 7-20 所示为偏置与增益的设置程序，其功能是先将 FX3U-4DA 模块的 CH1、CH2 通道输出模式设为 0（-10 ～ +10V），然后向 BFM#10、BFM#11 写入偏置值 1000（1V），向 BFM#14、BFM#15 写入增益值 3000（3V），从而将 CH1、CH2 通道的输出特性由 -10 ～ +10V 改成 1 ～ 5V。BFM#19 用作设定变更禁止，当 BFM#19=K3030 时，解除设定变更禁止，BFM#19 为其他值时，禁止设定变更，无法向一些功能设置类的 BFM 写入设定值。

7.3.5　两种向 DA 模块写入数字量的程序

FX3U-4DA 模块的功能是将数字量转换成模拟量输出，CH1 ～ CH4 通道的数字量分别保存在 BFM#1 ～ BFM#4 中，这些数字量由 PLC 写入。DA 模块数字量的写入可使用 TO 指令写入（适合所有 FX 系列 PLC），或者用“U □ \G □”格式指定模块单元号和 BFM 号来写入（仅适合 FX3U、FX3UC 系列 PLC）。

图 7-21 所示为两种设置 DA 模块输出模式和写入数字量的程序，图 7-21a 所示程序先用 TO 指令写 BFM#0 设置 DA 模块 CH1 ～ CH4 通道的输出模式，然后将四个数字量分别存放到 D0 ～ D3，再用 TO 指令将 D0 ～ D3 中的数字量分别传送给 DA 模块 BFM#1 ～ BFM#4，DA 模块马上将这些数字量按设定的输出模式转换成模拟量输出，图 7-21b 所示程序采用“U □ \G □”格式指定模块单元号和 BFM 号来设置 DA 模块的输出模式，并用该方式往 DA 模块写入数字量。

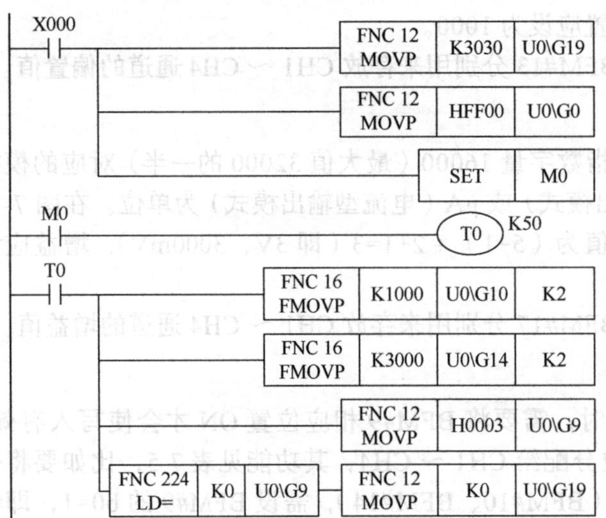
X000
FNC 12 MOVP
K3030
U0\G19
FNC 12 MOVP
HFF00
U0\G0
SET
M0
M0
T0
K50
T0
FNC 16 FMOVP
K1000
U0\G10
K2
FNC 16 FMOVP
K3000
U0\G14
K2
FNC 12 MOVP
H0003
U0\G9
FNC 224 LD=
K0
U0\G9
FNC 12 MOVP
K0
U0\G19
当X000触点闭合时，第一个MOV指令将K3030写入0号模块的BFM#19，允许设定变更，第二个MOV指令将HFF00写入0号模块的BFM#0，CH1、CH2通道被设为输出模式0，CH3、CH4不使用，SET指令将继电器M0置1，M0触点闭合，定时器T0开始5s计时。
5s后，T0触点闭合，第一个FMOV(多点传送)指令将1000作为偏置值写入0号模块的BFM#10和BFM#11，第二个FMOV指令将3000作为增益值写入0号模块的BFM#14和BFM#15，然后MOV指令执行，将H0003写入0号模块的BFM#9，BFM#9的b1、b0均为1，CH1、CH2通道偏置、增益值写入有效，写入完成后，BFM#9值自动变为0，MOV指令执行，将0写入BFM#19，禁止设定变更。

图 7-20 FX3U-4DA 模块的偏置与增益设置程序

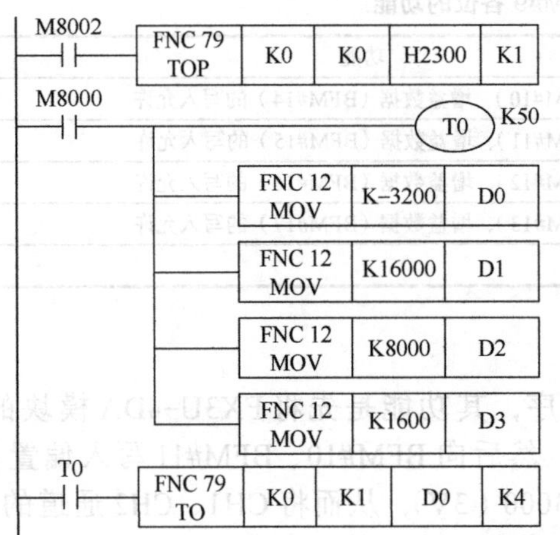
M8002
FNC 79 TOP
K0
K0
H2300
K1
M8000
T0
K50
FNC 12 MOV
K-3200
D0
FNC 12 MOV
K16000
D1
FNC 12 MOV
K8000
D2
FNC 12 MOV
K1600
D3
T0
FNC 79 TO
K0
K1
D0
K4
PLC上电后M8002触点闭合一个扫描周期，TO指令将H2300写入0号模块的BFM#0，将DA模块设为：①CH1、CH2为输出模式0(-10～+10V)；②CH3为输出模式3(4～20mA)；③CH4为输出模式2(0～20mA)。
PLC通电期间M8000触点始终闭合，定时器T0开始5s计时，然后依次执行4个MOV指令，将K-3200、K16000、K8000、K1600分别送入D0、D1、D2、D3。
5s后T0触点闭合，TO指令执行，将D0～D4中的数字量分别送到0号模块的BFM#1～BFM#4，DA模块马上将各通道的数字量转换成模拟量输出，BFM#1(CH1)中的K-3200转换成-1V输出，BFM#2(CH2)中的K16000转换成+5V输出，BFM#3(CH3)中的K8000转换成8mA输出，BFM#4(CH4)中的K1600转换成1mA输出。

a) 用TO指令设置DA模块的输出模式和写入数字量

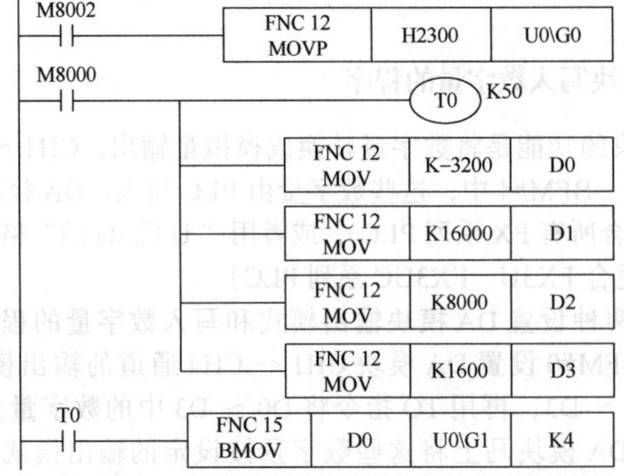
M8002
FNC 12 MOVP
H2300
U0\G0
M8000
T0
K50
FNC 12 MOV
K-3200
D0
FNC 12 MOV
K16000
D1
FNC 12 MOV
K8000
D2
FNC 12 MOV
K1600
D3
T0
FNC 15 BMOV
D0
U0\G1
K4

b) 用“U□\G□”格式设置DA模块的输出模式和写入数字量

图 7-21 功能相同的两种设置 DA 模块输出模式和写入数字量的程序

7.3.6　DA 模块初始化（恢复出厂值）的程序

图 7-22　功能相同的两种 DA 模块初始化（恢复出厂值）程序

FX3U-4DA 模块的 BFM#20 用于初始化 BFM#0 ～ BFM#3098，当设 BFM#20=1 时，可将所有 BFM 的值恢复到出厂值。图 7-22 所示为两种设置 BFM#20=1 将 DA 模块初始化的程序，图 7-22a 所示程序使用 TO 指令向 0 号模块的 BFM#20 写入 1 初始化 DA 模块，图 7-22b 使用“U □ \G □”格式指定模块单元号和 BFM 号的方式向 0 号模块的 BFM#20 写入 1 初始化 DA 模块。

7.4　温度模拟量输入模块

温度模拟量输入模块（FX3U-4AD-PT-ADP）的功能是将温度传感器送来的反映温度高低的模拟量转换成数字量。三菱 FX3 系列温度模拟量输入模块主要有 FX3U-4AD-PT-ADP（连接 PT100 型温度传感器，测温 -50 ～ +250℃）、FX3U-4AD-PTW-ADP（连接 PT100 型温度传感器，测温 -100 ～ +600℃）、FX3U-4AD-TC-ADP（连接热电偶型温度传感器，测温 -100 ～ +1000℃）和 FX3U-4AD-PNK-ADP（连接 PT1000 型温度传感器，测温 -50 ～ +250℃）。本节以 FX3U-4AD-PT-ADP 型模块为例来介绍温度模拟量输入模块。

7.4.1　外形和规格

FX3U-4AD-PT-ADP 是四通道的温度模拟量输入特殊适配器，测温时连接三线式 PT100 铂电阻温度传感器，测温范围为 -50 ～ +250℃，其外形与规格如图 7-23 所示。

FX3U-4AD-PT-ADP 温度特殊适配器安装在 PLC 基本单元的左侧，可以直接连接 FX3GC、FX3GE、FX3UC 系列 PLC，在连接 FX3SA/FX3S 时要用到 FX3S-CNV-ADP 型连接转换适配器，在连接 FX3GA/FX3G 时要用到 FX3G-CNV-ADP 型连接转换适配器，在连接 FX3U 系列 PLC 时要用到功能扩展板。

7.4.2　PT100 型温度传感器与模块的接线

1. PT100 型温度传感器

PT100 型温度传感器的核心是铂热电阻，其电阻值会随着温度的变化而变化。PT 后面的“100”表示其阻值在 0℃时为 100Ω，当温度升高时其阻值线性增大，在 100℃时阻值约为 138.5Ω。PT100 型温度传感器的外形和温度 / 电阻变化规律如图 7-24 所示。

2. 接线端子与接线

FX3U-4AD-PT-ADP 特殊适配器有 CH1 ～ CH4 四个温度模拟量输入通道，可以同时将四路 PT100 型温度传感器送来的模拟量转换成数字量，存入 PLC 特定的数据寄存器中。FX3U-4AD-PT-ADP 特殊适配器接线端子与接线如图 7-25 所示，每个通道内部电路均相同。

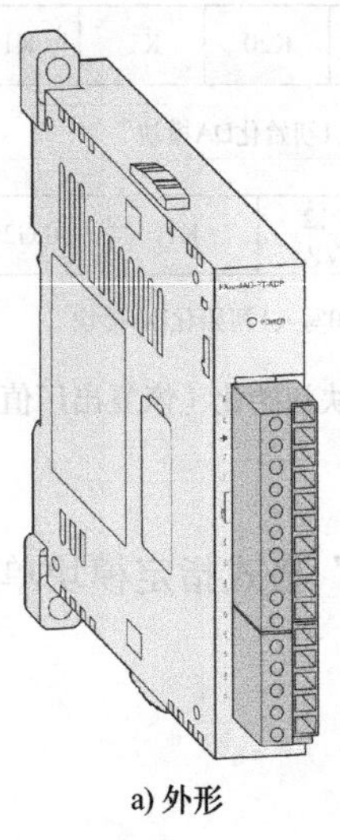

a) 外形

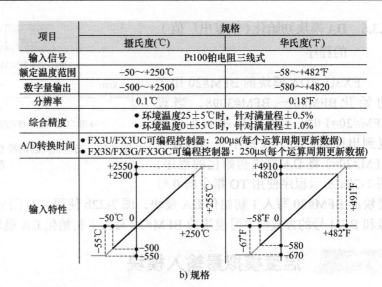

项目	规格	
	摄氏度(℃)	华氏度(℉)
输入信号	Pt100铂电阻三线式	
额定温度范围	−50～+250℃	−58～+482℉
数字量输出	−500～+2500	−580～+4820
分辨率	0.1℃	0.18℉
综合精度	● 环境温度25±5℃时，针对满量程±0.5% ● 环境温度0±55℃时，针对满量程±1.0%	
A/D转换时间	● FX3U/FX3UC可编程控制器：200μs(每个运算周期更新数据) ● FX3S/FX3G/FX3GC可编程控制器：250μs(每个运算周期更新数据)	
输入特性	+2550, +2500, +255℃, −50℃, 0, +250℃, −55℃, −500, −550	+4910, +4820, +491℉, −58℉, 0, +482℉, −67℉, −580, −670

b) 规格

图 7-23　FX3U-4AD-PT-ADP 温度模拟量输入特殊适配器

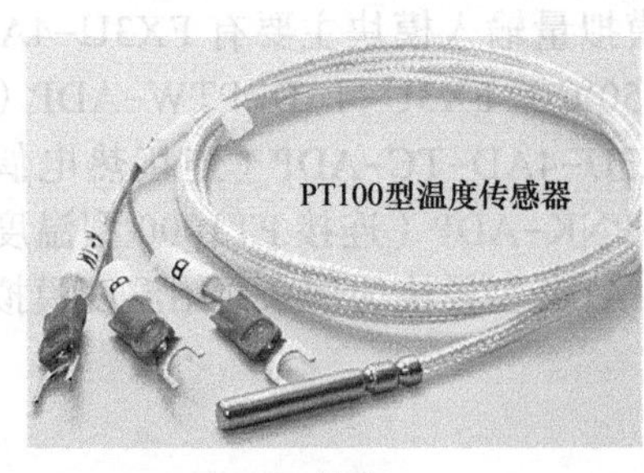

a) 外形

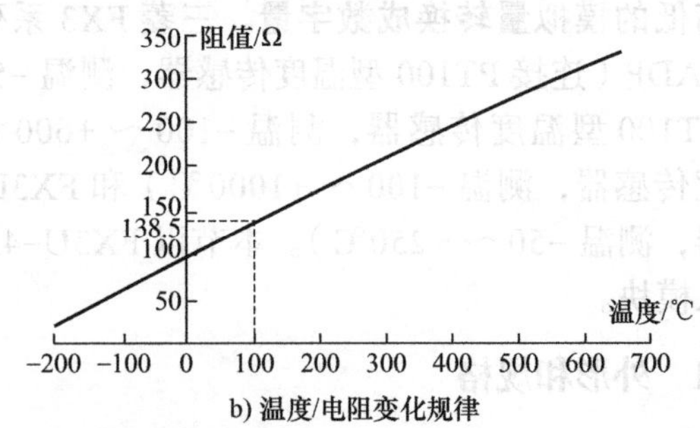

b) 温度/电阻变化规律

图 7-24　PT100 型温度传感器

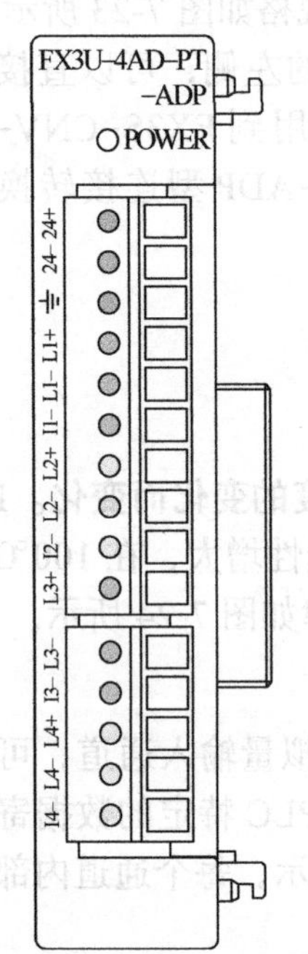

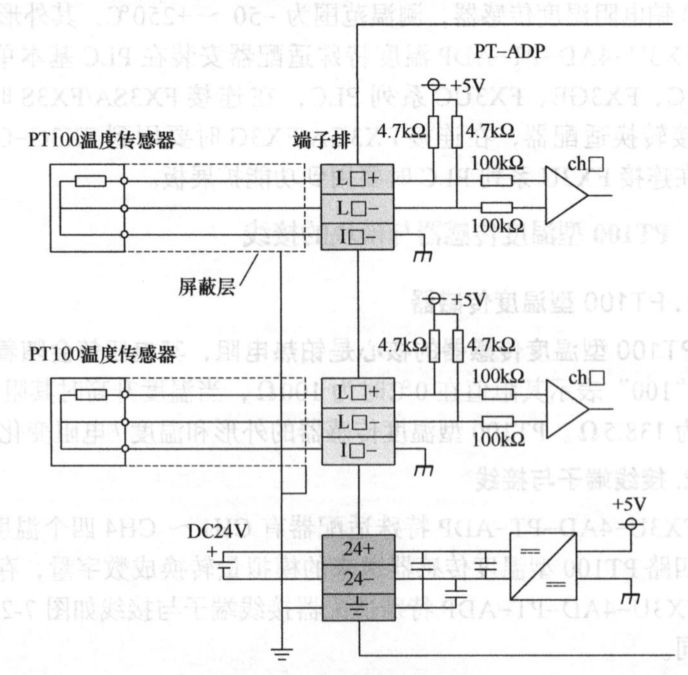

图 7-25　FX3U-4AD-PT-ADP 特殊适配器的接线

7.4.3　不同温度单位的输入特性与设置

FX3U-4AD-PT-ADP 特殊适配器的温度单位有摄氏度（℃）和华氏度（℉）两种。**对于摄氏温度，水的冰点温度定为 0℃，沸点为 100℃，对于华氏温度，水的冰点温度定为 32 ℉，沸点为 212 ℉，摄氏温度与华氏温度的换算关系式为：**

$$华氏温度值=9/5\times 摄氏温度值+32$$

1. 摄氏和华氏温度的输入特性

FX3U-4AD-PT-ADP 特殊适配器设置不同的温度单位时，其输入特性不同，具体如图 7-26 所示，图 7-26a 所示为摄氏温度的输入特性，当测量的温度为 -50℃时，转换得到的数字量为 -500，当测量的温度为 +250℃时，转换得到的数字量为 +2500，图 7-26b 所示为华氏温度的输入特性，当测量的温度为 -58 ℉时，转换得到的数字量为 -580，当测量的温度为 +482 ℉时，转换得到的数字量为 +4820。

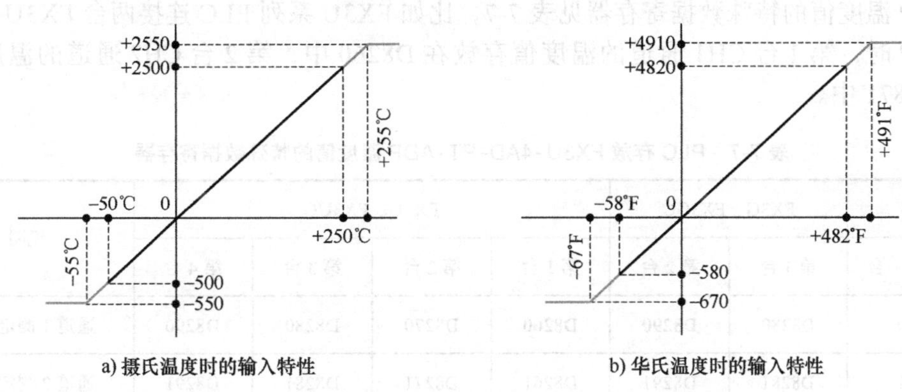

图 7-26　FX3U-4AD-PT-ADP 特殊适配器的输入特性

2. 温度单位的设置

FX3U-4AD-PT-ADP 特殊适配器的温度单位由 PLC 特定的特殊辅助继电器设定。PLC 设置 FX3U-4AD-PT-ADP 温度单位的特殊辅助继电器见表 7-6，比如 FX3U 系列 PLC 连接两台 FX3U-4AD-PT-ADP 时，第 1 台用 M8260 设置温度单位，M8260=0 时为摄氏温度，M8260=1 时为华氏温度，第 2 台用 M8270 设置温度单位。

表 7-6　PLC 设置 FX3U-4AD-PT-ADP 温度单位的特殊辅助继电器

FX3S	FX3G、FX3GC		FX3U、FX3UC				说明
只能连接一台	第 1 台	第 2 台	第 1 台	第 2 台	第 3 台	第 4 台	
M8280	M8280	M8290	M8260	M8270	M8280	M8290	温度单位的选择 OFF：摄氏（℃） ON：华氏（℉）

3. 温度单位设置程序

图 7-27 所示为 FX3U、FX3UC 型 PLC 连接两台 FX3U-4AD-PT-ADP 特殊适配器的温度单位设置程序，PLC 通电后，M8001 触点始终处于断开，M8000 触点始终处于闭合，特殊辅助继电器 M8260=0、M8270=1，第 1 台 FX3U-4AD-PT-ADP 的温度单位被设为

摄氏度，第 2 台 FX3U-4AD-PT-ADP 的温度单位被设为华氏度。

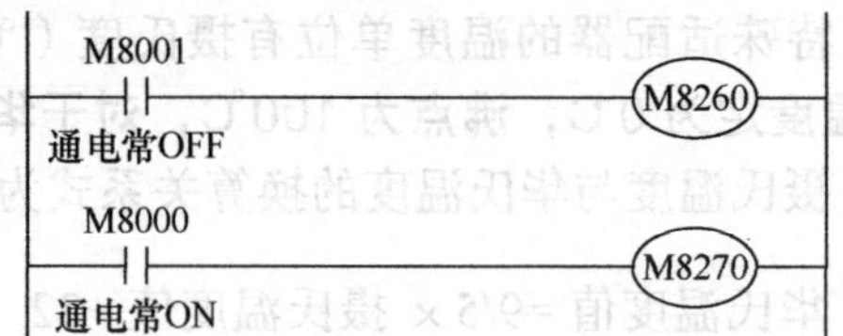

图 7-27 FX3U、FX3UC 型 PLC 连接两台 FX3U-4AD-PT-ADP 的温度单位设置程序

7.4.4 温度值的存放与读取

1. 温度值存放的特殊数据寄存器

在测量温度时，FX3U-4AD-PT-ADP 特殊适配器将 PT100 温度传感器送来的温度模拟量转换成温度数字量，存放在 PLC 特定的特殊数据寄存器中。PLC 存放 FX3U-4AD-PT-ADP 温度值的特殊数据寄存器见表 7-7，比如 FX3U 系列 PLC 连接两台 FX3U-4AD-PT-ADP 时，第 1 台 CH1 通道的温度值存放在 D8260 中，第 2 台 CH2 通道的温度值存放在 D2871 中。

表 7-7 PLC 存放 FX3U-4AD-PT-ADP 温度值的特殊数据寄存器

FX3S	FX3G、FX3GC		FX3U、FX3UC				说明
仅可连接一台	第 1 台	第 2 台	第 1 台	第 2 台	第 3 台	第 4 台	
D8280	D8280	D8290	D8260	D8270	D8280	D8290	通道 1 测定温度
D8281	D8281	D8291	D8261	D8271	D8281	D8291	通道 2 测定温度
D8282	D8282	D8292	D8262	D8272	D8282	D8292	通道 3 测定温度
D8283	D8283	D8293	D8263	D8273	D8283	D8293	通道 4 测定温度

2. 温度的读取程序

在测量温度时，FX3U-4AD-PT-ADP 特殊适配器会自动将转换得到的温度值（数字量温度）存放到与之连接的 PLC 特定数据寄存器中，为了避免被后面的温度值覆盖，应使用程序从这些特定数据寄存器中读出温度值，传送给其他普通的数据寄存器。

图 7-28 所示为 FX3U、FX3UC 型 PLC 连接一台 FX3U-4AD-PT-ADP 特殊适配器的温度值读取程序，PLC 通电后，M8000 触点始终闭合，两个 MOV 指令先后执行，第一个 MOV 指令将 FX3U-4AD-PT-ADP 的 CH1 通道的温度值（存放在 D8260 中）传送给 D100，第二个 MOV 指令将 CH2 通道的温度值（存放在 D8261 中）传送给 D101。

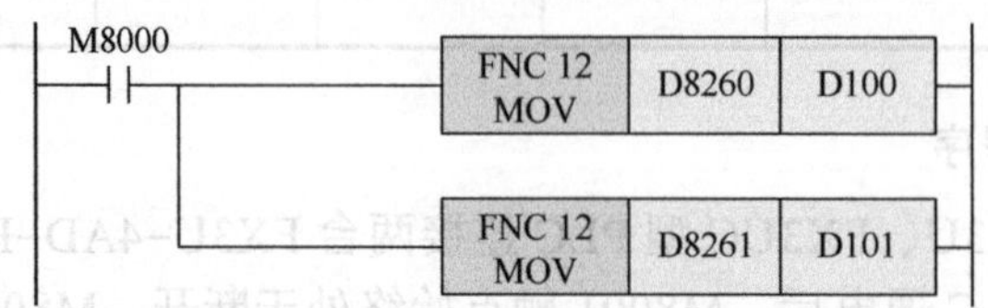

图 7-28 FX3U、FX3UC 型 PLC 连接一台 FX3U-4AD-PT-ADP 的温度值读取程序

7.4.5　测量平均次数的设置

1. 平均次数设置的特殊数据寄存器

在测量温度时，若温度经常快速波动变化，则为了避免测到高值或低值而导致测量值偏差过大，可多次测量温度再取平均值保存到指定特殊数据寄存器中。FX3U-4AD-PT-ADP 特殊适配器的测量平均次数由 PLC 特定的特殊数据寄存器设定，具体见表 7-8，比如 FX3U 系列 PLC 连接两台 FX3U-4AD-PT-ADP 时，第 1 台 CH1 通道测量平均次数的特殊数据寄存器为 D8264，第 2 台 CH2 通道的测量平均次数由 D8275 设定。

表 7-8　PLC 设置 FX3U-4AD-PT-ADP 测量平均次数的特殊数据寄存器

FX3S	FX3G、FX3GC		FX3U、FX3UC				说明
仅可连接一台	第 1 台	第 2 台	第 1 台	第 2 台	第 3 台	第 4 台	
D8284	D8284	D8294	D8264	D8274	D8284	D8294	通道 1 平均次数（1 ～ 4095）
D8285	D8285	D8295	D8265	D8275	D8285	D8295	通道 2 平均次数（1 ～ 4095）
D8286	D8286	D8296	D8266	D8276	D8286	D8296	通道 3 平均次数（1 ～ 4095）
D8287	D8287	D8297	D8267	D8277	D8287	D8297	通道 4 平均次数（1 ～ 4095）

2. 测量平均次数的设置程序

图 7-29 所示为 FX3U、FX3UC 型 PLC 连接一台 FX3U-4AD-PT-ADP 特殊适配器的测量平均次数设置程序，PLC 通电后，M8000 触点始终闭合，两个 MOV 指令先后执行，第一个 MOV 指令将 FX3U-4AD-PT-ADP 的 CH1 通道平均测量次数设为一次（测量一次即保存），第二个 MOV 指令将 CH2 通道的平均测量次数设为五次（测量五次后取平均值保存）。

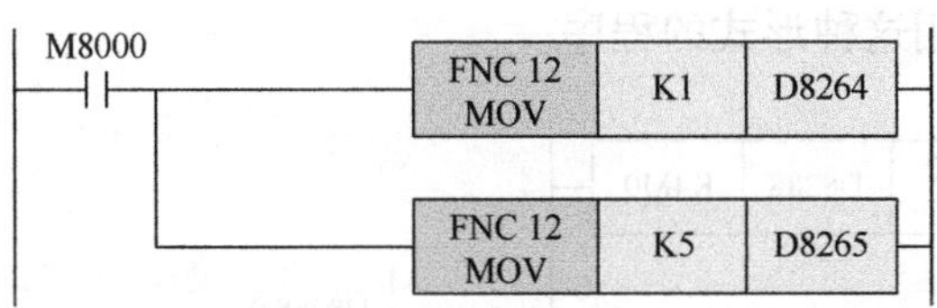

图 7-29　FX3U、FX3UC 型 PLC 连接一台 FX3U-4AD-PT-ADP 的测量平均次数设置程序

7.4.6　错误状态的读取与清除

1. 错误状态的特殊数据寄存器

如果 FX3U-4AD-PT-ADP 特殊适配器工作时发生错误，会将错误状态保存在 PLC 特定的特殊数据寄存器，具体见表 7-9，比如 FX3U 系列 PLC 连接两台 FX3U-4AD-PT-ADP 时，第 1 台 CH1 通道的错误状态保存在 D8268，第 2 台 CH2 通道的错误状态保存在 D8278。

FX3U-4AD-PT-ADP 的错误状态寄存器有 16 位，b0 ～ b7 位分别表示不同的错误信

息，b8 ～ 15 位不使用，具体见表 7-10。

表 7-9 PLC 保存 FX3U-4AD-PT-ADP 错误状态的特殊数据寄存器

FX3S	FX3G、FX3GC		FX3U、FX3UC				说明
仅可连接一台	第 1 台	第 2 台	第 1 台	第 2 台	第 3 台	第 4 台	
D8288	D8288	D8298	D8268	D8278	D8288	D8298	错误状态

表 7-10 FX3U-4AD-PT-ADP 的错误状态寄存器各位的错误含义

位	说明	位	说明
b0	通道 1 测定温度范围外或者检测出断线	b5	平均次数的设定错误
bl	通道 2 测定温度范围外或者检测出断线	b6	PT-ADP 硬件错误
b2	通道 3 测定温度范围外或者检测出断线	b7	PT-ADP 通信数据错误
b3	通道 4 测定温度范围外或者检测出断线	b8 ～ b15	未使用
b4	EEPROM 错误	—	—

2. 错误状态的读取程序

当使用 FX3U-4AD-PT-ADP 特殊适配器出现错误时，可通过读取其错误状态寄存器的值来了解错误情况。

图 7-30 所示为两种功能相同的读取 FX3U-4AD-PT-ADP 错误状态寄存器的程序。图 7-30a 所示程序适合 FX3 系列所有 PLC，PLC 通电后，M8000 触点始终闭合，MOV 指令将 D8288（FX3S、FX3G 的第 1 台或 FX3U 的第 3 台特殊适配器的错误状态寄存器）的 b0 ～ b15 位值传送给 M0 ～ M15，如果 M0 值（来自 D8288 的 b0 位）为 1，则表明特殊适配器 CH1 通道测量的温度超出范围或测量出现断线，M0 触点闭合，Y000 线圈得电，通过 Y0 端子输出错误指示，如果 M1 值（来自 D8288 的 b1 位）为 1，则表明特殊适配器 CH2 通道测量的温度超出范围或测量出现断线，M1 触点闭合，Y001 线圈得电，通过 Y1 端子输出错误指示。图 7-30a 所示程序与图 7-30b 所示程序的功能相同，但仅 FX3U、FX3UC 系列 PLC 可使用这种形式的程序。

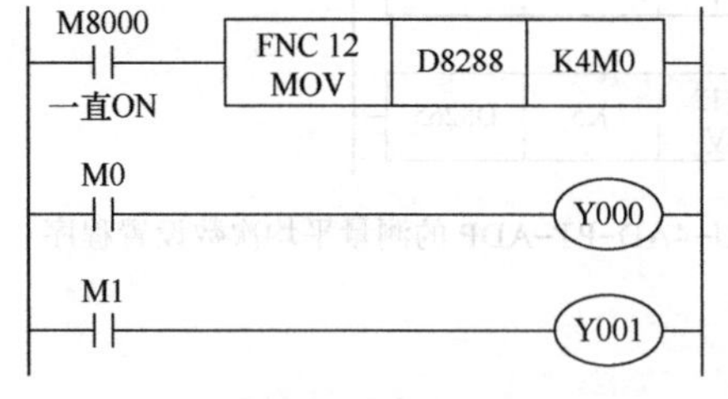

a) 所有FX3系列PLC适用

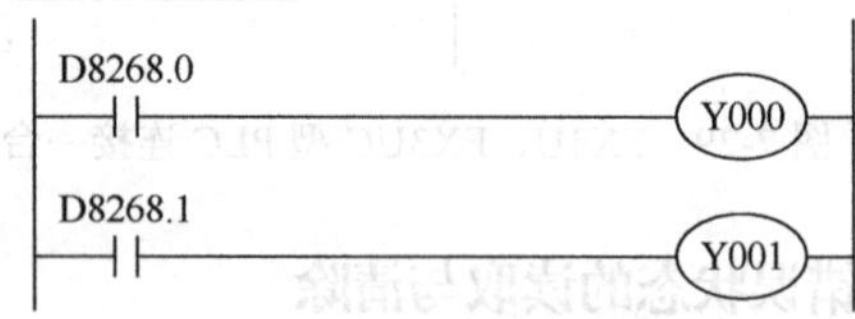

b) 仅限FX3U/3UC系列PLC适用

图 7-30 两种功能相同的读取 FX3U-4AD-PT-ADP 错误状态寄存器的程序

3. 错误状态的清除程序

当 FX3U-4AD-PT-ADP 特殊适配器出现硬件错误时，会使错误状态寄存器的 b6 位置 1，出现通信数据错误时，会使 b7 位置 1，故障排除 PLC 重新上电后，需要用程序将这些位的错误状态值清 0。

图 7-31 所示为两种功能相同的 FX3U-4AD-PT-ADP 错误状态寄存器 b6、b7 位清 0 的程序，图 7-31a 所示程序适合所有 FX3 系列 PLC 使用，图 7-31b 所示程序仅限 FX3U/3UC 系列 PLC 使用。以图 7-31a 所示程序为例，PLC 通电后，M8000 触点始终闭合，将 D8288 的 16 位值分别传送给 M0 ～ M15，M8002 触点闭合，先后用 RST 指令将 M6、M7 位复位为 0，再将 M0 ～ M15 的值传送给 D8288，这样 D8288 的 b6、b7 位就变为 0。

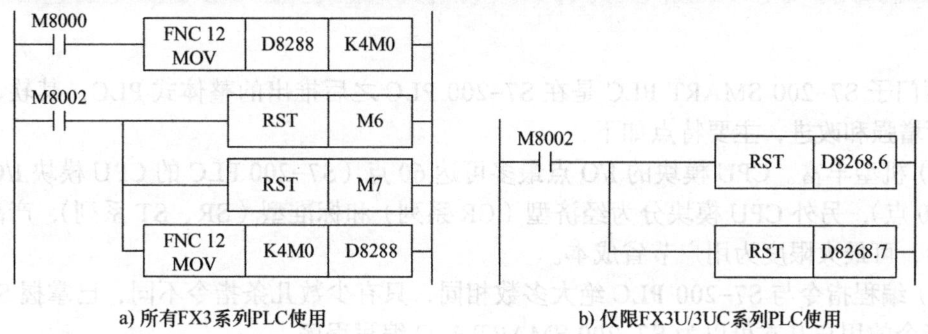

图 7-31　两种功能相同的 FX3U-4AD-PT-ADP 错误状态寄存器 b6、b7 位清 0 的程序

第 8 章

西门子 S7-200 SMART PLC 介绍

西门子 S7–200 SMART PLC 是在 S7–200 PLC 之后推出的整体式 PLC，其软、硬件都有所增强和改进，主要特点如下：

1）机型丰富。CPU 模块的 I/O 点最多可达 60 点（S7–200 PLC 的 CPU 模块 I/O 点最多为 40 点），另外 CPU 模块分为经济型（CR 系列）和标准型（SR、ST 系列），产品配置更灵活，可最大限度为用户节省成本。

2）编程指令与 S7–200 PLC 绝大多数相同，只有少数几条指令不同，已掌握 S7–200 PLC 指令的用户基本可以为 S7–200 SMART PLC 编写程序。

3）CPU 模块除了可以连接扩展模块外，还可以直接安装信号板，来增加更多的通信端口或少量的 I/O 点数。

4）CPU 模块除了有 RS–485 端口外，还增加了以太网端口（俗称网线端口），可以用普通的网线连接计算机的网线端口来下载或上传程序。CPU 模块也可以通过以太网端口与西门子触摸屏、其他带有以太网端口的西门子 PLC 等进行通信。

5）CPU 模块集成了 Micro SD 卡槽，用户可以使用市面上 Micro SD 卡（常用的手机存储卡）更新内部程序和升级 CPU 固件（类似手机的刷机）。

6）采用 STEP7–Micro/WIN SMART 编程软件，软件体积小（安装包不到 200MB），可免费安装使用，无需序列号，软件界面友好，操作更人性化。

8.1 PLC 硬件介绍

S7–200 SMART PLC 是一种类型 PLC 的统称，可以是一台 CPU 模块（又称主机单元、基本单元等），也可以是由 CPU 模块、信号板和扩展模块组成的系统，如图 8-1 所示，CPU 模块可以单独使用，而信号板和扩展模块不能独立使用，必须与 CPU 模块连接在一起才可使用。

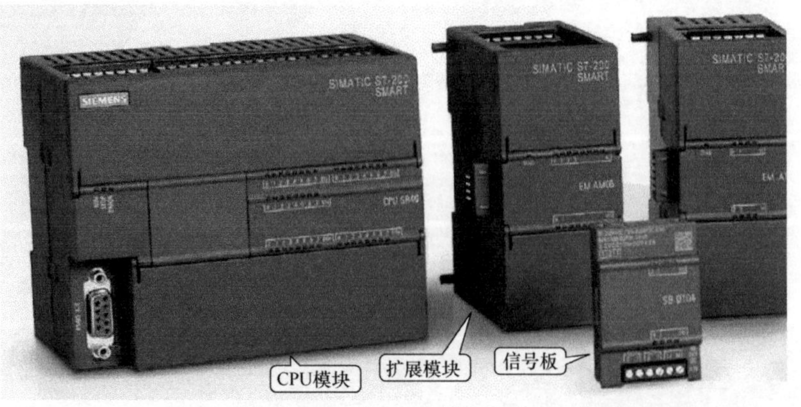

图 8-1　S7–200 SMART PLC 的 CPU 模块、信号板和扩展模块

8.1.1　两种类型的 CPU 模块

S7-200 SMART PLC 的 CPU 模块分为标准型和经济型两类，标准型具体型号有 SR20/SR30/SR40/SR60（继电器输出型）和 ST20/ST30/ST40/ST60（晶体管输出型），经济型只有继电器输出型（CR40/CR60），没有晶体管输出型。**S7-200 SMART 经济型 CPU 模块价格便宜，但只能单机使用，不能安装信号板，也不能连接扩展模块，由于只有继电器输出型，故无法实现高速脉冲输出。**

S7-200 SMART 两种类型 CPU 模块的主要功能比较见表 8-1。

表 8-1　S7-200 SMART 两种类型 CPU 模块的主要功能比较

S7-200 SMART CPU 模块	经济型		标准型							
	CR40	CR60	SR20	SR30	SR40	SR60	ST20	ST30	ST40	ST60
高速计数	4 路 100kHz		4 路 200kHz							
高速脉冲输出	不支持		不支持				2 路 100kHz	3 路 100kHz		
通信端口数量	2		2～4							
扩展模块数量	不支持扩展模块		6							
最大开关量 I/O	40	60	216	226	236	256	216	226	236	256
最大模拟量 I/O	无		49							

8.1.2　CPU 模块面板各部件说明

S7-200 SMART CPU 模块面板大同小异，图 8-2 所示为型号为 ST20 的标准型晶体管输出型 CPU 模块，该模块上有输入 / 输出端子、输入 / 输出指示灯、运行状态指示灯、通信状态指示灯、RS-485 和以太网通信端口、信号板安装插孔和扩展模块连接插口。

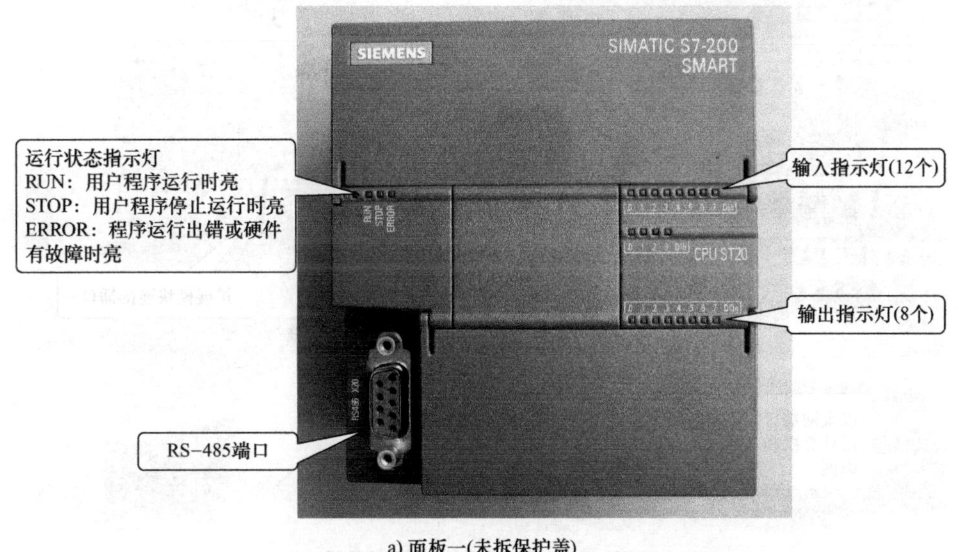

a) 面板一(未拆保护盖)

图 8-2　S7-200 SMART ST20 型 CPU 模块面板各部件说明

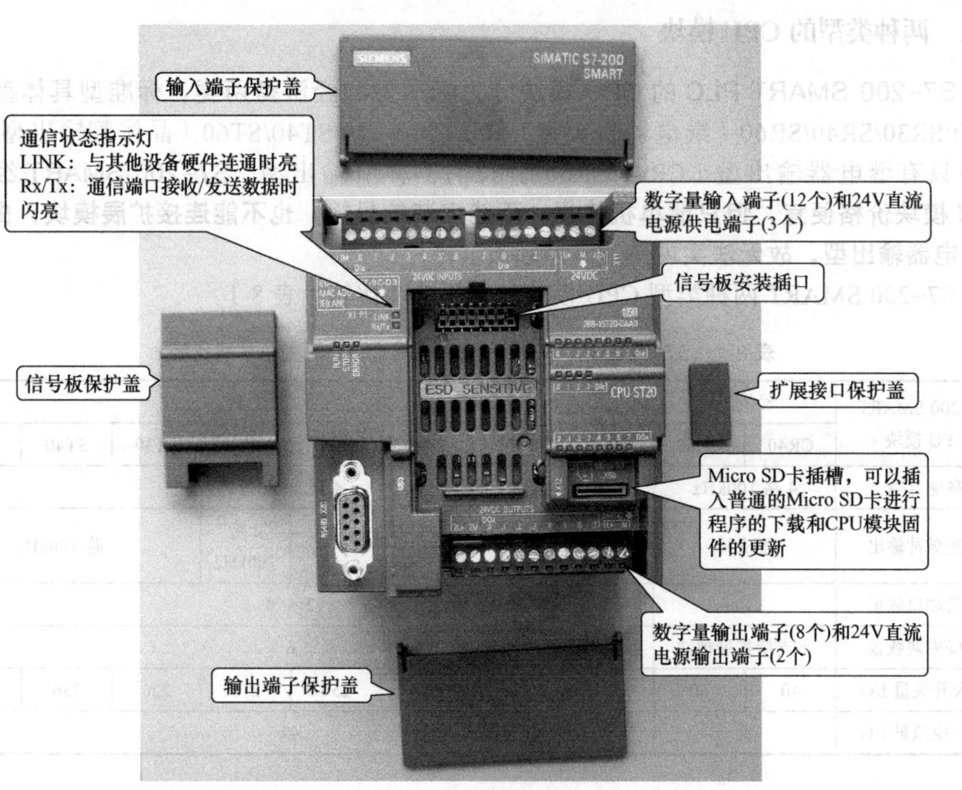

b) 面板二(拆下各种保护盖)

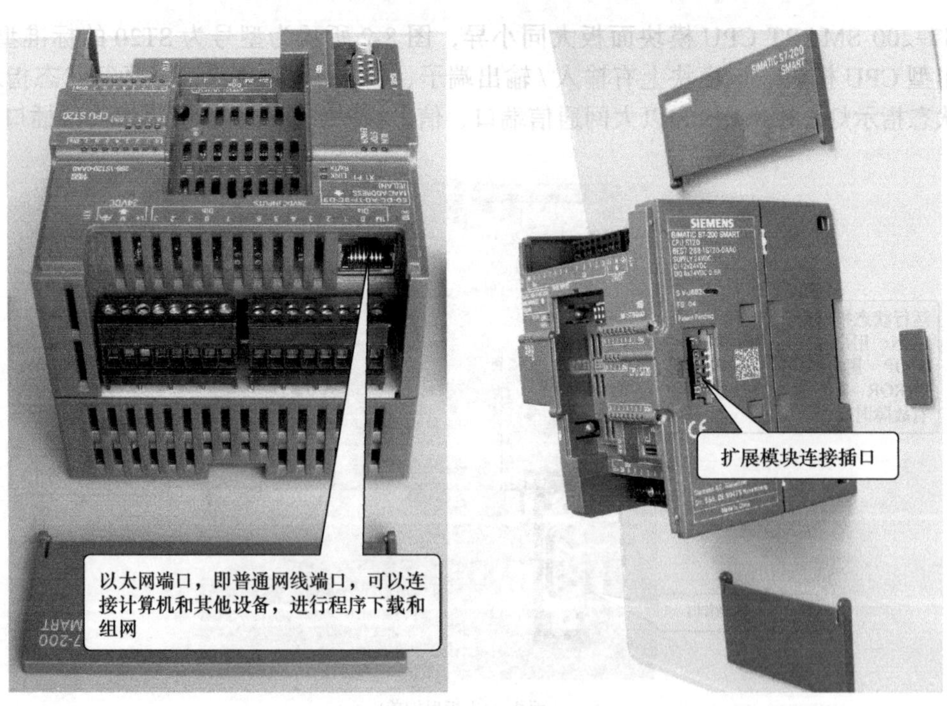

c) 面板三(以太网端口和扩展模块连接插口)

图 8-2　S7-200 SMART ST20 型 CPU 模块面板各部件说明（续）

8.1.3　CPU 模块的接线

1. 输入 / 输出端的接线方式

（1）输入端的接线方式　**S7-200 SMART PLC 的数字量（或称开关量）输入采用 24V 直流电压**，由于内部输入电路使用了双向发光二极管的光耦合器，故外部可采用两种接线方式，如图 8-3 所示，接线时可任意选择一种方式，实际接线时多采用图 8-3a 所示的漏型输入接线方式。

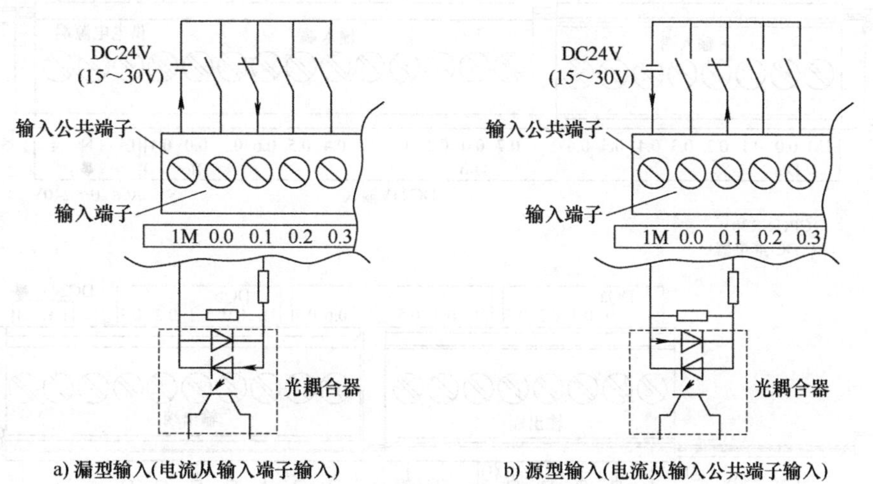

a) 漏型输入(电流从输入端子输入)　　b) 源型输入(电流从输入公共端子输入)

图 8-3　PLC 输入端的两种接线方式

（2）输出端的接线方式　**S7-200 SMART PLC 的数字量（或称开关量）输出有两种类型，即继电器输出型和晶体管输出型。**对于继电器输出型 PLC，外部负载电源可以是交流电源（5 ～ 250V），也可以是直流电源（5 ～ 30V）。对于晶体管输出型 PLC，外部负载电源必须是直流电源（20.4 ～ 28.8V），由于晶体管有极性，故电源正极必须接到输出公共端（1L+ 端，内部接到晶体管的漏极）。S7-200 SMART PLC 的两种类型数字量输出端的接线如图 8-4 所示。

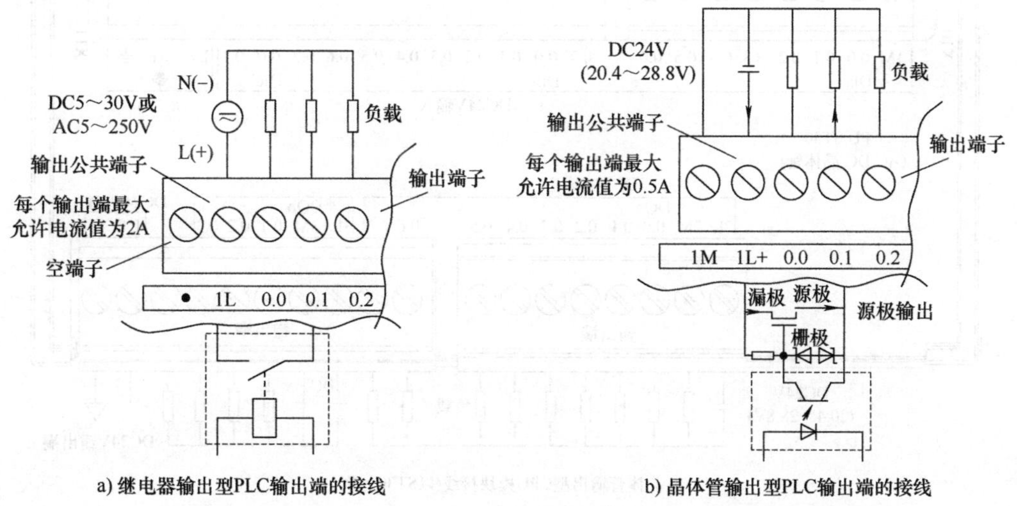

a) 继电器输出型PLC输出端的接线　　b) 晶体管输出型PLC输出端的接线

图 8-4　PLC 输出端的接线

2. CPU 模块的接线实例

S7-200 SMART PLC 的 CPU 模块型号很多，这里以 SR30 CPU 模块（30 点继电器输出型）和 ST30 CPU 模块（30 点晶体管输出型）为例进行说明，两者接线如图 8-5 所示。

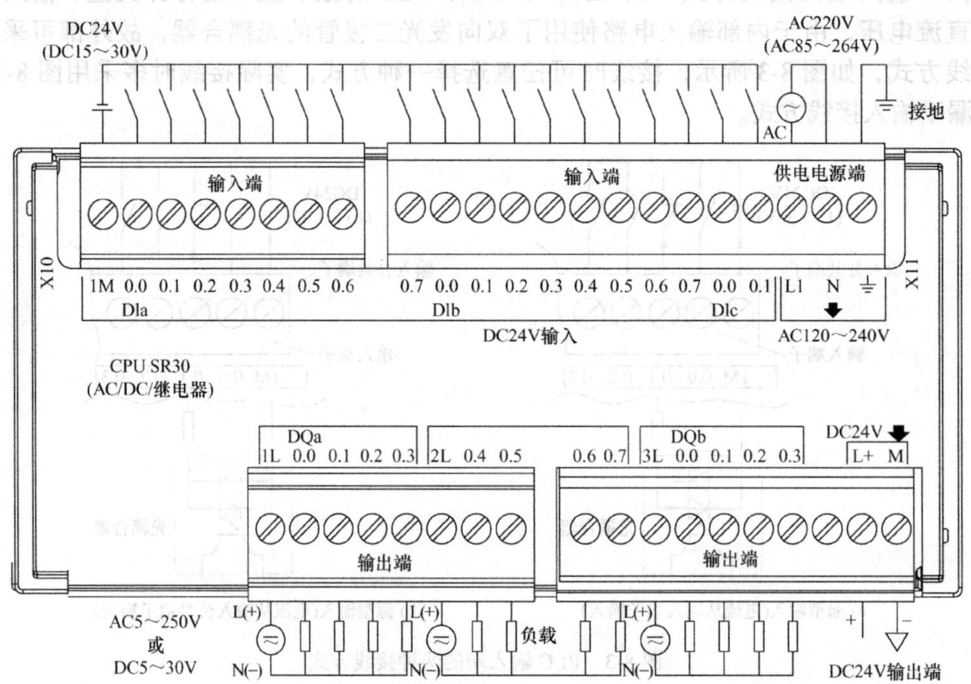

a) 继电器输出型CPU模块接线(以SR30为例)

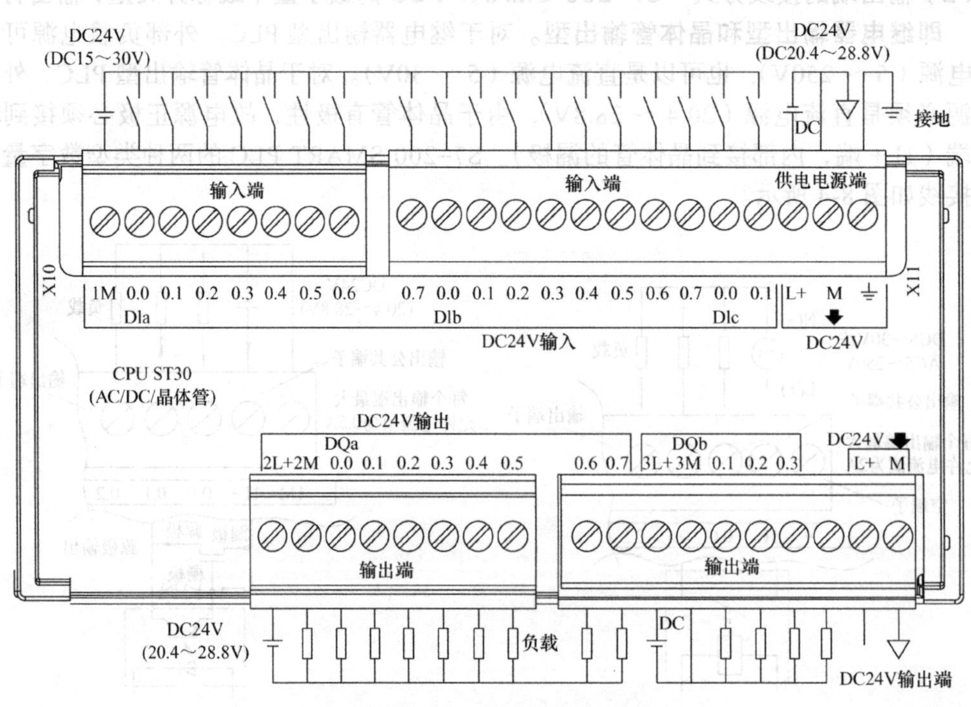

b) 晶体管输出型CPU模块接线(以ST30为例)

图 8-5 S7-200 SMART PLC CPU 模块的接线

8.1.4　信号板的安装使用与地址分配

S7-200 SMART CPU 模块上可以安装信号板，不会占用多余空间，安装、拆卸方便快捷。安装信号板可以给 CPU 模块扩展少量的 I/O 点数或扩展更多的通信端口。

1. 信号板的安装

S7-200 SMART CPU 模块上有一个专门安装信号板的位置，在安装信号板时先将该位置的保护盖取下来，可以看见信号板安装插孔，将信号板的插针对好插孔插入即可将信号板安装在 CPU 模块上。信号板的安装如图 8-6 所示。

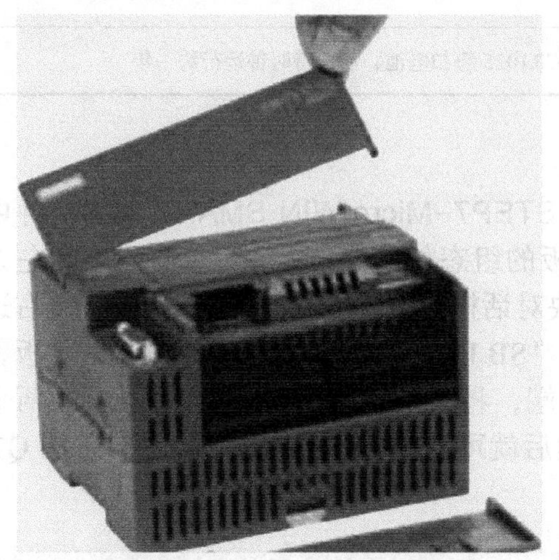

a) 拆下输入、输出端子的保护盖

b) 用一字螺钉旋具插入信号板保护盖旁的缺口，撬出信号板保护盖

c)将信号板的插针对好CPU模块上的信号板安装插孔并压入

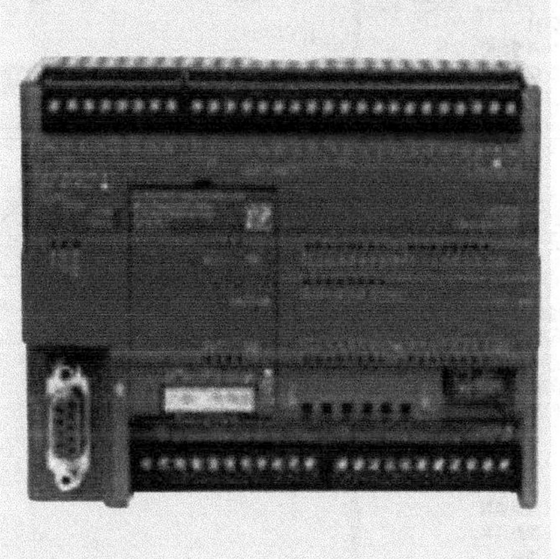

d) 信号板安装完成

图 8-6　信号板的安装

2. 常用信号板的型号

S7-200 SMART PLC 常用信号板型号及说明如下：

型号	规格	说明
SB DT04	2DI/2DO 晶体管输出	提供额外的数字量 I/O 扩展，支持两路数字量输入和两路数字量晶体管输出
SB AE01	1AI	提供额外的模拟量 I/O 扩展，支持一路模拟量输入，精度为 12 位
SB AQ01	1AO	提供额外的模拟量 I/O 扩展，支持一路模拟量输出，精度为 12 位
SB CM01	RS-232/RS-485	提供额外的 RS-232 或 RS-485 串行通信接口，在软件中简单设置即可实现转换
SB BA01	实时时钟保持	支持普通的 CR1025 纽扣电池，能保持时钟运行约一年

3. 信号板的使用与地址分配

在 CPU 模块上安装信号板后，还需要在 STEP7-Micro/WIN SMART 编程软件中进行设置（又称组态），才能使用信号板。信号板的组态如图 8-7 所示，在编程软件左方的项目树区域双击“系统块”，弹出图示的系统块对话框，选择“SB”项，并单击其右边的下拉按钮，会出现五个信号板选项，这里选择“SB DT04（2DI/2DI Transis）”信号板，系统自动将 I7.0、I7.1 分配给信号板的两个输入端，将 Q7.0、Q7.1 分配给信号板的两个输出端，再单击“确定”即完成信号板组态，然后就可以在编程时使用 I7.0、I7.1 和 Q7.0、Q7.1。

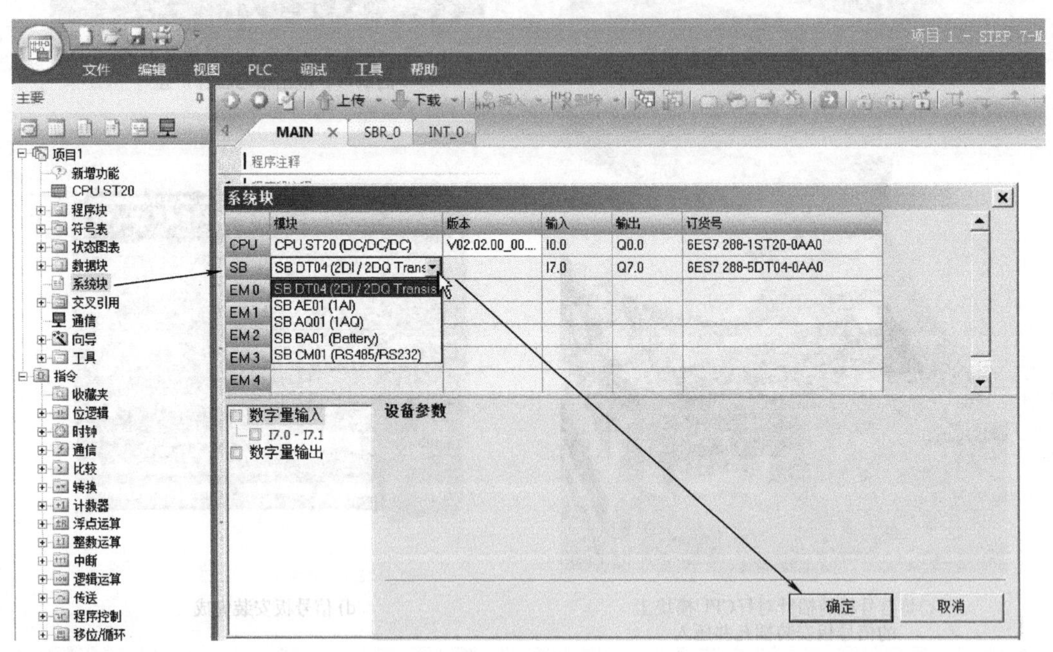

图 8-7 信号板的使用设置（组态）与自动地址分配

8.1.5 S7-200 SMART PLC 订货号的含义

西门子 PLC 一般会在设备上标注型号和订货号等内容，如图 8-8 所示，从这些内容可以了解一些设备信息。

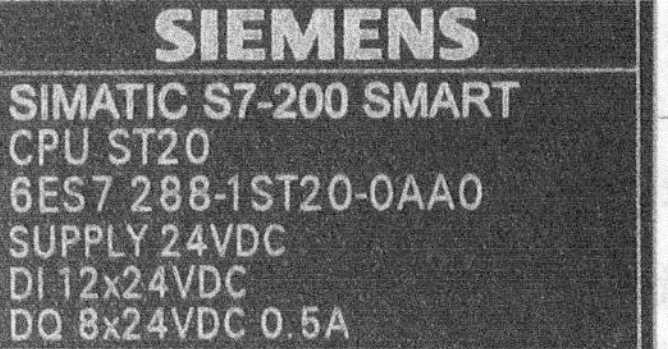

SIEMENS
SIMATIC S7-200 SMART
CPU ST20
6ES7 288-1ST20-0AA0
SUPPLY 24VDC
DI 12x24VDC
DQ 8x24VDC 0.5A

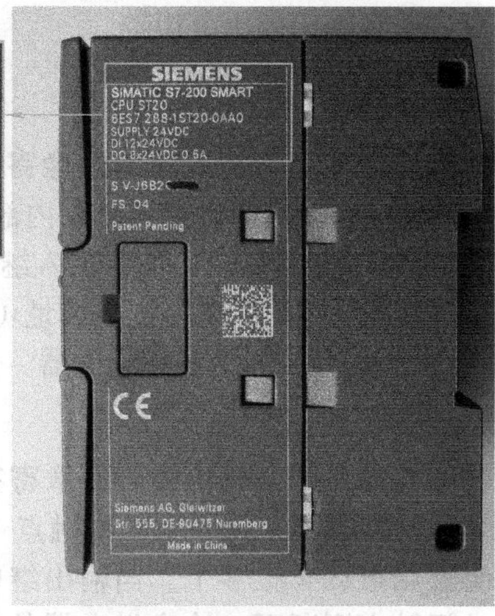

图 8-8　西门子 PLC 上标注的型号和订货号等信息

西门子 PLC 型号标识比较简单，反映出来的信息量少，更多的设备信息可以从 PLC 上标注的订货号来了解。西门子 S7-200 PLC 的订货号含义如下：

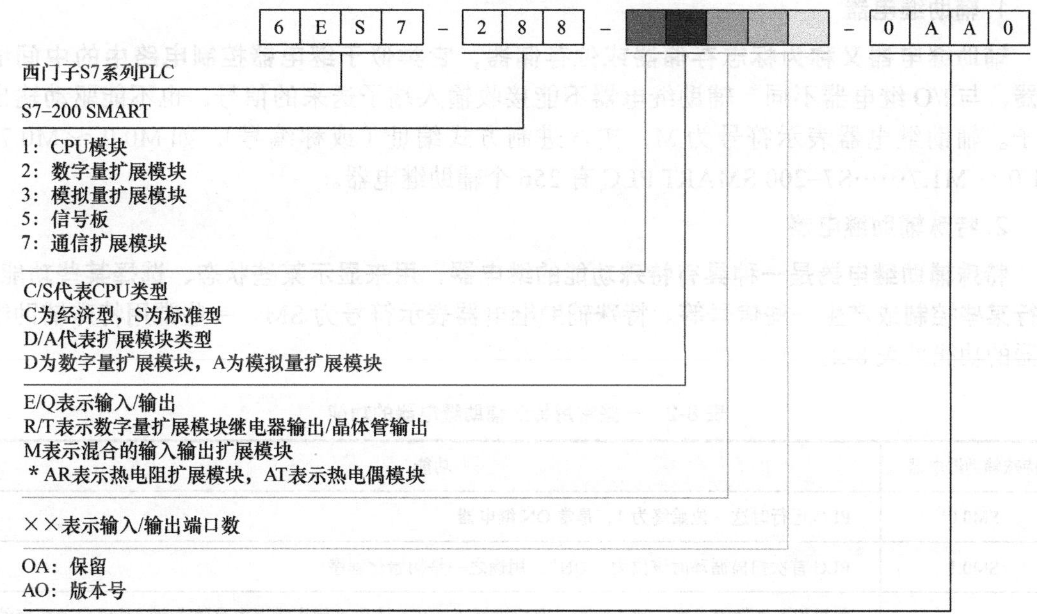

8.2 PLC 的软元件

PLC 是在继电器控制电路基础上发展起来的，继电器控制电路有时间继电器、中间继电器等，而 PLC 也有类似的器件，这些元件是以软件来实现的，故又称为软元件。**PLC 软元件主要有输入继电器、输出继电器、辅助继电器、定时器、计数器、模拟量输入寄存器和模拟量输出寄存器等。**

8.2.1 输入继电器和输出继电器

1. 输入继电器

输入继电器又称为输入过程映像寄存器，其状态与 PLC 输入端子的输入状态有关，当输入端子外接开关接通时，该端子内部对应的输入继电器状态为 ON（或称 1 状态），反之为 OFF（或称为 0 状态）。一个输入继电器可以有很多常闭触点和常开触点。输入继电器的表示符号为 I，按八进制方式编址（或称编号），如 I0.0 ～ I0.7、I1.0 ～ I0.7……S7-200 SMART PLC 有 256 个输入继电器。

2 输出继电器

输出继电器又称为输出过程映像寄存器，它通过输出电路来驱动输出端子的外接负载，一个输出继电器只有一个硬件触点（与输出端子连接的物理常开触点），而内部软常开、常闭触点可以有很多个。当输出继电器为 ON 时，其硬件触点闭合，软常开触点闭合，软常闭触点则断开。输出继电器的表示符号为 Q，按八进制方式编址（或称编号），如 Q0.0 ～ Q0.7、Q1.0 ～ Q1.7……S7-200 SMART PLC 有 256 个输出继电器。

8.2.2 辅助继电器、特殊辅助继电器和状态继电器

1. 辅助继电器

辅助继电器又称为标志存储器或位存储器，它类似于继电器控制电路中的中间继电器，与 I/O 继电器不同，辅助继电器不能接收输入端子送来的信号，也不能驱动输出端子。辅助继电器表示符号为 M，按八进制方式编址（或称编号），如 M0.0 ～ M0.7、M1.0 ～ M1.7……S7-200 SMART PLC 有 256 个辅助继电器。

2. 特殊辅助继电器

特殊辅助继电器是一种具有特殊功能的继电器，用来显示某些状态、选择某些功能、进行某些控制或产生一些信号等。特殊辅助继电器表示符号为 SM。一些常用特殊辅助继电器的功能见表 8-2。

表 8-2 一些常用特殊辅助继电器的功能

特殊辅助继电器	功能
SM0.0	PLC 运行时这一位始终为 1，是常 ON 继电器
SM0.1	PLC 首次扫描循环时该位为“ON”，用途之一是初始化程序
SM0.2	如果保留性数据丢失，则该位为一次扫描循环打开，该位可用作错误内存位或激活特殊启动顺序的机制
SM0.3	从电源开启进入 RUN（运行）模式时，该位为一次扫描循环打开，该位可用于在启动操作之前提供机器预热时间
SM0.4	该位提供时钟脉冲，该脉冲在 1min 的周期时间内 OFF（关闭）30s，ON（打开）30s，该位提供便于使用的延迟或 1min 时钟脉冲
SM0.5	该位提供时钟脉冲，该脉冲在 1s 的周期时间内 OFF（关闭）0.5s，ON（打开）0.5s，该位提供便于使用的延迟或 1s 时钟脉冲
SM0.6	该位是扫描循环时钟，本次扫描打开，下一次扫描关闭，该位可用作扫描计数器输入

（续）

特殊辅助继电器	功能
SM0.7	该位表示“模式”开关的当前位置（关闭 =“终止”位置，打开 =“运行”位置），开关位于 RUN(运行）位置时，可以使用该位启用自由端口模式，可使用转换至“终止”位置的方法重新启用带 PC/ 编程设备的正常通信
SM1.0	执行某些指令，使操作结果为零时，该位为“ON”
SM1.1	执行某些指令，出现溢出结果或检测到非法数字数值时，该位为“ON”
SM1.2	执行某些指令，数学操作产生负结果时，该位为“ON”

3. 状态继电器

状态继电器（S）又称为顺序控制继电器，是编制顺序控制程序的重要器件，它通常与顺控指令（又称步进指令）一起使用以实现顺序控制功能。状态继电器的表示符号为 S。

8.2.3　定时器、计数器和高速计数器

1. 定时器

定时器是一种按时间动作的继电器，相当于继电器控制系统中的时间继电器。一个定时器可有很多常开触点和常闭触点，其定时单位有 1ms、10ms、100ms 三种。定时器表示符号为 T。S7-200 SMART PLC 有 256 个定时器，其中断电保持型定时器有 64 个。

2. 计数器

计数器是一种用来计算输入脉冲个数并产生动作的继电器，一个计数器可以有很多常开触点和常闭触点。计数器可分为递加计数器、递减计数器和双向计数器（又称递加 / 递减计数器）。计数器表示符号为 C。S7-200 SMART PLC 有 256 个计数器。

3. 高速计数器

一般的计数器的计数速度受 PLC 扫描周期的影响，不能太快。而**高速计数器可以对比 PLC 扫描速度更快的事件进行计数。**高速计数器的当前值是一个双字（32 位）的整数，且为只读值。高速计数器表示符号为 HC。S7-200 SMART PLC 有四个高速计数器。

8.2.4　累加器、变量存储器和局部变量存储器

1. 累加器

累加器是用来暂时存储数据的寄存器，可以存储运算数据、中间数据和结果。累加器表示符号为 AC。S7-200 SMART PLC 有四个 32 位累加器（AC0 ～ AC3）。

2. 变量存储器

变量存储器主要用于存储变量。它可以存储程序执行过程中的中间运算结果或设置参数。变量存储器表示符号为 V。

3. 局部变量存储器

局部变量存储器主要用来存储局部变量。局部变量存储器与变量存储器很相似，主要区别在于后者存储的变量全局有效，即全局变量可以被任何程序（主程序、子程序和中

断程序）访问，而局部变量只是局部有效，局部变量存储器一般用在子程序中。局部变量存储器的表示符号为 L。S7-200 SMART PLC 有 64 个字节（一个字节由 8 位组成）的局部变量存储器。

8.2.5 模拟量输入寄存器和模拟量输出寄存器

模拟量输入端子送入的模拟信号经模 / 数转换电路转换成一个字（一个字由 16 位组成，可用 W 表示）的数字量，该数字量存入一个模拟量输入寄存器。模拟量输入寄存器的表示符号为 AI，其编号以字（W）为单位，故必须采用偶数形式，如 AIW0、AIW2、AIW4……

一个模拟量输出寄存器可以存储一个字的数字量，该数字量经数 / 模转换电路转换成模拟信号从模拟量输出端子输出。模拟量输出寄存器的表示符号为 AQ，其编号以字为（W）单位，采用偶数形式，如 AQW0、AQW2、AQW4……

S7-200 SMART PLC 有 56 个字的 AI 和 56 个字的 AQ。

第 9 章

S7-200 SMART PLC 编程软件的使用

STEP 7-Micro/WIN SMART 是 S7-200 SMART PLC 的编程组态软件，可在 Windows XP SP3、Windows 7 操作系统上运行，支持梯形图（LAD）、语句表（STL）、功能块图（FBD）编程语言，部分语言程序之间可自由转换，该软件的安装文件不到 200 MB。在继承 STEP 7-Micro/WIN 软件（S7-200 PLC 的编程软件）优点的同时，增加了更多的人性化设计，使编程更加容易上手、项目开发更加高效。本章介绍目前最新的 STEP 7 MicroWIN SMART V2.2 版本。

9.1 软件的安装与软件窗口介绍

9.1.1 软件的安装与启动

1. 软件的安装

STEP 7-Micro/WIN SMART 软件的安装文件体积不到 200MB，安装时不需要序列号。**为了使软件安装能顺利进行，建议在安装软件前关闭计算机的安全防护软件。**STEP 7-Micro/WIN SMART 软件的安装如图 9-1 所示。

a) 在软件安装文件中双击“setup.exe”文件并在弹出的对话框中选择“中文(简体)”

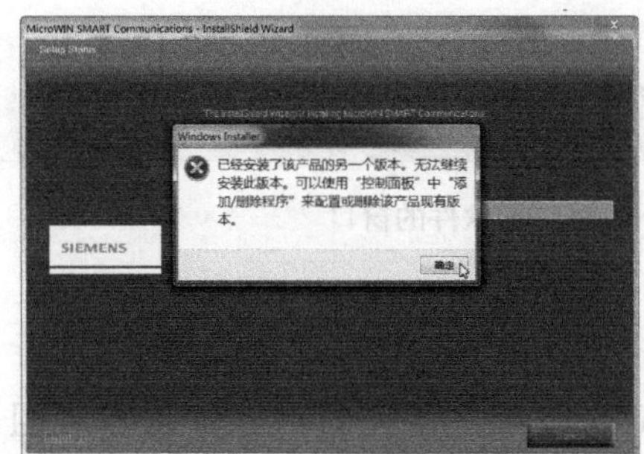

b) 单击“确定”按钮继续安装

c) 提示软件安装完成

图 9-1　STEP 7-Micro/WIN SMART 软件的安装

2. 软件的启动

STEP 7-Micro/WIN SMART 软件启动可采用两种方法：一是直接双击计算机桌面上的“STEP 7-Micro/WIN SMART”图标，如图 9-2a 所示；二是从开始菜单启动，如图 9-2b 所示。STEP 7-Micro/WIN SMART 软件启动后，其软件窗口如图 9-3 所示。

a) 双击计算机桌面上的软件图标启动软件

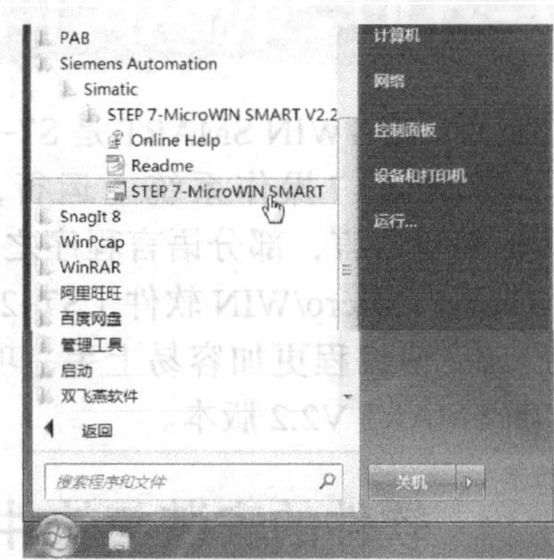

b) 从开始菜单启动软件

图 9-2　STEP 7-Micro/WIN SMART 软件的启动

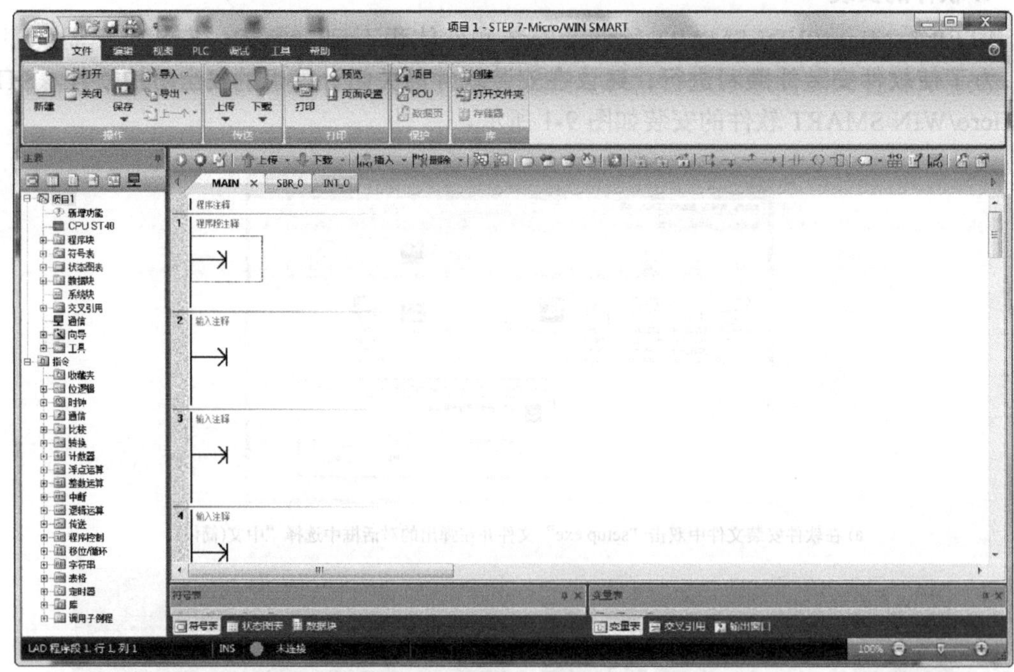

图 9-3　STEP 7-Micro/WIN SMART 软件的窗口

9.1.2　软件窗口组件说明

图 9-4 所示为 STEP 7-Micro/WIN SMART 软件窗口，下面对软件窗口各组件进行说明。

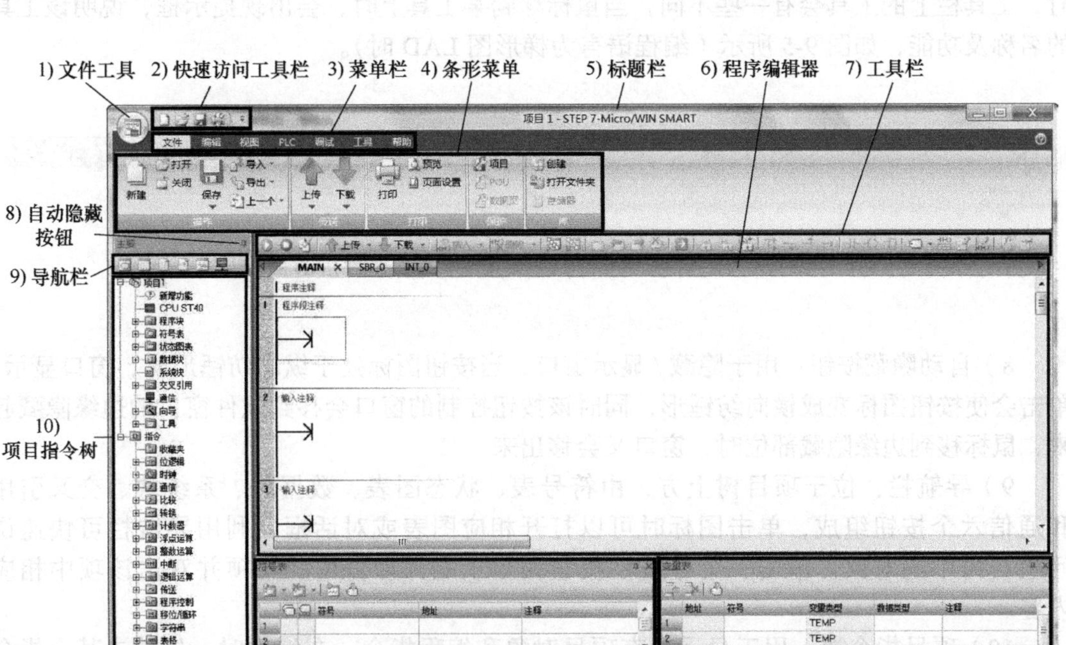

图 9-4　STEP 7-Micro/WIN SMART 软件窗口的组成部件

1）文件工具：是“文件”菜单的快捷按钮，单击后会出现纵向文件菜单，提供最常用的新建、打开、另存为、关闭等选项。

2）快速访问工具栏：有五个图标按钮，分别为新建、打开、保存和打印工具，单击右边的倒三角小按钮会弹出菜单，可以进行定义更多的工具、更改工具栏的显示位置、最小化功能区（即最小化下方的横条形菜单）等操作。

3）菜单栏：由“文件”“编辑”“视图”“PLC”“调试”“工具”和“帮助”七个菜单组成，单击某个菜单，该菜单所有的选项会在下方的横向条形菜单区显示出来。

4）条形菜单：以横向条形方式显示菜单选项，当前内容为“文件”菜单的选项，在菜单栏单击不同的菜单，条形菜单内容会发生变化。在条形菜单上单击右键会弹出菜单，选择“最小化功能区”即可隐藏条形菜单以节省显示空间，单击菜单栏的某个菜单，条形菜单会显示出来，然后又会自动隐藏。

5）标题栏：用于显示当前项目的文件名称。

6）程序编辑器：用于编写 PLC 程序，单击左上方的“MAIN”“SBR_0”“INT_0”可以切换到主程序编辑器、子程序编辑器和中断程序编辑器，默认打开主程序编辑器（MAIN），编程语言为梯形图（LAD），单击菜单栏的“视图”，再单击条形菜单区的“STL”，则将编程语言设为指令语句表（STL），单击条形菜单区的“FBD”，就将编程语言设为功能块图（FBD）。

7）工具栏：提供了一些常用的工具，使操作更快捷，程序编辑器处于不同编程语言时，工具栏上的工具会有一些不同，当鼠标移到某工具上时，会出现提示框，说明该工具的名称及功能，如图 9-5 所示（编程语言为梯形图 LAD 时）。

图 9-5　工具栏的各个工具（编程语言为梯形图 LAD 时）

8）自动隐藏按钮：用于隐藏 / 显示窗口，当按钮图标处于纵向纺锤形时，窗口显示，单击会使按钮图标变成横向纺锤形，同时该按钮控制的窗口会移到软件窗口的边缘隐藏起来，鼠标移到边缘隐藏部位时，窗口又会移出来。

9）导航栏：位于项目树上方，由符号表、状态图表、数据块、系统块、交叉引用和通信六个按钮组成，单击图标时可以打开相应图表或对话框。利用导航栏可快速访问项目树中的对象，单击一个导航栏按钮相当于展开项目树的某项并双击该项中相应内容。

10）项目指令树：用于显示所有项目对象和编程指令。在编程时，先单击某个指令包前的“+”号，可以看到该指令包内所有的指令，可以采用拖放的方式将指令移到程序编辑器中，也可以双击指令将其插入程序编辑器当前光标所在位置。执行操作项目对象采用双击方式，对项目对象进行更多的操作可采用右键菜单来实现。

11）状态栏：用于显示光标在窗口的行列位置、当前编辑模式（INS 为插入，OVER 为覆盖）和计算机与 PLC 的连接状态等。在状态栏上单击右键，在弹出的右键菜单中可设置状态栏的显示内容。

12）符号表 / 状态图表 / 数据块窗口：以重叠的方式显示符号表、状态图表和数据块窗口，单击窗口下方的选项卡可切换不同的显示内容，当前窗口显示的为符号表中的符号表，单击符号表下方的选项卡，可以切换到其他表格（如系统符号表、I/O 符号表）。单击该窗口右上角的纺锤形按钮，可以将窗口隐藏到左下角。

13）变量表 / 交叉引用 / 输出窗口：以重叠的方式显示变量表、交叉引用和输出窗口，单击窗口下方的选项卡可切换不同的显示内容，当前窗口显示的为变量表。单击该窗口右上角的纺锤形按钮，可以将窗口隐藏到左下角。

14）梯形图缩放工具：用于调节程序编辑器中的梯形图显示大小，可以单击“+”“–”按钮来调节大小，每单击一次，显示大小改变 5%，调节范围为 50% ～ 150%，也可以拖动滑块来调节大小。

在使用 STEP 7–Micro/WIN SMART 软件过程中，可能会使窗口组件排列混乱，这时可进行视图复位操作，将各窗口组件恢复到安装时的状态。视图恢复操作如图 9-6 所示，单击菜单栏的“视图”，在下方的横向条形菜单中单击“组件”的下拉按钮，在弹出的菜单中选择“复位视图”，然后关闭软件并重新启动即可各窗口组件恢复到初始状态。符号表 / 状态图表 / 数据块窗口和变量表 / 交叉引用 / 输出窗口初始时只显示选项卡部分，需要用鼠标向上拖动程序编辑器下边框才能使其显示出来，如图 9-7 所示。

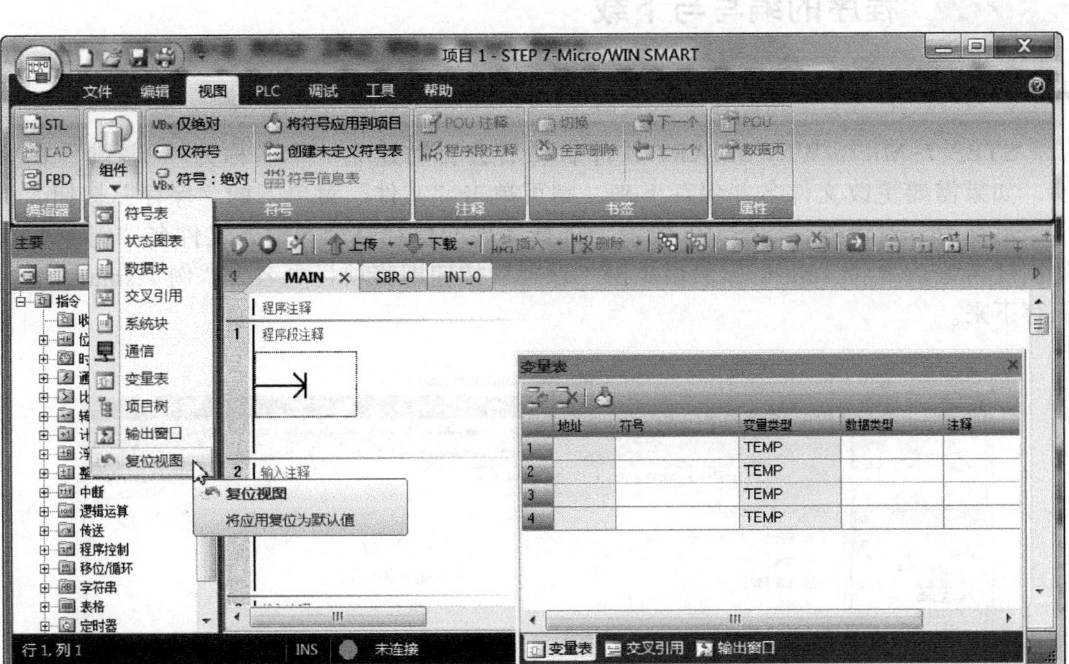

图 9-6　执行视图复位操作使窗口各组件恢复到初始状态

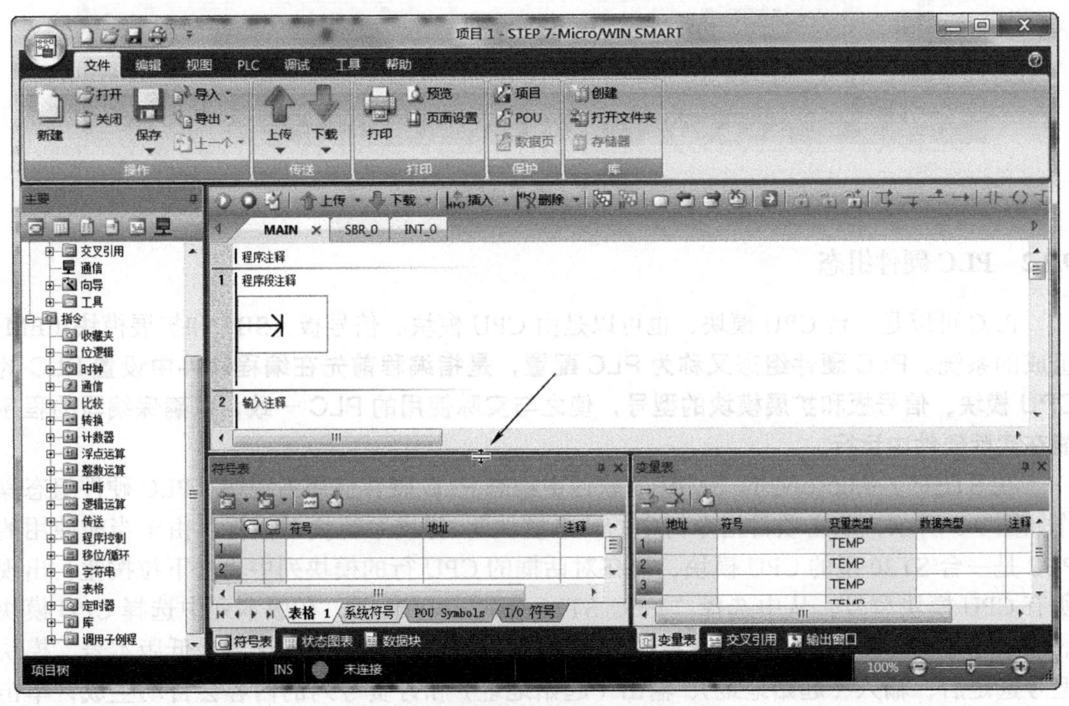

图 9-7　用拖动窗口边框来调节显示区域

9.2 程序的编写与下载

9.2.1 项目创建与保存

STEP 7-Micro/WIN SMART 软件启动后会自动建立一个名称为“项目 1”的文件，如果需要更改文件名并保存下来，则可单击“文件”菜单下的“保存”按钮，弹出“另存为”对话框，如图 9-8 所示，选择文件的保存路径再输入文件名“例 1”，文件扩展名默认为“.smart”，然后单击“保存”按钮即将项目更名为“例 1.smart”，并保存下来。

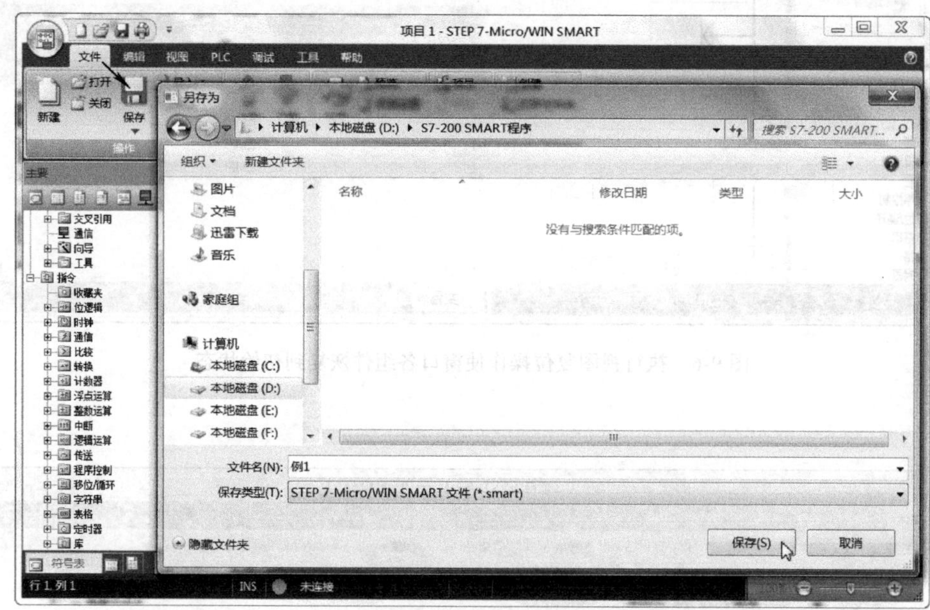

图 9-8　项目的保存

9.2.2 PLC 硬件组态

PLC 可以是一台 CPU 模块，也可以是由 CPU 模块、信号板（SB）和扩展模块（EM）组成的系统。**PLC 硬件组态又称为 PLC 配置，是指编程前先在编程软件中设置 PLC 的 CPU 模块、信号板和扩展模块的型号，使之与实际使用的 PLC 一致，以确保编写的程序能在实际硬件中运行。**

在 STEP 7-Micro/WIN SMART 软件中组态 PLC 硬件使用系统块。PLC 硬件组态操作如图 9-9 所示，双击项目指令树中的“系统块”，弹出系统块对话框，由于当前使用的 PLC 是一台 ST20 型的 CPU 模块，故在对话框的 CPU 行的模块列中单击下拉按钮，出现所有 CPU 模块型号，从中选择“CPU ST20（DC/DC/DC）”，在版本列中选择 CPU 模块的版本号（实际模块上有版本号标注），如果不知道版本号，则可选择最低版本号，模块型号选定后，输入（起始地址）、输出（起始地址）和订货号列的内容会自动生成，单击“确定”按钮即完成了 PLC 硬件组态。

如果 CPU 模块上安装了信号板，那么还需要设置信号板的型号，在 SB 行的模块列空白处单击，会出现下拉按钮，单击下拉按钮，会出现所有信号板型号，从中选择正确的型号，再在 SB 行的版本列选择信号板的版本号，输入、输出和订货号列的内容也会自动生成。如果 CPU 模块还连接了多台扩展模块（EM），则可根据连接的顺序用同样的方法在 EM1、EM2……列设置各个扩展模块。选中某行的模块列，按下键盘上的“Delete（删除）”键，可以将该行模块列的设置内容删掉。

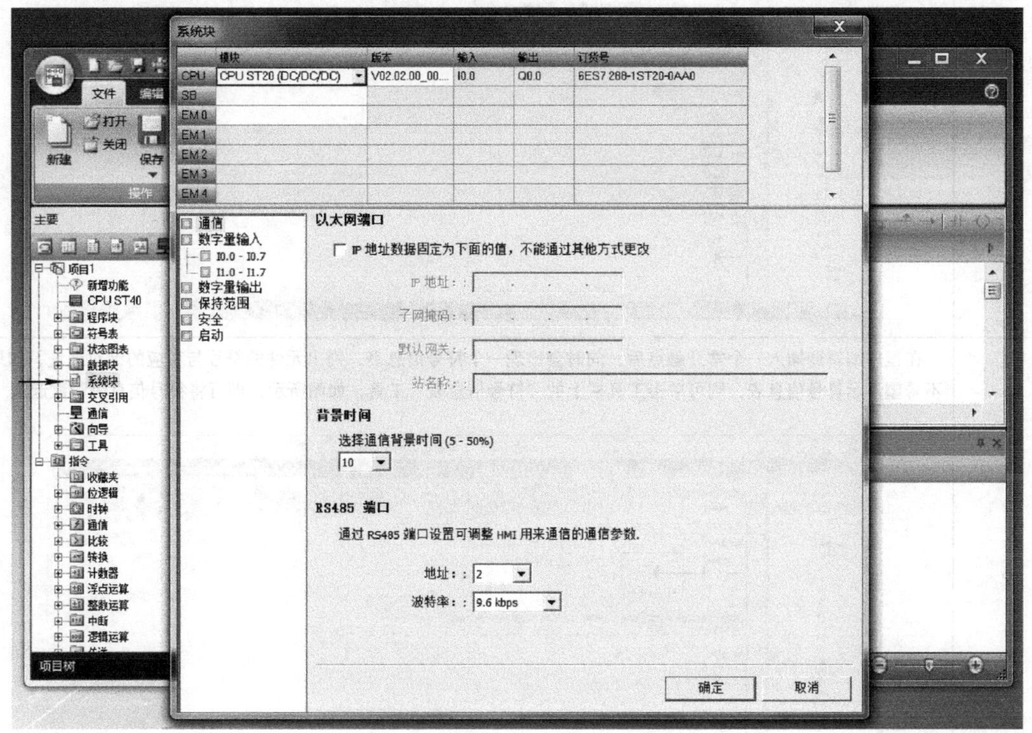

图 9-9　PLC 硬件组态（配置）

9.2.3　程序的编写

下面以编写图 9-10 所示的程序为例来说明如何在 STEP 7-Micro/WIN SMART 软件中编写梯形图程序。梯形图程序的编写过程见表 9-1。

I0.0　I0.1　I0.2　Q0.0
Q0.0
T37
IN　TON
50　PT　100ms
T37　Q0.1

图 9-10　待编写的梯形图程序

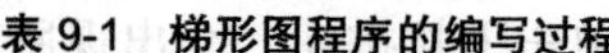

表 9-1　梯形图程序的编写过程

序号	操作说明
1	在 STEP 7-Micro/WIN SMART 软件的项目指令树中，展开位逻辑指令，双击其中的常开触点，如图所示，程序编辑器的光标位置马上插入一个常开触点，并出现下拉菜单，可以从中选择触点的符号，其中符号“CPU 输入 0”对应着 I0.0（绝对地址），也可以直接输入 I0.0，回车后即插入一个 I0.0 常开触点 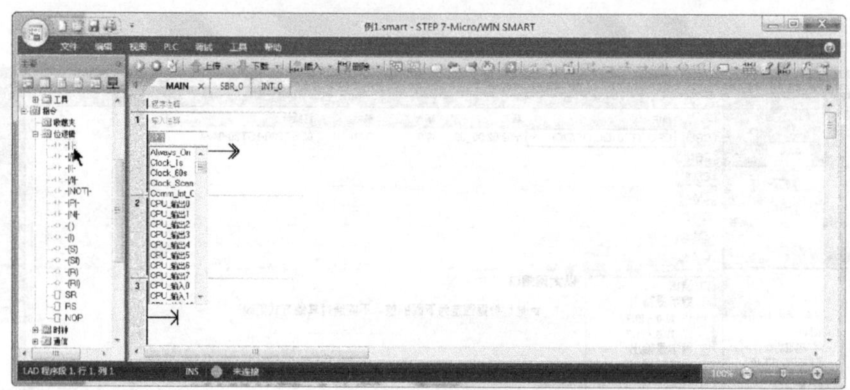
2	在程序编辑器插入一个常开触点后，同时会出现一个符号信息表，列出元件的符号与对应的绝对地址，如果不希望显示符号信息表，则可单击工具栏上的“符号信息表”工具，如图所示，即可将符号信息表隐藏起来 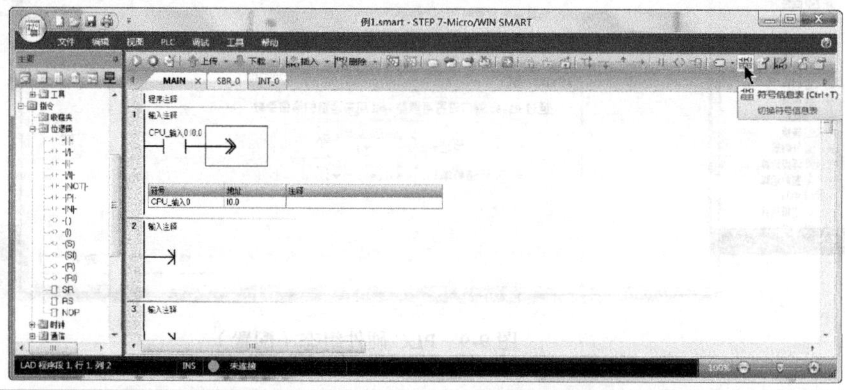
3	梯形图程序的元件默认会同时显示符号和绝对地址，如果仅希望显示绝对地址，则可单击工具栏上的“切换寻址”工具旁边的下拉按钮，在下拉菜单中选择“仅绝对”，如图所示，这样常开触点旁只显示“I0.0”，“CPU 输入 0”不会显示 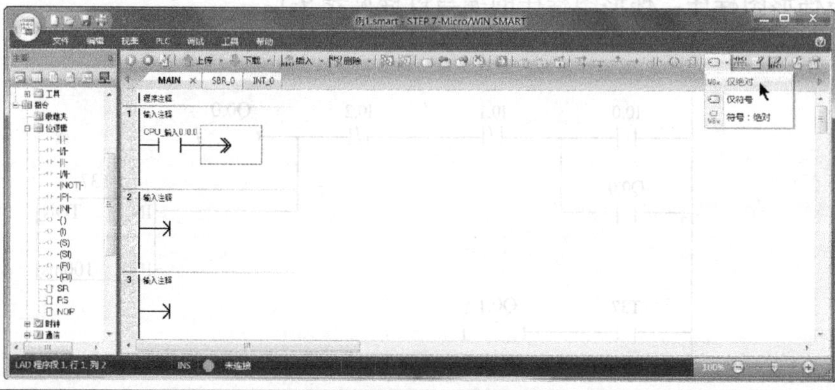

（续）

序号	操作说明
4	在项目指令树中双击位逻辑指令的常闭触点，在 I0.0 常开触点之后插入一个常闭触点，如图所示，再输入触点的绝对地址 I0.1，或在下拉菜单中选择触点的符号“CPU 输入 1”，回车后即生成一个 I0.1 常闭触点 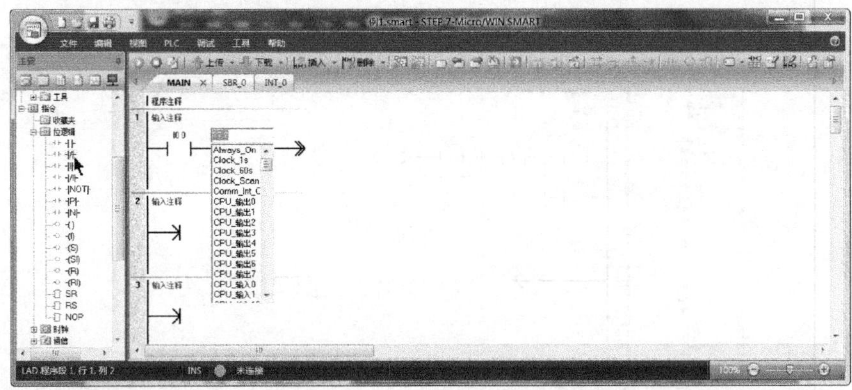
5	用同样的方法在 I0.1 常闭触点之后插入一个 I0.2 常闭触点，然后在项目指令树中双击位逻辑指令的输出线圈，在 I0.2 常闭触点之后插入一个线圈，如图所示，再输入触点的绝对地址 Q0.0，或在下拉菜单中选择线圈的符号“CPU 输出 0”，回车后即生成一个 Q0.0 线圈 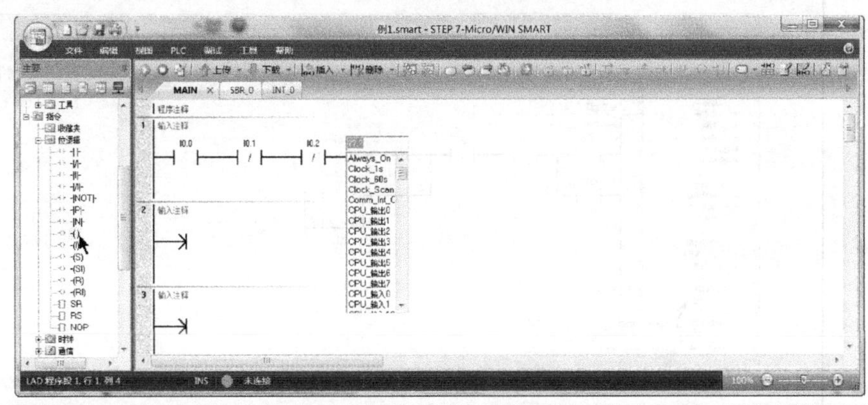
6	在 I0.0 常开触点下方插入一个 Q0.0 常开触点，然后单击工具栏上的“插入向上垂直线”，如图所示，就会在 Q0.0 触点右边插入一根向上垂直线，与 I0.0 触点右边的线连接起来 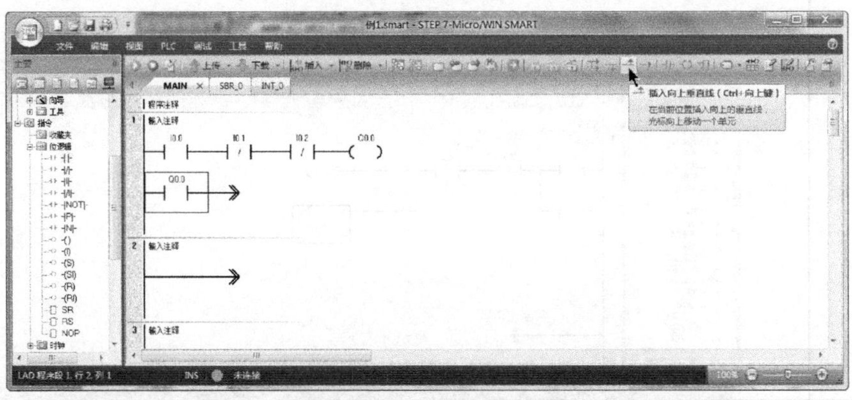

（续）

序号	操作说明
7	将光标定位在 I0.2 常开触点上，然后单击工具栏上的“插入分支”工具，如图所示，会在 I0.2 触点右边向下插入一根向下分支线 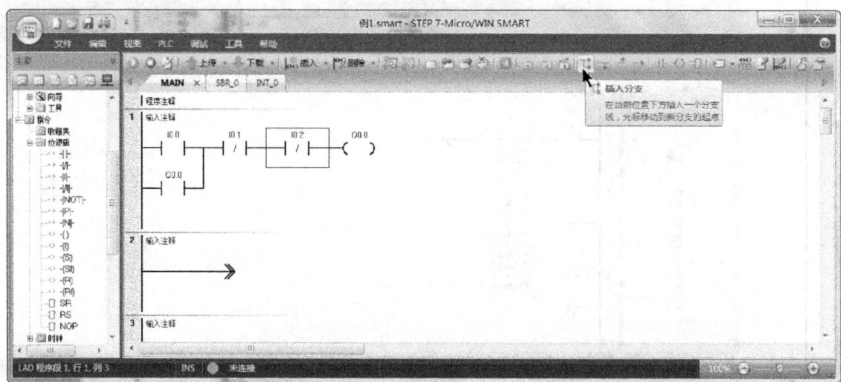
8	将光标定位在向下分支线箭头处，然后在项目指令树中展开定时器，双击其中的 TON（接通延时定时器），在向下分支线右边插入一个定时器元件，如图所示 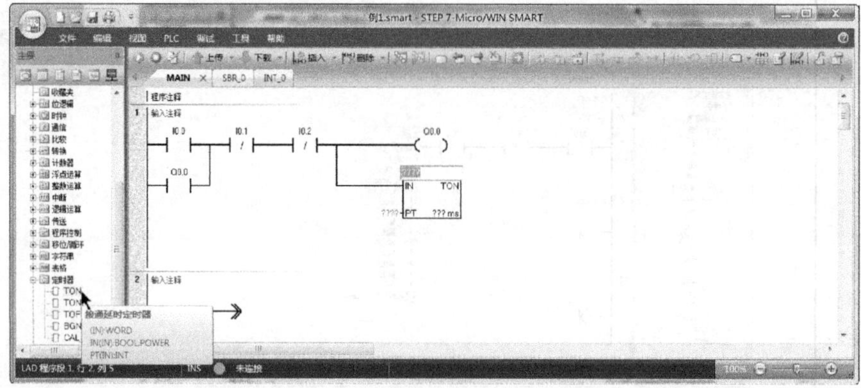
9	在定时器元件上方输入定时器地址 T37，在定时器元件左下角输入定时值 50，T37 是一个 100ms 的定时器，其定时时间为 50×100ms=5000ms=5s 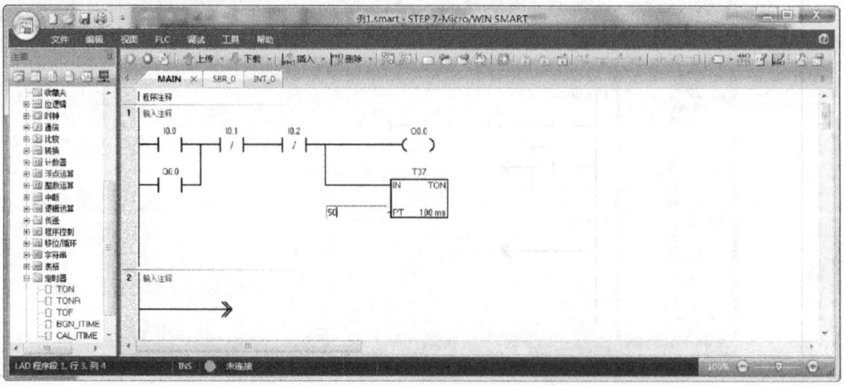

（续）

序号	操作说明
10	在程序段 2 插入一个 T37 常开触点和一个 Q0.1 线圈，如图所示
11	程序编写完成后，可以对其进行编译。梯形图程序是一种图形化的程序，PLC 不能读懂这种程序，编译就是将梯形图程序翻译成 PLC 可以接收代码，编译还可以检查程序是否有错误。在编译时，单击工具栏上的“编译”工具，如图所示，编程软件马上对梯形图程序进行编译 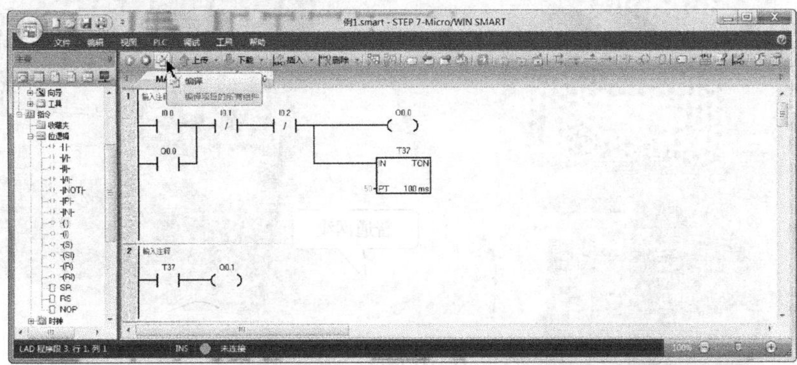
12	程序编译时，在编程软件窗口下方会出现一个输出窗口，窗口中会有一些编译信息，如图所示，如果窗口有“0 个错误，0 个警告”，则表明编写的程序在语法上没有错误；如果提示有错误，那么通常会有出错位置信息显示，找到错误并改正后，再重新编译，直到无错误和警告为止 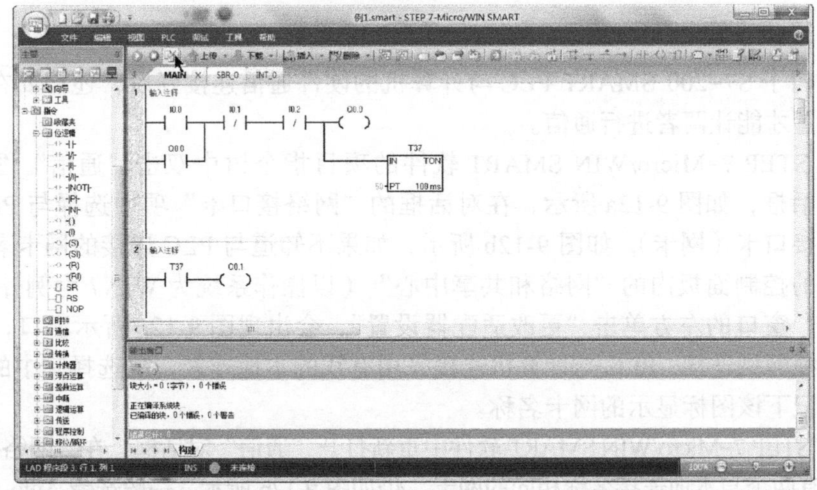

9.2.4 PLC 与计算机的连接与通信设置

在计算机中用 STEP 7-Micro/WIN SMART 软件编写好 PLC 程序后，如果要将程序写入 PLC（又称下载程序），则必须用通信电缆将 PLC 与计算机连接起来，并进行通信设置，让两者建立软件上的通信连接。

1. PLC 与计算机的硬件通信连接

西门子 S7-200 SMART CPU 模块上有以太网端口（俗称网线接口，RJ45 接口），该端口与计算机上的网线端口相同，两者使用普通市售网线连接起来，另外，PLC 与计算机通信时 PLC 需要接通电源。西门子 S7-200 SMART PLC 与计算机的硬件通信连接如图 9-11 所示。

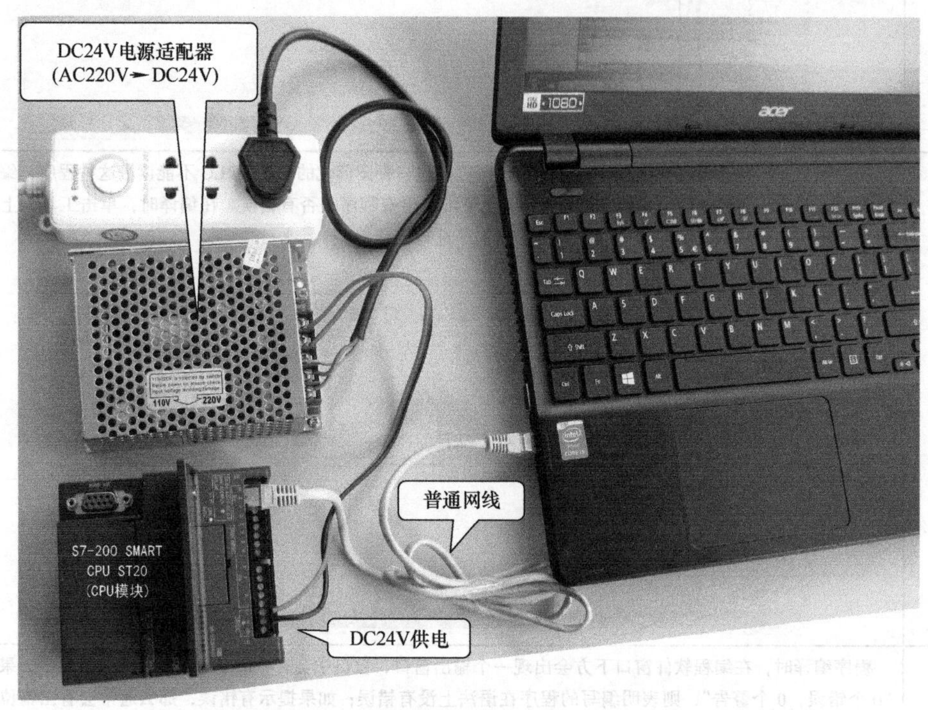

图 9-11　西门子 S7-200 SMART PLC 与计算机的硬件通信连接

2. 通信设置

西门子 S7-200 SMART PLC 与计算机的硬件通信连接好后，还需要在计算机中进行通信设置才能让两者进行通信。

在 STEP 7-Micro/WIN SMART 软件的项目指令树中双击“通信”图标，弹出“通信”对话框，如图 9-12a 所示，在对话框的“网络接口卡”项中选择与 PLC 连接的计算机网络接口卡（网卡），如图 9-12b 所示，如果不知道与 PLC 连接的网卡名称，则可打开计算机的控制面板内的“网络和共享中心”（以操作系统为 WIN7 为例），在“网络和共享中心”窗口的左方单击“更改适配器设置”，会出现图 9-12c 所示窗口，显示当前计算机的各种网络连接，PLC 与计算机连接采用有线的本地连接，故选择其中的“本地连接”，查看并记下该图标显示的网卡名称。

在 STEP 7-Micro/WIN SMART 软件中重新打开“通信”对话框，在“网络接口卡”选项中可看到有两个与本地连接名称相同的网卡，仍如图 9-12b 所示，一般选带 Auto（自动）的那个，选择后系统会自动搜索该网卡连接的 PLC，搜到 PLC 后，在对话框左边的“找到 CPU”中会显示与计算机连接的 CPU 模块的 IP 地址，如图 9-12d 所示，在对话框右边显示 CPU 模块的 MAC 地址（物理地址）、IP 地址、子网掩码和网关信息，如果系统未自动搜索，则可单击对话框下方的“查找”按钮进行搜索，搜到 PLC 后，单击“确定”按钮即完成通信设置。

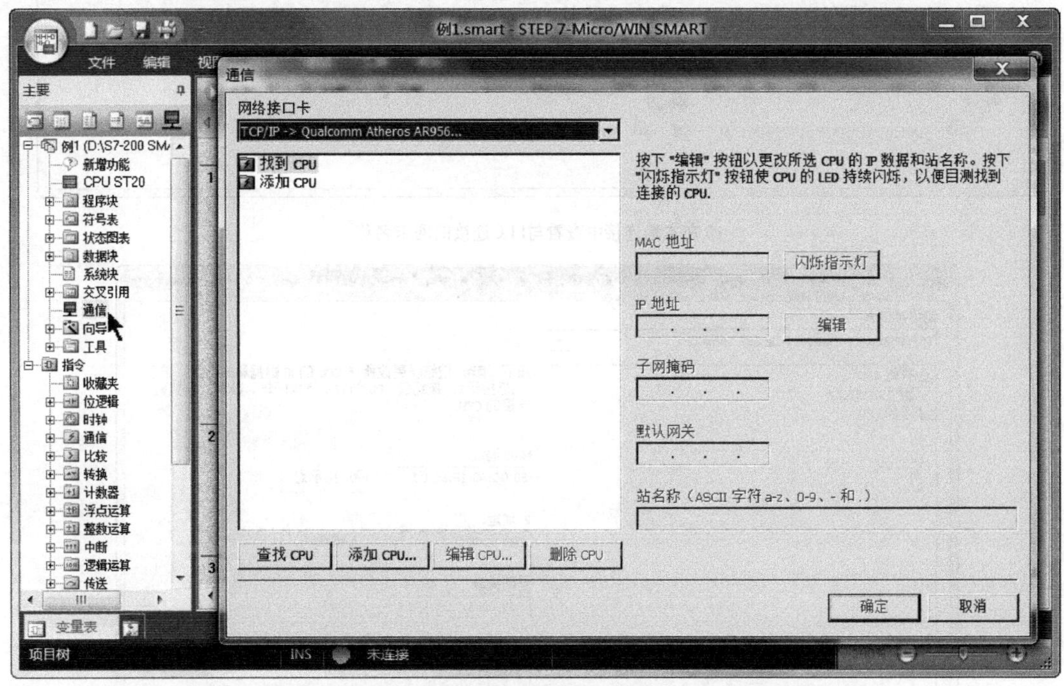

a) 双击项目指令树中的“通信”图标会弹出“通信”对话框

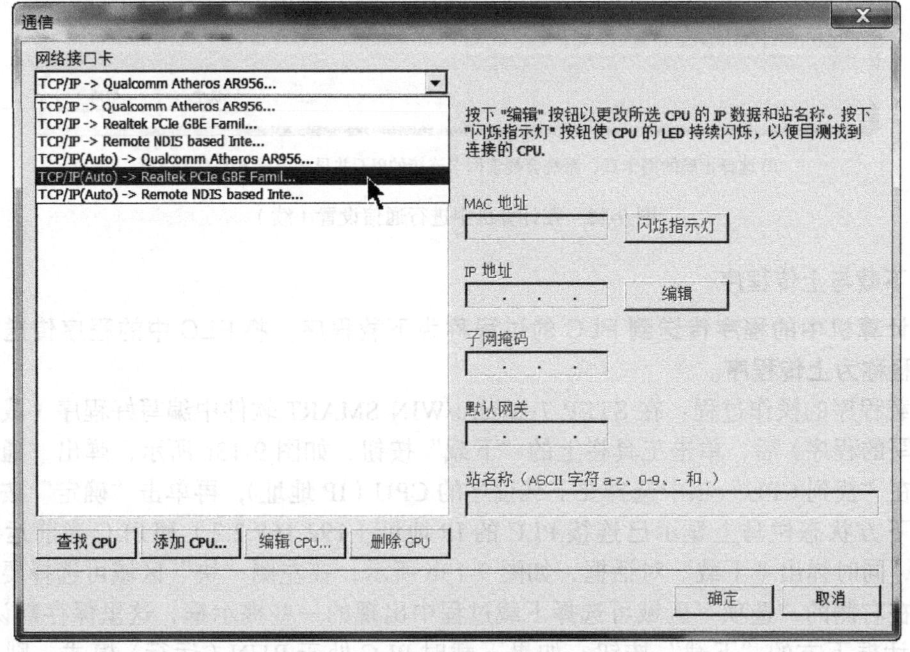

b) 在“网络接口卡”项中选择与PLC连接的计算机网卡

图 9-12　在计算机中进行通信设置

c) 在本地连接中查看与PLC连接的网卡名称

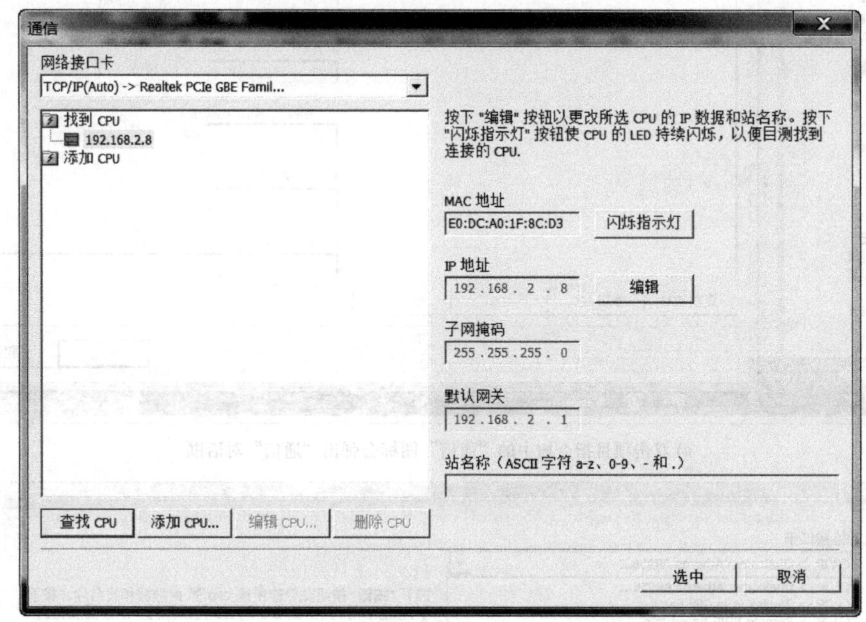

d) 选择正确的网卡后，系统会搜索网卡连接的PLC并显示该设备的有关信息

图 9-12　在计算机中进行通信设置（续）

3. 下载与上传程序

将计算机中的程序传送到 PLC 的过程称为下载程序，将 PLC 中的程序传送到计算机的过程称为上传程序。

下载程序的操作过程：在 STEP 7-Micro/WIN SMART 软件中编写好程序（或者打开先前编写的程序）后，单击工具栏上的“下载”按钮，如图 9-13a 所示，弹出“通信”对话框，在“找到 CPU”项中选择要下载程序的 CPU（IP 地址），再单击“确定”按钮，软件窗口下方状态栏马上显示已连接 PLC 的 IP 地址（192.168.2.2）和 PLC 当前运行模式（RUN），同时弹出“下载”对话框，如图 9-13b 所示，在左侧“块”区域可选择要下载的内容，在右侧的“选项”区域可选择下载过程中出现的一些提示框，这里保存默认选择，单击对话框下方的“下载”按钮，如果下载时 PLC 处于 RUN（运行）模式，则会弹出图 9-13c 所示的对话框，询问是否将 PLC 置于 STOP 模式（只有在 STOP 模式下才能下载程序），单击“是”按钮开始下载程序，程序下载完成后，弹出图 9-13d 所示的对话框，询问是否将 PLC 置于 RUN 模式，单击“是”按钮即完成程序的下载。

上传程序的操作过程：在上传程序前先新建一个空项目文件，用于存放从 PLC 上传来的程序，然后单击工具栏上的“上传”按钮，后续的操作与下载程序类似，这里不再叙述。

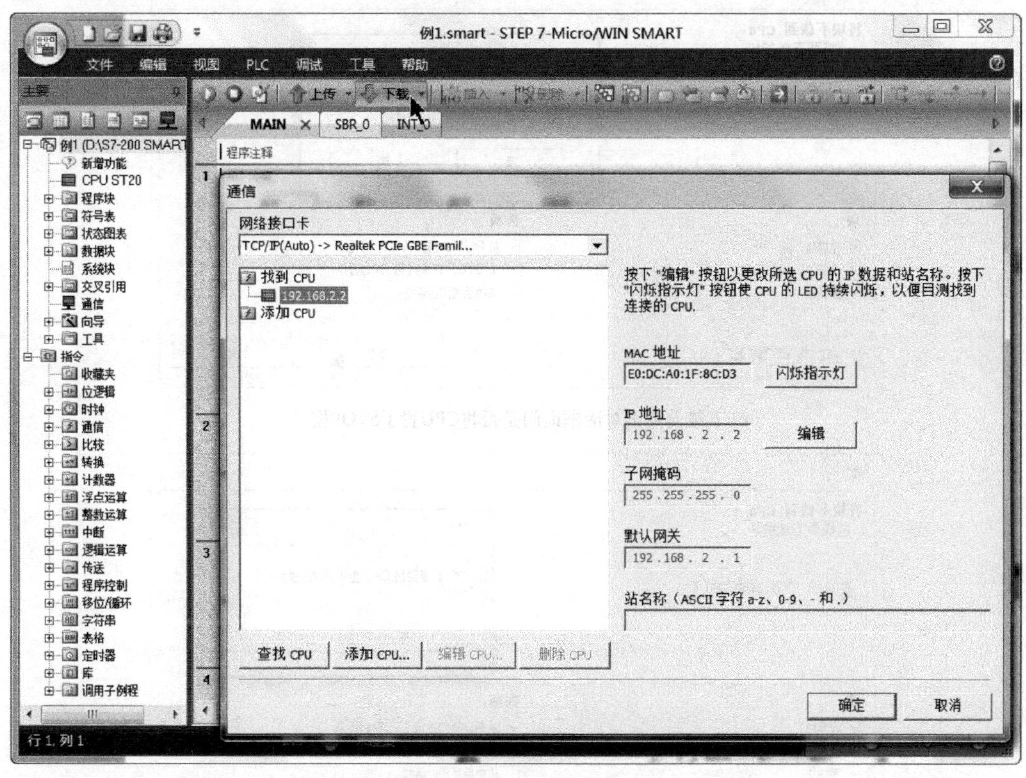

a) 单击工具栏上的“下载”按钮，弹出“通信”对话框

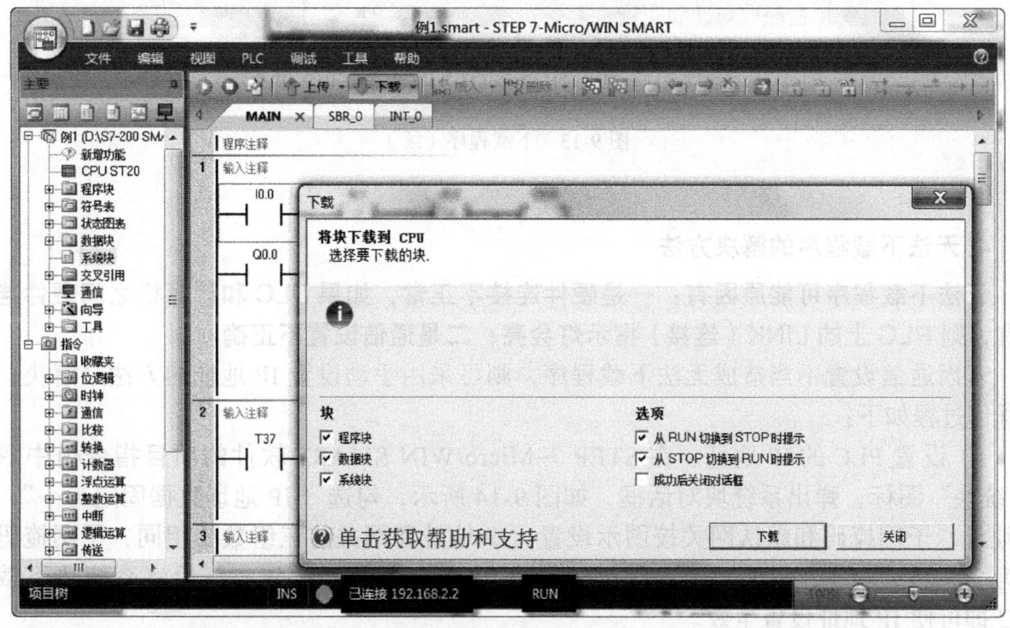

b) 软件窗口状态栏显示已连接PLC的IP地址和运行模式并弹出“下载”对话框

图 9-13　下载程序

c) 下载前弹出对话框询问是否将CPU置于STOP模式

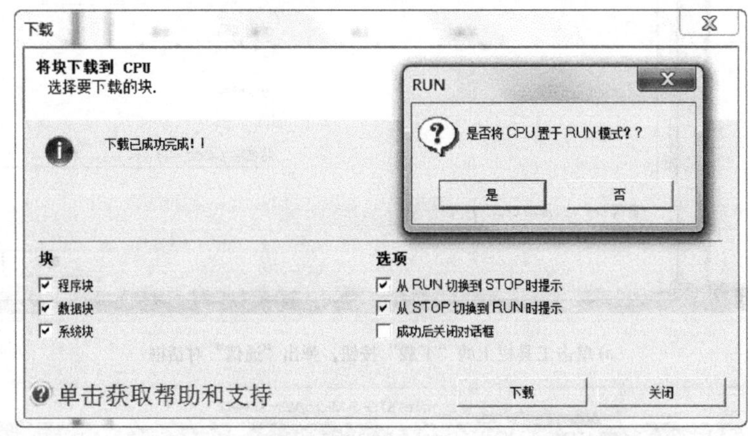

d) 下载完成后会弹出对话框询问是否将CPU置于RUN模式

图 9-13 下载程序（续）

4. 无法下载程序的解决方法

无法下载程序可能原因有：一是硬件连接不正常，如果 PLC 和计算机之间硬件连接正常，则 PLC 上的 LINK（连接）指示灯会亮；二是通信设置不正确。

若因通信设置不当造成无法下载程序，则可采用手动设置 IP 地址的方法来解决，具体操作过程如下：

1）设置 PLC 的 IP 地址。在 STEP 7-Micro/WIN SMART 软件的项目指令树中双击“系统块”图标，弹出系统块对话框，如图 9-14 所示，勾选“IP 地址数据固定为…”，将 IP 地址、子网掩码和默认网关按图示设置，IP 地址和网关前三组数要相同，子网掩码固定为 255.255.255.0，单击“确定”按钮完成 PLC 的 IP 地址设置，然后将系统块下载到 PLC 即可使 IP 地址设置生效。

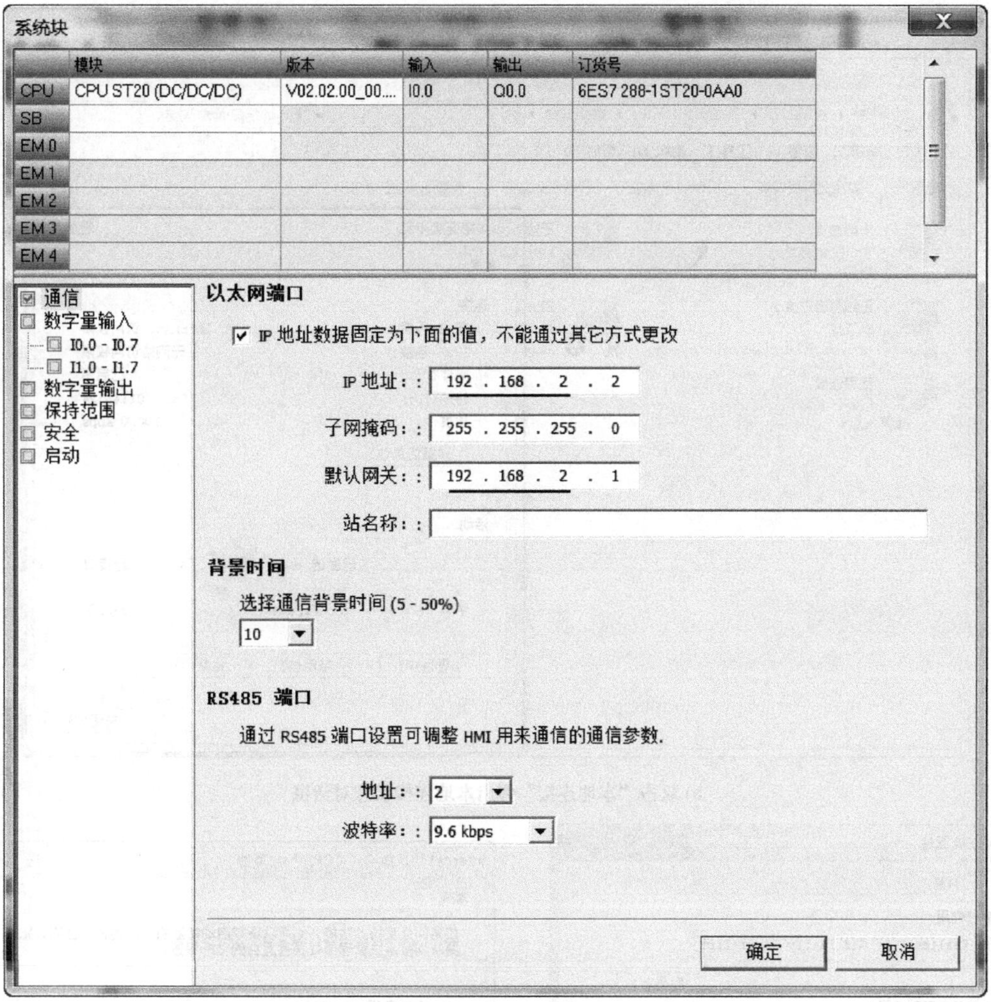

系统块

	模块	版本	输入	输出	订货号
CPU	CPU ST20 (DC/DC/DC)	V02.02.00_00....	I0.0	Q0.0	6ES7 288-1ST20-0AA0
SB					
EM 0					
EM 1					
EM 2					
EM 3					
EM 4					

通信
数字量输入
I0.0 - I0.7
I1.0 - I1.7
数字量输出
保持范围
安全
启动

以太网端口

IP 地址数据固定为下面的值，不能通过其它方式更改

IP 地址：: 192 . 168 . 2 . 2

子网掩码：: 255 . 255 . 255 . 0

默认网关：: 192 . 168 . 2 . 1

站名称：:

背景时间

选择通信背景时间 (5 - 50%)

10

RS485 端口

通过 RS485 端口设置可调整 HMI 用来通信的通信参数.

地址：: 2

波特率：: 9.6 kbps

确定　取消

图 9-14　在系统块对话框中设置上 PLC 的 IP 地址

2）设置计算机的 IP 地址。打开计算机的控制面板内的“网络和共享中心”（以操作系统为 WIN7 为例），在“网络和共享中心”窗口的左方单击“更改适配器设置”，会出现图 9-15a 所示窗口，双击“本地连接”，弹出本地连接状态对话框，单击左下方的“属性”按钮，弹出本地连接属性对话框，如图 9-15b 所示，从中选择“Internet 协议版本（TCP/IPv4）”，再单击“属性”按钮，弹出图 9-15c 所示的对话框，选择“使用下面的 IP 地址”项，并按图示设置好计算机的 IP 地址、子网掩码和默认网关，计算机与 PLC 的网关应相同，两者的 IP 地址不能相同（两者的 IP 地址前三组数要相同，最后一组数不能相同），子网掩码固定为 255.255.255.0，单击“确定”按钮完成计算机的 IP 地址设置。

有关 IP 地址、子网掩码和网关等内容说明请见 7.2.2 节。

a) 双击“本地连接”弹出本地连接状态对话框

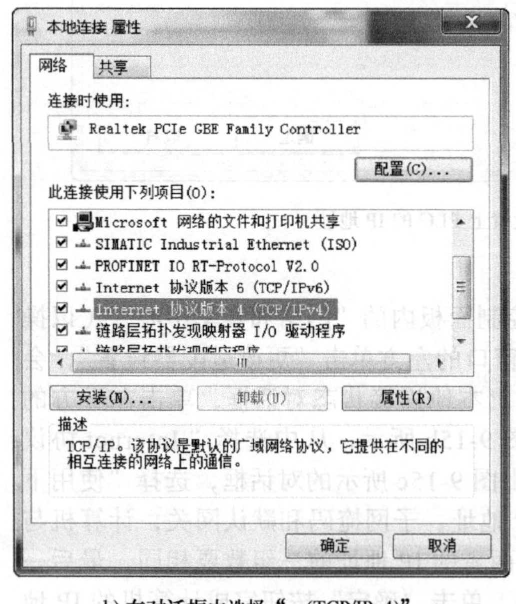

b) 在对话框中选择“…(TCP/IPv4)”

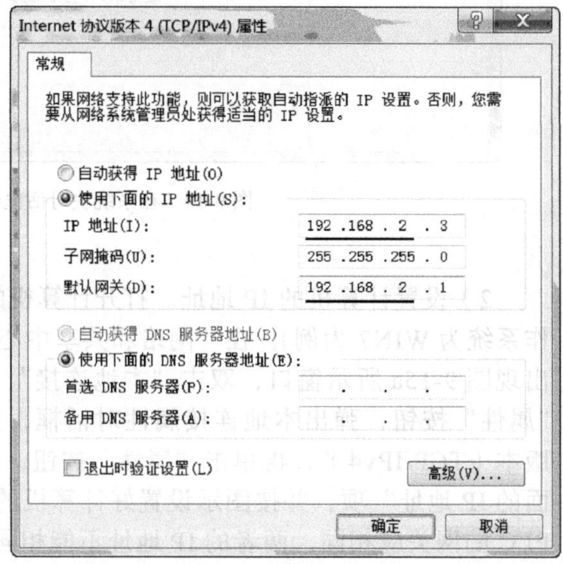

c) 设置计算机的IP地址

图 9-15　设置计算机的 IP 地址

9.3 程序的编辑与注释

9.3.1 程序的编辑

1. 选择操作

在对程序进行编辑时，需要选择编辑的对象，再进行复制、贴粘、删除和插入等操作。STEP 7–Micro/WIN SMART 软件的一些常用的选择操作见表 9-2。

表 9-2　一些常用的选择操作

操作说明	操作图
◆选择某个元件 将鼠标移到 I0.0 常开触点上，再单击左键即选中了该触点	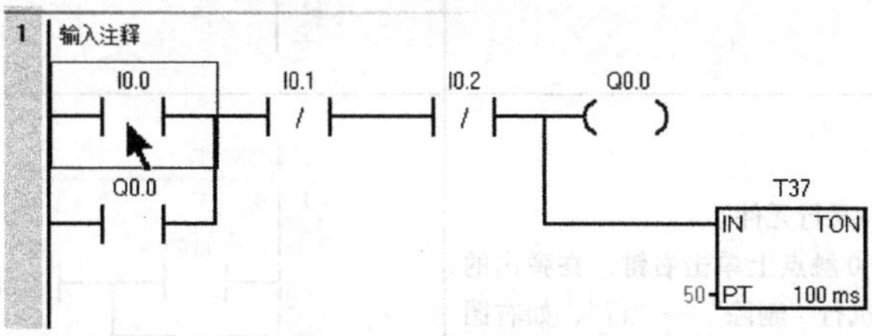
◆选择多个元件 如果要选的元件都位于同一行上，那么先选中左边第一个要选的元件（I0.0），然后按下键盘上的“Shift”键不放，再用鼠标在要选的最后一个元件（Q0.0）上单击，则这两个元件及中间的元件全部被选中，如右图 a）所示 如果要选的元件位于多行上，那么先选中第一行要选的元件（I0.0），然后按下键盘上的“Shift”键不放，再用鼠标在要选的最后一行的最后一个元件（T37）上单击，则以两个元件为对角组成的矩形框内的所有元件全部被选中，如右图 b）所示	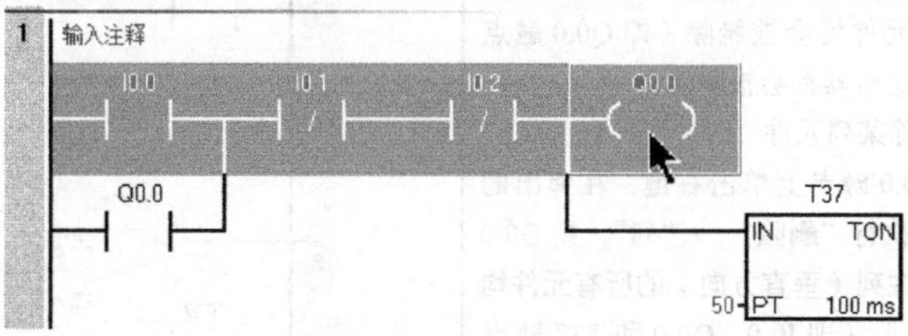 a) 要选的多个元件位于同一行 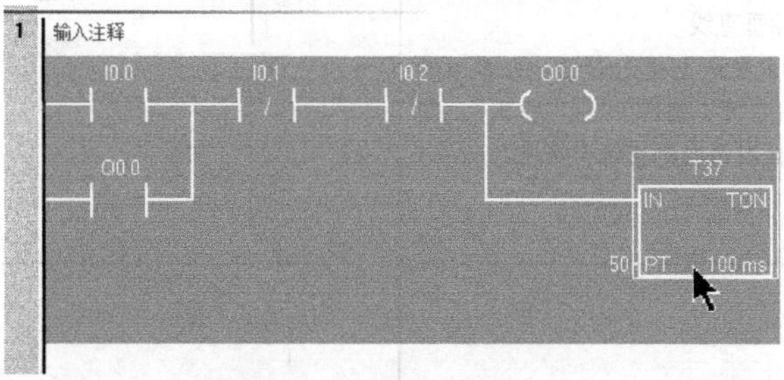 b) 要选的多个元件位于多行
◆选择某个程序段 在要选择的程序段左边的灰条上单击，该程序段被全选	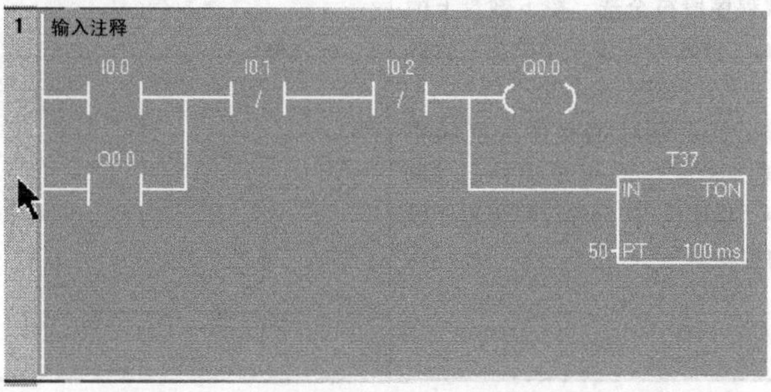

2. 删除操作

STEP 7-Micro/WIN SMART 软件的一些常用删除操作见表 9-3。

表 9-3　一些常用的删除操作

操作说明	操作图
◆删除某个元件 选中某个元件，按下键盘上的“Delete”键即可将选中的对象删掉	程序注释 1 输入注释 I0.0 I0.1 I0.2 Q0.0 Q0.0 T37 IN TON 50-PT 100 ms
◆删除某行元件 在 Q0.0 触点上单击右键，在弹出的菜单中执行“删除”→“行”，如右图所示，则 Q0.0 触点所在行（水平方向）的所有元件均会被删除（即 Q0.0 触点和 T37 定时器都会被删除） ◆删除某列元件 在 Q0.0 触点上单击右键，在弹出的菜单中执行“删除”→“列”，则 Q0.0 触点所在列（垂直方向）的所有元件均会被删除（即 I0.0、Q0.0 和 T37 触点都会被删除） ◆删除垂直线 在 Q0.0 触点上单击右键，在弹出的菜单中执行“删除”→“垂直”，则 Q0.0 触点右边的垂直线会被删除	程序注释 1 输入注释 I0.0 I0.1 I0.2 Q0.0 Q0.0 T37 IN TON 50-PT 100 ms 撤消 Ctrl+Z 剪切 Ctrl+X 复制 Ctrl+C 粘贴 Ctrl+V 全选 Ctrl+A 插入 删除 编辑 选项... 选择 行 列 垂直 程序段 Shift+F3 POU 2 输入注释 T37 3 输入注释
◆删除程序段 在要删除的程序段左边的灰条上单击，该程序段被全选，按下键盘上的“Delete”键即可将该程序段内容全部删掉 另外，在要删除的程序段区域单击右键，在弹出的菜单中执行“删除”→“程序段”，也可以将该程序段所有内容删掉	程序注释 1 I0.0 I0.1 I0.2 Q0.0 Q0.0 T37 IN TON 50-PT 100 ms 2 输入注释 T37 Q0.1

3. 插入与覆盖操作

STEP 7–Micro/WIN SMART 软件有插入（INS）和覆盖（OVR）两种编辑模式，在软件窗口的状态栏可以查看到当前的编辑模式，如图 9-16 所示，按下键盘上的“Insert”键可以切换当前的编辑模式，默认处于插入模式。

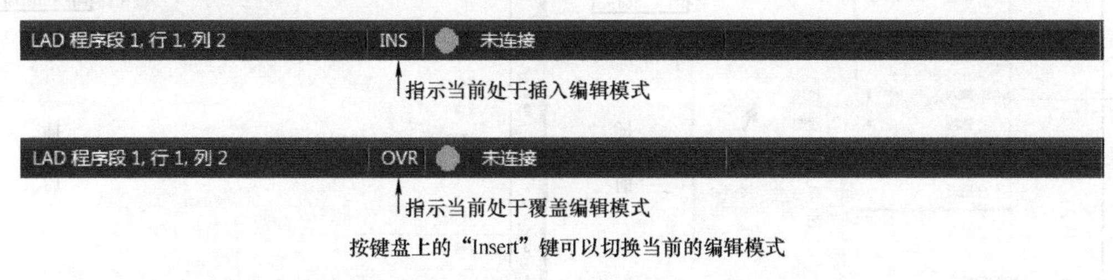

图 9-16　状态栏在两种编辑模式下的显示

当软件处于插入模式（INS）时进行插入元件操作时，会在光标所在的元件之前插入一个新元件。如图 9-17 所示，软件窗口下方状态栏出现“INS”表示当前处于插入模式，用光标选中 I0.0 常开触点，再用右键菜单进行插入触点操作，会在 I0.0 常开触点之前插入一个新的常开触点。

当软件处于覆盖模式（OVR）时进行插入元件操作时，插入的新元件要替换光标处的旧元件，如果新旧元件是同一类元件，则旧元件的地址和参数会自动赋给新元件。如图 9-18 所示，软件窗口下方状态栏出现“OVR”表示当前处于覆盖模式，先用光标选中 I0.0 常开触点，再用右键菜单插入一个常闭触点，光标处的 I0.0 常开触点替换成一个常闭触点，其默认地址仍为 I0.0。

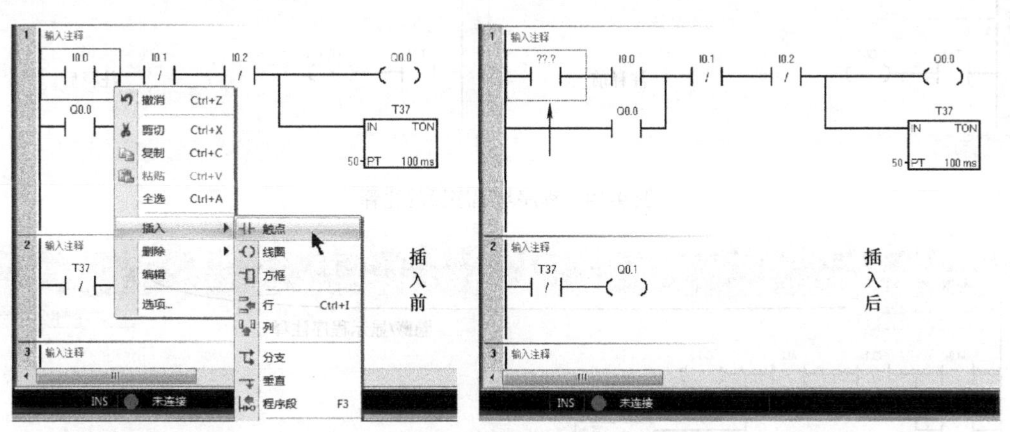

图 9-17　在插入模式时进行插入元件操作

9.3.2　程序的注释

为了让程序阅读起来直观易懂，可以对程序进行注释。

1. 程序与程序段的注释

程序与程序段的注释位置如图 9-19 所示，在整个程序注释处输入整个程序的说明文字，在程序段注释处输入本程序段的说明文字。单击工具栏上的 POU 注释工具可以隐藏或显示程序注释，单击工具栏上的程序段注释工具可以隐藏或显示程序段注释，如图 9-20 所示。

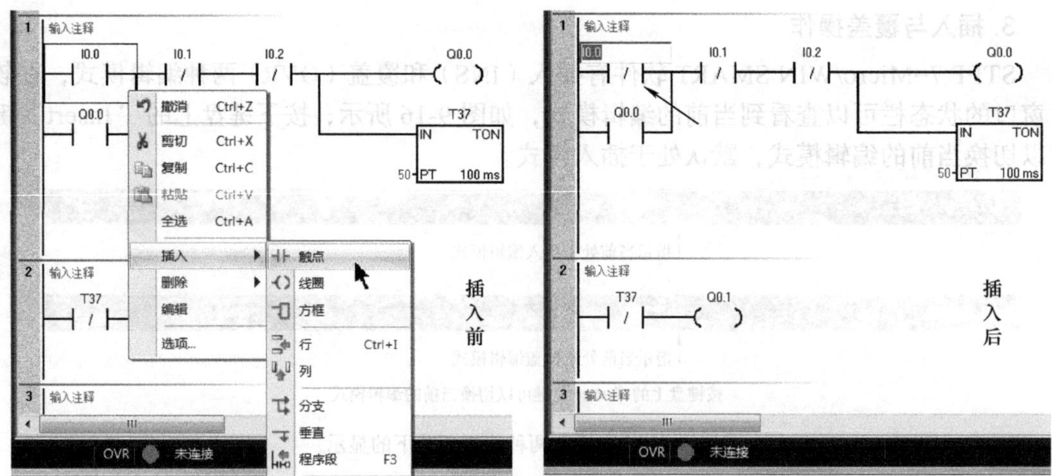

图 9-18 在覆盖模式时进行插入元件操作

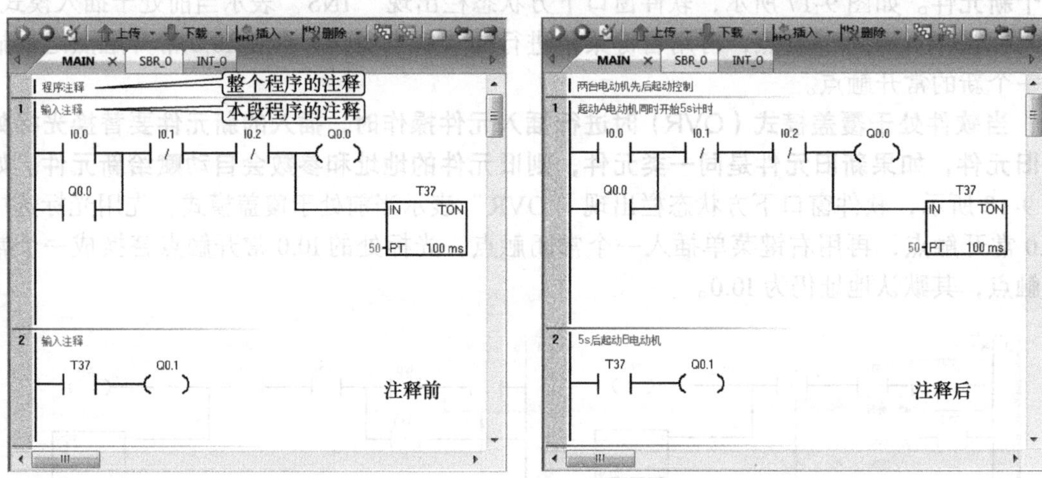

图 9-19 程序与程序段的注释

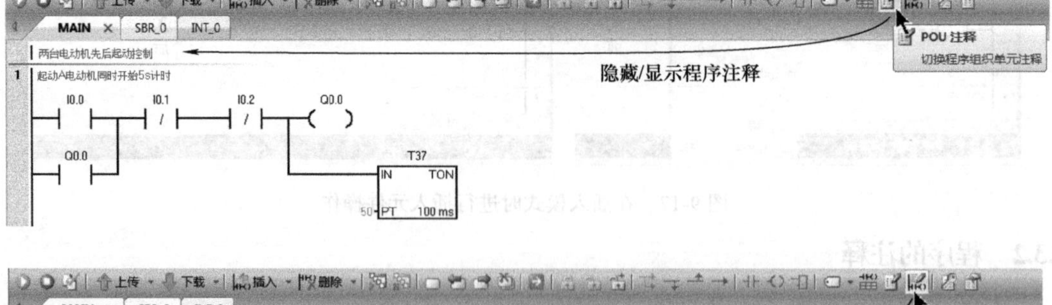

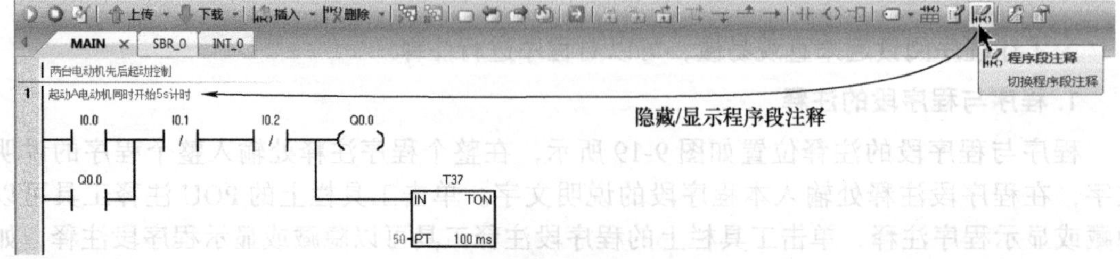

图 9-20 程序与程序段注释的隐藏 / 显示

2. 指令元件注释

梯形图程序是由一个个指令元件连接起来组成的，对指令元件注释有助于读懂程序段和整个程序，指令元件注释可使用符号表。

用符号表对指令元件注释如图 9-21 所示。在项目指令树区域展开“符号表”，再双击其中的“I/O 符号”，打开符号表且显示 I/O 符号表，如图 9-21a 所示，在 I/O 符号表中将地址 I0.0、I0.1、I0.2、Q0.0、Q0.1 默认的符号按图 9-21b 进行更改，比如地址 I0.0 默认的符号是“CPU 输入 0”，现将其改成“起动 A 电动机”，然后单击符号表下方的“表格 1”选项卡，切换到表格 1，如图 9-21c 所示，在地址栏输入“T37”，在符号栏输入“定时 5s”，注意不能输入“5s 定时”，因为符号不能以数字开头，所以如果输入的符号为带下波浪线的红色文字，则表示该符号语法错误。在符号表中给需要注释的元件输入符号后，单击符号表上方的“将符号应用到项目”按钮，如图 9-21d 所示，程序中的元件旁马上出现符号，比如 I0.0 常开触点显示“起动 A 电动机：I0.0”，其中“起动 A 电动机”为符号（也即是元件注释），I0.0 为触点的绝对地址（或称元件编号），如果元件旁未显示符号，则可单击菜单栏的“视图”，在横向条形菜单中选择“符号：绝对地址”，即可让程序中元件旁同时显示绝对地址和符号，如果选择“符号”，则只显示符号，不显示绝对地址。

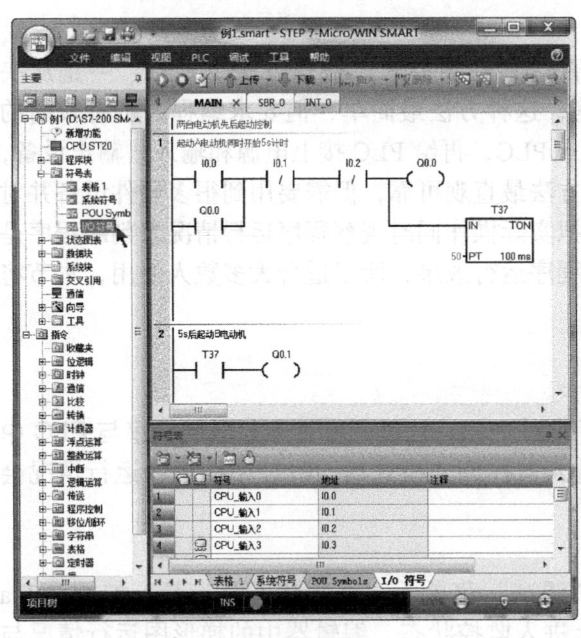

a) 打开符号表

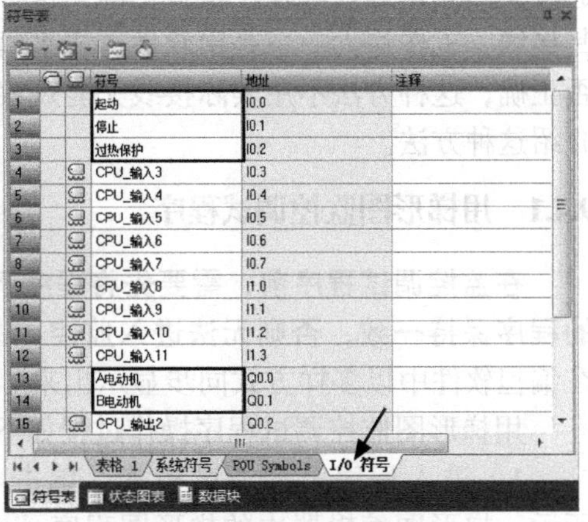

b) 在I/O表中输入I/O元件的符号

图 9-21　用符号表对指令元件进行注释

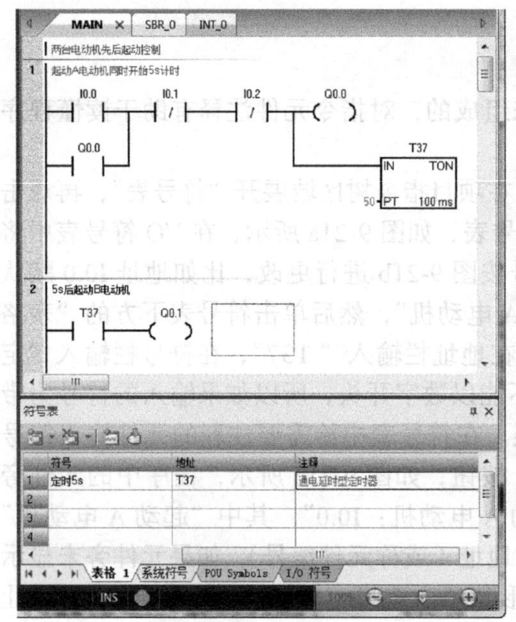

c) 在表格1中输入其他元件的符号

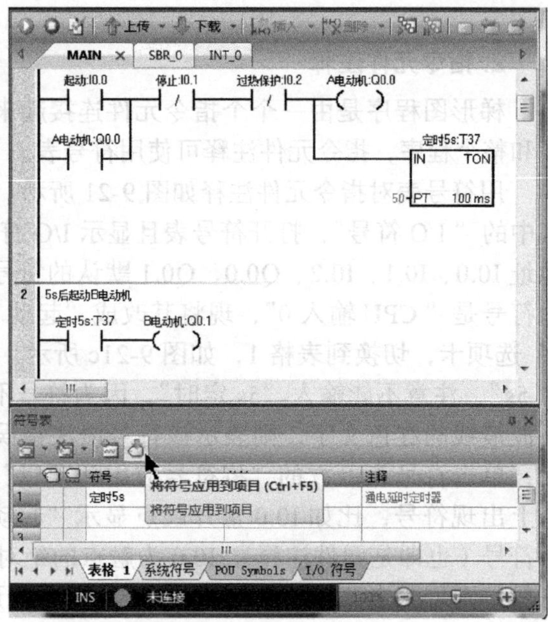

d) 单击“将符号应用到项目”按钮使符号生效

图 9-21 用符号表对指令元件进行注释（续）

9.4 程序的监控与调试

程序编写完成后，需要检查程序能否达到控制要求，检查方法主要有：一是从头到尾对程序进行分析来判断程序是否正确，这种方法最简单，但要求编程人员有较高的PLC理论水平和分析能力；二是将程序写入PLC，再给PLC接上电源和输入、输出设备，通过实际操作来观察程序是否正确，这种方法最直观可靠，但需要用到很多硬件设备并对其接线，工作量大；三是用软件方式来模拟实际操作同时观察程序运行情况来判断程序是否正确，这种方法不用实际接线又能观察程序运行效果，所以适合大多数人使用，本节将介绍这种方法。

9.4.1 用梯形图监控调试程序

在监控调试程序前，需要先将程序下载到PLC，让编程软件中打开的程序与PLC中的程序保持一致，否则无法进入监控。进入监控调式模式后，PLC中的程序运行情况会在编程软件中以多样方式同步显示出来。

用梯形图监控调试程序操作过程如下：

1）进入程序监控调试模式。单击“调试”菜单下“程序状态”工具，如图9-22a所示，梯形图编辑器中的梯形图程序马上进入监控状态，编辑器中的梯形图运行情况与PLC内的程序运行保持一致，图9-22a所示梯形图中的元件都处于“OFF”状态，常闭触点I0.0、I0.1中有蓝色的方块，表示程序运行时这两个触点处于闭合状态。

2）强制I0.0常开触点闭合（模拟I0.0端子外接起动开关闭合）查看程序运行情况。在I0.0常开触点的符号上单击右键，在弹出的菜单中选择“强制”，会弹出“强制”对话框，将I0.0的值强制为“ON”，如图9-22b所示。这样I0.0常开触点闭合，Q0.0线圈马上得电（线圈中出现蓝色方块，并且显示 Q0.0=ON，同时可观察到 PLC 上的 Q0.0 指示灯也会亮），如图 9-22c 所示，定时器上方显示“+20=T37”表示定时器当前计时为 20×100ms=2s，由于还未到设定的计时值（50×100ms=5s），故 T37 定时器状态仍为 OFF，T37 常开触点也为 OFF，仍处于断开。5s 计时时间到达后，定时器 T37 状态值马上变为 ON，T37 常开触点状态也变为 ON 而闭合，Q0.1 线圈得电（状态值为 ON），如图 9-22d 所示。定时器 T37 计到设定值 50（设定时间为 5s）时仍会继续增大，直至计到 32767 停止，在此期间状态值一直为 ON。I0.0 触点旁的出现锁形图表示 I0.0 处于强制状态。

3）强制 I0.0 常开触点断开（模拟 I0.0 端子外接启动开关断开）查看程序运行情况。选中 I0.0 常开触点，再单击工具栏上的“取消强制”工具，如图 9-22e 所示，I0.0 常开触点中间的蓝色方块消失，表示 I0.0 常开触点已断开，但由于 Q0.0 常开自锁触点的闭合，使 Q0.0 线圈、定时器 T37、Q0.1 线圈状态仍为 ON。

4）强制 I0.1 常闭触点断开（模拟 I0.1 端子外接停止开关闭合）查看程序运行情况。在 I0.1 常开触点的符号上单击右键，在弹出的菜单中选择“强制”，会弹出“强制”对话框，将 I0.1 的值强制为“ON”，如图 9-22f 所示，这样 I0.1 常闭触点断开，触点中间的蓝色方块消失，Q0.0 线圈和定时器 T37 状态马上变为 OFF，定时器计时值变为 0，由于 T37 常开触点状态为 OFF 而断开，故 Q0.1 线圈状态也变为 OFF。

在监控程序运行时，若发现程序存在问题，则可停止监控（再次单击“程序状态”工具），对程序时进行修改，然后将修改后的程序下载到 PLC，再进行程序监控运行，如此反复进行，直到程序运行符合要求为止。

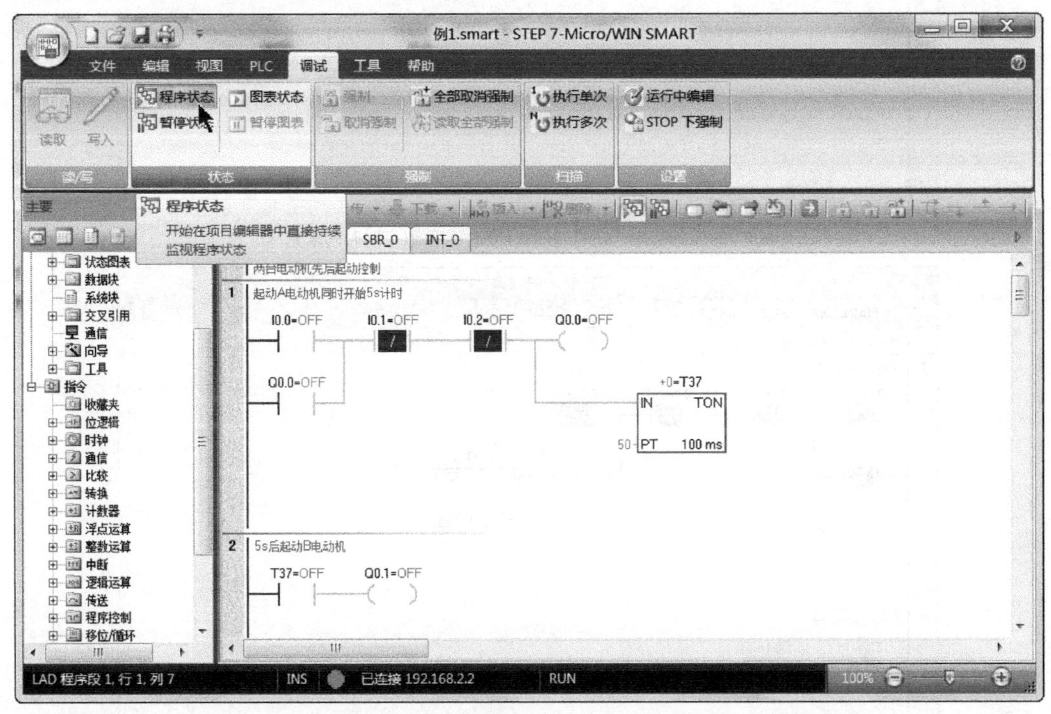

a) 单击“调试”菜单下“程序状态”工具后梯形图程序会进入监控状态

图 9-22　梯形图的运行监控调试

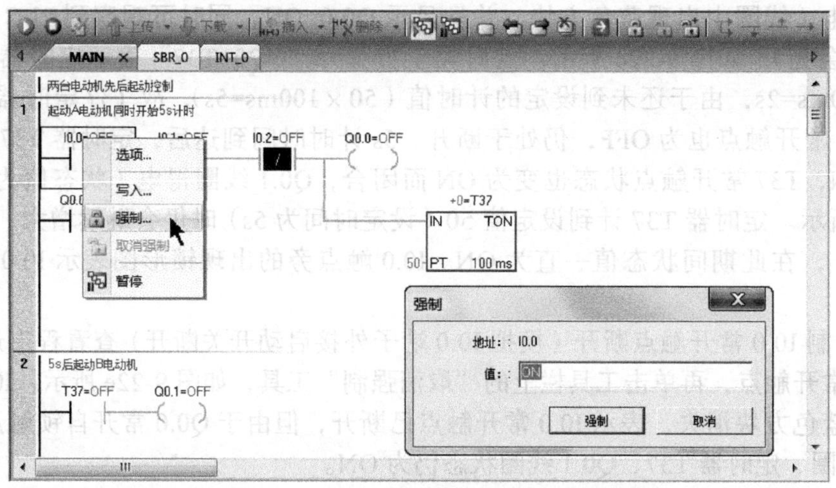

b) 在I0.0常开触点的符号上单击右键并用右键菜单将I0.0的值强制为“ON”

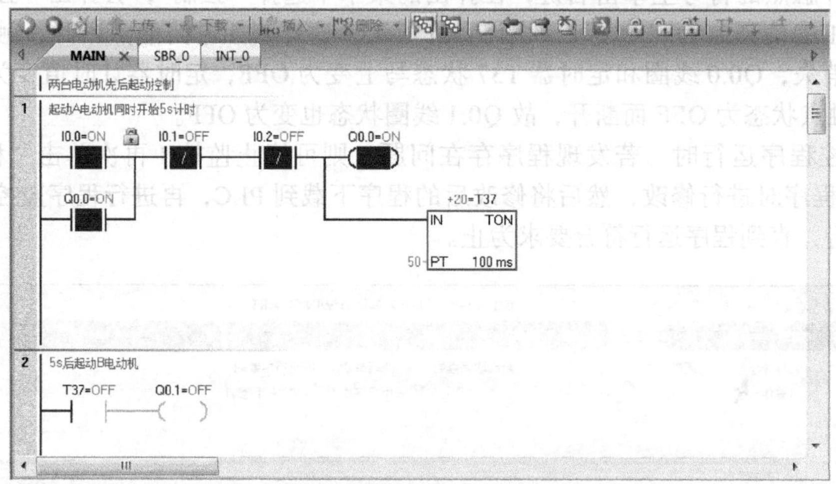

c) 将I0.0的值强制为“ON”时的程序运行情况(定时时间未到5s)

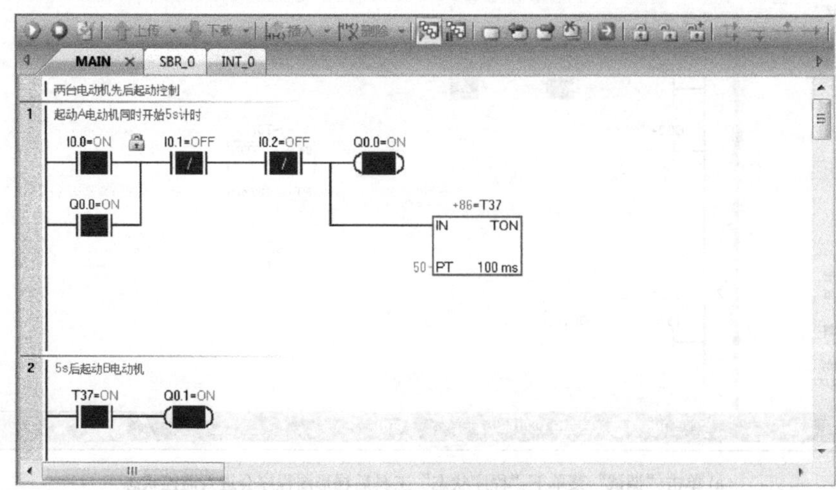

d) 将I0.0的值强制为“ON”时的程序运行情况(定时时间已到5s)

图 9-22　梯形图的运行监控调试（续）

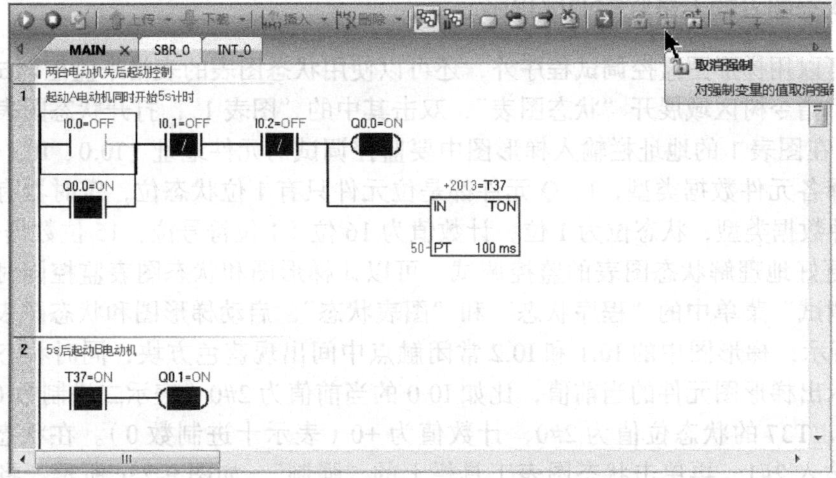

e) 取消I0.0的值的强制(I0.0恢复到“OFF”)

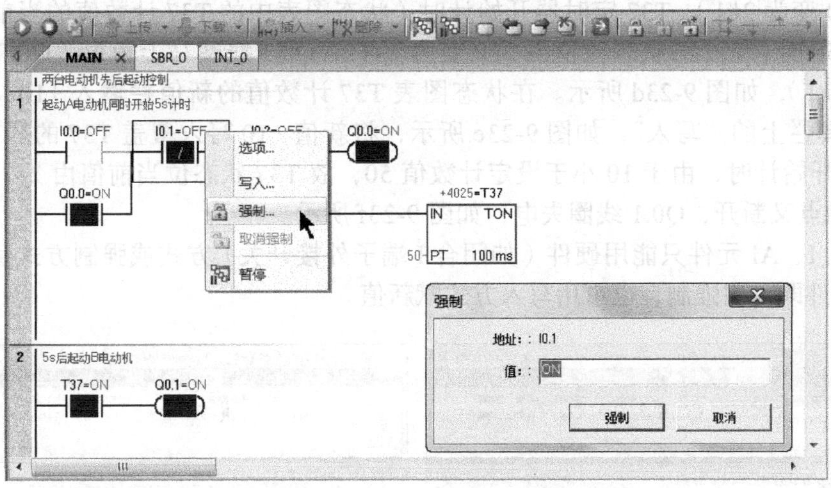

f) 将I0.1常闭触点的值强制为“ON”

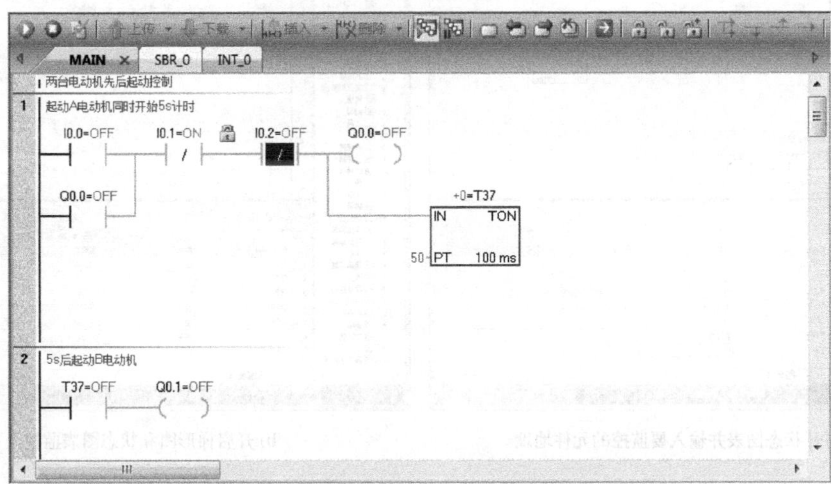

g) I0.1常闭触点的值为“ON”时的程序运行情况

图 9-22　梯形图的运行监控调试（续）

9.4.2　用状态图表的表格监控调试程序

除了可以用梯形图监控调试程序外，还可以使用状态图表的表格来监控调试程序。

在项目指令树区域展开“状态图表”，双击其中的“图表 1”，打开状态图表，如图 9-23a 所示，在图表 1 的地址栏输入梯形图中要监控调试的元件地址（I0.0、I0.1……），在格式栏选择各元件数据类型，I、Q 元件都是位元件只有 1 位状态位，定时器有状态位和计数值两种数据类型，状态位为 1 位，计数值为 16 位（1 位符号位，15 位数据位）。

为了更好地理解状态图表的监控调试，可以让梯形图和状态图表监控同时进行，先后单击“调试”菜单中的“程序状态”和“图表状态”，启动梯形图和状态图表监控，如图 9-23b 所示，梯形图中的 I0.1 和 I0.2 常闭触点中间出现蓝色方块，同时状态图表的当前值栏显示出梯形图元件的当前值，比如 I0.0 的当前值为 2#0（表示二进制数 0，即状态值为 OFF），T37 的状态位值为 2#0，计数值为 +0（表示十进制数 0）。在状态图表 I0.0 的新值栏输入 2#1，再单击状态图表工具栏上的“强制”，如图 9-23c 所示，将 I0.0 值强制为 ON，梯形图中的 I0.0 常开触点强制闭合，Q0.0 线圈得电（状态图表中的 Q0.0 当前值由 2#0 变为 2#1）、T37 定时器开始计时（状态图表中的 T37 计数值的当前值不断增大，计到 50 时，T37 的状态位值由 2#0 变为 2#1），Q0.1 线圈马上得电（Q0.0 当前值由 2#0 变为 2#1），如图 9-23d 所示。在状态图表 T37 计数值的新值栏输入 +10，再单击状态图表工具栏上的“写入”，如图 9-23e 所示，将新值 +10 写入覆盖 T37 的当前计数值，T37 从 10 开始计时，由于 10 小于设定计数值 50，故 T37 状态位当前值由 2#1 变为 2#0，T37 常开触点又断开，Q0.1 线圈失电，如图 9-23f 所示。

注意：I、AI 元件只能用硬件（如闭合 I 端子外接开关）方式或强制方式赋新值，而 Q、T 等元件既可用强制，也可用写入方式赋新值。

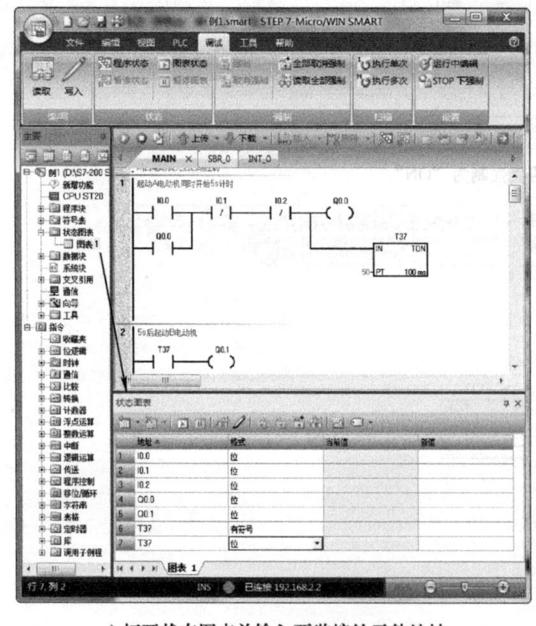

a) 打开状态图表并输入要监控的元件地址

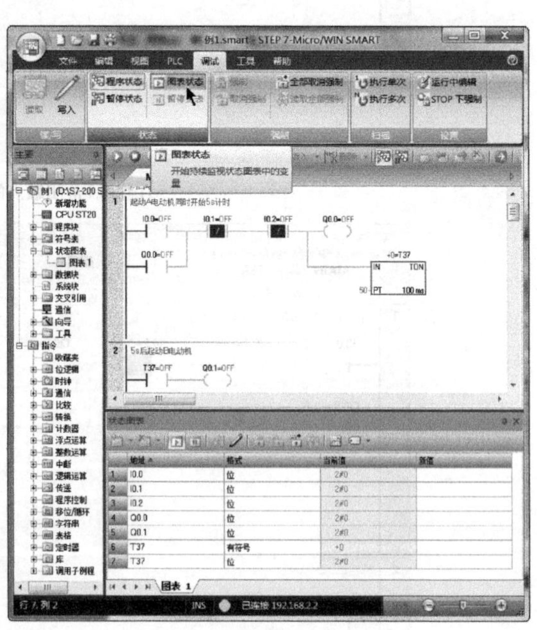

b) 开启梯形图和状态图表监控

图 9-23　用状态图的表格监控调试程序

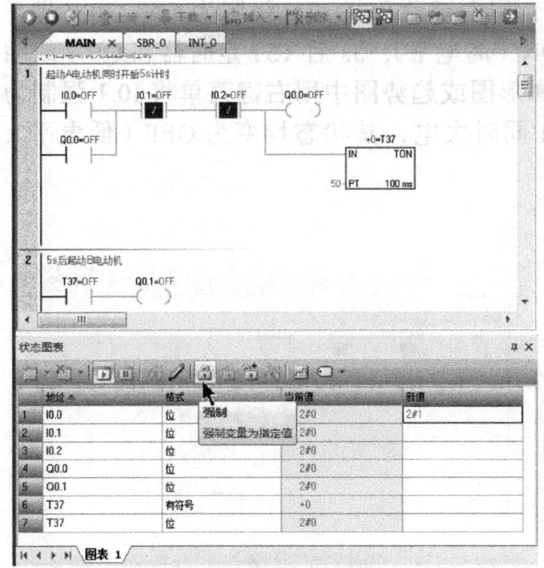

c) 将新值2#1强制给I0.0

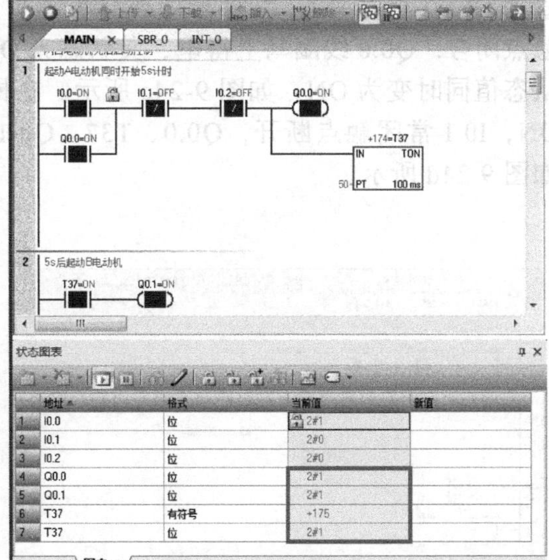

d) I0.0强制新值后梯形图和状态图表的元件状态

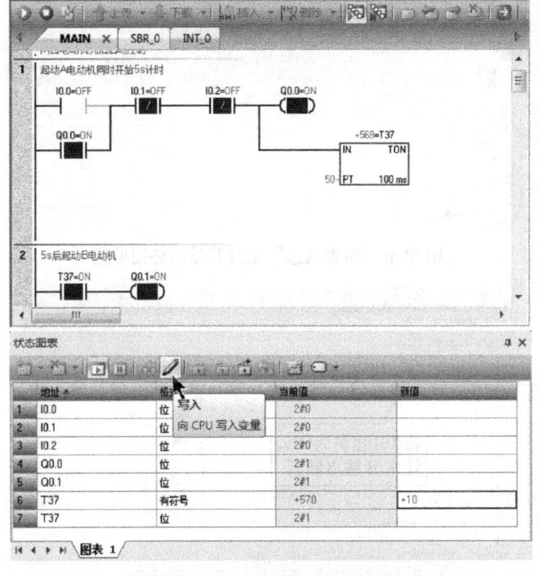

e) 将新值+10写入覆盖T37的当前计数值

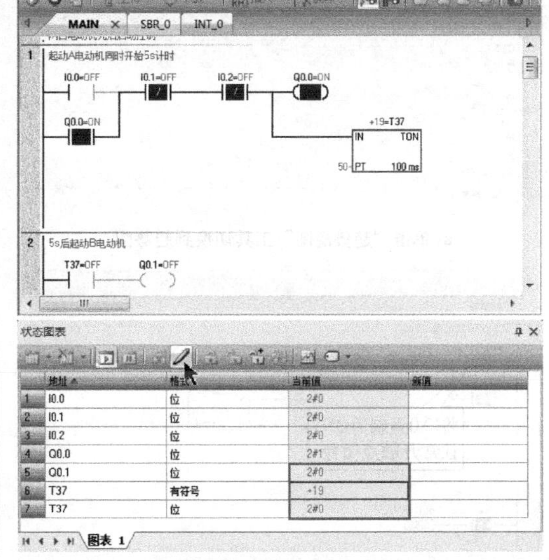

f) T37写入新值后梯形图和状态图表的元件状态

图 9-23　用状态图的表格监控调试程序（续）

9.4.3　用状态图表的趋势图监控调试程序

在状态图表中使用表格监控调试程序容易看出程序元件值的变化情况，而使用状态图表中的趋势图（也称时序图）则易看出元件值随时间变化的情况。

在使用状态图表的趋势图监控程序时，一般先用状态图表的表格输入要监控的元件，再开启梯形图监控（即程序状态监控），然后单击状态图表工具栏上的“趋势视图”工具，如图 9-24a 所示，切换到趋势图，而后单击“图表状态”工具，开启状态图表监控，如图 9-24b 所示，可以看到随着时间的推移，I0.2、Q0.0、Q0.1 等元件的状态值一直为 OFF（低电平）。在梯形图或趋势图中，用右键菜单将 I0.0 强制为 ON，I0.0 常开触点闭合，Q0.0 线圈马上得电，其状态为 ON（高电平），5s 后 T37 定时器和 Q0.1 线圈状态值同时变为 ON，如图 9-24c 所示。在梯形图或趋势图中用右键菜单将 I0.1 强制为 ON，I0.1 常闭触点断开，Q0.0、T37、Q0.1 同时失电，其状态均变为 OFF（低电平），如图 9-24d 所示。

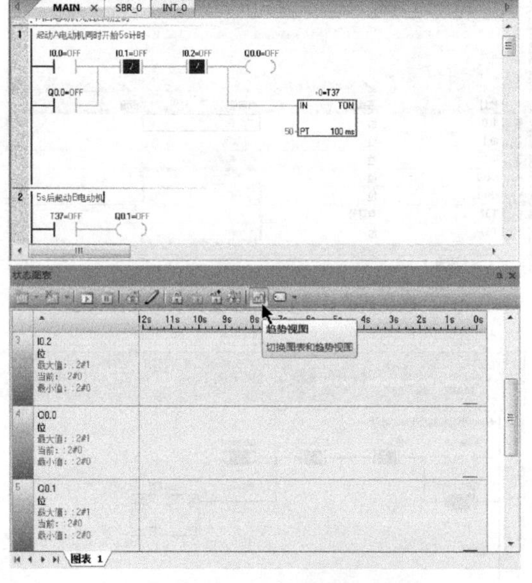

a) 单击“趋势视图”工具切换到趋势图

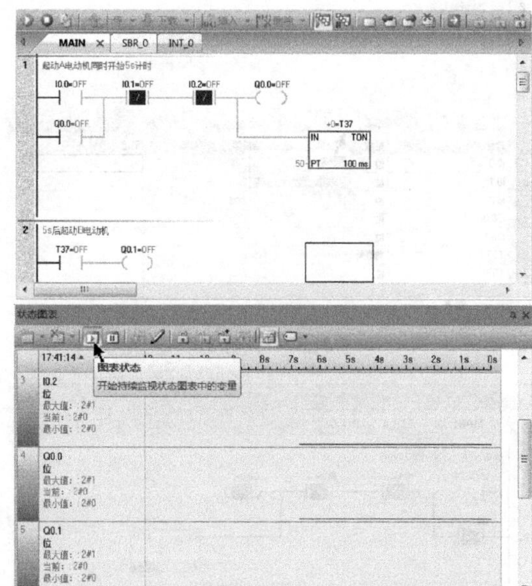

b) 单击“图表状态”工具开始趋势图监控

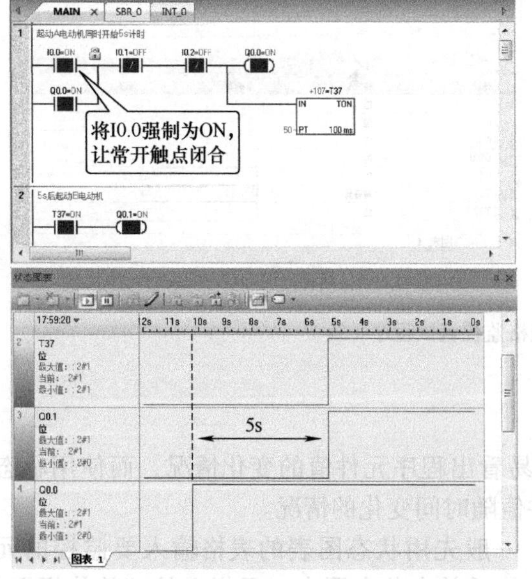

c) 将I0.0强制为ON时趋势图中元件的状态变化

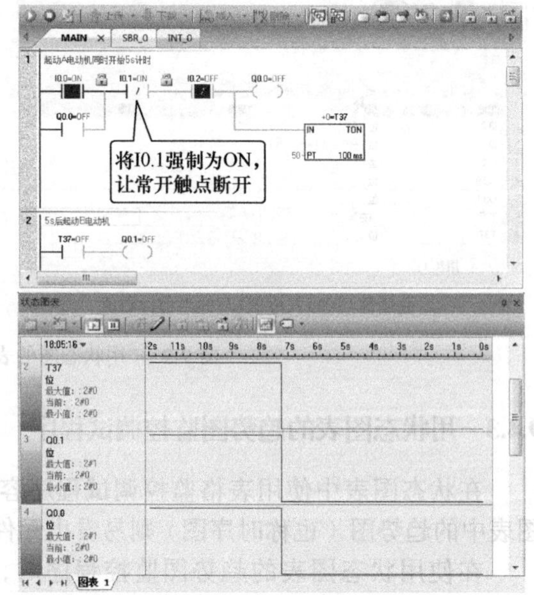

d) 将I0.1强制为ON时趋势图中元件的状态变化

图 9-24　用状态图表的趋势图监控调试程序

9.5 软件的一些常用设置及功能使用

9.5.1 软件的一些对象设置

在 STEP 7-Micro/WIN SMART 软件中，用户可以根据自已的习惯对很多对象进行设置。在设置时，单击菜单栏的“工具”，再单击下方横向条形菜单中的“选项”，弹出“ Options（选项)”对话框，如图 9-25 所示，对话框左边为可设置的对象，右边为左边选中对象的设置内容，图中左边的“常规”被选中，右边为常规设置内容，在语言项默认为“简体中文”，如果将其设为“英语”，则关闭软件重启后，软件窗口会变成英文界面，如果设置混乱，则可以单击右下角的“全部复位”，关闭软件重启后，所有的设置内容全部恢复到初始状态。

在“ Options（选项)”对话框还可以对编程软件进行其他一些设置，图 9-26 所示为软件的项目设置，可以设置项目文件保存的位置等内容。

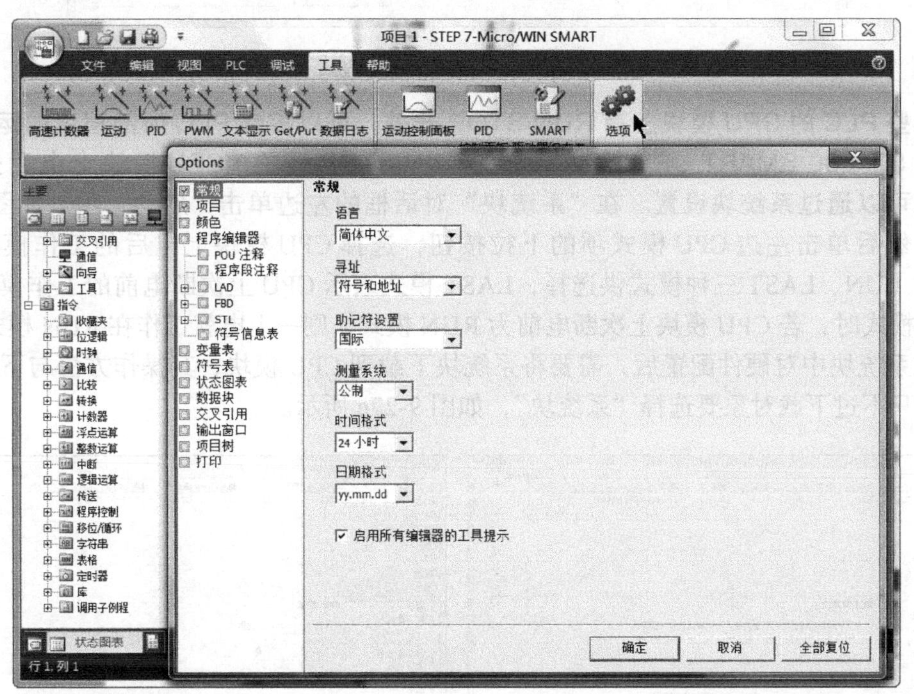

图 9-25　单击“工具”菜单中的“选项”即弹出软件常用对象设置对话框

9.5.2 硬件组态

在 STEP 7-Micro/WIN SMART 软件的系统块中可对 PLC 硬件进行设置，然后将系统块下载到 PLC，PLC 内的有关硬件就会按系统块的设置工作。

在项目指令树区域双击“系统块”，弹出图 9-27a 所示的“系统块”对话框，上方为 PLC 各硬件（CPU 模块、信号板、扩展模块）型号配置，下方可以对硬件的“通信”“数字量输入”“数量输出”“保持范围”“安全”和“启动”进行设置，默认处于“通信”设置状态，在右边可以对有关通信的以太网端口、背景时间和 RS485 端口进行设置。

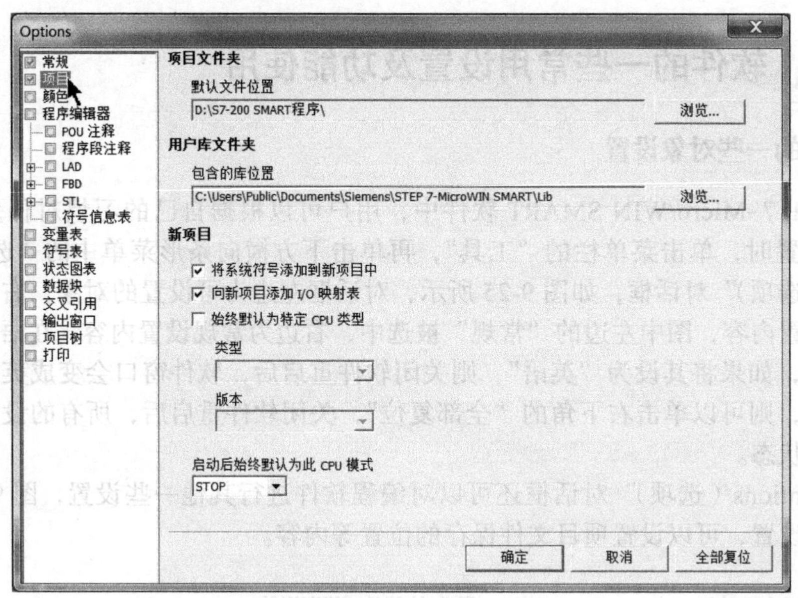

图 9-26　在“Options”对话框切换到“项目”可进行有关项目方面的设置

一些 PLC 的 CPU 模块上有 RUN/STOP 开关，可以控制 PLC 内部程序的运行 / 停止，而 S7–200 SMART CPU 模块上没有 RUN/STOP 开关，CPU 模块上电后处于何种模式可以通过系统块设置。在“系统块”对话框的左边单击“启动”项，如图 9-27b 所示，然后单击左边 CPU 模式项的下拉按钮，选择 CPU 模块上电后的工作模式，有 STOP、RUN、LAST 三种模式供选择，LAST 模式表示 CPU 上次断电前的工作模式，当设为该模式时，若 CPU 模块上次断电前为 RUN 模式，则一上电就工作在 RUN 模式。

在系统块中对硬件配置后，需要将系统块下载到 CPU 模块，其操作方法与下载程序相同，只不过下载对象要选择“系统块”，如图 9-27c 所示。

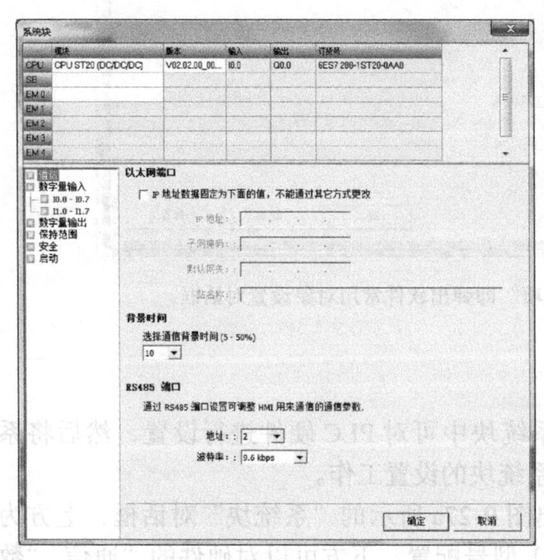

a)“系统块”对话框

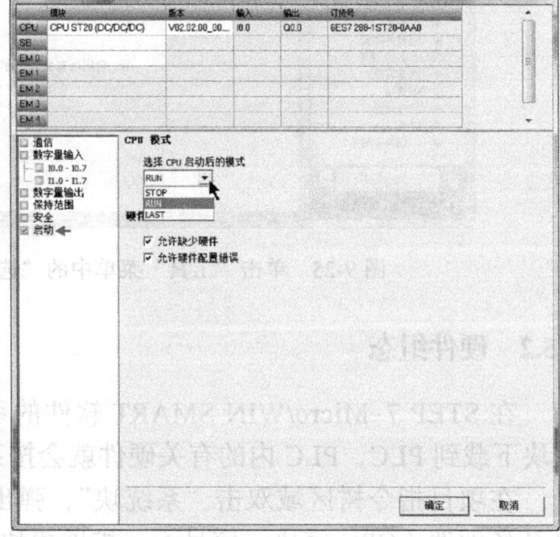

b) 在启动项中设置CPU模块上电后的工作模式

图 9-27　使用系统块配置 PLC 硬件

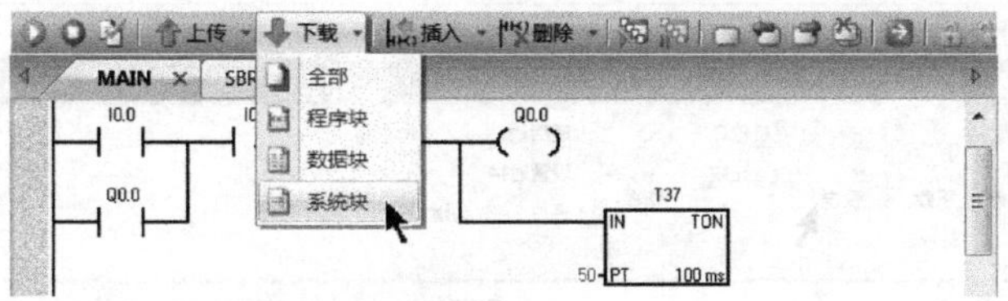

c) 系统块设置后需将其下载到CPU模块才能生效

图 9-27　使用系统块配置 PLC 硬件（续）

9.5.3　用存储卡备份、复制程序和刷新固件

S7–200 SMART CPU 模块上有一个 Micro SD 卡槽，可以安插 Micro SD 卡（大多数手机使用的 TF 卡），使用 Micro SD 卡主要可以：①将一台 CPU 模块的程序复制到另一台 CPU 模块；②给 CPU 模块刷新固件；③将 CPU 模块恢复到出厂设置。

1. 用 Micro SD 卡备份和复制程序

（1）备份程序　用 Micro SD 卡备份程序时操作过程如下：

1）在 STEP 7–Micro/WIN SMART 软件中将程序下载到 CPU 模块。

2）将一张空白的 Micro SD 卡插入 CPU 模块的卡槽，如图 9-28a 所示。

3）单击“PLC”菜单下的“设定”，弹出“程序存储卡”对话框，如图 9-28b 所示，选择 CPU 模块要传送给 Micro SD 卡的块，单击“设定”按钮，系统会将 CPU 模块中相应的块传送给 Micro SD 卡，传送完成后，“程序存储卡”对话框中会出现“编程已成功完成”，如图 9-28c 所示，这样 CPU 模块中的程序就被备份到 Micro SD 卡中，而后从卡槽中拔出 Micro SD 卡中（不拔出 Micro SD 卡，CPU 模块会始终处于 STOP 模式）。

CPU 模块的程序备份到 Micro SD 卡后，用读卡器读取 Micro SD 卡，会发现原先空白的卡上出现一个“S7_JOB.S7S”文件和一个“SIMATIC.S7S”文件夹（文件夹中含有五个文件），如图 9-28d 所示。

a) 将一张空白的Micro SD卡插入CPU模块的卡槽

图 9-28　用 Micro SD 卡备份 CPU 模块中的程序

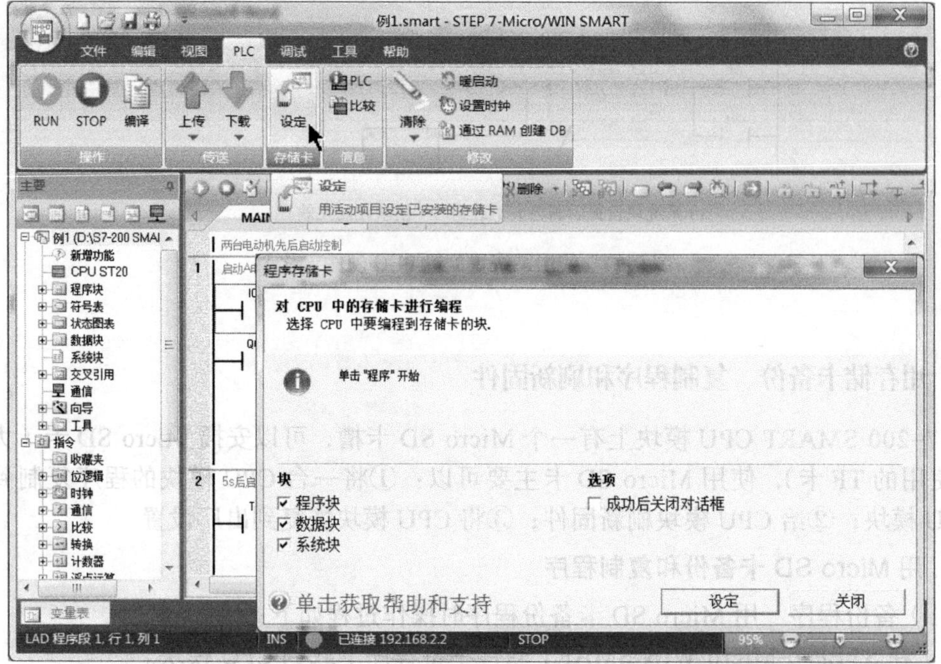

b) 单击“PLC”菜单下的“设定”后弹出“程序存储卡”对话框

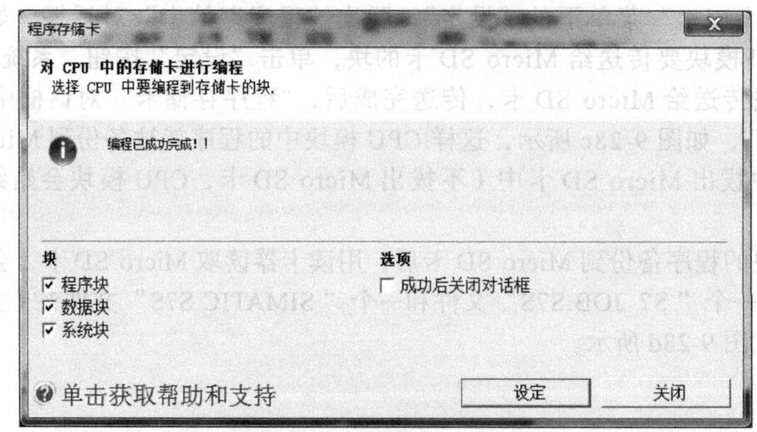

c) 对话框提示程序成功从CPU模块传送到Micro SD卡

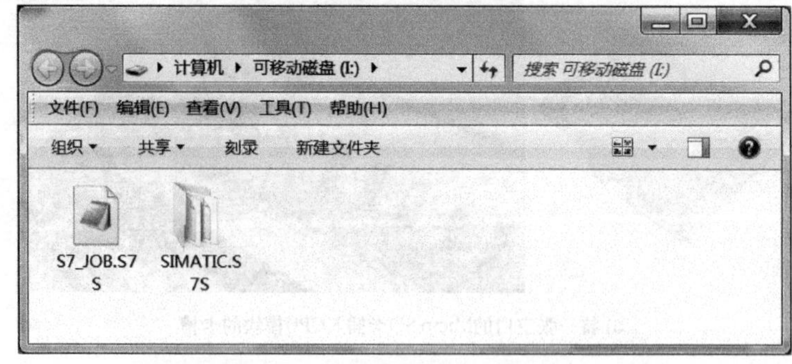

d) 程序备份后在Micro SD卡中会出现一个文件和一个文件夹

图 9-28　用 Micro SD 卡备份 CPU 模块中的程序（续）

（2）复制程序　用 Micro SD 卡复制程序比较简单，在断电的情况下将已备份程序的 Micro SD 卡插入另一台 S7-200 SMART CPU 模块的卡槽，然后给 CPU 模块通电，CPU 模块自动将 Micro SD 卡中的程序复制下来，在复制过程中，CPU 模块上的 RUN、STOP 两个指示灯以 2 Hz 的频率交替点亮，当只有 STOP 指示灯闪烁时表示复制结束，然后拔出 Micro SD 卡。若将 Micro SD 卡插入先前备份程序的 CPU 模块，则可将 Micro SD 卡的程序还原到该 CPU 模块中。

2. 用 Micro SD 卡刷新固件

PLC 的性能除了与自身硬件有关外，还与内部的固件有关，通常固件版本越高，PLC 性能越强。如果 PLC 的固件版本低，则可以用更高版本的固件来替换旧版本固件（刷新固件）。

用 Micro SD 卡对 S7-200 SMART CPU 模块刷新固件的操作过程如下：

1）查看 CPU 模块当前的固件版本。在 STEP 7-Micro/WIN SMART 软件中新建一个空白项目，然后执行上传操作，在上传操作成功（表明计算机与 CPU 模块通信正常）后，单击“PLC”菜单下的“PLC”，如图 9-29a 所示，弹出“PLC 信息”对话框，如图 9-29b 所示，在左边的设备项中选中当前连接的 CPU 模块型号，在右边可以看到其固件版本为“V02.02……”。

2）下载新版本固件并复制到 Micro SD 卡。登录西门子官网下载中心，搜索“S7-200 SMART 固件”，找到新版本固件，如图 9-30a 所示，下载并解压后，可以看到一个“S7_JOB.S7S”文件和一个“FWUPDATE.S7S”文件夹，如图 9-30b 所示，打开该文件夹，可以看到多种型号 CPU 模块的固件文件，其中就有当前需刷新固件的 CPU 模块型号，如图 9-30c 所示，将“S7_JOB.S7S”文件和“FWUPDATE.S7S”文件夹（包括文件夹中所有文件）复制到一张空白 Micro SD 卡上。

3）刷新固件。在断电的情况下，将已复制新固件文件的 Micro SD 卡插入 CPU 模块的卡槽，然后给 CPU 模块上电，CPU 模块会自动安装新固件，在安装过程中，CPU 模块上的 RUN、STOP 两个指示灯以 2Hz 的频率交替点亮，当只有 STOP 指示灯闪烁时表示新固件安装结束，再拔出 Micro SD 卡。

固件刷新后，可以在 STEP 7-Micro/WIN SMART 软件中查看 CPU 模块的版本，如图 9-30d 所示，在“PLC 信息”对话框显示其固件版本为“V02.03……”。

a) 单击“PLC”菜单下的“PLC”

图 9-29　查看 CPU 模块当前的固件版本

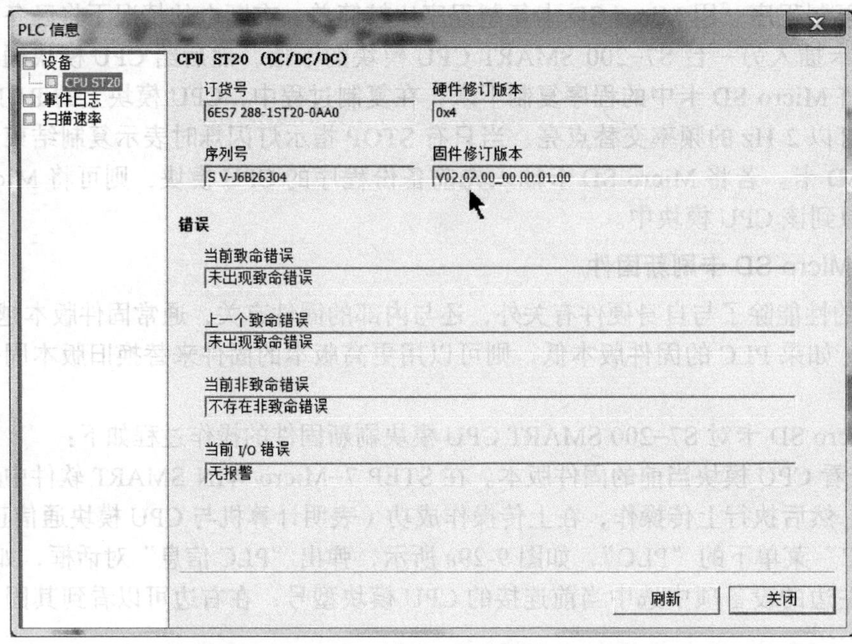

b)“PLC信息”对话框显示CPU模块当前固件版本为“V02.02……”

图 9-29　查看 CPU 模块当前的固件版本（续）

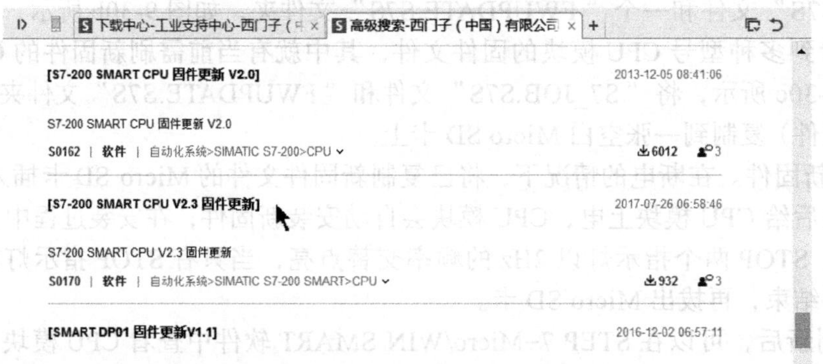

a) 登录西门子下载中心下载新版本固件

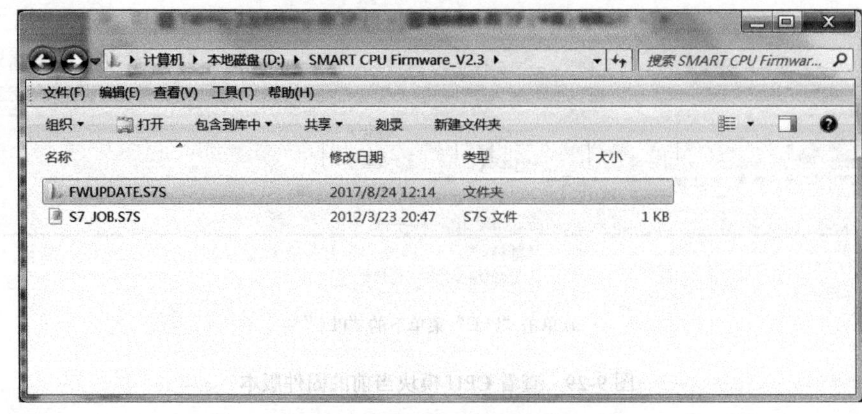

b) 新固件由“S7_JOB.S7S”文件和“FWUPDATE.S7S”文件夹组成

图 9-30　下载并安装新版本固件

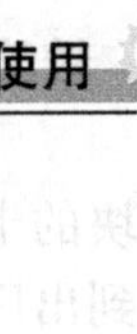

c) 打开“FWUPDATE.S7S”文件夹查看有无所需CPU型号的固件文件

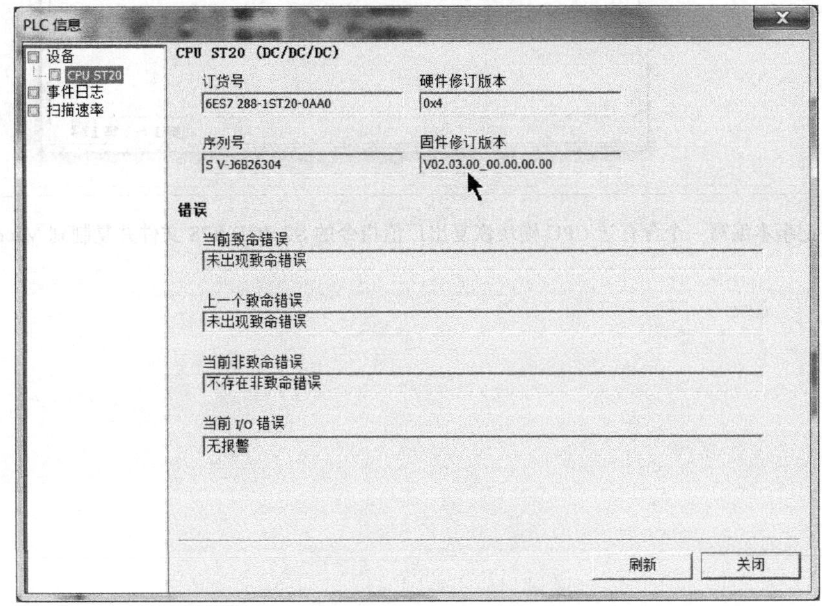

d) 固件刷新后查看CPU模块的新固件版本

图 9-30　下载并安装新版本固件（续）

3. 用 Micro SD 卡将 PLC 恢复到出厂值

在 PLC 加密而又不知道密码情况下，当仍想使用 PLC，或者在 PLC 里面设置了固定的 IP 地址，利用这个 IP 地址无法与计算机通信，导致 IP 地址无法修改的时候，可以考虑将 PLC 恢复到出厂值。

用 Micro SD 卡将 PLC 恢复到出厂值操作过程如下：

1）编写一个 S7_JOB.S7S 文件并复制到 Micro SD 卡。打开计算机自带的记事本程序，输入一行文字“RESET_TO_FACTORY”，该行文字是让 CPU 模块恢复到出厂值的指令，不要输入双引号，然后将其保存成一个文件名为“S7_JOB.S7S”的文件，如图 9-31 所示，再将该文件复制到一张空白 Micro SD 卡中。

2）将 Micro SD 卡插入 CPU 模块恢复到出厂值。在断电的情况下，将含有 S7_JOB.S7S 文件（该文件写有一行“RESET_TO_FACTORY”文字）的 Micro SD 卡插入 CPU 模块的卡槽，然后给 CPU 模块上电，CPU 模块自动执行 S7_JOB.S7S 文件中的指令，恢复到出厂值。

注意：恢复出厂值会清空 CPU 模块内的程序块、数据块和系统块，不会改变 CPU 模块的固件版本。

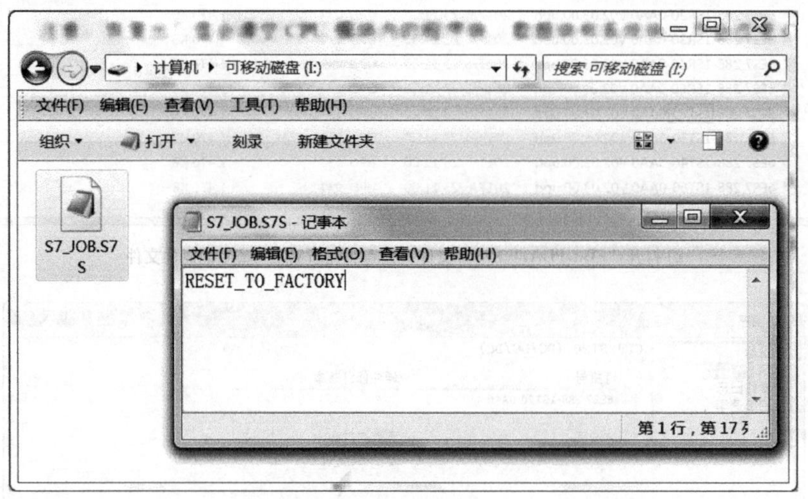

图 9-31 用记事本编写一个含有让 CPU 模块恢复出厂值指令的 S7_JOB.S7S 文件并复制到 Micro SD 卡上

第 10 章

基本指令与顺序控制指令

10.1 位逻辑指令

在 STEP 7-Micro/WIN SMART 软件的项目指令树区域，展开“位逻辑”指令包，可以查看到所有的位逻辑指令，如图 10-1 所示。位逻辑指令有 16 条，可大致分为触点指令、线圈指令、立即指令、RS 触发器指令和空操作指令。

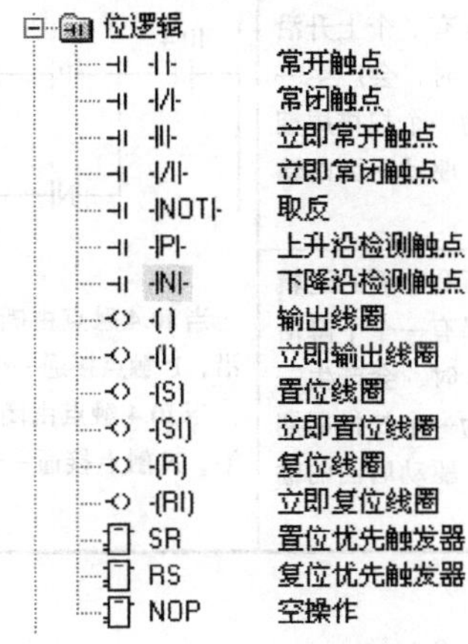

图 10-1　位逻辑指令

10.1.1　触点指令

触点指令可分为普通触点指令和边沿检测触点指令。

1. 普通触点指令

普通触点指令说明如下：

指令标识	梯形图符号及名称	说明	可用软元件	举例
┤├	??.? ─┤├─ 常开触点	当 ??.? 位为 1（ON）时，??.? 常开触点闭合，为 0（OFF）时常开触点断开	I、Q、M、SM、T、C、L、S、V	I0.1 A 当 I0.1 位为 1 时，I0.1 常开触点处于闭合，左母线的能流通过触点流到 A 点
┤/├	??.? ─┤/├─ 常闭触点	当 ??.? 位为 0 时，??.? 常闭触点闭合，为 1 时常闭触点断开	I、Q、M、SM、T、C、L、S、V	I0.1 A 当 I0.1 位为 0 时，I0.1 常闭触点处于闭合，左母线的能流通过触点流到 A 点

（续）

指令标识	梯形图符号及名称	说明	可用软元件	举例
┤NOT├	─┤NOT├─ 取反	当该触点左方有能流时，经能流取反后右方无能流，左方无能流时右方有能流		I0.1 A NOT B 当 I0.1 常开触点处于断开时，A 点无能流，经能流取反后，B 点有能流，这里的两个触点组合，功能与一个常闭触点相同

2. 边沿检测触点指令

边沿检测触点指令说明如下：

指令标识	梯形图符号及名称	说明	举例
┤P├	─┤P├─ 上升沿检测触点	当该指令前面的逻辑运算结果有一个上升沿（0→1）时，会产生一个宽度为一个扫描周期的脉冲，驱动后面的输出线圈	I0.4 P Q0.4 ( ) N Q0.5 ( ) I0.4 Q0.4 Q0.5 接通一个周期 接通一个周期 当 I0.4 触点由断开转为闭合时，会产生一个 0→1 的上升沿，P 触点接通一个扫描周期时间，Q0.4 线圈得电一个周期 当 I0.4 触点由闭合转为断开时，会产生一个 1→0 的下降沿，N 触点接通一个扫描周期时间，Q0.5 线圈得电一个周期
┤N├	─┤N├─ 下降沿检测触点	当该指令前面的逻辑运算结果有一个下降沿（1→0）时，会产生一个宽度为一个扫描周期的脉冲，驱动后面的输出线圈	

10.1.2 线圈指令

1. 指令说明

线圈指令说明如下：

指令标识	梯形图符号及名称	说明	操作数
─(　)	??.? ──(　) 输出线圈	当有输入能流时，??.? 线圈得电，能流消失后，??.? 线圈马上失电	??.?（软元件）：I、Q、M、SM、T、C、V、S、L，数据类型为布尔型 ????（软元件的数量）：VB、IB、QB、MB、SMB、LB、SB、AC、*VD、*AC、*LD、常量，数据类型为字节型，范围 1 ～ 255
─(S)	??.? ──(S) ???? 置位线圈	当有输入能流时，将 ??.? 开始的 ???? 个线圈置位（即让这些线圈都得电），能流消失后，这些线圈仍保持为 1（即仍得电）	
─(R)	??.? ──(R) ???? 复位线圈	当有输入能流时，将 ??.? 开始的 ???? 个线圈复位（即让这些线圈都失电），能流消失后，这些线圈仍保持为 0（即失电）	

2. 指令使用举例

线圈指令的使用如图 10-2 所示。当 I0.4 常开触点闭合时，将 M0.0 ～ M0.2 线圈都置位，即让这三个线圈都得电，同时 Q0.4 线圈也得电，I0.4 常开触点断开后，

M0.0 ～ M0.2 线圈仍保持得电状态，而 Q0.4 线圈则失电；当 I0.5 常开触点闭合时，将 M0.0 ～ M0.2 线圈都复位，即这三个线圈都失电，同时 Q0.5 线圈得电，I0.5 常开触点断开后，M0.0 ～ M0.2 线圈仍保持失电状态，Q0.5 线圈也失电。

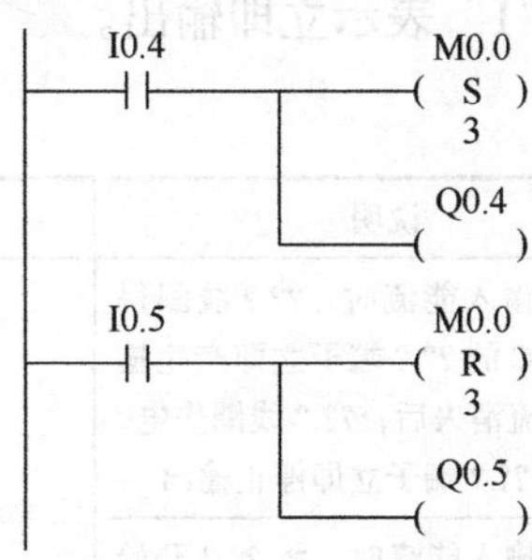

图 10-2　线圈指令的使用举例

10.1.3　立即指令

PLC 的一般工作过程是：当操作输入端设备时（如按下 I0.0 端子外接按钮），该端的状态数据“1”存入输入映像寄存器 I0.0 中，PLC 运行时先扫描读出输入映像寄存器的数据，然后根据读取的数据运行用户编写的程序，程序运行结束后将结果送入输出映像寄存器（如 Q0.0），通过输出电路驱动输出端子外接的输出设备（如接触器线圈），然后 PLC 又重复上述过程。PLC 完整运行一个过程需要的时间称为一个扫描周期，在 PLC 执行用户程序阶段时，即使输入设备状态发生变化（如按钮由闭合输为断开），PLC 也不会理会此时的变化，仍按扫描输入映像寄存器阶段读的数据执行程序，直到下一个扫描周期才读取输入端新状态。

如果希望 PLC 工作时能即时响应输入或即时产生输出，则可使用立即指令。立即指令可分为立即触点指令、立即线圈指令。

1. 立即触点指令

立即触点指令又称为立即输入指令，它只适用于输入量 I，执行立即触点指令时，PLC 会立即读取输入端子的值，再根据该值判断程序中的触点通 / 断状态，但并不更新该端子对应的输入映像寄存器的值，其他普通触点的状态仍由扫描输入映像寄存器阶段读取的值决定。

立即触点指令说明如下：

指令标识	梯形图符号及名称	说明	举例
┤I├	??.? ─┤I├─ 立即常开触点	当 PLC 的 ??.? 端子输入为 ON 时，??.? 立即常开触点即刻闭合，PLC 的 ??.? 端子输入为 OFF 时，??.? 立即常开触点即刻断开	I0.0 ─┤I├─ I0.1 ─┤ ├─ I0.2 ─┤/I├─ I0.3 ─┤/├─ Q0.0 ( ) 当 PLC 的 I0.0 端子输入为 ON（如该端子外接开关闭合）时，I0.0 立即常开触点立即闭合，Q0.0 线圈随之得电，如果 PLC 的 I0.1 端子输入为 ON，则 I0.1 常开触点并不马上闭合，而是要等到 PLC 运行完后续程序并再次执行程序时才闭合 同样地，PLC 的 I0.2 端子输入为 ON 时，可以较 PLC 的 I0.3 端子输入为 ON 时更快使 Q0.0 线圈失电
┤/I├	??.? ─┤/I├─ 立即常闭触点	当 PLC 的 ??.? 端子输入为 ON 时，??.? 立即常闭触点即刻断开，PLC 的 ??.? 端子输入为 OFF 时，??.? 立即常闭触点即刻闭合	

2. 立即线圈指令

立即线圈指令又称为立即输出指令，该指令在执行时，将前面的运算结果立即送到输出映像寄存器而即时从输出端子产生输出，输出映像寄存器内容也被刷新。立即线圈指令只能用于输出量Q，线圈中的“I”表示立即输出。

立即线圈指令说明如下：

指令标识	梯形图符号及名称	说明	举例
—(I)	??.? —(I) 立即输出线圈	当有输入能流时，??.? 线圈得电，PLC 的 ??.? 端子立即产生输出，能流消失后，??.? 线圈失电，PLC 的 ??.? 端子立即停止输出	I0.0 —| |— Q0.0 ( )；Q0.1 (I)；Q0.2 (SI) 3 I0.1 —| |— Q0.2 (RI) 3 当 I0.0 常开触点闭合时，Q0.0、Q0.1 和 Q0.2 ～ Q0.4 线圈均得电，PLC 的 Q0.1 ～ Q0.4 端子立即产生输出，Q0.0 端子需要在程序运行结束后才产生输出，I0.0 常开触点断开后，Q0.1 端子立即停止输出，Q0.0 端子需要在程序运行结束后才停止输出，而 Q0.2 ～ Q0.4 端子仍保持输出 当 I0.1 常开触点闭合时，Q0.2 ～ Q0.4 线圈均失电，PLC 的 Q0.2 ～ Q0.4 端子立即停止输出
—(SI)	??.? —(SI) ???? 立即置位线圈	当有输入能流时，将 ??.? 开始的 ???? 个线圈置位，PLC 从 ??.? 开始的 ???? 个端子立即产生输出，能流消失后，这些线圈仍保持为 1，其对应的 PLC 端子保持输出	
—(RI)	??.? —(RI) ???? 立即复位线圈	当有输入能流时，将 ??.? 开始的 ???? 个线圈复位，PLC 从 ??.? 开始的 ???? 个端子立即停止输出，能流消失后，这些线圈仍保持为 0，其对应的 PLC 端子仍停止输出	

10.1.4 RS 触发器指令

RS 触发器指令的功能是根据 R、S 端输入状态产生相应的输出，它分为置位优先 SR 触发器指令和复位优先 RS 触发器指令。

1. 指令说明

RS 触发器指令说明如下：

指令标识	梯形图符号及名称	说明	操作数
SR	??.? S1 OUT SR R 置位优先触发器	当 S1、R 端同时输入 1 时，OUT=1，??.?=1，SR 置位优先触发器的输入输出关系见下表： S1 | R | OUT(??.?) 0 | 0 | 保持前一状态 0 | 1 | 0 1 | 0 | 1 1 | 1 | 1	输入/输出 | 数据类型 | 可用软元件 S1、R | BOOL | I、Q、V、M、SM、S、T、C S、R1、OUT | BOOL | I、Q、V、M、SM、S、T、C、L ??.? | BOOL | I、Q、V、M、S
RS	??.? S OUT RS R1 复位优先触发器	当 S、R1 端同时输入 1 时，OUT=0，??.?=0，RS 复位优先触发器的输入输出关系见下表： S | R1 | OUT(??.?) 0 | 0 | 保持前一状态 0 | 1 | 0 1 | 0 | 1 1 | 1 | 0	

2. 指令使用举例

RS 触发器指令使用如图 10-3 所示。

图 10-3a 使用了 SR 置位优先触发器指令，从右边的时序图可以看出：①当 I0.0 触点闭合（SI=1）、I0.1 触点断开（R=0）时，Q0.0 被置位为 1；②当 I0.0 触点由闭合转为断开（SI=0）、I0.1 触点仍处于断开（R=0）时，Q0.0 仍保持为 1；③当 I0.0 触点断开（SI=0）、I0.1 触点闭合（R=1）时，Q0.0 被复位为 0；④当 I0.0、I0.1 触点均闭合（SI=0、R=1）时，Q0.0 被置位为 1。

图 10-3b 使用了 RS 复位优先触发器指令，其①～③种输入、输出情况与 SR 置位优先触发器指令相同，两者区别在于第④种情况，对于 SR 置位优先触发器指令，当 S1、R 端同时输入 1 时，Q0.0=1，对于 RS 复位优先触发器指令，当 S、R1 端同时输入 1 时，Q0.0=0。

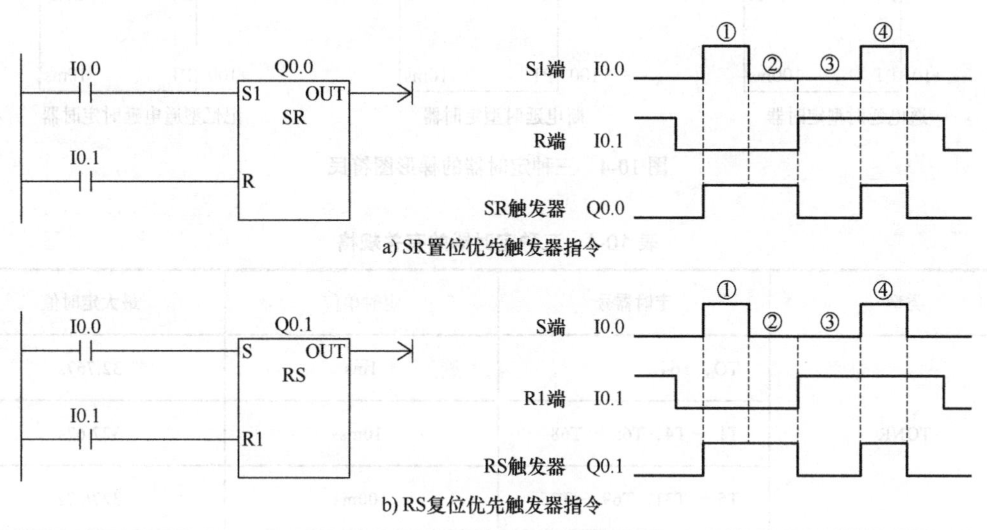

图 10-3　RS 触发器指令使用举例

10.1.5　空操作指令

空操作指令的功能是让程序不执行任何操作，由于该指令本身执行时需要一定时间，故可延缓程序执行周期。

空操作指令说明如下：

指令标识	梯形图符号及名称	说明	举例
NOP	???? NOP 空操作	空操作指令，其功能是将让程序不执行任何操作 N（????）=0～255，执行一次 NOP 指令需要的时间约为 0.22μs，执行 N 次 NOP 的时间约为 0.22μs × N	M0.0 —|/|— 100 NOP 当 M0.0 触点闭合时，NOP 指令执行 100 次

10.2 定时器

定时器是一种按时间动作的继电器，相当于继电器控制系统中的时间继电器。一个定时器可有很多个常开触点和常闭触点，其定时单位有 1ms、10ms、100ms 三种。

根据工作方式不同，定时器可分为三种，即通电延时型定时器（TON）、断电延时型定时器（TOF）和记忆型通电延时定时器（TONR）。三种定时器如图 10-4 所示，其有关规格见表 10-1，TON、TOF 是共享型定时器，当将某一编号的定时器用作 TON 时就不能再将它用作 TOF，如将 T32 用作 TON 定时器后，就不能将 T32 用作 TOF 定时器。

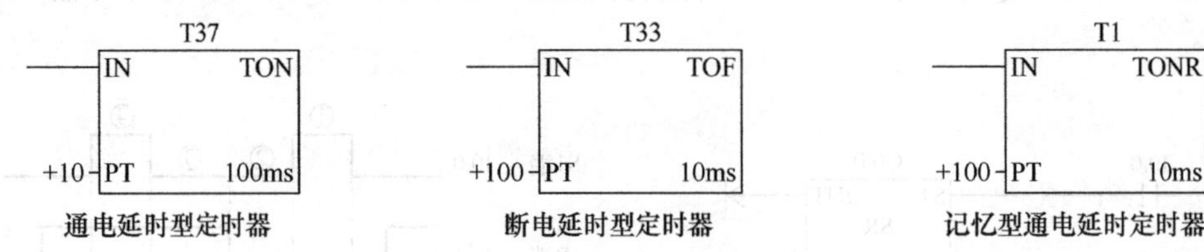

图 10-4　三种定时器的梯形图符民

表 10-1　三种定时器的有关规格

类型	定时器号	定时单位	最大定时值
TONR	TO，T64	1ms	32.767s
	T1 ～ T4，T65 ～ T68	10ms	327.67s
	T5 ～ T31，T69 ～ T95	100ms	3276.7s
TON、TOF	T32，T96	1ms	32.767s
	T33 ～ T36，T97 ～ T100	10ms	327.67s
	T37 ～ T63，T101 ～ T255	100ms	3276.7s

10.2.1　通电延时型定时器

通电延时型定时器（TON）的特点是：当 TON 的 IN 端输入为 ON 时开始计时，计时达到设定时间值后状态变为 1，驱动同编号的触点产生动作，TON 达到设定时间值后会继续计时直到最大值，但后续的计时并不影响定时器的输出状态。在计时期间，若 TON 的 IN 端输入变为 OFF，则定时器马上复位，计时值和输出状态值都清 0。

1. 指令说明

通电延时型定时器说明如下：

<table>
<tr><th>指令标识</th><th>梯形图符号及名称</th><th>说明</th><th>参数</th></tr>
<tr><td>TON</td><td>????
IN　TON
????-PT　???ms
通电延时型定时器</td><td>当 IN 端输入为 ON 时，Txxx（上 ????）通电延时型定时器开始计时，计时时间为计时值（PT 值）×???ms，到达计时值后，Txxx 定时器的状态变为 1 且继续计时，直到最大值 32767；当 IN 端输入为 OFF 时，Txxx 定时器的当前计时值清 0，同时状态也变为 0
指令上方的 ???? 用于输入 TON 定时器编号，PT 旁的 ???? 用于设置定时值，ms 旁的 ??? 根据定时器编号自动生成，如定时器编号输入 T37，???ms 自动变成 100ms</td><td>

输入/输出	数据类型	操作数
Txxx	WORD	常数(T0～T255)
IN	BOOL	I、Q、V、M、SM、S、T、C、L
PT	INT	IW、QW、VW、MW、SMW、SW、LW、T、C、AC、AIW、*VD、*LD、*AC、常数

</td></tr>
</table>

2. 指令使用举例

通电延时型定时器指令使用如图 10-5 所示。当 I0.0 触点闭合时，TON 定时器 T37 的 IN 端输入为 ON，开始计时，计时达到设定值 10（10×100ms=1s）时，T37 状态变为 1，T37 常开触点闭合，线圈 Q0.0 得电，T37 继续计时，直到最大值 32767，然后保持最大值不变；当 I0.0 触点断开时，T37 定时器的 IN 端输入为 OFF，T37 计时值和状态均清 0，T37 常开触点断开，线圈 Q0.0 失电。

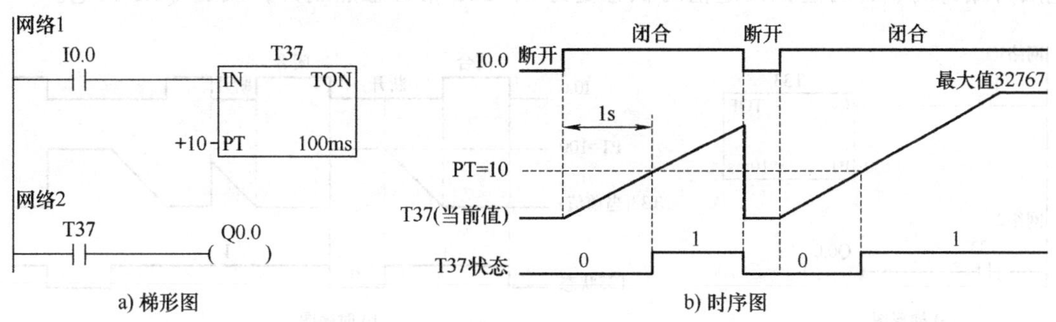

a) 梯形图　　b) 时序图

图 10-5　通电延时型定时器指令使用举例

10.2.2　断电延时型定时器

断电延时型定时器（TOF）的特点是：当 TOF 的 IN 端输入为 ON 时，TOF 的状态变为 1，同时计时值被清 0，当 TOF 的 IN 端输入变为 OFF 时，TOF 的状态仍保持为 1，同时 TOF 开始计时，当计时值达到设定值后 TOF 的状态变为 0，当前计时值保持设定值不变。

也就是说，TOF 定时器在 IN 端输入为 ON 时状态为 1 且计时值清 0，IN 端变为 OFF（即输入断电）后状态仍为 1 但从 0 开始计时，计时值达到设定值时状态变为 0，计时值保持设定值不变。

1. 指令说明

断电延时型定时器说明如下：

<table>
<tr><th>指令标识</th><th>梯形图符号及名称</th><th>说明</th><th>参数</th></tr>
<tr><td>TOF</td><td>????
IN　TOF
????-PT　???ms
断电延时型定时器</td><td>当 IN 端输入为 ON 时，Txxx(上 ????) 断电延时型定时器的状态变为 1，同时计时值清 0，当 IN 端输入变为 OFF 时，定时器的状态仍为 1，定时器开始计时值，到达设定计时值后，定时器的状态变为 0，当前计时值保持不变
指令上方的 ???? 用于输入 TOF 定时器编号，PT 旁的 ???? 用于设置定时值，ms 旁的 ??? 根据定时器编号自动生成</td><td><table>
<tr><th>输入/输出</th><th>数据类型</th><th>操作数</th></tr>
<tr><td>Txxx</td><td>WORD</td><td>常数(T0～T255)</td></tr>
<tr><td>IN</td><td>BOOL</td><td>I、Q、V、M、SM、S、T、C、L</td></tr>
<tr><td>PT</td><td>INT</td><td>IW、QW、VW、MW、SMW、SW、LW、T、C、AC、AIW、*VD、*LD、*AC、常数</td></tr>
</table></td></tr>
</table>

2. 指令使用举例

断电延时型定时器指令使用如图 10-6 所示。当 I0.0 触点闭合时，TOF 定时器 T33 的 IN 端输入为 ON，T33 状态变为 1，同时计时值清 0；当 I0.0 触点由闭合转为断开时，T33 的 IN 端输入为 OFF，T33 开始计时，计时达到设定值 100（100×10ms=1s）时，T33 状态变为 0，当前计时值不变；当 I0.0 重新闭合时，T33 状态变为 1，同时计时值清 0。

TOF 定时器在 T33 通电时状态为 1，T33 常开触点闭合，线圈 Q0.0 得电，在 T33 断电后开始计时，计时达到设定值时状态变为 0，T33 常开触点断开，线圈 Q0.0 失电。

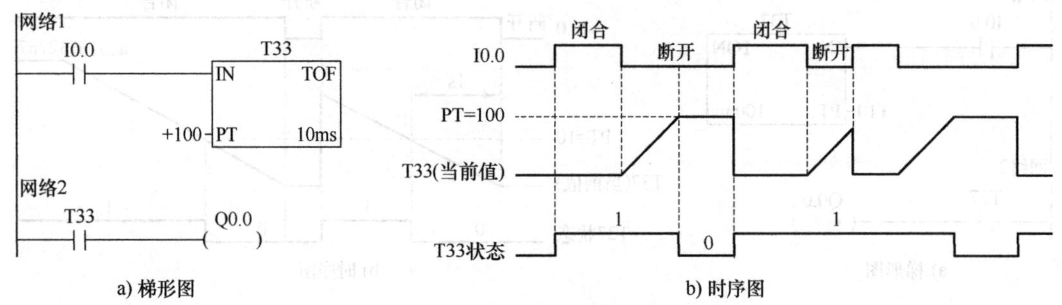

图 10-6　断电延时型定时器指令使用举例

10.2.3　记忆型通电延时定时器

记忆型通电延时定时器（TONR）的特点是：当 TONR 输入（IN）端通电即开始计时，计时达到设定时间值后状态置 1，然后 TONR 会继续计时直到最大值，在后续的计时期间定时器的状态仍为 1；在计时期间，如果 TONR 的输入端失电，则其计时值不会复位，而是将失电前瞬间的计时值记忆下来，当输入端再次通电时，TONR 会在记忆值上继续计时，直到最大值。

失电不会使 TONR 状态复位计时清 0，要让 TONR 状态复位计时清 0，必须用到复位指令（R）。

1. 指令说明

记忆型通电延时定时器说明如下：

<table>
<tr><th>指令标识</th><th>梯形图符号及名称</th><th>说明</th><th>参数</th></tr>
<tr>
<td>TONR</td>
<td>????
IN　TONR
????-PT　???ms
记忆型通电延时定时器</td>
<td>当 IN 端输入为 ON 时，Txxx(上 ????) 记忆型通电延时定时器开始计时，计时时间为计时值（PT 值）× ???ms，如果未到达计时值时 IN 输入变为 OFF，定时器将当前计时值保存下来，当 IN 端输入再次变为 ON 时，定时器在记忆的计时值上继续计时，到达设置的计时值后，Txxx 定时器的状态变为 1 且继续计时，直到最大值 32767
指令上方的 ???? 用于输入 TONR 定时器编号，PT 旁的 ???? 用于设置定时值，ms 旁的 ??? 根据定时器编号自动生成</td>
<td>
<table>
<tr><th>输入/输出</th><th>数据类型</th><th>操作数</th></tr>
<tr><td>Txxx</td><td>WORD</td><td>常数(T0～T255)</td></tr>
<tr><td>IN</td><td>BOOL</td><td>I、Q、V、M、SM、S、T、C、L</td></tr>
<tr><td>PT</td><td>INT</td><td>IW、QW、VW、MW、SMW、SW、LW、T、C、AC、AIW、*VD、*LD、*AC、常数</td></tr>
</table>
</td>
</tr>
</table>

2. 指令使用举例

记忆型通电延时定时器指令使用如图 10-7 所示。

当 I0.0 触点闭合时，TONR 定时器 T1 的 IN 端输入为 ON，开始计时，如果计时值未达到设定值时 I0.0 触点就断开，则 T1 将当前计时值记忆下来；当 I0.0 触点再闭合时，T1 在记忆的计时值上继续计时，当计时值达到设定值 100（100 × 10ms=1s）时，T1 状态变为 1，T1 常开触点闭合，线圈 Q0.0 得电，T1 继续计时，直到最大计时值 32767，在计时期间，如果 I0.1 触点闭合，则复位指令（R）执行，T1 被复位，T1 状态变为 0，计时值也被清 0；当触点 I0.1 断开且 I0.0 闭合时，T1 重新开始计时。

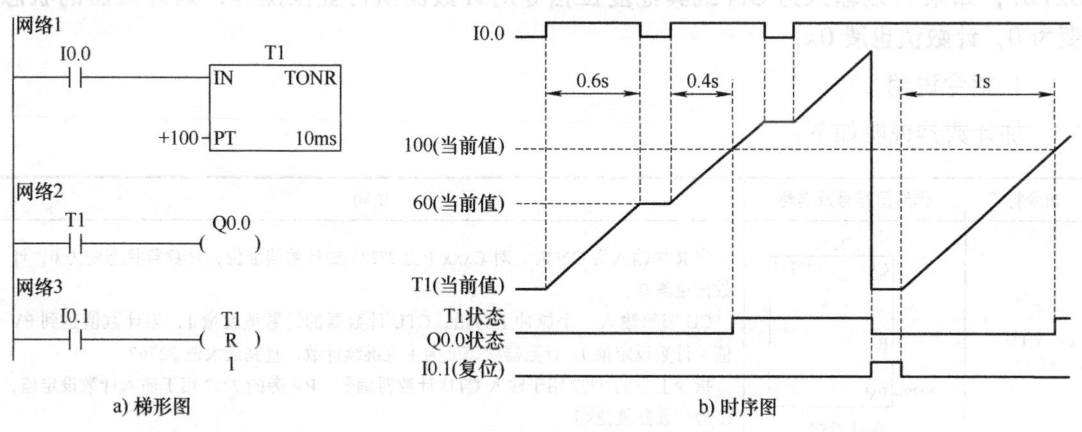

图 10-7　记忆型通电延时定时器指令使用举例

10.3 计数器

计数器的功能是对输入脉冲的计数。S7-200 系列 PLC 有三种类型的计数器，即加计数器 CTU（递增计数器）、减计数器 CTD（递减计数器）和加减计数器 CTUD（加减计数器）。计数器的编号为 C0 ～ C255。三种计数器如图 10-8 所示。

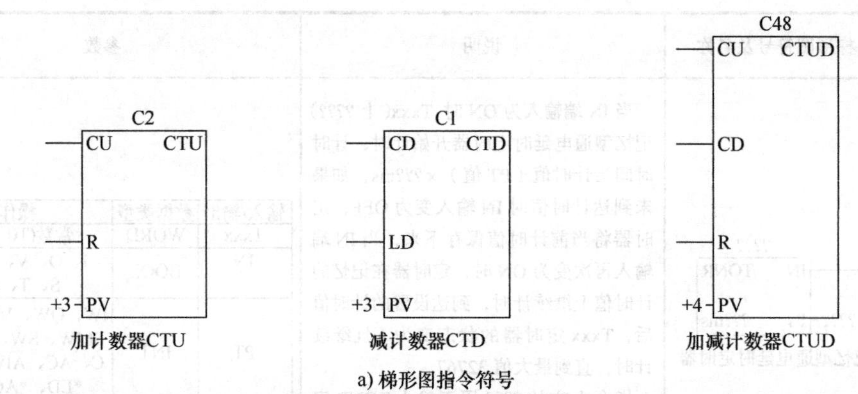

a) 梯形图指令符号

输入/输出	数据类型	操作数
Cxx	WORD	常数(C0～C255)
CU、CD、LD、R	BOOL	I、Q、V、M、SM、S、T、C、L
PV	INT	IW、QW、VW、MW、SMW、SW、LW、T、C、AC、AIW、*VD、*LD、*AC、常数

b) 参数

图 10-8　三种计数器

10.3.1　加计数器

加计数器的特点是：当 CTU 输入端（CU）有脉冲输入时开始计数，每来一个脉冲上升沿计数值加 1，当计数值达到设定值（PV）后状态变为 1 且继续计数，直到最大值 32767，如果 R 端输入为 ON 或其他复位指令对计数器执行复位操作，则计数器的状态变为 0，计数值也清 0。

1. 指令说明

加计数器说明如下：

指令标识	梯形图符号及名称	说明
CTU	???? CU　CTU R ????- PV 加计数器	当 R 端输入为 ON 时，对 Cxxx（上 ????）加计数器复位，计数器状态变为 0，计数值也清 0 CU 端每输入一个脉冲上升沿，CTU 计数器的计数值就增 1，当计数值达到 PV 值（计数设定值），计数器状态变为 1 且继续计数，直到最大值 32767 指令上方的 ???? 用于输入 CTU 计数器编号，PV 旁的 ???? 用于输入计数设定值，R 为计数器复位端

2. 指令使用举例

加计数器指令使用如图 10-9 所示。当 I0.1 触点闭合时，CTU 计数器的 R（复位）端输入为 ON，CTU 计数器的状态为 0，计数值也清 0。当 I0.0 触点第一次由断开转为闭合时，CTU 的 CU 端输入一个脉冲上升沿，CTU 计数值增 1，计数值为 1，I0.0 触点由闭合转为断开时，CTU 计数值不变；当 I0.0 触点第二次由断开转为闭合时，CTU 计数值又增 1，计数值为 2；当 I0.0 触点第三次由断开转为闭合时，CTU 计数值再增 1，计数值为 3，达到设定值，CTU 的状态变为 1；当 I0.0 触点第四次由断开转为闭合时，CTU 计数值变为 4，其状态仍为 1。如果这时 I0.1 触点闭合，则 CTU 的 R 端输入为 ON，CTU 复位，状态变为 0，计数值也清 0。CTU 复位后，若 CU 端输入脉冲，则 CTU 又开始计数。

在 CTU 计数器 C2 的状态为 1 时，C2 常开触点闭合，线圈 Q0.0 得电，计数器 C2 复位后，C2 触点断开，线圈 Q0.0 失电。

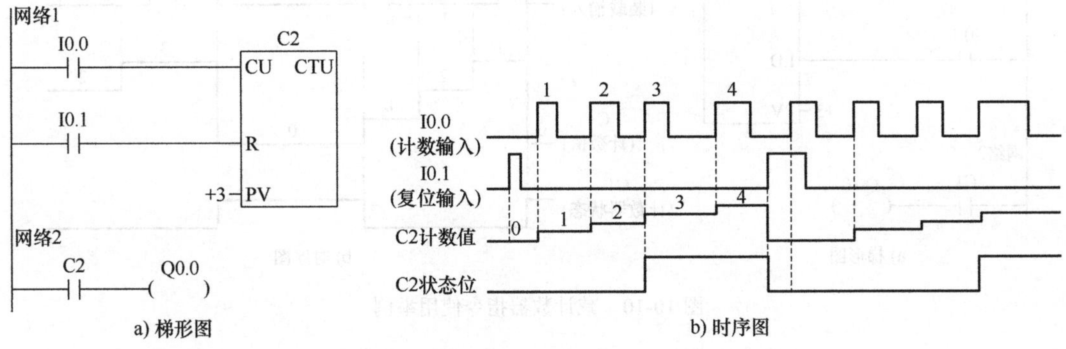

图 10-9　加计数器指令使用举例

10.3.2　减计数器

减计数器的特点是：当 CTD 的 LD（装载）端输入为 ON 时，CTD 状态位变为 0、计数值变为设定值，装载后，计数器的 CD 端每输入一个脉冲上升沿，计数值就减 1，当计数值减到 0 时，CTD 的状态变为 1 并停止计数。

1. 指令说明

减计数器说明如下：

指令标识	梯形图符号及名称	说明
CTD	???? CD　CTD LD ????- PV 减计数器	当 LD 端输入为 ON 时，Cxxx（上 ????）减计数器状态变为 0，同时计数值变为 PV 值 CD 端每输入一个脉冲上升沿，CTD 计数器的计数值就减 1，当计数值减到 0 时，计数器状态变为 1 并停止计数 指令上方的 ???? 用于输入 CTD 计数器编号，PV 旁的 ???? 用于输入计数设定值，LD 为计数值装载控制端

2. 指令使用举例

减计数器指令使用如图 10-10 所示。当 I0.1 触点闭合时，CTD 计数器的 LD 端输入为 ON，CTD 的状态变为 0，计数值变为设定值 3。当 I0.0 触点第一次由断开转为闭合时，CTD 的 CD 端输入一个脉冲上升沿，CTD 计数值减 1，计数值变为 2，I0.0 触点由闭合转为断开时，CTD 计数值不变；当 I0.0 触点第二次由断开转为闭合时，CTD 计数值又减 1，计数值变为 1；当 I0.0 触点第三次由断开转为闭合时，CTD 计数值再减 1，计数值为 0，CTD 的状态变为 1；当 I0.0 第四次由断开转为闭合时，CTD 状态（1）和计数值（0）保持不变。如果这时 I0.1 触点闭合，则 CTD 的 LD 端输入为 ON，CTD 状态也变为 0，同时计数值由 0 变为设定值，在 LD 端输入为 ON 期间，CD 端输入无效。LD 端输入变为

OFF 后，若 CD 端输入脉冲上升沿，则 CTD 又开始减计数。

在 CTD 计数器 C1 的状态为 1 时，C1 常开触点闭合，线圈 Q0.0 得电，在计数器 C1 装载后状态位为 0，C1 触点断开，线圈 Q0.0 失电。

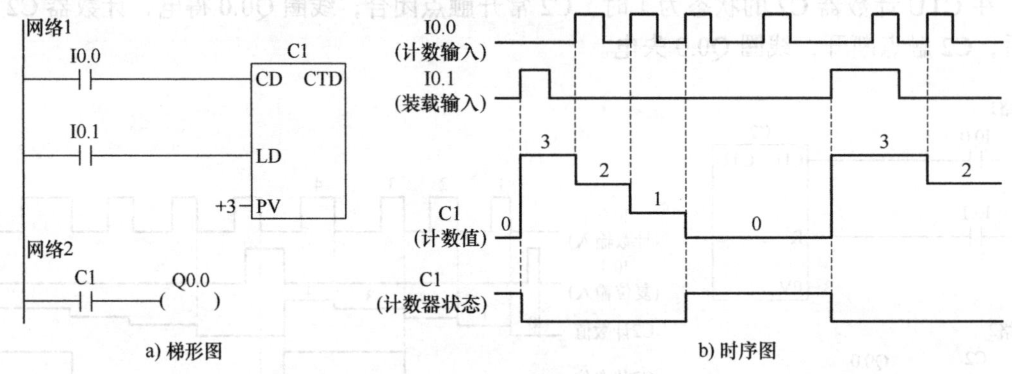

图 10-10　减计数器指令使用举例

10.3.3　加减计数器

加减计数器的特点如下：

1）当 CTUD 的 R 端（复位端）输入为 ON 时，CTUD 状态变为 0，同时计数值清 0。

2）在加计数时，CU 端（加计数端）每输入一个脉冲上升沿，计数值就增 1，CTUD 加计数的最大值为 32767，在达到最大值时再来一个脉冲上升沿，计数值会变为 −32768。

3）在减计数时，CD 端（减计数端）每输入一个脉冲上升沿，计数值就减 1，CTUD 减计数的最小值为 −32768，在达到最小值时再来一个脉冲上升沿，计数值会变为 32767。

4）不管是加计数或减计数，只要计数值等于或大于设定值时，CTUD 的状态就为 1。

1. 指令说明

加减计数器说明如下：

指令标识	梯形图符号及名称	说明
CTUD	???? CU CTUD CD R ???? PV 加减计数器	当 R 端输入为 ON 时，Cxxx（上 ????）加减计数器状态变为 0，同时计数值清 0 CU 端每输入一个脉冲上升沿，CTUD 计数器的计数值就增 1，当计数值增到最大值 32767 时，CU 端再输入一个脉冲上升沿，计数值会变为 −32768 CD 端每输入一个脉冲上升沿，CTUD 计数器的计数值就减 1，当计数值减到最小值 −32768 时，CD 端再输入一个脉冲上升沿，计数值会变为 32767 不管是加计数或是减计数，只要当前计数值等于或大于 PV 值（设定值）时，CTUD 的状态就为 1 指令上方的 ???? 用于输入 CTD 计数器编号，PV 旁的 ???? 用于输入计数设定值，CU 为加计数输入端，CD 为减计数输入端，R 为计数器复位端

2. 指令使用举例

加减计数器指令使用如图 10-11 所示。

当 I0.2 触点闭合时，CTUD 计数器 C48 的 R 端输入为 ON，CTUD 的状态变为 0，同时计数值清 0。

当 I0.0 触点第一次由断开转为闭合时，CTUD 计数值增 1，计数值为 1；当 I0.0 触点第二次由断开转为闭合时，CTUD 计数值又增 1，计数值为 2；当 I0.0 触点第三次由断开转为闭合时，CTUD 计数值再增 1，计数值为 3，当 I0.0 触点第四次由断开转为闭合时，CTUD 计数值再增 1，计数值为 4，达到计数设定值，CTUD 的状态变为 1；当 CU 端继续输入时，CTUD 计数值继续增大。如果 CU 端停止输入，而在 CD 端使用 I0.1 触点输入脉冲，则每输入一个脉冲上升沿，CTUD 的计数值就减 1，当计数值减到小于设定值 4 时，CTUD 的状态变为 0，如果 CU 端又有脉冲输入，又会开始加计数，计数值达到设定值时，CTUD 的状态又变为 1。在加计数或减计数时，一旦 R 端输入为 ON，CTUD 状态和计数值都变为 0。

在 CTUD 计数器 C48 的状态为 1 时，C48 常开触点闭合，线圈 Q0.0 得电，C48 状态为 0 时，C48 触点断开，线圈 Q0.0 失电。

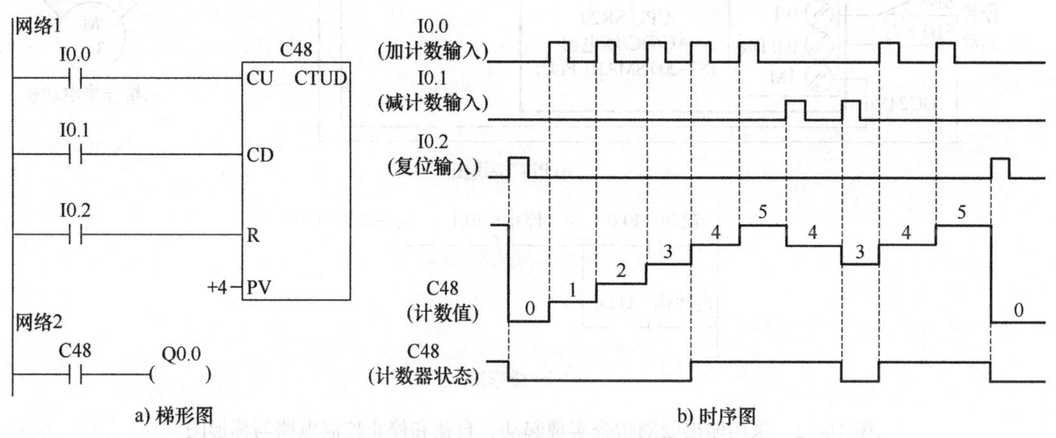

图 10-11　加减计数器指令使用举例

10.4　常用的基本控制电路及梯形图

10.4.1　起动、自锁和停止控制电路与梯形图

起动、自锁和停止控制是 PLC 最基本的控制功能。起动、自锁和停止控制可以采用输出线圈指令，也可以采用置位、复位指令来实现。

1. 采用输出线圈指令实现起动、自锁和停止控制

采用输出线圈指令实现起动、自锁和停止控制的 PLC 电路图和梯形图如图 10-12 所示。

当按下起动按钮 SB1 时，PLC 内部梯形图程序中的起动触点 I0.0 闭合，输出线圈 Q0.0 得电，PLC 输出端子 Q0.0 内部的硬触点闭合，Q0.0 端子与 1L 端子之间内部硬触点闭合，接触器线圈 KM 得电，主电路中的 KM 主触点闭合，电动机得电起动。

输出线圈 Q0.0 得电后，除了会使 Q0.0、1L 端子之间的硬触点闭合外，还会使自锁触点 Q0.0 闭合，在起动触点 I0.0 断开后，依靠自锁触点闭合可使线圈 Q0.0 继续得电，电动机就会继续运转，从而实现自锁控制功能。

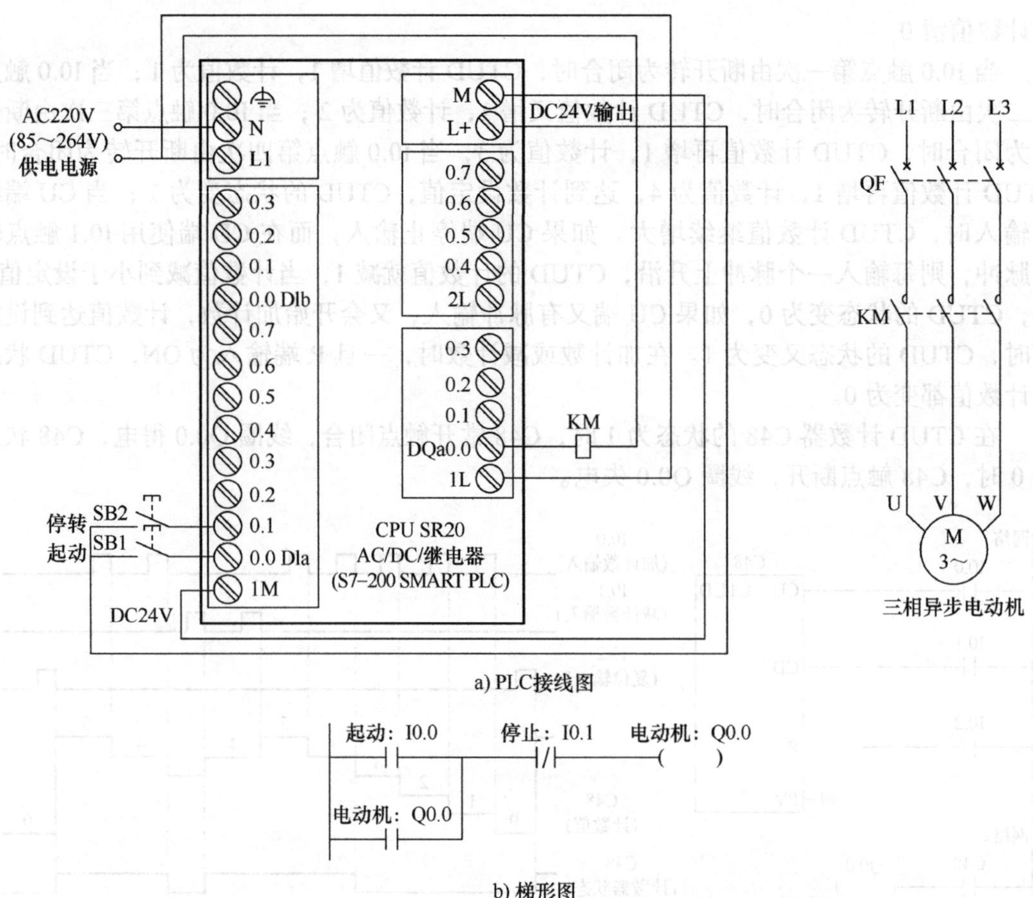

图 10-12　采用输出线圈指令实现起动、自锁和停止控制电路与梯形图

当按下停止按钮 SB2 时，PLC 内部梯形图程序中的停止触点 I0.1 断开，输出线圈 Q0.0 失电，Q0.0、1L 端子之间的内部硬触点断开，接触器线圈 KM 失电，主电路中的 KM 主触点断开，电动机失电停转。

2. 采用置位、复位指令实现起动、自锁和停止控制

采用置位、复位指令（R、S）实现起动、自锁和停止控制的电路与图 3-12a 相同，梯形图程序如图 10-13 所示。

起动：I0.0　电动机：Q0.0
(S)
1

停止：I0.1　电动机：Q0.0
(R)
1

图 10-13　采用置位、复位指令实现起动、自锁和停止控制的梯形图

当按下起动按钮 SB1 时，梯形图中的起动触点 I0.0 闭合，“ S Q0.0，1”指令执行，指令执行结果将输出继电器线圈 Q0.0 置 1，相当于线圈 Q0.0 得电，Q0.0、1L 端子之间的内部硬触点接通，接触器线圈 KM 得电，主电路中的 KM 主触点闭合，电动机得电起动。

线圈 Q0.0 置位后，松开起动按钮 SB1、起动触点 I0.0 断开，但线圈 Q0.0 仍保持“1”态，即仍维持得电状态，电动机就会继续运转，从而实现自锁控制功能。

当按下停止按钮 SB2 时，梯形图程序中的停止触点 I0.1 闭合，“R Q0.0，1”指令执行，指令执行结果将输出线圈 Q0.0 复位（即置 0），相当于线圈 Q0.0 失电，Q0.0、1L 端子之间的内部硬触点断开，接触器线圈 KM 失电，主电路中的 KM 主触点断开，电动机失电停转。

采用置位复位指令和输出线圈指令都可以实现起动、自锁和停止控制，两者的 PLC 外部接线都相同，仅给 PLC 编写的梯形图程序不同。

10.4.2　正、反转联锁控制电路与梯形图

正、反转联锁控制电路与梯形图如图 10-14 所示。

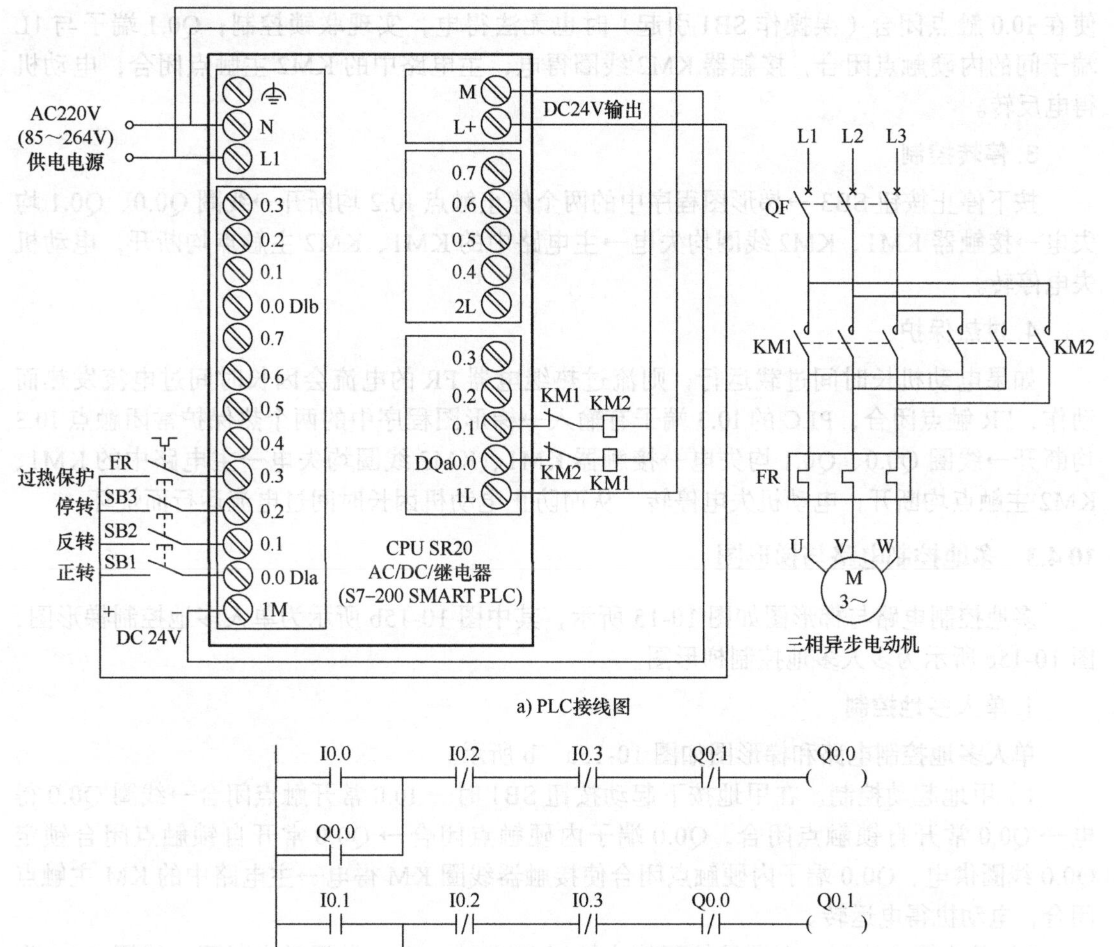

a) PLC接线图

b) 梯形图

图 10-14　正、反转联锁控制电路与梯形图

1. 正转联锁控制

按下正转按钮 SB1 →梯形图程序中的正转触点 I0.0 闭合→线圈 Q0.0 得电→ Q0.0 自锁触点闭合，Q0.0 联锁触点断开，Q0.0 端子与 1L 端子间的内硬触点闭合→ Q0.0 自锁触点闭合，使线圈 Q0.0 在 I0.0 触点断开后仍可得电；Q0.0 联锁触点断开，使线圈 Q0.1 即使在 I0.1 触点闭合（误操作 SB2 引起）时也无法得电，实现联锁控制；Q0.0 端子与 1L 端子间的内硬触点闭合，接触器 KM1 线圈得电，主电路中的 KM1 主触点闭合，电动机得电正转。

2. 反转联锁控制

按下反转按钮 SB2 →梯形图程序中的反转触点 I0.1 闭合→线圈 Q0.1 得电→ Q0.1 自锁触点闭合，Q0.1 联锁触点断开，Q0.1 端子与 1L 端子间的内硬触点闭合→ Q0.1 自锁触点闭合，使线圈 Q0.1 在 I0.1 触点断开后继续得电；Q0.1 联锁触点断开，使线圈 Q0.0 即使在 I0.0 触点闭合（误操作 SB1 引起）时也无法得电，实现联锁控制；Q0.1 端子与 1L 端子间的内硬触点闭合，接触器 KM2 线圈得电，主电路中的 KM2 主触点闭合，电动机得电反转。

3. 停转控制

按下停止按钮 SB3 →梯形图程序中的两个停止触点 I0.2 均断开→线圈 Q0.0、Q0.1 均失电→接触器 KM1、KM2 线圈均失电→主电路中的 KM1、KM2 主触点均断开，电动机失电停转。

4. 过热保护

如果电动机长时间过载运行，则流过热继电器 FR 的电流会因长时间过电流发热而动作，FR 触点闭合，PLC 的 I0.3 端子有输入→梯形图程序中的两个热保护常闭触点 I0.3 均断开→线圈 Q0.0、Q0.1 均失电→接触器 KM1、KM2 线圈均失电→主电路中的 KM1、KM2 主触点均断开，电动机失电停转，从而防止电动机因长时间过电流运行而烧坏。

10.4.3 多地控制电路与梯形图

多地控制电路与梯形图如图 10-15 所示，其中图 10-15b 所示为单人多地控制梯形图，图 10-15c 所示为多人多地控制梯形图。

1. 单人多地控制

单人多地控制电路和梯形图如图 10-15a、b 所示。

1）甲地起动控制。在甲地按下起动按钮 SB1 时→ I0.0 常开触点闭合→线圈 Q0.0 得电→ Q0.0 常开自锁触点闭合，Q0.0 端子内硬触点闭合→ Q0.0 常开自锁触点闭合锁定 Q0.0 线圈供电，Q0.0 端子内硬触点闭合使接触器线圈 KM 得电→主电路中的 KM 主触点闭合，电动机得电运转。

2）甲地停止控制。在甲地按下停止按钮 SB2 时→ I0.1 常闭触点断开→线圈 Q0.0 失电→ Q0.0 常开自锁触点断开，Q0.0 端子内硬触点断开→接触器线圈 KM 失电→主电路中的 KM 主触点断开，电动机失电停转。

乙地和丙地的起 / 停控制与甲地控制相同，利用图 10-15b 所示梯形图可以实现在任何一地进行起 / 停控制，也可以在一地进行起动，在另一地控制停止。

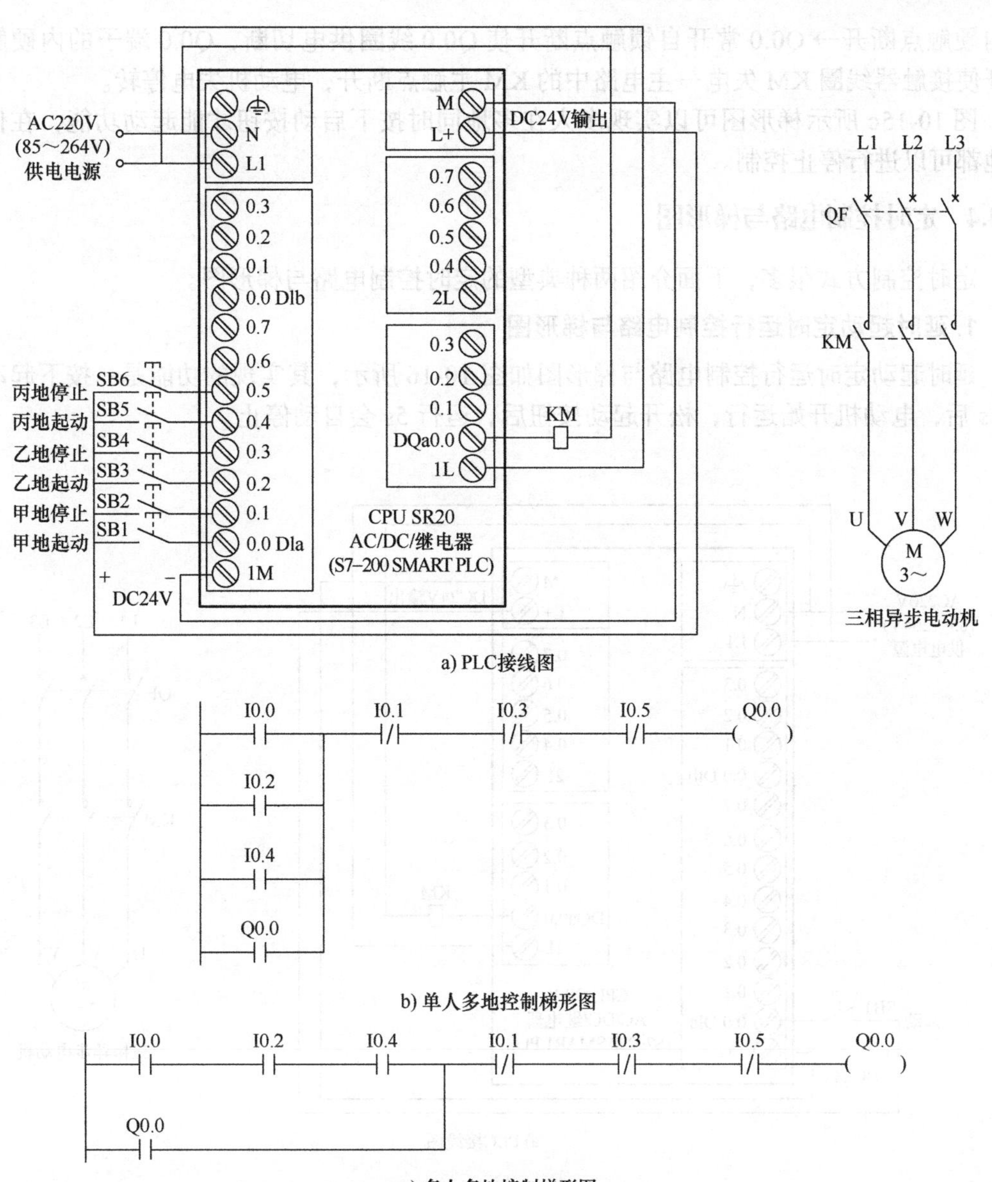

图 10-15　多地控制电路与梯形图

2. 多人多地控制

多人多地控制线路和梯形图如图 10-15a、c 所示。

1）起动控制。在甲、乙、丙三地同时按下按钮 SB1、SB3、SB5 → I0.0、I0.2、I0.4 三个常开触点均闭合→线圈 Q0.0 得电→ Q0.0 常开自锁触点闭合，Q0.0 端子的内硬触点闭合→ Q0.0 线圈供电锁定，接触器线圈 KM 得电→主电路中的 KM 主触点闭合，电动机得电运转。

2）停止控制。在甲、乙、丙三地按下 SB2、SB4、SB6 中的某个停止按钮时→ I0.1、I0.3、I0.5 三个常闭触点中某个断开→线圈 Q0.0 失电→ Q0.0 常开自锁触点断开，Q0.0 端子内硬触点断开→ Q0.0 常开自锁触点断开使 Q0.0 线圈供电切断，Q0.0 端子的内硬触点断开使接触器线圈 KM 失电→主电路中的 KM 主触点断开，电动机失电停转。

图 10-15c 所示梯形图可以实现多人在多地同时按下启动按钮才能起动功能，在任意一地都可以进行停止控制。

10.4.4 定时控制电路与梯形图

定时控制方式很多，下面介绍两种典型的定时控制电路与梯形图。

1. 延时起动定时运行控制电路与梯形图

延时起动定时运行控制电路与梯形图如图 10-16 所示，其实现的功能是：按下起动按钮 3s 后，电动机开始运行，松开起动按钮后，运行 5s 会自动停止。

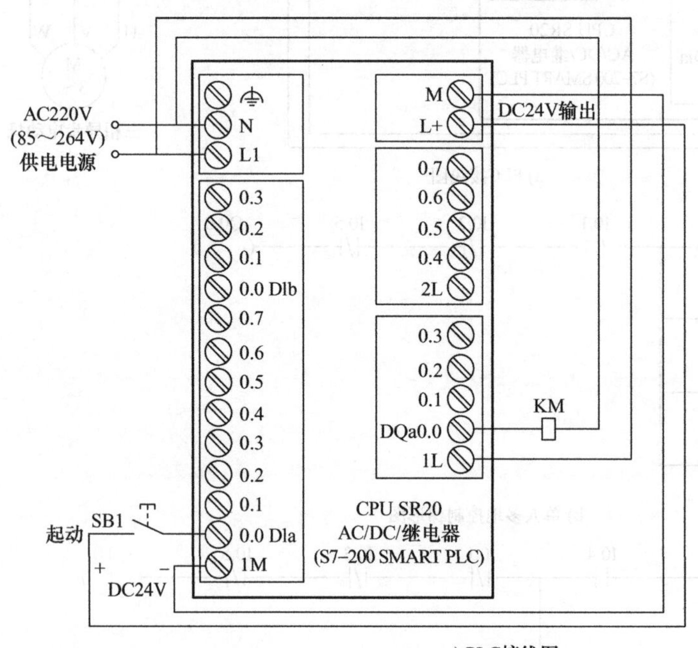

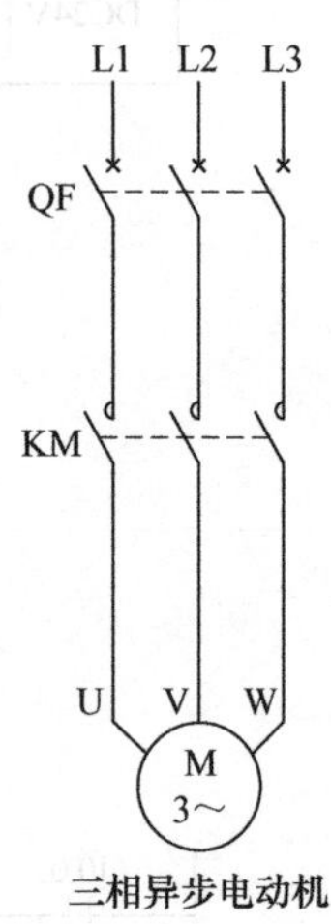

a) PLC接线图

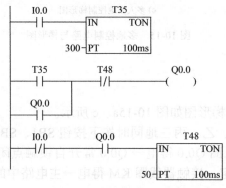

I0.0 T35 IN TON 300 PT 100ms

T35 T48 Q0.0

Q0.0

I0.0 Q0.0 T48 IN TON 50 PT 100ms

b) 梯形图

图 10-16 延时起动定时运行控制电路与梯形图

电路与梯形图说明如下：

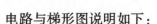

按下起动按钮SB1→{I0.0常闭触点断开; I0.0常开触点闭合→定时器T35开始3s计时→3s后，T35常开触点闭合→Q0.0线圈得电→{Q0.0自锁触点闭合，锁定Q0.0线圈得电; Q0.0端子内硬触点闭合→接触器KM线圈得电→电动机运转; Q0.0常开触点闭合}}

松开起动按钮SB1→{I0.0常开触点断开→定时器T35复位，T35常开触点断开; I0.0常闭触点闭合→定时器T48开始5s计时→5s后，T48常闭触点断开→Q0.0线圈失电→Q0.0端子内硬触点断开→KM线圈失电→电动机停转}

2. 多定时器组合控制电路与梯形图

图 10-17 所示为一种典型的多定时器组合控制电路与梯形图，其实现的功能是：按下起动按钮后电动机 B 马上运行，30s 后电动机 A 开始运行，70s 后电动机 B 停转，100s 后电动机 A 停转。

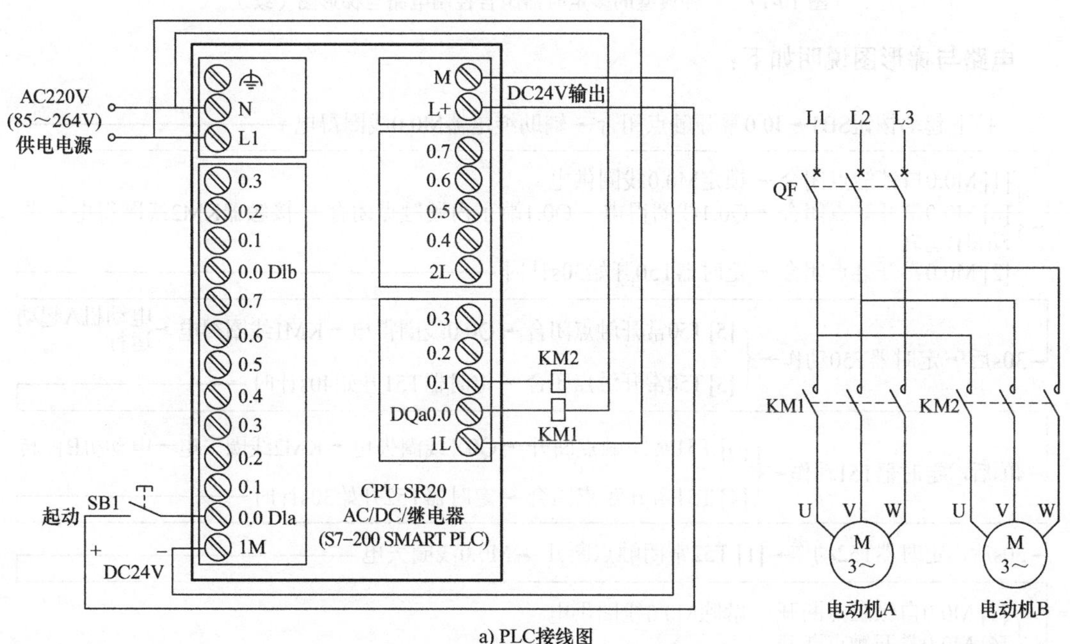

a) PLC接线图

图 10-17　一种典型的多定时器组合控制电路与梯形图

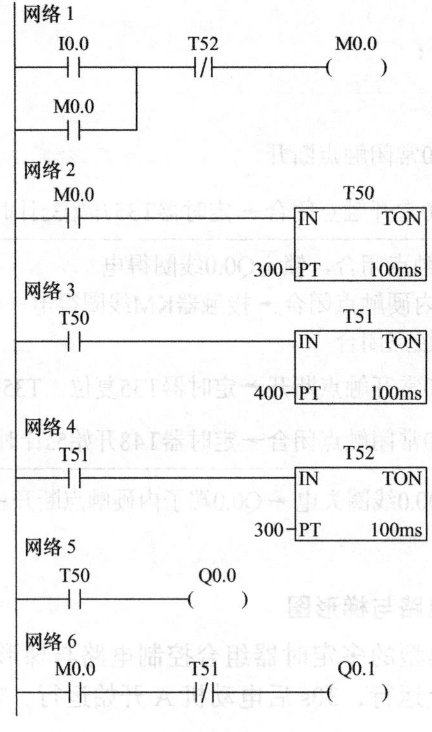

b) 梯形图

图 10-17　一种典型的多定时器组合控制电路与梯形图（续）

电路与梯形图说明如下：

按下起动按钮SB1→I0.0常开触点闭合→辅助继电器M0.0线圈得电→

- [1] M0.0自锁触点闭合→锁定M0.0线圈供电
- [6] M0.0常开触点闭合→Q0.1线圈得电→Q0.1端子内硬触点闭合→接触器KM2线圈得电→电动机B运转
- [2] M0.0常开触点闭合→定时器T50开始30s计时→

30s后→定时器T50动作→

- [5] T50常开触点闭合→Q0.0线圈得电→KM1线圈得电→电动机A起动运行
- [3] T50常开触点闭合→定时器T51开始40s计时→

40s后，定时器T51动作→

- [6] T51常闭触点断开→Q0.1线圈失电→KM2线圈失电→电动机B停转
- [4] T51常开触点闭合→定时器T52开始30s计时→

30s后，定时器T52动作→[1] T52常闭触点断开→M0.0线圈失电→

- [1] M0.0自锁触点断开→解除M0.0线圈供电
- [6] M0.0常开触点断开
- [2] M0.0常开触点断开→定时器T50复位→

- [5] T50常开触点断开→Q0.0线圈失电→KM1线圈失电→电动机A停转
- [3] T50常开触点断开→定时器T51复位→[4] T51常开触点断开→定时器T52复位→[1]T52常闭触点恢复闭合

10.4.5　长定时控制电路与梯形图

西门子 S7-200 SMART PLC 的最大定时时间为 3276.7s（约 54min），采用定时器和计数器组合可以延长定时时间。定时器与计数器组合延长定时控制电路与梯形图如图 10-18 所示。

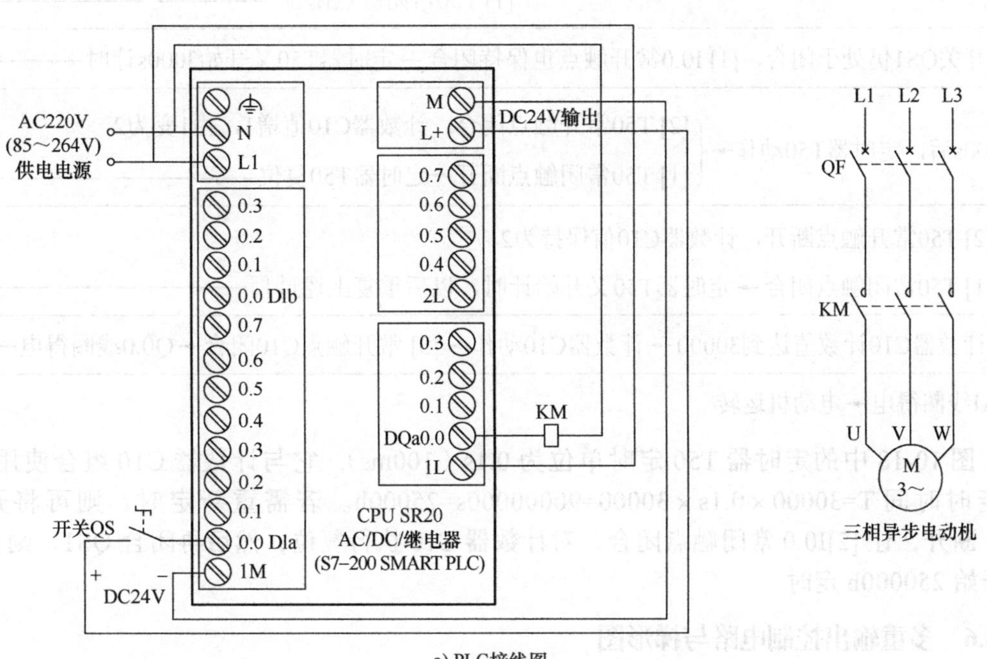

a) PLC接线图

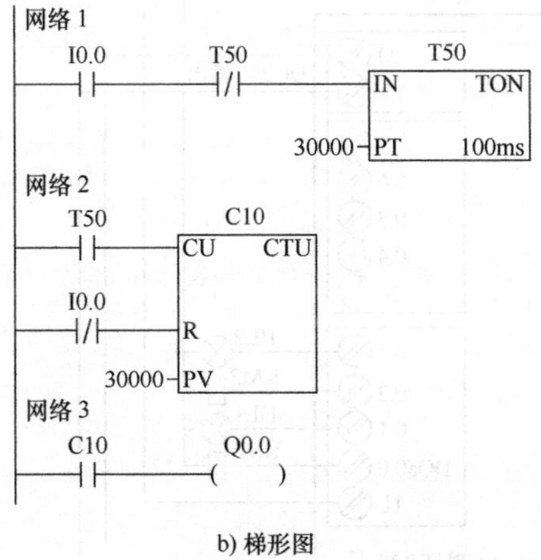

b) 梯形图

图 10-18　定时器与计数器组合延长定时控制电路与梯形图

电路与梯形图说明如下：

将开关QS1闭合→{[2] I0.0常闭触点断开，计数器C10复位清0结束 / [1] I0.0常开触点闭合→定时器T50开始3000s计时→3000s后，定时器T50动作}

→{[2] T50常开触点闭合，计数器C10值增1，由0变为1 / [1] T50常闭触点断开→定时器T50复位→{[2] T50常开触点断开，计数器C10值保持为1 / [1] T50常闭触点闭合}}

→因开关QS1仍处于闭合，[1] I0.0常开触点也保持闭合→定时器T50又开始3000s计时

→3000s后，定时器T50动作→{[2] T50常开触点闭合，计数器C10值增1，由1变为2 / [1] T50常闭触点断开→定时器T50复位}

→{[2] T50常开触点断开，计数器C10值保持为2 / [1] T50常闭触点闭合→定时器T50又开始计时，以后重复上述过程}

→当计数器C10计数值达到30000→计数器C10动作→[3] 常开触点C10闭合→Q0.0线圈得电

→KM线圈得电→电动机运转

图 10-18 中的定时器 T50 定时单位为 0.1s（100ms），它与计数器 C10 组合使用后，其定时时间 T=30000 × 0.1s × 30000=90000000s=25000h。若需重新定时，则可将开关 QS1 断开，让 [2]I0.0 常闭触点闭合，对计数器 C10 执行复位，然后再闭合 QS1，则会重新开始 250000h 定时。

10.4.6 多重输出控制电路与梯形图

多重输出控制电路与梯形图如图 10-19 所示。

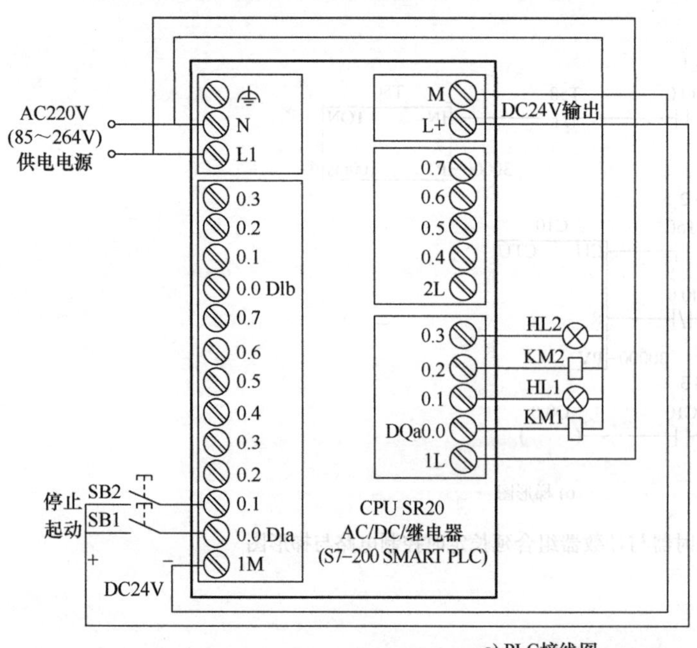

a) PLC接线图

图 10-19 多重输出控制电路与梯形图

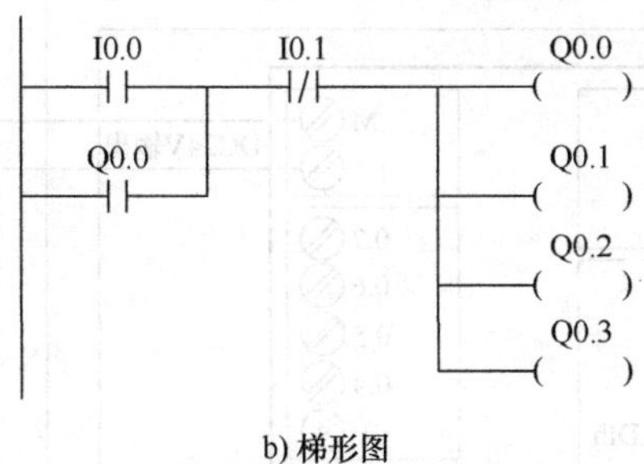

b) 梯形图

图 10-19　多重输出控制电路与梯形图（续）

电路与梯形图说明如下：

1）起动控制。

按下起动按钮SB1→I0.0常开触点闭合→

- Q0.0自锁触点闭合，锁定输出线圈Q0.0～Q0.3供电
- Q0.0线圈得电→Q0.0端子内硬触点闭合→KM1线圈得电→KM1主触点闭合→电动机A得电运转
- Q0.1线圈得电→Q0.1端子内硬触点闭合→HL1灯点亮
- Q0.2线圈得电→Q0.2端子内硬触点闭合→KM2线圈得电→KM2主触点闭合→电动机B得电运转
- Q0.3线圈得电→Q0.3端子内硬触点闭合→HL2灯点亮

2）停止控制。

按下停止按钮SB2→I0.0常闭触点断开→

- Q0.0自锁触点断开，解除输出线圈Q0.0～Q0.3供电
- Q0.0线圈失电→Q0.0端子内硬触点断开→KM1线圈失电→KM1主触点断开→电动机A失电停转
- Q0.1线圈失电→Q0.1端子内硬触点断开→HL1熄灭
- Q0.2线圈失电→Q0.2端子内硬触点断开→KM2线圈失电→KM2主触点断开→电动机B失电停转
- Q0.3线圈失电→Q0.3端子内硬触点断开→HL2熄灭

10.4.7　过载报警控制电路与梯形图

过载报警控制电路与梯形图如图 10-20 所示。

电路与梯形图说明如下：

1）起动控制。按下起动按钮 SB1 → [1]I0.1 常开触点闭合→置位指令执行→ Q0.1 线圈被置位，即 Q0.1 线圈得电→ Q0.1 端子内硬触点闭合→接触器 KM 线圈得电→ KM 主触点闭合→电动机得电运转。

2）停止控制。按下停止按钮 SB2 → [2]I0.2 常开触点闭合→复位指令执行→ Q0.1 线圈被复位（置 0），即 Q0.1 线圈失电→ Q0.1 端子内硬触点断开→接触器 KM 线圈失电→ KM 主触点断开→电动机失电停转。

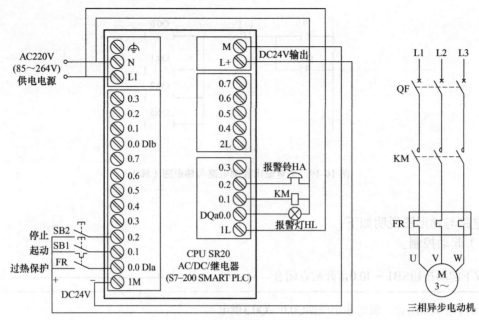

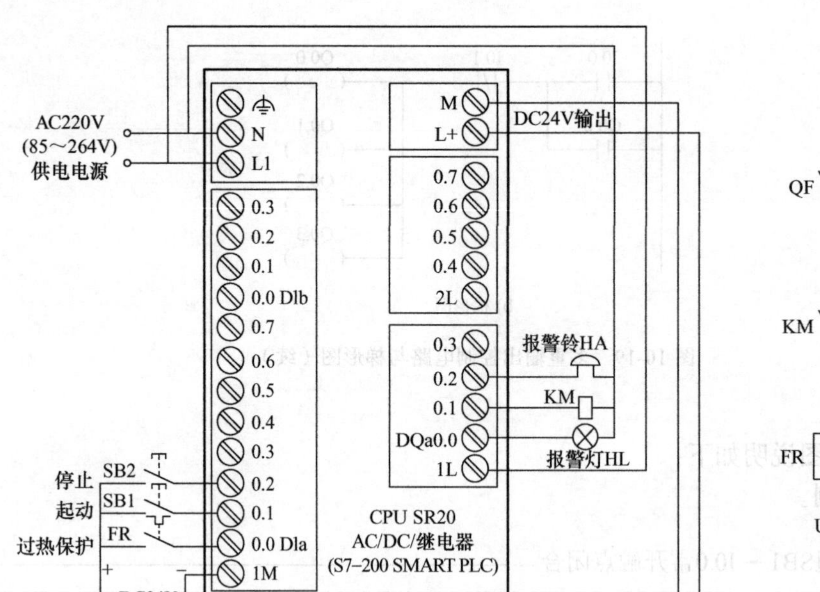

a) PLC接线图

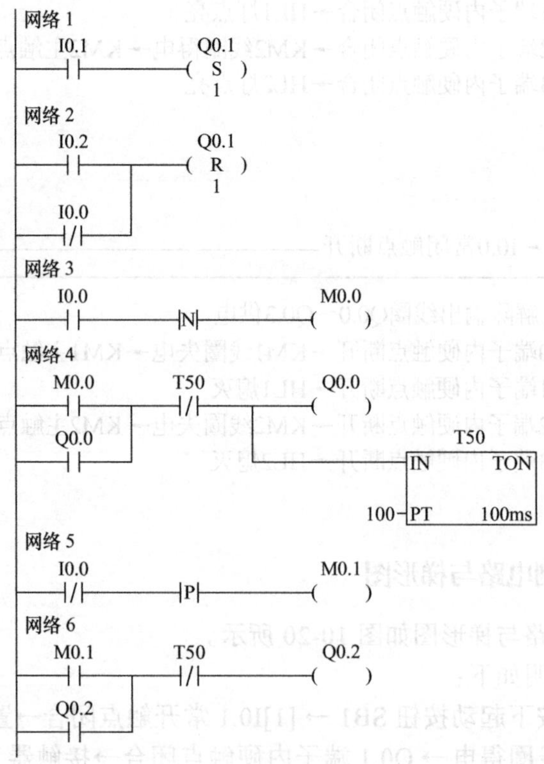

b) 梯形图

图 10-20 过载报警控制电路与梯形图

3）过载保护及报警控制。

在正常工作时，FR过载保护触点闭合→
[2] I0.0常闭触点断开，Q0.1复位指令无法执行
[3] I0.0常开触点闭合，下降沿检测(N触点)无效，M0.0状态为0
[5] I0.0常闭触点断开，上升沿检测(P触点)无效，M0.1状态为0

当电动机过载运行时，热继电器FR发热元件动作，过载保护触点断开→
[2] I0.0常闭触点闭合→执行Q0.1复位指令→Q0.1线圈失电→Q0.1端子内硬触点断开→KM线圈失电→KM主触点断开→电动机失电停转
[3] I0.0常开触点由闭合转为断开，产生一个脉冲下降沿→N触点有效，M0.0线圈得电一个扫描周期→[4] M0.0常开触点闭合→定时器T50开始10s计时，同时Q0.0线圈得电→Q0.0线圈得电一方面使[4] Q0.0自锁触点闭合来锁定供电，另一方面使报警灯通电点亮
[5] I0.0常闭触点由断开转为闭合，产生一个脉冲上升沿→P触点有效，M0.1线圈得电一个扫描周期→[6] M0.1常开触点闭合→Q0.2线圈得电→Q0.2线圈得电一方面使[6]Q0.2自锁触点闭合来锁定供电，另一方面使报警铃通电发声→

10s后，定时器T50置1→
[6] T50常闭触点断开→Q0.2线圈失电→报警铃失电，停止报警声
[4] T50常闭触点断开→定时器T50复位，同时Q0.0线圈失电→报警灯失电熄灭

10.4.8　闪烁控制电路与梯形图

闪烁控制电路与梯形图如图 10-21 所示。

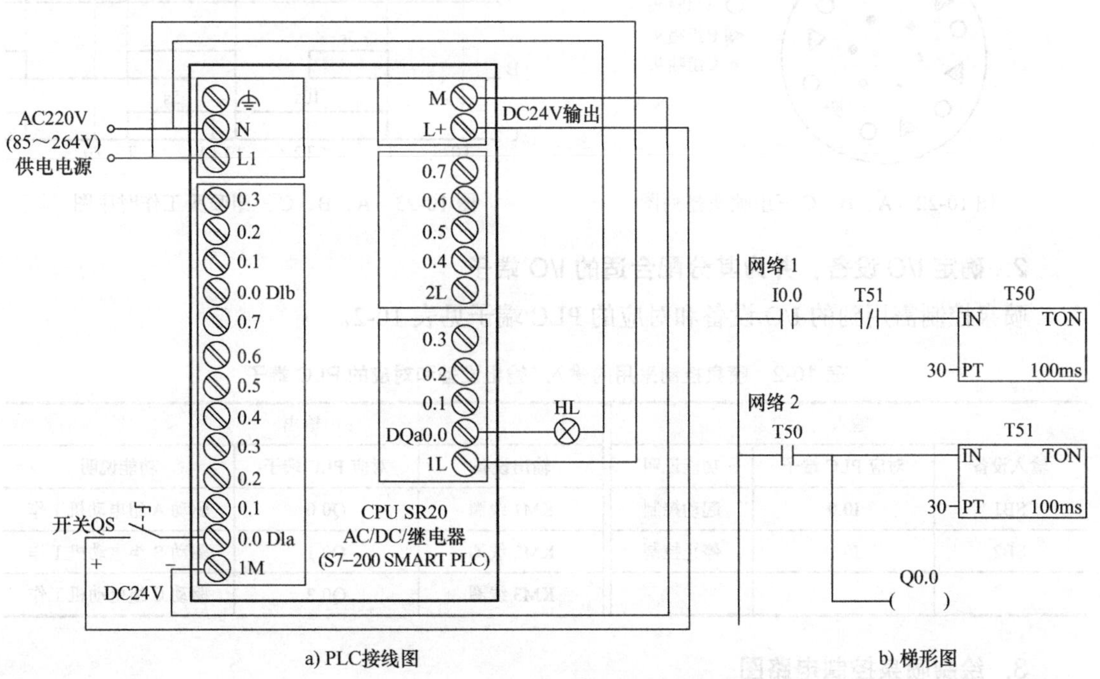

图 10-21　闪烁控制电路与梯形图

电路与梯形图说明如下：将开关 QS 闭合→I0.0 常开触点闭合→定时器 T50 开始

3s 计时→3s 后，定时器 T50 动作，T50 常开触点闭合→定时器 T51 开始 3s 计时，同时 Q0.0 得电，Q0.0 端子内硬触点闭合，灯 HL 点亮→3s 后，定时器 T51 动作，T51 常闭触点断开→定时器 T50 复位，T50 常开触点断开→Q0.0 线圈失电，同时定时器 T51 复位→Q0.0 线圈失电使灯 HL 熄灭。定时器 T51 复位使 T51 闭合，由于开关 QS 仍处于闭合，I0.0 常开触点也处于闭合，定时器 T50 又重新开始 3s 计时（此期间 T50 触点断开，灯处于熄灭状态）。

以后重复上述过程，灯 HL 保持 3s 亮、3s 灭的频率闪烁发光。

10.5 基本指令应用实例

10.5.1 PLC 控制喷泉

1. 明确系统控制要求

系统要求用两个按钮来控制 A、B、C 三组喷头工作（通过控制三组喷头的泵电动机来实现），三组喷头排列如图 10-22 所示。系统控制要求具体如下：

当按下起动按钮后，A 组喷头先喷 5s 后停止，然后 B、C 组喷头同时喷，5s 后，B 组喷头停止、C 组喷头继续喷 5s 再停止，而后 A、B 组喷头喷 7s，C 组喷头在这 7s 的前 2s 内停止，后 5s 内喷水，接着 A、B、C 三组喷头同时停止 3s，以后重复前述过程。按下停止按钮后，三组喷头同时停止喷水。图 10-23 所示为 A、B、C 三组喷头工作时序图。

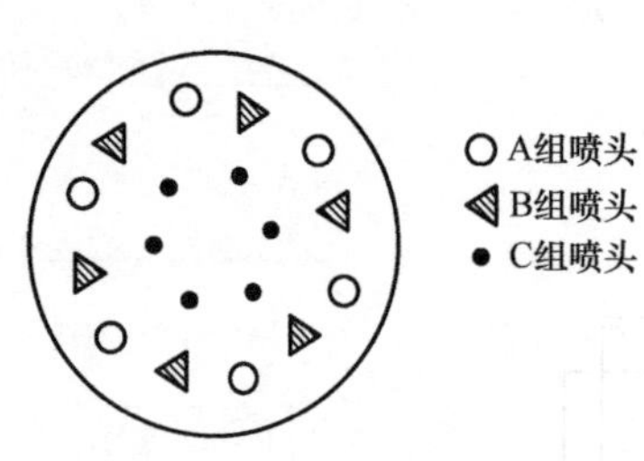

图 10-22　A、B、C 三组喷头排列图

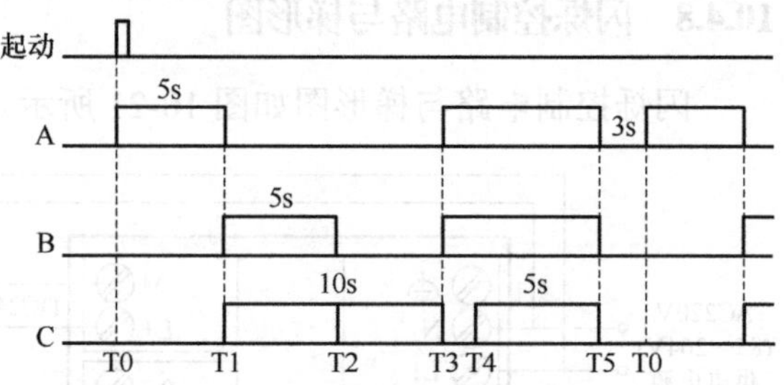

图 10-23　A、B、C 三组喷头工作时序图

2. 确定 I/O 设备，并为其分配合适的 I/O 端子

喷泉控制需用到的 I/O 设备和对应的 PLC 端子见表 10-2。

表 10-2　喷泉控制采用的输入 / 输出设备和对应的 PLC 端子

输入			输出		
输入设备	对应 PLC 端子	功能说明	输出设备	对应 PLC 端子	功能说明
SB1	I0.0	起动控制	KM1 线圈	Q0.0	驱动 A 组电动机工作
SB2	I0.1	停止控制	KM2 线圈	Q0.1	驱动 B 组电动机工作
			KM3 线圈	Q0.2	驱动 C 组电动机工作

3. 绘制喷泉控制电路图

图 10-24 所示为喷泉控制电路图。

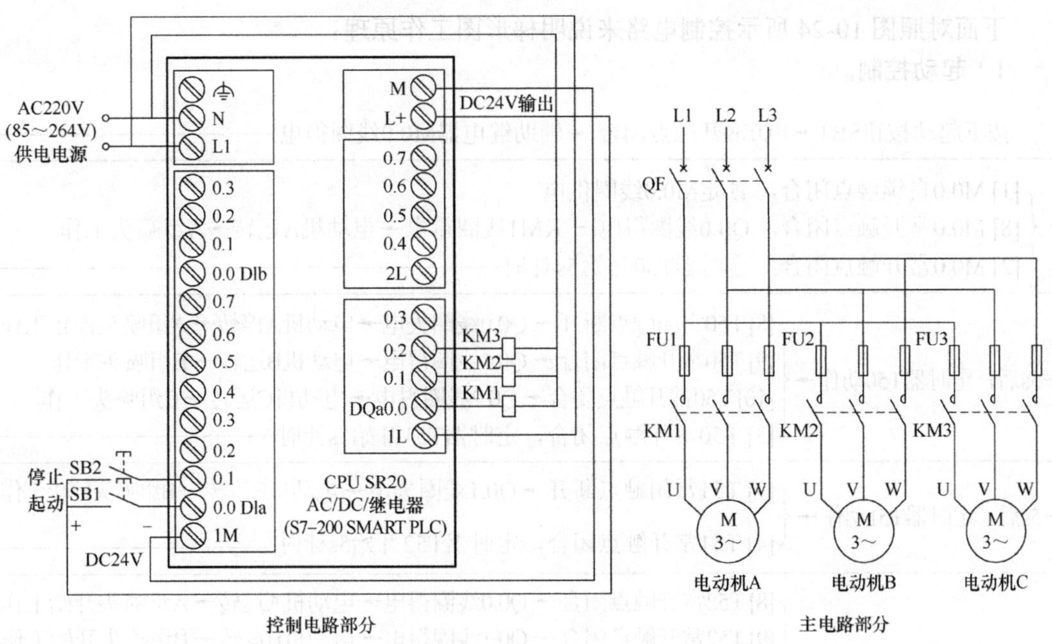

图 10-24　喷泉控制线路图

4. 编写 PLC 控制程序

启动编程软件，编写满足控制要求的梯形图程序，编写完成的梯形图如图 10-25 所示。

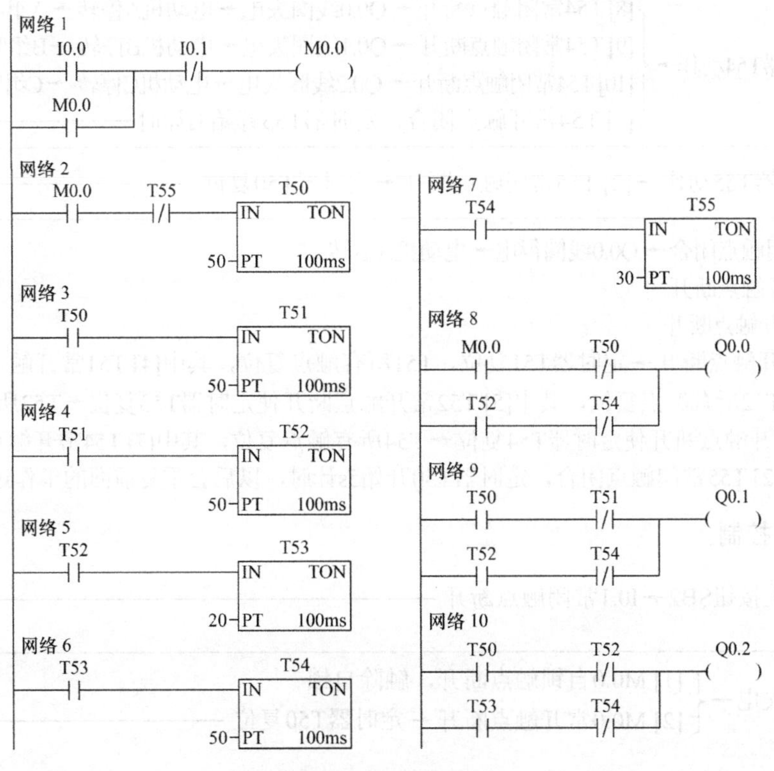

图 10-25　喷泉控制程序

下面对照图 10-24 所示控制电路来说明梯形图工作原理：

1）起动控制。

按下起动按钮SB1→I0.0常开触点闭合→辅助继电器M0.0线圈得电→
- [1] M0.0自锁触点闭合，锁定M0.0线圈供电
- [8] M0.0常开触点闭合，Q0.0线圈得电→KM1线圈得电→电动机A运转→A组喷头工作
- [2] M0.0常开触点闭合，定时器T50开始5s计时→

→5s后，定时器T50动作→
- [8] T50常闭触点断开→Q0.0线圈失电→电动机A停转→A组喷头停止工作
- [9] T50常开触点闭合→Q0.1线圈得电→电动机B运转→B组喷头工作
- [10] T50常开触点闭合→Q0.2线圈得电→电动机C运转→C组喷头工作
- [3] T50常开触点闭合，定时器T51开始5s计时→

→5s后，定时器T51动作→
- [9] T51常闭触点断开→Q0.1线圈失电→电动机B停转→B组喷头停止工作
- [4] T51常开触点闭合，定时器T52开始5s计时→

→5s后，定时器T52动作→
- [8] T52常开触点闭合→Q0.0线圈得电→电动机A运转→A组喷头开始工作
- [9] T52常开触点闭合→Q0.1线圈得电→电动机B运转→B组喷头开始工作
- [10] T52常闭触点断开→Q0.2线圈失电→电动机C停转→C组喷头停止工作
- [5] T52常开触点闭合，定时器T53开始2s计时→

→2s后，定时器T53动作→
- [10] T53常开触点闭合→Q0.2线圈得电→电动机C运转→C组喷头开始工作
- [6] T53常开触点闭合，定时器T54开始5s计时→

→5s后，定时器T54动作→
- [8] T54常闭触点断开→Q0.0线圈失电→电动机A停转→A组喷头停止工作
- [9] T54常闭触点断开→Q0.1线圈失电→电动机B停转→B组喷头停止工作
- [10] T54常闭触点断开→Q0.2线圈失电→电动机C停转→C组喷头停止工作
- [7] T54常开触点闭合，定时器T55开始3s计时→

→3s后，定时器T55动作→[2] T55常闭触点断开→定时器T50复位→
- [8] T50常闭触点闭合→Q0.0线圈得电→电动机A运转
- [3] T50常开触点断开
- [10] T50常开触点断开
- [3] T50常开触点断开→定时器T51复位，T51所有触点复位，其中[4] T51常开触点断开使定时器T52复位→T52所有触点复位，其中[5] T52常开触点断开使定时器T53复位→T53所有触点复位，其中[6] T53常开触点断开使定时器T54复位→T54所有触点复位，其中[7] T54常开触点断开使定时器T55复位→[2] T55常闭触点闭合，定时器T50开始5s计时，以后会重复前面的工作过程

2）停止控制。

按下停止按钮SB2→I0.1常闭触点断开→M0.0线圈失电→
- [1] M0.0自锁触点断开，触除自锁
- [2] M0.0常开触点断开→定时器T50复位→

→T50所有触点复位，其中[3]T50常开触点断开→定时器T51复位→T51所有触点复位，其中[4]T51常开触点断开使定时器T52复位→T52所有触点复位，其中[5]T52常开触点断开使定时器T53复位→T53所有触点复位，其中[6]T53常开触点断开使定时器T54复位→T54所有触点复位，其中[7]T54常开触点断开使定时器T55复位→T55所有触点复位[2]T55常闭触点闭合→由于定时器T50～T55所有触点复位，Q0.0～Q0.2线圈均无法得电→KM1～KM3线圈失电→电动机A、B、C均停转

10.5.2　PLC 控制交通信号灯

1. 明确系统控制要求

系统要求用两个按钮来控制交通信号灯工作，交通信号灯排列如图 10-26 所示。系统控制要求具体如下：

当按下起动按钮后，南北红灯亮 25s，在南北红灯亮 25s 的时间里，东西绿灯先亮 20s，再以 1 次 /s 的频率闪烁 3 次，接着东西黄灯亮 2s，25s 后南北红灯熄灭，熄灭时间维持 30s，在这 30s 时间里，东西红灯一直亮，南北绿灯先亮 25s，然后以 1 次 /s 频率闪烁 3 次，接着南北黄灯亮 2s。以后重复该过程。按下停止按钮后，所有的灯都熄灭。交通信号灯的工作时序如图 10-27 所示。

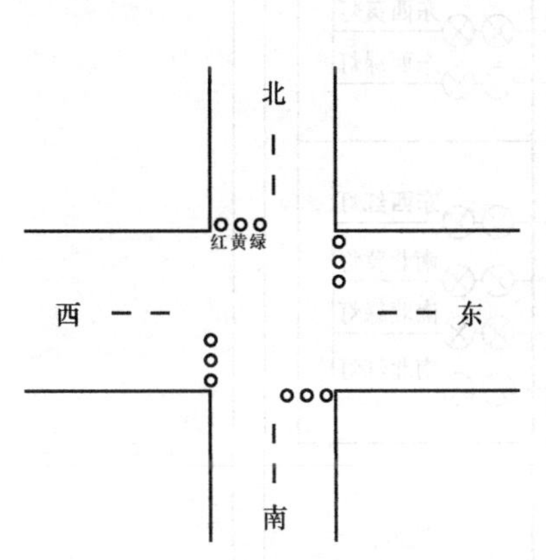

图 10-26　交通信号灯排列

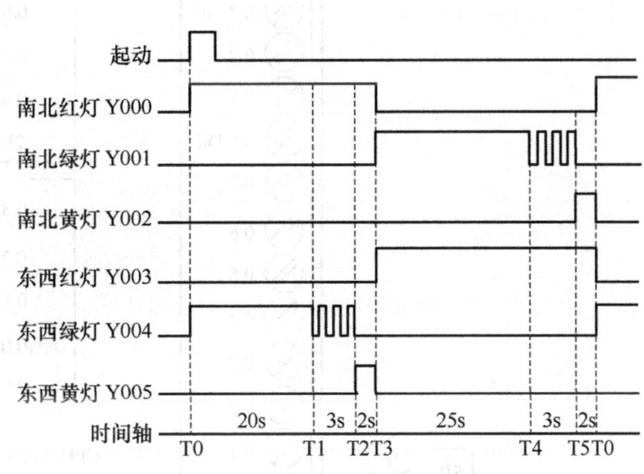

图 10-27　交通信号灯的工作时序

2. 确定 I/O 设备，并为其分配合适的 I/O 端子

交通信号灯控制需用到的 I/O 设备和对应的 PLC 端子见表 10-3。

表 10-3　交通信号灯控制采用的输入 / 输出设备和对应的 PLC 端子

输入			输出		
输入设备	对应 PLC 端子	功能说明	输出设备	对应 PLC 端子	功能说明
SB1	I0.0	起动控制	南北红灯	Q0.0	驱动南北红灯亮
SB2	I0.1	停止控制	南北绿灯	Q0.1	驱动南北绿灯亮
			南北黄灯	Q0.2	驱动南北黄灯亮
			东西红灯	Q0.3	驱动东西红灯亮

（续）

输入			输出		
输入设备	对应 PLC 端子	功能说明	输出设备	对应 PLC 端子	功能说明
			东西绿灯	Q0.4	驱动东西绿灯亮
			东西黄灯	Q0.5	驱动东西黄灯亮

3. 绘制交通信号灯控制电路图

图 10-28 所示为交通信号灯控制电路图。

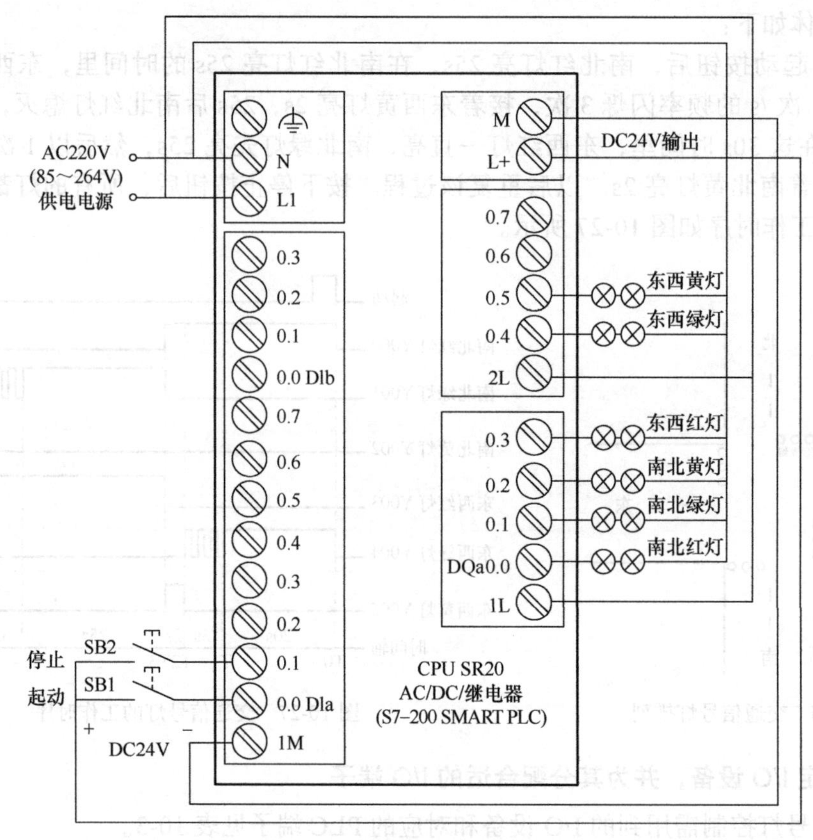

图 10-28　交通信号灯控制电路

4. 编写 PLC 控制程序

启动编程软件，编写满足控制要求的梯形图程序，编写完成的梯形图如图 10-29 所示。

在图 10-29 所示的梯形图中，采用了一个特殊的辅助继电器 SM0.5，称为触点利用型特殊继电器，它利用 PLC 自动驱动线圈，用户只能利用它的触点，即画梯形图里只能画它的触点。SM0.5 能产生周期为 1s 的时钟脉冲，其高低电平持续时间各为 0.5s，以图 10-29 所示梯形图网络 [9] 为例，当 T50 常开触点闭合时，在 1s 内，SM0.5 常闭触点接通、断开时间分别为 0.5s，Q0.4 线圈得电、失电时间也都为 0.5s。

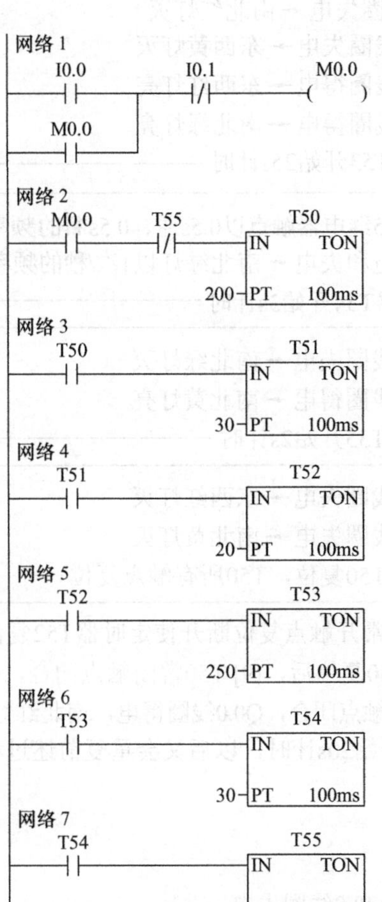

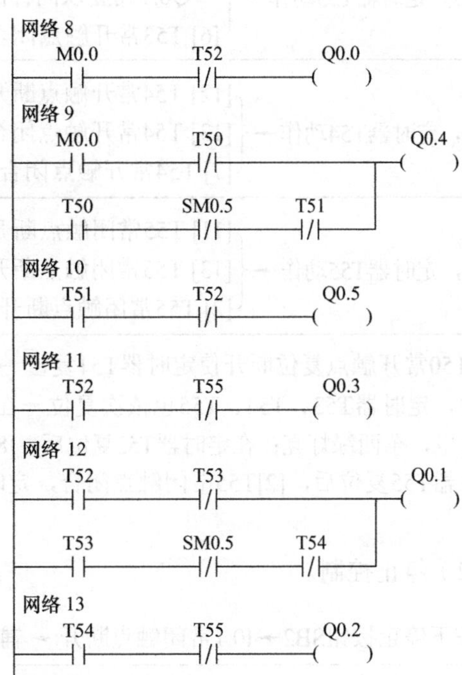

图 10-29 交通信号灯控制梯形图程序

下面对照图 10-28 所示控制电路和图 10-27 所示时序图来说明梯形图工作原理：

1）起动控制。

按下起动按钮SB1→I0.0常开触点闭合→辅助继电器M0.0线圈得电→

- [1] M0.0自锁触点闭合，锁定M0.0线圈供电
- [8] M0.0常开触点闭合，Q0.0线圈得电→Q0.0端子内硬触点闭合→南北红灯亮
- [9] M0.0常开触点闭合→Q0.4线圈得电→Q0.4端子内硬触点闭合→东西绿灯亮
- [2] M0.0常开触点闭合，定时器T50开始20s计时→

→20s后，定时器T50动作→

- [9] T50常开触点闭合→SM0.5继电器触点以0.5s通、0.5s断的频率工作→Q0.4线圈以同样的频率得电和失电→东西绿灯以1次/秒的频率闪烁
- [3] T50常开触点闭合，定时器T51开始3s计时→

→3s后，定时器T51动作→

- [10] T51常开触点闭合→Q0.5线圈得电→东西黄灯亮
- [4] T51常开触点闭合，定时器T52开始2s计时→

→2s后，定时器T52动作→
- [8] T52常闭触点断开→Q0.0线圈失电→南北红灯灭
- [10] T52常闭触点断开→Q0.5线圈失电→东西黄灯灭
- [11] T52常开触点闭合→Q0.3线圈得电→东西红灯亮
- [12] T52常开触点闭合→Q0.1线圈得电→南北绿灯亮
- [5] T52常开触点闭合，定时器T53开始25s计时

→25s后，定时器T53动作→
- [12] T53常开触点闭合→SM0.5继电器触点以0.5s通、0.5s断的频率工作→Q0.1线圈以同样的频率得电和失电→南北绿灯以1次/秒的频率闪烁
- [6] T53常开触点闭合，定时器T54开始3s计时

→3s后，定时器T54动作→
- [12] T54常开触点断开→Q0.1线圈失电→南北绿灯灭
- [13] T54常开触点闭合→Q0.2线圈得电→南北黄灯亮
- [7] T54常开触点闭合，定时器T55开始2s计时

→2s后，定时器T55动作→
- [11] T55常闭触点断开→Q0.3线圈失电→东西红灯灭
- [13] T55常闭触点断开→Q0.2线圈失电→南北黄灯灭
- [2] T55常闭触点断开，定时器T50复位，T50所有触点复位

→[3] T50常开触点复位断开使定时器T51复位 → [4] T51常开触点复位断开使定时器T52复位 →同样地，定时器T53、T54、T55也依次复位→在定时器T50复位后，[9] T50常闭触点闭合，Q0.4线圈得电，东西绿灯亮；在定时器T52复位后，[8] T52常闭触点闭合，Q0.0线圈得电，南北红灯亮；在定时器T55复位后，[2]T55常闭触点闭合，定时器T50开始20s计时，以后又会重复前述过程。

2）停止控制。

按下停止按钮SB2→I0.1常闭触点断开→辅助继电器M0.0线圈失电→
- [1] M0.0自锁触点断开，解除M0.0线圈供电
- [8] M0.0常开触点断开，Q0.0线圈无法得电
- [9] M0.0常开触点断开→Q0.4线圈无法得电
- [2] M0.0常开触点断开，定时器T0复位，T0所有触点复位

→[3] T50常开触点复位断开使定时器T51复位，T51所有触点均复位→其中[4] T51常开触点复位断开使定时器T52复位→同样地，定时器T53、T54、T55也依次复位→在定时器T51复位后，[10] T51常开触点断开，Q0.5线圈无法得电；在定时器T52复位后，[11] T52常开触点断开，Q0.3线圈无法得电；在定时器T53复位后，[12] T53常开触点断开，Q0.1线圈无法得电；在定时器T54复位后，[13] T54常开触点断开，Q0.2线圈无法得电→Q0.0～Q0.5线圈均无法得电，所有交通信号灯都熄灭

10.5.3 PLC 控制多级传送带

1. 明确系统控制要求

系统要求用两个按钮来控制传送带按一定方式工作，传送带结构如图 10-30 所示。系统控制要求具体如下：

当按下起动按钮后，电磁阀 YV 打开，开始落料，同时一级传送带电机 M1 起动，将物料往前传送，6s 后二级传送带电机 M2 起动，M2 起动 5s 后三级传送带电机 M3 起动，

M3 起动 4s 后四级传送带电机 M4 起动。

当按下停止按钮后，为了不让各传送带上有物料堆积，要求先关闭电磁阀 YV，6s 后让 M1 停转，M1 停转 5s 后让 M2 停转，M2 停转 4s 后让 M3 停转，M3 停转 53 后让 M4 停转。

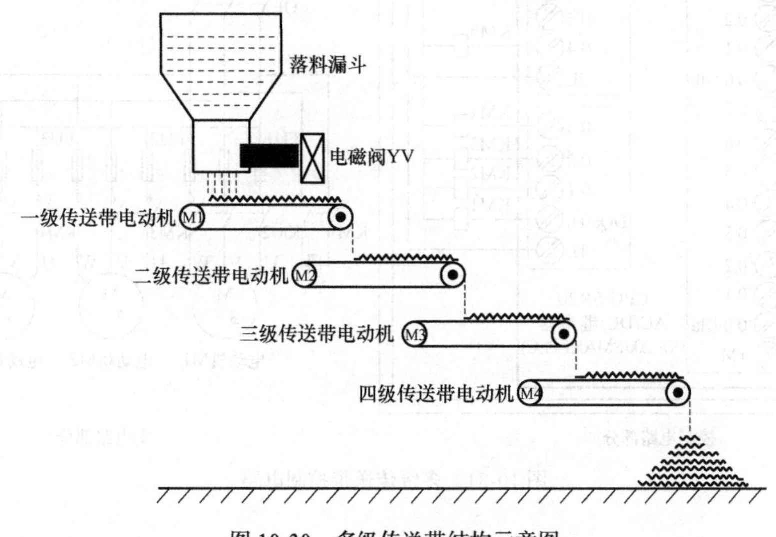

图 10-30　多级传送带结构示意图

2. 确定 I/O 设备，并为其分配合适的 I/O 端子

多级传送带控制需用到的 I/O 设备和对应的 PLC 端子见表 10-4。

表 10-4　多级传送带控制采用的输入 / 输出设备和对应的 PLC 端子

输入			输出		
输入设备	对应 PLC 端子	功能说明	输出设备	对应 PLC 端子	功能说明
SB1	I0.0	起动控制	KM1 线圈	Q0.0	控制电磁阀 YV
SB2	I0.1	停止控制	KM2 线圈	Q0.1	控制一级皮带电动机 M1
			KM3 线圈	Q0.2	控制二级皮带电动机 M2
			KM4 线圈	Q0.3	控制三级皮带电动机 M3
			KM5 线圈	Q0.4	控制四级皮带电动机 M4

3. 绘制多级传送带控制电路图

图 10-31 所示为多级传送带控制电路图。

4. 编写 PLC 控制程序

启动编程软件，编写满足控制要求的梯形图程序，编写完成的梯形图如图 10-32 所示。

AC220V
(85~264V)
供电电源
N
L1
M
L+
DC24V输出
0.3
0.2
0.1
0.0 DIb
0.7
0.6
0.5
0.4
0.3
0.2
0.1
0.0 DIa
1M
0.7
0.6
0.5
0.4
2L
KM5
0.3
0.2
0.1
DQa0.0
1L
KM4
KM3
KM2
KM1
停止 SB2
起动 SB1
DC24V
CPU SR20
AC/DC/继电器
(S7-200 SMART PLC)
L1 L2 L3
QF
FU1
FU2
FU3
FU4
KM1
KM2
KM3
KM4
KM5
YV
U V W
M 3~
电动机M1
电动机M2
电动机M3
电动机M4
控制电路部分
主电路部分

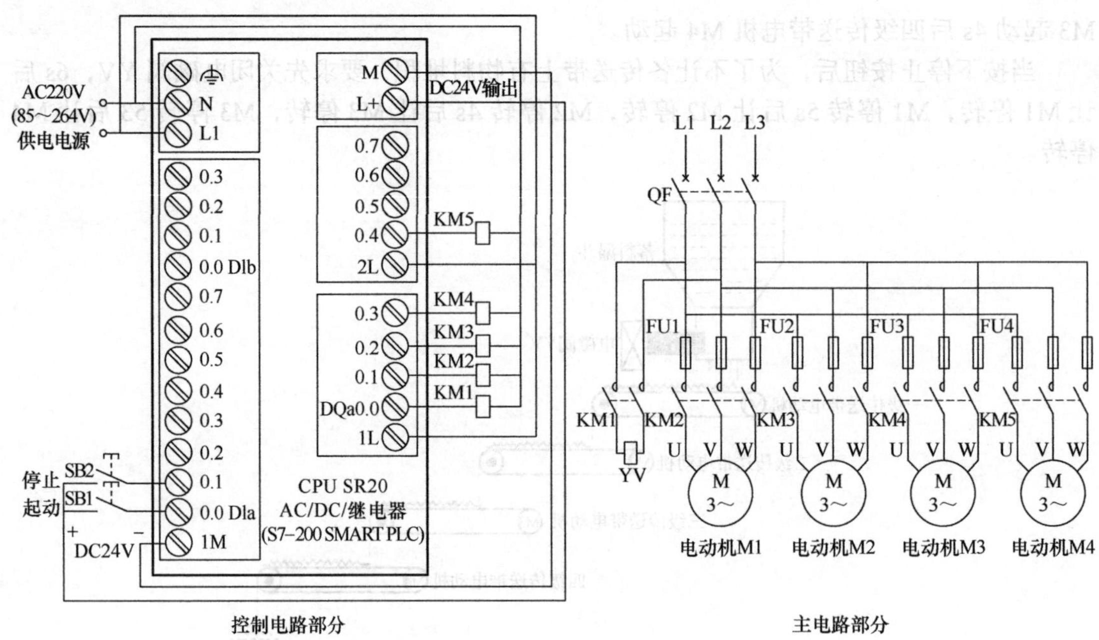

图 10-31　多级传送带控制电路

网络 1
I0.0
M0.1
R
1
M0.0
S
1
网络 2
M0.0
T50
IN TON
60-PT 100ms
T51
IN TON
110-PT 100ms
T52
IN TON
150-PT 100ms
网络 3
I0.1
M0.0
R
1
M0.1
S
1
网络 4
M0.1
T53
IN TON
60-PT 100ms
T54
IN TON
110-PT 100ms
T55
IN TON
150-PT 100ms
T56
IN TON
180-PT 100ms
网络 5
M0.0
Q0.0
网络 6
M0.0
T53
Q0.1
Q0.1
网络 7
T50
T54
Q0.2
Q0.2
网络 8
T51
T55
Q0.3
Q0.3
网络 9
T52
T56
Q0.4
Q0.4

图 10-32　传送带控制梯形图程序

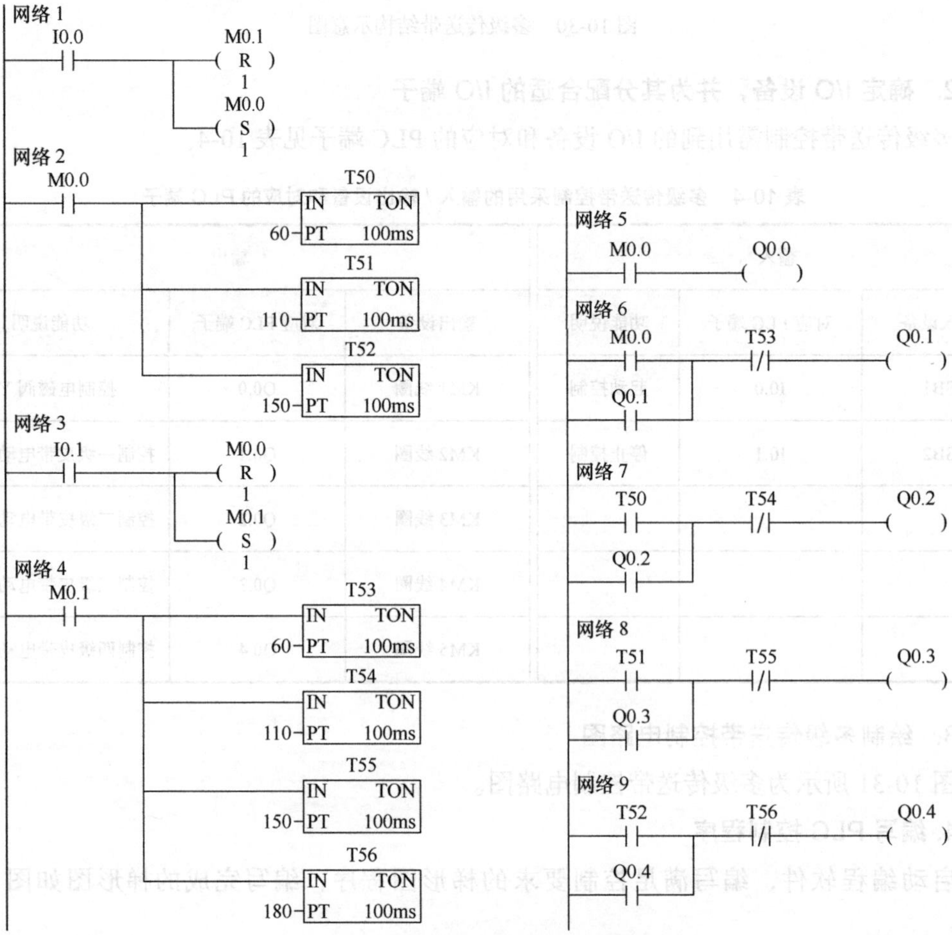

下面对照图 10-31 控制电路来说明图 10-32 梯形图的工作原理。

1）起动控制。

按下起动按钮SB1→[1]I0.0常开触点闭合→
- M0.1线圈被复位→[4] M0.1常开触点断开，停机控制定时器T53～T56不工作
- M0.0线圈被置位→
  - [5] M0.0常开触点闭合→线圈Q0.0得电→Q0.0硬触点闭合→KM1线圈得电→电磁阀YV打开，开始落料
  - [6] M0.0常开触点闭合→线圈Q0.1得电→Q0.1自锁触点闭合，同时Q0.1硬触点闭合→KM2线圈得电→电动机M1运转→一级传送带起动
  - [2] M0.0常开触点闭合→定时器T50～T52开始计时→
    - 6s后，T50定时器动作→[7] T50常开触点闭合→线圈Q0.2得电→Q0.2自锁触点闭合，同时Q0.2硬触点闭合，KM3线圈得电，电动机M2运转→二级传送带起动
    - 11s后，T51定时器动作→[8] T51常开触点闭合→线圈Q0.3得电→Q0.3自锁触点闭合，同时Q0.3硬触点闭合，KM4线圈得电，电动机M3运转→三级传送带起动
    - 15s后，T52定时器动作→[9] T52常开触点闭合→线圈Q0.4得电→Q0.4自锁触点闭合，同时Q0.4硬触点闭合，KM5线圈得电，电动机M4运转→四级传送带起动

2）停止控制。

按下停止按钮SB2→[3] I0.1常开触点闭合→
- M0.1线圈被置位→[4] M0.1常开触点闭合，定时器T53～T56开始工作→
  - 6s后，T53定时器动作→[6] T53常闭触点断开→线圈Q0.1失电→Q0.1硬触点断开，KM2线圈失电，电动机M1停转→一级传送带停止
  - 11s后，T54定时器动作→[7] T54常闭触点断开→线圈Q0.2失电→Q0.2硬触点断开，KM3线圈失电，电动机M2停转→二级传送带停止
  - 15s后，T55定时器动作→[8] T55常闭触点断开→线圈Q0.3失电→Q0.3硬触点断开，KM4线圈失电，电动机M3停转→三级传送带停止
  - 18s后，T56定时器动作→[9] T56常闭触点断开→线圈Q0.4失电→Q0.4硬触点断开，KM5线圈失电，电动机M4停转→四级传送带停止
- M0.0线圈被复位→
  - [2] M0.0常开触点断开，定时器T50～T52不工作
  - [5] M0.0触点断开，线圈Q0.0失电，KM1失电，电磁阀YV关闭，停止落料
  - [6] M0.0触点断开

10.6 顺序控制指令

顺序控制指令用来编写顺序控制程序，S7-200 SMART PLC 有三条顺序控制指令，

在 STEP 7-Micro/WIN SMART 软件的项目指令树区域的“程序控制”指令包中可以找到这三条指令。

10.6.1 指令说明

顺序控制指令说明如下：

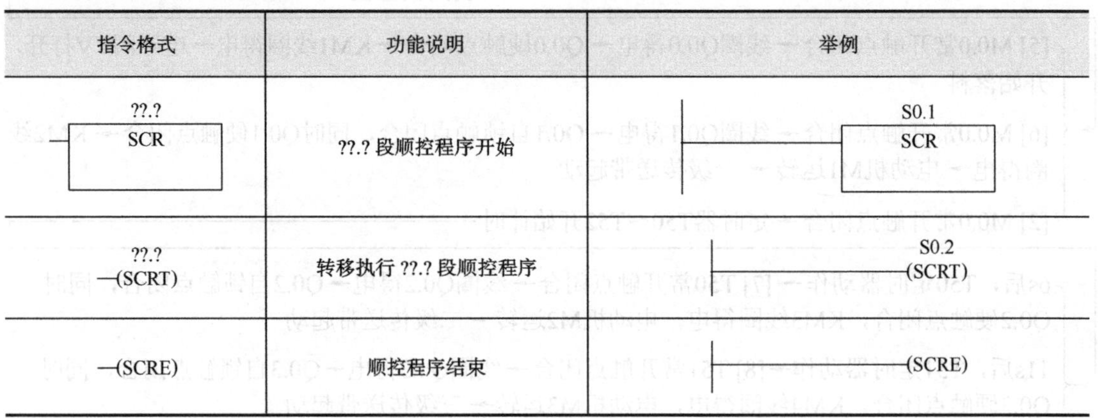

指令格式	功能说明	举例
??.? SCR	??.? 段顺控程序开始	S0.1 SCR
??.? —(SCRT)	转移执行 ??.? 段顺控程序	S0.2 —(SCRT)
—(SCRE)	顺控程序结束	—(SCRE)

10.6.2 指令使用举例

顺序控制指令使用及说明如图 10-33 所示，图 10-33a 所示为梯形图，图 10-33b 所示为状态转移图。从图中可以看出，顺序控制程序由多个 SCR 程序段组成，每个 SCR 程序段以 LSCR 指令开始、以 SCRE 指令结束，程序段之间的转移使用 SCRT 指令，当执行 SCRT 指令时，会将指定程序段的状态器激活（即置 1），使之成为活动步程序，该程序段被执行，同时自动将前程序段的状态器和元件复位（即置 0）。

10.6.3 指令使用注意事项

使用顺序控制指令时，要注意以下事项：

1）顺序控制指令仅对状态继电器 S 有效，S 也具有一般继电器的功能，对它还可以使用和其他继电器一样的指令。

2）SCR 段程序（LSCR 至 SCRE 之间的程序）能否执行取决于该段程序对应的状态器 S 是否被置位。另外，当前程序 SCRE（结束）与下一个程序 LSCR（开始）之间的程序不影响下一个 SCR 程序的执行。

3）同一个状态器 S 不能用在不同的程序中，如主程序中用了 S0.2，则在子程序中就不能再使用它。

4）SCR 段程序中不能使用跳转指令 JMP 和 LBL，即不允许使用跳转指令跳入、跳出 SCR 程序或在 SCR 程序内部跳转。

5）SCR 段程序中不能使用 FOR、NEXT 和 END 指令。

6）在使用 SCRT 指令实现程序转移后，前 SCR 段程序变为非活动步程序，该程序段的元件会自动复位，如果希望转移后某元件能继续输出，则可对该元件使用置位或复位指令。在非活动步程序中，PLC 通电常 ON 触点 SM0.0 也处于断开状态。

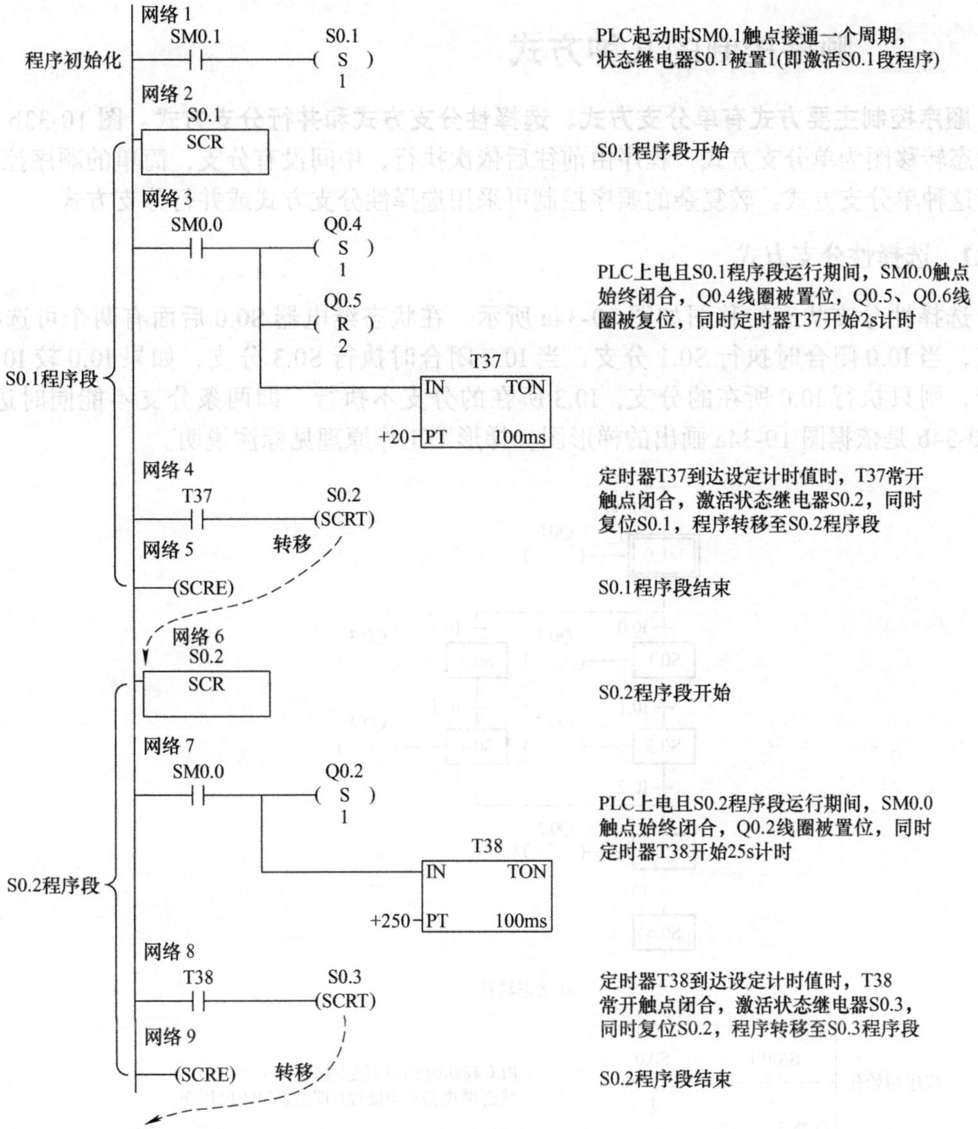

网络 1
程序初始化　SM0.1 —| |— (S) S0.1, 1
PLC起动时SM0.1触点接通一个周期，状态继电器S0.1被置1(即激活S0.1段程序)

网络 2
S0.1 SCR
S0.1程序段开始

网络 3
SM0.0 —| |— (S) Q0.4, 1；(R) Q0.5, 2；T37 IN TON, +20 PT 100ms
PLC上电且S0.1程序段运行期间，SM0.0触点始终闭合，Q0.4线圈被置位，Q0.5、Q0.6线圈被复位，同时定时器T37开始2s计时

网络 4
T37 —| |— (SCRT) S0.2　转移
定时器T37到达设定计时值时，T37常开触点闭合，激活状态继电器S0.2，同时复位S0.1，程序转移至S0.2程序段

网络 5
(SCRE)
S0.1程序段结束

（S0.1程序段：网络2～网络5）

网络 6
S0.2 SCR
S0.2程序段开始

网络 7
SM0.0 —| |— (S) Q0.2, 1；T38 IN TON, +250 PT 100ms
PLC上电且S0.2程序段运行期间，SM0.0触点始终闭合，Q0.2线圈被置位，同时定时器T38开始25s计时

网络 8
T38 —| |— (SCRT) S0.3
定时器T38到达设定计时值时，T38常开触点闭合，激活状态继电器S0.3，同时复位S0.2，程序转移至S0.3程序段

网络 9
(SCRE)　转移
S0.2程序段结束

（S0.2程序段：网络6～网络9）

a) 梯形图

SM0.1
S0.1：置位Q0.4　复位Q0.5、Q0.6　同时起动定时器T37开始1s计时
T37
S0.2：驱动线圈Q0.2　同时起动定时器T38开始20s计时
T38
S0.3

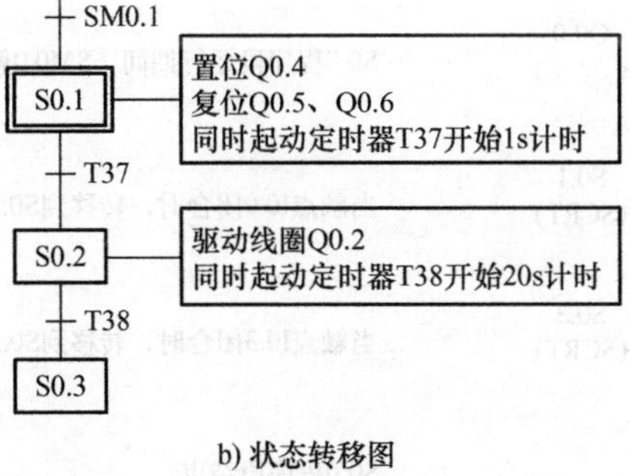

b) 状态转移图

图 10-33　顺序控制指令使用举例

10.7 顺序控制的几种方式

顺序控制主要方式有单分支方式、选择性分支方式和并行分支方式。图 10-33b 所示的状态转移图为单分支方式，程序由前往后依次执行，中间没有分支，简单的顺序控制常采用这种单分支方式。较复杂的顺序控制可采用选择性分支方式或并行分支方式。

10.7.1 选择性分支方式

选择性分支状态转移图如图 10-34a 所示，在状态继电器 S0.0 后面有两个可选择的分支，当 I0.0 闭合时执行 S0.1 分支，当 I0.3 闭合时执行 S0.3 分支，如果 I0.0 较 I0.3 先闭合，则只执行 I0.0 所在的分支，I0.3 所在的分支不执行，即两条分支不能同时进行。图 10-34b 是依据图 10-34a 画出的梯形图，梯形图工作原理见标注说明。

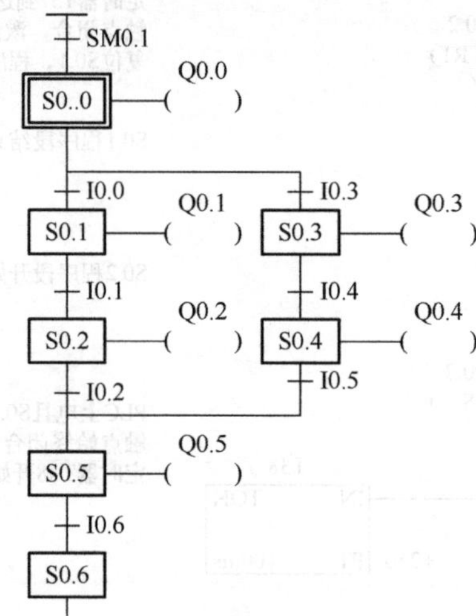
SM0.1
S0..0
Q0.0
I0.0
I0.3
S0.1
Q0.1
S0.3
Q0.3
I0.1
I0.4
S0.2
Q0.2
S0.4
Q0.4
I0.5
I0.2
S0.5
Q0.5
I0.6
S0.6

a) 状态转移图

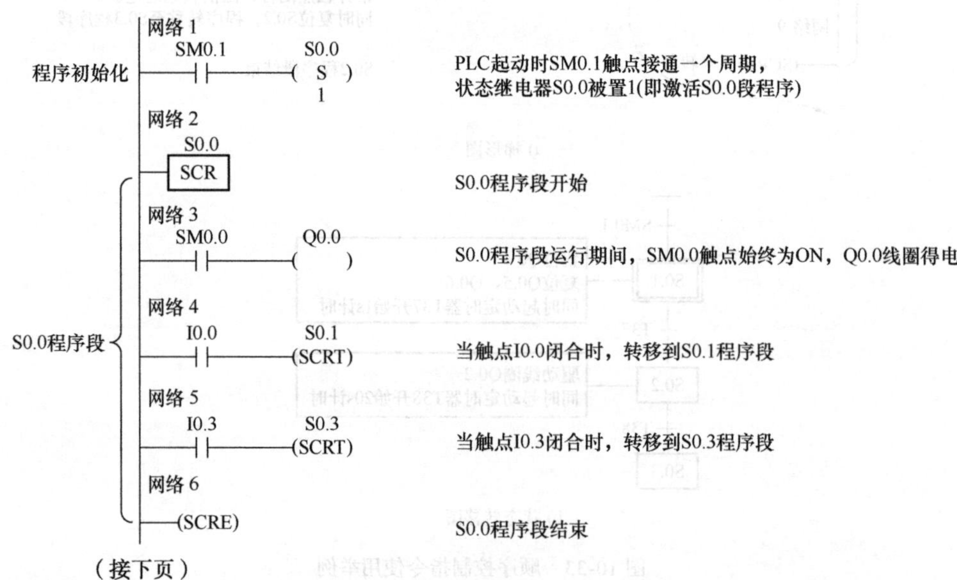
网络 1
SM0.1
S0.0
S
1
程序初始化
PLC起动时SM0.1触点接通一个周期，
状态继电器S0.0被置1(即激活S0.0段程序)
网络 2
S0.0
SCR
S0.0程序段开始
网络 3
SM0.0
Q0.0
S0.0程序段运行期间，SM0.0触点始终为ON，Q0.0线圈得电
网络 4
I0.0
S0.1
(SCRT)
S0.0程序段
当触点I0.0闭合时，转移到S0.1程序段
网络 5
I0.3
S0.3
(SCRT)
当触点I0.3闭合时，转移到S0.3程序段
网络 6
(SCRE)
S0.0程序段结束

（接下页）

图 10-34　选择性分支方式状态转移图与梯形图

（接上页）

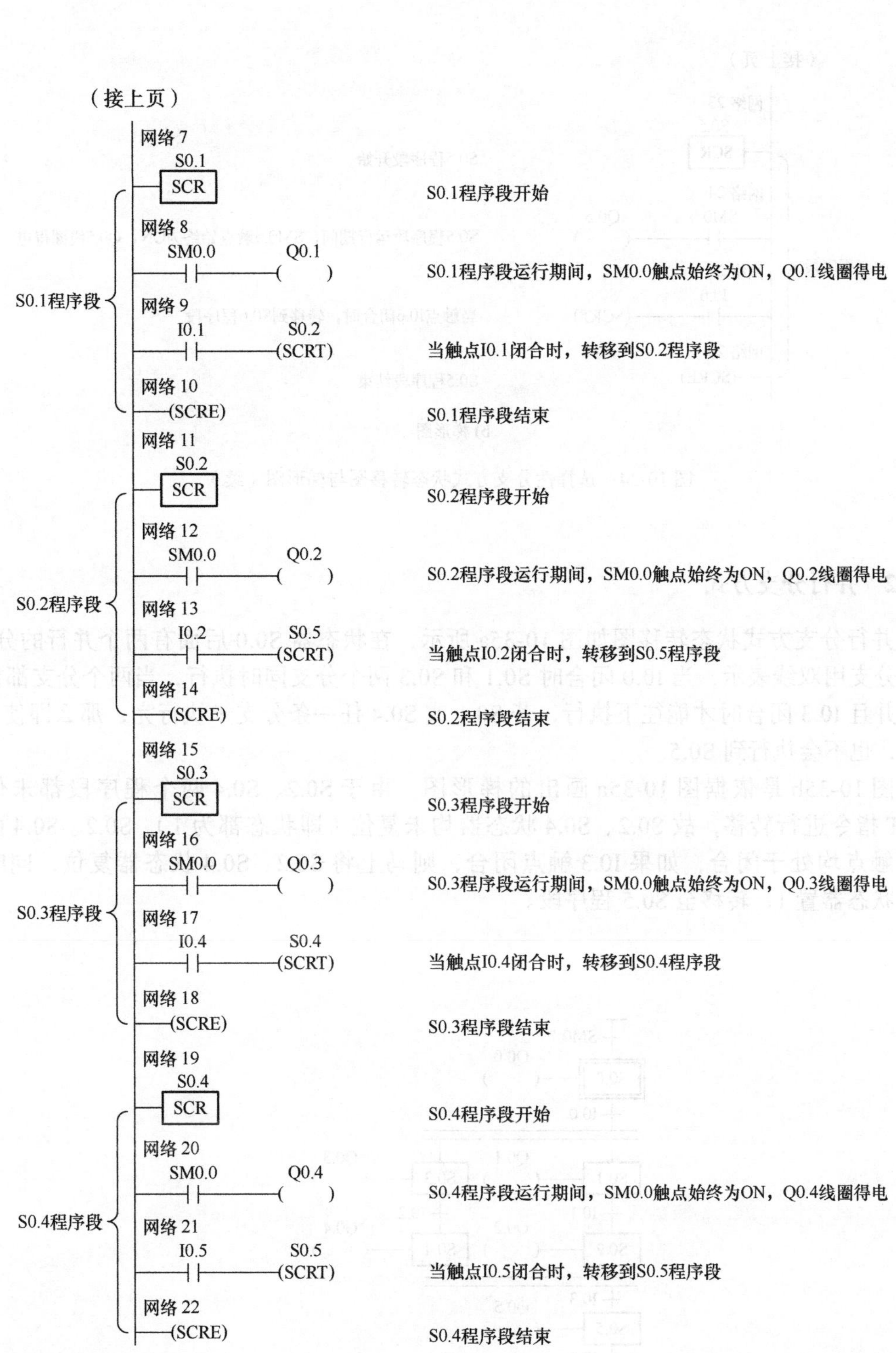

网络 7
S0.1
SCR
S0.1程序段开始
网络 8
SM0.0
Q0.1
S0.1程序段运行期间，SM0.0触点始终为ON，Q0.1线圈得电
S0.1程序段
网络 9
I0.1
S0.2
(SCRT)
当触点I0.1闭合时，转移到S0.2程序段
网络 10
(SCRE)
S0.1程序段结束
网络 11
S0.2
SCR
S0.2程序段开始
网络 12
SM0.0
Q0.2
S0.2程序段运行期间，SM0.0触点始终为ON，Q0.2线圈得电
S0.2程序段
网络 13
I0.2
S0.5
(SCRT)
当触点I0.2闭合时，转移到S0.5程序段
网络 14
(SCRE)
S0.2程序段结束
网络 15
S0.3
SCR
S0.3程序段开始
网络 16
SM0.0
Q0.3
S0.3程序段运行期间，SM0.0触点始终为ON，Q0.3线圈得电
S0.3程序段
网络 17
I0.4
S0.4
(SCRT)
当触点I0.4闭合时，转移到S0.4程序段
网络 18
(SCRE)
S0.3程序段结束
网络 19
S0.4
SCR
S0.4程序段开始
网络 20
SM0.0
Q0.4
S0.4程序段运行期间，SM0.0触点始终为ON，Q0.4线圈得电
S0.4程序段
网络 21
I0.5
S0.5
(SCRT)
当触点I0.5闭合时，转移到S0.5程序段
网络 22
(SCRE)
S0.4程序段结束

（接下页）

图 10-34　选择性分支方式状态转移图与梯形图（续）

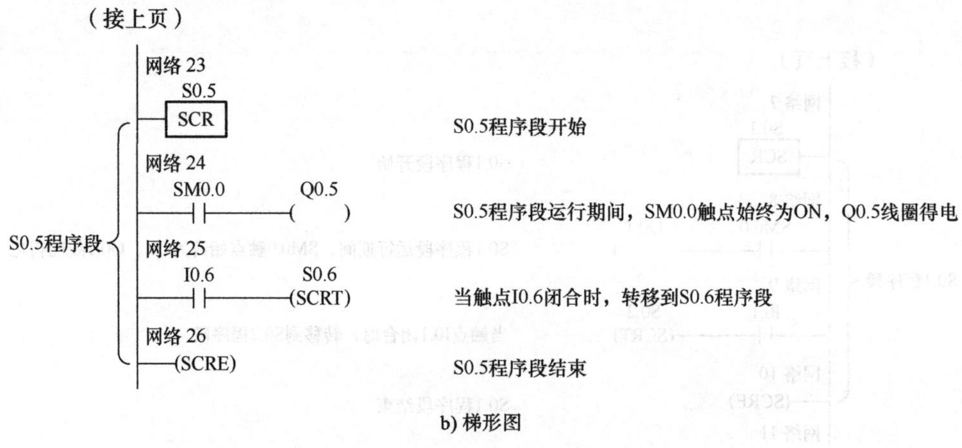

b) 梯形图

图 10-34　选择性分支方式状态转移图与梯形图（续）

10.7.2　并行分支方式

并行分支方式状态转移图如图 10-35a 所示，在状态器 S0.0 后面有两个并行的分支，并行分支用双线表示，当 I0.0 闭合时 S0.1 和 S0.3 两个分支同时执行，当两个分支都执行完成并且 I0.3 闭合时才能往下执行，若 S0.1 或 S0.4 任一条分支未执行完，那么即使 I0.3 闭合，也不会执行到 S0.5。

图 10-35b 是依据图 10-35a 画出的梯形图。由于 S0.2、S0.4 两个程序段都未使用 SCRT 指令进行转移，故 S0.2、S0.4 状态器均未复位（即状态都为 1），S0.2、S0.4 两个常开触点均处于闭合，如果 I0.3 触点闭合，则马上将 S0.2、S0.4 状态器复位，同时将 S0.5 状态器置 1，转移至 S0.5 程序段。

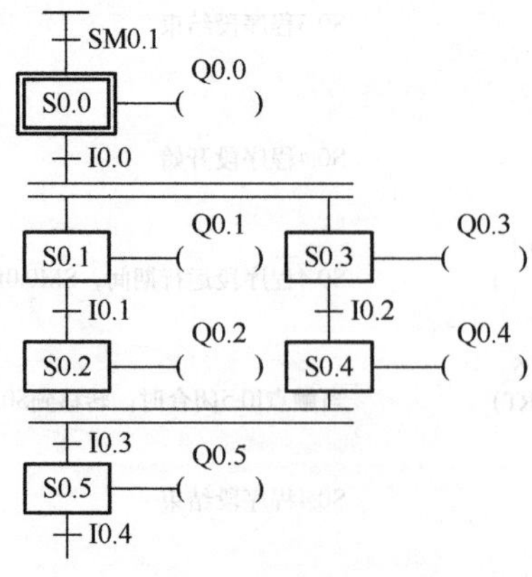

a) 状态转移图

图 10-35　并行分支方式

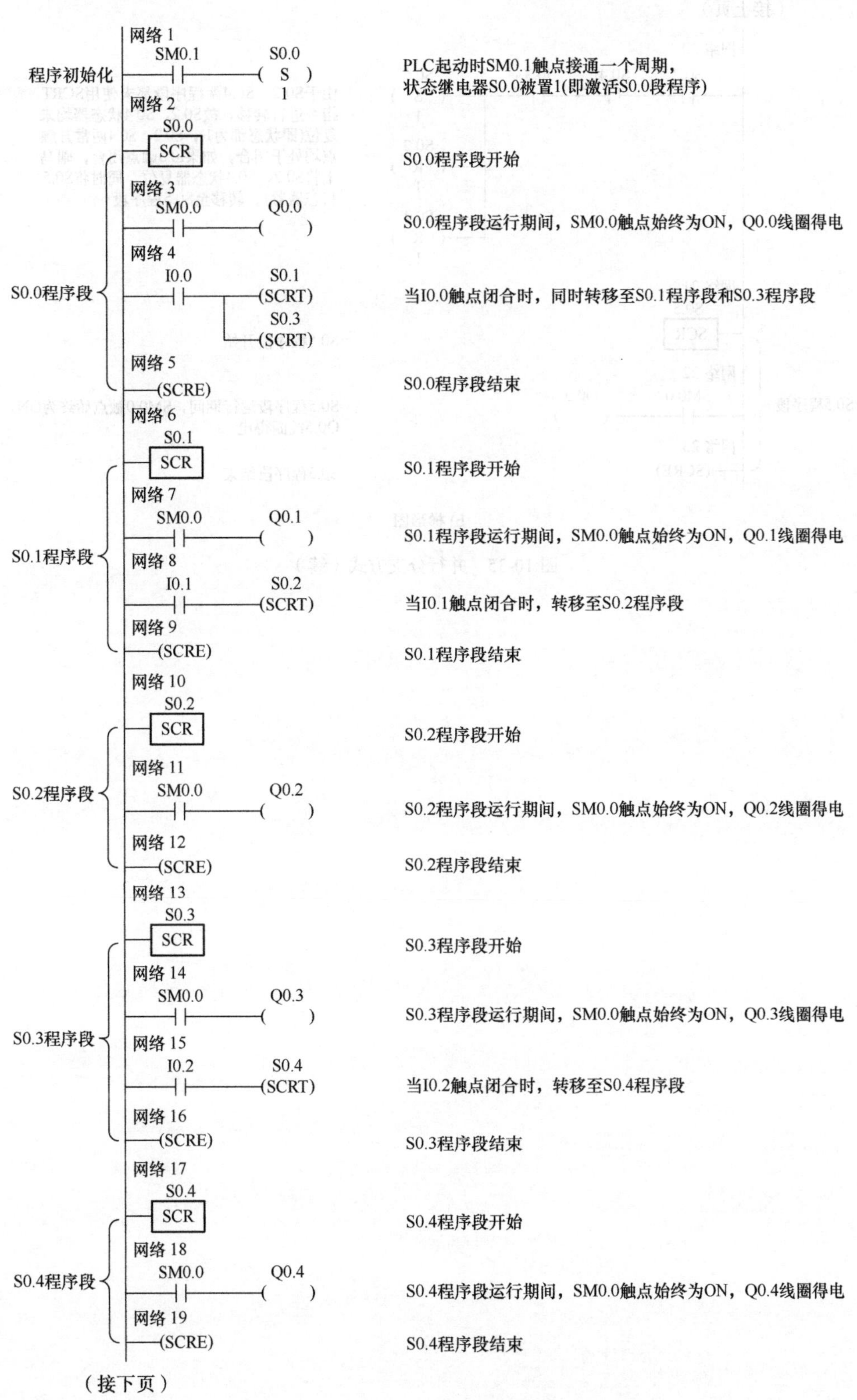

网络 1
SM0.1
S0.0
程序初始化
S
1
PLC起动时SM0.1触点接通一个周期，
状态继电器S0.0被置1(即激活S0.0段程序)
网络 2
S0.0
SCR
S0.0程序段开始
网络 3
SM0.0
Q0.0
S0.0程序段运行期间，SM0.0触点始终为ON，Q0.0线圈得电
网络 4
I0.0
S0.1
(SCRT)
S0.3
(SCRT)
S0.0程序段
当I0.0触点闭合时，同时转移至S0.1程序段和S0.3程序段
网络 5
(SCRE)
S0.0程序段结束
网络 6
S0.1
SCR
S0.1程序段开始
网络 7
SM0.0
Q0.1
S0.1程序段
S0.1程序段运行期间，SM0.0触点始终为ON，Q0.1线圈得电
网络 8
I0.1
S0.2
(SCRT)
当I0.1触点闭合时，转移至S0.2程序段
网络 9
(SCRE)
S0.1程序段结束
网络 10
S0.2
SCR
S0.2程序段开始
网络 11
SM0.0
Q0.2
S0.2程序段
S0.2程序段运行期间，SM0.0触点始终为ON，Q0.2线圈得电
网络 12
(SCRE)
S0.2程序段结束
网络 13
S0.3
SCR
S0.3程序段开始
网络 14
SM0.0
Q0.3
S0.3程序段运行期间，SM0.0触点始终为ON，Q0.3线圈得电
S0.3程序段
网络 15
I0.2
S0.4
(SCRT)
当I0.2触点闭合时，转移至S0.4程序段
网络 16
(SCRE)
S0.3程序段结束
网络 17
S0.4
SCR
S0.4程序段开始
网络 18
SM0.0
Q0.4
S0.4程序段
S0.4程序段运行期间，SM0.0触点始终为ON，Q0.4线圈得电
网络 19
(SCRE)
S0.4程序段结束

（接下页）

图 10-35　并行分支方式（续）

（接上页）

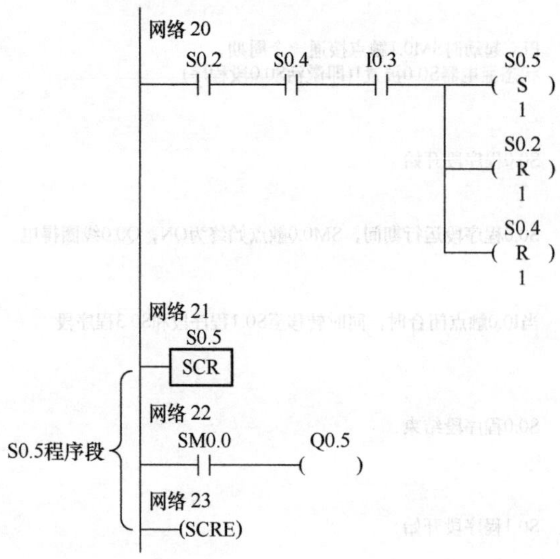

由于S0.2、S0.4两程序段都未使用SCRT指令进行转移，故S0.2、S0.4状态器均未复位(即状态都为1)，S0.2、S0.4两常开触点均处于闭合，如果I0.3触点闭合，则马上将S0.2、S0.4状态器复位，同时将S0.5状态器置1，转移至S0.5程序段

S0.5程序段开始

S0.5程序段运行期间，SM0.0触点始终为ON，Q0.5线圈得电

S0.5程序段结束

b) 梯形图

图 10-35　并行分支方式（续）

第 11 章 功能指令

基本指令和顺序控制指令是 PLC 最常用的指令，为了适应现代工业自动控制需要，PLC 制造商开始逐步为 PLC 增加很多功能指令，**功能指令使 PLC 具有强大的数据运算和特殊处理功能，从而大大扩展了 PLC 的使用范围。**

11.1 数据类型

11.1.1 字长

S7-200 SMART PLC 的存储单元（即编程元件）存储的数据都是二进制数。**数据的长度称为字长，字长可分为位（1 位二进制数，用 bit 表示）、字节（8 位二进制数，用 B 表示）、字（16 位二进制数，用 W 表示）和双字（32 位二进制数，用 D 表示）。**

11.1.2 数据的类型和范围

S7-200 SMART PLC 的存储单元存储的数据类型可分为布尔型、整数型和实数型（浮点数）。

（1）布尔型 **布尔型数据只有一位，又称为位型，用来表示开关量（或称数字量）的两种不同状态。**当某编程元件为 1 时，称该元件为 1 状态，或称该元件处于 ON，该元件对应的线圈“通电”，其常开触点闭合、常闭触点断开；当该元件为 0 时，称该元件为 0 状态，或称该元件处于 OFF，该元件对应的线圈“失电”，其常开触点常开、常闭触点闭合。例如输出继电器 Q0.0 的数据为布尔型。

（2）整数型 **整数型数据不带小数点，它分为无符号整数和有符号整数，有符号整数需要占用一个最高位表示数据的正负，通常规定最高位为 0 表示数据为正数，为 1 表示数据为负数。**表 11-1 列出了不同字长的整数表示的数值范围。

表 11-1 不同字长的整数表示的数值范围

整数长度	无符号整数表示范围		有符号整数表示范围	
	十进制表示	十六进制表示	十进制表示	十六进制表示
字节 B（8 位）	0 ～ 255	0 ～ FF	-128 ～ 127	80 ～ 7F
字 W（16 位）	0 ～ 65535	0 ～ FFFF	-32768 ～ 32767	8000 ～ 7FFF
双字 D（32 位）	0 ～ 4294967295	0 ～ FFFFFFFF	-2147483648 ～ 2147483647	80000000 ～ 7FFFFFFF

（3）实数型 **实数型数据也称为浮点型数据，是一种带小数点的数据，它采用 32 位来表示（即字长为双字），**其数据范围很大，正数范围为 +1.175495E-38 ～ +3.402823E+38，负数范围为 -1.175495E-38 ～ -3.402823E+38，E-38 表示 10^{-38}。

11.1.3 常数的编程书写格式

常数在编程时经常要用到。**常数的长度可为字节、字和双字，**常数在 PLC 中也是以二进制数形式存储的，但编程时常数可以十进制、十六进制、二进制、ASCII 码或浮点数（实数）形式编写，然后由编程软件自动编译成二进制数下载到 PLC 中。常数的编程书写格式见表 11-2。

表 11-2 常数的编程书写格式

常数	编程书写格式	举例
十进制	十进制值	2105
十六进制	16# 十六进制值	16#3F67A
二进制	2# 二进制值	2#1010 000111010011
ASCII 码	ASCII 码文本	very good
浮点数（实数）	按 ANSI/IEEE 754—1985 标准	+1.038267E–36（正数）
		–1.038267E–36（负数）

11.2 传送指令

传送指令的功能是在编程元件之间传送数据。传送指令可分为单一数据传送指令、字节立即传送指令和数据块传送指令。

11.2.1 单一数据传送指令

单一数据传送指令用于传送一个数据，根据传送数据的字长不同，可分为字节、字、双字和实数传送指令。单一数据传送指令的功能是在 EN（使能）端有输入（即 EN=1）时，将 IN 端指定单元中的数据送入 OUT 端指定的单元中。

单一数据传送指令说明如下：

指令名称	梯形图与指令格式	功能说明	举例
字节传送	MOV_B EN ENO ????-IN OUT-???? （MOVB IN，OUT）	将 IN 端指定字节单元中的数据送入 OUT 端指定的字节单元	I0.1 MOV_B EN ENO IB0-IN OUT-QB0 当 I0.1 触点闭合时，将 IB0（I0.0 ～ I0.7）单元中的数据送入 QB0（Q0.0 ～ Q0.7）单元中，IN 端也可以输入常数，如将 IB0 改为“3”，则将“3”送入 QB0
字传送	MOV_W EN ENO ????-IN OUT-???? （MOVW IN，OUT）	将 IN 端指定字单元中的数据送入 OUT 端指定的字单元	I0.2 MOV_W EN ENO IW0-IN OUT-QW0 当 I0.2 触点闭合时，将 IW0（I0.0 ～ I1.7）单元中的数据送入 QW0（Q0.0 ～ Q1.7）单元中

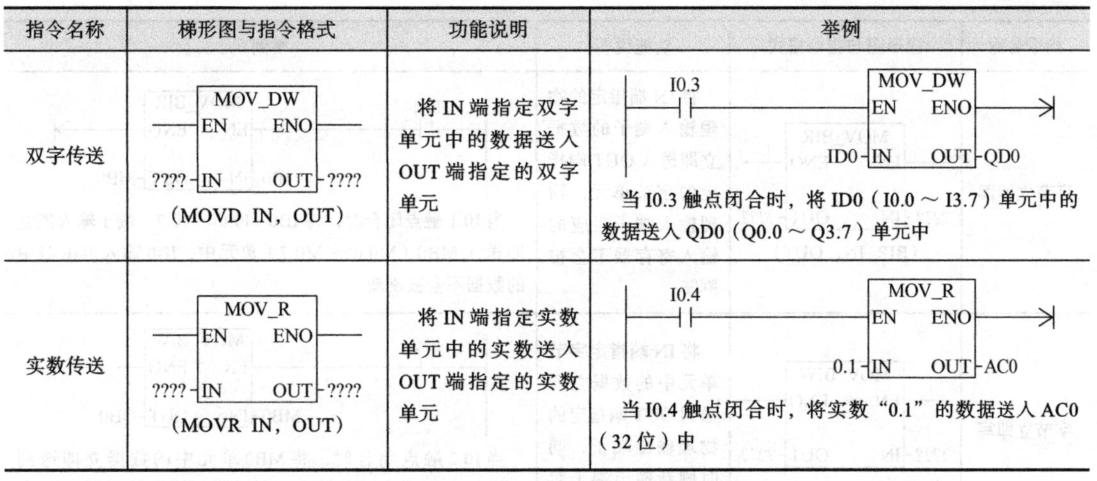

（续）

指令名称	梯形图与指令格式	功能说明	举例
双字传送	MOV_DW EN ENO ????-IN OUT-???? （MOVD IN，OUT）	将 IN 端指定双字单元中的数据送入 OUT 端指定的双字单元	I0.3 MOV_DW EN ENO ID0-IN OUT-QD0 当 I0.3 触点闭合时，将 ID0（I0.0 ～ I3.7）单元中的数据送入 QD0（Q0.0 ～ Q3.7）单元中
实数传送	MOV_R EN ENO ????-IN OUT-???? （MOVR IN，OUT）	将 IN 端指定实数单元中的实数送入 OUT 端指定的实数单元	I0.4 MOV_R EN ENO 0.1-IN OUT-AC0 当 I0.4 触点闭合时，将实数“0.1”的数据送入 AC0（32 位）中

字节、字、双字和实数传送指令允许使用的操作数及其数据类型见下表：

块传送指令	输入 / 输出	允许使用的操作数	数据类型
MOVB	IN	IB、QB、VB、MB、SMB、SB、LB、AC、*VD、*LD、*AC、常数	字节
	OUT	IB、QB、VB、MB、SMB、SB、LB、AC、*VD、*LD、*AC	
MOVW	IN	IW、QW、VW、MW、SMW、SW、T、C、LW、AC、AIW、*VD、*AC、*LD、常数	字、整数型
	OUT	IW、QW、VW、MW、SMW、SW、T、C、LW、AC、AQW	
MOVD	IN	ID、QD、VD、MD、SMD、SD、LD、HC、&VB、&IB、&QB、&MB、&SB、&T、&C、&SMB、&AIW、&AQW、AC、*VD、*LD、*AC、常数	双字、双整数型
	OUT	AC、*VD、*LD、*AC	
MOVR	IN	ID、QD、VD、MD、SMD、SD、LD、AC、*VD、*LD、*AC、常数	实数型
	OUT	ID、QD、VD、MD、SMD、SD、LD、AC、*VD、*LD、*AC	

11.2.2　字节立即传送指令

字节立即传送指令的功能是在 EN 端有输入时，在物理 I/O 端和存储器之间立即传送一个字节数据。字节立即传送指令可分为字节立即读指令和字节立即写指令，它们不能访问扩展模块。PLC 采用循环扫描方式执行程序，如果程序中一个指令正在执行，那么需要等一个扫描周期后才会再次执行，而立即传送指令当输入为 ON 时不用等待即刻执行。

字节立即传送指令说明如下：

指令名称	梯形图与指令格式	功能说明	举例
字节立即读	MOV_BIR EN ENO ????-IN OUT-???? （BIR IN，OUT）	将 IN 端指定的物理输入端子的数据立即送入 OUT 端指定的字节单元，物理输入端子对应的输入寄存器不会被刷新	I0.1 MOV_BIR EN ENO IB0-IN OUT-MB0 当 I0.1 触点闭合时，将 IB0（I0.0 ～ I0.7）端子输入值立即送入 MB0（M0.0 ～ M0.7）单元中，IB0 输入继电器中的数据不会被刷新
字节立即写	MOV_BIW EN ENO ????-IN OUT-???? （BIW IN，OUT）	将 IN 端指定字节单元中的数据立即送到 OUT 端指定的物理输出端子，同时刷新输出端子对应的输出寄存器	I0.2 MOV_BIW EN ENO MB0-IN OUT-QB0 当 I0.2 触点闭合时，将 MB0 单元中的数据立即送到 QB0（Q0.0 ～ Q0.7）端子，同时刷新输出继电器 QB0 中的数据

字节立即读写指令允许使用的操作数见下表：

立即传送指令	输入 / 输出	允许使用的操作数	数据类型
BIR	IN	IB、*VD、*LD、*AC	字节型
	OUT	IB、QB、VB、MB、SMB、SB、LB、AC、*VD、*LD、*AC	
BIW	IN	IB、QB、VB、MB、SMB、SB、LB、AC、*VD、*LD、*AC、常数	字节型
	OUT	QB、*VD、*LD、*AC	

11.2.3 数据块传送指令

数据块传送指令的功能是在 EN 端有输入时，将 IN 端指定首地址的 N 个单元中的数据送入 OUT 端指定首地址的 N 个单元中。数据块传送指令可分为字节块、字块及双字块传送指令。

数据块传送指令说明如下：

指令名称	梯形图与指令格式	功能说明	举例
字节块传送	BLKMOV_B EN ENO ????-IN OUT-???? ????-N （BMB IN，OUT，N）	将 IN 端指定首地址的 N 个字节单元中的数据送入 OUT 端指定首地址的 N 个字节单元中	I0.1 BLKMOV_B EN ENO VB10-IN OUT-VB20 3-N 当 I0.1 触点闭合时，将 VB10 为首地址的三个连续字节单元中的数据送入 VB20 为首地址的三个连续字节单元中，其中 VB10 → VB20、VB11 → VB21、VB12 → VB22

（续）

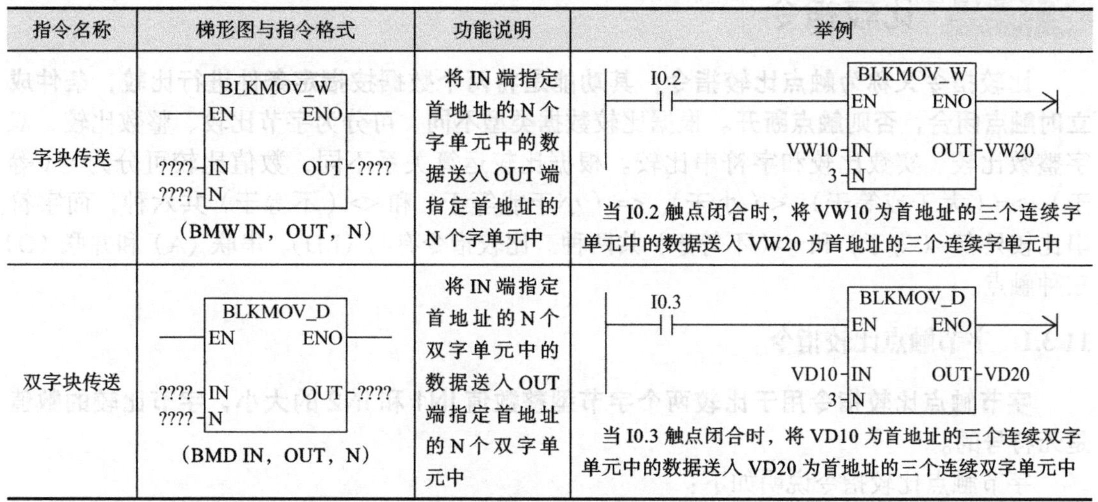

指令名称	梯形图与指令格式	功能说明	举例
字块传送	BLKMOV_W: EN ENO; ????-IN OUT-????; ????-N （BMW IN，OUT，N）	将 IN 端指定首地址的 N 个字单元中的数据送入 OUT 端指定首地址的 N 个字单元中	I0.2 → BLKMOV_W: EN ENO; VW10-IN OUT-VW20; 3-N 当 I0.2 触点闭合时，将 VW10 为首地址的三个连续字单元中的数据送入 VW20 为首地址的三个连续字单元中
双字块传送	BLKMOV_D: EN ENO; ????-IN OUT-????; ????-N （BMD IN，OUT，N）	将 IN 端指定首地址的 N 个双字单元中的数据送入 OUT 端指定首地址的 N 个双字单元中	I0.3 → BLKMOV_D: EN ENO; VD10-IN OUT-VD20; 3-N 当 I0.3 触点闭合时，将 VD10 为首地址的三个连续双字单元中的数据送入 VD20 为首地址的三个连续双字单元中

字节、字、双字块传送指令允许使用的操作数见下表：

块传送指令	输入 / 输出	允许使用的操作数	数据类型	参数（N）
BMB	IN	IB、QB、VB、MB、SMB、SB、LB、*VD、*LD、*AC	字节	IB、QB、VB、MB、SMB、SB、LB、AC、常数、*VD、*LD、*AC 字节型
	OUT	IB、QB、VB、MB、SMB、SB、LB、*VD、*LD、*AC		
BMW	IN	IW、QW、VW、SMW、SW、T、C、LW、AIW、*VD、*LD、*AC	字、整数型	
	OUT	IW、QW、VW、MW、SMW、SW、T、C、LW、AQW、*VD、*LD、*AC		
BMD	IN	ID、QD、VD、MD、SMD、SD、LD、*VD、*LD、*AC	双字、双整数型	
	OUT	ID、QD、VD、MD、SMD、SD、LD、*VD、*LD、*AC		

11.2.4　字节交换指令

字节指令的功能是在 EN 端有输入时，将 IN 端指定单元中的数据的高字节与低字节交换。

字节交换指令说明如下：

指令名称	梯形图与指令格式	功能说明	举例
字节交换	SWAP: EN ENO; ????-IN （SWAP　IN）	将 IN 端指定单元中数据的高字节与低字节交换 IN 端的操作数类型为字型，具体有 IW、QW、VW、MW、SMW、SW、LW、T、C、AC、*VD、*LD、*AC	I0.1 → P → SWAP: EN ENO; VW20-IN 当 I0.1 触点闭合时，P 触点接通一个扫描周期，EN=1，SWAP 指令将 VW20 单元的高字节与低字节交换，例如交换前 VW20=16#1066，交换后变为 VW20=16#6610 字节交换 SWAP 指令常用脉冲型触点驱动，采用普通触点会在每次扫描时将字节交换一次，很可能得不到希望的结果

11.3 比较指令

比较指令又称为触点比较指令，其功能是将两个数据按指定条件进行比较，条件成立时触点闭合，否则触点断开。根据比较数据类型不同，可分为字节比较、整数比较、双字整数比较、实数比较和字符串比较。根据比较运算关系不同，数值比较可分为 =（等于）、>=（大于或等于）、<（小于）、<=（小于或等于）和 <>（不等于）共六种，而字符串比较只有 =（等于）和 <>（不等于）共两种。比较指令有与（LD）、串联（A）和并联（O）三种触点。

11.3.1 字节触点比较指令

字节触点比较指令用于比较两个字节型整数值 IN1 和 IN2 的大小，字节比较的数值是无符号的。

字节触点比较指令说明如下：

梯形图与指令格式	功能说明	举例	操作数（IN1/IN2）
???? ─┤==B├─ ???? （LDB= IN1，IN2）	当 IN1=IN2 时，“= =B”触点闭合	IB0 ┤==B├ MB0 ─(Q0.1) LDB= IB0，MB0 = Q0.1 当 IB0=MB0（即两单元的数据相等）时，“= =B”触点闭合，Q0.1 线圈得电	
???? ─┤<>B├─ ???? （LDB<> IN1，IN2）	当 IN1 ≠ IN2 时，“<>B”触点闭合	QB0 ┤<>B├ MB0 ─ IB0 ┤==B├ MB0 ─(Q0.1) LDB<> QB0，MB0 AB= IB0，MB0 = Q0.1 当 QB0 ≠ MB0，且 IB0=MB0 相等时，两触点均闭合，Q0.1 线圈得电。注：“串联 = =B”比较指令用“AB=”表示	
???? ─┤>=B├─ ???? （LDB>= IN1，IN2）	当 IN1≥IN2 时，“>=B”触点闭合	IB0 ┤>=B├ MB0 ─(Q0.1)，并联 QB0 ┤<>B├ MB0 LDB>= IB0，MB0 OB<> QB0，MB0 = Q0.1 当 IB0≥MB0 时，>=B 触点闭合，或 QB0 ≠ MB0 时，<>B 触点闭合，Q0.1 线圈均会得电。注：“并联 <>B”比较指令用“OB<>”表示	IB、QB、VB、MB、SMB、SB、LB、AC、*VD、*LD、*AC、常数（字节型）
???? ─┤<=B├─ ???? （LDB<= IN1，IN2）	当 IN1≤IN2 时，“<=B”触点闭合	IB0 ┤<=B├ 8 ─(Q0.1) LDB<= IB0，8 = Q0.1 当 IB0 单元中的数据小于或等于 8 时，触点闭合，Q0.1 线圈得电	
???? ─┤>B├─ ???? （LDB> IN1，IN2）	当 IN1>IN2 时，“>B”触点闭合	IB0 ┤>B├ MB0 ─(Q0.1) LDB> IB0，MB0 = Q0.1 当 IB0>MB0 时，“>B”触点闭合，Q0.1 线圈得电	
???? ─┤<B├─ ???? （LDB< IN1，IN2）	当 IN1<IN2 时，“<B”触点闭合	IB0 ┤<B├ MB0 ─(Q0.1) LDB< IB0，MB0 = Q0.1 当 IB0<MB0 时，“<B”触点闭合，Q0.1 线圈得电	

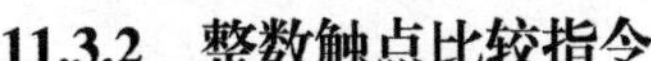

11.3.2 整数触点比较指令

整数触点比较指令用于比较两个字型整数值 IN1 和 IN2 的大小，整数比较的数值是有符号的，比较的整数范围是 -32768 ～ +32767，用十六进制表示为 16#8000 ～ 16#7FFFF。

整数触点比较指令说明如下：

梯形图与指令格式	功能说明	操作数（IN1/IN2）
???? ─┤==I├─ ???? （LDW= IN1，IN2）	当 IN1=IN2 时，“= =I”触点闭合	IW，QW，VW，MW，SMW，SW，LW，T，C，AC，AIW *VD、*LD，*AC、常数 （整数型）
???? ─┤<>I├─ ???? （LDW<> IN1，IN2）	当 IN1 ≠ IN2 时，“<>I”触点闭合	
???? ─┤>=I├─ ???? （LDW>= IN1，IN2）	当 IN1≥IN2 时，“>=I”触点闭合	
???? ─┤<=I├─ ???? （LDW<= IN1，IN2）	当 IN1≤IN2 时，“<=I”触点闭合	
???? ─┤>I├─ ???? （LDW> IN1，IN2）	当 IN1>IN2 时，“>I”触点闭合	
???? ─┤<I├─ ???? （LDW< IN1，IN2）	当 IN1<IN2 时，“<I”触点闭合	

11.3.3 双字整数触点比较指令

双字整数触点比较指令用于比较两个双字型整数值 IN1 和 IN2 的大小，双字整数比较的数值是有符号的，比较的整数范围是 -2147483648 ～ +2147483647，用十六进制表示为 16#80000000 ～ 16#7FFFFFFF。

双字整数触点比较指令说明如下：

梯形图与指令格式	功能说明	操作数（IN1/IN2）
???? ─┤==D├─ ???? （LDD= IN1，IN2）	当 IN1=IN2 时，“= =D”触点闭合	ID、QD、VD、MD、SMD、SD、LD、AC、HC、*VD、*LD、*AC、常数 （双整数型）
???? ─┤<>D├─ ???? （LDD<> IN1，IN2）	当 IN1 ≠ IN2 时，“<>D”触点闭合	

（续）

梯形图与指令格式	功能说明	操作数（IN1/IN2）
???? —|>=D|— ???? （LDD>= IN1，IN2）	当 IN1≥IN2 时，“>=D”触点闭合	ID、QD、VD、MD、SMD、SD、LD、AC、HC、*VD、*LD、*AC、常数 （双整数型）
???? —|<=D|— ???? （LDD<= IN1，IN2）	当 IN1≤IN2 时，“<=D”触点闭合	
???? —|>D|— ???? （LDD> IN1，IN2）	当 IN1>IN2 时，“>D”触点闭合	
???? —|<D|— ???? （LDD< IN1，IN2）	当 IN1<IN2 时，“<D”触点闭合	

11.3.4 实数触点比较指令

实数触点比较指令用于比较两个双字长实数值 IN1 和 IN2 的大小，实数比较的数值是有符号的，负实数范围是 $-1.175495^{-38} \sim -3.402823^{+38}$，正实数范围是 $+1.175495^{-38} \sim +3.402823^{+38}$。

实数触点比较指令说明如下：

梯形图与指令格式	功能说明	操作数（IN1/IN2）
???? —|==R|— ???? （LDR= IN1，IN2）	当 IN1=IN2 时，“= =R”触点闭合	ID、QD、VD、MD、SMD、SD、LD、AC、*VD、*LD、*AC、常数 （实数型）
???? —|<>R|— ???? （LDR<> IN1，IN2）	当 IN1 ≠ IN2 时，“<>R”触点闭合	
???? —|>=R|— ???? （LDR>= IN1，IN2）	当 IN1≥IN2 时，“>=R”触点闭合	
???? —|<=R|— ???? （LDR<= IN1，IN2）	当 IN1≤IN2 时，“<=R”触点闭合	
???? —|>R|— ???? （LDR> IN1，IN2）	当 IN1>IN2 时，“>R”触点闭合	
???? —|<R|— ???? （LDR< IN1，IN2）	当 IN1<IN2 时，“<R”触点闭合	

11.3.5　比较指令应用举例——自动仓库控制

有一个 PLC 控制的自动仓库，该自动仓库最多装货量为 600，在装货数量达到 600 时入仓门自动关闭，在出货时，货物数量为 0 自动关闭出仓门，仓库采用一只指示灯来指示是否有货，灯亮表示有货。图 11-1 所示为自动仓库控制程序。I0.0 用作入仓检测，I0.1 用作出仓检测，I0.2 用作计数清 0，Q0.0 用作有货指示，Q0.1 用作关闭入仓门，Q0.2 用作关闭出仓门。

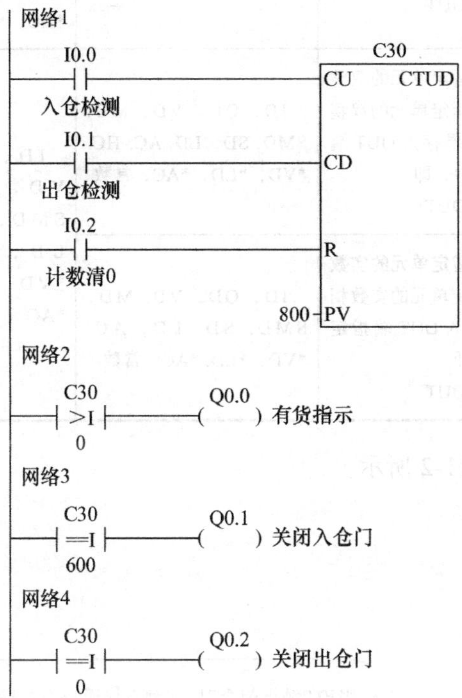
网络1
I0.0
入仓检测
I0.1
出仓检测
I0.2
计数清0
C30
CU　CTUD
CD
R
800-PV
网络2
C30
>I
0
Q0.0
有货指示
网络3
C30
==I
600
Q0.1
关闭入仓门
网络4
C30
==I
0
Q0.2
关闭出仓门
自动仓库控制程序工作原理：装货物前，让I0.2闭合一次，对计数器C30进行复位清0。在装货时，每入仓一个货物，I0.0闭合一次，计数器C30的计数值增1，当C30计数值大于0时，[2]>I触点闭合，Q0.0得电，有货指示灯亮，当C30计数值等于600时，[3]==I触点闭合，Q0.1得电，关闭入仓门，禁止再装入货物；在卸货时，每出仓一个货物，I0.1闭合一次，计数器C30的计数值减1，当C30计数值为0时，[2]>I触点断，Q0.0失电，有货指示灯灭，同时[4]==I触点闭合，Q0.2得电，关闭出仓门

图 11-1　自动仓库控制程序

11.4　数学运算指令

数学运算指令可分为加减乘除运算指令和浮点数函数运算指令。加减乘除运算指令包括加法指令、减法指令、乘法指令、除法指令、加 1 指令和减 1 指令；浮点数函数运算指令主要包括正弦指令、余弦指令、正切指令、二次方根指令、自然对数指令和自然指数指令。

11.4.1　加减乘除运算指令

加减乘除运算指令包括加法、减法、乘法、除法、加 1 和减 1 指令。

1. 加法指令

加法指令的功能是将两个有符号的数相加后输出，它可分为整数加法指令、双整数加法指令和实数加法指令。

（1）指令说明　加法指令说明如下：

加法指令	梯形图	功能说明	操作数	
			IN1、IN2	OUT
整数加法指令	ADD_I EN ENO ????-IN1 OUT-???? ????-IN2	将 IN1 端指定单元的整数与 IN1 端指定单元的整数相加，结果存入 OUT 端指定的单元中，即 IN1+IN2=OUT	IW，QW，VW，MW，SMW，SW，T，C，LW，AC，AIW，*VD，*AC、*LD、常数	IW，QW，VW，MW，SMW，SW，LW，T，C，AC，*VD，*AC，*LD
双整数加法指令	ADD_DI EN ENO ????-IN1 OUT-???? ????-IN2	将 IN1 端指定单元的双整数与 IN1 端指定单元的双整数相加，结果存入 OUT 端指定的单元中，即 IN1+IN2=OUT	ID，QD，VD，MD. SMD. SD，LD. AC. HC. *VD，*LD，*AC、常数	ID、QD，VD，MD，SMD，SD，LD，AC，*VD，*LD，*AC
实数加法指令	ADD_R EN ENO ????-IN1 OUT-???? ????-IN2	将 IN1 端指定单元的实数与 IN1 端指定单元的实数相加，结果存入 OUT 端指定的单元中，即 IN1+IN2=OUT	ID，QD，VD. MD，SMD. SD. LD，AC. *VD，*LD. *AC、常数	

（2）指令使用举例　加法指令使用如图 11-2 所示。

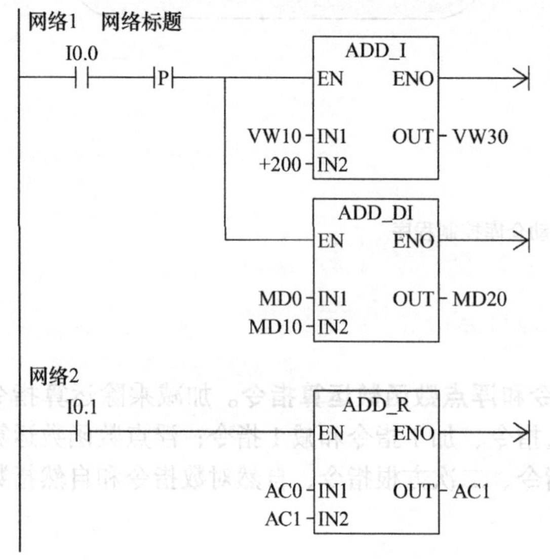

当I0.0触点闭合时，P触点接通一个扫描周期，ADD_I和ADD_DI指令同时执行，ADD_I指令将VW10单元中的整数(16位)与+200相加，结果送入VW30单元中，ADD_DI指令将MD0、MD10单元中的双整数(32位)相加，结果送入MD20单元中；当I0.1触点闭合时，ADD_R指令执行，将AC0、AC1单元中的实数(32位)相加，结果保存在AC1单元中

图 11-2　加法指令使用举例

2. 减法指令

减法指令的功能是将两个有符号的数相减后输出，它可分为整数减法指令、双整数减法指令和实数减法指令。

减法指令说明如下：

减法指令	梯形图	功能说明	操作数	
			IN1、IN2	OUT
整数减法指令	SUB_I —EN　ENO— ????-IN1　OUT-???? ????-IN2	将 IN1 端指定单元的整数与 IN1 端指定单元的整数相减，结果存入 OUT 端指定的单元中，即 IN1-IN2=OUT	IW，QW，VW，MW，SMW，SW，T，C，LW，AC，AIW，*VD，*AC、*LD、常数	IW，QW，VW，MW，SMW，SW，LW，T，C，AC，*VD，*AC，*LD
双整数减法指令	SUB_DI —EN　ENO— ????-IN1　OUT-???? ????-IN2	将 IN1 端指定单元的双整数与 IN1 端指定单元的双整数相减，结果存入 OUT 端指定的单元中，即 IN1-IN2=OUT	ID，QD，VD，MD. SMD. SD，LD. AC. HC. *VD，*LD，*AC、常数	ID、QD，VD，MD，SMD，SD，LD，AC，*VD，*LD，*AC
实数减法指令	SUB_R —EN　ENO— ????-IN1　OUT-???? ????-IN2	将 IN1 端指定单元的实数与 IN1 端指定单元的实数相减，结果存入 OUT 端指定的单元中，即 IN1-IN2=OUT	ID，QD，VD. MD，SMD. SD. LD，AC. *VD，*LD. *AC、常数	

3. 乘法指令

乘法指令的功能是将两个有符号的数相乘后输出，它可分为整数乘法指令、双整数乘法指令、实数乘法指令和完全整数乘法指令。

乘法指令说明如下：

乘法指令	梯形图	功能说明	操作数	
			IN1、IN2	OUT
整数乘法指令	MUL_I —EN　ENO— ????-IN1　OUT-???? ????-IN2	将 IN1 端指定单元的整数与 IN1 端指定单元的整数相乘，结果存入 OUT 端指定的单元中，即 IN1*IN2=OUT	IW，QW，VW，MW，SMW，SW，T，C，LW，AC，AIW，*VD，*AC、*LD、常数	IW，QW，VW，MW，SMW，SW，LW，T，C，AC，*VD，*AC，*LD
双整数乘法指令	MUL_DI —EN　ENO— ????-IN1　OUT-???? ????-IN2	将 IN1 端指定单元的双整数与 IN1 端指定单元的双整数相乘，结果存入 OUT 端指定的单元中，即 IN1*IN2=OUT	ID，QD，VD，MD. SMD. SD，LD. AC. HC. *VD，*LD，*AC、常数	ID、QD，VD，MD，SMD，SD，LD，AC，*VD，*LD，*AC
实数乘法指令	MUL_R —EN　ENO— ????-IN1　OUT-???? ????-IN2	将 IN1 端指定单元的实数与 IN1 端指定单元的实数相乘，结果存入 OUT 端指定的单元中，即 IN1*IN2=OUT	ID，QD，VD. MD，SMD. SD. LD，AC. *VD，*LD. *AC、常数	

（续）

乘法指令	梯形图	功能说明	操作数	
			IN1、IN2	OUT
完全整数乘法指令	MUL EN ENO ????-IN1 OUT-???? ????-IN2	将 IN1 端指定单元的整数与 IN1 端指定单元的整数相乘，结果存入 OUT 端指定的单元中，即 IN1*IN2=OUT 完全整数乘法指令是将两个有符号整数（16 位）相乘，产生一个 32 位双整数存入 OUT 单元中，因此 IN 端操作数类型为字型，OUT 端的操作数为双字型	IW，QW，VW，MW，SMW，SW，T，C，LW，AC，AIW，*VD，*AC、*LD、常数	ID、QD，VD，MD，SMD，SD，LD，AC，*VD，*LD，*AC

4. 除法指令

除法指令的功能是将两个有符号的数相除后输出，它可分为整数除法指令、双整数除法指令、实数除法指令和带余数的整数除法指令。

除法指令说明如下：

除法指令	梯形图	功能说明	操作数	
			IN1、IN2	OUT
整数除法指令	DIV_I EN ENO ????-IN1 OUT-???? ????-IN2	将 IN1 端指定单元的整数与 IN1 端指定单元的整数相除，结果存入 OUT 端指定的单元中，即 IN1/IN2=OUT	IW，QW，VW，MW，SMW，SW，T，C，LW，AC，AIW，*VD，*AC、*LD、常数	IW，QW，VW，MW，SMW，SW，LW，T，C，AC，*VD，*AC，*LD
双整数除法指令	DIV_DI EN ENO ????-IN1 OUT-???? ????-IN2	将 IN1 端指定单元的双整数与 IN1 端指定单元的双整数相除，结果存入 OUT 端指定的单元中，即 IN1/IN2=OUT	ID，QD，VD，MD. SMD. SD，LD. AC. HC. *VD，*LD，*AC、常数	ID、QD，VD，MD，SMD，SD，LD，AC，*VD，*LD，*AC
实数除法指令	DIV_R EN ENO ????-IN1 OUT-???? ????-IN2	将 IN1 端指定单元的实数与 IN1 端指定单元的实数相除，结果存入 OUT 端指定的单元中，即 IN1/IN2=OUT	ID，QD，VD. MD，SMD. SD. LD，AC. *VD，*LD. *AC、常数	
带余数的整数除法指令	DIV EN ENO ????-IN1 OUT-???? ????-IN2	将 IN1 端指定单元的整数与 IN1 端指定单元的整数相除，结果存入 OUT 端指定的单元中，即 IN1/IN2=OUT 该指令是将两个 16 位整数相除，得到一个 32 位结果，其中低 16 位为商，高 16 位为余数。因此 IN 端操作数类型为字型，OUT 端的操作数为双字型	IW，QW，VW，MW，SMW，SW，T，C，LW，AC，AIW，*VD，*AC、*LD、常数	ID、QD，VD，MD，SMD，SD，LD，AC，*VD，*LD，*AC

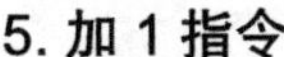

5. 加 1 指令

加 1 指令的功能是将 IN 端指定单元的数加 1 后存入 OUT 端指定的单元中，它可分为字节加 1 指令、字加 1 指令和双字加 1 指令。

加 1 指令说明如下：

加 1 指令	梯形图	功能说明	操作数	
			IN1	OUT
字节加 1 指令	INC_B EN ENO ????-IN OUT-????	将 IN1 端指定字节单元的数加 1，结果存入 OUT 端指定的单元中，即 IN+1=OUT 如果 IN、OUT 操作数相同，则为 IN 增 1	IB，QB，VB，MB，SMB，SB，LB，AC，*VD，*LD，*AC、常数	IB、QB，VB，MB，SMB，SB，LB，AC，*VD，*AC，*LD
字加 1 指令	INC_W EN ENO ????-IN OUT-????	将 IN1 端指定字单元的数加 1，结果存入 OUT 端指定的单元中，即 IN+1=OUT	IW，QW，VW，MW，SMW，SW，LW，T，C，AC，AIW，*VD，*LD、*AC、常数	IW，QW，VW，MW，SMW,SW,T,C,LW，AC，*VD、*LD，*AC
双字加 1 指令	INC_DW EN ENO ????-IN OUT-????	将 IN1 端指定双字单元的数加 1，结果存入 OUT 端指定的单元中，即 IN+1=OUT	ID，QD，VD，MD，SMD，SD，LD，AC，HC，*VD，*LD，*AC、常数	ID、QD，VD，MD，SMD，SD，LD，AC，*VD，*LD，*AC

6. 减 1 指令

减 1 指令的功能是将 IN 端指定单元的数减 1 后存入 OUT 端指定的单元中，它可分为字节减 1 指令、字减 1 指令和双字减 1 指令。

减 1 指令说明如下：

减 1 指令	梯形图	功能说明	操作数	
			IN1	OUT
字节减 1 指令	DEC_B EN ENO ????-IN OUT-????	将 IN1 端指定字节单元的数减 1，结果存入 OUT 端指定的单元中，即 IN−1=OUT 如果 IN、OUT 操作数相同，则为 IN 增 1	IB，QB，VB，MB，SMB，SB，LB，AC，*VD，*LD，*AC、常数	IB、QB，VB，MB，SMB，SB，LB，AC，*VD，*AC，*LD
字减 1 指令	DEC_W EN ENO ????-IN OUT-????	将 IN1 端指定字单元的数减 1，结果存入 OUT 端指定的单元中，即 IN−1=OUT	IW，QW，VW，MW，SMW，SW，LW，T，C，AC，AIW，*VD，*LD、*AC、常数	IW，QW，VW，MW，SMW,SW,T,C,LW，AC，*VD、*LD，*AC
双字减 1 指令	DEC_DW EN ENO ????-IN OUT-????	将 IN1 端指定双字单元的数减 1，结果存入 OUT 端指定的单元中，即 IN−1=OUT	ID，QD，VD，MD，SMD，SD，LD，AC，HC，*VD，*LD，*AC、常数	ID、QD，VD，MD，SMD，SD，LD，AC，*VD，*LD，*AC

7. 加减乘除运算指令应用举例

编写实现 Y=X+306 运算的程序，程序如图 11-3 所示。

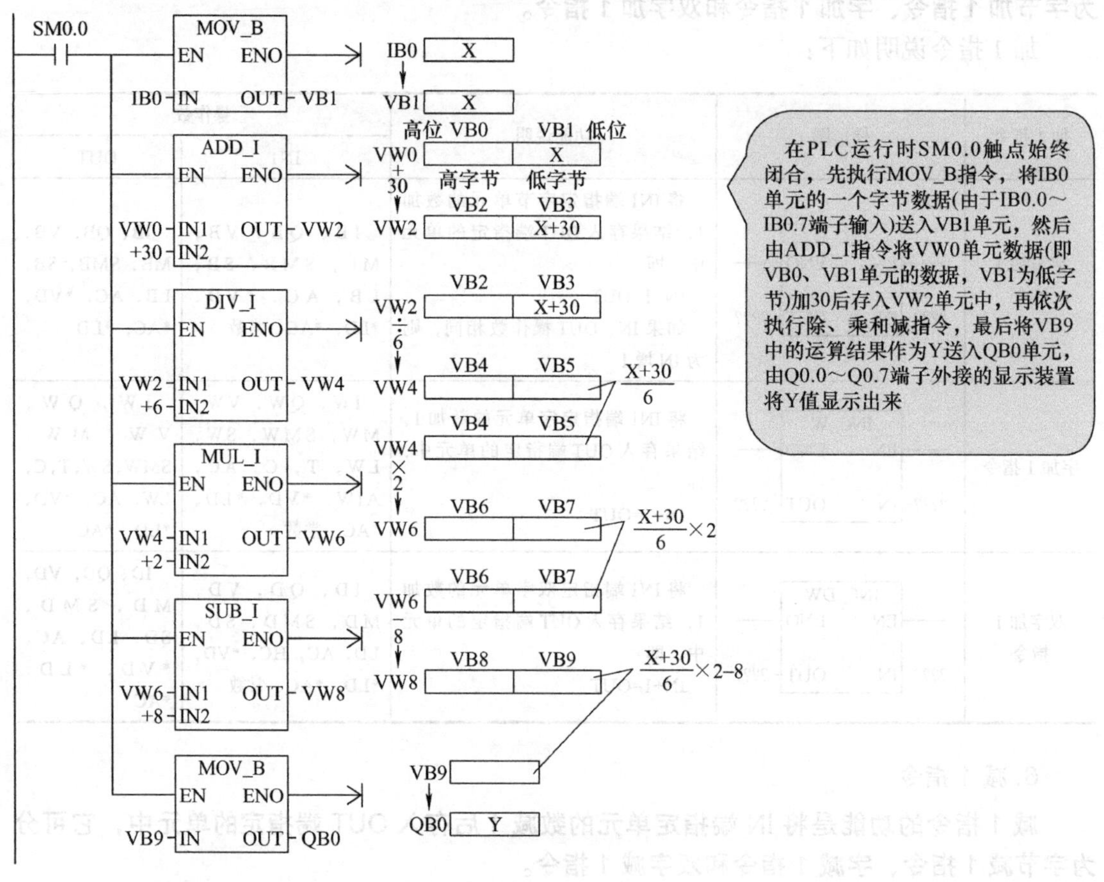

图 11-3 实现 Y=X+306 运算的程序

11.4.2 浮点数函数运算指令

浮点数函数运算指令包括正弦、余弦、正切、二次方根、自然对数、自然指数等指令。浮点数函数运算指令说明如下：

浮点数函数运算指令	梯形图	功能说明	操作数	
			IN	OUT
二次方根指令	SQRT EN ENO ????-IN OUT-????	将 IN 端指定单元的实数（即浮点数）取平方根，结果存入 OUT 端指定的单元中，即 SQRT（IN）=OUT 即 IN	ID，QD，VD，MD，SMD，SD，LD，AC，*VD，*LD，*AC、常数	ID，QD，VD，MD，SMD，SD，LD，AC，*VD，*LD，*AC
正弦指令	SIN EN ENO ????-IN OUT-????	将 IN 端指定单元的实数取正弦，结果存入 OUT 端指定的单元中，即 SIN（IN）=OUT		

（续）

浮点数函数运算指令	梯形图	功能说明	操作数	
			IN	OUT
余弦指令	COS EN ENO ???? IN OUT ????	将 IN 端指定单元的实数取余弦，结果存入 OUT 端指定的单元中，即 COS（IN）=OUT	ID，QD，VD，MD，SMD，SD，LD，AC，*VD，*LD，*AC、常数	ID，QD，VD，MD，SMD，SD，LD，AC，*VD，*LD，*AC
正切指令	TAN EN ENO ???? IN OUT ????	将 IN 端指定单元的实数取正切，结果存入 OUT 端指定的单元中，即 TAN（IN）=OUT 正切、正弦和余弦的 IN 值要以弧度为单位，在求角度的三角函数时，要先将角度值乘以 π/180（即 0.01745329）转换成弧度值，再存入 IN，然后用指令求 OUT		
自然对数指令	LN EN ENO ???? IN OUT ????	将 IN 端指定单元的实数取自然对数，结果存入 OUT 端指定的单元中，即 LN（IN）=OUT		
自然指数指令	EXP EN ENO ???? IN OUT ????	将 IN 端指定单元的实数取自然指数值，结果存入 OUT 端指定的单元中，即 EXP（IN）=OUT		

11.5 逻辑运算指令

逻辑运算指令包括取反指令、与指令、或指令和异或指令，每种指令又分为字节、字和双字指令。

11.5.1 取反指令

取反指令的功能是将 IN 端指定单元的数据逐位取反，结果存入 OUT 端指定的单元中。取反指令可分为字节取反指令、字取反指令和双字取反指令。

1. 指令说明

取反指令说明如下：

取反指令	梯形图	功能说明	操作数	
			IN1	OUT
字节取反指令	INV_B EN ENO ???? IN OUT ????	将 IN 端指定字节单元中的数据逐位取反，结果存入 OUT 端指定的单元中	IB、QB，VB，MB，SMB，SB，LB，AC，*VD，*LD，*AC、常数	IB、QB，VB，MB，SMB，SB，LB，AC，*VD，*AC，*LD
字取反指令	INV_W EN ENO ???? IN OUT ????	将 IN 端指定字单元中的数据逐位取反，结果存入 OUT 端指定的单元中	IW，QW，VW，MW，SMW，SW，LW，T，C，AC，AIW，*VD，*LD、*AC、常数	IW，QW，VW，MW，SMW，SW，T，C，LW，AIW，AC，*VD、*LD，*AC

（续）

取反指令	梯形图	功能说明	操作数	
			IN1	OUT
双字取反指令	INV_DW EN ENO ????-IN OUT-????	将 IN 端指定双字单元中的数据逐位取反，结果存入 OUT 端指定的单元中	ID，QD，VD，MD，SMD，SD，LD，AC，HC，*VD，*LD，*AC、常数	ID、QD，VD，MD，SMD，SD，LD，AC，*VD，*LD，*AC

2. 指令使用举例

取反指令使用如图 11-4 所示，当 I1.0 触点闭合时，INV_W 指令执行，将 AC0 中的数据逐位取反。

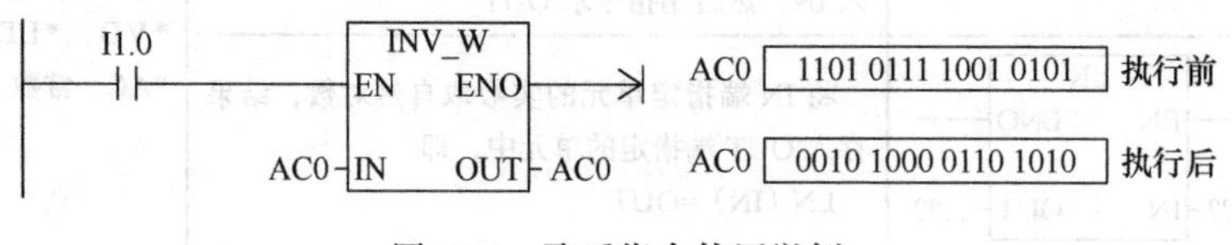

图 11-4　取反指令使用举例

11.5.2　与指令

与指令的功能是将 IN1、IN2 端指定单元的数据按位相与，结果存入 OUT 端指定的单元中。与指令可分为字节与指令、字与指令和双字与指令。

1. 指令说明

与指令说明如下：

与指令	梯形图	功能说明	操作数	
			IN1	OUT
字节与指令	WAND_B EN ENO ????-IN1 OUT-???? ????-IN2	将 IN1、IN2 端指定字节单元中的数据按位相与，结果存入 OUT 端指定的单元中	IB，QB，VB，MB，SMB，SB，LB，AC，*VD，*LD，*AC、常数	IB，QB，VB，MB，SMB，SB，LB，AC，*VD，*AC，*LD
字与指令	WAND_W EN ENO ????-IN1 OUT-???? ????-IN2	将 IN1、IN2 端指定字单元中的数据按位相与，结果存入 OUT 端指定的单元中	IW，QW，VW，MW，SMW，SW，LW，T，C，AC，AIW，*VD，*LD、*AC、常数	IW，QW，VW，MW，SMW，SW，T，C，LW，AIW，AC，*VD、*LD，*AC
双字与指令	WAND_DW EN ENO ????-IN1 OUT-???? ????-IN2	将 IN1、IN2 端指定双字单元中的数据按位相与，结果存入 OUT 端指定的单元中	ID，QD，VD，MD，SMD，SD，LD，AC，HC，*VD，*LD，*AC、常数	ID、QD，VD，MD，SMD，SD，LD，AC，*VD，*LD，*AC

2. 指令使用举例

与指令使用如图 11-5 所示，当 I1.0 触点闭合时，执行 WAND_W 指令，将 AC1、

AC0 中的数据按位相与，结果存入 AC0。

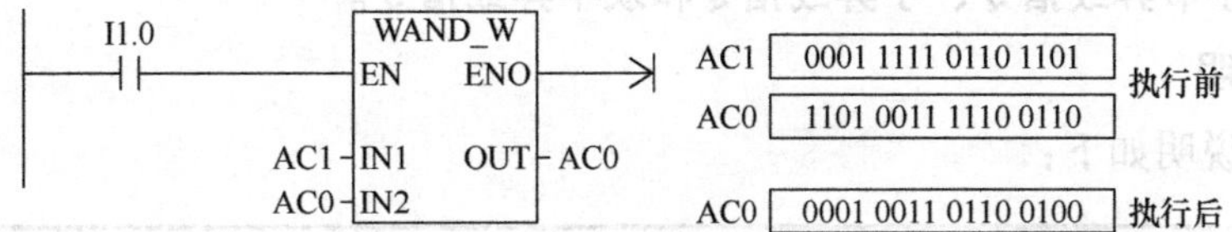

图 11-5 与指令使用举例

11.5.3 或指令

或指令的功能是将 IN1、IN2 端指定单元的数据按位相或，结果存入 OUT 端指定的单元中。或指令可分为字节或指令、字或指令和双字或指令。

1. 指令说明

或指令说明如下：

或指令	梯形图	功能说明	操作数	
			IN1	OUT
字节或指令	WOR_B EN ENO ????-IN1 OUT-???? ????-IN2	将 IN1、IN2 端指定字节单元中的数据按位相或，结果存入 OUT 端指定的单元中	IB、QB，VB，MB，SMB，SB，LB，AC，*VD，*LD，*AC、常数	IB、QB，VB，MB，SMB，SB，LB，AC，*VD，*AC，*LD
字或指令	WOR_W EN ENO ????-IN1 OUT-???? ????-IN2	将 IN1、IN2 端指定字单元中的数据按位相或，结果存入 OUT 端指定的单元中	IW，QW，VW，MW，SMW，SW，LW，T，C，AC，AIW，*VD，*LD、*AC、常数	IW，QW，VW，MW，SMW，SW，T，C，LW，AIW，AC，*VD、*LD，*AC
双字或指令	WOR_DW EN ENO ????-IN1 OUT-???? ????-IN2	将 IN1、IN2 端指定双字单元中的数据按位相或，结果存入 OUT 端指定的单元中	ID，QD，VD，MD，SMD，SD，LD，AC，HC，*VD，*LD，*AC、常数	ID、QD，VD，MD，SMD，SD，LD，AC，*VD，*LD，*AC

2. 指令使用举例

或指令使用如图 11-6 所示，当 I1.0 触点闭合时，执行 WOR_W 指令，将 AC1、VW100 中的数据按位相或，结果存入 VW100。

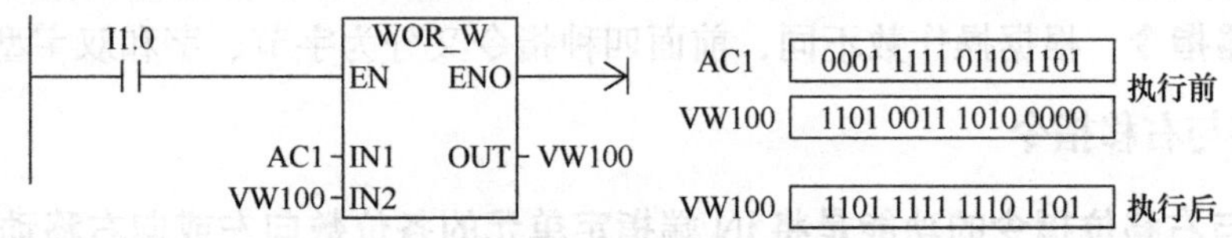

图 11-6 或指令使用举例

11.5.4 异或指令

异或指令的功能是将 IN1、IN2 端指定单元的数据按位进行异或运算，结果存入

OUT 端指定的单元中。异或运算时，两位数相同，异或结果为 0，相反异或结果为 1。异或指令可分为字节异或指令、字异或指令和双字异或指令。

1. 指令说明

异或指令说明如下：

异或指令	梯形图	功能说明	操作数	
			IN1	OUT
字节异或指令	WXOR_B EN ENO ????-IN1 OUT-???? ????-IN2	将 IN1、IN2 端指定字节单元中的数据按位相异或，结果存入 OUT 端指定的单元中	IB、QB，VB，MB，SMB，SB，LB，AC，*VD，*LD，*AC、常数	IB，QB，VB，MB，SMB，SB，LB，AC，*VD，*AC，*LD
字异或指令	WXOR_W EN ENO ????-IN1 OUT-???? ????-IN2	将 IN1、IN2 端指定字单元中的数据按位相异或，结果存入 OUT 端指定的单元中	IW，QW，VW，MW，SMW，SW，LW，T，C，AC，AIW，*VD，*LD、*AC、常数	IW，QW，VW，MW，SMW，SW，T，C，LW，AIW，AC，*VD、*LD，*AC
双字异或指令	WXOR_DW EN ENO ????-IN1 OUT-???? ????-IN2	将 IN1、IN2 端指定双字单元中的数据按位相异或，结果存入 OUT 端指定的单元中	ID，QD，VD，MD，SMD，SD，LD，AC，HC，*VD，*LD，*AC、常数	ID、QD，VD，MD，SMD，SD，LD，AC，*VD，*LD，*AC

2. 指令使用举例

异或指令使用如图 11-7 所示，当 I1.0 触点闭合时，执行 WXOR_W 指令，将 AC1、AC0 中的数据按位相异或，结果存入 AC0。

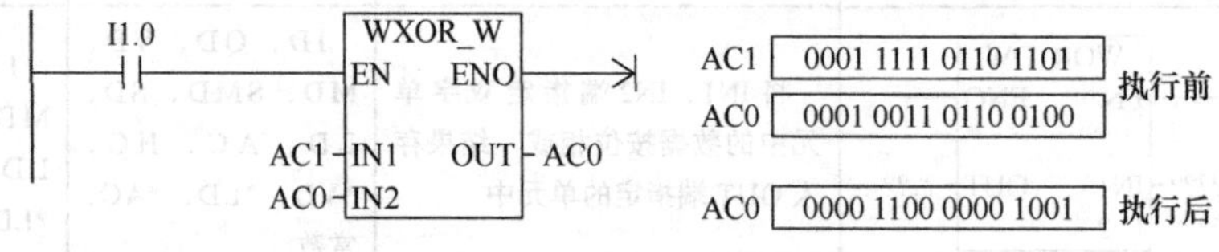

图 11-7　异或指令使用举例

11.6 移位与循环指令

移位与循环指令包括左移位指令、右移位指令、循环左移位指令、循环右移位指令和移位寄存器指令，根据操作数不同，前面四种指令又分为字节、字和双字型指令。

11.6.1 左移与右移指令

左移位与右移位指令的功能是将 IN 端指定单元的各位数向左或向右移动 N 位，结果保存在 OUT 端指定的单元中。根据操作数不同，左移位与右移位指令又分为字节、字和双字型指令。

1. 指令说明

左移位与右移位指令说明如下：

<table>
<tr><th colspan="2" rowspan="2">指令名称</th><th rowspan="2">梯形图</th><th rowspan="2">功能说明</th><th colspan="3">操作数</th></tr>
<tr><th>IN</th><th>OUT</th><th>N</th></tr>
<tr><td rowspan="3">左移位指令</td><td>字节左移位指令</td><td>SHL_B
EN ENO
????-IN OUT-????
????-N</td><td>将 IN 端指定字节单元中的数据向左移动 N 位，结果存入 OUT 端指定的单元中</td><td>IB、QB，VB，MB，SMB，SB，LB，AC，*VD，*LD，*AC、常数</td><td>IB、QB，VB，MB，SMB，SB，LB，AC，*VD，*AC，*LD</td><td rowspan="6">IB、QB，VB，MB，SMB，SB，LB，AC，*VD，*LD，*AC、常数</td></tr>
<tr><td>字左移位指令</td><td>SHL_W
EN ENO
????-IN OUT-????
????-N</td><td>将 IN 端指定字单元中的数据向左移动 N 位，结果存入 OUT 端指定的单元中</td><td>IW，QW，VW，MW，SMW，SW，LW，T，C，AC，AIW，*VD，*LD、*AC、常数</td><td>IW，QW，VW，MW，SMW，SW，T，C，LW，AIW，AC，*VD、*LD，*AC</td></tr>
<tr><td>双字左移位指令</td><td>SHL_DW
EN ENO
????-IN OUT-????
????-N</td><td>将 IN 端指定双字单元中的数据向左移动 N 位，结果存入 OUT 端指定的单元中</td><td>ID，QD，VD，MD，SMD，SD，LD，AC，HC，*VD，*LD，*AC、常数</td><td>ID，QD，VD，MD，SMD，SD，LD，AC，*VD，*LD，*AC</td></tr>
<tr><td rowspan="3">右移位指令</td><td>字节右移位指令</td><td>SHR_B
EN ENO
????-IN OUT-????
????-N</td><td>将 IN 端指定字节单元中的数据向右移动 N 位，结果存入 OUT 端指定的单元中</td><td>IB、QB，VB，MB，SMB，SB，LB，AC，*VD，*LD，*AC、常数</td><td>IB、QB，VB，MB，SMB，SB，LB，AC，*VD，*AC，*LD</td></tr>
<tr><td>字右移位指令</td><td>SHR_W
EN ENO
????-IN OUT-????
????-N</td><td>将 IN 端指定字单元中的数据向右移动 N 位，结果存入 OUT 端指定的单元中</td><td>IW，QW，VW，MW，SMW，SW，LW，T，C，AC，AIW，*VD，*LD、*AC、常数</td><td>IW，QW，VW，MW，SMW，SW，T，C，LW，AIW，AC，*VD、*LD，*AC</td></tr>
<tr><td>双字右移位指令</td><td>SHR_DW
EN ENO
????-IN OUT-????
????-N</td><td>将 IN 端指定双字单元中的数据向左移动 N 位，结果存入 OUT 端指定的单元中</td><td>ID，QD，VD，MD，SMD，SD，LD，AC，HC，*VD，*LD，*AC、常数</td><td>ID、QD，VD，MD，SMD，SD，LD，AC，*VD，*LD，*AC</td></tr>
</table>

2. 指令使用举例

移位指令使用如图 11-8 所示，当 I1.0 触点闭合时，执行 SHL_W 指令，将 VW200 中的数据向左移 3 位，最后一位移出值“1”保存在溢出标志位 SM1.1 中。

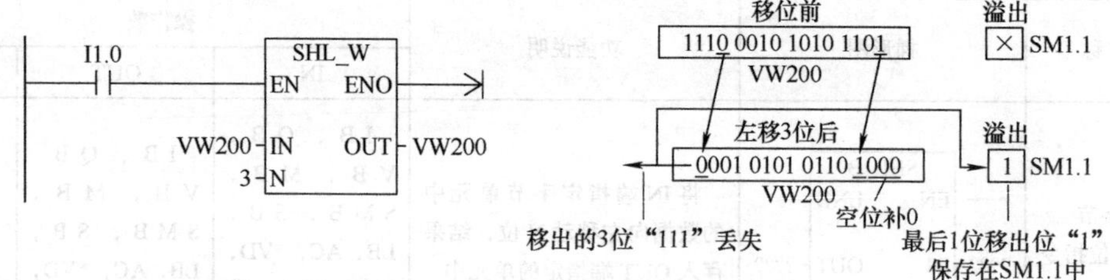

图 11-8 移位指令使用举例

移位指令对移走而变空的位自动补 0。如果将移位数 N 设为大于或等于最大允许值（对于字节操作为 8，对于字操作为 16，对于双字操作为 32），则移位操作的次数自动为最大允许位。如果移位数 N 大于 0，则溢出标志位 SM1.1 保存最后一次移出的位值；如果移位操作的结果为 0，则零标志位 SM1.0 置 1。字节操作是无符号的，对于字和双字操作，当使用有符号数据类型时，符号位也被移动。

11.6.2 循环左移与右移指令

循环左移位与右移位指令的功能是将 IN 端指定单元的各位数向左或向右循环移动 N 位，结果保存在 OUT 端指定的单元中。循环移位是环形的，一端移出的位会从另一端移入。根据操作数不同，左移位与右移位指令又分为字节、字和双字型指令。

1. 指令说明

循环左移位与右移位指令说明如下：

指令名称		梯形图	功能说明	操作数		
				IN	OUT	N
循环左移位指令	字节循环左移位指令	ROL_B EN ENO ????-IN OUT-???? ????-N	将 IN 端指定字节单元中的数据向左循环移动 N 位，结果存入 OUT 端指定的单元中	IB、QB，VB，MB，SMB，SB，LB，AC，*VD，*LD，*AC、常数	IB、QB，VB，MB，SMB，SB，LB，AC，*VD，*AC，*LD	IB、QB，VB，MB，SMB，SB，LB，AC，*VD，*LD，*AC、常数
	字循环左移位指令	ROL_W EN ENO ????-IN OUT-???? ????-N	将 IN 端指定字单元中的数据向左循环移动 N 位，结果存入 OUT 端指定的单元中	IW，QW，VW，MW，SMW，SW，LW，T，C，AC，AIW，*VD，*LD、*AC、常数	IW，QW，VW，MW，SMW，SW，T，C，LW，AIW，AC，*VD、*LD，*AC	
	双字循环左移位指令	ROL_DW EN ENO ????-IN OUT-???? ????-N	将 IN 端指定双字单元中的数据向左循环移动 N 位，结果存入 OUT 端指定的单元中	ID，QD，VD，MD，SMD，SD，LD，AC，HC，*VD，*LD，*AC、常数	ID、QD，VD，MD，SMD，SD，LD，AC，*VD，*LD，*AC	

（续）

<table>
<tr><th colspan="2" rowspan="2">指令名称</th><th rowspan="2">梯形图</th><th rowspan="2">功能说明</th><th colspan="3">操作数</th></tr>
<tr><th>IN</th><th>OUT</th><th>N</th></tr>
<tr><td rowspan="3">循环右移位指令</td><td>字节循环右移位指令</td><td>ROR_B
EN ENO
????-IN OUT-????
????-N</td><td>将 IN 端指定字节单元中的数据向右循环移动 N 位，结果存入 OUT 端指定的单元中</td><td>IB、QB，VB，MB，SMB，SB，LB，AC，*VD，*LD，*AC、常数</td><td>IB、QB，VB，MB，SMB，SB，LB，AC，*VD，*AC，*LD</td><td rowspan="3">IB、QB，VB，MB，SMB，SB，LB，AC，*VD，*LD，*AC、常数</td></tr>
<tr><td>字循环右移位指令</td><td>ROR_W
EN ENO
????-IN OUT-????
????-N</td><td>将 IN 端指定字单元中的数据向右循环移动 N 位，结果存入 OUT 端指定的单元中</td><td>IW，QW，VW，MW，SMW，SW，LW，T，C，AC，AIW，*VD，*LD、*AC、常数</td><td>IW，QW，VW，MW，SMW，SW，T，C，LW，AIW，AC，*VD、*LD，*AC</td></tr>
<tr><td>双字循环右移位指令</td><td>ROR_DW
EN ENO
????-IN OUT-????
????-N</td><td>将 IN 端指定双字单元中的数据向左循环移动 N 位，结果存入 OUT 端指定的单元中</td><td>ID，QD，VD，MD，SMD，SD，LD，AC，HC，*VD，*LD，*AC、常数</td><td>ID、QD，VD，MD，SMD，SD，LD，AC，*VD，*LD，*AC</td></tr>
</table>

2. 指令使用举例

循环移位指令使用如图 11-9 所示，当 I1.0 触点闭合时，执行 ROR_W 指令，将 AC0 中的数据循环右移 2 位，最后一位移出值“0”同时保存在溢出标志位 SM1.1 中。

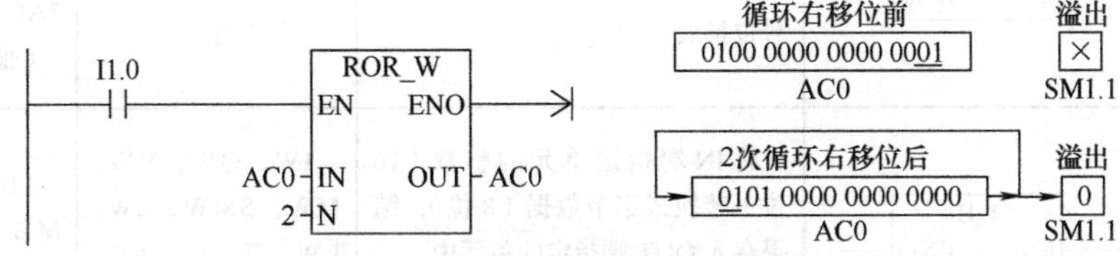

图 11-9 循环移位指令使用

如果移位数 N 大于或者等于最大允许值（字节操作为 8，字操作为 16，双字操作为 32），则在执行循环移位之前，会执行取模操作，例如对于字节操作，取模操作过程是将 N 除以 8 取余数作为实际移位数，字节操作实际移位数是 0 ～ 7，字操作是 0 ～ 15，双字操作是 0 ～ 31。如果移位次数为 0，则循环移位指令不执行。

执行循环移位指令时，最后一个移位值会同时移入溢出标志位 SM1.1。当循环移位结果是 0 时，零标志位（SM1.0）被置 1。字节操作是无符号的，对于字和双字操作，当使用有符号数据类型时，符号位也被移位。

11.7 转换指令

PLC 的主要数据类型有字节型、整数型、双整数型和实数型，数据的编码类型主要有二进制、十进制、十六进制、BCD 码和 ASCII 码等。在编程时，指令对操作数类型有一定的要求，如字节型与字型数据不能直接进行相加运算。为了让指令能对不同类型数据进行处理，要先对数据的类型进行转换。

11.7.1 标准转换指令

1. 数字转换指令

数字转换指令有字节与整数间的转换指令、整数与双整数间的转换指令、BCD 码与整数间的转换指令和双整数转实数指令。

BCD 码是一种用 4 位二进制数组合来表示十进制数的编码。BCD 码的 0000 ～ 1001 分别对应十进制数的 0 ～ 9。一位十进制数的二进制编码和 BCD 码是相同的，例如 6 的二进制编码 0110，BCD 码也为 0110，但多位数十进制数两种编码是不同的，例如 64 的 8 位二进制编码为 0100 0000，BCD 码则为 0110 0100，由于 BCD 码采用 4 位二进制数来表示 1 位十进制数，故 16 位 BCD 码能表示十进制数范围是 0000 ～ 9999。

（1）指令说明　数字转换指令说明如下：

指令名称	梯形图	功能说明	操作数	
			IN	OUT
字节转整数指令	B_I EN ENO ????-IN OUT-????	将 IN 端指定字节单元中的数据（8 位）转换成整数（16 位），结果存入 OUT 端指定的单元中 字节是无符号的，因而没有符号位扩展	IB，QB，VB，MB，SMB，SB，LB，AC，*VD，*LD，*AC、常数 （字节型）	IW，QW，VW，MW，SMW，SW，T，C，LW，AIW，AC，*VD、*LD，*AC （整数型）
整数转字节指令	I_B EN ENO ????-IN OUT-????	将 IN 端指定单元的整数（16 位）转换成字节数据（8 位），结果存入 OUT 端指定的单元中 IN 中只有 0 ～ 255 范围内的数值能被转换，其他值不会转换，但会使溢出位 SM1.1 会置 1	IW，QW，VW，MW，SMW，SW，LW，T，C，AC，AIW，*VD，*LD、*AC、常数 （整数型）	IB、QB，VB，MB，SMB，SB，LB，AC，*VD，*LD，*AC （字节型）
整数转双整数指令	I_DI EN ENO ????-IN OUT-????	将 IN 端指定单元的整数（16 位）转换成双整数（32 位），结果存入 OUT 端指定的单元中。符号位扩展到高字节中	IW，QW，VW，MW，SMW，SW，LW，T，C，AC，AIW，*VD，*LD、*AC、常数 （整数型）	ID、QD，VD，MD，SMD，SD，LD，AC，*VD，*LD，*AC （双整数型）

（续）

指令名称	梯形图	功能说明	操作数	
			IN	OUT
双整数转整数指令	DI_I EN ENO ????-IN OUT-????	将 IN 端指定单元的双整数转换成整数，结果存入 OUT 端指定的单元中 若需转换的数值太大无法在输出中表示，则不会转换，但会使溢出标志位 SM1.1 置 1	ID，QD，VD，MD，SMD，SD，LD，AC，HC，*VD，*LD，*AC、常数 （双整数型）	IW，QW，VW，MW，SMW，SW，T，C，LW，AIW，AC，*VD、*LD，*AC （整数型）
双整数转实数指令	DI_R EN ENO ????-IN OUT-????	将 IN 端指定单元的双整数（32 位）转换成实数（32 位），结果存入 OUT 端指定的单元中	ID，QD，VD，MD，SMD，SD，LD，AC，HC，*VD，*LD，*AC、常数 （双整数型）	ID、QD，VD，MD，SMD，SD，LD，AC，*VD，*LD，*AC （实数型）
整数转 BCD 码指令	I_BCD EN ENO ????-IN OUT-????	将 IN 端指定单元的整数（16 位）转换成 BCD 码（16 位），结果存入 OUT 端指定的单元中 IN 是 0 ～ 9999 范围的整数，如果超出该范围，则会使 SM1.6 置 1	IW，QW，VW，MW，SMW，SW，LW，T，C，AC，AIW，*VD，*LD、*AC、常数 （整数型）	IW，QW，VW，MW，SMW，SW，T，C，LW，AIW，AC，*VD、*LD，*AC （整数型）
BCD 码转整数指令	BCD_I EN ENO ????-IN OUT-????	将 IN 端指定单元的 BCD 码转换成整数，结果存入 OUT 端指定的单元中 IN 是 0 ～ 9999 范围的 BCD 码		

（2）指令使用举例　数字转换指令使用如图 11-10 所示。

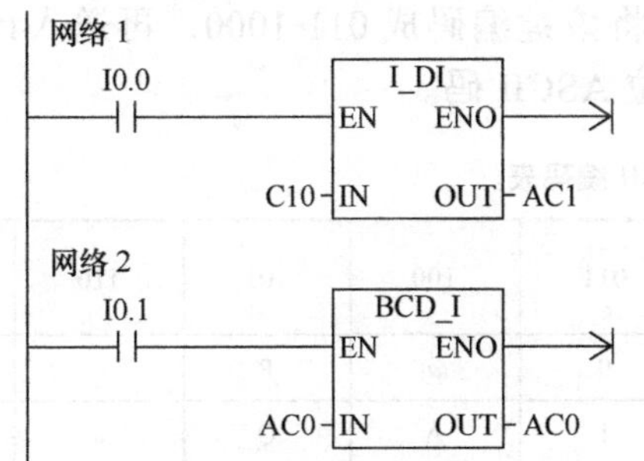

当I0.0触点闭合时，执行I_DI指令，将C10中的整数转换成双整数，然后存入AC1中；当I0.1触点闭合时，执行BCD_I指令，将AC0中的BCD码转换成整数，例如指令执行前AC0中的BCD码为0000 0001 0010 0110(即126)，BCD_I指令执行后，AC0中的BCD码被转换成整数0000000001111110

图 11-10　数字转换指令使用举例

2. 四舍五入取整指令

（1）指令说明　四舍五入取整指令说明如下：

<table>
<tr><th rowspan="2">指令名称</th><th rowspan="2">梯形图</th><th rowspan="2">功能说明</th><th colspan="2">操作数</th></tr>
<tr><th>IN</th><th>OUT</th></tr>
<tr><td>四舍五入取整指令</td><td>ROUND
EN ENO
????-IN OUT-????</td><td>将 IN 端指定单元的实数换成双整数，结果存入 OUT 端指定的单元中
在转换时，如果实数的小数部分大于 0.5，则整数部分加 1，再将加 1 后的整数送入 OUT 单元中，如果实数的小数部分小于 0.5，则将小数部分舍去，只将整数部分送入 OUT 单元
如果要转换的不是一个有效的或者数值太大的实数，则转换不会进行，但会使溢出标志位 SM1.1 置 1</td><td rowspan="2">ID、QD、VD、MD、SMD、SD、LD、AC、*VD、*LD、*AC、常数（实数型）</td><td rowspan="2">ID、QD、VD、MD、SMD、SD、LD、AC、*VD、*LD、*AC（双整数型）</td></tr>
<tr><td>舍小数点取整指令</td><td>TRUNC
EN ENO
????-IN OUT-????</td><td>将 IN 端指定单元的实数换成双整数，结果存入 OUT 端指定的单元中
在转换时，将实数的小数部分舍去，仅将整数部分送入 OUT 单元中</td></tr>
</table>

（2）指令使用举例　四舍五入取整指令使用如图 11-11 所示，当 I0.0 触点闭合时，执行 ROUND 指令，将 VD8 中的实数采用四舍五入取整的方式转换成双整数，然后存入 VD12 中。

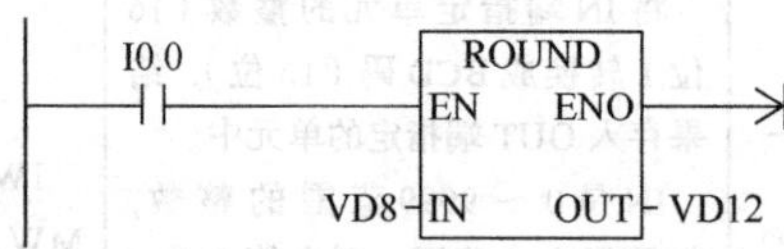

图 11-11　四舍五入取整指令使用举例

11.7.2 ASCII 码转换指令

1. 关于 ASCII 码知识

ASCII 码意为美国标准信息交换码，是一种使用 7 位或 8 位二进制数编码的方案，最多可以对 256 个字符（包括字母、数字、标点符号、控制字符及其他符号）进行编码。 ASCII 编码表见表 11-3。计算机等很多数字设备的字符采用 ASCII 编码方式，例如当按下键盘上的“8”键时，键盘内的编码电路就将该键编码成 011 1000，再送入计算机处理，如果在 7 位 ASCII 码最高位加 0，则为 8 位 ASCII 码。

表 11-3　ASCII 编码表

$b_7b_6b_5$ / $b_4b_3b_2b_1$	000	001	010	011	100	101	110	111
0000	nul	dle	sp	0	@	P	、	p
0001	soh	dc1	!	1	A	Q	a	q
0010	stx	dc2	"	2	B	R	b	r
0011	etx	dc3	#	3	C	S	c	s
0100	eot	dc4	$	4	D	T	d	t
0101	enq	nak	%	5	E	U	e	u

（续）

$b_7b_6b_5$ \ $b_4b_3b_2b_1$	000	001	010	011	100	101	110	111
0110	ack	svn	&	6	F	V	f	v
0111	bel	etb	'	7	G	W	g	w
1000	bs	can	(	8	H	X	h	x
1001	ht	em	)	9	I	Y	i	y
1010	lf	sub	*	:	J	Z	j	z
1011	vt	esc	+	;	K	[	k	{
1100	ff	fs	,	<	L	\	l	|
1101	cr	gs	–	=	M	]	m	}
1110	so	rs	.	>	N	^	n	~
1111	si	us	/	?	O	_	o	del

2. 整数转 ASCII 码指令

（1）指令说明　整数转 ASCII 码指令说明如下：

指令名称	梯形图	功能说明	操作数	
			IN	FMT、OUT
整数转 ASCII 码指令	ITA EN ENO ????-IN OUT-???? ????-FMT	将 IN 端指定单元中的整数转换成 ASCII 码字符串，存入 OUT 端指定首地址的 8 个连续字节单元中 FMT 端指定单元中的数据用来定义 ASCII 码字符串在 OUT 存储区的存放形式	IW，QW，VW，MW，SMW，SW，LW，T，C，AC，AIW，*VD，*LD、*AC、常数（整数型）	IB、QB，VB，MB，SMB，SB，LB，AC，*VD，*LD，*AC、常数 OUT 禁用 AC 和常数（字节型）

在 ITA 指令中，N 端为整数型操作数，FMT 端指定字节单元中的数据用来定义 ASCII 码字符串在 OUT 存储区的存放格式，OUT 存储区是指 OUT 端指定首地址的 8 个连续字节单元，又称为输出存储区。FMT 端单元中的数据定义如下：

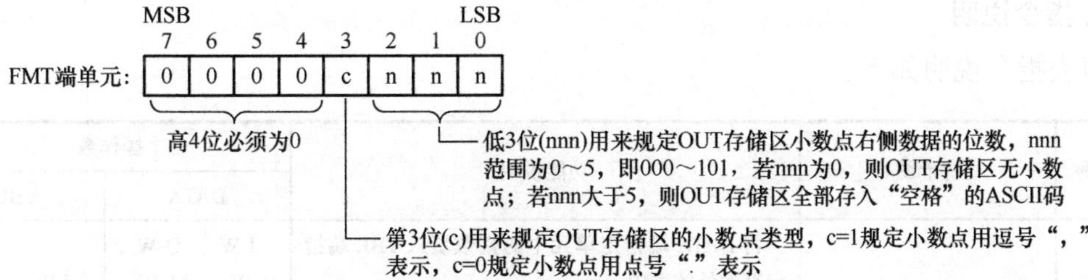

（2）指令使用举例　整数转 ASCII 码指令使用如图 11-12 所示。当 I0.0 触点闭合时，执行 ITA 指令，将 IN 端 VW10 中的整数转换成 ASCII 码字符串，保存在 OUT 端指定首地址的八个连续单元（VB12 ～ VB19）构成的存储区中，ASCII 码字符串在存储区的存放形式由 FMT 端 VB0 单元中的数据低 4 位规定。

例如 VW10 中整数为 12，VB0 中的数据为 3（即 00000011），执行 ITA 指令后，

VB12 ～ VB19 单元中存储的 ASCII 码字符串为“0.012”，各单元具体存储的 ASCII 码见表 11-4，其中 VB19 单元存储的为“2”的 ASCII 码“00110010”。

输出存储区的 ASCII 码字符串格式有以下规律：

1）正数值写入输出存储区时没有符号位；

2）负数值写入输出存储区时以负号（-）开头；

3）除小数点左侧最靠近的 0 外，其他左侧的 0 都去掉；

4）输出存储区中的数值是右对齐的。

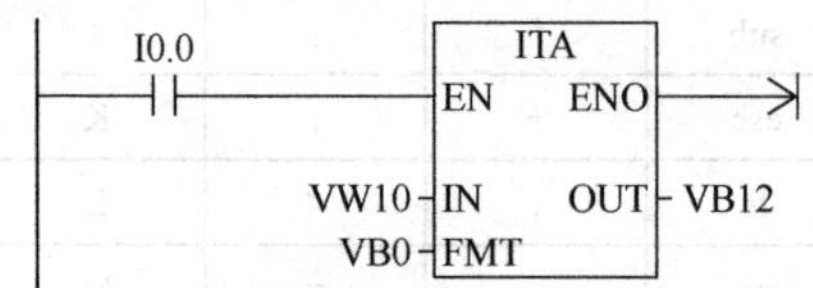

图 11-12　整数转 ASCII 码指令使用举例

表 11-4　FMT 单元取不同值时存储区中 ASCII 码的存储形式

FMT	IN	OUT							
VB0	VW10	VB12	VB13	VB14	VB15	VB16	VB17	VB18	VB19
3（00000011）	12				0	.	0	1	2
	1234				1	.	2	3	4
11（0001011）	-12345		-	1	2	.	3	4	5
0（00000000）	-12345			-	1	2	3	4	5
7（00000111）	-12345	空格 ASCII 码	空格 ASCII 码	空格 ASCII 码	空格 ASCII 码	空格 ASCII 码	空格 ASCII 码	空格 ASCII 码	空格 ASCII 码

11.8 表格指令

11.8.1 填表指令

1. 指令说明

填表指令说明如下：

指令名称	梯形图	功能说明	操作数	
			DATA	TBL
填表指令（ATT）	AD_T_TBL：EN、ENO；????-DATA；????-TBL	将 DATA 端指定单元中的整数填入 TBL 端指定首地址的表中 TBL 端用于指定表的首单元地址，表的第 1 个单元存放的数用于定义表的最大格数值（不能超过 100），第 2 单元存放的数为表实际使用的格数值，当表实际使用的格数变化时该值会自动变化，表的其他单元存放 DATA 单元填入的数据	IW、QW、VW、MW、SMW、SW、LW、T、C、AC、AIW、*VD、*LD、*AC、常数（整数型）	IW、QW、VW、MW、SMW、SW、T、C、LW、*VD、*LD、*AC（字型）

2. 指令使用举例

填表指令使用如图 11-13 所示，在 PLC 上电运行时，SM0.1 触点接通一个扫描周期，MOV_W 指令执行，将“6”送入 VW200 单元中（用来定义表的最大格数），当 I0.0 触点闭合时，上升沿 P 触点接通一个扫描周期，ATT（AD_T_TBL）指令执行，由于 VW200 单元中的数据为 6，所以 ATT 指令将 VW200 ～ VW214 共 8 个单元定义为表，其中第 3～8 共 6 个单元（VW204～VW214）定义为表的填表区，第 1 单元（VW200）为填表区最大格数，第 2 单元（VW202）为填表区实际使用格数，如果先前表的第 2 单元 VW202 中的数据为 0002，则指令认为填表区的两个单元 V204、V206 已填入数据，会将 VW100 中的数据填入后续单元 VW208 中，同时 VW202 单元数据自动加 1，变为 0003。如果 I0.0 触点第二次闭合时 VW100 中的数据仍为 1234，则 ATT 指令第二次执行后，1234 被填入 VW210 单元，VW202 中的数据会自动变为 0004。

当表的第 2 单元的数值（实际使用格数）等于第 1 单元的数值（表最大格数）时，如果再执行 ATT 指令，则表出现溢出，会使 SM1.4=1。

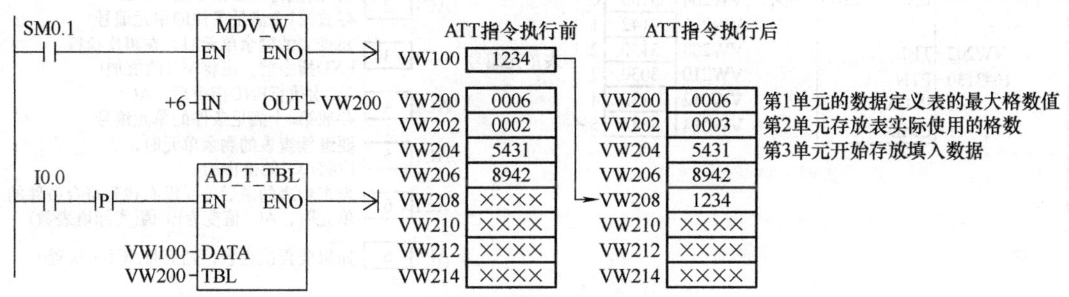

图 11-13 填表指令使用

11.8.2 查表指令

1. 指令说明

查表指令说明如下：

指令名称	梯形图	功能说明	操作数			
			TBL	PTN	INDX	CMD
查表指令（FND）	TBL_FIND EN ENO ????-TBL ????-PTN ????-INDX ????-CMD	从 TBL 端指定首地址的表中查找满足 CMD、PTN 端设定条件的数据，并将该数据所在单元的编号存入 INDX 端指定的单元中 TBL 端指定表的首地址单元，该单元用于存放表的实际使用格数值；PTN、CMD 端用于共同设定查表条件，其中 CMD=1 ～ 4，1 代表“=（等于）”，2 代表“<>（不等于）”，3 代表“<（小于）”，4 代表“>（大于）”；INDX 端指定的单元用于存放满足条件的单元编号	IW、QW、VW、MW、SMW、T、C、LW、*VD、*LC、*AC（字型）	IW、QW、VW、MW、SMW、SW、LW、T、C、AC、AIW、*VD、*LD、*AC、常数（整数型）	IW、QW、VW、MW、SMW、SW、T、C、LW、AIW、AC、*VD、*LD、*AC（字型）	1：等于（=） 2：不等于（<>） 3：小于（<） 4：大于（>） （字节型）

2. 指令使用举例

查表指令使用如图 11-14 所示，当 I0.0 触点闭合时，执行 FND 指令，从 VW202 为首地址单元的表中查找数据等于 3130（由 CMD 和 PTN 设定的条件）的单元，再将查找到的满足条件的单元编号存入 AC1 中。

如果要从表的 0 单元开始查表，则执行 FND 指令查表前，应用有关指令将 AC1 置 0，执行 FND 指令后，AC1 中存放的为第 1 个满足条件的单元编号，当需要查表剩余单元时，在再次执行 FND 指令前，需将 AC1 的值加 1，当查到表的最后单元仍未找到符合条件的单元时，AC1 的值变为 EC 值（即实际填表数）。

FND 指令的 TBL 端指定单元存放的是实际使用填表数，而 ATT 指令的 TBL 端指定单元存放的是最大填表数，因此，如果要用 FND 指令查 ATT 指令建立的表，则 FND 指令的 TBL 端指定单元应比 ATT 指令高两个字节。

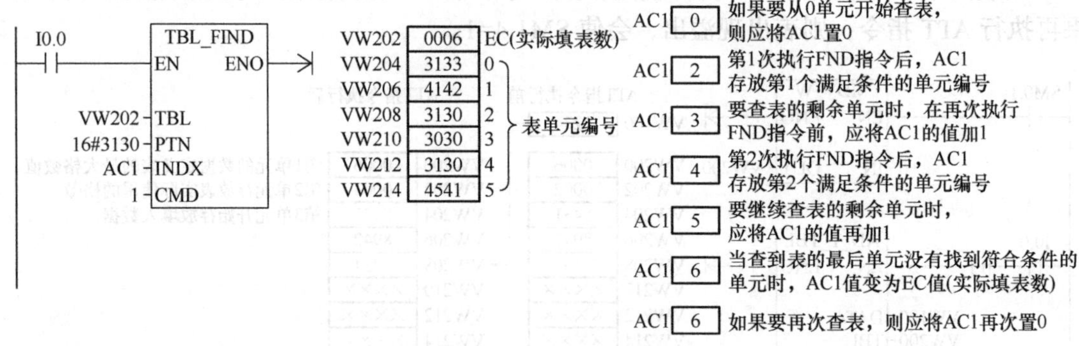

图 11-14　查表指令使用举例

11.9 时钟指令

时钟指令的功能是调取系统的实时时钟和设置系统的实时时钟，它包括读取实时时钟指令和设置实时时钟指令（又称写实时时钟指令）。这里的系统实时时钟是指 PLC 内部时钟，其时间值会随实际时间变化而变化，在 PLC 切断外接电源时依靠内部电容或电池供电。

11.9.1 时钟指令说明

时钟指令说明如下：

指令名称	梯形图	功能说明	操作数
			T
设置实时时钟指令（TODW）	SET_RTC EN ENO ???? T	将 T 端指定首地址的八个连续字节单元中的日期和时间值写入系统的硬件时钟	IB、QB、VB、MB、SMB、SB、LB、*VD、*LD、*AC（字节型）
读取实时时钟指令（TODR）	READ_RTC EN ENO ???? T	将系统的硬件时钟的日期和时间值读入 T 端指定首地址的八个连续字节单元中	

时钟指令 T 端指定首地址的八个连续字节单元（T ～ T+7）存放不同的日期时间值，其格式为

T	T+1	T+2	T+3	T+4	T+5	T+6	T+7
年 00–99	月 01–12	日 01–31	小时 00–23	分钟 00–59	秒 00–59	0	星期几 0–7 1= 星期日 7= 星期六 0 禁止星期

在使用时钟指令时应注意以下要点：

1）日期和时间的值都要用 BCD 码表示。例如，对于年，16#10（即 00010000）表示 2010 年；对于小时，16#22 表示晚上 10 点；对于星期，16#07 表示星期六。

2）在设置实时时钟时，系统不会检查时钟值是否正确，例如 2 月 31 日虽是无效日期，但系统仍可接受，因此要保证设置时输入时钟数据正确。

3）在编程时，不能在主程序和中断程序中同时使用读写时钟指令，否则会产生错误，中断程序中的实时时钟指令不能执行。

4）只有 CPU224 型以上的 PLC 才有硬件时钟，低端型号的 PLC 要使用实时时钟，必须外插带电池的实时时钟卡。

5）对于没有使用过时钟指令的 PLC，在使用指令前需要设置实时时钟，既可使用 TODW 指令来设置，也可以在编程软件中执行菜单命令“ PLC →实时时钟”来设置和启动实时时钟。

11.9.2 时钟指令使用举例

时钟指令使用如图 11-15 所示，其实现的控制功能是在 12：00—20：00 让 Q0.0 线圈得电，在 7：30—22：30 让 Q0.1 线圈得电。

网络 1 程序用于设置 PLC 的实时时钟，当 I0.0 触点闭合时，上升沿 P 触点接通一个扫描周期，开始由上向下执行 MOV_B 和 SET_RTC 指令，指令执行的结果是将 PLC 的实时时钟设置为“2009 年 12 月 28 日 8 点 16 分 20 秒星期一”。网络 2 程序用于读取实时时钟，并将实时读取的 BCD 码表示的小时、分钟值转换成整数表示的小时、分钟值。网络 3 程序的功能是让 Q0.0 线圈在 12：00—20：00 时间内得电。网络 4 程序的功能是让 Q0.1 线圈在 7：30—22：30 时间内得电，它将整个时间分成 8：00—22：00、7：30—8：00 和 22：00—22：30 三段来控制。

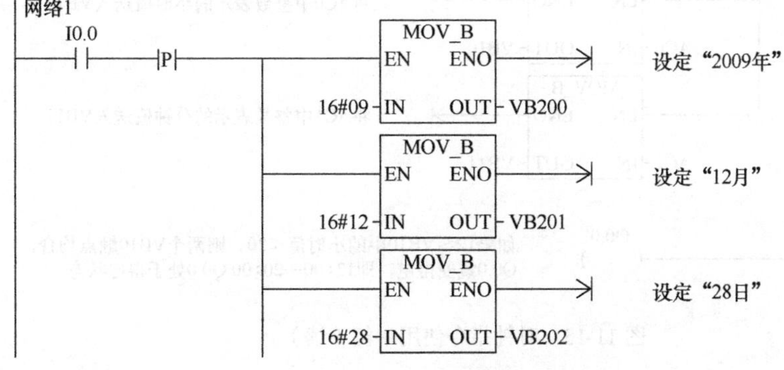

图 11-15 时钟指令使用举例

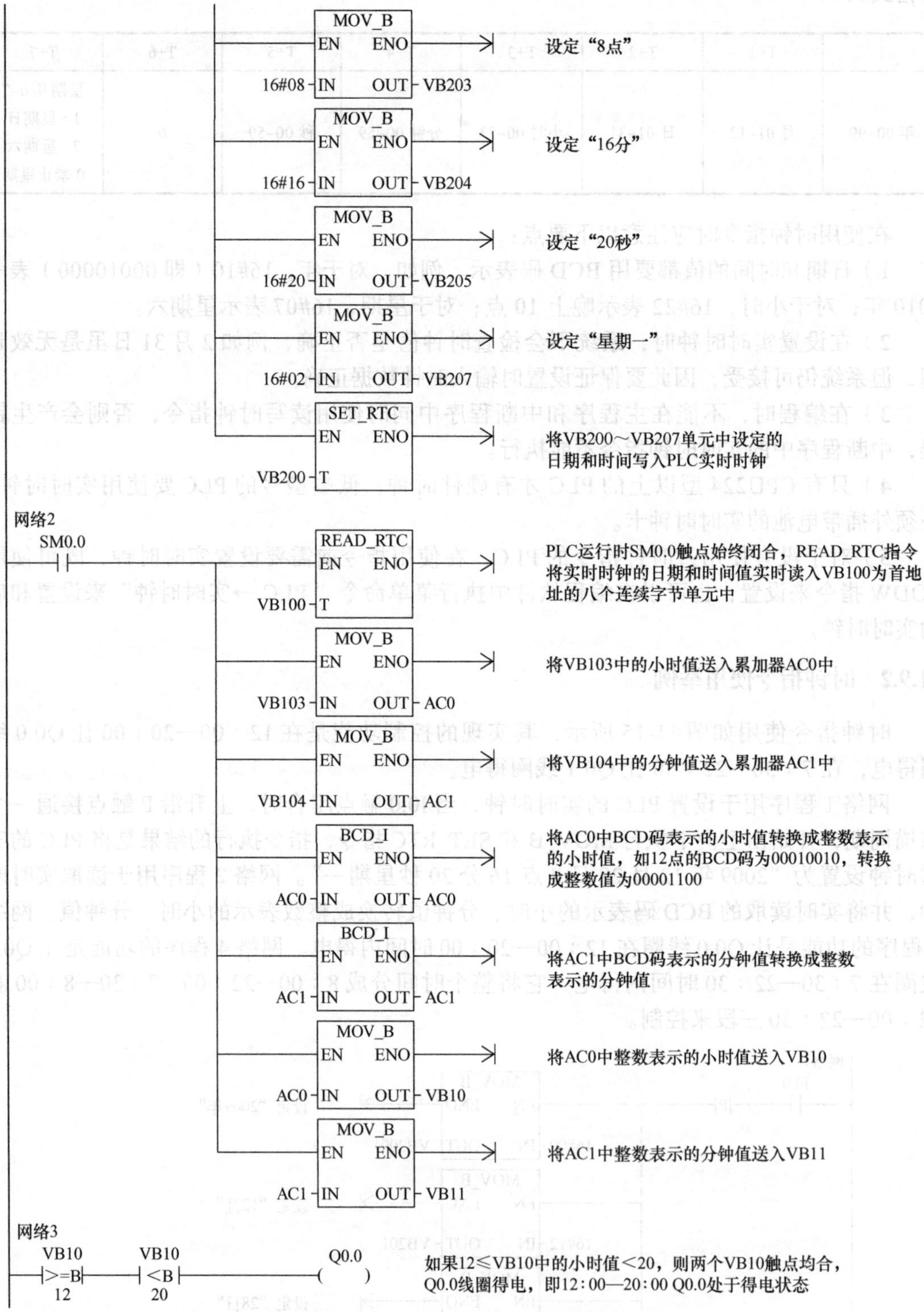

MOV_B EN ENO → 设定“8点”
16#08 - IN OUT - VB203

MOV_B EN ENO → 设定“16分”
16#16 - IN OUT - VB204

MOV_B EN ENO → 设定“20秒”
16#20 - IN OUT - VB205

MOV_B EN ENO → 设定“星期一”
16#02 - IN OUT - VB207

SET_RTC EN ENO → 将VB200～VB207单元中设定的日期和时间写入PLC实时时钟
VB200 - T

网络2

SM0.0 — READ_RTC EN ENO → PLC运行时SM0.0触点始终闭合，READ_RTC指令将实时时钟的日期和时间值实时读入VB100为首地址的八个连续字节单元中
VB100 - T

MOV_B EN ENO → 将VB103中的小时值送入累加器AC0中
VB103 - IN OUT - AC0

MOV_B EN ENO → 将VB104中的分钟值送入累加器AC1中
VB104 - IN OUT - AC1

BCD_I EN ENO → 将AC0中BCD码表示的小时值转换成整数表示的小时值，如12点的BCD码为00010010，转换成整数值为00001100
AC0 - IN OUT - AC0

BCD_I EN ENO → 将AC1中BCD码表示的分钟值转换成整数表示的分钟值
AC1 - IN OUT - AC1

MOV_B EN ENO → 将AC0中整数表示的小时值送入VB10
AC0 - IN OUT - VB10

MOV_B EN ENO → 将AC1中整数表示的分钟值送入VB11
AC1 - IN OUT - VB11

网络3

VB10 |>=B| 12 — VB10 |<B| 20 — (Q0.0) 如果12≤VB10中的小时值＜20，则两个VB10触点均合，Q0.0线圈得电，即12:00—20:00 Q0.0处于得电状态

图 11-15 时钟指令使用举例（续）

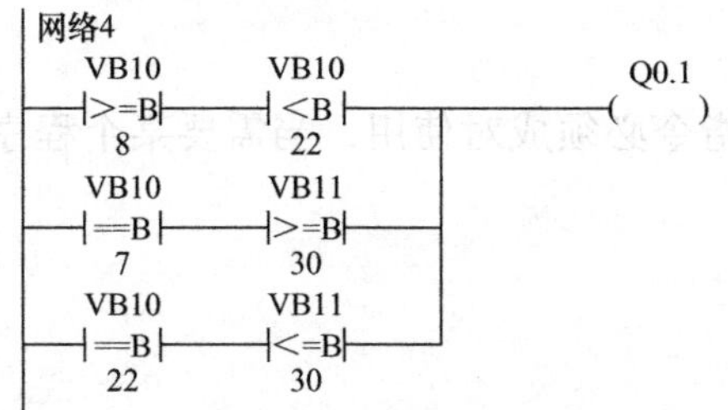
网络4
VB10
>=B
8
VB10
<B
22
Q0.1
VB10
==B
7
VB11
>=B
30
VB10
==B
22
VB11
<=B
30

如果8≤VB10中的小时值<22，则两个VB10触点均合，Q0.1线圈得电，即8:00—22:00 Q0.1处于得电状态

如果VB10中的小时值=7，则VB11中的分钟值≥30，VB10、VB11触点均合，Q0.1线圈得电，即7:30—8:00 Q0.1处于得电状态

如果VB10中的小时值=22，则VB11中的分钟值≤30，VB10、VB11触点均合，Q0.1线圈得电，即22:00—22:30 Q0.1处于得电状态

图 11-15　时钟指令使用举例（续）

11.10 程序控制指令

11.10.1 跳转与标签指令

1. 指令说明

跳转与标签指令说明如下：

指令名称	梯形图	功能说明	操作数
			N
跳转指令（JMP）	???? —(JMP)	让程序跳转并执行标签为 N（????）的程序段	常数（0～255）（字型）
标签指令（LBL）	???? LBL	用来对某程序段进行标号，为跳转指令设定跳转目标	

跳转与标签指令可用在主程序、子程序或者中断程序中，但跳转和与之相应的标号指令必须位于同性质程序段中，即不能从主程序跳到子程序或中断程序，也不能从子程序或中断程序跳出。**在顺序控制 SCR 程序段中也可使用跳转指令，但相应的标号指令必须也在同一个 SCR 段中。**

2. 指令说明

跳转与标签指令使用如图 11-16 所示。

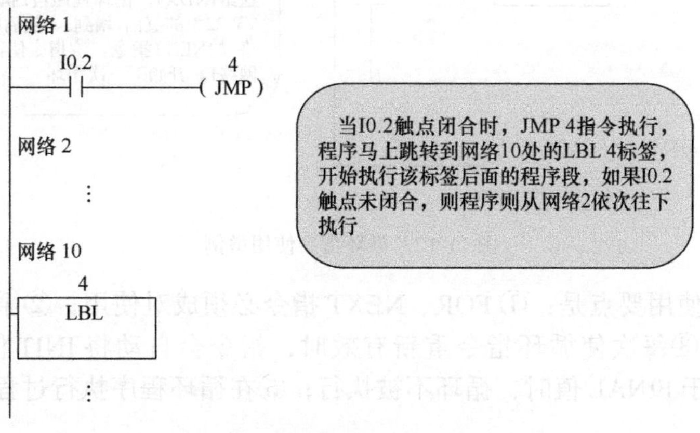
网络 1
I0.2
4
JMP
网络 2
网络 10
4
LBL
当I0.2触点闭合时，JMP 4指令执行，程序马上跳转到网络10处的LBL 4标签，开始执行该标签后面的程序段，如果I0.2触点未闭合，则程序则从网络2依次往下执行

图 11-16　跳转与标签指令使用举例

11.10.2 循环指令

循环指令包括 FOR、NEXT 两条指令，这两条指令必须成对使用，当需要某个程序段反复执行多次时，可以使用循环指令。

1. 指令说明

循环指令说明如下：

指令名称	梯形图	功能说明	操作数	
			INDX	INIT、FINAL
循环开始指令（FOR）	FOR：EN、ENO；????-INDX；????-INIT；????-FINAL	循环程序段开始，INDX 端指定单元用作对循环次数进行计数，INIT 端为循环起始值，FINAL 端为循环结束值	IW、QW、VW、MW、SMW、SW、T、C、LW、AIW、AC、*VD、*LD、*AC（整数型）	VW、IW、QW、MW、SMW、SW、T、C、LW、AC、AIW、*VD、*AC、常数（整数型）
循环结束指令（NEXT）	—(NEXT)	循环程序段结束		

2. 指令说明

循环指令使用如图 11-17 所示。

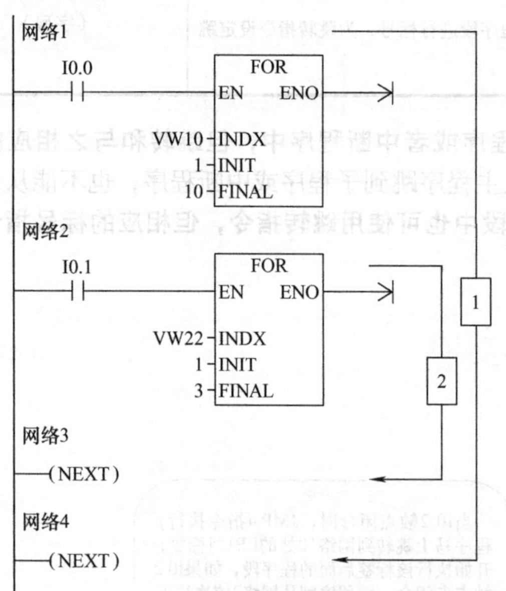
网络1
I0.0
FOR
EN ENO
VW10 INDX
1 INIT
10 FINAL
网络2
I0.1
FOR
EN ENO
VW22 INDX
1 INIT
3 FINAL
1
2
网络3
(NEXT)
网络4
(NEXT)
该程序有两个循环程序段(循环体)，循环程序段2(网络2～网络3)处于循环程序段1(网络1～网络4)内部，这种一个程序段包含另一个程序段的形式称为嵌套，一个FOR、NEXT循环体内部最多可嵌套八个FOR、NEXT循环体
当I0.0触点闭合时，循环程序段1开始执行，如果在I0.0触点闭合期间I0.1触点也闭合，那么在循环程序段1执行一次时，内部嵌套的循环程序段2需要反复执行三次，循环程序段2每执行完一次后，INDX端指定单元VW22中的值会自动增1(在第一次执行FOR指令时，INIT值会传送给INDX)，循环程序段2执行三次后，VW22中的值由1增到3，然后程序执行网络4的NEXT指令，该指令使程序又回到网络1，开始下一次循环

图 11-17 循环指令使用举例

循环指令的使用要点是：① FOR、NEXT 指令必须成对使用；②循环允许嵌套，但不能超过八层；③每次使循环指令重新有效时，指令会自动将 INIT 值传送给 INDX；④当 INDX 值大于 FINAL 值时，循环不被执行；⑤在循环程序执行过程中，可以改变循环参数。

11.10.3 结束、停止和监视定时器复位指令

1. 指令说明

循环指令说明如下：

指令名称	梯形图	功能说明
条件结束指令（END）	—(END)	该指令的功能是根据前面的逻辑条件终止当前扫描周期。它可以用在主程序中，不能用在子程序或中断程序中
停止指令（STOP）	—(STOP)	该指令的功能是让 PLC 从 RUN（运行）模式到 STOP（停止）模式，从而可以立即终止程序的执行 如果在中断程序中使用 STOP 指令，则可使该中断立即终止，并且忽略所有等待的中断，继续扫描执行主程序的剩余部分，然后在主程序的结束处完成从 RUN 到 STOP 模式的转变
监视定时器复位指令（WDR）	—(WDR)	监视定时器又称看门狗，其定时时间为 500ms，每次扫描会自动复位，然后开始对扫描时间进行计时，若程序执行时间超过 500ms，则监视定时器会使程序停止执行，一般情况下程序执行周期小于 500ms，监视定时器不起作用 在程序适当位置插入 WDR 指令对监视定时器进行复位，可以延长程序执行时间

2. 指令说明

结束、停止和监视定时器复位指令使用如图 11-18 所示。

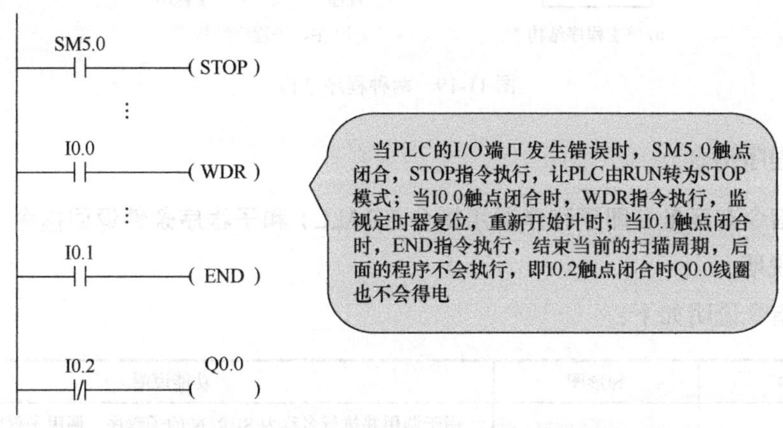

SM5.0
STOP
I0.0
WDR
I0.1
END
I0.2
Q0.0
当PLC的I/O端口发生错误时，SM5.0触点闭合，STOP指令执行，让PLC由RUN转为STOP模式；当I0.0触点闭合时，WDR指令执行，监视定时器复位，重新开始计时；当I0.1触点闭合时，END指令执行，结束当前的扫描周期，后面的程序不会执行，即I0.2触点闭合时Q0.0线圈也不会得电

图 11-18 结束、停止和监视定时器复位指令使用举例

在使用 WDR 指令时，如果用循环指令去阻止扫描完成或过度延迟扫描时间，则下列程序只有在扫描周期完成后才能执行：

1）通信（自由端口方式除外）；
2）I/O 更新（立即 I/O 除外）；
3）强制更新；
4）SM 位更新（不能更新 SM0、SM5 ～ SM29）；
5）运行时间诊断；
6）如果扫描时间超过 25s，则 10ms 和 100ms 定时器将不会正确累计时间；
7）在中断程序中的 STOP 指令。

11.11 子程序与子程序指令

11.11.1 子程序

在编程时经常会遇到相同的程序段需要多次执行的情况，如图 11-19 所示，程序段 A 要执行两次，编程时要写两段相同的程序段，这样比较麻烦，解决这个问题的方法是将需要多次执行的程序段从主程序中分离出来，单独写成一个程序，这个程序称为子程序，然后在主程序相应的位置进行子程序调用即可。

在编写复杂的 PLC 程序时，可以将全部的控制功能划分为几个功能块，每个功能块的控制功能可用子程序来实现，这样会使整个程序结构清晰简单，易于调试、查找错误和维护。

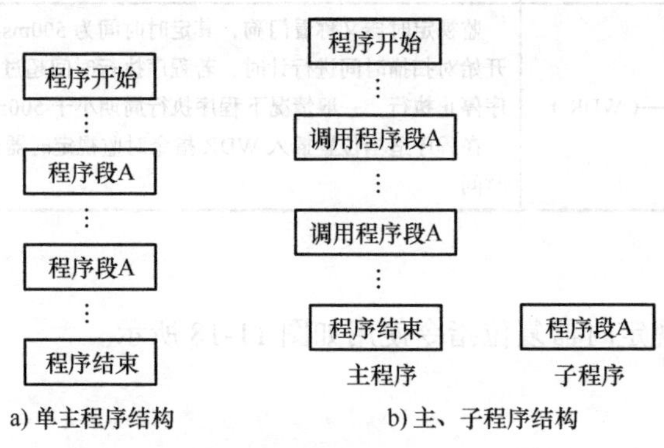

图 11-19　两种程序结构

11.11.2 子程序指令

子程序指令有两条，即子程序调用指令（CALL）和子程序条件返回指令（CRET）。

1. 指令说明

子程序指令说明如下：

指令名称	梯形图	功能说明
子程序调用指令（CALL）	SBR_N EN	用于调用并执行名称为 SBR_N 的子程序，调用子程序时可以带参数也可以不带参数。子程序执行完成后，返回到调用程序的子程序调用指令的下一条指令 N 为常数，N=0 ～ 127 该指令位于项目指令树区域的“调用子例程”指令包内
子程序条件返回指令（CRET）	——(RET)	根据该指令前面的条件决定是否终止当前子程序而返回调用程序 该指令位于项目指令树区域的“程序控制”指令包内

子程序指令使用要点：

1）CRET 指令多用于子程序内部，该指令是否执行取决于它前面的条件，该指令执行的结果是结束当前的子程序，返回调用程序。

2）子程序允许嵌套使用，即在一个子程序内部可以调用另一个子程序，但子程序的嵌套深度最多为九级。

3）当子程序在一个扫描周期内被多次调用时，在子程序中不能使用上升沿、下降沿、定时器和计数器指令。

4）在子程序中不能使用 END（结束）指令。

2. 子程序的建立

编写子程序要在编程软件中进行，打开 STEP 7-Micro/WIN SMART 编程软件，在程序编辑器上方有“MAIN（主程序）”“SBR_0（子程序）”“INT_0（中断程序）”三个标签，默认打开主程序编辑器，单击“SBR_0”标签即可切换到子程序编辑器，如图 11-20a 所示，在下面的编辑器中可以编写名称为“SBR_0”的子程序。另外，在项目指令树区域双击“程序块”内的“SBR_0”，也可以在右边切换到子程序编辑器。

如果需要编写两个或更多的子程序，则可在“SBR_0”标签上单击右键，在弹出的右键菜单中选择“插入”→“子程序”，就会新建一个名称为 SBR_1 的子程序（在程序编辑器上方多出一个 SBR_1 标签），如图 11-20b 所示，在项目指令树区域的“程序块”内的也新增了一个“SBR_1”程序块，选中“程序块”内的“SBR_1”，再按键盘上的“Delete”键可将“SBR_1”程序块删除。

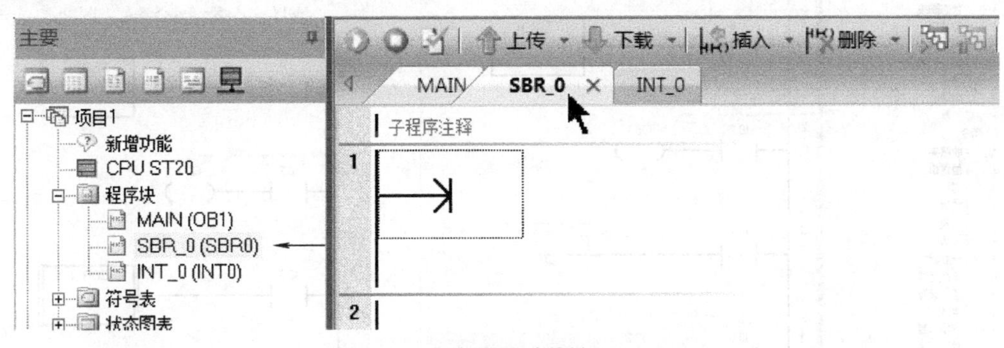

a) 切换到子程序编辑器

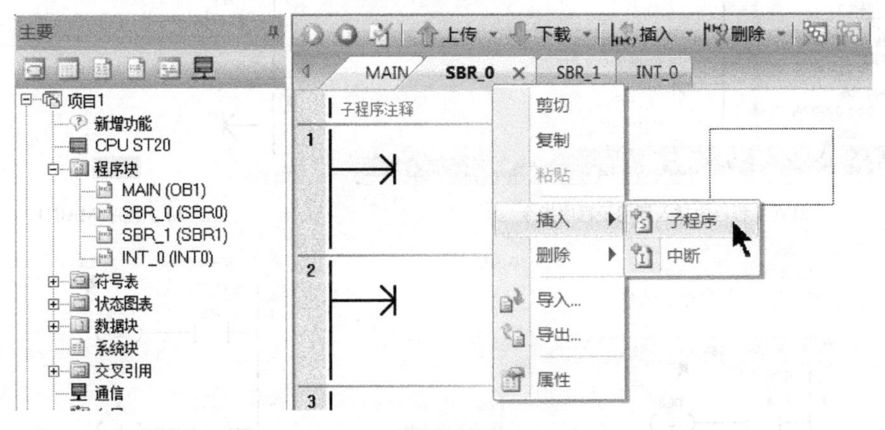

b) 新建子程序

图 11-20　切换与建立子程序

3. 子程序指令使用举例

下面以主程序调用两个子程序为例来说明子程序指令的使用，先用图 11-20b 所示的方法建立一个 SBR_1 子程序块（可先不写具体程序），这样在项目指令树区域的“调用子例程”指令包内新增了一个调用 SBR_1 子程序的指令，如图 11-21a 所示，在编写主程序时，双击该指令即可将其插入程序中，主程序编写完成后，再编写子程序，图 11-21b 所示为编写好的主程序（MAIN），图 11-21c、d 分别为子程序 0（SBR_0）和子程序 1（SBR_1）。

主、子程序执行的过程是：当主程序（MAIN）中的 I0.0 触点闭合时，调用 SBR_0 指令执行，转入执行子程序 SBR_0，在 SBR_0 程序中，如果 I0.1 触点闭合，则将 Q0.0 线圈置位，然后又返回到主程序，开始执行调用 SBR_0 指令的下一条指令（即程序段 2），当程序运行到程序段 3 时，如果 I0.3 触点闭合，则调用子程序 SBR_1 指令执行，转入执行 SBR_1 程序，如果 I0.3 触点断开，则执行程序段 4 的指令，不会执行 SBR_1。若 I0.3 触点闭合，则转入执行 SBR_1 后，如果 SBR_1 程序中的 I0.5 触点处于闭合状态，则条件返回指令执行，提前从 SBR_1 返回到主程序，SBR_1 中的程序段 2 的指令无法执行。

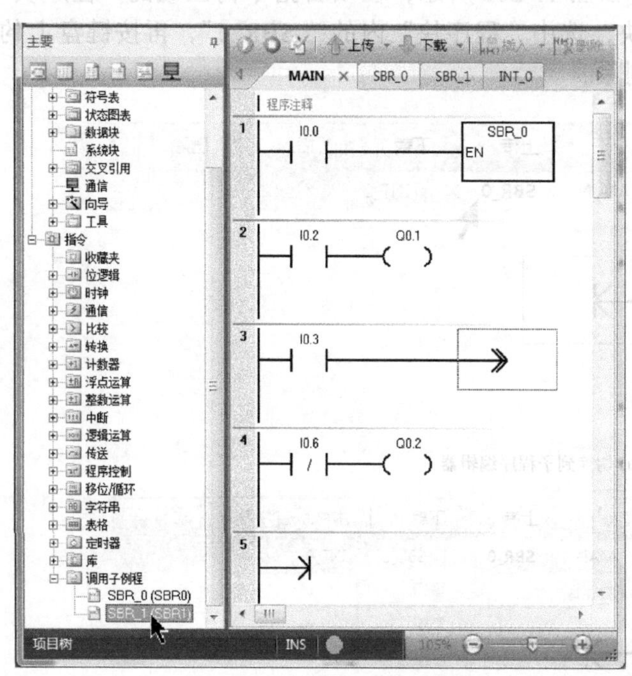

a) 在主程序中插入调用子程序指令

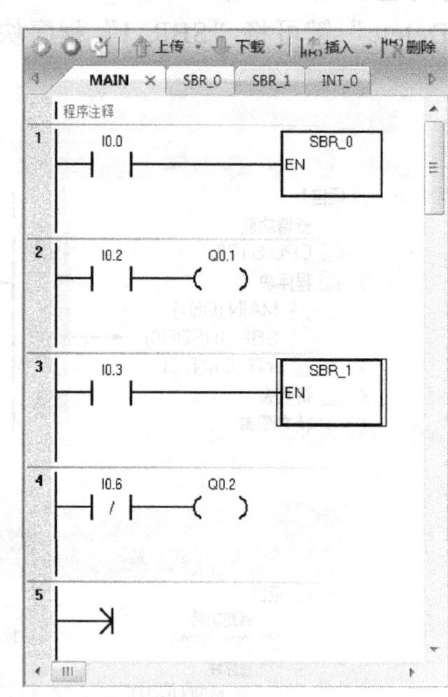

b) 主程序(MAIN)

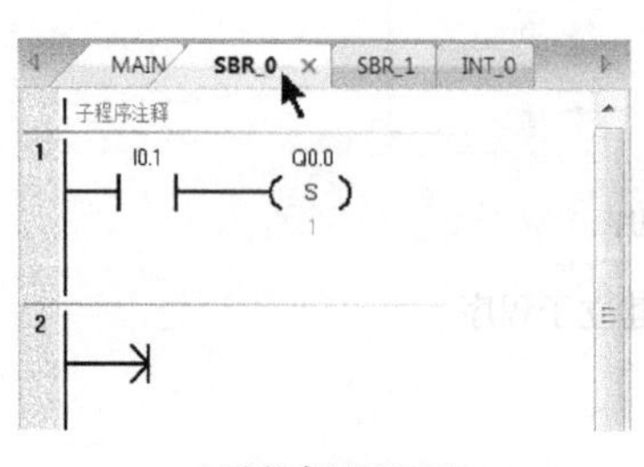

c) 子程序0(SBR_0)

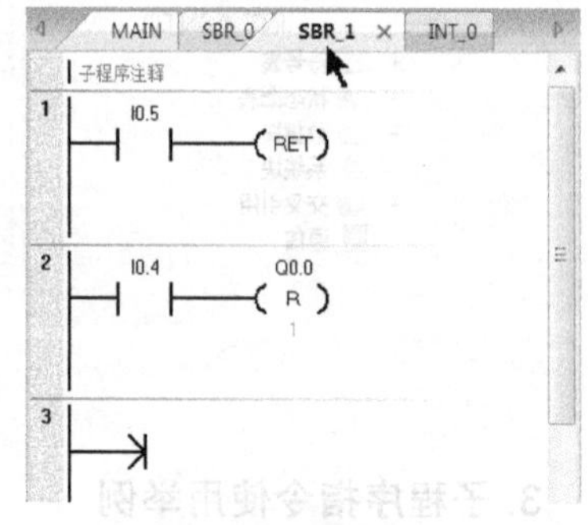

d) 子程序1(SBR_1)

图 11-21　子程序指令使用举例

11.12 中断指令及相关内容说明

在生活中，人们经常遇到这样的情况，当你正在书房看书时，突然客厅的电话响了，你会停止看书，转而去接电话，接完电话后又继续去看书。**这种停止当前工作，转而去做其他工作，做完后又返回来做先前工作的现象称为中断。**

PLC 也有类似的中断现象，当系统正在执行某程序时，如果突然出现意外事情，它就需要停止当前正在执行的程序，转而去处理意外事情，处理完后又接着执行原来的程序。

11.12.1 中断事件与中断优先级

1. 中断事件

让 PLC 产生中断的事件称为中断事件。S7-200 SMART PLC 最多有 34 个中断事件，为了识别这些中断事件，给每个中断事件都分配有一个编号，称为中断事件号。**中断事件主要可分为三类，即通信中断事件、I/O 中断事件和定时中断事件。**

（1）通信中断 PLC 的串口通信可以由用户程序控制，通信口的这种控制模式称为自由端口通信模式。在该模式下，接收完成、发送完成均可产生一个中断事件，利用接收、发送中断可以简化程序对通信的控制。

（2）I/O 中断 I/O 中断包括外部输入上升沿或下降沿中断、高速计数器（HSC）中断和高速脉冲输出（PTO）中断。外部输入中断是利用 I0.0 ～ I0.3 端口的上升沿或下降沿产生中断请求，这些输入端口可用作连接某些一旦发生就必须及时处理的外部事件；高速计数器中断可以响应当前值等于预设值、计数方向改变、计数器外部复位等事件引起的中断；高速脉冲输出中断可以用来响应给定数量的脉冲输出完成后产生的中断，常用作步进电动机的控制。

（3）定时中断 定时中断包括定时中断和定时器中断。

定时中断可以用来支持一个周期性的活动，以 1ms 为计量单位，周期时间可以是 1 ～ 255ms。对于定时中断 0，必须把周期时间值写入 SMB34；对定时中断 1，必须把周期时间值写入 SMB35。每当到达定时值时，相关定时器溢出，执行中断程序。定时中断可以用固定的时间间隔去控制模拟量输入的采样或者执行一个 PID 回路。如果某个中断程序已连接到一个定时中断事件上，则为改变定时中断的时间间隔，首先必须修改 SM3.4 或 SM3.5 的值，然后重新把中断程序连接到定时中断事件上。当重新连接时，定时中断功能清除前一次连接时的定时值，并用新值重新开始计时。

定时中断一旦允许，中断就连续地运行，每当定时时间到时就会执行被连接的中断程序。如果退出 RUN 模式或分离定时中断，则定时中断被禁止。如果执行了全局中断禁止指令，则定时中断事件仍会继续出现，每个出现的定时中断事件将进入中断队列，直到中断允许或队列满。

定时器中断可以利用定时器来对一个指定的时间段产生中断，这类中断只能使用分辨率为 1ms 的定时器 T32 和 T96 来实现。当所用定时器的当前值等于预设值时，在 CPU 的 1ms 定时刷新中，执行被连接的中断程序。

2. 中断优先级

PLC 可以接受的中断事件很多，但如果这些中断事件同时发出中断请求，那么要同时处理这些请求是不可能的，正确的方法是对这些中断事件进行优先级别排队，优先级别高的中断事件请求先响应，然后再响应优先级别低的中断事件请求。

S7-200 SMART PLC 的中断事件优先级别从高到低的类别依次是通信中断事件、I/O 中断事件、定时中断事件。由于每类中断事件中又有多种中断事件，所以每类中断事件内部也要进行优先级别排队。所有中断事件的优先级别顺序见表 11-5。

PLC 的中断处理规律主要如下：

1）当多个中断事件发生时，按事件的优先级顺序依次响应，对于同级别的事件，则按先发生先响应的原则；

2）在执行一个中断程序时，不会响应更高级别的中断请求，直到当前中断程序执行完成；

3）在执行某个中断程序时，若有多个中断事件发生请求，则这些中断事件则按优先级顺序排成中断队列等候，中断队列能保存的中断事件个数有限，如果超出了队列的容量，则会产生溢出，将某些特殊标志继电器置位，S7-200 SMART 系列 PLC 的中断队列容量及溢出置位继电器见表 11-6。

表 11-5　中断事件的优先级别顺序

中断优先级组	中断事件编号	中断事件说明	优先级顺序
通信中断（最高优先级）	8	端口 0 接收字符	最高
	9	端口 0 发送完成	
	23	端口 0 接收消息完成	
	24	端口 1 接收消息完成	
	25	端口 1 接收字符	
	26	端口 发送完成	
IO 中断（中等优先级）	19	PLS0 脉冲计数完成	
	20	PLS1 脉冲计数完成	
	34	PLS2 脉冲计数完成	
	0	I0.0 上升沿	
	2	I0.1 上升沿	
	4	I0.2 上升沿	
	6	I0.3 上升沿	
	35	I7.0 上升沿（信号板）	
	37	I7.1 上升沿（信号板）	
	1	I0.0 下降沿	
	3	I0.1 下降沿	
	5	I0.2 下降沿	
	7	I0.3 下降沿	
	36	I7.0 下降沿（信号板）	
	38	I7.1 下降沿（信号板）	
	12	HSC0 CV=PV（当前值 = 预设值）	最低
	27	HSC0 方向改变	

（续）

中断优先级组	中断事件编号	中断事件说明	优先级顺序
IO 中断（中等优先级）	28	HSC0 外部复位	最高
	13	HSC1 CV=PV（当前值 = 预设值）	
	16	HSC2 CV=PV（当前值 = 预设值）	
	17	HSC2 方向改变	
	18	HSC2 外部复位	
	32	HSC3 CV=PV（当前值 = 预设值）	
定时中断（最低优先级）	10	定时中断 0 SMB34	
	11	定时中断 1 SMB35	
	21	定时器 T32 CT = PT 中断	
	22	定时器 T96 CT = PT 中新	最低

注：CR40/CR60（经济型 CPU 模块）不支持 19、20、24、25、26 和 34 ～ 38 号中断。

表 11-6 S7-200 SMART PLC 的中断队列容量及溢出置位继电器

中断队列	容量（所有 S7-200 SMART PLC）	溢出置位继电器（0：无溢出，1：溢出）
通信中断队列	4	SM4.0
I/O 中断队列	16	SM4.1
定时中断队列	8	SM4.2

11.12.2 中断指令

中断指令有六条，即中断允许指令、中断禁止指令、中断连接指令、中断分离指令、清除中断事件指令和中断条件返回指令。

1. 指令说明

中断指令说明如下：

指令名称	梯形图	功能说明	操作数	
			INT	EVNT
中断允许指令（ENI）	—(ENI)	允许所有中断事件发出的请求	常数（中断程序号）（0 ～ 127）（字节型）	常数（中断事件号） CR40、CR60： 0 ～ 13、16 ～ 18、21 ～ 23、27、28 和 32； SR20/ST20/SR30/ST30/SR40/ST40/SR60/ST60： 0 ～ 13、16 ～ 28、32、34 ～ 38 （字节型）
中断禁止指令（DISI）	—(DISI)	禁止所有中断事件发出的请求		

（续）

指令名称	梯形图	功能说明	操作数	
			INT	EVNT
中断连接指令 （ATCH）	ATCH —EN ENO— ????-INT ????-EVNT	将 EVNT 端指定的中断事件与 INT 端指定的中断程序关联起来，并允许该中断事件	常数（中断程序号） （0～127） （字节型）	常数（中断事件号） CR40、CR60： 0～13、16～18、21～23、27、28 和 32； SR20/ST20/SR30/ST30/SR40/ST40/SR60/ST60： 0～13、16～28、32、34～38 （字节型）
中断分离指令 （DTCH）	DTCH —EN ENO— ????-EVNT	将 EVNT 端指定的中断事件断开，并禁止该中断事件		
清除中断事件指令 （CEVNT）	CLR_EVNT —EN ENO— ????-EVNT	清除 EVNT 端指定的中断事件		
中断条件返回指令 （CRETI）	—(RETI)	若前面的条件使该指令执行，则可让中断程序中返回		

2. 中断程序的建立

中断程序是为处理中断事件而事先写好的程序，它不像子程序要用指令调用，而是当中断事件发生后系统会自动执行中断程序，如果中断事件未发生，则中断程序就不会执行。在编写中断程序时，要求程序越短越好，并且在中断程序中不能使用 DISI、ENI、HDEF、LSCR 和 END 指令。

编写中断程序要在编程软件中进行，打开 STEP 7-Micro/WIN SMART 编程软件，单击程序编辑器上方的“INT_0”标签即可切换到中断程序编辑器，在此即可编写名称为“INT_0”的中断程序。

如果需要编写两个或更多的中断程序，则可在“INT_0”标签上单击右键，在弹出的右键菜单中选择“插入”→“中断”，就会新建一个名称为 INT_1 的中断程序（在程序编辑器上方多出一个 INT_1 标签)，如图 11-22 所示。在项目指令树区域的“程序块”内也新增了一个“INT_1”程序块，选中该“INT_1”，按键盘上的“Delete”键可将“INT_1”程序块删除。

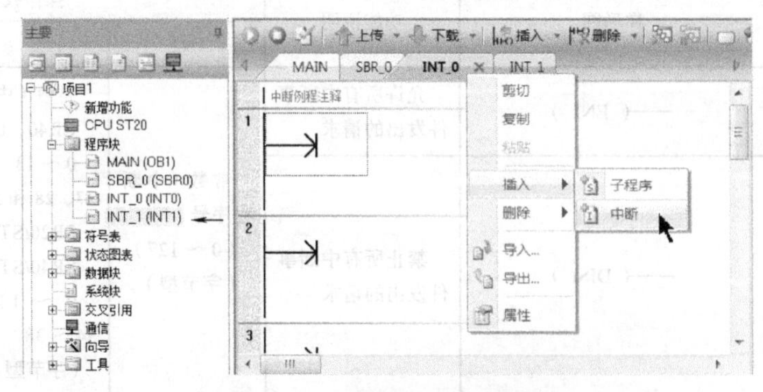

图 11-22　新建中断程序的操作

3. 指令使用举例

（1）使用举例一　中断指令使用如图 11-23 所示，图 11-23a 所示为主程序，图 11-23b 所示为名称为 INT_0 的中断程序。

在主程序运行时，若 I0.0 端口输入一个脉冲下降沿（如 I0.0 端口外接开关突然断开），则马上会产生一个中断请求，即中断事件 1 产生中断请求，由于在主程序中已用 ATCH 指令将中断事件 1 与 INT_0 中断程序连接起来，故系统响应此请求，停止主程序的运行，转而执行 INT_0 中断程序，中断程序执行完成后又返回主程序。

在主程序运行时，如果系统检测到 I/O 发生错误，则会使 SM5.0 触点闭合，中断分离 DTCH 指令执行，禁用中断事件 1，即当 I0.0 端口输入一个脉冲下降沿时，系统不理会该中断，也就不会执行 INT_0 中断程序，但还会接受其他中断事件发出的请求。如果 I0.6 触点闭合，则中断禁止 DISI 指令执行，禁止所有的中断事件。在中断程序运行时，如果 I0.5 触点闭合，则中断条件返回 RETI 指令执行，中断程序提前返回，不会执行该指令后面的内容。

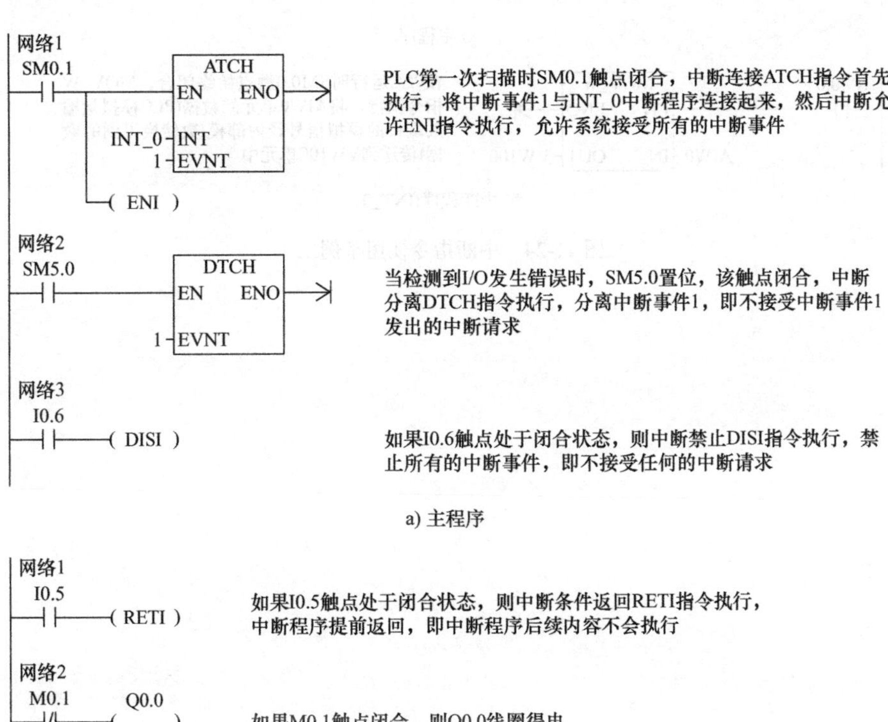

图 11-23　中断指令使用举例一

（2）使用举例二　图 11-24 所示程序的功能是对模拟量输入信号每 10ms 采样一次。

在主程序运行时，PLC 第一次扫描时 SM0.1 触点接通一个扫描周期，MOV_B 指令首先执行，将常数 10 送入定时中断时间存储器 SMB34 中，将定时中断时间间隔设为 10ms，然后中断连接 ATCH 指令执行，将中断事件 10（即定时器中断 0）与 INT_0 中断程序连接起来，再执行中断允许 ENI 指令，允许所有的中断事件。当定时中断存储器 SMB34 10ms 定时时间间隔到，会向系统发出中断请求，由于该中断事件对应的是 INT_0

中断程序，所以 PLC 马上执行 INT_0 中断程序，将模拟量输入 AIW0 单元中的数据传送到 VW100 单元中，当 SMB34 下一个 10ms 定时时间间隔到，又会发出中断请求，从而又执行一次中断程序，这样程序就可以每隔 10ms 时间对模拟输入 AIW0 单元数据采样一次。

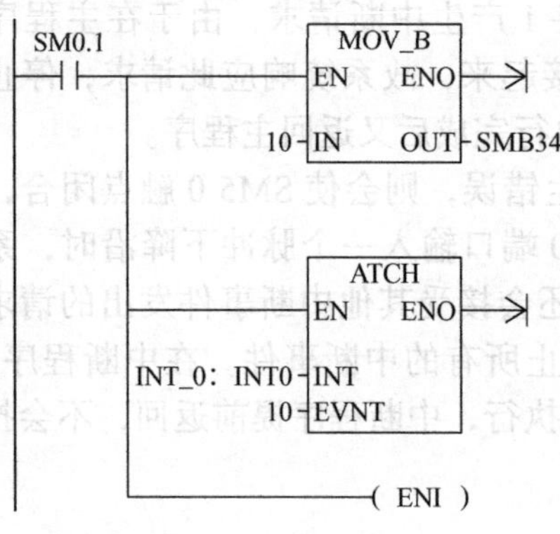

PLC第一次扫描时SM0.1触点闭合，首先MOV_B指令执行，将10传送至SMB34(定时中断的时间间隔存储器的)，设置定时中断时间间隔为10ms，然后中断连接ATCH指令执行，将中断事件10与INT_0中断程序连接起来，再执行中断允许ENI指令，允许系统接受所有的中断事件

a) 主程序

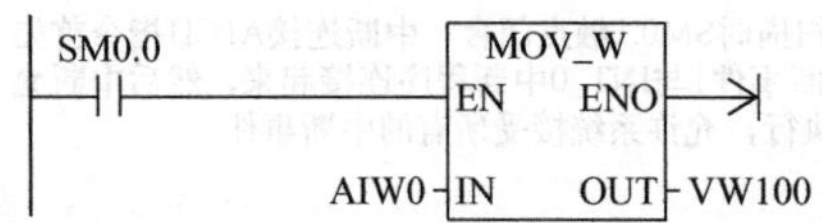

在PLC运行时SM0.0触点始终闭合，MOV_W指令执行，将AIW0单元的数据(PLC模拟量输入端口的模拟信号经内部模/数转换得到的数据)传送到VW100单元中

b) 中断程序(INT_0)

图 11-24　中断指令使用举例二

第 12 章

PLC 通信

在科学技术迅速发展的推动下，为了提高效率，越来越多的企业工厂使用可编程设备（如工业控制计算机、PLC、变频器、机器人和数控机床等），为了便于管理和控制，需要将这些设备连接起来，实现分散控制和集中管理，要实现这一点，就必须掌握这些设备的通信技术。

12.1 通信基础知识

通信是指一地与另一地之间的信息传递。PLC 通信是指 PLC 与计算机、PLC 与 PLC、PLC 与人机界面（触摸屏）和 PLC 与其他智能设备之间的数据传递。

12.1.1 通信方式

1. 有线通信和无线通信

有线通信是指以导线、电缆、光缆、纳米材料等看得见的材料为传输媒质的通信。无线通信是指以看不见的材料（如电磁波）为传输媒质的通信，常见的无线通信有微波通信、短波通信、移动通信和卫星通信等。

2. 并行通信与串行通信

（1）并行通信　**同时传输多位数据的通信方式称为并行通信。**并行通信如图 12-1 所示。

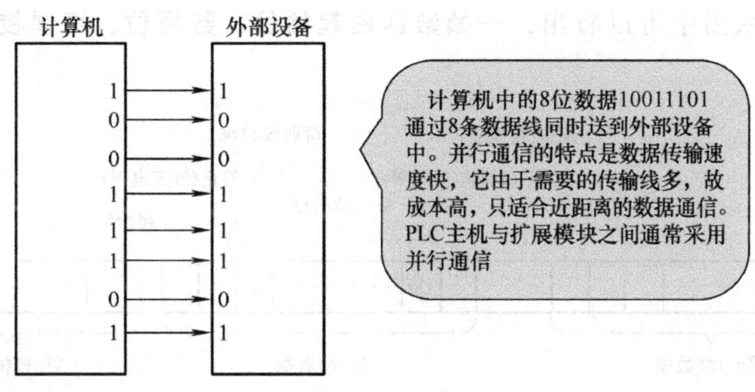

图 12-1　并行通信

（2）串行通信　**逐位依次传输数据的通信方式称为串行通信。**串行通信如图 12-2 所示。

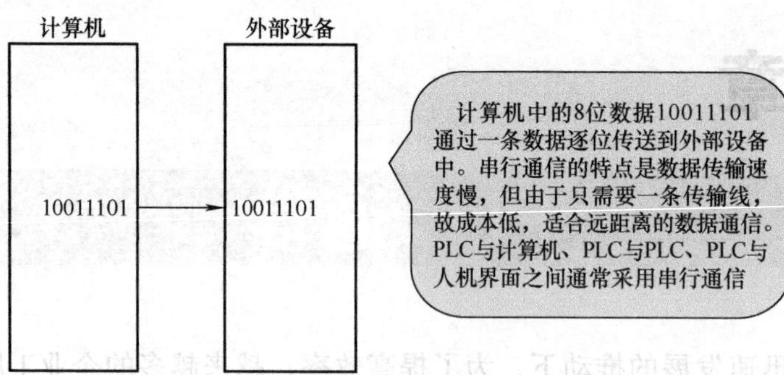

图 12-2　串行通信

3. 异步通信和同步通信

串行通信又可分为异步通信和同步通信。PLC 与其他设备通常采用串行异步通信方式。

（1）异步通信　**在异步通信中，数据是一帧一帧地传送的。**异步通信如图 12-3 所示，**这种通信以帧为单位进行数据传输，一帧数据传送完成后，可以接着传送下一帧数据，也可以等待，等待期间为空闲位（高电平）。**

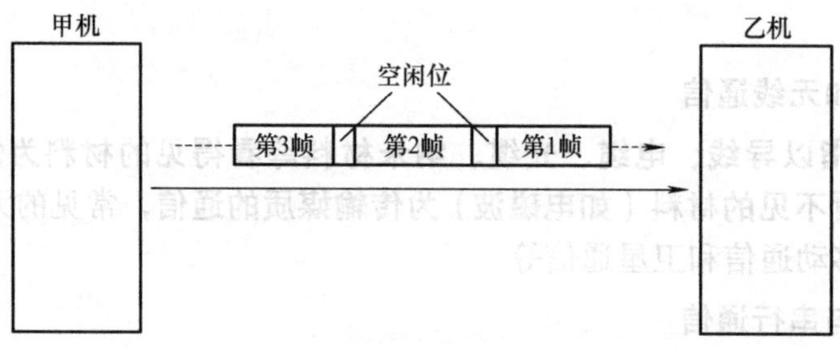

图 12-3　异步通信

串行通信时，数据是以帧为单位传送的，帧数据有一定的格式。帧数据格式如图 12-4 所示，从图中可以看出，**一帧数据由起始位、数据位、奇偶校验位和停止位组成。**

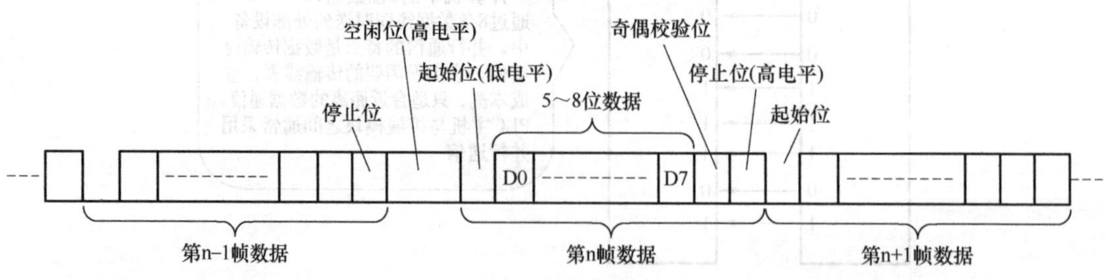

图 12-4　异步通信帧数据格式

起始位：表示一帧数据的开始，起始位一定为低电平。当甲机要发送数据时，先发送一个低电平（起始位）到乙机，乙机接收到起始信号后，马上开始接收数据。

数据位：它是要传送的数据，紧跟在起始位后面。数据位的数据为 5 ～ 8 位，传送数据时是从低位到高位逐位进行的。

奇偶校验位：该位用于检验传送的数据有无错误。奇偶校验是检查数据传送过程中有无发生错误的一种校验方式，它分为奇校验和偶校验。奇校验是指数据和校验位中 1 的总个数为奇数，偶校验是指数据和校验位中 1 的总个数为偶数。

以奇校验为例，如果发送设备传送的数据中有偶数个 1，那么为保证数据和校验位中 1 的总个数为奇数，奇偶校验位应为 1，如果在传送过程中数据产生错误，其中一个 1 变为 0，那么传送到接收设备的数据和校验位中 1 的总个数为偶数，外部设备就知道传送过来的数据发生错误，会要求重新传送数据。

数据传送采用奇校验或偶校验均可，但要求发送端和接收端的校验方式一致。在帧数据中，奇偶校验位也可以不用。

停止位：它表示一帧数据的结束。停止位可以是 1 位、1.5 位或 2 位，但一定为高电平。

一帧数据传送结束后，可以接着传送第二帧数据，也可以等待，等待期间数据线为高电平（空闲位）。如果要传送下一帧，则只要让数据线由高电平变为低电平（下一帧起始位开始），接收器就开始接收下一帧数据。

（2）同步通信　在异步通信中，每一帧数据发送前要用起始位，在结束时要用停止位，这样会占用一定的时间，导致数据传输速度较慢。为了提高数据传输速度，在计算机与一些高速设备数据通信时，常采用同步通信。同步通信的数据格式如图 12-5 所示。

图 12-5　同步通信的数据格式

从图中可以看出，同步通信的数据后面取消了停止位，前面的起始位用同步信号代替，在同步信号后面可以跟很多数据，所以同步通信传输速度快，但由于同步通信要求发送端和接收端严格保持同步，这需要用复杂的电路来保证，所以 PLC 不采用这种通信方式。

4. 单工通信和双工通信

在串行通信中，根据数据的传输方向不同，可分为三种通信方式，即单工通信、半双工通信和全双工通信。

（1）单工通信　**在这种方式下，数据只能往一个方向传送。**单工通信如图 12-6a 所示，数据只能由发送端（T）传输给接收端（R）。

（2）半双工通信　**在这种方式下，数据可以双向传送，但同一时间内，只能往一个方向传送，只有一个方向的数据传送完成后，才能往另一个方向传送数据。**半双工通信如图 12-6b 所示，通信的双方都有发送器和接收器，一方发送时，另一方接收，由于只有一条数据线，所以双方不能在发送的同时进行接收。

（3）全双工通信　**在这种方式下，数据可以双向传送，通信的双方都有发送器和接收器，由于有两条数据线，所以双方在发送数据的同时可以接收数据。**全双工通信如图 12-6c 所示。

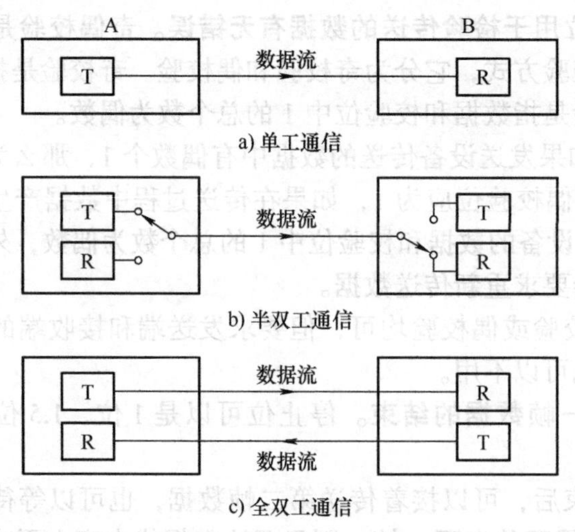

图 12-6　三种通信方式

12.1.2　通信传输介质

有线通信采用传输介质主要有双绞线、同轴电缆和光缆。这三种通信传输介质如图 12-7 所示。

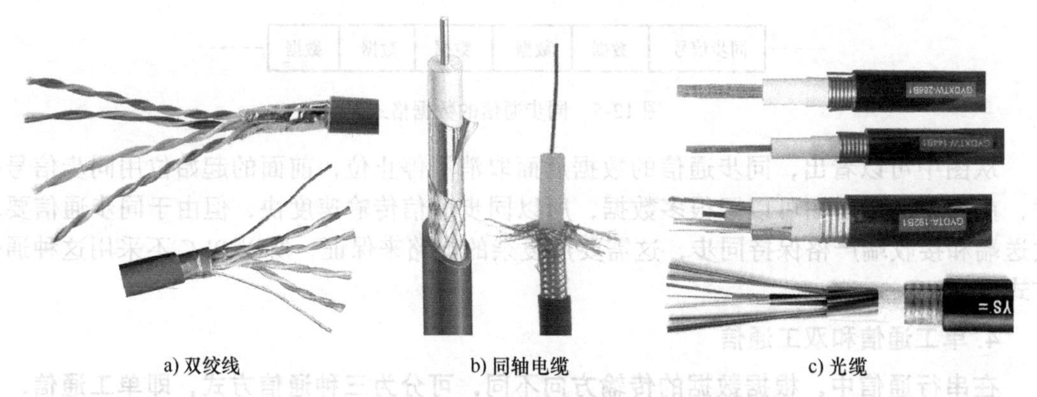

图 12-7　三种通信传输介质

（1）双绞线　双绞线是将两根导线扭绞在一起，以减少电磁波的干扰，如果再加上屏蔽套层，则抗干扰能力更好。双绞线的成本低、安装简单，RS-232C，RS-422A、RS-485 和 RJ-45 等接口多用双绞线电缆进行通信连接。

（2）同轴电缆　同轴电缆的结构是从内到外依次为内导体（芯线）、绝缘线、屏蔽层及外保护层。由于从截面看这四层构成了四个同心圆，故称为同轴电缆。根据通频带不同，同轴电缆可分为基带（5052）和宽带（7552）两种，其中基带同轴电缆常用于 Ethernet（以太网）中。同轴电缆的传送速率高、传输距离远，但价格比双绞线高。

（3）光缆　光缆是由石英玻璃经特殊工艺拉成细丝结构，这种细丝的直径比头发丝还要细，一般直径在 8 ～ 95μm（单模光纤）及 50/62.5μm（多模光纤，50μm 为欧洲标准，62.5μm 为美国标准），但它能传输的数据量却是巨大的。

光纤是以光的形式传输信号的，其优点是传输的为数字的光脉冲信号，不会受电磁干扰，不怕雷击，不易被窃听，数据传输安全性好，传输距离长，且带宽宽、传输速度快。但由于通信双方发送和接收的都是电信号，因此通信双方都需要价格昂贵的光纤设备进行光电转换，另外光纤连接头的制作与光纤连接需要专门工具和专门的技术人员。

双绞线、同轴电缆和光缆参数特性见表 12-1。

表 12-1　双绞线、同轴电缆和光缆参数特性

特性	双绞线	同轴电缆		光缆
		基带（50Ω）	宽带（75Ω）	
传输速率	1 ～ 4Mbit/s	1 ～ 10Mbit/s	1 ～ 450Mbit/s	10 ～ 500Mbit/s
网络段最大长度	1.5km	1 ～ 3km	10km	50km
抗电磁干扰能力	弱	中	中	强

12.2　PLC 以太网通信

以太网是一种常见的通信网络，多台电脑通过网线与交换机连接起来就构成一个以太网局域网，局域网之间也可以进行以太网通信。以太网最多可连接 32 个网段、1024 个节点。以太网可实现高速（高达 100Mbit/s）、长距离（铜缆最远约为 1.5km，光纤最远约为 4.3km）的数据传输。

12.2.1　S7-200 SMART CPU 模块以太网连接的设备类型

S7-200 SMART CPU 模块具有以太网端口（俗称 RJ-45 网线接口），可以与编程计算机、HMI（又称触摸屏、人机界面等）和另一台 S7-200 SMART CPU 模块连接，也可以通过交换机与以上多台设备连接，以太网连接电缆通常使用普通的网线。S7-200 SMART CPU 模块以太网连接的设备类型如图 12-8 所示。

12.2.2　IP 地址的设置

以太网中的各设备要进行通信，必须为每个设备设置不同的 IP 地址，IP 是英文 Internet Protocol 的缩写，意思是“网络之间互连协议”。

1. IP 地址的组成

在以太网通信时，处于以太网络中的设备都要有不同的 IP 地址，这样才能找到通信的对象。图 12-9 所示为 S7-200 SMART CPU 模块的 IP 地址设置项，以太网 IP 地址由 IP 地址、子网掩码和网关组成，站名称是为了区分各通信设备而取的名称，可不填。

（1）IP 地址　IP 地址由 32 位二进制数组成，分为四组，每组 8 位（数值范围 00000000 ～ 11111111），各组用十进制数表示（数值范围为 0 ～ 255），前三组组成网络地址，后一组为主机地址（编号）。**如果两台设备 IP 地址的前三组数相同，则表示两台设备属于同一子网，同一子网内的设备主机地址不能相同，否则产生冲突。**

（2）子网掩码　子网掩码与 IP 地址一样，也是由 32 位二进制数组成，分为四组，每组 8 位，各组用十进制数表示。**子网掩码用于检查以太网内的各通信设备是否属于同一子网。**在检查时，将子网掩码 32 位的各位与 IP 地址的各位进行相与运算（1 • 1=1，

1·0=0，0·1=0，0·0=0），如果某两台设备的 IP 地址（如 192.168.1.6 和 192.168.1.28）分别与子网掩码（255.255.255.0）进行相与运算，得到的结果相同（均为 192.168.1.0），则表示这两台设备属于同一个子网。

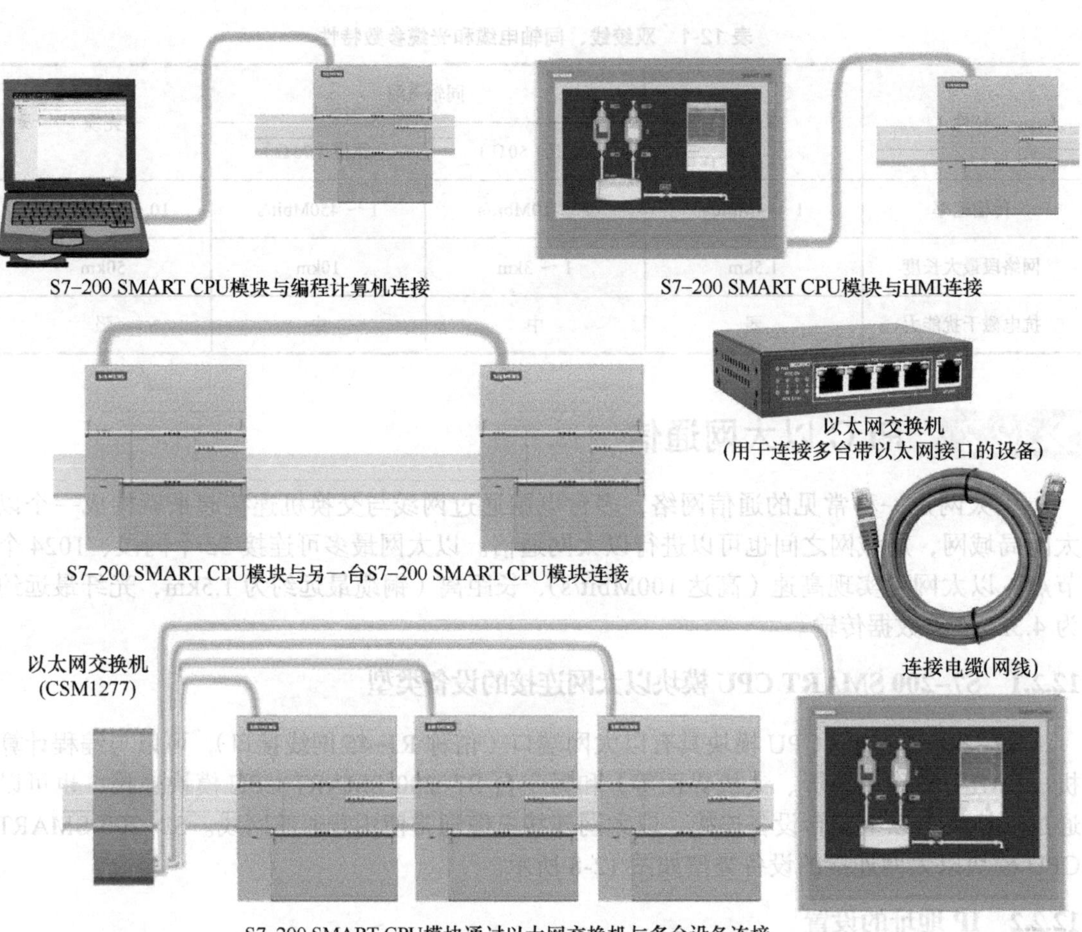

图 12-8　S7–200 SMART CPU 模块以太网连接的设备类型

以太网端口

☑ IP 地址数据固定为下面的值，不能通过其他方式更改

IP 地址：: 192 . 168 . 2 . 1

子网掩码：: 255 . 255 . 255 . 0

默认网关：: 0 . 0 . 0 . 0

站名称：: 1-plc

图 12-9　S7–200 SMART CPU 模块 IP 地址的组成部分

（3）网关　**网关（Gateway）又称网间连接器、协议转换器，是一种具有转换功能，能将不同网络连接起来的计算机系统或设备（如路由器）。**同一子网（IP 地址前三组数相同）的两台设备可以直接用网线连接进行以太网通信，同一子网的两台以上设备通信需要用到以太网交换机，不需要用到网关，**如果两台或两台以上设备的 IP 地址不属于同一子网，那么其通信就需要用到网关（路由器）。**网关可以将一个子网内的某设备发送的数据包转换后发送到其他子网内的某设备内，反之同样也能进行。如果通信设备处于同一个子网内，则不需要用到网关，故可不用设置网关地址。

2. 计算机 IP 地址的设置及网卡型号查询

当计算机与 S7-200 SMART CPU 模块用网线连接起来后，就可以进行以太网通信，两者必须设置不同的 IP 地址。

计算机 IP 地址的设置（以 Windows XP 系统为例）操作如图 12-10 所示。在计算机桌面上双击“网上邻居”图标，弹出网上邻居窗口，单击窗口左边的“查看网络连接”，出现网络连接窗口，如图 12-10a 所示，在窗口右边的“本地连接”上单击右键，弹出右键菜单，选择其中的“属性”，弹出“本地连接属性”对话框，如图 12-10b 所示，在该对话框的“连接时使用”项可查看当前本地连接使用的网卡（网络接口卡）型号，在对话框的下方选中“Internet 协议（TCP/IP）”项后，单击“属性”按钮，弹出“Internet 协议（TCP/IP）属性”对话框，如图 12-10c 所示，选中“使用下面的 IP 地址”，再在下面设置 IP 地址（前三组数应与 CPU 模块 IP 地址前三组数相同）、子网掩码（设为 255.255.255.0），如果计算机与 CPU 模块同属于一个子网，则不用设置网关，下面的 DNS 服务器地址也不用设置。

3. CPU 模块 IP 地址的设置

S7-200 SMART CPU 模块 IP 地址设置有三种方法：①用编程软件的“通信”对话框设置 IP 地址；②用编程软件的“系统块”对话框设置 IP 地址；③在程序中使用 SIP_ADDR 指令设置 IP 地址。

（1）用编程软件的“通信”对话框设置 IP 地址　在 STEP 7-Micro/WIN SMART 软件中，双击项目指令树区域的“通信”，弹出“通信”对话框，如图 12-11a 所示，在对话框中先选择计算机与 CPU 模块连接的网卡型号，再单击下方的“查找”按钮，计算机与 CPU 模块连接成功后，在“找到 CPU”下方会出现 CPU 模块的 IP 地址，如图 12-11b 所示。如果要修改 CPU 模块的 IP 地址，则可先在左边选中 CPU 模块的 IP 地址，然后单击右边或下方的“编辑”按钮，右边 IP 地址设置项变为可编辑状态，同时“编辑”按钮变成“设置”按钮，输入新的 IP 地址后，单击“设置”按钮，左边的 CPU 模块 IP 地址换成新的 IP 地址，如图 12-11c 所示。

注意：如果在系统块中设置了固定 IP 地址（又称静态 IP 地址），并下载到 CPU 模块，那么在通信对话框中是不能修改 IP 地址的。

（2）用编程软件的“系统块”对话框设置 IP 地址　在 STEP 7-Micro/WIN SMART 软件中，双击项目指令树区域的“系统块”，弹出“系统块”对话框，如图 12-12 a 所示，在对话框中勾选“IP 地址固定为下面的值…”，然后在下面对 IP 地址各项进行设置，如图 12-12b 所示，再单击“确定”按钮关闭对话框，接下来将系统块下载到 CPU 模块，这样就给 CPU 模块设置了静态 IP 地址。设置了静态 IP 地址后，在通信对话框中是不能修改 IP 地址的。

a) 在“本地连接”的右键菜单中选择“属性”

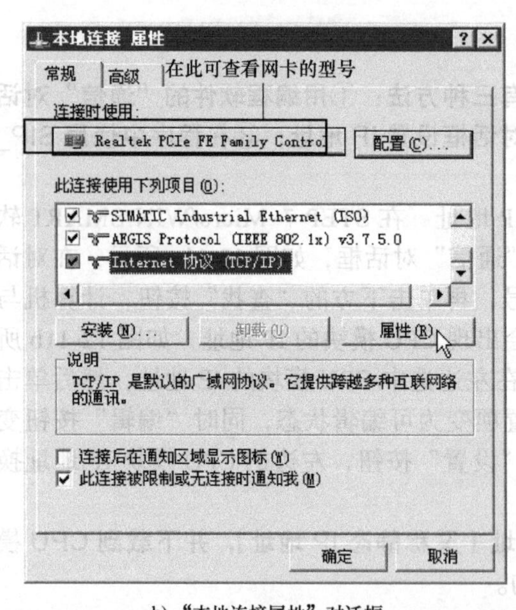

b) “本地连接属性”对话框

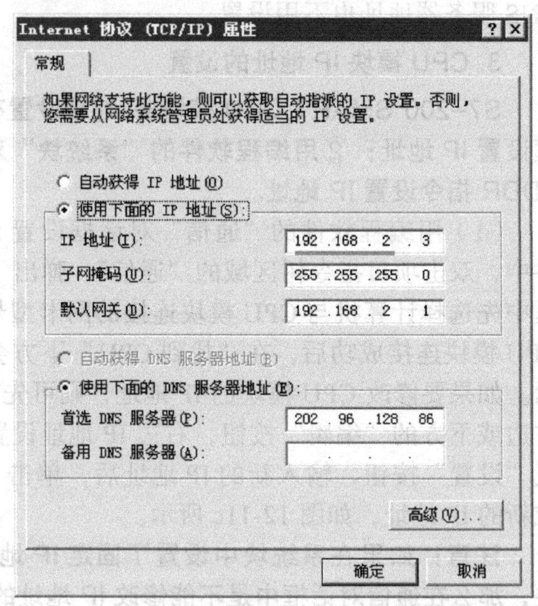

c) 在“…(TCP/IP)属性”对话框设置IP地址

图 12-10 计算机 IP 地址的设置（WINXP 系统）

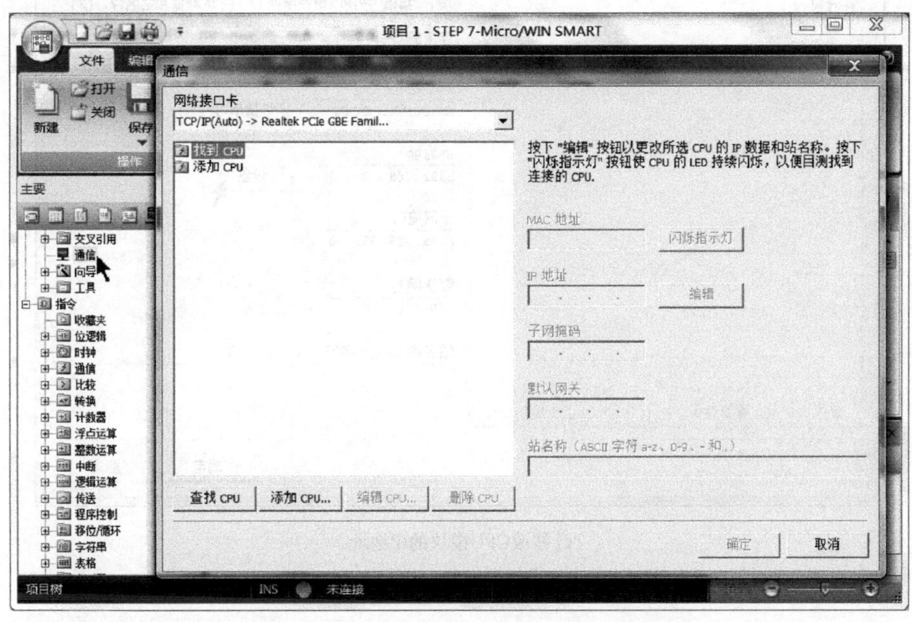

a) 双击项目指令树区域的“通信”弹出通信对话框

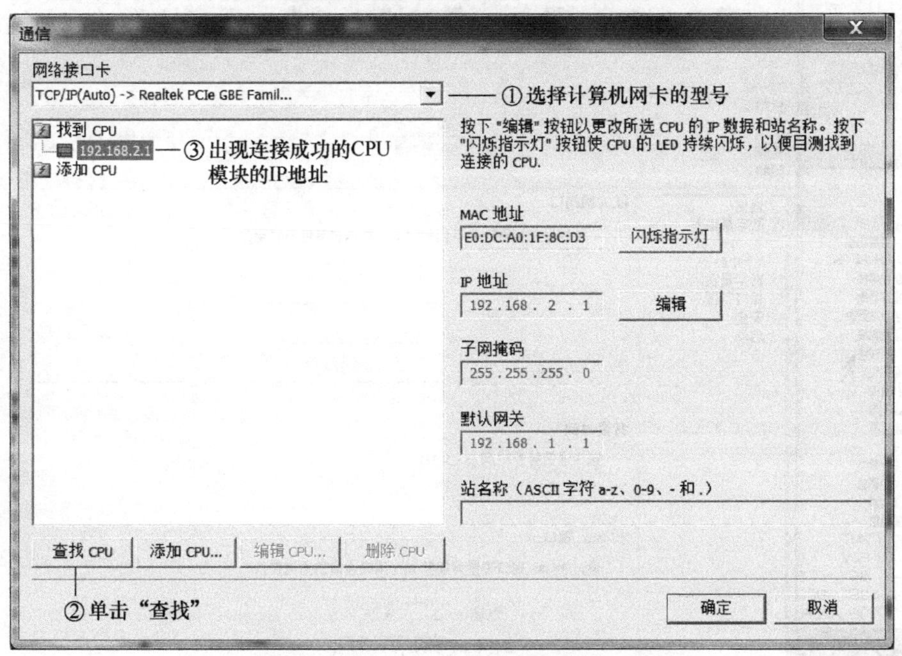

b) 在通信对话框中查找与计算机连接的CPU模块

图 12-11　用编程软件的通信对话框设置 IP 地址

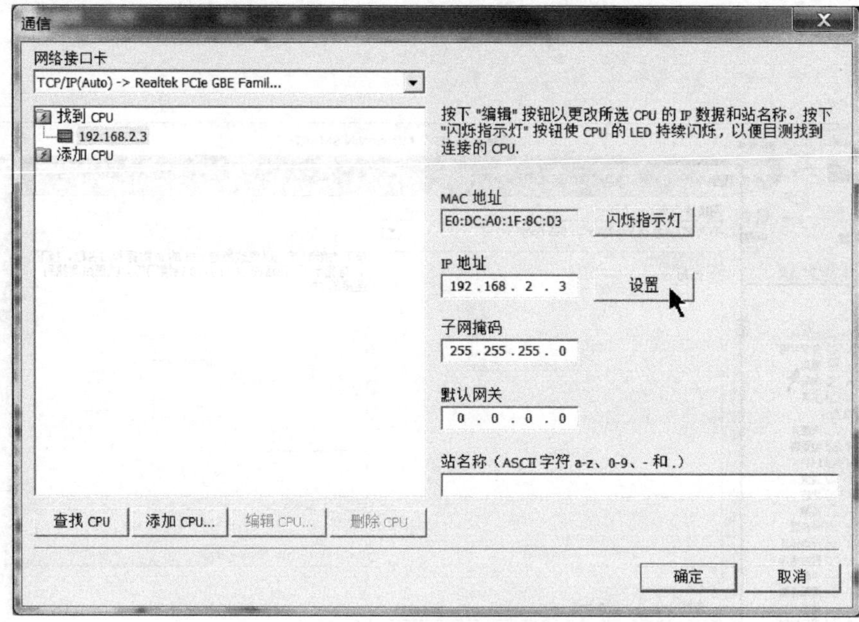

c) 修改CPU模块的IP地址

图 12-11　用编程软件的通信对话框设置 IP 地址（续）

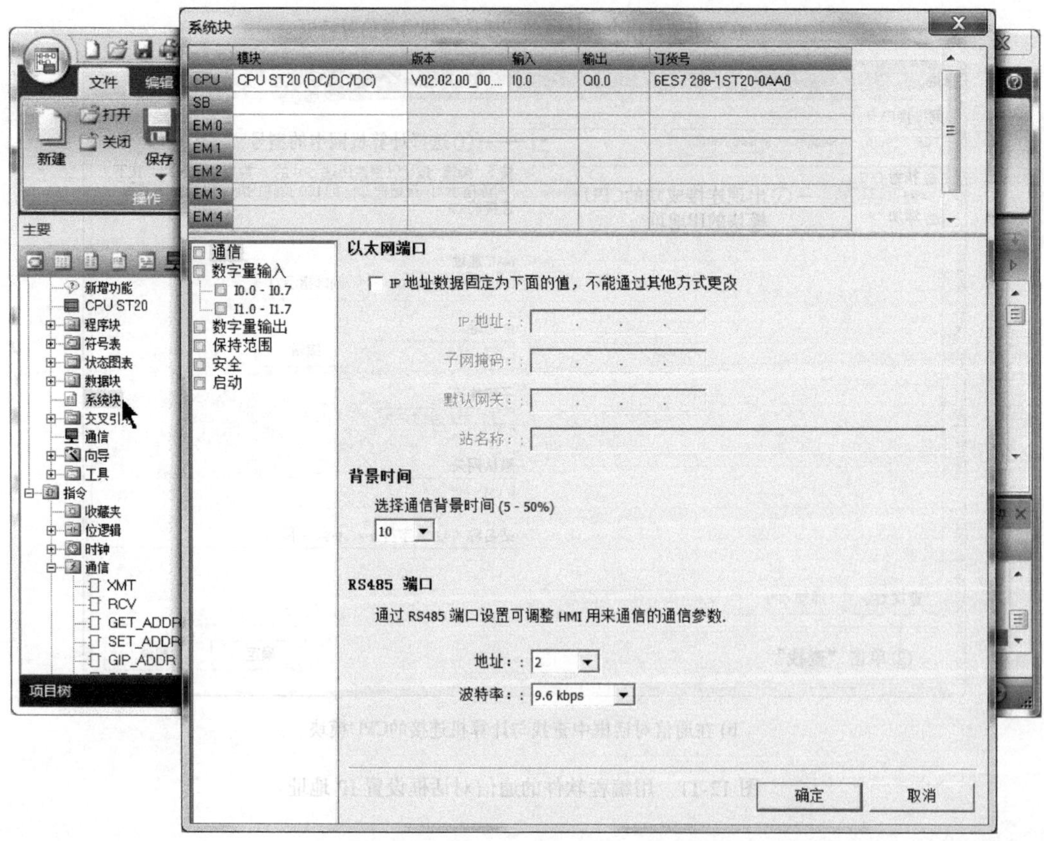

a) 双击项目指令树区域的“系统块”打开“系统块”对话框

图 12-12　用编程软件的“系统块”对话框设置 IP 地址

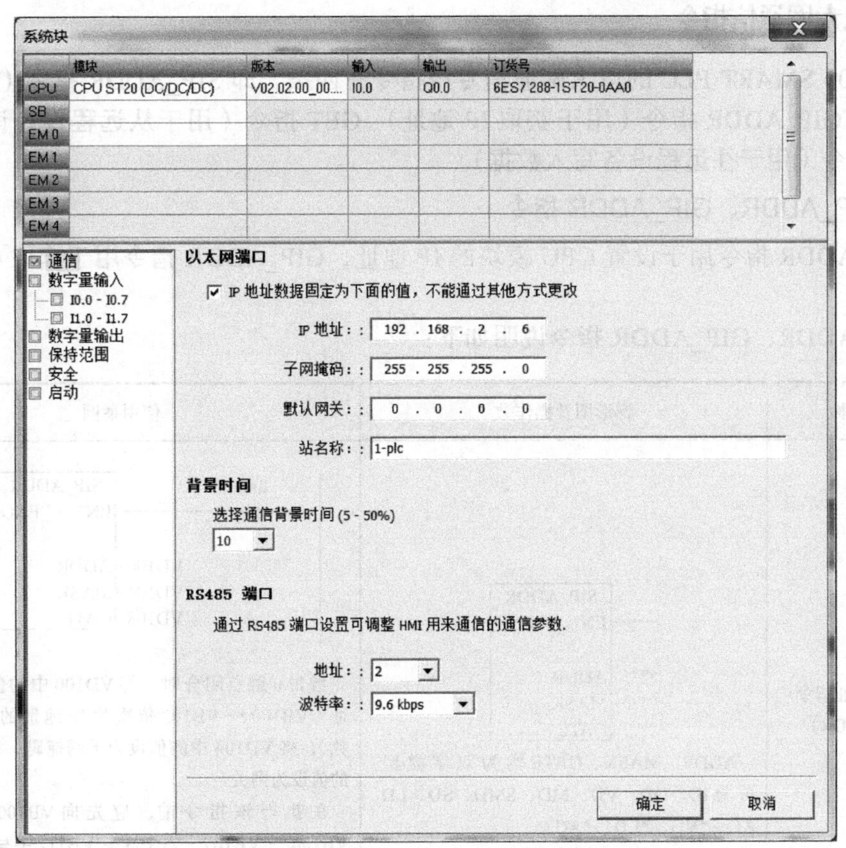

b) 在“系统块”对话框内设置CPU模块的IP地址

图 12-12　用编程软件的“系统块”对话框设置 IP 地址（续）

（3）在程序中使用 SIP_ADDR 指令设置 IP 地址　S7-200 SMART PLC 有 SIP_ADDR 指令和 GIP_ADDR 指令，如图 12-13 所示。使用 SIP_ADDR 指令可以设置 IP 地址（如果已在系统块中设置固定 IP 地址，则用本指令无法设置 IP 地址），而 GIP_ADDR 指令用于获取 IP 地址，两指令的使用在后面会有介绍。

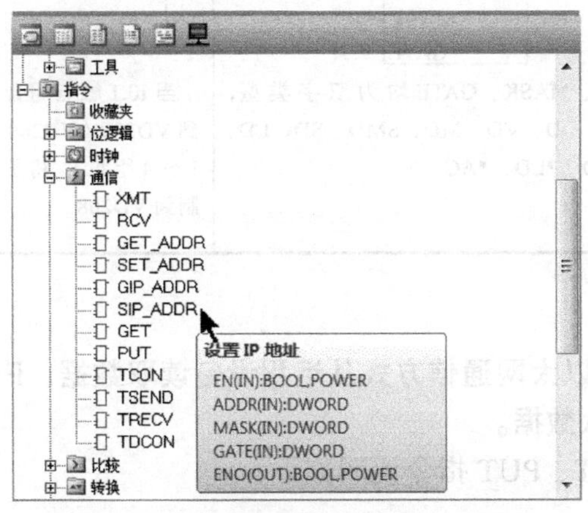

图 12-13　SIP_ADDR 指令和 GIP_ADDR 指令

12.2.3 以太网通信指令

S7-200 SMART PLC 的以太网通信专用指令有四条，即 SIP_ADDR 指令（用于设置 IP 地址）、GIP_ADDR 指令（用于获取 IP 地址）、GET 指令（用于从远程设备读取数据）和 PUT 指令（用于往远程设备写入数据）。

1. SIP_ADDR、GIP_ADDR 指令

SIP_ADDR 指令用于设置 CPU 模块的 IP 地址，GIP_ADDR 指令用于读取 CPU 模块的 IP 地址。

SIP_ADDR、GIP_ADDR 指令说明如下：

指令名称	梯形图及操作数	使用举例
设置 IP 地址指令 （SIP_ADDR）	SIP_ADDR EN ENO ????-ADDR ????-MASK ????-GATE ADDR、MASK、GATE 均为双字类型，可为 ID、QD、VD、MD、SMD、SD、LD、AC、*VD、*LD、*AC	I0.0 SIP_ADDR EN ENO VD100-ADDR VD104-MASK VD108-GATE 当 I0.0 触点闭合时，将 VD100 中的值设为 IP 地址（VB100 ～ VB103 依次为 IP 地址的第 1 ～ 4 组数），将 VD104 中的值设为子网掩码，将 VD108 中的值设为网关 在执行该指令前，应先向 VB100 ～ VB103、VB104 ～ VB107、VB108 ～ VB111 中写入 IP 地址、子网掩码和网关的值 若在系统块中设置了固定 IP 地址，则无法使用该指令设置 IP 地址
获取 IP 地址指令 （GIP_ADDR）	GIP_ADDR EN ENO ADDR-???? MASK-???? GATE-???? ADDR、MASK、GATE 均为双字类型，可为 ID、QD、VD、MD、SMD、SD、LD、AC、*VD、*LD、*AC	I0.1 GIP_ADDR EN ENO ADDR-VD200 MASK-VD204 GATE-VD208 当 I0.1 触点闭合时，将 CPU 模块的 IP 地址复制到 VD200（VB200 ～ VB203 依次存放 IP 地址的第 1 ～ 4 组数），将子网掩码复制到 VD204，将网关复制到 VD208

2. GET、PUT 指令

GET 指令用于通过以太网通信方式从远程设备读取数据，PUT 指令用于通过以太网通信方式向远程设备写入数据。

（1）指令说明　GET、PUT 指令说明如下：

指令名称	梯形图	功能说明	操作数
以太网读取数据指令（GET）	GET EN　ENO ????-TABLE	按 ??? 为首单元构成的 TABLE 表的定义，通过以太网通信方式从远程设备读取数据	TABLE 均为字节类型，可为 IB、QB、VB、MB、SMB、SB、*VD、*LD、*AC
以太网写入数据指令（PUT）	PUT EN　ENO ????-TABLE	按 ??? 为首单元构成的 TABLE 表的定义，通过以太网通信方式将数据写入远程设备	

在程序中使用的 GET 和 PUT 指令数量不受限制，但在同一时间内最多只能激活共 16 个 GET 或 PUT 指令。例如在某 CPU 模块中可以同时激活 8 个 GET 和 8 个 PUT 指令，或者 6 个 GET 和 10 个 PUT 指令。

当执行 GET 或 PUT 指令时，CPU 与 GET 或 PUT 表中的远程 IP 地址建立以太网连接。该 CPU 可同时保持最多 8 个连接。连接建立后，该连接将一直保持到 CPU 进入 STOP 模式为止。

针对所有与同一 IP 地址直接相连的 GET/PUT 指令，CPU 采用单一连接。例如远程 IP 地址为 192.168.2.10，如果同时启用三个 GET 指令，则会在一个 IP 地址为 192.168.2.10 的以太网连接上按顺序执行这些 GET 指令。

如果尝试创建第 9 个连接（第 9 个 IP 地址），则 CPU 将在所有连接中搜索，查找处于未激活状态时间最长的一个连接。CPU 将断开该连接，然后再与新的 IP 地址创建连接。

（2）TABLE 表说明　**在使用 GET、PUT 指令进行以太网通信时，需要先设置 TABLE 表，然后执行 GET 或 PUT 指令，CPU 模块按 TABLE 表的定义，从远程站读取数据或向远程站写入数据。**

GET、PUT 指令的 TABLE 表说明见表 12-2。以 GET 指令将 TABLE 表指定为 VB100 为例，VB100 用于存放通信状态或错误代码，VB100 ～ VB104 按顺序存放远程站 IP 地址的四组数，VB105、VB106 为保留字节，需设为 0，VB107 ～ VB110 用于存放远程站待读取数据区的起始字节单元地址，VB111 存放远程站待读取字节的数量，VB112 ～ VB115 用于存放接收远程站数据的本地数据存储区的起始单元地址。

在使用 GET、PUT 指令进行以太网通信时，如果通信出现问题，则可以查看 TABLE 表首字节单元中的错误代码，以了解通信出错的原因，TABLE 表的错误代码含义见表 12-3。

表 12-2　GET、PUT 指令的 TABLE 表说明

字节偏移量	位 7	位 6	位 5	位 4	位 3	位 2	位 1	位 0
0	D（完成）	A（激活）	E（错误）	0	错误代码			
1	远程站 IP 地址（IP 地址的第一组数 ↓ IP 地址的第四组数）							
2								
3								
4								
5	保留 =0（必须设置为 0）							
6	保留 =0（必须设置为 0）							

（续）

字节偏移量	位 7	位 6	位 5	位 4	位 3	位 2	位 1	位 0
0	D（完成）	A（激活）	E（错误）	0	错误代码			
7	远程站待访问数据区的起始单元地址（I、Q、M、V、DB）							
8								
9								
10								
11	数据长度（远程站待访问的字节数量，PUT 为 1 ～ 212 个字节，GET 为 1 ～ 222 个字节）							
12	本地站待访问数据区的起始单元地址（I、Q、M、V、DB）							
13								
14								
15								

表 12-3　TABLE 表的错误代码含义

错误代码	含义
0（0000）	无错误
1	PUT/GET 表中存在非法参数： ● 本地区域不包括 I、Q、M 或 V ● 本地区域的大小不足以提供请求的数据长度 ● 对于 GET，数据长度为零或大于 222 字节；对于 PUT，数据长度大于 212 字节 ● 远程区域不包括 I、Q、M 或 V ● 远程 IP 地址是非法的（0.0.0.0） ● 远程 IP 地址为广播地址或组播地址 ● 远程 IP 地址与本地 IP 地址相同 ● 远程 IP 地址位于不同的子网
2	当前处于活动状态的 PUT/GET 指令过多（仅允许 16 个）
3	无可用连接，当前所有连接都在处理未完成的请求
4	从远程 CPU 返回的错误： ● 请求或发送的数据过多 ● STOP 模式下不允许对 Q 存储器执行写入操作 ● 存储区处于写保护状态（请参见 SDB 组态）
5	与远程 CPU 之间无可用连接： ● 远程 CPU 无可用的服务器连接 ● 与远程 CPU 之间的连接丢失（CPU 断电、物理断开）
6 ～ 9、A ～ F	未使用（保留以供将来使用）

12.2.4　PLC 以太网通信实例

1. 硬件连接及说明

图 12-14 所示为一条由四台装箱机（分别用四台 S7-200 SMART PLC 控制）、一台分流机（用一台 S7-200 SMART PLC 控制）和一台操作员面板 HMI 组成的黄油桶装箱生产线，控制装箱机和分流机的五台 PLC 之间通过以太网交换器连接并用以太网方式通信，

操作员面板 HMI 仅与分流机 PLC 连接，两者以串口连接通信。

黄油桶装箱生产线在工作时，装箱机 PLC 用 VB100 单元存储本机的控制和出错等信息（比如 VB100.1=1 表示装箱机的纸箱供应不足），用 VB101、VB102 单元存储装箱数量，每台装箱机 PLC 都需要编写程序来控制和检测装箱机，并把有关信息存放到本机的 VB100 和 VB101、VB102 中。分流机 PLC 按 GET 表（TABLE）的定义用 GET 指令从各装箱机 PLC 读取控制和装箱数量信息，访问 1# ～ 4#（站 2 ～站 5）装箱机 PLC 的 GET 表的起始单元分别为 VB200、VB220、VB240、VB260。分流机 PLC 按 PUT 表（TABLE）的定义用 PUT 指令将 0 发送到各装箱机 PLC 的 VB101、VB102，对装箱数量（装满 100 箱）清 0，以重新开始计算装箱数量，访问 1# ～ 4#（站 2 ～站 5）装箱机 PLC 的 PUT 表的起始单元分别为 VB300、VB320、VB340、VB360。操作员面板 HMI 通过监控分流机 PLC 的 GET 表有关单元值来显示各装箱机的工作情况，比如 1# 装箱机 PLC 的 VB100 单元的控制信息会被分流机用 GET 指令读入 VB216 单元，通过 HMI 监控分流机 VB216 的各位值就能了解 1# 装箱机的一些工作情况。

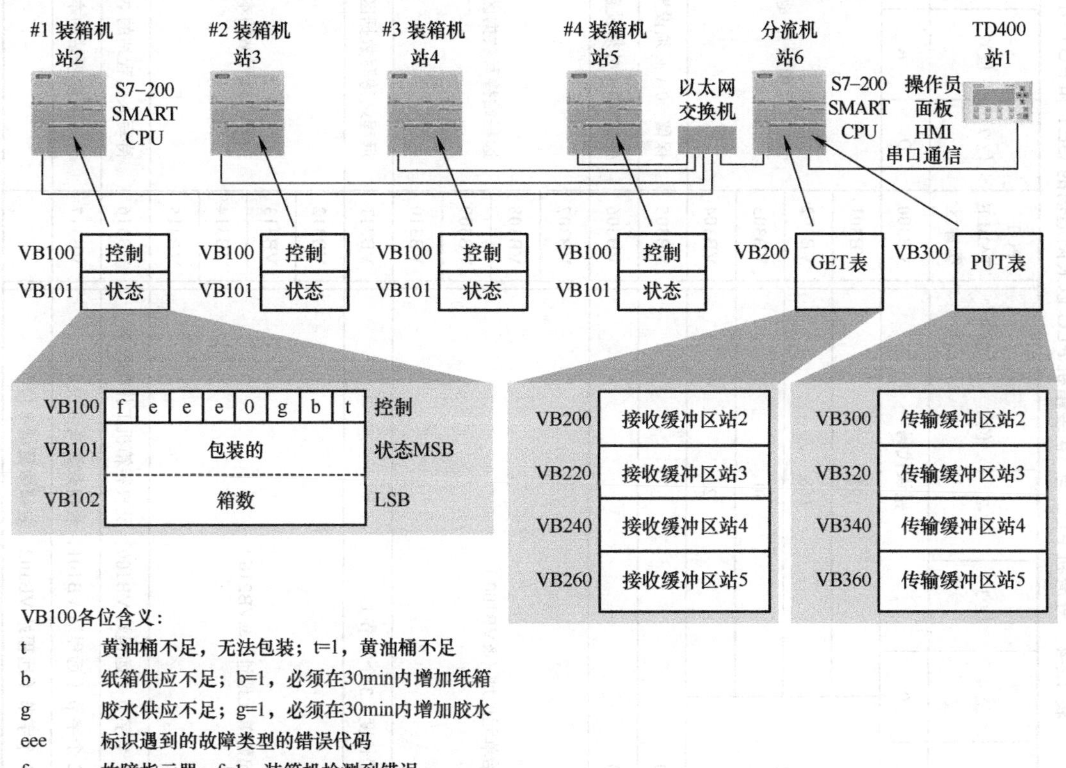

图 12-14　由装箱机、分流机和操作员面板 HMI 组成的黄油桶装箱生产线示意图

2. GET、PUT 指令 TABLE 表的设定

在使用 GET、PUT 指令进行以太网通信时，必须先确定 TABLE 表的内容，然后编写程序设定好 TABLE 表，再执行 GET 或 PUT 指令，使之按设定的 TABLE 表进行以太网接收（读取）或发送（写入）数据。表 12-4 为黄油桶装箱生产线分流机 PLC 用于与 1# 装箱机 PLC 进行以太网通信的 GET 和 PUT 指令 TABLE 表，分流机 PLC 与 2# ～ 4# 装箱机 PLC 以太网通信的 GET 和 PUT 指令 TABLE 表与此类似，仅各 TABLE 表分配的单元不同。

表 12-4 分流机 PLC 与 1# 装箱机 PLC 以太网通信的 GET 和 PUT 指令 TABLE 表

<table>
<tr><th>GET_ TABLE 缓冲区</th><th>位 7</th><th>位 6</th><th>位 5</th><th>位 4</th><th>位 3</th><th>位 2</th><th>位 1</th><th>位 0</th><th>PUT_ TABLE 缓冲区</th><th>位 7</th><th>位 6</th><th>位 5</th><th>位 4</th><th>位 3</th><th>位 2</th><th>位 1</th><th>位 0</th></tr>
<tr><td>VB200</td><td>D</td><td>A</td><td>E</td><td>0</td><td colspan="4">错误代码</td><td>VB300</td><td>D</td><td>A</td><td>E</td><td>0</td><td colspan="4">错误代码</td></tr>
<tr><td>VB201</td><td colspan="4" rowspan="4">远程站 IP 地址（站 2）</td><td colspan="4">192</td><td>VB301</td><td colspan="4" rowspan="4">远程站 IP 地址（站 2）</td><td colspan="4">192</td></tr>
<tr><td>VB202</td><td colspan="4">168</td><td>VB302</td><td colspan="4">168</td></tr>
<tr><td>VB203</td><td colspan="4">50</td><td>VB303</td><td colspan="4">50</td></tr>
<tr><td>VB204</td><td colspan="4">2</td><td>VB304</td><td colspan="4">2</td></tr>
<tr><td>VB205</td><td colspan="8">保留 =0（必须设置为 0）</td><td>VB305</td><td colspan="8">保留 =0（必须设置为 0）</td></tr>
<tr><td>VB206</td><td colspan="8">保留 =0（必须设置为 0）</td><td>VB306</td><td colspan="8">保留 =0（必须设置为 0）</td></tr>
<tr><td>VB207</td><td colspan="8" rowspan="4">远程站待读数据区的起始单元地址（&VB100）</td><td>VB307</td><td colspan="8" rowspan="4">远程站待写数据区的起始单元地址（&VB101）</td></tr>
<tr><td>VB208</td><td>VB308</td></tr>
<tr><td>VB209</td><td>VB309</td></tr>
<tr><td>VB210</td><td>VB310</td></tr>
<tr><td>VB211</td><td colspan="8">远程站待读数据区的数据长度（3 个字节）</td><td>VB311</td><td colspan="8">远程站待写数据区的数据长度（2 个字节）</td></tr>
<tr><td>VB212</td><td colspan="8" rowspan="4">本地站存放读入数据的起始单元地址（&VB216）</td><td>VB312</td><td colspan="8" rowspan="4">待写入远程站的本地站数据起始单元地址（&VB316）</td></tr>
<tr><td>VB213</td><td>VB313</td></tr>
<tr><td>VB214</td><td>VB314</td></tr>
<tr><td>VB215</td><td>VB315</td></tr>
<tr><td>VB216</td><td colspan="8">存储从远程站读取的第 1 个字节（远程站 VB100，反映装箱机工作情况等）</td><td>VB316</td><td colspan="8">待写入远程站的本地站第 1 个字节数据（0，将装箱数量高 8 位清 0）</td></tr>
<tr><td>VB217</td><td colspan="8">存储从远程站读取的第 2 个字节（远程站 VB101，装箱数量高 8 位）</td><td>VB317</td><td colspan="8">待写入远程站的本地站第 2 个字节数据（0，将装箱数量低 8 位清 0）</td></tr>
<tr><td>VB218</td><td colspan="8">存储从远程站读取的第 3 个字节（远程站 VB102，装箱数量低 8 位）</td><td></td><td colspan="8"></td></tr>
</table>

3. 分流机 PLC 的程序及详解

分流机 PLC 通过 GET 指令从 #1 ～ #4 号装箱机 PLC 的 VB100 单元读取装箱机工作情况信息，从 VB101、VB102 读取装箱数量，当装箱数量达到 100 时，通过 GET 指令向装箱机 PLC 的 VB101、VB102 写入 0（清 0），让装箱机 PLC 重新开始计算装箱数量。

表 12-5 为写入分流机 PLC 的用于与 #1 号装箱机 PLC 进行以太网通信的程序，#1 号装箱机 PLC 的 IP 地址为 192.168.50.2。分流机 PLC 与其他各装箱机 PLC 进行以太网通信的程序与本程序类似，区别主要在于与各装箱机 PLC 通信的 GET、PUT 表不同（如 #2 号装箱机 PLC 的 GET 表起始单元为 VB220，PUT 表起始单元为 VB320，表中的 IP 地址也与 #1 号装箱机 PLC 不同），可以追加在本程序之后。

表 12-5　分流机 PLC 与 #1 号装箱机 PLC 进行以太网通信的程序

梯形图程序	说明
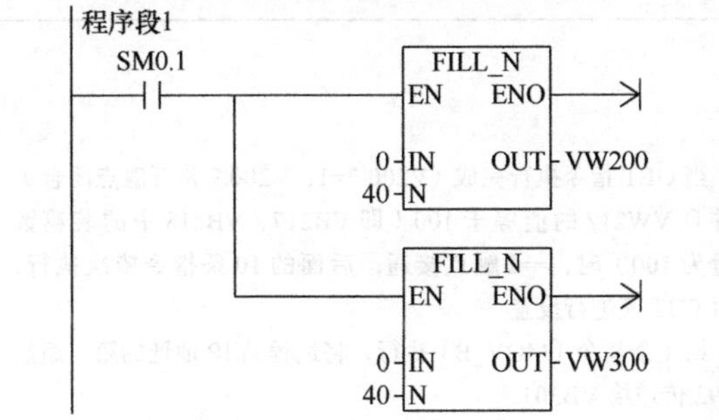 程序段1 SM0.1 常开触点 → FILL_N（EN ENO；IN=0，N=40，OUT=VW200） → FILL_N（EN ENO；IN=0，N=40，OUT=VW300）	PLC 进入运行状态首次扫描时，SM0.1 常开触点闭合一个扫描周期，第一个 FILL_N（存储器填充）指令执行，将 VW200、VW202 ～ VW278 共 40 个字单元全部清 0，这些单元用作 GET 表，第二个 FILL_N 指令执行，将 VW300、VW302 ～ VW378 共 40 个字单元全部清 0，这些单元用作 PUT 表
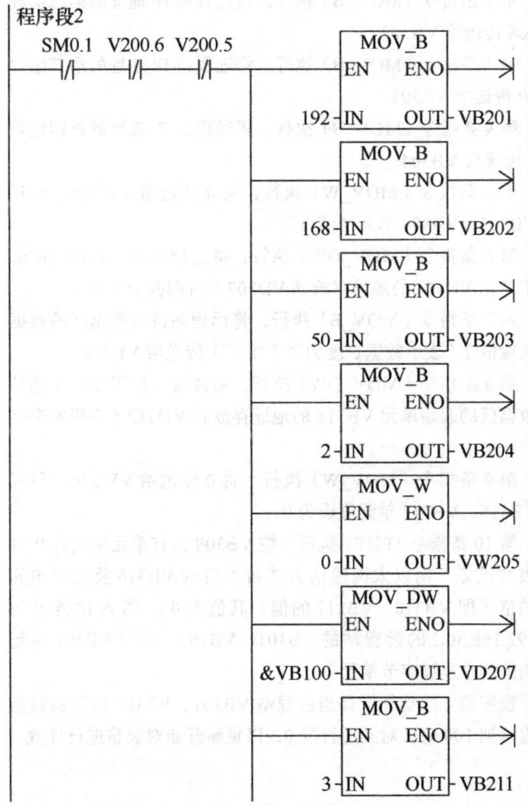 程序段2 SM0.1 常闭触点、V200.6 常闭触点、V200.5 常闭触点 → MOV_B（EN ENO；IN=192，OUT=VB201） MOV_B（EN ENO；IN=168，OUT=VB202） MOV_B（EN ENO；IN=50，OUT=VB203） MOV_B（EN ENO；IN=2，OUT=VB204） MOV_W（EN ENO；IN=0，OUT=VW205） MOV_DW（EN ENO；IN=&VB100，OUT=VD207） MOV_B（EN ENO；IN=3，OUT=VB211）	在 PLC 第一次扫描后 SM0.1 常闭触点处于常闭，如果 V200.6=0（GET 指令未激活）、V200.5=0（GET 指令执行未出错），则 V200.6、V200.5 常闭触点均闭合，后面的 9 条指令依次执行，对 GET 表进行设置 第 1 条指令（MOV_B）执行，将远程站 IP 地址的第一组数 192 传送给 VB201 第 2 条指令（MOV_B）执行，将远程站 IP 地址的第二组数 168 传送给 VB202 第 3 条指令（MOV_B）执行，将远程站 IP 地址的第三组数 50 传送给 VB203 第 4 条指令（MOV_B）执行，将远程站 IP 地址的第四组数 2 传送给 VB204 第 5 条指令（MOV_W）执行，将 0 传送给 VW205，即将 VB205、VB206 单元的值设为 0 第 6 条指令（MOV_DW）执行，将远程站待读数据区的起始单元 VB100 的地址存放到 VD207（占用四个字节） 第 7 条指令（MOV_B）执行，将远程站待读数据区的数据长度值 3（表示数据长度为三个字节）传送给 VB211

（续）

梯形图程序	说明
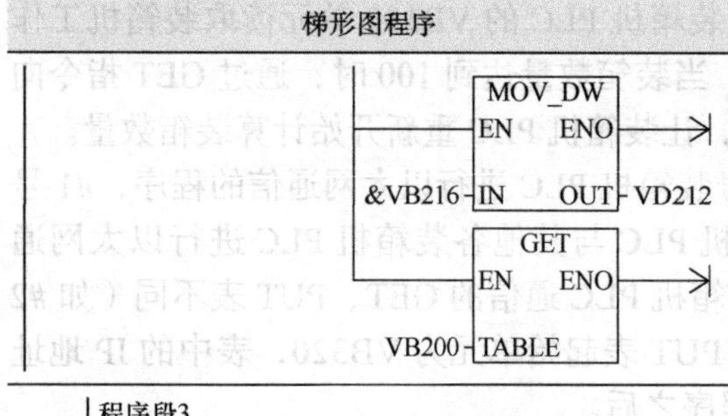	第8条指令（MOV_DW）执行，将本地站存放读入数据的起始单元VB216的地址存放到VD212（占用四个字节） 第9条指令（GET）执行，按VB200为首单元构成的GET表的设置，用以太网通信方式从IP地址为192.168.50.2的远程站的VB100～VB102（即VB100为起始的三个连续字节单元）读取数据，并存放到本机的VB216及之后的单元（即VB216～VB218）
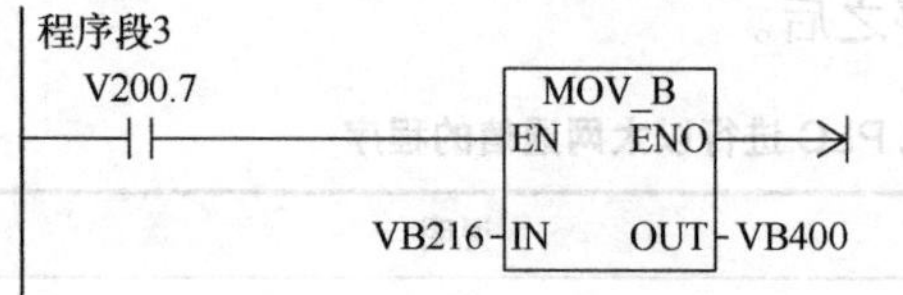	当GET指令执行完成后，VB200单元的第7位变为1，VB200.7常开触点闭合，MOV_B指令执行，将VB216单元的数据（从远程站读来的装箱机工作情况数据）转存到VB400单元
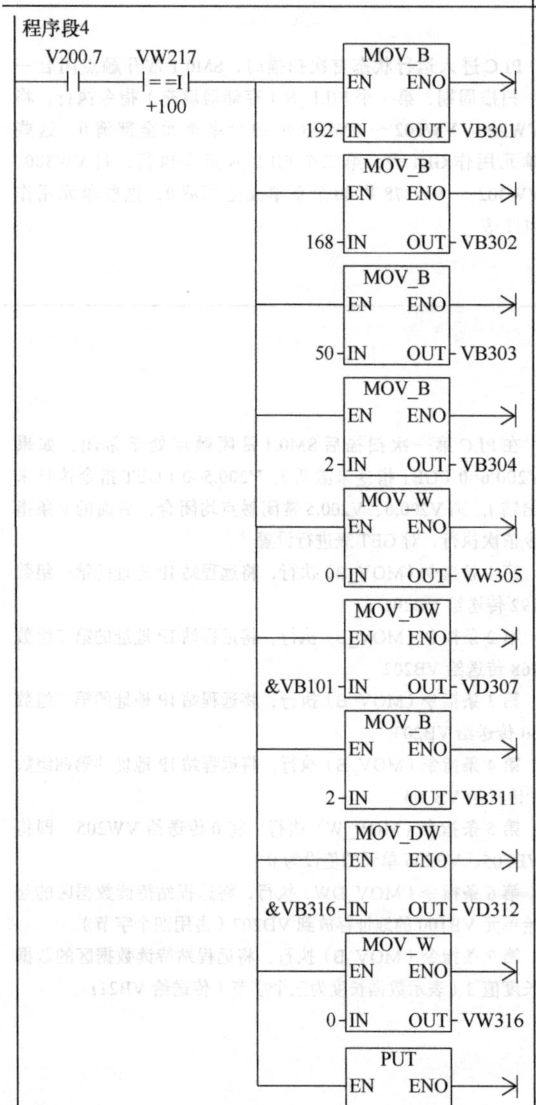	当GET指令执行完成（V200.7=1，V200.7常开触点闭合），并且VW217的值等于100（即VB217、VB218中的装箱数量为100）时，==I触点接通，后面的10条指令依次执行，对PUT表进行设置 第1条指令（MOV_B）执行，将远程站IP地址的第一组数192传送给VB301 第2条指令（MOV_B）执行，将远程站IP地址的第二组数168传送给VB302 第3条指令（MOV_B）执行，将远程站IP地址的第三组数50传送给VB303 第4条指令（MOV_B）执行，将远程站IP地址的第四组数2传送给VB304 第5条指令（MOV_W）执行，将0传送给VW305，即将VB305、VB306单元的值设为0 第6条指令（MOV_DW）执行，将远程站待写数据区的起始单元VB101的地址存放到VD307（占用四个字节） 第7条指令（MOV_B）执行，将远程站待写数据区的数据长度值2（表示数据长度为两个字节）传送给VB311 第8条指令（MOV_DW）执行，将待写入远程站的本地站数据区的起始单元VB316的地址存放到VD312（占用四个字节） 第9条指令（MOV_W）执行，将0传送给VW316，即将VB316、VB317单元值设为0 第10条指令（PUT）执行，按VB300为首单元构成的PUT表的设置，用以太网通信方式将本机的VB316及之后单元的值（即VB316、VB317的值，其值为0），写入IP地址为192.168.50.2的远程站的VB101、VB102（即以VB101为起始的两个连续字节单元） 程序段4的功能就是当远程站VB101、VB102的装箱数量值达到100时，对其进行清0，以重新开始对装箱进行计数

12.3 PLC 的 RS-485/RS-232 端口通信

自由端口模式是指用户编程来控制通信端口，以实现自定义通信协议的通信方式。在该模式下，通信功能完全由用户程序控制，所有的通信任务和信息均由用户编程来定义。

12.3.1 RS-232C、RS-422A 和 RS-485 接口电路结构

S7-200 SMART CPU 模块上除了有一个以太网接口外，还有一个 RS-485 端口（端口 0），此外还可以给 CPU 模块安装 RS-485/RS-232 信号板，增加一个 RS-485/RS-232 端口（端口 1）。

1. RS-232C 接口

RS-232C 接口又称为 COM 接口，是美国 1969 年公布的串行通信接口，至今在计算机和 PLC 等工业控制中还广泛使用。RS-232C 接口的电路结构如图 12-15 所示。

RS-232C 标准有以下特点：

1）采用负逻辑，用 +5 ～ +15V 电压表示逻辑“0”，用 −15 ～ −5V 电压表示逻辑“1”。

2）只能进行一对一方式通信，最大通信距离为 15m，最高数据传输速率为 20kbit/s。

3）该标准有 9 针和 25 针两种类型的接口，9 针接口使用更广泛，PLC 多采用 9 针接口。

4）该标准的接口采用单端发送、单端接收电路，电路的抗干扰性较差。

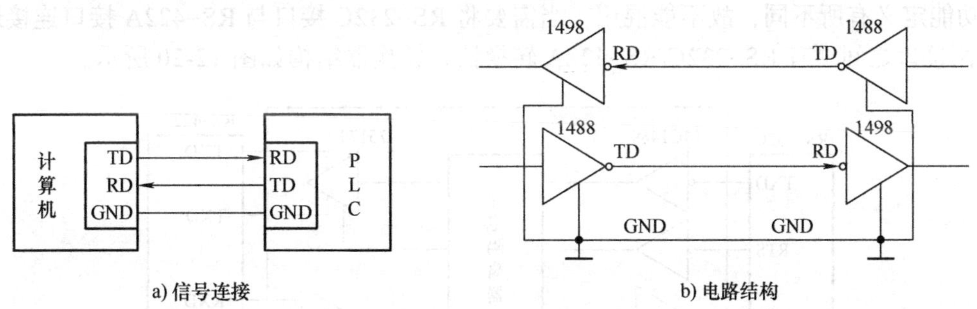

图 12-15　RS-232C 接口

2. RS-422A 接口

RS-422A 接口采用平衡驱动差分接收电路，如图 12-16 所示，该电路采用极性相反的两根导线传送信号，这两根线都不接地，当 B 线电压比 A 线电压高时，规定传送的为“1”电平，当 A 线电压比 B 线电压高时，规定传送的为“0”电平，A、B 线的电压差可从零点几伏到近十伏。采用平衡驱动差分接收电路作接口电路，可使 RS-422A 接口有较强的抗干扰性。

RS-422A 接口采用发送和接收分开处理，数据传送采用四根导线，如图 12-17 所示，**由于发送和接收独立，两者可同时进行，故 RS-422A 通信是全双工方式。**与 RS-232C 接口相比，RS-422A 的通信速率和传输距离有了很大的提高，在最高通信速率

10Mbit/s 时最大通信距离为 12m，在通信速率为 100kbit/s 时最大通信距离可达 1200m，一台发送端可接 12 个接收端。

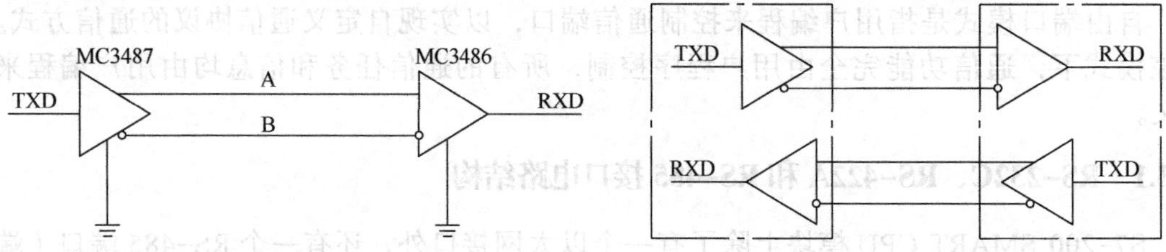

图 12-16　平衡驱动差分接收电路　　图 12-17　RS-422A 接口的电路结构

3. RS-485 接口

RS-485 是 RS-422A 的变形，RS-485 接口只有一对平衡驱动差分信号线，如图 12-18 所示，**发送和接收不能同时进行，属于半双工通信方式**。使用 RS-485 接口与双绞线可以组成分布式串行通信网络，如图 12-19 所示，网络中最多可接 32 个站。

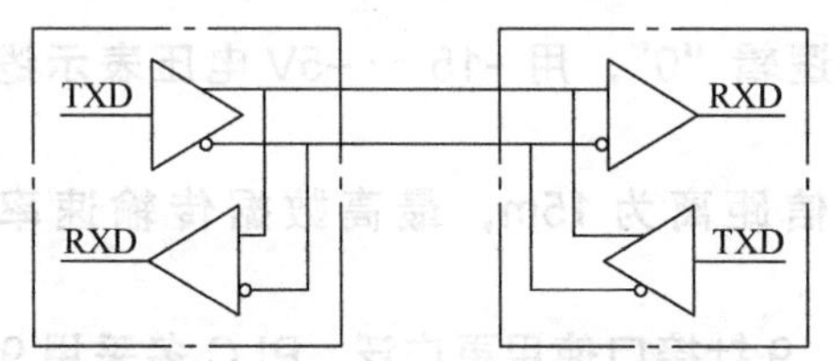

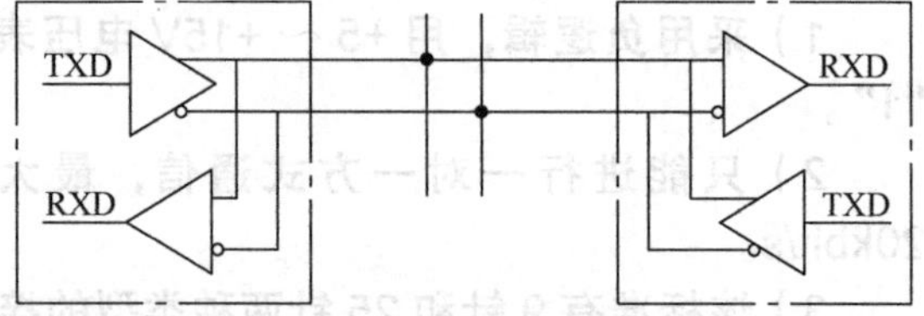

图 12-18　RS-485 接口的电路结构　　图 12-19　RS-485 与双绞线组成分布式串行通信网络

RS-485、RS-422A、RS-232C 接口通常采用相同的 9 针 D 型连接器，但连接器中的 9 针功能定义有所不同，故不能混用。当需要将 RS-232C 接口与 RS-422A 接口连接通信时，两接口之间须有 RS-232C/RS-422A 转换器，转换器结构如图 12-20 所示。

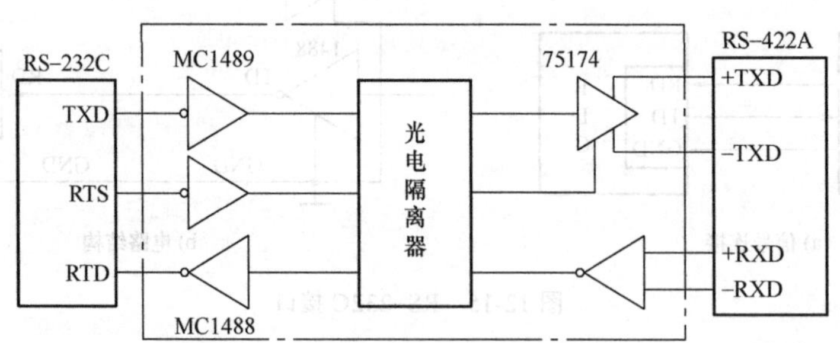

图 12-20　RS-232C/RS-422A 转换器结构

12.3.2　RS-485/RS-232 各引脚功能定义

1.CPU 模块自带 RS-485 端口说明

S7-200 SMART CPU 模块自带一个与 RS-485 标准兼容的 9 针 D 型通信端口，该端口也符合欧洲标准 EN50170 中的 PROFIBUS 标准。S7-200 SMART CPU 模块自带 RS-485 端口（端口 0）的各引脚功能说明见表 12-6。

表 12-6　S7-200 SMART CPU 模块自带 RS-485 端口（端口 0）的各引脚功能说明

CPU 自带的 9 针 D 形 RS-485 端口（端口 0）	引脚编号	信号	说明
引脚9 引脚5 引脚6 引脚1 连接器外壳	1	屏蔽	机壳接地
	2	24V-	逻辑公共端
	3	RS-485 信号 B	RS-485 信号 B
	4	请求发送	RTS（TTL）
	5	5V-	逻辑公共端
	6	+5V	+5V，100Ω 串联电阻
	7	24V+	+24V
	8	RS-485 信号 A	RS-485 信号 A
	9	不适用	10 位协议选择（输入）
	连接器外壳	屏蔽	机壳接地

2. CM01 信号板的 RS-485/RS-232 端口说明

CM01 信号板上有一个 RS-485/RS-232 端口，在编程软件的系统块中可设置将其用作 RS-485 端口或 RS-232 端口。CM01 信号板可直接安装在 S7-200 SMART CPU 模块上，其 RS-485/RS-232 端口的各引脚采用接线端子方式，各引脚功能说明见表 12-7。

表 12-7　CM01 信号板的 RS-485/RS-232 端口说明

CM01 信号板（SB）端口（端口 1）	引脚编号	信号	说明
6ES7 288-5CM01-0AA0 X23 SB CM01 Tx/B RTS M Rx/A 5V X20 1 6	1	接地	机壳接地
	2	Tx/B	RS-232-Tx（发送端）/RS-485-B
	3	请求发送	RTS（TTL）
	4	M 接地	逻辑公共端
	5	Rx/A	RS-232-Rx（接收端）/RS-485-A
	6	+5V DC	+5V，100Ω 串联电阻

12.3.3 获取端口地址和设置端口地址指令

获取端口地址和设置端口地址指令说明如下：

指令名称	梯形图	功能说明	操作数	
			ADDR	PORT
获取端口地址指令（GET_ADDR）	GET_ADDR: EN, ENO, ????-ADDR, ????-PORT	读取 PORT 端口所接设备的站地址（站号），并将站地址存放到 ADDR 指定的单元中	IB、QB、VB、MB、SMB、SB、LB、AC、*VD、*LD、*AC、常数（常数值仅对 SET_ADDR 指令有效）	常数：0 或 1 CPU 自带 RS485 端口为端口 0 CM01 信号板 RS232/RS485 端口为端口 1
设置端口地址指令（SET_ADDR）	SET_ADDR: EN, ENO, ????-ADDR, ????-PORT	将 PORT 端口所接设备的站地址（站号）设为 ADDR 指定的值 新地址不会永久保存，循环上电后，受影响的端口将返回到原来的地址（即系统块设定的地址）		

12.3.4 发送和接收指令

1. 指令说明

发送和接收指令说明如下：

指令名称	梯形图	功能说明	操作数	
			TBL	PORT
发送指令（XMT）	XMT: EN, ENO, ????-TBL, ????-PORT	将 TBL 表数据存储区的数据通过 PORT 端口发送出去 TBL 端指定 TBL 表的首地址，PORT 端指定发送数据的通信端口	IB、QB、VB、MB、SMB、SB、*VD、*LD、*AC（字节型）	常数：0 或 1 CPU 自带 RS485 端口为端口 0 CM01 信号板 RS232/RS485 端口为端口 1
接收指令（RCV）	RCV: EN, ENO, ????-TBL, ????-PORT	将 PORT 通信端口接收来的数据保存在 TBL 表的数据存储区中 TBL 端指定 TBL 表的首地址，PORT 端指定接收数据的通信端口		

发送和接收指令用于自由模式下通信，通过设置 SMB30（端口 0）和 SMB130（端口 1）可将 PLC 设为自由通信模式，SMB30、SMB130 各位功能说明见表 12-8。PLC 只有处于 RUN 状态时才能进行自由模式通信，处于自由通信模式时，PLC 无法与编程设备通信，在 STOP 状态时自由通信模式被禁止，PLC 可与编程设备通信。

表 12-8 SMB30、SMB130 各位功能说明

位号	位定义	说明
7	校验位	00= 不校验；01= 偶校验；10= 不校验；11= 奇校验
6		
5	每个字符的数据位	0=8 位 / 字符；1=7 位 / 字符
4	自由口波特率选择（kb/s）	000=38.4；001=19.2；010=9.6；011=4.8；100=2.4；101=1.2；110=115.2；111=57.6
3		
2		
1	协议选择	00=PPI 从站模式；01= 自由口模式；10= 保留；11= 保留
0		

2. 发送指令使用说明

发送指令可发送一个字节或多个字节（最多为 255 个），要发送的字节存放在 TBL 表中，TBL 表（发送存储区）的格式如图 12-21 所示，TBL 表中的首字节单元用于存放要发送字节的个数，该单元后面为要发送的字节，发送的字节不能超过 255 个。

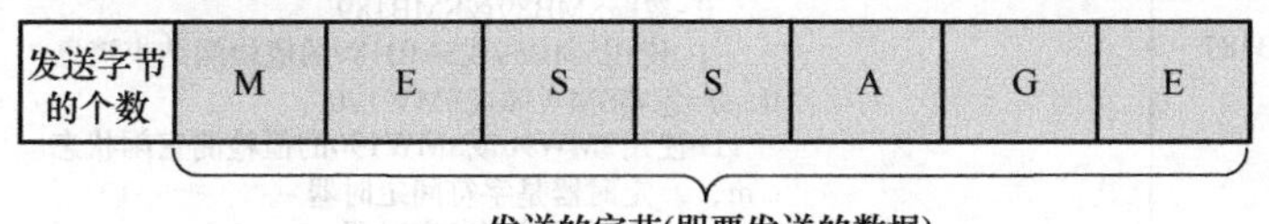

图 12-21 TBL 表（发送存储区）的格式

如果将一个中断程序连接到发送结束事件上，则在发送完存储区中的最后一个字符时，会产生一个中断，端口 0 对应中断事件 9，端口 1 对应中断事件 26。如果不使用中断来执行发送指令，则可以通过监视 SM4.5 或 SM4.6 位值来判断发送是否完成。

如果将发送存储区的发送字节数设为 0 并执行 XMT 指令，则会发送一个间断语（BREAK），发送间断语和发送其他任何消息的操作是一样的。当间断语发送完成后，会产生一个发送中断，SM4.5 或者 SM4.6 的位值反映该发送操作状态。

3. 接收指令使用说明

接收指令可以接收一个字节或多个字节（最多为 255 个），接收的字节存放在 TBL 表中，TBL 表（接收存储区）的格式如图 12-22 所示，TBL 表中的首字节单元用于存放要接收字节的个数值，该单元后面依次是起始字符、数据存储区和结束字符，起始字符和结束字符为可选项。

图 12-22 TBL 表（接收存储区）的格式

如果将一个中断程序连接到接收完成事件上，则在接收完存储区的最后一个字符时，会产生一个中断，端口 0 对应中断事件 23，端口 1 对应中断事件 24。如果不使用中断，则也可通过监视 SMB86（端口 0）或者 SMB186（端口 1）来接收信息。

接收指令允许设置接收信息的起始和结束条件，端口 0 由 SMB86 ～ SMB94 设置，端口 1 由 SMB186 ～ SMB194 设置。接收信息端口的状态与控制字节见表 12-9。

表 12-9　接收信息端口的状态与控制字节

端口 0	端口 1	说明
SMB86	SMB186	接收消息状态字节（位 7～0）：n r e 0 0 t c p n：1=接收消息功能被终止(用户发送禁止命令) r：1=接收消息功能被终止(输入参数错误或丢失启动或结束条件) e：1=接收到结束字符 t：1=接收消息功能被终止(定时器时间已用完) c：1=接收消息功能被终止(实现最大字符计数) p：1=接收消息功能被终止(奇偶校验错误)
SMB87	SMB187	接收消息控制字节（位 7～0）：en sc ec il c/m tmr bk 0 en：0=接收消息功能被禁止 1=允许接收消息功能 每次执行RCV指令时检查允许/禁止接收消息位 sc：0=忽略SMB88或SMB188 1=使用SMB88或SMB188的值检测起始消息 ec：0=忽略SMB89或SMB189 1=使用SMB89或SMB189的值检测结束消息 il：0=忽略SMW90或SMW190 1=使用SMW90或SMW190的值检测空闲状态 c/m：0=定时器是字符间定时器 1=定时器是消息定时器 tmr：0=忽略SMW92或SMW192 1=当SMW92或SMW192中的定时时间超出时终止接收 bk：0=忽略断开条件 1=用中断条件作为消息检测的开始
SMB88	SMB188	消息字符的开始
SMB89	SMB189	消息字符的结束
SMW90	SMW190	空闲线时间段按毫秒设定，空闲线时间用完后接收的第一个字符是新消息的开始
SMW92	SMW192	中间字符 / 消息定时器溢出值按毫秒设定。如果超过这个时间段，则终止接收消息
SMB94	SMB194	要接收的最大字符数（1 到 255 字节）。此范围必须设置为期望的最大缓冲区大小，即使不使用字符计数消息终端

4. 发送、接收指令使用举例

发送、接收（XMT、RCV）指令使用举例见表 12-10，其实现的功能是从 PLC 的端口 0 接收数据并存放到 VB100 为首单元的存储区（TBL 表）内，然后又将 VB100 为首单元的存储区内的数据从端口 0 发送出去。

在 PLC 上电进入运行状态时，SM0.1 常开触点闭合一个扫描周期，主程序执行一次，先对 RS-485 端口 0 通信进行设置，然后将中断事件 23（端口 0 接收消息完成）与中断程序 INT_0 关联起来，将中断事件 9（端口 0 发送消息完成）与中断程序 INT_2 关联起来，并开启所有的中断，再执行 RCV（接收）指令，启动端口 0 接收数据，接收的数据存放在 VB100 为首单元的 TBL 表中。

一旦端口 0 接收数据完成，会触发中断事件 23 而执行中断程序 INT_0，在中断程序 INT_0 中，如果接收消息状态字节 SMB86 的位 5 为 1（表示已接收到消息结束字符），==B 触点闭合，则将定时器中断 0（中断事件 10）的时间间隔设为 10ms，并把定时器中断 0 与中断程序 INT_1 关联起来，如果 SMB86 的位 5 不为 1（表示未接收到消息结束字符），则 ==B 触点处于断开，经 NOT 指令取反后，RCV 指令执行，启动新的数据接收。

由于在中断程序 INT_0 中将定时器中断 0（中断事件 10）与中断程序 INT_1 关联起来，故 10ms 后会触发中断事件 10 而执行中断程序 INT_1，在中断程序 INT_1 中，先将定时器中断 0（中断事件 10）与中断程序 INT_1 断开，再执行 XMT（发送）指令，将 VB100 为首单元的 TBL 表中的数据从端口 0 发送出去。

一旦端口 0 数据发送完成，会触发中断事件 9（端口 0 发送消息完成）而执行中断程序 INT_2，在中断程序 INT_2 中，执行 RCV 指令，启动端口 0 接收数据，接收的数据存放在 VB100 为首单元的 TBL 表中。

在本例中，发送 TBL 表和接收 TBL 表分配的单元相同，实际通信编程时可根据需要设置不同的 TBL 表，另外本例中没有编写发送 TBL 表的各单元的具体数据。

表 12-10　XMT、RCV 指令使用举例

梯形图程序		说明
MAIN （主程序）	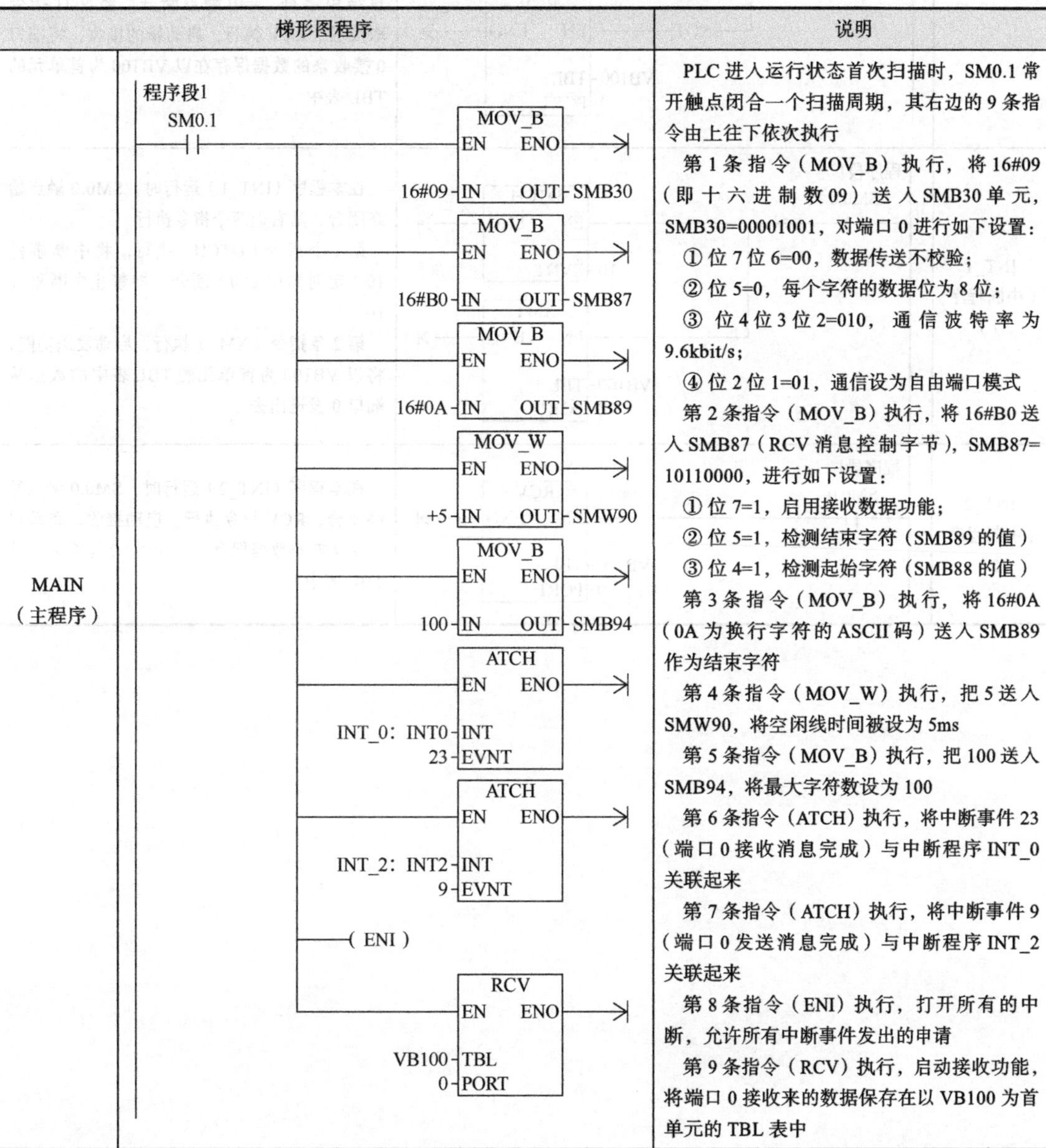	PLC 进入运行状态首次扫描时，SM0.1 常开触点闭合一个扫描周期，其右边的 9 条指令由上往下依次执行 第 1 条指令（MOV_B）执行，将 16#09（即十六进制数 09）送入 SMB30 单元，SMB30=00001001，对端口 0 进行如下设置： ① 位 7 位 6=00，数据传送不校验； ② 位 5=0，每个字符的数据位为 8 位； ③ 位 4 位 3 位 2=010，通信波特率为 9.6kbit/s； ④ 位 2 位 1=01，通信设为自由端口模式 第 2 条指令（MOV_B）执行，将 16#B0 送入 SMB87（RCV 消息控制字节），SMB87=10110000，进行如下设置： ① 位 7=1，启用接收数据功能； ② 位 5=1，检测结束字符（SMB89 的值） ③ 位 4=1，检测起始字符（SMB88 的值） 第 3 条指令（MOV_B）执行，将 16#0A（0A 为换行字符的 ASCII 码）送入 SMB89 作为结束字符 第 4 条指令（MOV_W）执行，把 5 送入 SMW90，将空闲线时间被设为 5ms 第 5 条指令（MOV_B）执行，把 100 送入 SMB94，将最大字符数设为 100 第 6 条指令（ATCH）执行，将中断事件 23（端口 0 接收消息完成）与中断程序 INT_0 关联起来 第 7 条指令（ATCH）执行，将中断事件 9（端口 0 发送消息完成）与中断程序 INT_2 关联起来 第 8 条指令（ENI）执行，打开所有的中断，允许所有中断事件发出的申请 第 9 条指令（RCV）执行，启动接收功能，将端口 0 接收来的数据保存在以 VB100 为首单元的 TBL 表中

（续）

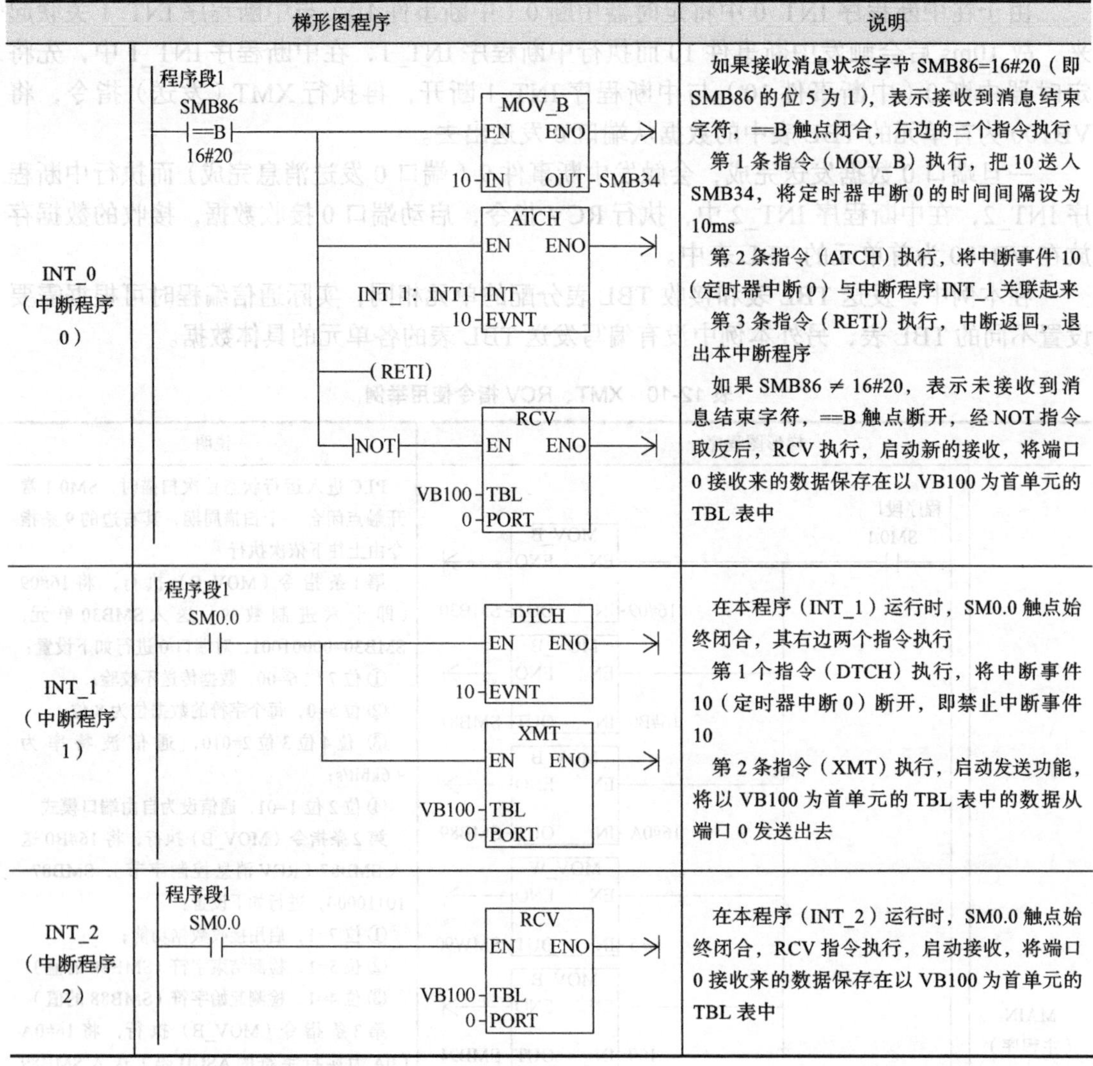

梯形图程序		说明
INT_0（中断程序 0）	程序段1 SMB86 ==B 16#20 MOV_B：EN ENO；10-IN OUT-SMB34 ATCH：EN ENO；INT_1：INT1-INT；10-EVNT （RETI） NOT RCV：EN ENO；VB100-TBL；0-PORT	如果接收消息状态字节 SMB86=16#20（即 SMB86 的位 5 为 1），表示接收到消息结束字符，==B 触点闭合，右边的三个指令执行 第 1 条指令（MOV_B）执行，把 10 送入 SMB34，将定时器中断 0 的时间间隔设为 10ms 第 2 条指令（ATCH）执行，将中断事件 10（定时器中断 0）与中断程序 INT_1 关联起来 第 3 条指令（RETI）执行，中断返回，退出本中断程序 如果 SMB86 ≠ 16#20，表示未接收到消息结束字符，==B 触点断开，经 NOT 指令取反后，RCV 执行，启动新的接收，将端口 0 接收来的数据保存在以 VB100 为首单元的 TBL 表中
INT_1（中断程序 1）	程序段1 SM0.0 DTCH：EN ENO；10-EVNT XMT：EN ENO；VB100-TBL；0-PORT	在本程序（INT_1）运行时，SM0.0 触点始终闭合，其右边两个指令执行 第 1 个指令（DTCH）执行，将中断事件 10（定时器中断 0）断开，即禁止中断事件 10 第 2 条指令（XMT）执行，启动发送功能，将以 VB100 为首单元的 TBL 表中的数据从端口 0 发送出去
INT_2（中断程序 2）	程序段1 SM0.0 RCV：EN ENO；VB100-TBL；0-PORT	在本程序（INT_2）运行时，SM0.0 触点始终闭合，RCV 指令执行，启动接收，将端口 0 接收来的数据保存在以 VB100 为首单元的 TBL 表中